"十一五"上海市重点图书
高等院校应用型本科规划教材

粉体技术及设备

（第二版）

张长森　主编

华东理工大学出版社
EAST CHINA UNIVERSITY OF SCIENCE AND TECHNOLOGY PRESS

·上海·

图书在版编目(CIP)数据

粉体技术及设备 / 张长森主编. —2 版. —上海：
华东理工大学出版社,2020.9(2025.3重印)
高等院校应用型本科规划教材
ISBN 978-7-5628-6109-6

Ⅰ. ①粉…　Ⅱ. ①张…　Ⅲ. ①粉末技术-高等学校-
教材②粉体-设备-高等学校-教材　Ⅳ. ①TB44

中国版本图书馆 CIP 数据核字(2020)第 134719 号

· ·

项目统筹 / 薛西子
责任编辑 / 薛西子　赵子艳
装帧设计 / 徐　蓉
出版发行 / 华东理工大学出版社有限公司
　　　　　　地址：上海市梅陇路 130 号,200237
　　　　　　电话：021-64250306
　　　　　　网址：www.ecustpress.cn
　　　　　　邮箱：zongbianban@ecustpress.cn
印　　刷 / 广东虎彩云印刷有限公司
开　　本 / 787 mm×1092 mm　1/16
印　　张 / 29.75
字　　数 / 719 千字
版　　次 / 2007 年 1 月第 1 版
　　　　　 2020 年 9 月第 2 版
印　　次 / 2025 年 3 月第 4 次
定　　价 / 98.00 元(含附件,请至我社官方网站 www.ecustpress.cn 处下载)

· ·

编　委　会

主　编　张长森

编　委（按姓氏笔画排序）

丁志杰　田长安　吕海峰　刘海涛

刘　超　李玉华　吴其胜　何寿成

何宏兵　诸华军　韩朋德　程俊华

焦宝祥　戴汝悦

第二版前言

《粉体技术及设备》第1版自2007年出版以来,得到了广大读者的欢迎和肯定,并被众多院校选为教材或教学参考书使用。

随着粉体工业的迅速发展,粉体工程涌现了众多的新技术、新工艺和新设备。能耗利用率低的传统球磨机正逐渐被以料床粉磨技术的立磨和辊压磨代替;超细粉碎技术和设备有了较大的提升;高分级效率、高分级精度的分级设备和技术得到广泛应用。随着国家对环境保护的要求的不断提高,处理量大、收尘效率高的大布袋收尘器得到广泛应用。为了适应粉体技术的发展和应用型高级技术人才培养的要求,本书在第1版的基础上主要做了如下改动。

(1) 对原有章节内容进行了整合、补充和改写,如:增加了液固分离与干燥、颗粒几何特性表征等内容,整合了混合与造粒、输送与储存等内容。

(2) 加强粉体单元操作中设备与工艺的结合,以促进学习者理解设备与工艺之间的相互关系和设备在粉体生产加工过程中的作用。

(3) 在每章后列举工程案例,以促进学习者理论联系实际,学习和研究如何运用粉体工程理论知识去分析和解决工程实际中的具体问题。

(4) 运用现代信息技术,在教材中嵌入教师课程音像数字化教学资源,使教材呈现多样形式。

扫描二维码,
观看学习视频

本次修订由盐城工学院张长森教授负责统稿,各章节编写负责人安排如下:张长森教授负责编写第6、7、8、9章,温州大学刘海涛教授负责编写第11章,盐城工学院焦宝祥教授和诸华军副教授负责编写第10章,合肥学院田长安教授负责编写第1章,安徽科技学院丁志杰副教授负责编写第2章,盐城工学院韩朋德副教授负责编写第3章,盐城工学院何寿成博士负责编写第12章,盐城工学院刘超博士负责编写第4、5章。

感谢江苏吉能达环境能源科技有限公司吕海峰高工、徐州亚星机械科技有限公司戴汝悦工程师和江苏汇能环境工程有限公司何宏兵工程师提供了部分工程案例。

由于编者经历、水平及书稿篇幅有限,修订后的教材也不能全面涵盖当今粉体工程的新技术、新工艺和新成果,书中不当之处在所难免,敬请读者批评指正。

编　者

2019年6月

前　言

粉体工程是一门新兴的多学科交叉的综合性技术科学,它既与若干基础科学相毗邻,又与工程应用广泛相连;它涉及各种材料的制备、分散、表征、分级、分离、表面修饰、填充、造粒过程等,不仅在化工、冶金、电子、信息、生物、建材、国防、环境和能源等行业,而且在与人们日常生活密切相关的纺织、食品、医药等行业都得到广泛的应用。

粉体与人们的生活有着广泛的联系,伴随着人类的生产发展而发展。20世纪40年代,有了颗粒学的第一部专著《Micromeritics》。20世纪50年代,粉体工程这个名词首先出现在日本。20世纪60年代,Williams博士首次在英国Bradford大学化学工程系建立了粉体技术研究生院(Graduate School of Post‐graduate Studies in Powder Technology),从事教学及科研活动,并创刊了《Powder Technology》杂志。随着粉体技术的发展,一些国际组织也应运而生。20世纪70年代由20多家跨国公司集资成立了"国际细粉学会"(International Fine Particle Research Institute)。20世纪90年代起美国化学工程师学会每4年举办一次"颗粒技术论坛"。20世纪80年代在中国科学院过程工程研究所郭慕孙院士的建议下成立了"中国颗粒学会",对促进粉体工程学科在我国的发展起到了积极的推动作用。20世纪80年代以来,随着科学与工业技术的进步,粉体工程学科在国民经济的发展中正在扮演着举足轻重的角色。

粉体是同种或多种物质颗粒的集合体,粉体工程学科既包括对个体颗粒的研究,也包括对集合体粉体和工程的研究。粉体工程学科研究内容可分为基础理论和工程技术两大部分:基础理论主要研究粉体几何形态、粉体力学、粉体化学、气溶胶、粉体检测等;工程技术主要研究粉体的制备、分离、分级、均化、储存、造粒和输送等。

粉体工程作为一门跨行业、跨学科的综合性学科,和材料科学与工程的发展密切相关,掌握粉体工程的基本理论及粉体工程相关机械设备的工作原理、构造与性能,对于材料工程专业的学生及从事粉体工程技术的相关人员来说是非常必要的。

根据教育部最新颁布的本科专业目录和高等教育面向21世纪的改革精神,适应我国经济结构战略性调整、人才市场竞争力以及材料科学产业发展与传统办学特色相结合的要求,为了达到培养专业面宽、知识面广和工程能力强的应用型本科人才培养的目标,我们编写了这本教材。

本书以粉体工程基础知识和基本理论为基础,以粉体工程单元操作为主线,介绍了相关机械设备的工作原理、构造、性能和应用特点等。全书共分14章,第1～5章主要阐述粉体工程的基础知识和基本理论,主要包括颗粒物性、粉体物性、颗粒流体力学、粉体机械力化学效应和粉尘爆炸;第6～14章分别讨论粉体加工过程的部分单元操作,包括粉体的制备、分离、分级、储存、混合、输送、供料和造粒。我们综合了近年来粉体工程学科的最新理论和技术成果以及十多年的教学经验和体会,力求紧扣应用型人才培养的目标和工程实际,贯彻

"少推导、重应用"的原则,从应用型本科生学习的实际出发,循序渐进,逐步提高;在体现其内容的完整性和系统性的基础上,重视理论与工程实际的结合,突出粉体在工程中实践性、应用性较强的内容,做到通俗易懂,利于工程应用;经典内容辅以新技术,反映当前的新工艺和新技术,适应技术发展的需要。

本书是为应用型本科材料工程专业编写的教材,也可作为相关工程技术人员的参考用书。

本书由盐城工学院张长森教授、程俊华副教授、吴其胜教授、李玉华副教授编写。具体分工是:第1、2、5、6、10章,张长森;第7、8、9、11、14章,程俊华;第3、4章,吴其胜;第12、13章,李玉华。

在出版过程中,得到了盐城工学院院领导的大力支持,在此表示衷心感谢。

在编写过程中,本书参考了大量的资料文献,在此向这些文献的作者们表示衷心感谢。

由于粉体工程涉及面广,书中不当之处在所难免,敬请读者批评指正。

编　　者

2006 年 6 月

目　　录

1 颗 粒 物 性

本章提要

本章主要介绍了颗粒粒径和粒度分布、颗粒形状、颗粒的聚集和分散、颗粒的表面现象等颗粒的基本物性。包括不规则颗粒大小的表征方法，颗粒群平均粒径的计算，对数正态分布和罗辛-拉姆勒(Rosin-Rammler-Bennet)分布函数，颗粒的形状系数和形状指数，固体表面现象和表面能，颗粒聚集的主要作用力(颗粒间的静电力、范德瓦尔斯力和毛细力)，颗粒的团聚状态及颗粒在空气中和液体中的分散。

1.1 颗粒粒径和粒度分布

1.1.1 单个颗粒的粒径

颗粒的大小是粉体诸物性中最重要的特性值。颗粒大小通常用"粒径"和"粒度"来表示，"粒径"是指颗粒的尺寸，"粒度"通常指颗粒大小、粗细的程度。"粒径"具有长度的量纲，而"粒度"则是用长度量纲以外的单位，如 Tyler 制标准筛的"目"等。习惯上表示颗粒大小时常用"粒径"，而表示颗粒大小的分布时常用"粒度"。

球形颗粒的大小就是直径，立方体(或正方体)颗粒可用棱长来表示，其他形状规则的颗粒如长方体、圆锥体、圆柱体等可用相应的一个、二个或几个尺寸来表示。而实际颗粒绝大多数是不规则的，真正由规则颗粒构成的粉体也很少。对于不规则的非球形颗粒，是利用测定某些与颗粒大小有关的性质推导而来，并使它们与线性量纲有关。同一颗粒由于定义和测量的方法不同，所得到的粒径值也不同，常用的几种粒径定义和表示方法介绍如下。

1.1.1.1 三轴径

用体积最小的颗粒外接长方体的长 l、宽 b、高 h 来定义其大小时，l、b、h 称为三轴径(图 1.1)。根据不同需要，可取不同平均值作为颗粒的粒径，这些粒径的名称、计算式及物理意义见表 1.1。

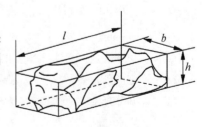

图 1.1　颗粒的外接长方体

表 1.1　三轴径的平均值计算公式

序号	计算式	名称	物理意义
1	$\dfrac{l+b}{2}$	二轴平均径	平面图形的算术平均
2	$\dfrac{l+b+h}{3}$	三轴平均径	算术平均
3	$\dfrac{1}{\frac{1}{l}+\frac{1}{b}+\frac{1}{h}}$	三轴调和平均径	与外接长方体有相同比表面积的颗粒的粒径
4	$\sqrt{lb}$	二轴几何平均径	接近于颗粒投影面积的度量
5	$\sqrt[3]{lbh}$	三轴几何平均径	与外接长方体有相同体积的立方体的棱长
6	$\sqrt{\dfrac{2lb+2lh+2bh}{b}}$	三面平均径	与外接长方体有相同表面积的立方体的棱长
7	l	长轴径	外接长方体的最长棱的棱长

1.1.1.2　当量粒径

"当量粒径"是利用测定某些与颗粒大小有关的性质推导而来,并使它们与线性量纲有关。在几何学和物理学中,因为球是最容易处理的,所以球当量径用得最多,即将形状复杂的颗粒以球形为基准,换算成球当量径。如某棱长为 1 的正方体,其体积等于直径为 1.24 的圆球体积,因此 1.24 就是推导而来的棱长为 1 的正方体等体积球当量径。几种当量粒径的定义见表 1.2。

表 1.2　颗粒粒径的定义

符号	名称	定义	公式
d_v	体积球当量径	与颗粒具有相同体积的圆球直径	$d_v = \left(\dfrac{6V}{\pi}\right)^{1/3}$
d_s	等表面积球当量径	与颗粒具有相同表面积的圆球直径	$d_s = \left(\dfrac{S}{\pi}\right)^{1/2}$
d_w	等面积体积球当量径	与颗粒具有相同的表面积和体积比的球直径	$d_w = \dfrac{d_v}{d_{sa}}$
D_a	等投影面圆当量径	与颗粒投影图形面积相等的圆的直径	$d_a = \left(\dfrac{4A}{\pi}\right)^{1/2}$
d_L	等周长圆当量径	与颗粒投影图形周长相等的圆的直径	$d_L = \dfrac{L}{\pi}$
d_F	Feret 径	沿一定方向测颗粒投影像的两平行线间的距离	
d_M	Martin 径	沿一定方向将颗粒投影面积二等分的线段长度	
d_D	定向最大径	沿一定方向测量颗粒投影像,测得的最大宽度的线度	
d_A	筛分直径	颗粒可以通过的最小方筛孔的宽度	
d_{st}	Stoke 直径	在流体中颗粒的自由降落直径(层流区 $Re < 0.2$)	

1.1.1.3 统计粒径

统计粒径是显微镜测定的一个术语,是平行于一定方向测得的线度,见图 1.2,其定义见表 1.2。

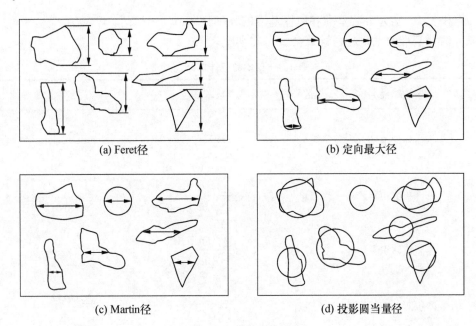

(a) Feret径 (b) 定向最大径

(c) Martin径 (d) 投影圆当量径

图 1.2 投影径的种类

几种投影径的大小关系:Feret 径＞投影圆当量径＞Martin 径,若长短径比小,用 Martin 径代替投影圆当量径偏差不会太大,但细长颗粒的偏差则较大。

1.1.2 颗粒群的平均粒径

在工程和生产实践中,所涉及的往往并非单一粒径,而是包含不同粒径的若干颗粒的集合体,即颗粒群。通常要采用平均粒径来定量表达颗粒群的粒度大小。

1.1.2.1 统计数学求平均粒径

平均粒径分为以个数为基准和以质量为基准两种。

设颗粒群粒径分别为 d_1,d_2,$d_3 \cdots d_i \cdots d_n$;

相对应的颗粒个数为 n_1,n_2,$n_3 \cdots n_i \cdots n_n$,总个数 $N = \sum n_i$;

相对应的颗粒质量为 w_1,w_2,$w_3 \cdots w_i \cdots w_n$,总质量 $W = \sum w_i$

以颗粒个数为基准的平均粒径表达式

$$D = \left(\frac{\sum n d^\alpha}{\sum n d^\beta} \right)^{\frac{1}{\alpha-\beta}} = \left(\frac{\sum f_n d_i^\alpha}{\sum f_n d_i^\beta} \right)^{\frac{1}{\alpha-\beta}} \tag{1.1}$$

以质量为基准的平均粒径表达式

$$D = \left(\frac{\sum wd^\alpha}{\sum wd^\beta}\right)^{\frac{1}{\alpha-\beta}} = \left(\frac{\sum f_w d_i^\alpha}{\sum f_w d_i^\beta}\right)^{\frac{1}{\alpha-\beta}} \qquad (1.2)$$

式中，f_n 和 f_w 分别为个数基准和质量基准的频率分布(1.1.3.1 节)。

以上两种基准的平均粒径计算公式可归纳于表 1.3。

表 1.3　平均粒径计算公式

序号	平均粒径名称	记号	个数基准	质量基准
1	个数长度平均径	D_{nL}	$\dfrac{\sum nd}{\sum n}$	$\dfrac{\sum (w/d^2)}{\sum (w/d^3)}$
2	长度表面积平均径	D_{LS}	$\dfrac{\sum (nd^2)}{\sum (nd)}$	$\dfrac{\sum (w/d)}{\sum (w/d^2)}$
3	表面积体积平均径	D_{SV}	$\dfrac{\sum (nd^3)}{\sum (nd^2)}$	$\dfrac{\sum w}{\sum (w/d)}$
4	体积四次矩平均径	D_{Vm}	$\dfrac{\sum (nd^4)}{\sum (nd^3)}$	$\dfrac{\sum (wd)}{\sum w}$
5	个数表面积平均径	D_{nS}	$\sqrt{\dfrac{\sum (nd^2)}{\sum n}}$	$\sqrt{\dfrac{\sum (w/d)}{\sum (w/d^3)}}$
6	个数体积平均径	D_{NV}	$\sqrt[3]{\dfrac{\sum (nd^2)}{\sum n}}$	$\sqrt[3]{\dfrac{\sum (w/d)}{\sum (w/d^3)}}$
7	长数体积平均径	D_{LV}	$\sqrt{\dfrac{\sum (nd^3)}{\sum (nd)}}$	$\sqrt{\dfrac{\sum w}{\sum (w/d^2)}}$
8	质量矩平均径	D_w	$\sqrt[4]{\dfrac{\sum (nd^4)}{\sum n}}$	$\sqrt[4]{\dfrac{\sum wd}{\sum (w/d^3)}}$
9	调和平均径	D_h	$\dfrac{\sum n}{\sum (n/d)}$	$\dfrac{\sum (w/d^3)}{\sum (w/d^4)}$
10	几何平均径	D_k		$\left(\prod\limits_{i=1}^{n} d_i^{n_i}\right)^{1/N} = \prod\limits_{i=1}^{n} d_i^{f_i}$

对于不同粉体而言，用表 1.3 中列出的平均粒径计算公式的物理意义各不相同，算出的平均粒径显然也各不相同。所以，在工程技术上一般要指明所标出的平均粒径是哪一种平均粒径，当对几个粉体样品的粒径进行比较时，一定要用同一平均粒径，否则容易造成误差，

得出错误的结论。最常用的平均粒径是个数长度平均径 D_{nL} 和表面积体积平均径 D_{SV}，前者主要用光学显微镜和电子显微镜测得，后者则利用比表面积测定仪测得。

1.1.2.2 定义函数求平均粒径

安德烈耶夫（Андреев）提出用定义函数来求平均粒径。设有粒径为 d_1，d_2，d_3，…组成的颗粒群，该颗粒群有以粒径函数表示的某物理特性 $f(d)$，则粒径函数具有加和性质，即

$$f(d) = f(d_1) + f(d_2) + f(d_3) + \cdots \tag{1.3}$$

$f(d)$ 称为定义函数。

对于粒径为 d_1，d_2，d_3……组成的实际颗粒群，若有直径为 D 的等径球颗粒群所组成的假想颗粒群与其相对应，如果两者有关物理特性完全相同，则下式成立

$$f(d) = f(D) \tag{1.4}$$

若 D 可求解，则式（1.4）即为该颗粒群的平均粒径计算式。

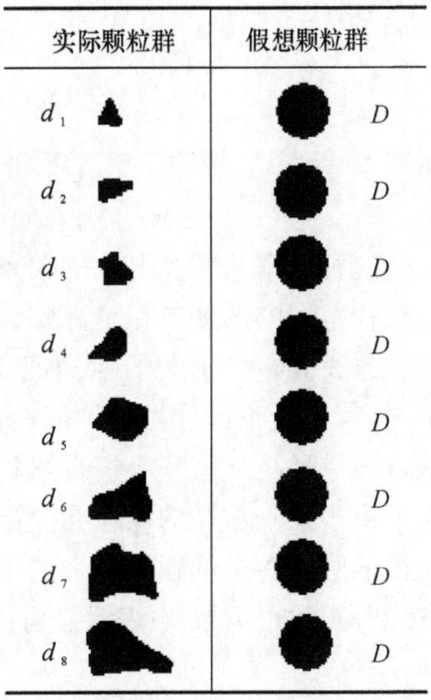

例题 1.1 由粒径 d_1 的颗粒 n_1 个，d_2 颗粒 n_2 个，d_3 颗粒 n_3 个……组成的颗粒群，颗粒一个紧接一个地排成一列。如将该颗粒群的全长看作为一个物理性质，应如何确定平均径？

解：取颗粒群的全长 $n_1 d_1 + n_2 d_2 + n_3 d_3 + \cdots = \sum(nd) = f(d)$ 为定义函数。与此相应，设由总颗粒数为 $\sum n$，全长与其相同、等径 D 球形颗粒组成的同一物质的假想颗粒群（图 1.4）。如将上式的 d 置换成 D，则

实际颗粒群	假想颗粒群
d_1	D
d_2	D
d_3	D
d_4	D
d_5	D
d_6	D
d_7	D
d_8	D

定义特性 $f(d) = f(D)$

图 1.3 平均粒径的定义

$$n_1 D + n_2 D + n_3 D + \cdots = \sum(nD) = D\sum n = f(D)$$

因全长相等，$\sum(nd) = D\sum n$，解得

$$D = \sum(nd) / \sum n$$

所得平均径为个数平均径。

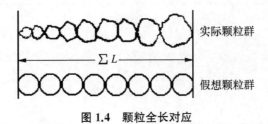

实际颗粒群

$\sum L$

假想颗粒群

图 1.4 颗粒全长对应

1.1.3 粒度分布

粒度分布是指粉体中不同粒径区间颗粒的含量。

1.1.3.1 频率分布和累积分布

在粉体样品中,某一粒径(D_p)或某一粒径范围内(ΔD_p)的颗粒在样品中出现的个数分数或质量分数(%),即为频率,用 $f(D_p)$ 或 $f(\Delta D_p)$ 表示。若 D_p 或 ΔD_p 相对应的颗粒个数为 n_p,样品中的颗粒总数用 N 表示,则有个数频率

$$f(D_p) = \frac{n_p}{N} \times 100\% \tag{1.5}$$

或
$$f(\Delta D_p) = \frac{n_p}{N} \times 100\% \tag{1.6}$$

这种频率与粒径变化的关系,称为频率分布。也就是说频率分布是表示某一粒径或某一粒径范围内的颗粒在全部颗粒中所占的比例。

累积分布表示大于(或小于)某一粒径的颗粒在全部颗粒中所占的比例。按累积方式的不同,累积分布可分为两种,一种是按粒径从小到大进行累积,称为筛下累积(用"-"号表示);另一种是从大到小进行累积,称为筛上累积(用"+"号表示),前者所得到的累积分布表示小于某一粒径的颗粒在全部颗粒中占的个数(或质量)百分数,而后者则表示大于某一粒径的颗粒在全部颗粒中占的个数(或质量)百分数。筛下累积分布常用 $U(D_p)$ 表示;筛上累积分布常用 $R(D_p)$ 表示。可以得出,对于任一粒径 D_p 有

$$U(D_p) + R(D_p) = 100\% \tag{1.7}$$

1.1.3.2 粒度分布的表示方法

1. 列表法

将粉体粒度分析数据列成表格,分别计算出各粒级的百分数和筛下累积(或筛上累积)百分数,这种方法称为列表法,如表 1.4 所示。这种方法的特点是量化特征突出,但变化趋势规律不是很直观。

表 1.4 某粉体颗粒分布数据

组距 ΔD_p/μm	组中值/μm	颗粒数 n_p	频率 $f(D_p)$/%	累积分布/%	
				筛下累积 $U(D_p)$	筛上累积 $R(D_p)$
1.0～2.0	1.5	4	0.67	0.67	99.33
2.0～3.0	2.5	9	1.50	2.17	97.83
3.0～4.0	3.5	18	3.00	5.17	94.83
4.0～5.0	4.5	53	8.83	14.00	86.00
5.0～6.0	5.5	88	14.67	28.67	71.33
6.0～7.0	6.5	112	18.67	47.33	52.67

组距 $\Delta D_p/\mu m$	组中值/μm	颗粒数 n_p	频率 $f(D_p)/\%$	累积分布/%	
				筛下累积 $U(D_p)$	筛上累积 $R(D_p)$
7.0～8.0	7.5	120	20.00	67.33	32.67
8.0～9.0	8.5	92	15.33	82.67	17.33
9.0～10.0	9.5	70	11.67	94.33	5.67
10.0～11.0	10.5	20	3.33	97.67	2.33
11.0～12.0	11.5	8	1.33	99.00	1
12.0～13.0	12.5	6	1.00	100.00	0
总　计		600	100		

注：筛下累积指组距中上限筛的筛孔径，筛上累积指组距中下限筛的筛孔径。

2. 图解法

图解法是描述粉体粒度分布的重要方法之一，在生产和科研中应用十分广泛。常用的粒度分布图示法有直方图、扇形图和分布曲线等。

根据表 1.4 中测试数据绘制的颗粒频率分布直方图和分布曲线(图 1.5)。图 1.5(a)所示为频率分布直方图，每一个直方图的底边长就是组距 ΔD_p，高度即为频率，底边的中点为组中值。如果把各直方图回归成一条光滑的曲线，便形成频率分布曲线，见图 1.5(b)。工程上往往采用分布曲线的形式来表示粒度分布。

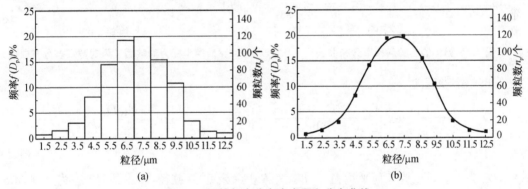

图 1.5　颗粒频率分布直方图和分布曲线

应当指出，粒度分布的纵坐标，不限于用颗粒个数表示，也可以使用颗粒质量表示，这时所得到的分布，称为质量粒度分布。

图 1.6 为颗粒累积分布曲线，累积分布比频率分布更有用，许多粒度的测定技术，如筛析法、重力沉降法、离心沉降法等，所得的分析数据都是以累积分布显示出来的。它的优点是避免了直径的分组，从而可以从曲线图中直接得出中

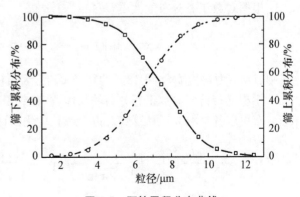

图 1.6　颗粒累积分布曲线

位径等参数。

3. 函数法

函数法是根据粉体的粒度分析数据,通过数学方法将其整理归纳出足以反映其粒度分布规律的数学表达式。这种数学表达式称为粒度分布函数,它为粒度分布分析提供了简单的数学形式,能更准确地表达粒度分布规律,便于进行数学运算及应用计算机进行数据处理,还可用于计算粉体的比表面积、平均粒径等参数。常用的分布函数有正态分布、对数正态分布、罗辛-拉姆勒(Rosin-Rammler-Bennet)分布等。但真正服从正态分布的粉体并不多,因此在粉体研究中很少用正态分布。在此,介绍在粉体工程中应用最为广泛的对数正态分布和罗辛-拉姆勒(Rosin-Rammler-Bennet)分布函数。

许多粉体物料如结晶产品、沉淀物料和微粉碎或超微粉碎产品,粒度频率分布曲线都具有如图 1.7 所示的右歪斜形状。如果在横坐标轴上不是采用粒径 D_p,而是采用粒径 D_p 的对数,这时分布曲线 $f(D_p)$ 具有对称性,这种分布称为对数正态分布,如图 1.8 所示。

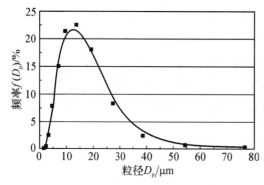

图 1.7 粉体的右歪斜频率分布曲线   图 1.8 横坐标为对数后变为对数正态分布曲线

它的数学形式为

$$f(D_p) = \frac{1}{\sqrt{2\pi}\lg\sigma_g}\exp\left[-\frac{(\lg D_p - \lg D_g)^2}{2\lg^2\sigma_g}\right] = \frac{1}{\sqrt{2\pi}\lg\sigma_g}\exp\left[-\frac{(\lg D_p - \lg D_{50})^2}{2\lg^2\sigma_g}\right]$$

(1.8)

式中,D_p 为粒径;D_g 为几何平均粒径;D_{50} 为累积筛余 50% 粒径,即中位径;σ_g 为几何标准偏差。

根据对数正态分布的性质,可得

$$\lg\sigma_g = \lg D_{84.13} - \lg D_{50} \Rightarrow \sigma_g = \frac{D_{84.13}}{D_{50}} = \frac{D_{50}}{D_{15.87}}$$

(1.9)

式中,$D_{84.13}$ 为累积筛余 84.13% 的粒径;$D_{15.87}$ 为累积筛余 15.87% 的粒径。

累积分布符合对数正态分布的粉体,在对数正态概率纸(图 1.9)上为一直线。用对数正态分布可求各平均粒径计算式。以个数长度为例计算如下

$$D_{nL} = \frac{\sum(nd)}{\sum n} = \int_{-\infty}^{\infty} D_p \frac{1}{\sqrt{2\pi}\ln\sigma_g}\exp\left[-\left(\frac{\ln D_p/D_{50}}{\sqrt{2}\ln\sigma_g}\right)\right]d\ln D = D_{50}\exp(0.5\ln^2\sigma_g)$$

(1.10)

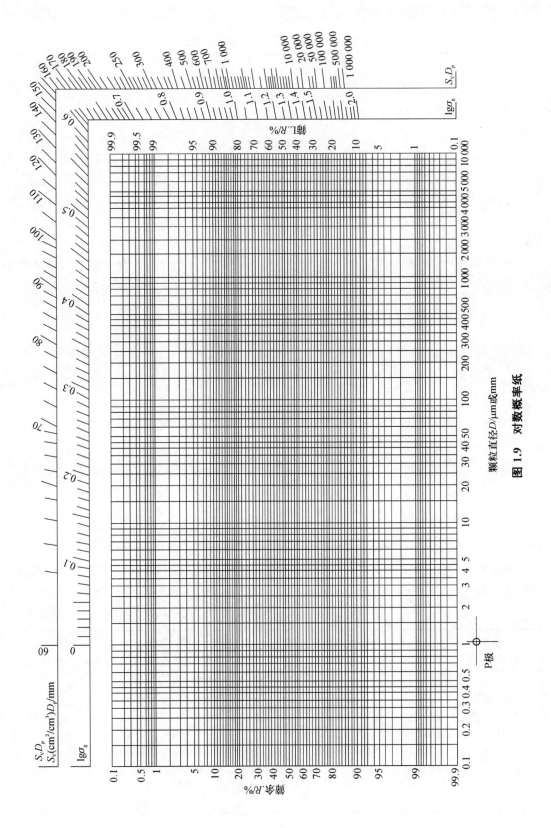

图 1.9 对数概率纸

同理可求其他平均径计算式,见表1.5。

表 1.5 对数正态分布的平均径计算式

序号	平均粒径名称	记号	个数基准	计 算 式
1	个数长度平均径	D_{nL}	$\dfrac{\sum nd}{\sum n}$	$D_{50}\exp(0.5\ln^2\sigma_g)$
2	长度表面积平均径	D_{LS}	$\dfrac{\sum(nd^2)}{\sum(nd)}$	$D_{50}\exp(1.5\ln^2\sigma_g)$
3	表面积体积平均径	D_{SV}	$\dfrac{\sum(nd^3)}{\sum(nd^2)}$	$D_{50}\exp(2.5\ln^2\sigma_g)$
4	体积四次矩平均径	D_{Vm}	$\dfrac{\sum(nd^4)}{\sum(nd^3)}$	$D_{50}\exp(3.5\ln^2\sigma_g)$
5	个数表面积平均径	D_{nS}	$\sqrt{\dfrac{\sum(nd^2)}{\sum n}}$	$D_{50}\exp(\ln^2\sigma_g)$
6	个数体积平均径	D_{Nv}	$\sqrt[3]{\dfrac{\sum(nd^2)}{\sum n}}$	$D_{50}\exp(1.5\ln^2\sigma_g)$
7	长数体积平均径	D_{LV}	$\sqrt{\dfrac{\sum(nd^3)}{\sum(nd)}}$	$D_{50}\exp(2.0\ln^2\sigma_g)$
8	质量矩平均径	D_W	$\sqrt[4]{\dfrac{\sum(nd^4)}{\sum n}}$	$D_{50}\exp(3.0\ln^2\sigma_g)$
9	调和平均径	D_h	$\dfrac{\sum n}{\sum(n/d)}$	$D_{50}\exp(-0.5\ln^2\sigma_g)$

例题 1.2 表 1.6 是根据马铃薯淀粉的光学显微镜照片测定的 Feret 径的汇总表,试用这些数据在对数概率纸上作图,并求 D_{50} 和 σ_g 的值。已知马铃薯淀粉的密度为 $1\,400\ \mathrm{kg/m^3}$。

表 1.6 根据光学显微镜照片测定的 Feret 径汇总表

粒径范围 $D_p/\mu m$	$\lg D_p$ 下限粒径	测量的颗粒 个数 n	累积 $\sum n$	累积筛余 (个数基准)$R/\%$	累积筛下 (个数基准)$U/\%$
>60	1.778	44	44	1.6	98.4
60~50	1.700	59	103	3.8	96.2
50~40	1.602	156	259	9.4	90.6
40~30	1.477	335	594	21.6	78.4
30~20	1.301	888	1 482	54.0	46.0
20~15	1.176	558	2 040	74.3	25.7
15~10	1.000	425	2 465	89.7	10.3
<10	—	282	2 747	100.0	—

解: 如图 1.10 所示,从图中可查出 $D_{15.87}$、D_{50},即可计算出 σ_g 和 $\ln^2\sigma_g$,由 D_{50} 求出 D'_{50},将个数为基准的直线平移到 D'_{50} 处,即得质量为基准的累积分布直线。同时还可计算出上述 9 个平均粒径和每千克样品中含有的颗粒个数 n 和比表面积(设颗粒为球形)。

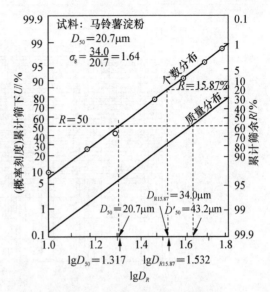

图 1.10 对数正态分布应用举例

Rosin-Rammler-Bennet 分布函数(RRB 分布函数):Rosin 和 Rammler 等人通过对煤粉、水泥等物料粉碎试验的概率和统计理论的研究,归纳出用指数函数表示粒度分布的关系

$$R(D_p) = 100\exp\left[-\left(\frac{D_p}{D_e}\right)^n\right] \quad (1.11)$$

式中,$R(D_p)$ 为粉体中某一粒径 D_p 的累计筛余(%);D_e 为特征粒径,筛余为 36.8% 时的粒径,表示粉体的粗细程度;n 为均匀性系数,表示该粉体粒度分布范围的宽窄程度。n 值越小,粒度分布范围越宽,反之亦然。

当 $n=1$,$D=D_e$ 时,则

$$R(D=D_e) = 100e^{-1} = 100/2.718 \approx 36.8\% \quad (1.12)$$

即 D_e 为 $R(D_p) \approx 36.8\%$ 时的粒径。

将式(1.11)的倒数取二次对数,可得

$$\lg\left[\lg\left(\frac{100}{R(D_p)}\right)\right] = n\lg\left(\frac{D_p}{D_e}\right) + \lg\lg e = n\lg D_p + C \quad (1.13)$$

式中,$C = \lg\lg e - n\lg D_e$。在 $\lg D_p$ 与 $\lg\{\lg[100/R(D_p)]\}$ 坐标系中,式(1.13)呈线性关系。根据测试数据,分别以 $\lg D_p$ 和 $\lg\{\lg[100/R(D_p)]\}$ 为横、纵坐标作图可得一直线,该直线的斜率即为 n 值。由 $R(D_p) \approx 36.8\%$ 可求得 D_e,将这一直线平移过极 P,可在图上查出 n 与 $S_V D_e$ 的值。这种图称为 Rosin-Rammler-Bennet 图(简称 RRB 图),见图 1.11。

应用 RRB 分布求比表面积:

W·Anselm 研究,当 $n=0.85\sim1.2$ 时,比表面积可用式(1.14)计算

$$S_W = \frac{36.8}{nD_e\rho_p} \quad (\text{m}^2/\text{kg}) \quad (1.14)$$

G·Matz 等研究,当 $n=0.85\sim1.2$ 时,比表面积可用式(1.15)计算

$$S_W = \frac{1.065\phi_{sv}}{D_e\rho_p}\exp\left(\frac{1.765}{n^2}\right) \quad (\text{m}^2/\text{kg}) \quad (1.15)$$

式(1.14)和式(1.15)中,D_e 为特征粒径(m);ρ_p 为物料密度(kg/m³);ϕ_{sv} 为比表面积形状系数(见 1.2.2.2 节)。

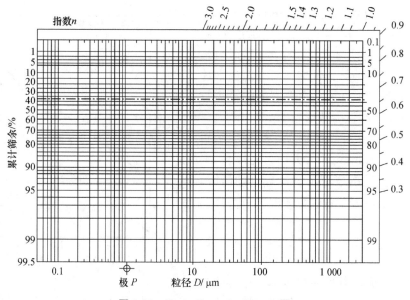

图 1.11 Rosin-Rammler-Bennet 图

应当指出,由于 RRB 方程本身为经验式,用式(1.14)和式(1.15)计算的比表面积均为近似值。

例题 1.3 用冲击磨粉碎啤酒瓶,试料全部通过 3.36 mm 的标准筛,用标准筛测定粒度的结果如表 1.7 所示。试用这些数值在 RRB 图上作图,并求 D_e、n 值,写出 RRB 分布式;如取啤酒瓶的密度 $\rho_p = 2\,600$ kg/m³,试计算其比表面积 S_w。

表 1.7 冲击磨粉碎啤酒瓶试料标准筛测定粒度结果

筛孔尺寸/μm	3 360	2 830	2 000	1 410	1 000	710	500	350
累积筛余/%	0.6	11.4	31.2	47.9	61.4	72.5	79.2	85.0

筛孔尺寸/μm	250	177	149	125	88	62	小于62	累计
累积筛余/%	89.8	92.8	93.7	95.0	96.5	98.0	2.0	100

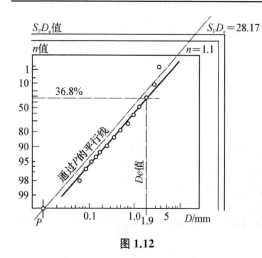

图 1.12

解:如取 mm 作为粒径的单位,由表 1.7 数据作图 1.12 得 $D_e = 1.9$,$n = 1.1$,$S_V D_e = 28.17$。

分布方程为

$$R(D_p) = 100\exp\left[-\left(\frac{D_p}{1.9}\right)^{1.1}\right]$$

比表面积为

$$S_w = \frac{S_V D_e}{\rho_p D_e} = \frac{28.17}{2\,600 \times 1.9 \times 10^{-3}}$$

$$= 5.70 \text{ m}^2/\text{kg}$$

用式(1.14)解得：

$$S_w = \frac{36.8}{nD_e\rho_p} = \frac{36.8}{1.1 \times 1.9 \times 10^{-3} \times 2\,600} = 6.77 \text{ m}^2/\text{kg}$$

1.2 颗粒形状

颗粒的形状不仅与粉体的物性(如堆积、流动、摩擦等性能)有着密切的关系,还直接影响粉体在操作中的行为,如在粉体的储存与输送、混合与分离、结晶与烧结、流态化等过程的设计与操作中,颗粒的形状是考虑的重要因素之一。

1.2.1 颗粒形状术语

颗粒的形状是指一个颗粒的轮廓或表面上各点所构成的图像。在工业生产中,人们往往沿用一些特定的术语来形象地描述颗粒的形状,比如球状、多角状、针状、片状、纤维状等,这些术语可以定性地表达颗粒的形状,表 1.8 列出一些颗粒形状的术语和定义。

表 1.8　一些颗粒形状的术语和定义

名　称	定　义	名　称	定　义
针　状	颗粒似针状	片　状	颗粒为扁平形状
多角状	颗粒具有清晰边缘多边形或多角状	粒　状	颗粒接近等轴,但形状不规则
枝　状	颗粒在流体介质中自由发展的几何形状,具有典型树枝状结构	不规则状	颗粒无任何对称性的形状
纤维状	颗粒具有规则的或不规则的线状结构		

1.2.2 形状系数和形状指数

对颗粒形状的定性表达,虽可以容易地把颗粒按形状分类,但无法代入表示颗粒的几何特征和粉体的力学性能的公式中进行计算,因此,还需要定量描述颗粒形状的方法。定量描述颗粒形状的方法,大致可以分为两类。一类是用一组数来表示,而且按照这一组数据可以再现颗粒的形状,如傅里叶分析、神经回路网络法等,这类方法需要处理大量的数据,必须借助于计算机图像处理技术才能进行。另一类是用一个数从不同的角度来表示颗粒的形状,利用颗粒的各种特征粒径与其表面积、体积之间的关系,来定义各种形状系数,也可以与某一基准(通常是球)相比较,来定义各种形状指数,在工程上后者用得较多,常用的几种形状指数和形状系数介绍如下。

1.2.2.1 形状指数

（1）均齐度　颗粒外形两个尺寸的比值称为均齐度。

$$扁平度\ m = 短径\ /\ 厚度 = b/h$$
$$伸长度\ n = 长径\ /\ 短径 = l/b$$

（2）圆形度　圆形度表示颗粒的投影与圆的接近程度。

$$圆形度\ \psi_c = \frac{与颗粒面积相等的圆的周长}{颗粒投影轮廓的长度}$$

（3）球形度　球形度表示颗粒接近球体的程度。

$$球形度\ \psi = \frac{与实际颗粒体积相等的球的表面积}{实际颗粒的表面积}$$

（4）实用球形度（Wadell 球形度）

由于不规则颗粒的表面积和体积不易测量，故球形度 ψ 常以实用球形度 ψ_w 来代替。

$$实用球形度\ \psi_w = \frac{与颗粒投影面积相等的圆的直径}{颗粒投影的最小外接圆的直径}$$

圆形度和实用球形度 ψ_w 都表示颗粒的投影接近于圆的程度，显然有 $\psi_c \leqslant 1$，$\psi_w \leqslant 1$，而且 ψ_c、ψ_w 越接近于 1，说明颗粒的投影越接近于圆。这两者的区别在于：ψ_w 侧重于从整体形状上进行评价，而 ψ_c 则侧重于评价颗粒投影轮廓"弯曲"的程度。

1.2.2.2 形状系数

不管颗粒形状如何，在没有孔隙的前提下，它的表面积就一定正比于颗粒的某一特征尺寸的平方。而它的体积 V 就正比于这一尺寸的立方。如果用 d_j 代表这一特征尺寸，那么有

$$S = \phi_S d_j^2 \tag{1.16}$$

$$V = \phi_V d_j^3 \tag{1.17}$$

式中，ϕ_S 和 ϕ_V 分别称为颗粒的表面积形状系数和体积形状系数，对于球形颗粒有

$$\phi_S = \frac{S}{d_j^2} = \frac{\pi d_S^2}{d_j^2} = \pi \tag{1.18}$$

$$\phi_V = \frac{V}{d_j^3} = \frac{\pi d_V^3}{6 d_j^3} = \frac{\pi}{6} \tag{1.19}$$

显然，对于立方体颗粒 $\phi_S = 6$、$\phi_V = 1$。各种形状颗粒的 ϕ_S 和 ϕ_V 值见表1.9。

设 S_V 为单位体积颗粒的比表面积，则

$$S_V = \frac{S}{V} = \frac{\phi_S d_j^2}{\phi_V d_j^3} = \frac{\phi_{VS}}{d_j} \tag{1.20}$$

式中，ϕ_{VS} 称为比表面积形状系数。

表 1.9　各种形状的颗粒的 ϕ_S 和 ϕ_V 值

各种形状的颗粒	ϕ_S	ϕ_V
圆形颗粒(水冲砂子、溶凝的烟道灰和雾化的金属粉末颗粒)	2.7～3.4	0.32～0.41
带棱的颗粒(粉碎的石灰石、煤粉等粉体物料)	2.5～3.2	0.20～0.28
薄片颗粒(滑石和石膏等)	2.0～2.8	0.12～0.10
极薄的片状颗粒(云母、石墨等)	1.6～1.7	0.01～0.03

1.3　颗粒的表面现象和表面能

1.3.1　固体表面现象

固体是一种能保持一定宏观外形和耐受应力的刚性物质,将固体粉碎成小颗粒状,必须对它做机械功,结果使其表面积增大。显然,固体粉碎得越细,则所需机械功就越高。在热力学可逆过程中,使物料表面积增大所做的功将转变为能量储存于物料增大的表面积之中,物质破碎得越细,比表面积就越大,体系总的表面自由能也越大。细小颗粒与块状物料相比,最大的特点是比表面积大和表面能高。如铜粉从 $100\ \mu m$ 磨细到 $1\ \mu m$ 时,其比表面积从 $4.2\times10^2\ m^2/kg$ 增大到 $4.2\times10^4\ m^2/kg$,表面能从 0.94 J 增大到 94 J,表面能增大 99 倍。同时,表面原子或离子数的比例数大大提高,因而使其表面活性增加,颗粒之间吸引力增大。

由于处在物料表面上的原子或分子受力不平衡,它的表面现象通常也很显著。例如,许多小冰块在 0℃ 以下的相互接触中,其接触部位会发生相互连接;当金属粉末在某一压力下加热至低于熔点某一温度时,有些颗粒表面即开始熔化。理论上,表面能是固体表面的特征和表面现象的主要推动力。

1.3.2　固体的表面能和表面应力

由于物质表层质点各方向作用力不平衡,使表层质点比内部质点具有额外的势能,这种能量只有表层的质点才有,所以叫表面能。热力学上称为表面自由能。

液体的表面自由能在数值上等于表面张力,其值很容易确定。而固体颗粒是一种刚性物质,流动性很差,它能承受剪应力的作用,可以抵抗表面收缩的趋势。可以设想颗粒新表面的形成有两个过程,一是颗粒被劈开,出现质点固定在其原位上的表面,二是表面区域的质点重新排列,达到最终的平衡位置。由于固体表面原子或分子的流动性很差,因此迁移速度极慢,则不能像液体那样同时完成上述的两个变化过程而使表面应力等于表面张力。尤其是各向异性的固体表面上原子或分子不能排列于应占有的"平衡"态位置上,于是固体表面剩余了一部分欲将原子或分子推向"平衡"态位置的应力,只有当表面上的原子或分子迁移到新的"平衡"位置时,才能形成表面张力等于表面应力的局面。因此需要一个具有力学意义的物理量来描述应力,以区别于表面张力。

表面应力的力学定义:当表面被沿垂直于它的平面切割时,为了维持此切割表面两边的原子或分子处于表面"平衡"态位置上,必须对它们施以一定的外力,这种力在单位长度上的总和即为表面应力。对于固体(特别是晶体),两个表面上的应力不一定相等,因此分别以 τ_1 和 τ_2 表示。Shuttleworth 提出表面自由能与表面应力的关系为:对于各向异性的固体,如果假设在两个方向上的面积增量分别是 dA_1 和 dA_2,则各自的总表面自由能增量是对抗其表面应力的可逆功,即

$$\begin{cases} d(A_1 G^S) = \tau_1 dA_1 \\ d(A_2 G^S) = \tau_2 dA_2 \end{cases} \tag{1.21}$$

因此

$$\begin{cases} \tau_1 = G^S + A_1 \left(\dfrac{dG^S}{dA_1} \right) \\ \tau_2 = G^S + A_2 \left(\dfrac{dG^S}{dA_2} \right) \end{cases} \tag{1.22}$$

式(1.22)等号右边第一项 G^S 表示单位面积表面自由能;第二项表示当表面积改变时表面层原子离开"平衡"态位置所引起的 G^S 变化。

由此可知,施于各自方向上的应力等于上述等号右边两项表面自由能总和。对于各向同性的固体,则 $\tau_1 = \tau_2$,故

$$\tau = G^S + A \left(\frac{dG^S}{dA} \right) \tag{1.23}$$

若固体表面已达到某种稳定的热力学平衡状态,则

$$\frac{dG^S}{dA} = 0, \ \tau = G^S = \gamma \tag{1.24}$$

即表面应力等于 G^S 或表面张力 γ。但是对于大多数真实的固体,它们并非处于热力学平衡状态,所以 $dG^S/dA \neq 0$,G^S 和 γ 不等于它们的平衡值,而且 G^S 和 γ 彼此也不等。Shuttleworth 指出,对于与机械性质有关的场合,应当用 γ,而与热力学平衡性质有关的场合应当用 G^S。

颗粒的表面能可以估算,也可以通过实验测定,但都不够准确,其原因是:(1)破碎所产生的颗粒表面是不规则的,有大量的棱边和尖角,颗粒破碎得越细,棱边能和尖角能在固体颗粒的总表面自由能中所占的比例越大;(2)破碎产生的晶面并不是理想晶面,在解离时有许多高度与原子尺寸同数量级的台阶等缺陷;(3)晶体的新鲜表面往往并不是由一种单一取向的解离面所构成,因此,需要知道各种取向的晶面的自由能以及它们所占的比例,才能估算颗粒的总表面自由能,而这在实际过程中往往是很难达到的,而实测大多都是间接方法测定,表 1.10 列出了几种离子晶体的实测和计算得到的表面能数值,无论计算还是实测都很难真实反映颗粒的表面能。

表 1.10　几种离子晶体实测和计算的表面能/($\times 10^{-4}$ J/cm²)

离子晶体	实验值	理论计算值	离子晶体	实验值	理论计算值
NaCl	300	310	CuF	350	340
MgO	1 200	1 300	BaF₂	280	350
LiF	340	370	CaCO₃	230	380

　　颗粒表面的几何不均匀性导致了颗粒表面能量的不均匀性。处于表面凸出部位的高峰、棱角或台阶处的原子或分子的力场极不均衡,这些部位具有更高的能量,在吸附和化学反应中有重要作用。通常将表面能较高(100～1 000 J/cm²)的表面,如金属及其氧化物、玻璃、硅酸盐等无机固体表面称为高能表面;把表面能较低的(通常小于 100 J/cm²)有机固体表面,如石蜡和各种塑料等称为低能表面。

1.4　颗粒间的作用力

1.4.1　颗粒间的范德瓦尔斯力

　　当颗粒与颗粒相互靠近接触时,颗粒的分子之间存在彼此作用的吸引力,该作用力称为颗粒间的范德瓦尔斯力(分子间引力)。范德瓦尔斯力是一种短程力(约 1 nm),与分子间距离的 6 次方成比例。但是,对于由大量分子集合体构成的体系,随着颗粒间距离的增大,其分子作用力的衰减程度明显变缓。这是因为存在着多个分子的综合相互作用。颗粒间的分子作用力的有效间距可达 50 nm,因此是长程力。

　　对于半径分别为 R_1、R_2 的两个球形颗粒,分子间作用力 F_M 为

$$F_M = \frac{A}{6h^2} \cdot \frac{R_1 R_2}{R_1 + R_2} \tag{1.25}$$

　　对于球与平板

$$F_M = \frac{AR}{12h^2} \tag{1.26}$$

式中,h 为颗粒间距离,通常取 4×10^{-10} m;A 为哈梅克(Hamaker)常数(J)。

　　哈梅克常数是物质的一种特征常数,各种物质的哈梅克常数 A 不同,可从材料物性表中查找,两种不同物质材料之间的哈梅克常数为 $A_{12} = \sqrt{A_{11} \cdot A_{22}}$。理论上,在真空时,$A = 10^{-19}$ J。但是根据实验的结果,A 值为 $10^{-18} \sim 10^{-21}$ J。

　　例如,对于同种物质的球形颗粒,两个直径为 1 μm 的球形颗粒在表面相距 0.01 μm 时的相互吸引力约为 4×10^{-12} N。假设颗粒的密度为 10×10^3 kg/m³,则上述直径为 1 μm 的颗粒所受的重力约为 5×10^{-14} N,这说明颗粒相互吸引力比重力大得多,此时,两个聚集的颗粒不会因重力作用而分离。

1.4.2　颗粒间的静电力

相互接触的颗粒有相对运动时，颗粒间将有电荷的转移。由于电荷的转移，颗粒将带电，则颗粒间有作用力的存在，称为静电力。Rumpf 对带有异性静电荷各为 Q_1、Q_2 的两个直径都为 D_p 的颗粒间的引力提出了下式

$$F = \frac{Q_1 Q_2}{D_p^2} \left(1 - \frac{2a}{D_p}\right) \tag{1.27}$$

式中，Q_1、Q_2 为两个颗粒表面带电量（C）；a 为两个颗粒表面间距（μm）；D_p 为颗粒直径（μm）。

表 1.11 给出了筛分、研磨、螺旋给料、气力输送、雾化粉体单元操作中颗粒带电强度参考值。在某些情况下，电荷将随时间的积累而积累，颗粒获得的最大电荷量受限于其周围介质的击穿强度，在干空气中，约为 1.66×10^{10} 电子/平方厘米。但实际观测的数值往往要低很多。随着电荷所产生的电场强度增加，当电荷的电场强度大于空气的击穿强度时，会由于电荷的突然放电而产生爆炸。

表 1.11　一些操作单元颗粒带电强度参考值

操作单元	单位质量带电量/(C/kg)	操作单元	单位质量带电量/(C/kg)
筛　分	$10^{-9} \sim 10^{-11}$	气力输送	$10^{-4} \sim 10^{-6}$
研　磨	$10^{-6} \sim 10^{-7}$	雾　化	$10^{-4} \sim 10^{-7}$
螺旋给料	$10^{-6} \sim 10^{-8}$		

1.4.3　颗粒间的毛细力

当粉体暴露在潮湿的环境时，由于颗粒表面不饱和力场的作用将吸附空气中的水分。当空气的湿度接近饱和状态时，不仅颗粒本身吸水，而且颗粒间的空隙将有水分的凝结，在颗粒接触点形成液桥。形成液桥的临界湿度不仅取决于颗粒的性质，还与温度和压力有关。实验表明形成液桥的临界湿度为 60%～80%。液桥的几何形状如图 1.13 所示。

当颗粒形成液桥时，由于表面张力和毛细压差的作用，颗粒间将有作用力存在，称为毛细力（也称液桥力）。

由图 1.13 中的几何关系可知，当 $a \neq 0$，$\theta \neq 0$，$\alpha \neq 0$ 时

$$\begin{cases} R_1 = \dfrac{r(1 - \cos \alpha) + a/2}{\cos(\alpha + \theta)} \\ R_2 = r \sin \alpha + R_1 [\sin(\alpha + \theta)] \end{cases} \tag{1.28}$$

式中，θ 为液、固之间的湿润接触角；r 为颗粒的半径；a 为两颗粒表面间的距离；R_1、R_2、α 如图 1.13 所示。

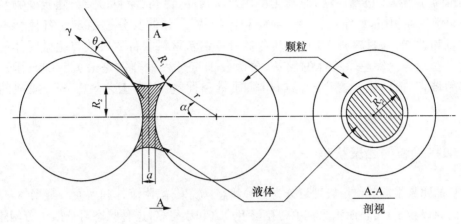

图 1.13 颗粒间液桥模型

根据 Laplace 圆柱形毛细管压力公式,两颗粒间液体的压力 p 为

$$p = \gamma \left(\frac{1}{R_1} + \frac{1}{R_2} \right) \tag{1.29}$$

式中,凹面 R_1 取正值;凸面 R_2 取负值;p 为负压取正值;$R_1 < R_2$ 时为负压;$R_1 > R_2$ 为正压;γ 为液体的表面张力。

又设毛细管压力作用在液面和粒子的接触部分的断面 $\pi(r\sin\alpha)^2$ 上,表面张力平行于两颗粒中心连线的分量 $\gamma\cos\{90° - (\alpha + \theta)\} = \gamma\sin(\alpha + \theta)$ 作用在圆周 $2\pi(r \cdot \sin\alpha)$ 上,则吸引力可用式(1.30)表示

$$F_k = 2\pi r\gamma \cdot \sin\alpha \left[\sin(\alpha + \theta) + \frac{r}{2} \cdot \sin\alpha \left(\frac{1}{R_1} - \frac{1}{R_2} \right) \right] \tag{1.30}$$

式(1.30)是描述液桥力的常见表达式,对于不同粒径、不同粒子间距的情况比较复杂。如颗粒表面亲水($\theta = 0$),当颗粒与颗粒相接触($a = 0$),且 $\alpha = 10° \sim 40°$ 时,则

$$F_k = (1.4 \sim 1.8)\pi\gamma r \qquad \text{(颗粒—颗粒)}$$

$$F_k = 4\pi\gamma r \qquad \text{(颗粒—平板)}$$

液桥力比分子作用力大 $1 \sim 2$ 个数量级。因此,在湿空气中颗粒的凝聚主要是液桥力造成的,而在粉体非常干燥的条件下则是由范德瓦尔斯力引起的。因此在空气状态下,保持细粉物料的干燥是防止颗粒团聚的极重要措施。

1.5　颗粒的团聚与分散

团聚与分散是颗粒(尤其是细粒、超细粒子)在介质中两个方向相反的行为。颗粒彼此互不相干,能自由运动的状态称为分散;在气相或液相中,颗粒由于相互作用力而形成聚合状态称为团聚。

颗粒的分散技术应用广泛,遍及化工、冶金、食品、医药、涂料、造纸、建筑及材料等领域。在化学工业领域,如涂料、染料、油墨和化妆品等,分散及分散稳定性直接影响着产品的质量和性能;在材料科学领域,复合材料及纳米材料制备的成败与超微粉体的分散稳定性紧密相连。在超微粉体的制备、分级及加工过程中分散是最关键的技术。总之在许多领域,分散已成为提高产品(材料)质量和性能、提高工艺效率不可或缺的技术手段。

1.5.1　颗粒的团聚状态

颗粒的团聚根据其作用机理可分为三种状态:凝聚体、附聚体和絮凝。凝聚体,是指以面相接的原级粒子,其表面积比其单个粒子组成之和小得多,这种状态再分散十分困难。附聚体,是指以点、角相接的原级粒子团簇或小颗粒在大颗粒上的附着,其总表面积比凝聚体大,但小于单个粒子组成之和,再分散比较容易。凝聚体和附聚体也称二次粒子。絮凝,是指由于体系表面积的增加、表面能增大,为了降低表面能而生成的更加松散的结构。一般是由于大分子表面活性剂或水溶性高分子的架桥作用,把颗粒串联成结构松散似棉絮的团状物。在这种结构中,粒子间的距离比凝聚体或附聚体大得多。

1.5.2　颗粒在空气中的团聚与分散

1.5.2.1　颗粒在空气中发生团聚的主要原因

1. 颗粒间作用力

范德瓦尔斯力、静电力和液桥力是造成颗粒在空气中的团聚的最主要的原因。这三种作用力中静电力比液桥力和范德瓦尔斯力小得多。在空气中,颗粒的团聚主要是液桥力造成的,而在非常干燥的条件下则是由范德瓦尔斯力引起的。因此,在空气状态下,保持超微粉体干燥是防止团聚的重要措施。另外,采用助磨剂和表面改性剂也是极有效的方法。

2. 空气的湿度

当空气的相对湿度超过65%时,水蒸气开始在颗粒表面及颗粒间凝集,颗粒间因形成液桥而大大增强了团聚作用。

1.5.2.2　颗粒在空气中分散的主要途径

1. 机械分散

机械分散是指用机械力把颗粒聚团打散。这是一种常用的分散方法。机械分散的必要条件是机械力(指流体的剪切力及压应力)应大于颗粒间的黏着力。通常机械力是由高速旋转的叶轮圆盘或高速气流的喷射及冲击作用所引起的气流强湍流运动而造成的。机械分散较易实现,但由于这是一种强制性分散方法,尽管互相黏结的颗粒可以在分散器中被打散,但是它们之间的作用力没有改变,当颗粒排出分散器后又有可能重新黏结聚团。另外,机械分散可能导致脆性颗粒被粉碎,且当机械设备磨损后其分散效果会下降。

2. 干燥分散

液桥力往往是分子间力的十倍或者几十倍,在潮湿空气中,颗粒间形成的液桥力是颗粒聚团的主要原因。因此,杜绝液桥力的产生或破坏已形成的液桥力是保证颗粒分散的主要手段之一。在生产过程中,常常采用加温干燥处理。例如,矿粒在静电分选前往往加温至200℃左右,以除去水分,保证物料的松散。

3. 表面改性

表面改性是指采用物理或化学方法对颗粒进行处理,有目的地改变其表面物理化学性质的技术,使颗粒具有新的机能并提高其分散性。表1.12为不同改性剂、不同掺量处理 $CaCO_3$ 粉体的结果,可见硬脂酸最佳,月桂酸次之,且不同改性剂不同掺量其分散效果也不一样。

表 1.12　有机溶剂处理 $CaCO_3$ 剪切试验结果

改性剂	硬脂酸			月桂酸			十二烷基磺酸钠			甘 油			
掺量/%	0.25	0.50	0.75	0.25	0.50	0.75	0.25	0.50	0.75	0.1	0.3	0.5	0.75
内聚力/kPa	8.49	7.93	2.59	3.19	4.86	6.12	18.99	17.68	13.10	23.21	27.02	21.31	25.17

4. 静电分散

由1.4.2节可知,对于同质颗粒,由于表面带电相同,静电力反而起排斥作用。因此,可以利用静电力来进行颗粒分散,问题的关键是如何使颗粒群充分带电。采用接触带电、感应带电等方式可以使颗粒带电,但最有效的方法是电晕带电,使连续供给的颗粒群通过电晕放电形成的离子电帘,使颗粒带电。

1.5.3　颗粒在液体中的团聚与分散

1.5.3.1　固体颗粒的润湿

颗粒表面润湿性对粉体的分散具有重要意义,是粉体分散、固液分离、表面改性和造粒等工艺的理论基础。固体颗粒被液体润湿的过程主要基于颗粒表面的润湿性(对该液体)。将一滴液体置于固体表面,便形成固、液、气三相界面,当三相界面张力达到平衡时,则界面张力与平衡润湿接触角的关系为

$$\gamma_{sg} = \gamma_{sl} + \gamma_{lg} \cos\theta \tag{1.31}$$

式中,γ_{sg}、γ_{sl} 和 γ_{lg} 分别为固-气、固-液和液-气界面张力;θ 为平衡润湿接触角,即自固液界面经液体到气液表面的夹角。

据式(1.31)可表示润湿的能量变化,润湿功 W_i 为

$$W_i = \gamma_{lg} \cos\theta \tag{1.32}$$

根据热力学第二定律,$\gamma_{lg} \cos\theta$ 越大,越易润湿,即较高的 γ_{lg} 和较低的 θ 有助于润湿的自发进行。

只要测出平衡润湿接触角,就可以判断固体的润湿性,习惯上,将 $90° < \theta < 180°$ 称为不

润湿或不良润湿，$0° < \theta < 90°$ 称为部分润湿或有限润湿，$\theta = 0°$ 称为完全润湿或铺展。根据表面接触角的大小，固体颗粒可分为亲水性和疏水性两大类，其分类见表 1.13。

表 1.13　颗粒表面润湿性的分类和结构特征关系

粉体润湿性	接触角范围	表面不饱和键特性	内部结构	实例
强亲水性颗粒	$\theta = 0°$	金属键，离子键	由离子键、共价键或金属键连接内部质点，晶体结构多样化	SiO_2、高岭土、SnO_2、$CaCO_3$、$FeCO_3$、Al_2O_3 等
弱亲水性颗粒	$\theta < 40°$	表面离子键或共价键	由离子键、共价键连接晶体内部晶体质点成配位体，断裂面相邻质点能相互补偿	PbS、FeS、ZnS、煤等
疏水性颗粒	$40° \leqslant \theta \leqslant 90°$	以分子键为主，局部区域为强键	层状结构晶体，层内质点由强键连接，层间为分子键	MnS、滑石、叶蜡石、石墨等
强疏水性颗粒	$\theta > 90°$	完全是分子键力	靠分子键结合，表面不含或少含极性官能团	自然硫、石蜡等

1.5.3.2　颗粒在液体中分散的主要途径

调节颗粒在液相中的分散性与稳定性的途径有：一是通过改变分散相与分散介质的性质来调控 Hamaker 常数，使其值变小，颗粒间吸引力下降；二是调节电解质及定位离子的浓度，促使双电层厚度增加，增大颗粒间排斥作用力；三是选用附着力较强的聚合物和对聚合物亲和力较大的分散介质，增大颗粒间排斥作用力。

颗粒在液体中的分散调控手段，大体可分为介质调控、分散剂调控、超声调控和机械调控四类。

1. 介质调控

根据颗粒的表面性质选择适当的介质，可以获得充分分散的悬浮液。选择分散介质的基本原则是：非极性颗粒易于在非极性液体中分散；极性颗粒易于在极性液体中分散，即所谓相同极性原则。

例如，许多有机高聚物(聚四氟乙烯、聚乙烯等)及具有非极性表面的矿物(石墨、滑石、辉钼矿等)颗粒易于在非极性油中分散；而具有极性表面的颗粒在非极性油中往往处于聚团状态，难于分散。反之，非极性颗粒在水中则往往呈强聚团状态。典型分散介质和分散相见表 1.14。

另外，相同极性原则需要同一系列确定的物理化学条件相配合才能保证良好分散的实现。如极性颗粒在水中可以表现出截然不同的聚团分散行为，说明物理化学条件的重要性。

2. 分散剂调控

颗粒在液体中的分散良好所需的物理化学条件，主要是通过加入适量的分散剂来实现的，分散剂的加入强化了颗粒间的互相排斥作用。

常用的分散剂主要有以下三种。

（1）无机电解质，如聚磷酸盐、硅酸钠、氢氧化钠及苏打等。聚磷酸盐是偏磷酸的直链聚合物，聚合度为 20～100；硅酸钠在水溶液中也往往生成硅酸聚合物，为了增强分散作用，通常在强碱性介质中使用。

研究表明，无机电解质分散剂在颗粒表面吸附，一方面显著地提高颗粒表面电位的绝对值，从而产生强的双电层静电排斥作用；另一方面，聚合物吸附层可诱发很强的空间排斥效应。同时，无机电解质也可增强颗粒表面对水的润湿程度，从而有效地防止颗粒在水中的团聚。

表 1.14　典型分散介质和分散相

分　散　介　质		分　　散　　相
极性液体	水	无机盐、氧化物、硅酸盐、无机粉体（如陶瓷熟料、白垩、玻璃粉、炉渣）及金属粉体
		煤粉、木炭、炭黑、石墨等炭质粉体需添加鞣酸、亚油酸钠、草酸钠等分散剂
	乙二醇、丁醇、环己醇、甘油水溶液及丙酮	锰、铜、铅、钴、镍、钨等金属粉末及刚玉粉、糖粉、淀粉及有机粉体等
非极性液体	环己烷、二甲苯、苯、煤油及四氯化碳	大多数疏水颗粒
		水泥、白垩、碳化钨等需加亚油酸作分散剂

（2）表面活性剂，阴离子型、阳离子型及非离子型表面活性剂均可用作分散剂。表面活性剂作为分散剂，在涂料工业中已获得广泛应用。表面活性剂的分散作用主要表现为它对颗粒表面润湿性的调整。如图 1.14 所示，油酸钠对碳酸钙、滑石和石墨粉体的作用影响，由图可知无论是亲水性的还是疏水性的颗粒，在分散剂浓度较低时均可使它们的表面疏水化，从而诱导出疏水作用力，使粒在水中呈团聚状态，当浓度增加到一定值时，对粉体又产生分散作用。表面活性剂对颗粒分散与团聚行为的作用都有一个转折点，即随着表面活性剂浓度增大，粉体的团聚行为增强，当达到一定值后（转折浓度），粉体开始解聚，浓度进一步增

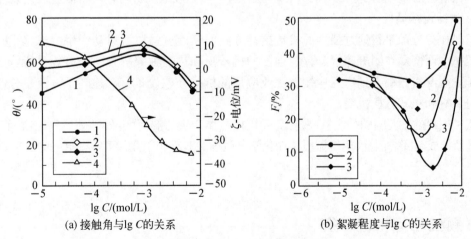

(a) 接触角与 lg C 的关系　　　(b) 絮凝程度与 lg C 的关系

图 1.14　油酸钠对粉体的分散性、润湿接触角及 ζ-电位的影响

1-碳酸钙；2-滑石；3-石墨；4-碳酸钙

大,悬浮液分散性变好。亲水性颗粒的分散聚团转折浓度高于疏水性颗粒的分散聚团转折浓度,前者大约是后者的2倍。

(3) 高分子分散剂,其吸附膜对颗粒的聚集状态有非常明显的作用。这是因为它的膜厚往往可达几十纳米,几乎与双电层的厚度相当。因此,它的作用在颗粒相距较远时便开始显现出来。高分子分散剂是常用的调节颗粒聚团及分散的化学药剂。其中聚合物电解质易溶于水,常用作以水为介质的分散剂,而其他高分子分散剂往往用于以油为介质的颗粒分散剂,如天然高分子类的卵磷脂,合成高分子类的长链聚酯及多氨基盐等。

高分子用于分散剂主要是利用它在颗粒表面吸附膜的强大的空间排斥效应。实际应用中高分子分散剂的用量较大。

3. 超声调控

超声调控是把需要处理的工业悬浮液直接置于超声场中,控制恰当的超声频率及作用时间,以使颗粒充分分散。超声分散主要是由超声频率和颗粒粒度的相互关系所决定,如图1.15所示。

超声波作用主要在两个方面:一是空化效应,当液体受到超声作用时,液体介质中产生大量的微气泡,在微气泡的形成和破裂过程中,伴随能量的释放,空化现象产生的瞬间,形成了强烈的振动波,液体中微气泡的快速形成和突然崩溃产生了短暂的高能微环境,使得在普通条件下难以发生的变化有可能实现。二是通过超声波的吸收,悬浮液中各种组分产生共振效应。另外,乳化作用、宏观的加热效应等也促进分散进行。

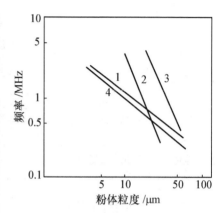

图1.15 颗粒的超声分散的界限
1-PbS;2-CuS;3-γ-Fe$_2$O$_3$;4-SiO$_2$

超声波对纳米颗粒的分散更为有效,超声波分散就是利用超声空化时产生的局部高温、高压、强冲击波和微射流等,较大幅度地弱化纳米微粒间的纳米作用能,有效地防止纳米微粒团聚而使之充分分散,但应当避免使用过热超声搅拌,因为随着热能和机械能的增加,颗粒碰撞的概率也增加,反而导致进一步的团聚。因此,超声波分散纳米材料存在着最适工艺条件。

4. 机械搅拌调控

机械搅拌分散是指通过强烈的机械搅拌方式引起液流强湍流运动产生冲击、剪切及拉伸等机械力而使颗粒团聚碎解悬浮。强烈的机械搅拌是一种碎解聚团的有效手段,这种方法在工业生产过程中得到广泛应用。工业应用的机械分散设备有高速转子—定子分散器、刀片分散机和辊式分散机等。

机械搅拌的主要问题是,一旦颗粒离开机械搅拌产生的湍流场,外部环境复原,它们又有可能重新形成聚团。因此,用机械搅拌加化学分散剂的双重作用往往可获得更好的分散效果。

1.6 颗粒几何特征表征

颗粒的粒度与形状对其产品的性质与用途有很大的影响,因此,粒度与形状的测量非常重要。例如,水泥的强度与其细度有关,磨料的粒度和粒度分布决定其质量等级,粉碎和分级也需要对其粒度进行测量。随着纳米级材料的发展,人们对粒度测量提出了更高的要求。

表 1.15 列出了颗粒粒度测量的主要方法。

表 1.15　粒度测量常见的方法

测 量 方 法		测 量 装 置	测 量 结 果
筛析法		电磁振动式、音波振动式	粒度分布直方图
沉降法	重力	比重计、比重天平、沉降天平、光透过式、X 射线透过式	粒度分布
	离心力	光透过式、X 射线透过式	粒度分布
光衍射法		激光粒度仪	粒度分布
图像分析法		放大投影器、图像分析仪(与光学显微镜或电子显微镜相连)、能谱仪(与电子显微镜相连)	粒度分布、形状参数
比表面积法		BET 吸附仪	比表面积、平均粒度

1.6.1　筛析法

所谓筛析法就是利用筛孔尺寸由大到小组合的套筛,借助振动把粉体分成若干等级,称量各级粉体的重量,从而计算得到用重量百分比表示的粒径组成。它遵循简单的"极限量规"原理,所以其测定值不受复杂的物理因素的影响。筛析法不仅能够测定粒径分布,还可使粒径范围变得狭小(使粉体粒径齐整化),所以此法还可作为测定粒径(粒径均一)的一种手段。这种粒径测定法的粒径范围为 5～125 mm,主要用于粒径较大颗粒的测量。一般粒径的测定方法以干式筛析为主,如果在细粒范围内也可采用湿式筛析。

粉体通过每一级筛子,可分成两部分,即留在筛上面的较粗的筛上物和通过筛孔的较细的筛下物。筛网的孔径和粉体的粒径通常用微米、毫米或目数来表示。所谓目数是指筛网 1 英寸(25.4 mm)长度上的网孔数。筛网目数越大,筛孔越细,反之亦然。

筛析法分析粒径组成时,实际收得各粒级粉体总量不小于试样质量的 0.1% 时,取为筛分终点。每次筛分时,实际收得各粒级粉体总量应不小于试样质量的 98%,否则需要重新测定。

随着筛析法应用的推广,各种各样的振筛机层出不穷,有古老的旋敲式摇筛机,有应用于细粉或较轻试样的声波筛,以及用于浆状试样的筛浆机,超高重力加速度摇筛机以及喷气筛。附带控制系统和分析处理软件的全自动筛分仪,可以通过电脑对整个筛分过程进行控制和记录,通过屏幕显示整个筛分过程及分析结果,使筛分实现了自动化,提高了筛分精度,节省了筛分时间。

1.6.2　沉降法

沉降法粒径测试技术是通过颗粒在液体中的沉降速度来测量粒径分布的方法。沉降粒径分析一般要将样品与液体混合制成一定浓度的悬浮液。液体中的颗粒在重力或离心力的作用下开始沉降,颗粒的沉降速度与颗粒的大小有关,大颗粒的沉降速度快,小颗粒的沉降速度慢。为此只要测量颗粒的沉降速度,就可以得到反映颗粒大小的粒径分布。但在实际测量过程中,直接测量颗粒的沉降速度是很困难的。所以通常用在液面下某一深度处测量悬浮液浓度的变化率来间接地判断颗粒的沉降速度,进而测量样品的粒径分布。

由 Stokes 定律知道,对于较粗样品,可以选择较大黏度的液体作介质来控制颗粒在重力场中的沉降速度;对于较小的颗粒,在重力作用下的沉降速度很慢,常用离心手段来加快细颗粒的沉降。所以目前的沉降式粒径仪,一般采用重力沉降和离心沉降结合的方式,这样既可以利用重力沉降测量较粗的样品,也可以用离心沉降测量较细的样品。其样品的测量范围为 $0.1 \sim 300 \ \mu m$。

(1) 沉降的基本原理

假定颗粒为刚性球体,颗粒沉降时互不干扰,颗粒下降时做层流流动,液体的容器为无限大,且不存在温度梯度。颗粒从静止开始沉降,随着速度的增加,其黏性阻力也不断地增加,当颗粒的黏性阻力等于颗粒的有效重力后,颗粒就会做匀速运动。

在已知颗粒和液体的密度和黏度后,即可按 Stokes 公式由最终沉降速度求得颗粒粒径。在使用离心沉降时,若重力与离心力相比可忽略不计,可以用离心加速度 $\omega^2 r$ 来代替重力加速度 g,获得最终沉降速度 μ 与颗粒直径 D 的关系式。

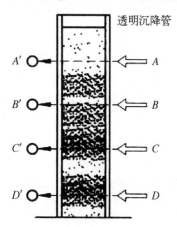

图 1.16　沉降光透法原理

(2) 光透原理

沉降光透法是建立在 Stokes 和朗伯-比尔(Lambert-Beer)定律的基础上的,将均匀分散的颗粒悬浊液装入静置的透明容器里,颗粒在重力作用下产生沉降现象,这时会出现如图1.16所示的浓度分布。面对这种浓度变化,从侧面投射光线,由于颗粒对光的吸收、散射等效应,光强减弱,其减弱的程度与颗粒的大小和浓度有关,所以,透过光强度的变化能转换为电参数的改变,根据这一原理,可以设计成各种形式的光透过沉降分析仪。

以固定在 DD' 处测量光强度为例。设沉降开始时,粉体悬浮液处于均匀状态。沉降初期,光束所处平面的颗粒达到动态平衡,即离开该平面的颗粒数与上层沉降到此的颗粒数相当。当悬浮液中存在的最大颗粒平面穿过光束平面后,该平面上不再有相同大小的颗粒来代替,这个平面的浓度也开始随之降低。

朗伯-比尔定律给出了光强与颗粒数(可转换颗粒质量)之间的关系。在整个测量过程中,系统根据 Stokes 定律计算样品中每种粒径的颗粒到达测量区的时间,并将对应时刻透过悬浮液的光强 I 一一记下,根据朗伯-比尔定律就可以求出该样品的粒度分布。

(3) 沉降粒度仪

图1.17是某沉降粒度仪的示意图。它的基本工作过程是将配制好的悬浮液转移到样品槽(沉降池),用一束平行光照射悬浮液。将透过的光信号接收、转换并输入电脑。随着沉降的进行,悬浮液中浓度逐渐下降,透过悬浮液的光亮逐渐增多,当所有的预期的颗粒都沉降到测量区以下时,测量结束。通过电脑对测量过程光信号进行处理,就可得到粒度分布数据。

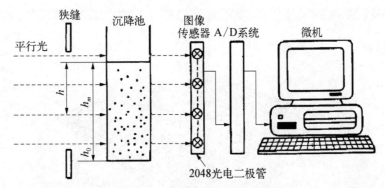

图 1.17　沉降粒度仪的工作原理

沉降粒度仪测定粉体粒径需要获得合适的悬浮体系。为此,悬浮液即沉降介质应满足如下要求:① 介质密度应该小于所测量的粉体颗粒的理论密度;② 粉体颗粒不溶于介质,也不与介质发生反应;③ 沉降介质对粉体颗粒要有良好的润湿性;④ 沉降介质的黏度要合适,使颗粒沉降不会太快也不会太慢。最常用的沉降介质是水,为了保证较粗颗粒沉降在层流区内进行,常用甘油作黏稠剂,增大介质的黏度。对水溶性样品沉降介质通常选用乙醇、正丁醇、丙酮、环己酮或苯等有机溶剂。当粉体颗粒在沉降的介质中不能得到很好地分散时,需加入适量的分散剂。常用的分散剂有焦磷酸钠和六偏磷酸钠等,这时要注意加入的分散剂是否对试样颗粒有溶解作用。分散剂的浓度一般为 0.1~0.5 g/L,分散剂浓度过高或过低都会对分散效果产生负面影响。当用乙醇、环乙醇、异丁醇等有机溶剂做沉降介质时,一般不用加分散剂。

为获得分散良好的悬浮液,可对悬浮液进行超声振荡或在负压下排气。悬浮液的起始浓度按照样品粒径大小、密度和颜色而定,一般 $\lg(I/I_0)$ 为 1.300~1.400 较合适。大多数仪器都会记录悬浮液的初始光密度或 X 射线吸收值,该值对应于 100% 累积粉末。开始测试之前,应将仪器调零,使光密度或 X 射线吸收值在纯液体的情况下对应于零。

1.6.3　光衍射法

(1) 基本原理

在光的传播过程中,若所遇到的障碍物(例如小孔、狭缝、细针、小颗粒)的尺寸比光的波长大得不多,就会产生衍射现象。光的衍射现象按光源、衍射开孔(或者屏障)和观察屏幕(又称衍射场)三者之间的距离大小通常分为两种类型:一种是菲涅耳(Fresnel)衍射,其光源和衍射场或二者之一到衍射开孔的距离都很小,又称近场衍射;另一种是夫琅禾费(Fraunhofer)衍射,其光源和衍射场或两者之一都在离衍射开孔无限远处。激光粒径分析仪主要是建立在夫琅禾费衍射原理的基础上。

当光束通过没有粒子存在的被测区时,在衍射场得到的是一集中光斑。如果存在一个球形粒子,则衍射图样由中心的一个亮斑和由中心向外一圈一圈越来越弱的亮环组成。衍射光的强度如图 1.18 所示,光学上称为 Airy 图。

除了颗粒为球形外,如果假定所有颗粒都比波长大许多,而且考虑接近正方向(口很小)的衍射,则衍射光的强度可用式(1.33)表示:

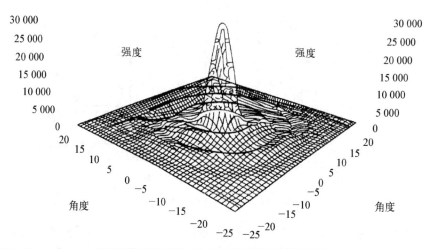

图 1.18　一个 3 μm 球形颗粒光衍射强度与角度的关系(折射系数为 1.60,波长为 633 nm)

$$I(\theta) = I_0 k^2 d^4 \frac{J_1 (kd\sin\theta)^2}{kd\sin\theta} \tag{1.33}$$

式中,I_0 为入射光强度;θ 为相对入射方向的夹角;k 为 $2\pi/\lambda$;J_1 为贝塞尔函数;d 为粒子半径。

式(1.33)称为夫琅禾费近似公式,它表明衍射现象及强度的变化依赖于颗粒的粒径形状和光学特性。

夫琅禾费近似公式没有利用材料光学特性的任何知识。因此,它可用于由不同材料混合而成的样品的测量,在实验中,夫琅禾费近似公式对于那些较大的颗粒(粒径至少为光波长的 40 倍),或一些较小的不透明的颗粒,或相对于悬浮介质有一个高的折射系数的颗粒是有效的。然而,对于那些相对折射系数较低的小颗粒,按体积比例描述某一已知粒径时就出现了错误。这是因为夫琅禾费公式中假定所有颗粒粒径相对于样品的吸收率都是常数。在商用仪器中,其他一些特殊衍射的近似方程,比如米氏(Mie)散射理论也得到了有限的应用。这里应假设:① 所有颗粒均为球形;② 所有颗粒都是完全不透明的;③ 颗粒与分散介质间的折射系数较小(比率小于 1.1)。

当用激光照射系列尺寸颗粒的时候,类似的衍射也会出现。但是由于颗粒对于衍射的强度的贡献不止一个圆环,因此这种激光衍射图案可用一个矩阵表示。实际的商用仪器都是通过在矩阵形式中选择的多元探测器的几何形状来实现的。此矩阵形式用来描述 m 个颗粒粒径区间中的每个区间的单位体积是怎样在每个探测器元件中作为一个信号出现的。例如,在矩阵中的第一行($\boldsymbol{M}_{11}$,……,$\boldsymbol{M}_{1m}$)描述了所有 m 个粒径区间的单位体积在第一个探测器上的信号,而第一列($\boldsymbol{M}_{11}$,……,$\boldsymbol{M}_{n1}$)表示第一个粒径区间在 n 个探测器元件中的每一个分布。在矩阵计算法中,可以写为

$$\boldsymbol{L} = \boldsymbol{M} \times \boldsymbol{S} \tag{1.34}$$

式中,$\boldsymbol{L}$ 为光电流的矢量(I_1, I_2, $\cdots I_n$);$\boldsymbol{M}$ 为散射矩阵;$\boldsymbol{S}$ 为颗粒分布。

在式(1.34)中,探测器信号的集合可看做是粒径分布与散射矩阵的乘积的结果。在实际的测量实践中,也需要这个问题的逆矩阵。因此,来自所有探测器中的信号都要测量。经仪器计算过的矩阵就是有效的,并且颗粒分布可以从式(1.35)得到:

$$\boldsymbol{S} = \boldsymbol{M}^{-1} \times \boldsymbol{L} \tag{1.35}$$

应当注意的是,这种变换需要一定的约束条件。不同厂家的约束条件依赖于它们的设计、探测器的数量、噪声水平和经验。

(2) 激光衍射装置

图 1.19 为一个典型的激光衍射粒度仪的装置示意图。光源是一个发出单色的相干的平行光束的激光器,随后是一个光束处理单元,通常是一个带有积分过滤器的光束放大器,产生一束近乎理想的光束用来照射分散的颗粒。一定角度范围内的散射经傅里叶透镜聚焦在没有矩阵探测器的平面上。

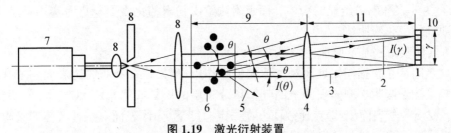

图 1.19 激光衍射装置

1—探测器;2—被散射光;3—直射光;4—傅里叶透镜;5—未被透镜收集的散射光;6—粒子;
7—激光源;8—光束处理单元;9—透镜 4 的工作距离;10—多元探测器;11—透镜 4 的焦距

激光衍射粒度仪所探测的颗粒流可以用气体运载,也可以用液体运载,如采用悬浮液的循环系统,循环路径上配备有搅拌器、超声波元件、泵和吸管。

颗粒流可在傅里叶透镜前面和在其工作范围内进入平行光束,入射光束和颗粒的相互作用就形成了不同角度下不同光强的衍射图。由直接光和衍射光组成的光强角度分布 $I(\theta)$ 被一个正像透镜或一个透镜组聚焦到多元探测器平面上。在一定范围内衍射图的形状不依赖于光束中颗粒位置。因此,连续的光强角度分布 $I(\theta)$ 在多元探测器上就被转变成一个连续的空间光强分布 $I(\gamma)$。毫无疑问,颗粒系统散射图与所有随机相对位置的单个颗粒的衍射图的总和是相同的,需要注意的是只有限定角度范围(小角度)的衍射光才可被透镜聚焦,从而被探测器测到。

探测器一般是由大量的光电二极管阵列组成,光电二极管将空间的光强分布 $I(\gamma)$ 转变成一系列光电流 I_n,随后电子元件将光电流转化成一系列强度或能量的矢量 L_n,并使之数字化,L_n 就代表散射图。中央元件用来测量非散射光强度,通过计算,进行光学浓度的测量。一些仪器能提供具有特殊几何形状的中央元件,以便通过移动探测器或透镜进行探测器的中心定位和再聚焦。

激光粒度仪中的计算机用来测量、储存和控制探测信号,以及计算探测信号的矩阵模型,该矩阵包括单位粒径和单位体积的光衍射矢量,由此可以计算出颗粒的粒径分布。

测试时,悬浮液的制备一般采用水或醇类作为溶液介质。为促进颗粒的分散,可加入适当的分散剂,如六偏磷酸钠。准确称量试样后,加入溶液中采用机械搅拌或超声振动。如使仪器在探测器中得到一个可接受的信噪比,大约有 5% 的样品质量浓度。同样它也应有浓度上限,对于许多仪器,为了避免复杂散射,对于那些大于 20 μm 的颗粒,质量浓度上限约为 35%;对于小于 20 μm 的颗粒,其浓度值应保持在 15% 以下。一般来说,多元衍射在较大角度出现,若无多元衍射校正,细粉的计算数量将超过真实值。如果在高浓度下工作的话,应纠正多元衍射带来的误差,否则将会出现系统误差。另外最佳浓度与颗粒的粒径有一定的比例关系,较小的颗粒需要较低的浓度。基于上述观点,对于任何待测试样的原料,为确定其颗粒最佳浓度范围,应在不同的颗粒浓度下进行多次测量。

1.6.4 比表面积法

比表面积是指单位重量(或体积)粉体材料中所具有的表面积之和,它与粉体的许多物理、化学性质(如吸附、溶解、烧结活性等)直接相关。假定颗粒为球形,测定比表面积可以推算出粉体的平均粒径。反之,粒度分布测定后,也可以推算比表面积。粉体比表面积的测定通常采用吸附法和透过法。透过法虽然结构简单,造价低廉,但是测量粒度较大(平均大于5 μm),且为非多孔颗粒组成的粉体。而吸附法给出粉末的比表面积更有实用意义,因此本小节主要介绍气体吸附法。

(1)气体吸附法基本原理

气体吸附法是根据固体表面对气体的吸附作用,测量多孔介质的比表面积或孔隙。其测量原理是测量吸附在固体表面上的气体单分子层的质量或体积,再由气体分子的截面积计算 1 g 物质的总表面积,即克比表面。在一定温度下,固体表面对某种气体的吸附量随气体压强升高而升高。吸附量对压强的曲线称为吸附等温线。

在一定条件下,等温线可以用 BET 公式描述:

$$\frac{P}{V(P_v - P)} = \frac{1}{V_m C} + \frac{C-1}{V_m C} \cdot \frac{P}{P_v} \tag{1.36}$$

式中,P 为吸附平衡时的气体压力;P_v 为吸附气体的饱和蒸气压;V 为被吸附气体的体积;V_m 为固体表面被单分子层气体覆盖所需气体的体积;C 为常数。

实验表明,当 P/P_v 为 0.05~0.3 时,如果将 $P/V(P_v - P)$ 看作 P/P_v 的函数,那么前者是后者的直线函数(习惯上称 BET 图)。由其斜率 $A = \frac{C-1}{V_m C}$ 和截距 $B = \frac{1}{V_m C}$ 可求出单层容量为 $V_m = \frac{1}{A + B}$。

再假定吸附层中的被吸附的气体分子和其液体分子一样,都按最紧密方式排列,那么,用一个气体分子的横截面 A_m 去乘以 $V_m N_A/22\,400W$ 就得到粉体的克表面:

$$S = A_m V_m N_A / 22\,400W \tag{1.37}$$

式中,S 为克表面;N_A 为阿伏伽德罗常数;V_m 为单层容量;W 为取样质量。

表 1.16 为几种常见的吸附气体分子的截面积。

表 1.16 吸附气体分子的截面积

气 体 名 称	液化气体密度/(g/cm³)	液化温度/℃	分子截面积/Å²
N_2	0.808	−195.8	16.2
O_2	1.14	−183	14.1
Ar	1.374	−183	14.4
CO	0.763	−183	16.8
CO_2	1.179	−56.6	17.0
CH_4	0.391 6	−140	18.1
NH_3	0.688	−36	12.9

（2）比表面积测定仪

用 BET 方法测量表面积，关键是测量吸附量随气体压强的变化（测两个以上点），主要难点是测吸附量。

目前比较流行的吸附量的测量方法有两种：一是容量法，二是色谱法。容量法通过精确测量吸附前后的压强、体积和温度来计算不同相对压强下气体的吸附量。色谱法是一种动态方法，让流动的吸附气体和载气的混合气体连续通过待测试样，通过改变吸附气体的流速，改变混合气中吸附气的比例，得到不同的吸附气体相对压强。在不同压强下，使试样温度低于吸附气体的液化温度，吸附气体部分被试样吸附；当混合气中的吸附气分压达到平衡压强，即试样再回到室温，试样上的吸附气被解吸，在吸附和解吸过程中，混合气流中的吸附气体的浓度将发生变化，用色谱可以测出这种变化，进而可推算出试样的比表面积。

以液氮为吸附质的比表面积测量方法是国家规定的标准方法，具有精度高，测量范围广等优点。

1.6.5 图像分析法

显微镜法也称图像分析法，可通过光学或电子（透射式、扫描式）显微镜直接对粉体颗粒的大小、形状、表面形貌、颗粒结构状况（如孔隙、疏松状况等）进行观测，是唯一能直接测量颗粒大小的方法。图像分析法除了可以测定颗粒的大小、形状、粒度分布之外，还可作为其他间接测定方法的基准。

光学显微镜和电子显微镜都可以对颗粒进行粒度分析和形貌分析，光学显微镜主要用于粗颗粒的分析，电子显微镜主要用于细颗粒的分析。

显微镜法测量的下限取决于显微镜的分辨率。如果被测量的两个颗粒相距很近，当边缘之间的距离小于分辨率时，由于光的衍射现象，两个颗粒图像会衔接在一起而被看做是一个颗粒。若颗粒的尺寸小于分辨率，颗粒图像的边缘将会变得模糊。而显微镜的分辨率取决于光学系统的工作参数和光的波长。普通光学显微镜的分辨率为 $0.1\ \mu m$，通常用于粒径为 $0.5 \sim 200\ \mu m$ 颗粒的测量。扫描电子显微镜的分辨率可达 0.8 nm，可用于 $0.005 \sim 50\ \mu m$ 颗粒测量。透射电子显微镜的分辨率可达 0.2 nm，可用于几个纳米至几个微米粒径的测量。

显微镜观测和测量的只是颗粒的平面投影图像。多数情况下，颗粒在平面上的取位是其重心最低的一个稳定位置，空间高度方向的尺寸一般会小于它的另两个方向上的尺寸。颗粒为球形时，可由其投影图像测量其粒径。当颗粒为不规则形状时，测量的结果是表征该颗粒的二维尺度，而不能反映其三维尺度。

显微镜法测量粉体粒径时，所用的粉体量极少。因此，重要的问题是从粉体中获取具有代表性的均匀分散的少量粉体。为获得具有统计意义的测量结果，显微镜法需要对尽可能多的颗粒进行测量，被测的颗粒数越多，测量结果越可靠。当标准偏差小于等于 2% 时（这是大多数情况下能够接受的误差值），可利用期望标准偏差公式，求出要求测量的最少颗粒数为 625 个。显微镜法测量时，首先获得的是若干个粒级内颗粒的数目，然后给出各粒级粒径的频率分布、累积分布，以及平均粒径等。

1. 光学显微镜

用透光式光学显微镜法测量粉末是一种通用的方法。采用普通光学显微镜测量时，为了使粉体颗粒均匀分散在载玻片上,要完全破坏颗粒的聚集状态,使之呈单个颗粒状态暴露在视场中,一般采用对粉末润湿性好、不与粉末起化学作用、易挥发的有机溶剂作为分散剂,如酒精、丙酮、二甲苯、醋酸乙酯等。制样时,可取少量粉末置于载玻片上后滴加分散介质,用另一玻璃片搓动,待分散介质完全挥发后,即可观察。对于粒径小于 5 μm 的粉末,用上述方法较难分散,可将粉末分散在液体介质中形成浓度较小的悬浮液,超声分散一段时间后取几滴加在载玻片上,待分散介质挥发后观察。

观察时首先将载玻片置于显微镜载物台上。通过选择适当的物镜、目镜放大倍数和配合调节焦距,使粒子的轮廓清晰。粒径的大小用标定过的目镜测微尺(测微尺的种类很多,常用的有直线测微尺和网格测微尺)度量。样品粒度的范围过宽时,则小颗粒会隐伏在大颗粒的阴影下,而影响测定结果,可采用筛分法将试样先行分级,然后拍摄各个粒级的显微镜照片,并测定其个数基准的分布,经换算为质量基准后,再以分级时各个粒级的质量比分配进行计算。

目前已经发明了许多全自动或半自动的显微镜颗粒测量仪器,如图像分析仪。它首先获得颗粒投影图像,然后对颗粒进行计数、测量和计算,并给出各种要求的分析结果。

2. 透射电子显微镜

(1)原理

透射电子显微镜(Transmission Electron Microscope,TEM),简称透射电镜,是利用电子的波动性来观察固体材料内部的各种缺陷和直接观察原子结构的仪器。透射电子显微镜是把经加速和聚集的电子束投射到非常薄的样品上,电子与样品中的原子碰撞而改变方向,从而产生立体角散射。散射角的大小与样品的密度、厚度相关,因此可以形成明暗不同的影像。其成像方式与光学显微镜相似,只是以电子透镜代替玻璃透镜,放大后的电子像在荧光屏上显示出来。由于成像透镜总是对通过它的光波有衍射效应(相当于小孔衍射),衍射效应会使像变得模糊,因而影响透镜的分辨率。照明光源的波长越短,衍射效应的影响越小。图1.20为透射电子显微镜的光路示意图。透射电镜一般由电子光学系统(照明系统)、成像放大系统、电源和真空系统四大部分组成。

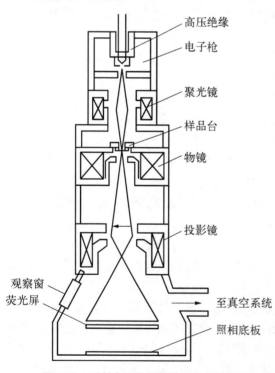

图 1.20 透射电子显微镜的光路示意图

(图中标注:高压绝缘、电子枪、聚光镜、样品台、物镜、投影镜、观察窗、荧光屏、至真空系统、照相底板)

目前,常见的透射电镜分辨率为 0.2~0.3 nm,电压为 100~500 kV,放大倍数为 50~1 200 000 倍。电镜可增加探测器和电子能量分析附件,如能谱(Energy Dispersive Spectroscopy,EDS)、电子能量损失谱(Electron Energy Loss Spectroscopy,EELS)、Z衬度像成像(如高角环形暗场像,High-Angle Annular Dark Field,HAADF)和原子拉伸试样台

等配件,使其成为微观形貌观察、晶体结构分析和成分分析的综合性仪器。透射电镜主要用来分析固体颗粒的形状、大小、粒度分布等,同时可用于研究材料的微观形貌与结构。

(2) 样品制备

TEM 应用的深度和广度在一定程度上取决于试样制备技术。能否充分发挥电镜的作用,样品的制备是关键,必须根据不同仪器的要求和试样的特征选择适当的制备方法。

对于透射电镜常用的 50～200 kV 电子束,样品厚度应控制在 100～200 nm,样品经铜网承载,装入样品台,放入样品室进行观察。常用的铜网直径为 3 mm 左右,孔径有数十微米。样品制备方法有很多,常用的有支持膜法、复型法、晶体薄膜法和超薄切片法四种。粉末试样和胶凝物质水化浆体多采用支持膜法。该法将试样载在一层支持膜上或包在薄膜中,该薄膜再用铜网承载。支持膜的作用是支撑粉体试样,铜网的作用是加强支持膜。常用的支持膜材料有火棉胶、聚醋酸甲基乙烯酯、碳、氧化铝等。除了能将上述材料单独做支持膜材料外,还可以在火棉胶等塑料支持膜上再镀上一层碳膜,以提高其强度和耐热性。镀碳后的支持膜称为加强膜。支持膜上的粉体试样要求高度分散。

3. 扫描电子显微镜

(1) 构造与原理

扫描电子显微镜(Scanning Electron Microscope,SEM),简称为扫描电镜,利用细聚焦电子束在样品表面逐点扫描,与样品相互作用产生各种物理信号,这些信号经检测器接收、放大并转换成调制信号,最后在荧光屏上显示反映样品表面各种特征的图像。扫描电镜具有景深大、图像立体感强、放大倍数范围大、连续可调、分辨率高、样品室空间大且样品制备简单等特点。扫描电镜所需的加速电压比透射电镜要低得多,一般为 1～50 kV,扫描电镜的电子光学系统与透射电镜有所不同,其作用仅仅是为了提供扫描电子束,作为使样品产生各种物理信号的激发源。扫描电镜最常使用的是二次电子信号和背散射电子信号,前者用于显示表面形貌衬度,后者用于显示原子序数衬度。SEM 与 EDS 组合,可以进行成分分析。

扫描电镜主要包括电子光学系统、扫描系统、信号检测放大系统、图像显示和记录系统、电源和真空系统等。其工作原理如图 1.21 所示。

(2) 试样制备

试样制备技术在电子显微技术中占有重要的地位,它直接关系到电子显微图像的观察效果和对图像的正确解释,与透射电镜相比其试样制备比较简单。

粉体状试样的制备:首先在载物盘上黏上双面胶带,取少量粉体试样放在靠近载物盘圆心部位的胶带上,然后用吹气橡胶球朝载物盘径向朝外方向轻吹,使粉体可以均匀分布在胶带上,也可以把黏结不牢的粉体吹走。然后在胶带边缘涂上导电银浆以连接样品与载物盘,等银浆干了之后进行蒸金处理(注意:无论是导电还是不导电的粉体试样都必须进行蒸金处理,因为试样即使导电,但是在粉体状态下颗粒间紧密接触的概率是很小的,除非采用价格较昂贵的碳导电双面胶带)。

溶液试样的制备:对于溶液试样一般采用薄铜片作为载体。首先,在载物盘上黏上双面胶带,再黏上干净的薄铜片,然后把溶液小心地滴在铜片上,等干了之后观察析出来的样品量是否足够,如果不够再滴一次,等再次干了之后就可以涂导电银浆和蒸金。

4. 原子力显微镜

原子力显微镜(Atomic Force Microscope,AFM)是一种利用原子、分子间的相互作用

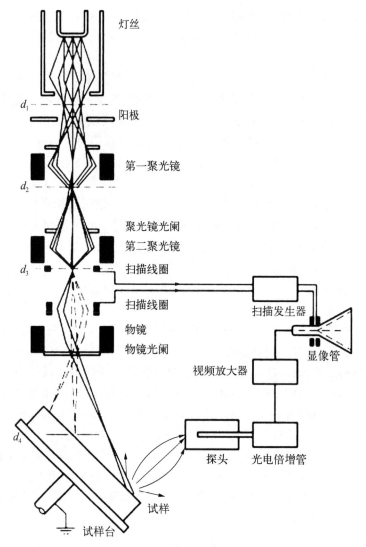

灯丝

阳极

第一聚光镜

聚光镜光阑
第二聚光镜

扫描线圈

扫描线圈

物镜
物镜光阑

扫描发生器

显像管

视频放大器

探头　光电倍增管

试样

试样台

图 1.21　扫描电镜工作原理示意图

力观察物体表面微观形貌,从而研究固体材料表面结构的分析仪器。通过检测待测样品表面和一个微型力敏感元件之间的极微弱的原子间相互作用力,来研究物质的表面结构及性质。将对微弱力极端敏感的微悬臂一端固定,另一端的微小针尖接近样品,这时它将与样品相互作用,作用力将使得微悬臂发生形变或运动状态发生变化。扫描样品时,利用传感器检测这些变化,就可获得作用力分布信息,从而以纳米级分辨率获得表面结构信息。

　　AFM 主要由带针尖的微悬臂、微悬臂运动检测装置、监控其运动的反馈回路、使样品进行扫描的压电陶瓷扫描器件、计算机控制的图像采集、显示及处理系统组成。当针尖与样品充分接近,相互之间存在短程相互斥力时,检测该斥力可获得表面原子级分辨图像,一般情况下分辨率也在纳米级水平。AFM 测量对样品无特殊要求,可测量固体表面、吸附体系等。

　　当探针很靠近样品时,其顶端的原子与样品表面原子间的作用力会使悬臂弯曲,偏离原来的位置。根据扫描样品时探针的偏离量或振动频率重建三维图像,就能间接获得样品表面的形貌或原子成分。

AFM 与 SEM 的不同之处在于,SEM 只能提供二维图像,而 AFM 提供的是真正的三维表面图。同时,AFM 不需要对样品做任何的特殊处理,如镀铜或碳,这种处理对样品会造成不可逆转的伤害。此外,SEM 需要在高真空条件下运行,而 AFM 在常压下甚至在液体环境下均可以正常工作。

1.7 工程案例

案例:水泥助磨剂的应用

建筑、水利等行业用到的必不可少的原材料就是水泥,目前中国是世界第一水泥产量大国,2018 年全国水泥总产量达到 21.8 亿吨,占世界水泥总产量的 50% 以上。水泥行业是能耗大户,能量利用率低,不仅提高了生产成本,也给环境带来了巨大压力。每生产 1 t 水泥需要粉磨物料约 3 t,粉磨过程的电耗约占水泥生产总电耗的 60.7%,而粉磨过程所消耗的电能只有 0.6%～1% 用于减小物料的粒度。

水泥在粉碎的进程中,物料颗粒受到外力作用时,颗粒被逐步粉碎,颗粒粒径逐渐变小,随着颗粒被不断粉碎和颗粒断裂面的生成,范德瓦尔斯力、价键力等短程力逐渐由附属地位转变为支配地位,一方面碎粒表面的自由能不断增高,阻碍颗粒被进一步细碎,另一方面碎粒的表面上出现不饱和的价键点,带有正电荷或负电荷的结构单元,使颗粒处于亚稳定的高能状态,在适当的条件下,断裂面又会重新黏合,或者碎粒与碎粒再相互吸引,聚合起来结合成大颗粒,回到稳定状态。可以认为粉碎过程是一个粉碎与团聚的可逆过程;当这种正反两个过程的速度相等时,便达到粉碎平衡,颗粒尺寸达到极限值。

$$大颗粒 \underset{粗化 \quad 聚合}{\overset{粉碎 \quad 细化}{\rightleftharpoons}} 小颗粒$$

水泥助磨剂是一种具有较高表面活性的化学物质,在粉磨过程中加入适量助磨剂,它能迅速吸附在颗粒表面,一方面,助磨剂吸附于物料表面的裂纹上,降低裂纹的表面自由能,助磨剂分子在新生表面的吸附可减小裂纹扩展所需的外应力,防止新生裂纹的重新闭合,促进裂纹的扩展,从而可以减小使其断裂所需的应力。另一方面,随着颗粒的断裂,在断裂面上会产生电子密度的变化和不饱和电价,在没有外来离子或分子将这些活性点屏蔽时,它们便会彼此吸引,积聚形成松散的团聚体;助磨剂的作用就是能够迅速地提供外来离子或分子,使新生断面上不饱和的价键得到饱和,颗粒之间的聚合作用受到屏蔽,即屏蔽了水泥颗粒的一些带电活性点,使其荷电性质趋于平衡,从而避免了细颗粒的聚合和细粉的粘球、挂壁现象,提高粉体的分散性和流动性。从而,提高了粉磨细度和粉磨效率。

$$大颗粒 \xrightarrow[浸润 \quad 价键饱和 \quad 屏蔽聚合 \quad 细化]{水泥助磨剂} 细小颗粒$$

国外使用助磨剂粉碎作业已有 70 多年的历史。目前采用助磨剂生产的水泥越来越多,北美和西欧国家对水泥助磨剂的使用率为 85％以上,中欧与亚太地区的使用率超过 30％,中南美洲和非洲超过 10％,使用率最高的国家是日本和美国,达 98％以上。

思考题

1. 何谓三轴径、当量径?

2. 何谓粒度分布、累积分布、频率分布?

3. 说明 RRB 的统计表达式中特征粒径的意义。

4. 表面积形状系数和体积形状系数的关系是什么?

5. 颗粒的团聚根据其作用机理可分为几种状态?

6. 在空气中颗粒团聚的主要原因是什么? 什么作用力起主要作用? 若是在非常干燥的条件下是什么作用力起主要作用?

7. 颗粒在空气中和在液体中分散的主要途径各有哪些?

8. 在粉碎过程中,其粉碎所消耗的功可用下式计算:

$$E = C_R \left(\frac{1}{D_2} - \frac{1}{D_1} \right)$$

式中,D_1、D_2 为物料破碎前后的平均粒径;C_R 为比例常数。试用定义函数法确定公式中 D_1、D_2 采用何种平均径。

9. 某磨机第一仓的钢球级配:$\phi 90$、3t,$\phi 80$、5t,$\phi 70$、7t,$\phi 60$、4t。计算这些钢球的平均球径。

10. 今测得某物料经磨机粉磨后,其产品中小于 50 μm 的颗粒含量为 70％,并已知该粉磨产品符合 RRB 分布,均匀性系数为 0.8,试求产品中介于 20～25 μm 的颗粒量所占总颗粒量的百分数。

2 粉 体 物 性

本章提要

本章主要介绍了粉体堆积、摩擦和流动等粉体的基本物性。包括粉体的堆积参数,等径球形颗粒群的规则堆积和实际堆积,不同粒径球形颗粒群的密实堆积,实际颗粒的堆积及影响颗粒堆积的因素,粉体的休止角、内摩擦角、莫尔圆、壁摩擦角和滑动摩擦角及库仑定律,开放屈服强度和 Jenike 流动函数。

2.1 粉体堆积参数

2.1.1 容积密度

容积密度 ρ_B 是指在一定填充状态下,粉体的质量与它所占体积的比值,即每单位容积体积的粉体质量。亦称表观密度。

$$\rho_B = \frac{\text{填充粉体的质量}}{\text{粉体填充体积}} = \frac{V_B(1-\varepsilon)\rho_p}{V_B} = (1-\varepsilon)\rho_p \tag{2.1}$$

式中,V_B 为粉体填充体积(m^3);ρ_p 为颗粒密度(kg/m^3);ε 为空隙率。

2.1.2 空隙率

空隙率 ε 是指在一定填充状态下,颗粒间空隙体积占粉体填充体积的比率。

$$\varepsilon = \frac{\text{粉体填充体积} - \text{填充的颗粒体积}}{\text{粉体填充体积}} = 1 - \frac{\rho_B}{\rho_p} \tag{2.2}$$

2.1.3 填充率

填充率 ψ 是指在一定填充状态下,填充的粉体体积占粉体填充体积的比率。

$$\psi = 1 - \varepsilon = \rho_B/\rho_p \tag{2.3}$$

2.1.4 配位数

颗粒的配位数 $k(n)$ 是指粉体堆积中与某一颗粒所接触的颗粒个数。粉体层中各个颗粒有着不同的配位数,用分布来表示具有某一配位数的颗粒比率时,该分布称为配位数分布。

2.2 球形颗粒的堆积

2.2.1 等径球形颗粒群的规则堆积

若以等径球在平面上的排列作为基本层,则有图 2.1 所示的正方形排列层和单斜方形排列层或六方系排列层(亦称六方形排列层)。如取图中涂黑的 4 个球作为基本层的最小单位,并将各个基本排列层组合起来,则可得到如图 2.2 所示的 6 种空间形式,取相邻的 8 个球,连线相邻两球球心得到一平行六面体,作为等径球形颗粒规则堆积的最小组成单位,称为单元体,其空间特性如图 2.3 所示,表 2.1 汇总了它们的空间特征的计算结果。若将排列 2 回转 90°,则成为排列 4,排列 3 回转 125°16′则成为排列 6,其空间特性相同。排列 1 和 4 是最疏填充,排列 3 和 6 是最密填充。

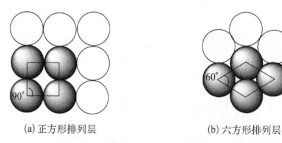

(a) 正方形排列层　　　　　　(b) 六方形排列层

图 2.1　等径球形颗粒的基本排列

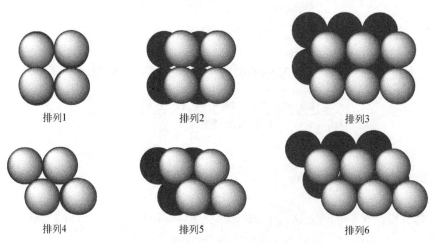

排列1　　　　　　排列2　　　　　　排列3

排列4　　　　　　排列5　　　　　　排列6

图 2.2　基本排列层的堆积方式

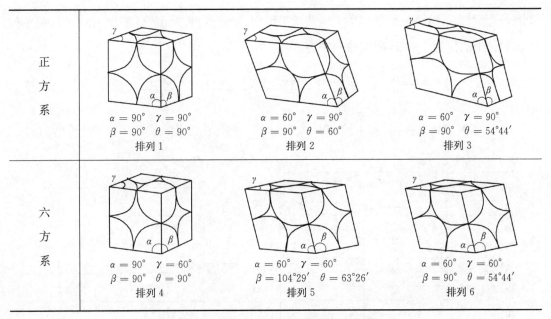

图 2.3　单元体（θ 为各单元体右侧面同水平面的夹角）

表 2.1　等径球规则堆积的结构特性

排列号	排列组	名　称	单元体		空隙率	填充率	配位数
			总体积	空隙体积			
1		立方堆积,立方最疏堆积	1	0.476 4	0.476 4	0.523 6	6
2	正方系	正斜方体堆积	0.866	0.342 4	0.395 4	0.604 6	8
3		菱面体堆积或面心立方体堆积	0.707	0.183 4	0.259 4	0.740 6	12
4		正斜方体堆积	0.866	0.342 4	0.395 4	0.604 6	8
5	六方系	楔形四面体堆积	0.750	0.226 4	0.301 9	0.698 1	10
6		菱面体堆积或六方最密堆积	0.707	0.183 4	0.259 5	0.740 6	12

2.2.2　等径球形颗粒群的实际堆积

　　等径球在实际堆积时,由于颗粒的碰撞、回弹、颗粒间相互作用力以及容器壁的影响,因而不能达到前述的规则堆积结构。即使十分谨慎地向圆筒容器中填充玻璃球或钢球时,其空隙率仍比规则堆积的大,在 0.35～0.40 内变化。

　　Smith 等人将半径 3.78 mm 的铅弹子自然地填入直径为 80～130 mm 的烧杯中,测得平均空隙率 ε 不同的五种填充的配位数分布(图 2.4)以及平均空隙率和平均配位数的关系(图 2.5)。趋势表明,空隙率越大,曲线越接近高斯分布;空隙率越小,配位数越大。理论计算假设堆积中,六方最密填充和立方最疏填充以某一比例混合。其平均空隙率(或总空隙率)用式(2.4)表示

$$\varepsilon = 0.259\,5x + 0.476\,4(1-x) \tag{2.4}$$

式中,x 为六方最密填充的比例数。由表 2.1 可知,上述两种单元的体积比为 $\sqrt{2}:1$,每单位体积的粒子数比为 $1:\sqrt{2}$,配位数分别为 6 和 12,因此,平均配位数为

$$k(n)=\frac{12\sqrt{2}\cdot x+6(1-x)}{\sqrt{2}\cdot x+(1-x)}=\frac{6(1+1.828x)}{1+0.414x} \tag{2.5}$$

显然,实测填充物的空隙率 ε 后,代入式(2.4)求 x,然后将 x 代入式(2.5)便能计算出 $k(n)$。

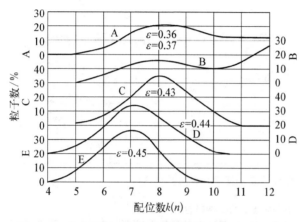

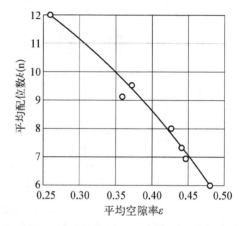

图 2.4　平均空隙率不同的五种填充的配位数分布(smith)　　图 2.5　平均空隙率和平均配位数的关系(smith)

Rumpf 等人研究提出配位数与空隙率的近似式

$$k(n)\varepsilon=3.1\approx\pi \tag{2.6}$$

应该指出,即使配位数相同,但颗粒层的空隙率可能在某一范围内变化,因此,按配位数及其分布严格地表征填充状态是不精确的。

2.2.3　不同粒径球形颗粒群的密实堆积

2.2.3.1　Horsfield 填充

在等径球颗粒规则堆积的基础上,等径球之间的空隙理论上能够由更小的球填充,可得到更紧密的填充体。

等径球颗粒按图 2.2 所示六方系最密填充状态进行填充时,球与球间形成的空隙大小和形状是有规则的,如图 2.6 所示有两种孔型:6 个球围成的四角孔和 4 个球围成的三角孔。设基本的等径球称为 1 次球(半径 r_1),填入四角孔中的最大球称为 2 次球(半径 r_2),填入三角孔中的最大球称为 3 次球(半径 r_3),其后,再填入 4 次球(半径 r_4),5 次球(半径 r_5),最后以微小的等径球填入残留的空隙中,这样就构成了六方最密填充,称 Horsfield 填充。根据图 2.6 中的几何关系可解得:与 C、E 相切的 2 次球 J 的半径,与 A、E 球相切的 3 次球 K 的半径,与 C 球和 J 球相切的 4 次球 L 的半径及 5 次球 M 的半径,其结果列于表2.2。以上 1～5 次球逐次填充后其空隙率为 0.149,再把微小的等径球以六方最密的形式填充此空隙中,则可得最终的空隙率为 0.039 的最密填充结构。

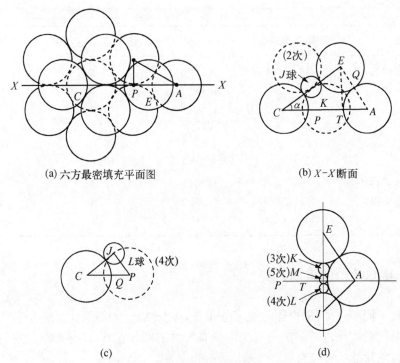

(a) 六方最密填充平面图   (b) X-X 断面

(c)   (d)

图 2.6 Horsfield 填充

表 2.2 Horsfield 填充

填充状态	球的半径	球的相对个数	空隙率	填充状态	球的半径	球的相对个数	空隙率
1 次球	r_1	1	0.259 4	4 次球	$0.177r_1$	8	0.158
2 次球	$0.414r_1$	1	0.207	5 次球	$0.116r_1$	8	0.149
3 次球	$0.225r_1$	2	0.190	填充材料	细小	很多	0.039

2.2.3.2 Hudson 填充

Hudson 对等径球(半径为 r_1)六方最密堆积的空隙用半径为 r_2 的等径球填充时,r_2/r_1 和空隙率之间的关系做了研究。由前述的 Horsfield 填充可知,$r_2/r_1 < 0.414\,2$ 时,可填充成四角孔;$r_2/r_1 < 0.224\,8$ 时,还可填充成三角孔。表 2.3 为计算结果,可知 $r_2/r_1 = 0.171\,6$ 时的三角孔基准填充的空隙率最小为 0.113 0,为最密堆积。

表 2.3 Hudson 填充

填充状态	装入四角孔的球数	r_2/r_1	装入三角孔的球数	空隙率
由四方间隙直径支配的对称堆积	1	0.414 2	0	0.188 5
	2	0.275 3	0	0.217 7
	4	0.258 3	0	0.190 5
	6	0.171 6	4	0.188 8
	8	0.228 8	0	0.163 6
	9	0.216 6	1	0.147 7

填充状态	装入四角孔的球数	r_2/r_1	装入三角孔的球数	空隙率
由四方间隙直径支配的对称堆积	14	0.171 6	4	0.148 3
	16	0.169 3	4	0.143 0
	17	0.165 2	4	0.146 9
	21	0.178 2	1	0.129 3
	26	0.154 7	4	0.133 6
	27	0.138 1	5	0.162 1
由三角形间隙直径支配的对称堆积	8	0.224 8	1	0.146 0
	21	0.171 6	4	0.113 0
	26	0.142 1	5	0.156 3

2.2.4　实际颗粒的堆积

实际颗粒不同于球体,从粉体的粒度分布看,可分为连续粒度体系和不连续粒度体系。连续粒度体系的粉体是由某一粒径范围内所有尺寸的颗粒组成,不连续粒度体系则是由代表该范围的有限尺寸的颗粒组成。

2.2.4.1　不连续粒度体系

本节仅讨论两种颗粒粒径组成的体系,在两种颗粒粒径组成的体系中,大颗粒间的间隙由小颗粒填充,以得到最紧密的堆积,混合物的单位体积内大颗粒质量 W_1 和小颗粒质量 W_2 为式(2.7)

$$W_1 = 1 \cdot (1-\varepsilon_1)\rho_{p1}$$
$$W_2 = 1 \cdot \varepsilon_1 \cdot (1-\varepsilon_2)\rho_{p2} \tag{2.7}$$

式中,ε_1、ε_2、ρ_{p1}、ρ_{p2} 分别表示大颗粒和小颗粒的空隙率和密度。

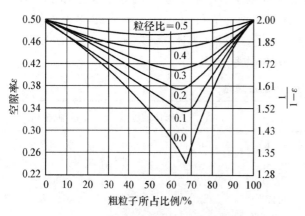

图 2.7　单一粒径空隙率为 0.5 时两种
不同粒径颗粒的堆积特性

设大颗粒所占质量分数为 f_{w1},则

$$\begin{aligned} f_{w1} &= \frac{W_1}{W_1 + W_2} \\ &= \frac{(1-\varepsilon_1)\rho_{p1}}{(1-\varepsilon_1)\rho_{p1} + \varepsilon_1(1-\varepsilon_2)\rho_{p2}} \end{aligned} \tag{2.8}$$

对于同一固体物料颗粒,$\rho_{p1} = \rho_{p2} = \rho$,$\varepsilon_1 = \varepsilon_2 = \varepsilon$,则式(2.8)可写成为

$$f_{w1} = \frac{1}{1+\varepsilon} \tag{2.9}$$

小颗粒完全被包含在大颗粒的母体中,此时两者粒径比小于 0.2。图 2.7

所示为同种物质的两种不同粒径的粉粒料混合时,空隙率与粒径之间的关系(当单一组分空隙率为 0.5 时)。空隙率最小时粗颗粒的质量分数为 0.67。由图可知,空隙率随大小颗粒混合比而变化,小颗粒粒度越小,空隙率越小。

2.2.4.2 连续粒度体系

对于连续粒度分布体系的最密填充,Fuller 等人研究认为:固体颗粒按粒度大小,有规则地组合排列,粗细搭配,可以得到密度最大、空隙最小的堆积填充。其颗粒级配分布的理想曲线是:小颗粒分布为椭圆形曲线,大颗粒分布为与椭圆曲线相切的直线,图 2.8 为 Fuller 曲线的一例,累计筛下 17% 处与纵坐标相切,在最大粒径的 1/10 处,直线与椭圆相切,相应的累计筛下量为 37.3%。经典连续堆积理论的倡导者 Andreasen 用式(2.10)表示粒度分布。

$$U(D_p) = 100\left(\frac{D_p}{D_{pmax}}\right)^q \tag{2.10}$$

式中,$U(D_p)$ 为累计筛下百分数(%);D_{pmax} 为最大粒径;q 为 Fuller 指数。$q=1/2$ 时为疏填充,$q=1/3$ 时为最密填充,图 2.9 为 Andreasen 粒度分布曲线。Gaudin-Schuhmann 试验结果为 q 在 $0.33 \sim 0.5$,具有最小的空隙率。

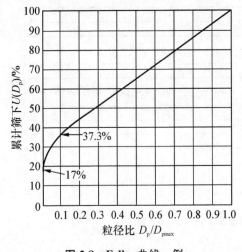

图 2.8　Fuller 曲线一例

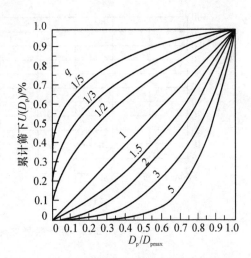

图 2.9　Andreasen 粒度分布曲线

例题　已知物料最大粒径为 40 mm,试用最大密度堆积公式,按 $q=0.3$、0.5、0.7 计算级配各粒级颗粒累积含量(物料各级粒径尺寸按 1/2 递减)。

解:为计算方便起见,对式(2.10)两边取对数有

$$\lg U(D_p) = (2 - q\lg D_{pmax}) + q\lg D$$

$$q=0.3 \quad \lg U(D_p) = (2 - 0.3\lg 40) + 0.3\lg D$$

$$q=0.5 \quad \lg U(D_p) = (2 - 0.5\lg 40) + 0.5\lg D$$

$$q=0.7 \quad \lg U(D_p) = (2 - 0.7\lg 40) + 0.7\lg D$$

根据题意,最大粒径 $D_{pmax}=40$ mm,各级粒径 D 按 $1/2$ 递减,分别用 D_{pmax} 和 D 代入 n 幂公式,计算结果列于表 2.4 中。

表 2.4　颗粒累积含量

分级顺序 n		1	2	3	4	5	6	7	8	9	10
粒径比 $D/2^{n-1}$		D	$D/2$	$D/4$	$D/8$	$D/16$	$D/32$	$D/64$	$D/128$	$D/256$	$D/512$
理论粒径/mm		40	<20	<10	<5.0	<2.5	<1.25	<0.63	<0.315	<0.16	<0.08
$U(D_p)/\%$	$q=0.3$	100	81.23	65.98	53.59	43.53	35.36	28.79	23.38	19.08	15.50
	$q=0.5$	100	70.71	50.00	35.36	25.00	17.68	12.55	8.87	6.32	4.47
	$q=0.7$	100	61.56	37.89	23.33	14.36	8.34	5.47	3.37	2.10	1.29

式(2.10)求得的粒度分布适用于同一密度的物料,若加入不同的物料应考虑不同密度对体积的影响,因为最佳堆积密度主要是由粉料体积所决定。2000 年 1 月 Roland Huttlt Bernd Hillemeier 公布一个体积含量的胶凝材料和集料的 Fuller 曲线,见图 2.10,它包括集料部分,图中集料最大尺寸为 16 mm,以 63 μm 为胶凝材料与集料的分界线,则胶凝材料所占的体积为 12.9%,集料所占体积为 87.1%。

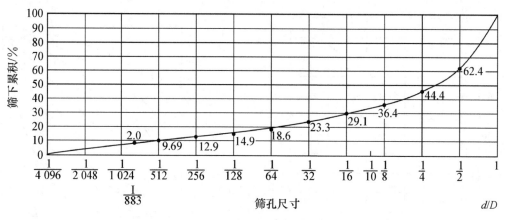

图 2.10　用于胶凝材料和集料的理想 Fuller 筛析曲线

2.2.5　影响颗粒堆积的因素

2.2.5.1　壁效应

当颗粒填充容器时,在容器壁附近形成特殊的排列结构,这就被称为壁效应。图 2.11 是由滚珠填充而成的二维实验模型,器壁的第一层是特殊排列的,器壁第二层起也要受壁效应的影响。

Ridgwayt 和 Tarbuck 将液体微微地注入填充物中,测定液面的微小变化,得到如图 2.12 所示的沿容器半径方向空隙率分布。

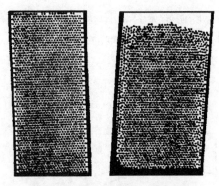

图 2.11　壁效应的演示(三轮氏)

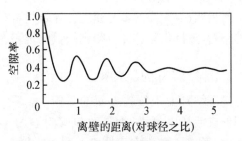

图 2.12　同一球径随机填充的空隙率分布

2.2.5.2　颗粒形状

一般地说,空隙率随颗粒球形度的降低而增高,如图 2.13 所示。在松散堆积时,有棱角的颗粒空隙率较大,与紧密堆积时相反。表面粗糙度越高的颗粒,空隙率越大,如图 2.14 所示。

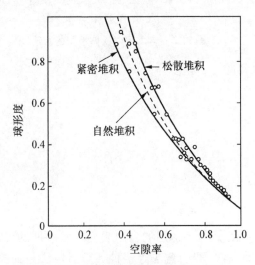

图 2.13　空隙率与球形度之间的关系

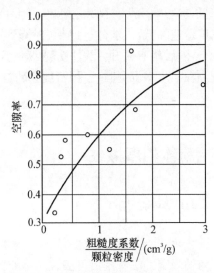

图 2.14　颗粒表面粗糙度对空隙率的影响

2.2.5.3　粒度大小

如图 2.15 所示,对颗粒群而言,粒度越小,由于粒间的团聚作用,空隙率越大,这与理想状态下,颗粒尺寸与空隙率无关的说法相矛盾。当粒度超过某一定值时,粒度大小对颗粒堆积率的影响已不复存在,此值为临界值。这是因为粒间接触处的凝聚力与粒径大小关系不大;反之,与粒子质量有关的力却随粒径三次方的比例急剧增加。因此,随粒径增大,与粒子自重力相

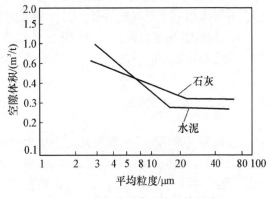

图 2.15　粒度对表观体积的影响

比,凝聚力的作用可以忽略不计,粒径变化对堆积率的影响大大减小,因此,通常在细粒体系中,粒径大于或小于临界粒径的物料,对颗粒的行为都有举足轻重的作用。

对粗颗粒,较高的填充速度会导致物料有较小的松散密度,但对于如面粉那样具有黏聚力的细粉,降低供料速度可得到松散的堆积。

2.2.5.4 粉体的含水率

潮湿物料由于颗粒表面的吸附水,颗粒间形成液桥毛细力,而导致粒间附着力的增大,形成团粒。由于团粒尺寸较一次粒子大,同时,团粒内部保持松散的结构,致使整个物料堆积率下降。图 2.16 是窄粒级砂子含水率和料层容积密度的变化关系曲线。由图可知,当含水量较低时,即在 a 线部分,随含水量增多,物料容积密度略有降低,但影响不大。随水分继续增大,容积密度迅速降低,当水分达到 8% 时降到了最低点,随后略有回升。当水分继续增大,达到颗粒在水中沉降时,容积密度会超过干物料的容积密度。

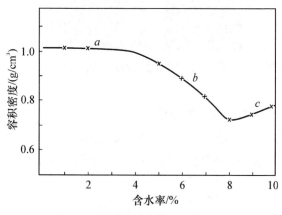

图 2.16 含水率对粉体堆积的影响

2.3 粉体的摩擦性

2.3.1 休止角

休止角(又称安息角)是粉体在自然堆积的状态下,粉体层的自由表面与水平面的夹角。休止角的测定方法有排出角法、注入角法、滑动角法、剪切盒法等多种。排出角法是去掉堆积粉体的方箱某一侧壁,则残留在箱内的粉体斜面的倾角即为休止角。对于无附着性的粉体而言,休止角与内摩擦角虽然在数值上几近相等,但实质上却是不同的,内摩擦角是指粉体在外力作用下达到规定的密度状态,在此状态下受强制剪切时所形成的角。

必须指出,用不同方法测得的休止角数值有明显差异,即使是同一方法也可能得到不同值。这是粉体颗粒的不均匀性以及实验条件限制所致。

2.3.2 库仑定律

粉体所受作用力小于颗粒间的作用力时,粉体层保持静止不动,但当作用力的大小达到某极限值时,粉体层将突然出现崩坏,该崩坏前后的状态称为极限应力状态。这一极限应力状态是由一对压应力和剪应力组成。换言之,若在粉体任意面上加一垂直应力,并逐渐增加该层面的剪应力,则当剪应力达到某一值时,粉体层将沿此面滑移。实验表明,粉体开始滑

移时,滑移面上的剪应力 τ 是正应力 σ 的函数

$$\tau = f(\sigma) \tag{2.11}$$

当粉体开始滑移时,如若滑移面上的剪应力 τ 与正应力 σ 成正比

$$\tau = \mu_i \sigma + C \tag{2.12}$$

这样的粉体称为库仑粉体。式(2.12)称为库仑定律。库仑定律中的 μ_i 是粉体的摩擦系数,又称内摩擦系数,C 是初抗剪强度,即粉体的内聚力。初抗剪强度等于零的粉体为无附着性粉体。

库仑定律是粉体流动和临界流动的充要条件。当粉体内任一平面上的应力为 $\tau < \mu_i \sigma + C$ 时,粉体处于静止状态。当粉体内某一平面上的应力满足 $\tau = \mu_i \sigma + C$ 库仑定律时,粉体将沿该平面滑移。而粉体内任一平面上的应力 $\tau > \mu_i \sigma + C$ 的情况不会发生。

2.3.3　内摩擦角与有效内摩擦角

对无附着性粉体,库仑定律为

$$\tau = \mu_i \sigma \tag{2.13}$$

式(2.13)两边同乘以粉体滑移面的面积得到力形式的库仑定律为

$$F = \mu_i N \tag{2.14}$$

这一关系式等同于物体在平面或斜面运动(图 2.17)的摩擦定律。所以库仑摩擦系数通常写为

$$\mu_i = \tan \phi_i \tag{2.15}$$

式中,ϕ_i 为粉体的内摩擦角,也就是极限应力状态下压应力与剪应力之间的夹角。求

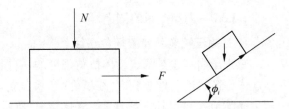

图 2.17　物料在平面或斜面上的运动示意图

极限应力状态下压应力与剪应力之间的关系时,可用破坏包络线法。

2.3.3.1　莫尔圆

图 2.18(a)表示处于 x,y 坐标中的粉体层微单元体,在二向应力状态下,相互垂直的 ab 面和 bc 面上分别作用着最大主应力 σ_1 和最小主应力 σ_3,ac 是倾角为 θ 任意斜截面,该斜截面上任意一点 $P(\sigma, \tau)$ 的应力可由图 2.18(b)所示的莫尔(Mohr)圆得到,圆心与坐标原点的距离为 $(\sigma_1 + \sigma_3)/2$,半径为 $(\sigma_1 - \sigma_3)/2$。

则微单元体任意斜截面 ac 上应力状态(即 P 点的坐标)为

$$\begin{cases} \sigma = \dfrac{\sigma_1 + \sigma_3}{2} + \dfrac{\sigma_1 - \sigma_3}{2} \sin 2\theta \\[2mm] \tau = \dfrac{\sigma_1 - \sigma_3}{2} \cos 2\theta \end{cases} \tag{2.16}$$

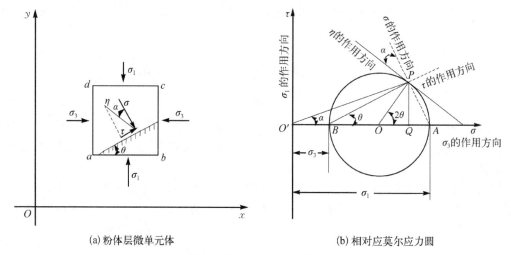

(a) 粉体层微单元体　　　　　　　　(b) 相对应莫尔应力圆

图 2.18　莫尔圆表示微单元体斜截面应力状态

式中，σ 为正应力；τ 为剪应力，且规定倾角从最大主应力面起，以逆时针方向旋转，可认为 ab 面的倾角为零。

由公式 2.16 可得到 σ 和 τ 的函数关系式—圆的标准方程：

$$[\sigma - (\sigma_1 + \sigma_3)/2]^2 + \tau^2 = [(\sigma_1 - \sigma_3)/2]^2 \tag{2.17}$$

粉体层的破坏是当 α 角最大时（即为粉体的内摩擦角，ϕ_i）发生，此时粉体内部从静止开始滑动，$\tan\alpha = \tau/\sigma$ 达到最大值。

2.3.3.2　内摩擦角的测定

1. 三轴压缩实验和破坏包络线

三轴压缩实验是测定粉体抗剪强度的一种较为完善的方法。如图 2.19 所示，把粉体试样放入圆筒状透明橡胶膜内，在试件（必须自立）周围施加一定的流体压力 σ_3，再由上方施加压力 σ_1 直到试件破坏。如表 2.5 和图 2.20 所示，实验测得几个应力对（σ_1，σ_3）则可画出几个莫尔圆，莫尔圆的公共外切线称为破坏包络线，该直线方程为式（2.12），该直线与 σ 轴的夹角即为内摩擦角 ϕ_i。

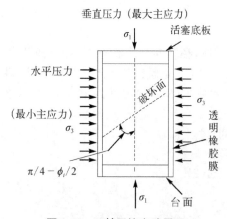

图 2.19　三轴压缩实验原理

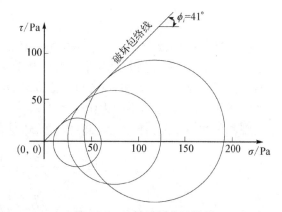

图 2.20　三轴压缩实验结果

表 2.5　三轴压缩实验测定

水平压力 $\sigma_3/(\times 10^5\ \text{Pa})$	13.7	27.5	41.2
铅垂压力 $\sigma_1/(\times 10^5\ \text{Pa})$	63.7	129	192

2. 直剪实验

通过直剪实验可绘制破坏包络线,得到破坏包络线方程,测得粉体的内聚力和内摩擦角。如图 2.21 所示,在圆形或方形剪切盒上方施加正应力,在水平方向对上盒或中盒施加剪切力,当 τ 到极限时,盒子错动,测量此时的瞬间剪切力 τ。实验测得几组垂直应力 σ 和剪切应力 τ 数据对,在 σ,τ 坐标系中,通过线性回归就可得到破坏包络线、库仑摩擦系数 μ_i 和初抗剪强度 C。表 2.6 和图 2.22 为直剪实验测定一例。

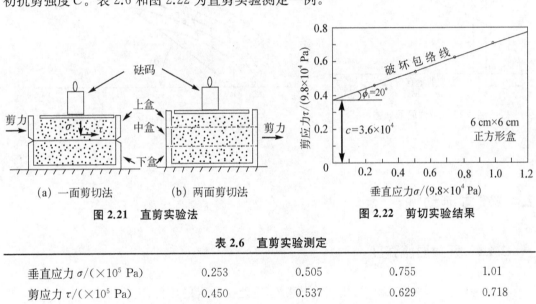

图 2.21　直剪实验法

图 2.22　剪切实验结果

表 2.6　直剪实验测定

垂直应力 $\sigma/(\times 10^5\ \text{Pa})$	0.253	0.505	0.755	1.01
剪应力 $\tau/(\times 10^5\ \text{Pa})$	0.450	0.537	0.629	0.718

2.3.3.3　屈服轨迹和有效内摩擦角

在剪切实验中,以一定大小的荷重恒定垂直施加于试样上,对粉体试样先经压实处理,经一定时间后,将压实荷重解除,此时试样已有一定的密实强度,然后以比压实荷重小的不同垂直作用力 N 进行剪切实验,可得到一组剪应力(τ)和正应力(σ),将此数据作图得到一曲线(图 2.23),该曲线为粉体屈服轨迹。屈服轨迹接近一条直线,它在 τ 轴上的截距为 C、斜率角为 ϕ。屈服轨迹的虚线部分表示张力 T,可由粉体张力测定仪测定。若以不同的压实荷重可得到许多条屈服轨迹(图 2.24),将这些屈服轨迹的终点连接起来为一通过($\tau-\sigma$)坐标原点的直线,该直线称为有效屈服轨迹,其斜率角称为有效内摩擦角。

2.3.4　壁摩擦角和滑动摩擦角

壁摩擦角是粉体与壁面之间的摩擦角,其测定方法与剪切实验完全相同,仅需用壁面材料替代下剪切盒内的粉体即可。滑动摩擦角是指置粉体于某材料制成的斜面上,当斜面倾斜至粉体开始滑动时,斜面与水平面间所形成的夹角。显然,它们属于粉体的外摩擦属性。

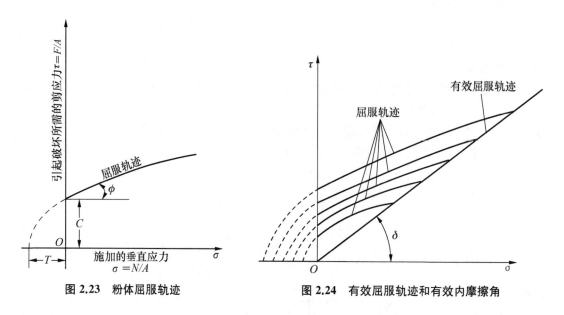

图 2.23 粉体屈服轨迹

图 2.24 有效屈服轨迹和有效内摩擦角

2.4 粉体流动性

2.4.1 开放屈服强度

粉体在储存与输送过程中,由于仓内粉体是处在一定的压力作用之下的,在卸料口常发生结拱等问题,如图 2.25 所示。结拱能使单元操作中断,或影响产品质量,所以在生产和单元操作中应避免拱的产生。

由于拱有自由表面的存在,因为在自由表面上既无切应力也无正应力,根据切应力互补原理,在与自由表面相垂直的表面上只有正应力而无切应力,如图 2.25 所示。此正应力就是粉体密实强度,也是使拱破坏的最大正应力。这一最大正应力是粉体的物性,称为粉体的开放屈服强度。也就是说,粉体自由表面上的强度称为开放屈服强度,以 f_c 表示。

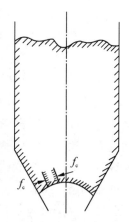

图 2.25 粉体拱示意图

如图 2.26(a)所示,在一个筒壁无摩擦的理想的圆柱形筒内(即无剪应力 $\tau=0$),使粉体在一定的预密实应力(即最大主应力 σ_1)作用下压实,然后除去圆筒,在不加任何侧向支承的情况下(即 $\sigma_3=0$),如果被预压实的粉体试块不坍塌[图 2.26(b)],则说明其具有一定的固结强度,换言之,如果单纯施加垂直压力 σ 使试块破坏,则发生破坏时的压应力即相当于 σ_1 条件下的固结强度,亦即开放屈服强度 f_c。倘若粉体试块坍塌了[图 2.26(c)]，则说明该粉体在 σ_1 条件下的开放屈服强度 $f_c=0$。显然，f_c 值小的粉体，流动性好，不易结拱。

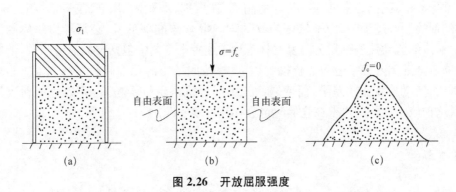

图 2.26　开放屈服强度

对于库仑粉体开放屈服强度 f_c 与粉体内摩擦角 ϕ_i 和初抗剪强度 C 有如式(2.18)关系。

$$f_c = \frac{2\cos\phi_i}{1-\sin\phi_i C} \qquad (2.18)$$

2.4.2　Jenike 流动函数

流动函数是由 Jenike 提出的，用它来表示松散粉体的流动性能，松散粉体的流动取决于由密实而形成的强度。开放屈服强度就是这种强度的量值，并是预密实应力的函数，Jenike 定义粉体的流动函数 FF 为预密实应力 σ_1 与开放屈服强度 f_c 之比

$$FF = \frac{\sigma_1}{f_c} \qquad (2.19)$$

流动函数 FF 表征着仓内粉体的流动性，当 $f_c=0$ 时，$FF\to\infty$，即粉体完全自由流动。FF 与粉体流动性的关系见表 2.7。

表 2.7　流动函数 FF 与粉体流动性的关系

流动函数 FF	$FF<2$	$2<FF<4$	$4<FF<10$	$FF>10$
粉体的流动性 粉体的团聚性	强黏附性，流不动 强团聚性	有黏附性，不易流出 团聚性	易流动 轻微团聚性	自由流动 不团聚

2.5　工程案例

案例 1

在粉体工程设计中，粉体的流动性是需要考虑的重要因素，它影响到粉体的生产、输送、

储存和填充等工艺过程,比如工业中的粉末冶金、医药中不同组分的混合、农林业中杀虫剂的喷撒等都涉及粉体的重力流动;设计粉体设备时,同样需要考虑粉体的流动性能。

日常生活中,我们经常见到一些药物制剂,在散剂、颗粒剂、片剂、胶囊剂、滴丸剂、膜剂等固体制剂的制备过程中,为了保证药物的均匀混合与准确剂量,必须考虑粉体的流动性能,要对粉体的流动性进行测定。复方甘草片工业生产工艺中包括整粒总混步骤,要将该批所有的物料全部倒入三维运动混合机中,并严格按照预定的总混时间进行总混。当堆粉角大于 $40°$ 时,流动性就比较差了,而普通的三维混合机很难将堆粉角 $45°$ 以上的粉末混合均匀,而且这种流动性差的粉末在仓储时也会存在许多问题。

案例 2

生产钨、钼、铌等难熔金属材料或制品,一般要依靠粉末冶金法。粉末的流动性对生产流程的设计十分重要,自动压力机压制复杂零件时,如果粉末流动性差,则不能保证自动压制的装粉速率,或容易产生搭桥现象,而使压坯尺寸或密度达不到要求,甚至局部不能成形或开裂,影响产品质量。在粉末涂料静电喷涂过程中,流动性好的粉末,像水沸腾一样,显得很蓬松,有流水般的效果,从供粉桶至喷枪,粉末传送轻便,粉末从喷嘴出来雾化好,因而避免了由于粉末涂料结团而造成的喷涂堵枪或"吐粉"等生产异常现象。

思考题

1. 何谓容积密度? 何谓真密度? 两者有什么关系?

2. 某粉状物料的真密度为 $3\,000\ \text{kg/m}^3$,当该粉料以空隙率 $\varepsilon = 0.4$ 的状态堆积时,求其容积密度。

3. 已知物料最大粒径为 60 mm,试用最大密度堆积公式计算级配各粒级颗粒累积含量。(物料各级粒径尺寸按 $1/2$ 递减,按 $q = 0.3$ 计算到最小粒径为 0.06 mm。)

4. 将粒度为 $D_1 > D_2 > D_3$ 的三级颗粒混合堆积在一起,假定大颗粒的间隙恰被次一级颗粒所充满,各级颗粒的空隙率分别为 $\varepsilon_1 = 0.42$,$\varepsilon_2 = 0.40$,$\varepsilon_3 = 0.36$,密度均为 $2\,780\ \text{kg/m}^3$。试求:(1) 混合料的空隙率;(2) 混合料的容积密度;(3) 各级物料的质量配合比。

5. 根据 Horsfield 最密堆积理论,欲将基本粒径为 $100\ \mu\text{m}$ 的球形颗粒进行密堆积,使其填充率达到 85.1% 的密度,请问还需要哪几种粒径的球形颗粒掺入其中,每一种粒径的颗粒数占堆积颗粒总数的百分比为多少?

6. 何谓库仑粉体?

7. 某土壤的三轴压缩试验结果如下:

水压/kPa	1.38	2.76	4.14
破坏时垂直压力/kPa	4.55	6.83	8.98

请画出 Mohr 圆,并求破坏包络线、内摩擦系数 μ_i 及附着力。

8. 某土样进行直剪实验,在法向应力为 100、200、300、400 kPa 时,测得抗剪强度分别为 52、83、115、145 kPa,求:(1) 用作图法确定土样的抗剪强度指标 c 和 Φ_i;(2) 如果在土中的某一平面上作用的法向应力为 260 kPa,剪应力为 92 kPa,该平面是否会剪切破坏? 为什么?

9. 何谓流动函数? 流动函数与粉体流动性的关系如何?

10. 衡量粉体流动性的重要指标有哪些? 影响粉末流动性的因素有哪些?

3　颗粒流体力学

本章提要

固体物料的气力输送、离心分离等都涉及颗粒流体力学。本章主要介绍了颗粒在流体中做相对运动时的阻力、颗粒在静止流体中的沉降、颗粒在流动流体中的运动、流体透过颗粒层流动和颗粒流态化。

在流体力学中，只研究单一相的均质流体的流动问题。但是，在自然界的许多工程中，常遇到处理许多不同状态物质的混合物的流动问题。通常把这种流动体系称为多相流动。最普通的一种多相流动为两相流动，它是由四种状态物质(即固体、液体、气体和等离子体)中的任意两种状态结合组成。有关这些两相流动问题的结论和分析，亦可以推广应用到多相流动的情况。本章就各种两相流动问题给出颗粒-流体(气体或液体)这一个系统，主要介绍颗粒流体两相的流动力学。

颗粒流体是包含固体颗粒和流体的两相流动系统，这些系统的各个过程均具有以下的共同特点。

(1) 系统中除了固体颗粒外，至少有另一种流体(气体或液体)同时存在。

(2) 系统中除了颗粒与流体的运动外，往往还存在着其他传递过程(相内或相界面的能量与质量的传递)以及同时进行着的化学反应过程。

(3) 系统中至少存在着一种力场(重力场、惯性力场、磁或电力场等)。

(4) 系统中颗粒的粒径范围为 $10^{-5} \sim 10$ cm。

颗粒流体的两相流动按其本身系统性和作用过程可分为三种典型情况。

(1) 固定床：流体穿过固定的颗粒层的流动，如立窑中粒料的煅烧，移动式炉篦上熟料的冷却、料浆的过滤脱水以及过滤层收尘等过程。

(2) 流化床：当流体速度增加到一定程度，固定颗粒层呈现较疏松的活动(假液化)状态(即流化床)的流动，如流态化烘干预热、粉状物料的空气搅拌以及空气输送斜槽的气力输送等过程。

(3) 气力输送：流体与固体颗粒相对运动速度更高，颗粒在流体中呈更稀的悬浮态运动(即连续流态化)的流动，如悬浮预热分解、沉降、收尘、分级分选、气力输送等过程。

3.1 颗粒在流体中做相对运动时的阻力

无论颗粒在静止的流体中流动,还是流动的流体从静止的颗粒流过,只要有相对运动就有阻力存在。颗粒在流体中做相对运动时,所遇到的阻力 F_d 的大小与下述因素有关:垂直于运动方向的颗粒横截面积,对于球形颗粒则为颗粒的直径 d_p;颗粒在流体中的相对运动速度 u;流体的黏度 μ 和密度 ρ 等。因此,阻力的变化可用函数式(3.1)表示

$$F_d = f(d_p, \mu, \rho, u) \tag{3.1}$$

使用因次分析法将上述关系整理为无因次数群之间的关系

$$F_d = d_p^2 \rho u^2 f(Re_p) \tag{3.2}$$

习惯上,往往将式(3.2)改写成

$$F_d = \zeta A \rho \frac{u^2}{2} \tag{3.3}$$

式中,A 为颗粒在垂直于运动方向的平面上的投影面积,对于球形颗粒

$$A = \frac{\pi}{4} d_p^2 \tag{3.4}$$

式中,u 为颗粒在流体中的相对运动速度(m/s);d_p 为球形颗粒直径(m);ρ 为流体密度(kg/m³);ζ 为阻力系数,无因次,$\zeta = \frac{8}{\pi} f(Re_p)$,为颗粒雷诺数 $Re_p = \frac{d_p u \rho}{\mu}$ 的函数;μ 为流体黏度(Pa·s)。

阻力系数 ζ 与 Re_p 的关系要通过实验确定。因颗粒在流体中相对运动的情况不同,与流体在管道中的流动一样,也有着几种不同的流态。在不同的流态下,阻力的性质不同,因而阻力系数 ζ 与 Re_p 的关系也就不同。ζ-Re_p 关系曲线大致可分为四个区域。

(1) $Re_p < 1$ 时,属层流区。流体能一层层地平缓绕过颗粒,在后面合拢,流线不致受到破坏,层次分明,呈层流状态,如图 3.1(a)所示。这时颗粒在流体中运动的阻力,主要是各层流体以及流体与颗粒之间相互滑动时的黏性阻力,阻力大小与雷诺数 Re_p 有关。

$$\zeta = \frac{24}{Re_p} \tag{3.5}$$

而阻力

$$F_d = 3\pi\mu d_p u \tag{3.6}$$

式(3.6)称为斯托克斯(Stokes)公式。

(2) $1 < Re_p < 1\,000$ 时,属过渡流区。当 Re_p 值较大时,由于惯性关系,紧靠颗粒尾部边界发生分离,流体脱离了颗粒的尾部,在后面造成负压区,吸入流体而产生漩涡,引起了动能损失,呈过渡流状态,如图 3.1(b)所示。这时,颗粒在流体中运动的阻力就包括颗粒侧边各层流体相互滑动时的黏性摩擦力和颗粒尾部动能损失所引起的惯性阻力,它们的大小按不同的规律变化着。这一区域推荐的 $\zeta \sim Re_p$ 公式比较多,适用范围也很不一致,计算误差也比较大,有的可达 $10\% \sim 25\%$。其中较为准确的公式为

$$\zeta = \frac{24}{Re_p}(1 + 0.15Re_p^{0.687}) \tag{3.7}$$

或

$$\zeta = \frac{24}{Re_p} + \frac{3}{16} \tag{3.8}$$

亦可用下列简便公式来计算

$$\zeta = \frac{30}{Re_p^{0.625}} \tag{3.9}$$

(3) $1000 < Re_p < 2 \times 10^5$ 时,属湍流区。此时颗粒尾部产生的涡流迅速破裂,并形成新的涡流,以致达到完全湍动,处于湍流状态,如图 3.1(c)所示,此时黏性阻力已变得不太重要,阻力大小主要决定于惯性阻力,因而阻力系数与 Re_p 的变化无关,而趋于一固定值。这时边界层本身也变为湍流。

$$\zeta = 0.44 \tag{3.10}$$

阻力系数 ζ 为一常数,此关系式又称为牛顿定律。

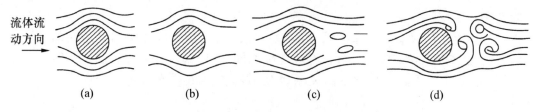

图 3.1 颗粒在流体中产生相对流动状态时的流动状态

(4) $Re_p > 2 \times 10^5$ 时,属高度湍流区[图 3.1(d)]。流速很大,颗粒尾部产生的涡流迅速被卷走,在紧靠颗粒尾部表面残留有一层微小的湍流,总阻力随之减小,$\zeta = 0.1$,这一状态在工业中一般很少遇到。

以上划分的几个区域以及相应的 ζ-Re_p 关系式,是按不同的流动状态人为地划分的。实际上,ζ-Re_p 关系是连续的一条曲线,如图 3.2 所示,各计算公式只适用于一定的雷诺数范围内,但又应当互相连接。

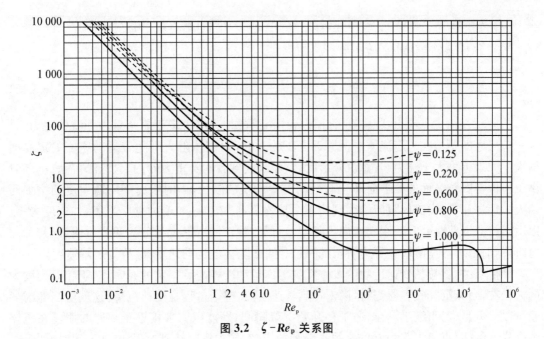

图 3.2　$\zeta - Re_\text{p}$ 关系图

3.2　颗粒在静止流体中的沉降

3.2.1　自由沉降

设有一表面光滑的球形颗粒,在无限广阔的静止流体空间内,颗粒不会受到其他颗粒及容器壁的影响而做自由沉降,实际上,在有限的流体空间内,当颗粒群的体积浓度较低,各颗粒之间既不直接也不通过流体间接地影响彼此的沉降时,也可以当作是自由沉降。

颗粒在静止流体内自由沉降时,不仅受到重力而且还受到浮力和阻力的作用,在诸力共同作用下,颗粒的运动方程式为

$$\sum F = G_0 - F_\text{d} = m \frac{\text{d}u}{\text{d}t} \tag{3.11}$$

式中,$\sum F$ 为合力(N);G_0 为剩余重力(又称有效重力),为颗粒重力减去浮力(N);F_d 为流体阻力(N);m 为颗粒的质量(kg);u 为颗粒在时间 t 时的运动速度(m/s)。

对于球形颗粒

$$m = \frac{\pi}{6} d_\text{p}^3 \rho_\text{p} \tag{3.12}$$

$$G_0 = \frac{\pi}{6} d_\text{p}^3 (\rho_\text{p} - \rho) g \tag{3.13}$$

$$F_\text{d} = \zeta \frac{\pi d_\text{p}^2}{4} \rho \frac{u^2}{2} \tag{3.14}$$

式中，d_p 为颗粒直径(m)；ρ_p 为颗粒密度(kg/m³)；ζ 为阻力系数；ρ 为流体密度。

将 G_0、F_d、m 等值代入式(3.11)可得

$$\frac{du}{dt} = g\frac{(\rho_p - \rho)}{\rho_p} - \zeta\frac{3}{4}\frac{u^2}{d_p}\frac{\rho}{\rho_p} \tag{3.15}$$

从运动方程式可看出，颗粒在静止流体中沉降的加速度决定于剩余重力和流体阻力，对于一定尺寸的颗粒在一定流体中沉降时，G_0 为常数，而流体阻力则随着运动速度的提高而增大。如果重力大于浮力，开始沉降瞬间，颗粒将受到其本身重力作用而加速降落。沉降时由于流体与颗粒表面的摩擦而产生与运动方向相反的阻力，同时阻力随降落速度的增加而增大。经过片刻，当流体阻力增大到等于颗粒剩余重力时，颗粒受力处于平衡，加速度为零，以后颗粒即以此时瞬时速度匀速向下降落。可见，颗粒的沉降过程分为两个阶段，起初为加速阶段，而后为等速阶段。等速阶段的颗粒相对于流体的运动速度 u_0 称为沉降速度。

严格来讲，颗粒从变速运动阶段过渡到等速运动阶段需要一定的时间，对于相对密度大的大颗粒，当其沉降到容器底时，尚未达到等速阶段，整个过程是变速沉降，这就应当考虑变速阶段。但是，对于细小颗粒，通常在开始沉降瞬间，即能以非常接近末速的速度在流体中沉降。例如，直径为 50 μm 的水泥生料颗粒，在空气中沉降达到 0.99 m/s 末速时，所需时间小于 0.1 s，沉降距离不到 1 cm。所以，对于细小的颗粒，一般可以不考虑变速阶段，整个降落过程基本上可以看作是以匀速 u_0 进行的。

根据式(3.11)，当 $F_d = G_0$ 时，$du/dt = 0$，颗粒做匀速运动，$u = u_0$。于是从式(3.15)可求出

$$u_0 = \sqrt{\frac{4gd_p(\rho_p - \rho)}{3\rho\zeta}} \tag{3.16}$$

当 $Re_p < 1$ 时，将式(3.5)的 ζ 值代入式(3.16)，得

$$u_0 = \frac{d_p^2(\rho_p - \rho)g}{18\mu} \tag{3.17}$$

式(3.17)适用于层流时球形颗粒的自由沉降，称为斯托克斯(Stokes)公式。

当 $1 < Re_p < 1\,000$ 时，将式(3.9)的 ζ 值代入式(3.16)，得

$$u_0 = 0.104\left[\left(\frac{\rho_p - \rho}{\rho}\right)g\right]^{0.73}\frac{d_p^{1.18}}{\left(\frac{\mu}{\rho}\right)^{0.45}} \tag{3.18}$$

式(3.18)适用于过渡流时球形颗粒的自由降沉，称为阿纶(Allen)公式。

当 $1\,000 < Re_p < 2\times10^5$ 时，将式 $\zeta = 0.44$ 代入式(3.16)，得

$$u_0 = 1.74\left[\left(\frac{\rho_p - \rho}{\rho}\right)g\right]^{0.5}\cdot d_p^{0.5} \tag{3.19}$$

式(3.19)适用于湍流时球形颗粒的自由沉降，称为牛顿(Newton)公式。

要使用上述各式计算沉降速度,首先要知道 Re_p 的数值,可是 $Re_p = \dfrac{d_p u_0 \rho}{\mu}$ 中又包括有待求的沉降速度之值。所以在计算时需要用试差法求解。往往先根据颗粒尺寸的大小估计出颗粒沉降属层流范围或湍流范围,用比较简单的式(3.17)或式(3.19)算出沉降速度 u_0,然后再用 Re_p 值复验结果是否正确。

理论公式计算遇到的问题是判断选用哪一区域的公式进行计算较为麻烦,同时在接近临界雷诺数附近的理论公式本身误差也较大。较简单的方法是先设颗粒沉降速度处于层流区(对于一般颗粒多数情况如此),应用式(3.17)计算初步沉降速度 u_0',根据 u_0' 算出初步雷诺数 $Re_p' = \dfrac{d_p u_0' \rho}{\mu}$,查图 3.3 求得修正系数 $k = \dfrac{u_0}{u_0'}$ 之值,最后算出沉降速度 $u_0 = k u_0'$。

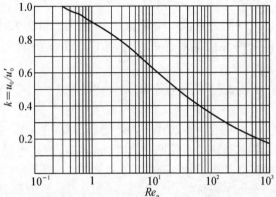

图 3.3　沉降速度修正系数

例题 3.1　求直径为 30 μm 的球形石英颗粒在 20℃ 的空气中的沉降速度。石英颗粒的密度为 2 650 kg/m³。

解:标准状况下空气的密度为 1.293 kg/m³。故 20℃ 时,空气密度为 $\rho = 1.293 \times \dfrac{273}{273 + 20} = 1.205$ kg/m³,而黏度为 1.85×10^{-5} Pa·s。假设斯托克斯公式可以应用,则

$$u_0 = \frac{d_p^2(\rho_p - \rho)g}{18\mu} \approx \frac{d_p^2 \rho_p g}{18\mu} = \frac{(30 \times 10^{-6})^2 \times 2\,650 \times 9.8}{18 \times 1.85 \times 10^{-5}} = 0.070\,2 \text{ m/s}$$

复核

$$Re_p = \frac{d_p u_0 \rho}{\mu} = \frac{30 \times 10^{-6} \times 0.070\,2 \times 1.205}{1.85 \times 10^{-5}} = 0.137 < 1$$

故沉降确定是遵从斯托克斯公式。

本题亦可先求出颗粒沉降的临界直径,然后确定使用哪一个计算沉降速度的公式来求解。

层流区与过渡流区的临界直径,也就是斯托克斯公式所能适用的当 $Re_p = 1$ 时的最大直径,此时 $u_0 = \dfrac{\mu}{d_p \rho}$,代入斯托克斯公式可得

$$d_{pmax} = \sqrt[3]{\frac{18\mu^2}{\rho(\rho_p - \rho)g}} = \sqrt[3]{\frac{18 \times (1.85 \times 10^{-5})^2}{1.205 \times (2\,650 - 1.205) \times 9.8}} = 5.82 \times 10^{-5} \text{ m} = 58.2 \text{ μm}$$

颗粒的直径(30 μm)较临界直径小,于是可用斯托克斯公式求沉降速度。

颗粒在流体中运动的阻力与颗粒形状有关。上述各式是根据光滑的球形颗粒导出的。而实际上的颗粒多数为表面粗糙的非球形颗粒。沉降时的流体阻力比光滑球形颗粒大,故其沉降速度较上述各式的计算值低。

非球形颗粒的形状与球形颗粒的差异程度,用球形度 ψ 来表征。对于球形颗粒 $\psi=1$;对于非球形颗粒 $0<\psi<1$。

由于非球形颗粒在静止流体中的自由沉降情况要比球形颗粒复杂得多,若要做较为准确的计算,往往需要通过大量实验得出经验系数,对沉降速度加以修正。几种 ψ 值下的阻力系数 ζ 与 Re_p 的关系见图 3.2。由图 3.2 可见,不规则形状的颗粒($\psi<1$)比球形颗粒具有较大的阻力系数。而且 ψ 愈小,阻力系数愈大,因而沉降速度愈小。但是,ψ 值对阻力系数 ζ 的影响,在层流区内并不显著,随着 Re_p 的增大,这种影响逐渐变大。

3.2.2　干扰沉降

在工业生产过程中,常遇到颗粒群在有限流体空间内的沉降。沉降时,各个颗粒不但会受到其他颗粒直接摩擦、碰撞的影响,而且还受到其他颗粒通过流体而产生的间接影响,这种沉降称为干扰沉降。

在干扰沉降情况下,颗粒是在有效密度与有效黏度都比纯流体大的悬浮体系中沉降,所受浮力与阻力都比较大;另一方面颗粒群向下沉降时,流体被置换向上,产生垂直向上的涡流,使得颗粒不是在真正静止的流体中沉降。因而干扰沉降增加了颗粒的沉降阻力,使沉降末速降低。显然,这种影响随着系统中颗粒浓度的增大而增大。

实验证明,当悬浮体的体积浓度不太大时($<3\%$),可按自由沉降公式(3.16)进行计算,误差不大;当颗粒体积浓度超过 3% 时,干扰沉降的末速 u_{0t} 的大小随流体中颗粒的体积浓度的不同而异。可用式(3.20)计算。

$$u_{0t}=u_0\sqrt{\varepsilon^n} \tag{3.20}$$

式中,ε 为空隙率;n 为指数,其值在 $5\sim7.6$ 之间,平均值 6。

颗粒在有限容器内沉降时,还需考虑容器器壁对颗粒沉降的阻滞作用,考虑到壁效应,沉降速度可乘以壁效应因子 f_w 加以修正。壁效应因子是实际沉降速度与自由沉降速度之比,f_w 的经验关系如下。

$$f_w=1-\left(\frac{d_p}{D}\right)^n \tag{3.21}$$

式中,d_p 为颗粒直径;D 为容器直径;n 为指数,层流时,$n=2.25$;湍流时,$n=1.5$。

显然,当颗粒粒径小于容器直径的 $1/5$,则误差不大于 10%,可以不加以修正。

3.2.3　等降颗粒

从沉降公式可以看出,沉降速度与颗粒大小及密度有关。应用这一关系,可将同一种物料按尺寸大小不同进行分级(如工业生产中应用的沉降池、降尘室、分级机);或将同一粒径的不同物料按密度不同进行分选,以使固体颗粒中的有用物质同有害物质或惰性物质分离。但是也会有这样的情况发生:对于一批粒径范围较广的不同物料,尺寸大但密度小的颗粒会和尺寸小而密度大的颗粒有着同样的沉降速度,这样就会影响分级或分选作业的精确度。只有当密度相同的颗粒混合物进行离析时,才能将其准确地按粒径大小分成各个级别;或只有当尺寸相同的颗粒混合物进行离析时,才能将其准确地按密度大小进行分离。因此,对于流体动力分级设备,则应创造这样的条件,使密度的影响极小;而对于流体动力分选设备,则应进行筛分控制,使粒径的影响极小。

在流体内以同一沉降速度沉降的不同密度的颗粒称为等降颗粒。等降颗粒中密度小(ρ_{pa})的颗粒直径 d_{pa} 与密度大的(ρ_{pb})的颗粒直径 d_{pb} 之比称为等降系数(K)。等降系数值恒大于1。

因为

$$u_0 = \sqrt{\frac{4gd_{pa}(\rho_{pa}-\rho)}{3\rho\zeta_a}} = \sqrt{\frac{4gd_{pb}(\rho_{pb}-\rho)}{3\rho\zeta_b}} \tag{3.22}$$

故等降系数

$$K = \frac{d_{pa}}{d_{pb}} = \frac{(\rho_{pb}-\rho)}{(\rho_{pa}-\rho)} \cdot \frac{\zeta_a}{\zeta_b} \tag{3.23}$$

当颗粒在湍流范围内沉降时,$\zeta_a = \zeta_b = 0.44$,则

$$K = \frac{d_{pa}}{d_{pb}} = \frac{\rho_{pb}-\rho}{\rho_{pa}-\rho} \tag{3.24}$$

当颗粒在层流范围内沉降时,$\zeta = \frac{24}{Re_p}$,则

$$K = \frac{d_{pa}}{d_{pb}} = \sqrt{\frac{(\rho_{pb}-\rho)}{(\rho_{pa}-\rho)}} \tag{3.25}$$

在一般情况下

$$K = \frac{d_{pa}}{d_{pb}} = \left(\frac{\rho_{pb}-\rho}{\rho_{pa}-\rho}\right)^n \tag{3.26}$$

式中,n 为指数,$\frac{1}{2} \leqslant n \leqslant 1$。所以等降系数并不是常数。

从式(3.26)可以看出,当流体密度与较轻的颗粒的密度相等时,等降系数为无穷大。此时,无论尺寸多大,密度较小的颗粒均不能与较大颗粒有着同一沉降速度,这样就能使任何粒度范围内的颗粒都能按密度的不同进行分选。因此,分选操作应该在重悬浮介质中进行离析,而分级操作则减少密度的影响,宜用密度较小的悬浮介质进行离析。

3.3 颗粒在流动流体中的运动

3.3.1 颗粒在垂直流动流体中的运动

假设流体对于固定空间以匀速 u_f 向上运动,处于流体中的颗粒在重力作用下以速度 u_p

对于固定空间向下运动,则颗粒对于流体的相对运动速度将为

$$u = u_p + u_f \tag{3.27}$$

由于颗粒与流体相对运动产生阻力,因此颗粒在剩余重力和流体阻力共同作用下产生运动。设颗粒呈球形,则流体对颗粒的阻力为

$$F_d = \zeta \frac{\pi d_p^2}{4} \rho \frac{u^2}{2} \tag{3.28}$$

因而颗粒的运动方程式为

$$m \frac{du_p}{dt} = G_0 - F_d = \frac{\pi}{6} d_p^3 (\rho_p - \rho) g - \zeta \frac{\pi d_p^2}{4} \rho \frac{u^2}{2} \tag{3.29}$$

因为 $m = \frac{\pi d_p^3}{6} \rho_p$,故

$$\frac{du_p}{dt} = \frac{\rho_p - \rho}{\rho_p} g \left(1 - \frac{3\rho \zeta u^2}{4 d_p (\rho_p - \rho) g} \right) \tag{3.30}$$

根据式(3.16),上式又可写成

$$\frac{du_p}{dt} = \frac{\rho_p - \rho}{\rho_p} g \left(1 - \frac{u^2}{u_0^2} \right) \tag{3.31}$$

式中,u_0 为该种颗粒在同样的静止流体中的沉降速度。

由于 $u = u_p + u_f$,而 u_f 为常数,故 $du = du_p$,于是式(3.31)又可写成

$$\frac{du}{dt} = \frac{\rho_p - \rho}{\rho_p} g \left(1 - \frac{u^2}{u_0^2} \right) \tag{3.32}$$

$\frac{\rho_p - \rho}{\rho_p} g$ 相当于流体静止时颗粒降落之最初加速度,仅与颗粒及流体的密度有关,而与颗粒尺寸无关,为一常数。

如果流体运动速度较小,则开始产生的摩擦力小于颗粒的剩余重力,颗粒在重力作用下,除了克服摩擦力外,还有余力使其以正加速度向下沉降,摩擦力随着运动速度增加而增大,直至等于颗粒剩余重力为止。若流体运动速度较大,则开始产生的摩擦力除了能克服使颗粒向下降落的剩余重力外,还有余力使颗粒随同流体一起运动,此时摩擦力成为推动颗粒运动的携带力。从运动方程式可知,颗粒是以负加速度向上运动,随着运动的进行,摩擦力减小直至等于剩余重力为止。可见,颗粒在垂直流动着的流体中受到重力和摩擦力的作用,开始时无论两力平衡与否,经若干时间后,两力始终会达到平衡,$\frac{du}{dt} = 0$,$u = u_0$。将此关系式代入式(3.27),得

$$u_p = u_0 - u_f \tag{3.33}$$

因此,颗粒受重力的作用在垂直方向上流动的流体中运动时,起始亦做加速运动,经过若干时间之后,当流体的摩擦力等于颗粒在流体中的剩余重力时,则颗粒做匀速运动。此

时,颗粒对于流体的相对运动速度 u 是一个定值。其值大小将与其在静止的同一种流体中沉降时的沉降速度相等。而颗粒的运动方向以及绝对速度 u_p 则取决于此值与流体的速度之差。

当流体速度 u_f 等于定值 u_0 时,则 $u_p=0$,颗粒将停留在空间内悬浮不动。出现这种情况的流体速度称为对于该尺寸颗粒的悬浮速度。悬浮速度在数值上与该颗粒在静止流体中的沉降速度相等。

当 $u_f > u_0$ 时,u_p 为负值,则颗粒运动方向与流体一致,向上悬浮。

当 $u_f < u_0$ 时,u_p 为正值,则颗粒运动方向与流体相反,向下沉降。

3.3.2　颗粒在水平流动流体中的运动

处在水平流动的流体中的颗粒,一方面受到流体流动的影响产生水平的横向运动;另一方面又受到重力的影响产生纵向沉降。

首先讨论颗粒的横向运动情况,设流体对于固定空间以匀速 u_f 做水平运动。处在流体中的颗粒对于固定空间在水平方向上的运动速度为 u_p,则在水平方向上颗粒对于流体的相对运动速度为

$$u = u_f - u_p \tag{3.34}$$

设颗粒呈球形,则在水平方向上流体对颗粒的作用为

$$F_d = \zeta \frac{\pi d_p^2}{4} \cdot \frac{(u_f - u_p)^2}{2} \cdot \rho \tag{3.35}$$

在颗粒运动过程中,作用力是变化的,颗粒的运动速度也是变化的。如果起初颗粒速度大于流体速度,则作用力为阻力,颗粒将受到流体对它的阻力而减速运动;反之,作用力则为流体对颗粒的牵引力,颗粒受到流体对它的推动力而加速运动,经过一段时间后,颗粒水平速度即接近流体速度(譬如,尺寸 $100\ \mu m$ 的球形颗粒,在 $75℃$ 的气体中运动,经过 $0.64\ s$ 时间后,其运动速度已是气体速度的 0.9 倍),从而使流体对颗粒的作用力 F_d 等于零,颗粒在水平方向将做匀速运动。颗粒在水平方向经历 t 时间之后所走的路程为

$$S = u_f t \tag{3.36}$$

至于颗粒的纵向运动,由于流体在垂直方向没有任何分力,因此颗粒在垂直方向上相当于静止流体中受重力作用而向下沉降。在开始瞬间,颗粒做加速沉降,之后很快以接近于沉降速度 u_0 做等速沉降。经历 t 时间后,颗粒在流体内降落的高度为

$$H = u_0 t \tag{3.37}$$

因此,在水平流动的流体中,颗粒是在横向流动和重力场的共同作用下,沿着颗粒的水平运动速度 u_p 和沉降速度 u_0 的合速度的方向上运动的。根据速度图就可求得颗粒降落到某一深度所需时间及降落时的运动路程。

3.3.3　颗粒在旋转流体中的运动

颗粒在旋转流体中运动时,受到离心力场和重力场的共同作用。在重力作用下,使颗粒

沿垂直方向降落;而在平面上与旋转流体一起做圆周运动;因而产生惯性离心力,使颗粒沿径向向外甩出。颗粒是在这三个方向上的共同作用下运动。

设在半径 R 处流体的圆周速度为 u_f,则处在该半径上的球形颗粒所受到的剩余惯性离心力为

$$F_{C0} = \frac{G_0}{g} \cdot \frac{u_f^2}{R} \tag{3.38}$$

式中,$G_0 = \frac{\pi}{6} d_p^3 (\rho_p - \rho) g$ 为颗粒的剩余重力。

由于剩余惯性离心力作用,颗粒与流体有相对运动,就产生了反向的流体阻力 F_d。因而,颗粒在径向的运动方程式为

$$m \frac{du_p}{dt} = F_{C0} - F_d \tag{3.39}$$

式中,m 为颗粒的质量;$\dfrac{du_p}{dt}$ 为颗粒在半径方向上的加速度;F_d 为径向上的流体阻力。

将 F_d 及 F_{C0} 值代入式(3.39),得

$$\frac{du_p}{dt} = \frac{u_f^2}{R} \frac{(\rho_p - \rho)}{\rho_p} - \zeta \frac{3}{4} \frac{u_p^2}{d_p} \frac{\rho}{\rho_p} \tag{3.40}$$

在离心力场的作用下,颗粒运动的加速度 $\dfrac{du_p}{dt}$ 随着颗粒所在位置的半径 R 而异。不过,在工业用的设备中,式(3.40)的 $\dfrac{du_p}{dt}$ 项比起其余两项要小得多,故可以认为 $\dfrac{du_p}{dt} = 0$。于是颗粒在径向上的沉降速度为

$$u_{0r} = \sqrt{\frac{4 d_p (\rho_p - \rho)}{3 \zeta \rho} \cdot \frac{u_f^2}{R}} \tag{3.41}$$

u_{0r} 就是在惯性离心力作用下颗粒沿径向的沉降速度。应该注意的是这个速度并不是颗粒运动的绝对速度,而是它的径向分量。当流体带着颗粒旋转时,颗粒在惯性离心力作用下沿着切线方向通过运动中的流体甩出,逐渐离开旋转中心。因此,颗粒在旋转流体中的运动,实际上是沿着半径逐渐增大的螺旋形轨道前进的。

比较式(3.16)与式(3.41)可知,在式(3.41)中以离心加速度 u_f^2 / R 代替了式(3.16)中重力加速度 g,颗粒所受的重力是一定值,然而工业上可以通过各种方法使颗粒的离心加速度远远超过重力加速度,使得颗粒的沉降速度比在重力场作用下的沉降速度大很多。因此,可以利用惯性离心力来加快颗粒的沉降及分离比较小的颗粒,而且设备的体积也可以缩小。可得离心沉降速度与重力沉降速度之比为

$$K = \frac{u_{0r}}{u_0} = \sqrt{\frac{u_f^2}{Rg}} \tag{3.42}$$

比值 K 称为离析因素,它等于惯性离心力与重力之比。K 值大小与旋转半径成反比,与切线速度的二次方成正比。减小旋转半径,增大切线速度,都可使 K 值增大。

3.4 流体透过颗粒层流动

3.4.1 层流状态

流体通过固定床的压降 Δp 与流体及床层的参数有关，(1) 流体方面：流体的密度 ρ；流体的黏度 μ；流体的流速 u'_f；(2) 床层方面：床层直径 D；颗粒直径 d_p；床层的有效空隙率 ε；颗粒形状系数 ψ；床层高度 L；颗粒表面粗糙度 e。

流体在松散堆积的固定颗粒床层中流动时，流体是在床层颗粒之间的空隙中流动，床层颗粒间空隙所形成孔道是不规则、弯曲的，而且是互相交错连通的。孔道的特性与颗粒的粒径、形状系数、表面粗糙度、床层颗粒的排列装置及空隙率等因素有关。床层颗粒的粒度愈小，则构成床层的孔道数目就愈多，孔道截面积也愈小；颗粒粒度分布愈不均匀，表面愈粗糙，则构成的孔道形状愈不规则，各个孔道间的差异也愈大。流体通过颗粒床层所产生的压强降，可以仿照流体在管道内流动的情况，写成

$$\Delta p = \lambda \cdot \frac{L'}{d_e} \cdot \frac{\rho u'^2_f}{2} \tag{3.43}$$

式中，λ 为孔道的摩擦系数；L' 为流体流过的孔道长度；d_e 为床层孔道的当量直径；u'_f 为流体在床层孔道中的流速；ρ 为流体密度。

上式使用不便，将 L'、d_e 和 u'_f 等参数进行换算。流体流过床层孔道的长度要比床层厚度 L_0 大，而且成正比关系，则

$$L' = CL_0 \tag{3.44}$$

式中，C 为比例常数。

床层孔道的当量直径 d_e 以床层孔道的体积与床层颗粒的全部表面积之比表示，即

$$d_e = \frac{床层孔道的体积}{床层颗粒的全部表面积} = \frac{床层的空隙率}{床层的比表面积} = \frac{\varepsilon_0}{S_v} \tag{3.45}$$

单个颗粒的体积比表面积为

$$S'_v = \frac{\pi d_p^2 / \varphi_s}{\frac{\pi}{6} d_p^3} = \frac{6}{\varphi_s d_p} \tag{3.46}$$

对于颗粒床层的比表面积则为

$$S_v = \frac{Z \pi d_p^2 / \varphi_s}{Z \frac{\pi}{6} d_p^3 \Big/ (1-\varepsilon_0)} = \frac{6}{\varphi_s d_p}(1-\varepsilon_0) = S'_v(1-\varepsilon_0) \tag{3.47}$$

式中，Z 为床层中颗粒的数目；ε_0 为空隙率；φ_s 为颗粒的形状系数；d_p 为颗粒群的平均直径(m)。

因此

$$d_e = \frac{\varepsilon_0}{S_v} = \frac{\varepsilon_0}{S_v'(1-\varepsilon_0)} \tag{3.48}$$

床层任一截面积上的平均自由截面为总截面积的 ε_0 倍,则流体流经截面积为 A 的床层时,有如下关系

$$u_f' \varepsilon_0 A = u_f A \tag{3.49}$$

因此

$$u_f' = \frac{u_f}{\varepsilon_0} \tag{3.50}$$

式中,u_f 为流体流经床层的净空速度。

将式(3.44)~(3.50)代入式(3.43),得

$$\Delta p = \frac{\lambda C}{2} \cdot \frac{S_v'(1-\varepsilon_0)L_0}{\varepsilon_0^3} \rho u_f^2 = \lambda' \frac{6(1-\varepsilon_0)}{\varphi_s \varepsilon_0^3} \cdot \frac{L_0}{d_p} \rho u_f^2 \tag{3.51}$$

或

$$\lambda' = \frac{\Delta p \varepsilon_0^3}{S_v'(1-\varepsilon_0)L_0 \rho u_f^2} \tag{3.52}$$

式中,$\lambda' = \frac{\lambda C}{2}$ 称为修正摩擦系数。它是流体在床层孔道中流动的雷诺准数 $Re_p' = \frac{d_e u_f' \rho}{\mu}$ 的函数,即 $\lambda' = f(Re_p')$。 Re_p' 称为修正雷诺准数。

$$Re_p' = \frac{d_e u_f' \rho}{\mu} = \frac{\dfrac{\varepsilon_0}{S_v'(1-\varepsilon_0)} \cdot \dfrac{u_f}{\varepsilon_0} \cdot \rho}{\mu} = \frac{u_f \rho}{S_v'(1-\varepsilon_0)\mu} \tag{3.53}$$

$$= \frac{\varphi_s d_p u_f \rho}{6(1-\varepsilon_0)\mu} = \frac{1}{6} \frac{\varphi_s}{(1-\varepsilon_0)} Re_p$$

流体通过颗粒床层的流速和孔道的尺寸通常都很小,故雷诺准数较低,流动情况属于层流状态,床层流速与压强降之间成直线关系。根据流体在圆管中层流时的平均速度计算公式,流体通过床层孔道,层流时的速度可写为

$$u_f' = \frac{d_e^2}{K'\mu} \cdot \frac{\Delta p}{L'} \tag{3.54}$$

式中,d_e 为床层孔道的当量直径;K' 为无因次常数,与床层的结构有关。

其余符号意义同前。

将式(3.44)~(3.50)代入则得

$$u_f = \frac{1}{K''} \cdot \frac{\varepsilon_0^3}{S_v'^2(1-\varepsilon_0)^2} \cdot \frac{\Delta p}{\mu L_0} \tag{3.55}$$

上式被称为卡门-康采尼关系式。K'' 称为康采尼(Kozeny)常数,它是空隙率、颗粒形

状、颗粒排列形式及粒度分布的函数。

经推导可整理得到,层流状态摩擦系数 λ' 与修正雷诺准数 Re'_p 的关系如下

$$\lambda' = K''(Re'_p)^{-1} = 5(Re'_p)^{-1} \tag{3.56}$$

3.4.2 湍流状态

流体通过任意填充的固体颗粒床层的修正摩擦系数 λ' 与修正雷诺准数 Re'_p 的关系如图 3.4 所示。图中曲线亦可用下式表示

$$\lambda' = 5Re'^{-1}_p + 0.4Re'^{-0.1}_p \tag{3.57}$$

实际上,流体通过颗粒层时所遇到的阻力主要包括两部分:一是由于流体与颗粒表面间摩擦而产生的黏性阻力;另一个是在流动过程中,因孔道截面积的突然扩大和收缩,以及流体对颗粒的撞击和流体的再分布而产生的惯性阻力。福希海麦(Forchheimer)提出

$$\Delta p = au_f + a'u_f^n \tag{3.58}$$

在低流速(层流)时,式(3.58)右端第一项占主要;在高流速(湍流)及在薄的床层中流动时,式(3.58)右端第二项占主要。当流速很高时,黏性阻力可以忽略不计。

比较图 3.4 与圆形管道中流动的情况,因为颗粒层中阻力较大,其摩擦系数数值比在管道中的大;层流与湍流无明显的转折点,曲线变化非常缓慢,也即层流转为湍流之间有一个较大的过渡区,而且当 Re'_p 值较大时,曲线不像在管道中流动那样平直趋近于常数。这是由于颗粒层中有无数截面大小不同的孔道,在 Re'_p 值很大时,也不可能全部变为湍流,某些很小的孔道,即使在很高流速下,仍为层流。在各种大小不同的孔道中,层流和湍流产生平均效应。

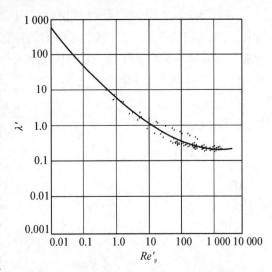

图 3.4　修正摩擦系数 λ' 与修正雷诺准数 Re'_p 的关系

在大量实验基础上,还归纳出不少计算固定的颗粒层压强降的经验公式。对于均匀粒度颗粒的固定床层,较常用欧根(Ergun)实验公式来计算

$$\frac{\Delta p}{L_0} = 150 \frac{(1-\varepsilon_0)^2}{\varepsilon_0^3} \cdot \frac{\mu u_f}{(\varphi_s d_p)^2} + 1.75 \frac{1-\varepsilon_0}{\varepsilon_0^3} \cdot \frac{\rho u_f^2}{\varphi_s d_p} \tag{3.59}$$

式中,Δp 为固定颗粒床层的压强降(Pa);L_0 为固定床层高度(m);ε_0 为固定床层的空隙率;μ 为流体黏度(Pa·s);u_f 为流体净空速度(m/s);φ_s 为固体颗粒的表面形状系数;d_p 为固体颗粒直径(m);ρ 为流体密度(kg/m³)。

若对于非均匀直径颗粒,式中 d_p 则以颗粒的平均直径 $\overline{d_p}$ 代替。

将 $d_p = \dfrac{6}{\varphi_s S_v'}$ 代入上式，整理后得

$$\frac{\Delta p \varepsilon_0^3}{S_v'(1-\varepsilon_0) L_0 \rho u_f^2} = 4.17 \frac{S_v'(1-\varepsilon_0)\mu}{\rho u_f} + 0.29 \qquad (3.60)$$

即

$$\lambda' = 4.17 \, (Re_p')^{-1} + 0.29 \qquad (3.61)$$

式(3.61)与式(3.57)、式(3.58)形式相似。式中右端第一项表示黏性阻力损失，第二项表示惯性阻力损失。此式可用于较宽范围的 Re_p' 值。

当 $Re_p = \dfrac{d_p \rho u_f}{\mu} < 20$ 时，黏性阻力损失占主要，式(3.59)右端第二项可忽略不计；当 $Re_p > 1\,000$ 时，仅需考虑其惯性阻力损失，则式(3.59)右端第一项可忽略不计；当 Re_p 在 $20 \sim 1\,000$ 时，则式中右端两项均需计入。

对于随意填充的颗粒床层，由式(3.59)求出数据准确度可在 $\pm 25\%$ 范围内；但对于不是随意填充的床层，或具有异常空隙率的固定颗粒床层，或高度多孔性的床层（如纤维床 $\varepsilon_0 = 0.6 \sim 0.98$）的情况下，均不宜延伸应用。在这种高孔隙率的情况下，其压强降值将比用式(3.59)计算的数值大很多。

例题 3.2 某固定的颗粒床层内径为 2.2 m，床层高度为 4.5 m，颗粒的当量直径为 5 mm，床层空隙率为 0.35，通过床层的气体在操作条件下流量为 0.5 m³/s，气体的平均密度为 37.1 kg/m³，平均黏度为 1.7×10^{-5} Pa·s，试计算气体通过床层的压强降。

解： 气体通过床层的净空速度

$$u_f = \frac{V}{A} = \frac{4V}{\pi D^2} = \frac{4 \times 0.5}{3.142 \times 2.2^2} = 0.131\,5 \text{ m/s}$$

将已知各值代入式(3.59)得

$$\frac{\Delta p}{L_0} = 150 \frac{(1-\varepsilon_0)^2}{\varepsilon_0^3} \cdot \frac{\mu u_f}{(\varphi_s d_p)^2} + 1.75 \frac{(1-\varepsilon_0)}{\varepsilon_0^3} \cdot \frac{\rho u_f^2}{\varphi_s d_p}$$

$$= 150 \times \frac{(1-0.35)^2}{0.35^3} \times \frac{1.7 \times 10^{-5} \times 0.131\,5}{(0.005)^2} + 1.75 \times \frac{(1-0.35)}{0.35^3} \times \frac{37.1 \times 0.131\,5^2}{0.005}$$

$$= 132 + 3\,404 = 3\,536 \text{ Pa/m} = 3.54 \text{ kPa/m}$$

因此，床层高度为 4.5 m 的压强降为

$$\Delta p = 3.54 L_0 = 15.9 \text{ kPa}$$

3.5 颗粒流态化

固体流态化是指固体颗粒通过与流体接触而转变成类似流体状态的操作。利用流态化

技术,可使某些工艺流程简化和强化。目前,这种技术已被日益广泛地应用于硅酸盐工业的生产过程中。

3.5.1 流态化过程

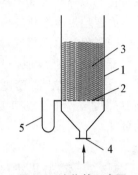

固体流态化过程可以通过实验观察到(图 3.5)。中空透明的流化管 1,下部设有多孔板(或称多孔流体分布板)2,用来支撑固体颗粒,并使流体沿截面分布均匀。将松散的固体颗粒 3 置于其上,使流体从多孔板的下面入口 4 通入容器中,穿过松散的颗粒层向上流出。因流体以容器净空截面计的净空流速 u_f 大小的不同,颗粒层将出现不同的状态,发生不同的流体动力过程。当流速较低时,颗粒层静止不动。颗粒彼此相互接触,流体从颗粒之间的孔道流过,这种状态的颗粒层称为固定床。这时流体在孔道中实际流速 u'_f 和流动的阻力损失 Δp 均随着流体净空速度 u_f 的增加而增加。固定床的空隙率 ε 等于颗粒自然堆积时的空隙率 ε_0。在图 3.6 中,用线段 AF、AF'、BF'' 分别表示这时的 u'_f、Δp 及 ε 的变化情况。气体穿过水泥立窑料粒层的流动,可以作为这种过程的例子。

图 3.5 流化管示意图
1-流化管;2-多孔板;3-固体颗粒;
4-流体入口;5-压强计

当流速提高到 u_{mf} 之后,流体穿过颗粒层产生的压强降与床层颗粒的剩余重力相等。床层开始膨胀和变松,空隙率比固定床增大许多,固体颗粒被流体吹起而浮动于流体之中,在一定的空间做无规则的飞翔运动,具有流动性。整个床层具有类似液体的性质,固体进入了流态化状态。这种状态的颗粒层称为流态化床(简称流化床)。在流化床状态,固体颗粒上下翻动,犹如液体的沸腾现象,故又称沸腾床。流态化床内的固体颗粒运动得十分激烈,有助于流体与固体之间的传质、传热过程的进行,为强化生产创造有利条件。所以近年来工业生产中已广泛使用流化床干燥物料和煅烧水泥熟料。

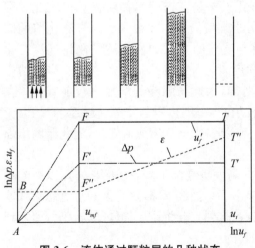

图 3.6 流体通过颗粒层的几种状态

固定床与流态化床的分界点 F 称为流态化临界点。相应的流速 u_{mf} 称为流态化临界速度(或称最小流化速度)。流态化床的床层高度和空隙率随流速 u_f 的升高而增大(如图 3.6 中 $F''T''$ 线段)。但流体穿过床层的实际流速 u'_f 却维持不变(图 3.6 中 FT 线段)。这是因为随着净空流速 u_f 的提高,流态化床在涨大,使得颗粒之间的流通截面也跟着增大的缘故。因此,如果忽略由于器壁效应产生的阻力损失时,在流态化床内的流体阻力损失并不因流速 u_f 的提高而变化(图 3.6 中 $F'T'$ 线段)。因而在这一较大的范围内增加流体的速度,并不增加流体流动需要的功率。

流态化床内流体的实际流速 u'_f 远大于床层上方的流体流速 u_f,所以几乎全部的颗粒都会从床上方的空间跌回床层中。不过当流速增大到某一 u_f 值,超过悬浮速度时,流化床上界面小,颗粒将被流体陆续带出容器之外。固体便开始进入连续流态化状态。此时系统中固体浓度降低得很快,使流体和颗粒间的摩擦损失大为减少,床层压强显著下降,系统有类似液体性质的密相流态化进入更类似于气体性质的稀相流态化。工业上利用这种性质,把固体颗粒像流体一样用管道输送,所以该阶段称为气流输送阶段。无论是气体作为介质的流态化或液体作为介质的流态化,只要流化床有一清晰的上界面,都可认为是密相流态化。若当流速超过流态化的极限速度时固体颗粒被流体带走,上界面消失,这种情况称为呈现气力输送现象的分散相或稀相流态化。

开始进入连续流态化状态的 T 点,称为连续流态化临界点。T 点所具有的流体速度 u_t 称为流化极限速度(带出速度或最大流化速度)。显然,流化床的形成需要在流化临界速度 u_{mf} 和带出速度 u_t 之间。在连续流态化临界点,床层的高度为无穷大,空隙率达到 1。

3.5.2 流态化类型

理想流态化具有以下特征。
(1)有一个明显的临界流态化点和临界流态化速度 u_{mf},当流速达到 u_{mf} 时,整个颗粒床层开始流态化;
(2)流态化床层的压降为一常数;
(3)具有一个稳定的流态化界面;
(4)流态化床层的空隙率,在任何流速下,都具有一个代表性的均匀值,并不因床层位置而变化。

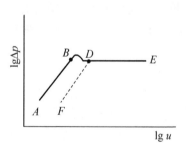

图 3.7 散式流态化

实际的流态化与理想状态有些差异。液体流态化床较接近于理想流态化。床内颗粒均匀地分散,床层均匀而平稳地流化,而且有一个平稳的界面,这样的流态化称为散式流态化(均一流态化或平稳流态化),简称液体流态化。图 3.7 是液体流态化的典型例子。曲线 AB 为未流化前的固定床,其中压强降与流速的关系如前所述。在将近流态化速度的 B 点时,固定床先开始膨胀而不流态化。膨胀的床的空隙率也随着增加,因此压强降的增加率较前减少。在 B 点以后,颗粒可以在小范围内重新排列,使液流有最大流动截面,这时床层高度和空隙率略有增大。在 D 点以后,则全部床层流态化,流化床的压强降即床层阻力,基本上不随流体流速而变化。

若将已流态化的床层的流速逐渐降低,床层的高度也逐渐下降,在达到 D 点以后流态化就停止。若再将流速降低,床层的压强降和流速沿 DF 曲线下降,这是因为从流态化减速而得到的固定床,具有固定床当中最高空隙率的颗粒排列。若将床层加以震动,仍可回复到原有的 AB 曲线,甚至达到 AB 曲线的左边。

气体作为介质的流态化过程如图 3.8 所示。从 A 经 B 到 D 的曲线基本上与液固系统的流态化相同,曲线 DF 也相差无几。但大于 D 点后的情况就大不相同,出现很大的不稳定性。床层没有一个固定的上界面,上界面以每秒好几次的频率上下波动,因而压强也在一定范围内波动,介乎图中 DE_1 及 DE_2 两曲线之间,平均值用 DE 表示,基本上与液固系统流态化相同,仍可近似地认为其床层压强降(或阻力)不随流速而变化。但是床层中气固两相的流动状态和液固系统相差很多,床内颗粒成团地湍动,气体主要以气泡形式通过床层而上升,在这些气泡内,可能夹带有固体颗粒,因而床层内分为两种聚集状态,一种是近似固定床的低空隙率区域,称为密相区;另一种是稀散固体颗粒的高空隙率区域,称为稀相区。高于临界流化速度的气体大部分由稀相

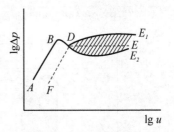

图 3.8　聚式流态化

区短路而流过。因有大量气泡存在,气泡生成后沿床层上升,在上升过程中互相合并逐渐长大,气泡越来越大,到床层时即破裂,因此床层上的界面很不稳定,上下波动,通过床层的压强降也波动很大。床层内部不像散式流态化那样均匀稳定,床层内部颗粒聚集成团地运动。这种流态化称为聚式流态化(非均一流态化或鼓泡流态化),简称气体流态化。

综合许多经验数据,常以弗鲁特(Froude)准数 $F_\gamma = \dfrac{u_f^2}{d_p g}$ 判别这两种流态化状态,$F_\gamma < 1$ 时为散式流态化;$F_\gamma > 1$ 时为聚式流态化。

尽管普遍认为液固相形成的流态化为散式流态化,气固相形成的流态化为聚式流态化,它们的差异在于流体密度差别甚大。但是当在高压气体作介质所形成的流态化系统中,这种差别就不明显,这时可用下式作为判别流态化形态的依据。当

$$F_{\gamma mf} \cdot (Re_p)_{mf} \left(\frac{\rho_p - \rho}{\rho}\right) \left(\frac{L_{mf}}{D}\right) < 100 \tag{3.62}$$

则为散式流态化。当

$$F_{\gamma mf} \cdot (Re_p)_{mf} \left(\frac{\rho_p - \rho}{\rho}\right) \left(\frac{L_{mf}}{D}\right) > 100 \tag{3.63}$$

则为聚式流态化。

式中,$F_{\gamma mf}$ 为临界状态下弗鲁特准数,$F_{\gamma mf} = \dfrac{u_{mf}^2}{d_p g}$;$u_{mf}$ 为临界状态下流体净空速度(m/s);d_p 为固体颗粒直径(m);g 为重力加速度(m/s²);$(Re_p)_{mf}$ 为临界状态下的雷诺准数,$(Re_p)_{mf} = \dfrac{d_p u_{mf} \rho}{\mu}$;$\rho$ 为流体的密度(kg/m³);μ 为流体黏度(Pa·s);ρ_p 为固体颗粒密度(kg/m³);L_{mf} 为临界状态下床层高度(m);D 为流化床直径(m)。

3.5.3　流态化中的不正常现象

气固系统流态化比较复杂,经常出现一些不正常现象,使操作不稳定。最常见的不正常现象有沟流、死床及腾涌等,如图 3.9 所示。

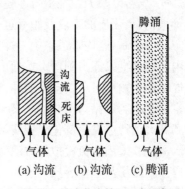

图 3.9　流态化中的不正常现象

发生沟流和腾涌时的 Δp 与 u_f 的关系见图 3.10 和 3.11。

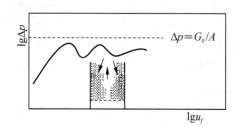

图 3.10　发生沟流时的 Δp 与 u_f 的关系

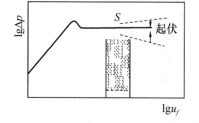

图 3.11　发生腾涌时的 Δp 与 u_f 的关系

例题 3.3　试确定下述状况下高压气体所形成流态化的形态。数据如下：$\rho_p = 2\,500\ \text{kg/m}^3$；$\rho = 100\ \text{kg/m}^3$；$d_p = 0.015\ \text{cm}$；$\mu = 0.024 \times 10^{-3}\ \text{Pa} \cdot \text{s}$；$u_{mf} = 0.019\,27\ \text{m/s}$；$L_{mf}/D = 3$。

解：因为

$$(Re_p)_{mf} = \frac{d_p u_{mf} \rho}{\mu} = \frac{0.015 \times 10^{-2} \times 0.019\,27 \times 100}{0.024 \times 10^{-3}} = 12.04$$

$$Fr_{mf} = \frac{u_{mf}^2}{d_p g} = \frac{0.019\,27^2}{0.015 \times 10^{-2} \times 9.8} = 0.252\,6$$

于是

$$Fr_{mf} \cdot (Re_p)_{mf} \left(\frac{\rho_p - \rho}{\rho} \right) \left(\frac{L_{mf}}{D} \right) = 0.252\,6 \times 12.04 \times \frac{2\,500 - 100}{100} \times 3 = 218.97 > 100$$

因此，该流化床属聚式流态化状态。

3.6　工程案例

案例 1

弯头广泛存在于工业过程中，如火力发电厂、石油天然气输送等。在电厂管道系统内，烟气、煤粉以及天然气携带沙粒在输送管道内的流动是气固两相流。另外，过热器及再热器管道内，氧化皮的生成及脱落也会使蒸汽携带少量固体颗粒形成气固两相流动。受到外部空间的限制，这些管道系统内存在大量的 U 型弯头，当气流夹带颗粒流经弯头时，大量颗粒由于惯性直接撞击到弯头壁面上，会造成严重的冲蚀磨损，严重影响火电厂运行的安全可靠性。固体颗粒对金属壁面的冲蚀磨损受到撞击角、撞击速度、靶材性质和撞击频率等诸多因素的影响。U 型弯头相当于 2 个 90°弯头的直接连接，2 个弯头之间的互相作用导致内部流场和磨损特点发生变化。在实际管道布置中，2 个弯头之间连接距离有限，这种相互作用难以避免。采用数值模拟的方法对 U 型弯头内气固两相流动与磨损特性进行了研究，得到了弯头内流场及管壁磨损分布，并分析了气流速度、颗粒浓度和颗粒直径对磨损的影响。随着转弯角增大，在转弯角 40°、110°和 160°处存在 3 个磨损率峰值，且随着转弯角的增大磨损率递减。管壁最大磨损率随气流速度的增大呈指数增长,随颗粒浓度的增大线性增大,随颗粒直径的增大而增大(图 3.12)。

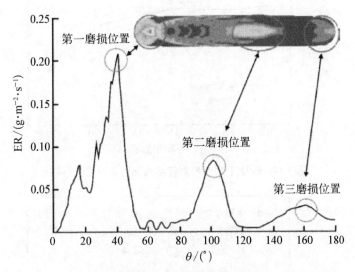

图 3.12 磨损率随转弯角变化规律

案例 2

我国绝大部分煤用于直接或间接燃烧,不仅利用效率低,而且污染排放严重,实现煤高效燃烧与环保利用的最有效途径就是煤气化。固定床煤气化技术,因具有煤种适应性强、生产强度大、能量利用率高等特点备受现代煤化工企业的青睐。其中液态排渣气化炉气化率高,但问题在于我国煤储量中有大量灰分熔融温度高于 1 400 ℃ 的煤种,灰渣在熔渣气化炉排渣口处易发生冷凝堵渣。为了解决固定床气化炉对高灰熔融温度煤的适应性问题,在气化剂喷嘴下部熔渣区域附近加设水冷式甲烷及氧气喷嘴,采用交替布置 CH_4 和 O_2 喷嘴提供 CH_4 和 O_2 切向气流在渣池附近混合燃烧为熔渣提供热量,使灰渣顺利排出。研究炉内冷态空气动力场分布是有效设计高性能气化炉或优化炉膛结构的基础。通过试验及数值模拟对固定床气化炉炉内冷态流场分布进行分析研究,考察喷嘴角度、喷嘴速度等对流场分布的影响,为开发适合我国高灰熔融温度煤的液态排渣气化工艺提供必要的基础数据。随着气体射流速度的增加,气体在物料内部的穿透距离加长,炉内扰动效果及回流效果得到了强化,提高了气化炉的炉内空间的利用效率。喷嘴下倾角度增加,射流深度回流区径向深度及回流区高度减小,气流径向射流距离减少,气流向下流动的份额加大,在颗粒的作用下,气流分布逐渐变得更均匀,有利于气化反应的进行,但随着下倾角度的进一步增大,料层内部水平射流深度开始减小,当喷嘴下倾 5°~10° 时为最优工况,料层内部喷嘴方向射流穿透深度最大,炉内流场分布较好。随着喷嘴切圆角度的增大,喷嘴对冲碰撞作用减小,气流逐渐偏离径向区域,喷嘴轴截面气体分布量逐渐变少,料层内部射流穿透深度呈先增大后减小趋势;综合考虑,计算工况条件下,喷嘴下倾 5°,切圆旋转 10° 时,炉内流场分布效果相对最佳(图 3.13,图 3.14)。

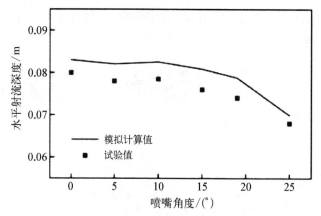

图 3.13　喷嘴下倾角度对料层内部射流深度的影响

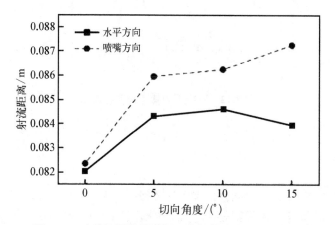

图 3.14　喷嘴切圆布置时料层内部射流穿透深度规律

案例 3

内蒙古中西部地区分布着巴丹吉林、乌兰布和、腾格里和库布齐四大沙漠,以及毛乌素和浑善达克两大沙地。许多铁路及公路分布于沙漠周边及内部,如临策铁路横贯巴丹吉林与乌兰布和沙漠,沿线大部分为戈壁边缘地带,又如包兰线铁路穿越库布齐沙漠腹地,沙漠地区自然条件恶劣,风力强劲且风期长,沙尘暴暴发频繁,其中强风携带的沙粒对运行列车汽车的玻璃和玻璃围护结构等造成了严重的冲击磨损。由于玻璃结构为脆性材料,受到高速冲击时极易造成破坏,沙粒的连续撞击也会导致疲劳破坏,严重影响了车窗玻璃的使用寿命,尤其当列车在高速运行中玻璃破碎带来的危害非常大,不仅车窗碎片对乘客生命安全造成威胁,破碎后瞬间产生的气压差也会影响列车行驶的稳定性,给交通运输和人的生命带来极大的安全隐患。目前关于风沙环境(气固两相流)下工程结构和材料的冲蚀磨损研究主要集中在混凝土和钢结构涂层以及陶瓷等方面,且在试验方法、冲蚀磨损机理、评价指标和材料的抗磨措施等方面取得了不少进展,而对于玻璃材料受气固两相流的冲蚀磨损研究较少。每年我国因磨损给国民经济造成不可小觑的损失,因此很有必要研究玻璃材料的冲蚀磨损行为。以我国西北地区风沙环境为研究背景,采用气流挟沙喷射法,通过模拟风沙环境侵蚀试验系统对钢化玻璃、浮法玻璃和有机玻璃进行冲蚀磨损试验,研究了 3 种玻璃的冲蚀规律,探讨其冲蚀损伤机理。结果表明,钢化玻璃与浮法玻璃的冲蚀率随冲蚀速度与冲蚀角度的增加而增大,有机玻璃的冲蚀率则随冲蚀速度的增加而增加,随冲蚀角度的增加先增加后减小,最大冲蚀率出现在 45°;钢化玻璃与浮法玻璃的冲蚀率随冲蚀时间的增加依次出现上升阶段下降阶段和稳态阶段,而有机玻璃的冲蚀率随冲蚀时间的增加缓慢增加并很快趋于稳定;相同条件下浮法玻璃冲蚀率大于其他 2 种玻璃;低角度时钢化玻璃与浮法玻璃的质量损失主要由切削作用引起,高角度时由裂纹叠加引起,发生脆性断裂;有机玻璃的损伤在整个过程中主要由切削作用引起(图 3.15)。

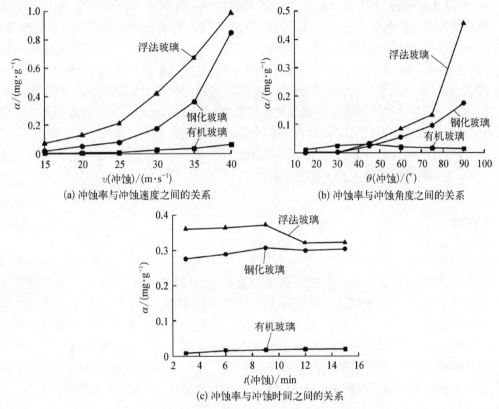

图 3.15　3 种玻璃的冲蚀率与冲蚀速度、冲蚀角度和冲蚀时间之间的关系

案例 4

气固两相流在电力、医药、工业、食品等领域有着非常广泛的应用。浓度是气固两相流体关键的参数之一,以电力工业生产为例,提高煤粉管道中气固两相流体浓度检测的精度,可以节约资源、提高生产效率、减少工业生产中污染气体的排放。目前,常用的检测气固两相流体浓度的方法有多种,超声波衰减法测量气固两相流体浓度属于非接触式测量,不受流体黏性、导电性等特性的影响,故受压损较小、设备寿命长。气固两相流在工业生产方面有广泛的应用,其浓度的检测是解决工业生产效率、环保等的重要手段。利用超声波衰减机理测量气固两相流浓度,基于流体理论模型,搭建气固两相流的试验平台,在超声波发射接收距离一定、发射频率一定的条件下,通过试验可进行气固两相流流体浓度与超声波幅值衰减关系的探究。试验数据显示,随着气固两相流浓度增加,经过该流体的超声波衰减增加。通过分析试验数据,拟合出了反映气固两相流浓度变化与超声波衰减系数关系的近似函数。气固两相流浓度与超声波能量衰减的关系,验证了采用超声波测量技术方法,对于气固两相流浓度相关参数的检测是可行和有效的。

案例 5

灰渣-流化床-高温太阳能光热发电系统,以廉价的固体颗粒为储热工质,使用流化床完成高温储热颗粒与发电工质间的换热,并具有用于连续发电和电网调峰的巨大储热能力,相对于传统的熔融盐热发电系统,系统热效率高。灰渣-流化床-高温太阳能光热发电系统主要包括:绝热吸热塔、流化床蒸汽发生器,使用廉价、高温颗粒的冷灰仓,储热用热灰仓,以及斗式提升机、灰分配系统的辅助设备。灰渣在吸热器内被定日镜场所集聚的太阳光加热后,落入热灰仓,并在后续的流化床蒸汽发生器中加热汽水工质。与传统的液态传热工质相比,使用流态化颗粒作为传热工质具有较多优势。流态化颗粒在 1 000℃仍可保持热稳定,还能降低储热工质凝固的风险。使用流态化颗粒作为传热介质的太阳能热电站可产生超高温,这为其与高效发电循环的结合提供了可能。

案例 6

道路清洁车是一种利用风机产生高负压对路面尘粒进行吸收的特种车辆,其中吸嘴是整车气力系统的入口,也是对尘粒进行聚集与吸收的部位,如图 3.16 所示。为提高道路清洁车的清洁效率,行业内通常将风机的转速提高,或者选用更大型号的风机来增大气力系统的风量和风压,但工作能耗和噪声也会随之增加。传统宽吸嘴内部的负压分布与气流运动不利于对地面尘粒的吸拾与输送,容易在吸嘴中间及吸管下方发生尘粒泄漏。带中间进气槽的改良吸嘴,改善了吸嘴内部负压分布与气流运动轨迹,提高吸嘴对尘粒的吸拾与输送能力。在不增加或甚至降低能耗和噪声的前提下提高清洁效率,具有重要的实际工程意义。

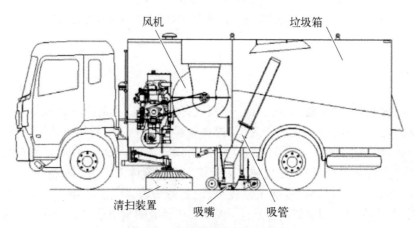

图 3.16　道路清洁车结构示意图

思考题

1. 颗粒流体两相流动系统的各个过程具有哪些共同特点？

2. 颗粒流体两相流动按其本身系统性和作用过程可分为哪三种典型情况？

3. 对球形颗粒在流体中产生相对运动时的流动状态大致可分为几种？相对应的雷诺数在什么范围？

4. 何谓等降颗粒？何谓等降系数？等降系数对于工业上的分选和分级有何指导意义？

5. 求直径为 $80\ \mu m$ 的玻璃球在水中的沉降速度。已知玻璃球的密度 $\rho_p = 2\,500\ kg/m^3$，水的密度 $\rho = 1\,000\ kg/m^3$，水在 20℃ 的黏度 $\mu = 0.001\ Pa \cdot s$。

6. 某一降尘室收集气体中的固体颗粒，气体的黏度为 $1.81 \times 10^{-5}\ Pa \cdot s$，密度为 $1.2\ kg/m^3$，固体颗粒的密度为 $3\,000\ kg/m^3$，求气体中直径为 $50\ \mu m$ 固体颗粒的沉降速度。

7. 在直径为 $800\ mm$ 的垂直烟道中，已知风量 $60\ m^3/min$，空气黏度 $16 \times 10^{-6}\ Pa \cdot s$，密度为 $1\ kg/m^3$；物料密度 $3\,000\ kg/m^3$。设烟道中粉尘粒子为球形颗粒，试求可能沉降下来的颗粒粒径。

8. 某燃煤锅炉，采用一级旋风器除尘，从旋风器出口排出的废气进入风速为 $4.5\ m/s$ 的微风大气中，废气中还含有粒径在 $3 \sim 10\ \mu m$ 的粉尘。如果旋风器出口高出地面 $20\ m$，试计算由该处粉尘顺风而下，地面不受 $3 \sim 10\ \mu m$ 粉尘影响的最短距离是多少？（设：粉尘的球形度为 1，紊流作用忽略不计，飞灰的密度为 $2\,900\ kg/m^3$，空气密度、黏度分别为 $1.29\ kg/m^3$ 和 $1.85 \times 10^{-5}\ Pa \cdot s$。）

4　粉体的机械力化学效应

本章提要

机械力化学是一门建立在固体力学和化学基础上而产生的新兴边缘学科,研究物质在机械力作用下的化学现象,对物质的合成、加工与应用具有重要意义。它不仅为创建新颖的化学物理和具有给定性能的新材料的加工方法开辟了广阔的前景,而且也为解决固体物理、物理化学、生物学、生物化学等一系列共同问题开辟了新的途径。本章介绍机械力化学的定义及机械力化学原理,重点讲述机械力化学效应引起的晶体构造的变化、其他物理化学性质的变化、在材料科学中的应用及其检测和判断方法。

4.1　概述

4.1.1　机械力化学的概念

机械力化学就是研究在给固体物质施加机械能时,固体的形态、晶体结构、物理化学性质等发生变化,并诱发物理化学反应的基本原理、规律以及应用的科学。

机械力化学的概念最早是在 20 世纪 20 年代由德国学者 Wilem Ostward 提出来的,他认为,在化学学科中,从诱发化学反应的能量来源的性质来分类,已经有了热化学、电化学、光化学、磁化学以及放射化学等分支,因此,完全可以把机械力诱发产生的化学反应称之为机械力化学(Mechanochemistry)。1962 年,奥地利学者 K. Peters 指出机械力化学反应是由机械力诱发的化学反应,并定义为"物质受到机械力作用而发生化学变化或者物理化学变化的现象"。其机械力既可以是粉碎和细磨过程中的冲击、研磨作用,也可以是一般的压力或摩擦力,还可以是由液体或气体的冲击波作用所产生的压力等。因而,各种凝聚态的物质,受到机械力的作用而发生化学变化或物理化学变化的现象,均称为机械力化学现象。

4.1.2　物质受机械力作用

物质在粉碎过程中,固体物质受到机械力作用而被激活(或称为活化),若体系的化学组成或结构不变时称为机械激活;若其化学组成或结构发生变化时,则称为机械力化学激活。固体受机械作用所发生的过程往往是多种现象的综合,机械力对固体物质的作用可以归纳为以下几类。

(1) 物理效应：颗粒和晶粒细化、材料内部产生裂纹、表观和真密度变化、比表面积变化等。

(2) 结晶状态变化：产生晶格缺陷、晶格发生畸变、结晶状态、结晶程度降低,甚至无定形化、晶型转变等。

(3) 化学变化：含结晶水或羟基、羧基的脱水,降低体系反应活化能,形成合金或固溶体,化学键的断裂,通过固相反应生成新相。

4.2 机械力化学原理

机械力化学原理相当复杂,在强的机械力作用下,固体受到剧烈冲击,在晶体结构发生破坏的同时,局部还会产生等离子体过程,伴随有受激电子辐射等现象,可以诱发物质间的化学反应,降低反应的温度和活化能。因此机械力化学反应的机理、反应的热力学和动力学特征均与常规的化学反应有所区别。甚至使得从热力学认为不可能进行的反应也能够发生,因此很难采用某一种来描述机械力化学反应的机理。可归纳为以下几个方面。

4.2.1 晶粒细化,缺陷密度增加

在高能球磨过程中,晶粒细化是一个普遍的现象,粉末在碰撞中被反复破碎,缺陷密度增加,产生晶格缺陷、晶格畸变,并具有一定程度的无定形化;物质表面化学键断裂而产生不饱和键、自由离子和电子等,使得晶体内能增高,导致物质反应的平衡常数和反应速度常数显著增大。高能球磨过程中的固态反应能否发生取决于体系在球磨过程中能量升高,而反应完成与否则受体系中的扩散过程控制,即受制于晶粒细化程度和粉末碰撞温度。

4.2.2 局部高温、高压引起化学反应

局部碰撞点的升温可能是促进化学反应的因素之一,虽然球磨机内的温度一般不超过 70℃,但局部碰撞点的温度要大大高于 70℃,这将引起纳米尺寸物质间的化学反应,在碰撞点处,产生极高的碰撞力,有助于晶体缺陷扩散和原子的重排。F. Kh. Urakaev, V. Boldyev 采用非线性弹性塑性理论(Hertz 理论)对物质之间的冲击进行研究,分别计算了冲击时间、最大冲击力、最大应力、作用面积等碰撞参数,以行星磨粉磨过程为例,发现机械力化学过程作用瞬间($10^{-9} \sim 10^{-8}$ s)局部能够产生高温(1 000 K)和高压(达 $1 \sim 10$ GPa)。Hankey 等人通过控制高压振动波实验,发现当压力分别为 13 GPa、20 GPa 时可产生 4×10^{-3}、8×10^{-3} 的晶格变形量,如行星磨粉磨 ZrO_2 达 24 h,晶格畸变 $6 \times 10^{-3} \sim 16 \times 10^{-3}$,若主要由局部高压引起,瞬间压力可能达到 10 GPa 数量级。

4.2.3 等离子体理论

Thiessen 等提出的机械作用等离子体模型,认为机械力作用导致晶格松弛与结构裂解,激发出高能电子和等离子区。高激发状态诱发的等离子体产生的电子能量可以超过 10 eV,而一般热化学反应在温度高于 1 000℃时电子能量也只有 4 eV,即使光化学的紫外电子的能量也不会超过 6 eV,因而,机械化学有可能进行通常情况下热化学所不能进行的反应,使固体物质的热化学反应温度降低,反应速度加快。

4.2.4 机械力化学动力学

F.Kh. Urakaev 和 V. Boldyev 提出如下模型

$$\alpha = k(\omega_k, n, R/I_m, X)\alpha(t) = K\alpha(t) \tag{4.1}$$

式中,α 为机械力化学引起反应转化率;ω_k 为磨机转动频率;n 为磨内钢球的数目;R/I_m 为钢球大小与磨机大小之比;X 为钢球及被研磨物料的性质;K 为反应速率常数;$\alpha(t)$ 为与粉磨时间有关的函数。

式(4.1)给出了机械力化学的影响,并将时间因素分开。利用该模型分别对 $NaNO_3 + KCl = KNO_3 + NaCl$、$BaCO_3 + WO_3 = BaWO_4 + CO_2$、$Ag_2C_2O_4 = 2Ag + 2CO_2$ 反应速率常数进行计算,发现计算值与实验值基本一致。

4.3 机械力化学效应与结晶构造的变化

4.3.1 晶格畸变及颗粒非晶化

机械冲击力、剪切力、压力等都会造成晶体颗粒形变。发生形变的晶粒,经 X 射线衍射分析,得不到理想的衍射图,但按 X 衍射图衍射峰强度和衍射峰的宽度,可以定量分析晶格畸变和无定形化程度。图 4.1 和图 4.2 分别为 α-Al_2O_3 的晶格畸变与粉磨时间的关系和 α-Al_2O_3 的有效温度系数与粉磨时间的关系,可见机械力的作用将引起 α-Al_2O_3 晶格畸变,有效温度系数增加,无序化程度提高。塑性变形的实质是位错的增殖和移动。颗粒发生塑性变形需消耗机械能,同时在位错处又储存能量,这就形成机械力化学的活性点,增强并改变矿物材料的化学反应活性。随着机械力作用的加剧,结晶颗粒表面的结晶构造受到强烈的破坏而形成非晶态层,并逐渐变厚,最后导致整个结晶颗粒无定形化。晶体在粉磨至无定形化的过程中,内部储存的能量远远大于位错储存的能量。矿物颗粒无定化形成后,其溶解度、密度、离子交换能力等性质都发生了变化。

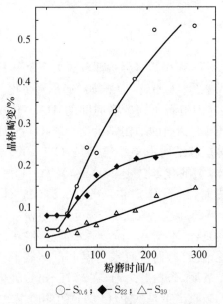

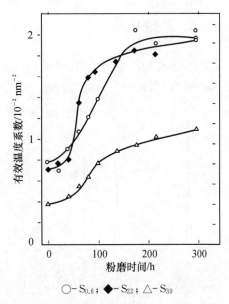

○-$S_{0.6}$；◆-S_{22}；△-S_{39}

○-$S_{0.6}$；◆-S_{22}；△-S_{39}

图 4.1 不同起始比表面积 α-Al_2O_3 的
晶格畸变与粉磨时间的关系

图 4.2 不同起始比表面积 α-Al_2O_3 的有效
温度系数与粉磨时间的关系

4.3.2 晶型转变

机械力化学促进物质发生同质异构变化，即晶型转变，如粉碎 ZrO_2 单斜晶形转变为四方晶系；粉磨 $CaCO_3$ 由结晶形碳酸钙（方解石，六方晶系）转变为无定形碳酸钙，在有水分存在下，转变为结晶形碳酸钙（文石，斜方晶系）；粉碎 Fe_2O_3 由 γ-Fe_2O_3（四方晶系）转化为α-Fe_2O_3（斜方晶系）；图 4.3 和图 4.4 为锐钛矿型 TiO_2 在高能行星磨内粉磨引起晶型转变的过程，粉磨初期（5 h）为无定形形成期，并形成金红石型 TiO_2 晶核；粉磨中期（5～15 h）为晶粒长大期，金红石型 TiO_2 晶粒长大；粉磨后期（15 h 以后）为动态平衡期，晶粒长大与粉磨引起的晶粒减小处于动态平衡。

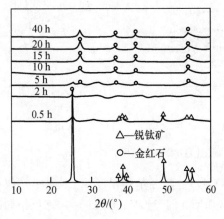

图 4.3 粉磨不同时间锐钛矿型 TiO_2 的 X 射线衍射图

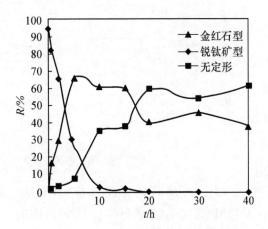

图 4.4 TiO_2 相的相对含量随粉磨时间的变化

4.3.3 脱结晶水

二水石膏在粉磨过程中,即使维持体系的温度不升至100℃,仍将部分脱去1.5个H_2O而变为半水石膏,图4.5表明在粉磨15 min时已出现了半水石膏,而继续粉磨不再变化。图4.6为滑石不同粉磨时间的TG、DTA和IR图,滑石的结构是由两片$[SiO_4]^{4-}$四面体层状结构中夹一层$[Mg(OH)_6]^{4-}$八面体,它的化学式是$Mg_3Si_4O_{10}(OH)_2$。加热时,滑石分别在495~605℃和845~1 058℃脱水。由图4.6可知,随粉磨时间的延长,不仅第一阶段脱水消失,脱水的量逐渐减少,而且脱水的温度也降低了。IR图表明,未粉磨之前,在3 675 cm^{-1}处尖锐的吸收谱带是基团(O—H)的伸展振动,经过粉磨60 min以后,代之3 500~3 600 cm^{-1}的宽谱带,这是H_2O的特征,是原来的结构水部分脱去了,改变了羟基在滑石中的状态或者吸附在物料的表面。DTA曲线上822℃的放热峰。可以认为是粉磨过程中储存的能量被释放出来,或者说是结晶态的滑石在粉磨时转变成无定形的状态,在加热过程中再结晶的表现。

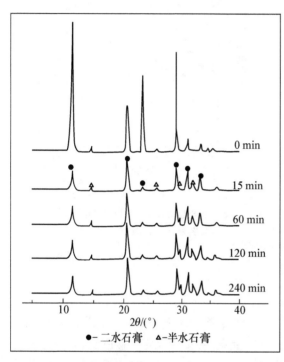

图 4.5 石膏随粉磨时间变化的 XRD 图

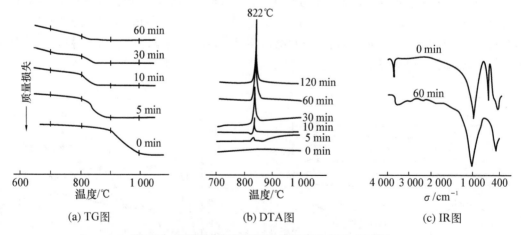

图 4.6 不同粉磨时间滑石的变化(TG、DTA、IR 图)

另一些含羟基的化合物,如$Ca(OH)_2$和$Mg(OH)_2$,其羟基不易脱离,因此单独作机械处理时,变化很少,然而在$Ca(OH)_2$中加入SiO_2,粉磨14 h后,$Ca(OH)_2$的XRD衍射峰已完全消失,代之以一个宽衍射峰。将TiO_2凝胶与$Mg(OH)_2$进行混合粉磨,发现粉磨3 h,

$Mg(OH)_2$ 很快脱水并无定形化。

4.3.4 层状结晶结构物质的变化

机械力化学还导致晶体结构的整体变化,这种变化主要发生在具有层状结构的矿物质中。图 4.7 和图 4.8 反映了滑石粉碎后晶体结构发生变化。图 4.7 为滑石经不同时间粉磨后的 XRD 结果,图 4.8 为滑石经不同时间粉磨计算的电子 RDF 谱。滑石经粉磨不断无序化,同时引起滑石的晶体结构发生变化。滑石晶体结构中,Mg 的周围有 4 个 O 配位,2 个 (OH)配位构成八面体,Si 的周围有 4 个 O 配位构成四面体,1 个八面体和 2 个四面体交错构成平板的结构单元,层与层之间以范德瓦尔斯力相互结合。经行星磨干法粉碎后,Mg—O 原子间配位数粉碎前为 6,粉碎 1 h 为 4.6,2 h 为 4.1,4 h 为 3.9,接近 4。高岭土干粉磨过程中同样发生晶格无序化、脱羟基反应及表面性质改变等现象。

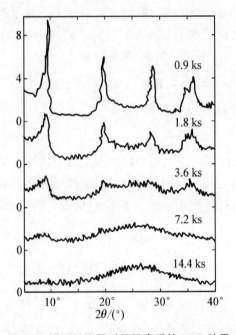

图 4.7 滑石经不同时间粉磨后的 XRD 结果

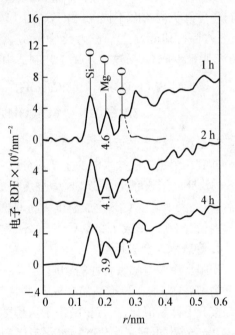

图 4.8 滑石经不同时间粉磨计算的电子 RDF 谱

4.3.5 机械力化学反应

固相间的机械力化学反应,一般是在原子、分子水平的相互扩散及其不可逆过程平衡时产生的。然而,固相间的扩散、位移密度、晶格缺陷分布等都依赖于机械活性,通常其速度非常慢。固体内的扩散速率受位错数量和流动所控制,晶格变形可增加位错数量。塑性变形和位错流动有着密切关系。因此,在机械力作用下可以直接增加自发的导向扩散速率。另一方面,压缩、互磨、摩擦、磨损等都能促进反应物的聚集,缩短反应物间的距离并把反应产物从固相表面移开。因此在室温下,机械力化学诱发固体间的反应是可能的。

1. 硅钙石合成反应

硅钙石（afwillite）、雪硅钙石（tobermorite）矿物具有密度低、隔热性能好和阻燃特性。广泛地应用于保温材料，传统的生产采用水热合成法。室温下，在行星磨内粉磨氢氧化钙和硅胶的混合物，Ca/Si 摩尔比为 1.5，水灰比为 23%～30%，粉磨 2 h，合成了硅钙石。

$$3Ca(OH)_2 + 2SiO_2 \longrightarrow Ca_3[SiO_3(OH)]_2 \cdot 2H_2O \tag{4.2}$$
$$(\Delta G = -17.138 \text{ J/mol})$$

Ca/Si 摩尔比为 0.5～3，水灰比为 80%，粉磨 3 h，合成了雪硅钙石。

$$5Ca(OH)_2 + 6SiO_2 \longrightarrow Ca_5[Si_6O_{16}(OH)_2] \cdot 4H_2O \tag{4.3}$$
$$(\Delta G = -303.05 \text{ J/mol})$$

2. 水化铝酸三钙合成反应

在室温下以高岭土、三水铝石、CaO、Ca(OH)_2 作原料，并以 CaO/Al_2O_3 摩尔比为 3，在行星球磨机内粉磨不同的时间，CaO 与上述含铝矿物不发生反应，而 Ca(OH)_2 和高岭土、三水铝石却能发生机械力化学反应，合成了水化铝酸三钙（C_3AH_6），C_3AH_6 产物在 800 K 脱水生成 C_3A，这比水泥工艺制造中 C_3A 的生成温度（923 K）要低得多。

$$1/2[Al_4Si_4O_{10}(OH)_8] + 3Ca(OH)_2 + H_2O == 3CaO \cdot Al_2O_3 \cdot 6H_2O + 2SiO_2 \tag{4.4}$$
$$2Al(OH)_3 + 3Ca(OH)_2 == 3CaO \cdot Al_2O_3 \cdot 6H_2O \tag{4.5}$$

3. 硅酸二钙合成反应

硅酸二钙是硅酸盐水泥的主要成分之一。将氧化钙和硅胶混合物在行星磨内进行合成 C_2S 的研究。经粉磨 5 h，873 K 煅烧后生成了 C_2S。并具有明显的水化特性，机械力化学活化后，可大大地降低 C_2S 生成温度。将 Ca/Si=2 的无定形沉淀 SiO_2 和 CaO 的混合物，在振动磨内粉磨 14 h，形成了类似 C-S-H 凝胶的无定形相。

4. 膨胀水泥合成反应

膨胀水泥中有膨胀特性的物质 3CaO \cdot Al_2O_3 \cdot 3CaSO_4 \cdot 32H_2O 通常将石膏、铝土矿、白垩磨细后在 1 700 K 煅烧的合成方法生产。机械力化学法合成是将氢氧化钙、石膏、氢氧化铝按分子计量混合，在行星磨中干法粉磨，对不同粉磨时间产物的 XRD 图谱分析表明，粉磨 120 min 后，出现了水化产物水化硫铝酸钙（CSA），经过粉磨的样品在 773 K 煅烧后，其试块强度大大高于工业生产的 CSA。

5. 钛酸盐合成反应

将 Ba(OH)_2 \cdot 8H_2O 和非晶质 TiO_2（比表面积为 55 600 m²/kg）按 Ba/Ti=1.00 混合，用行星磨进行湿法粉磨 3 h，合成了钛酸钡（BaTiO_3）前驱体。前驱体再经过 700℃保温 3 h 烧结得到超细钛酸钡（BaTiO_3）粉体。这种粉体经过 1 200℃保温 1 h 得到烧结体的密度为理论密度的 94%。

将 PbTiO_3 化学计量的 TiO_2 和 PbO 混合物放入振动磨中进行粉磨，经过 200 h 粉磨，能够合成 PbTiO_3 粉体；将由 TiCl_4 和 Pb(NO_3)_2 制备的 TiO_2 与 PbO 混合凝胶进行混合粉磨 5 min，可得到组分均匀的 PbTiO_3 的前驱体，再经过 823 K 烧结可得到超细 PbTiO_3 粉体。

碱土金属的钛酸盐（$MgTiO_3$，$CaTiO_3$，$SrTiO_3$，$BaTiO_3$）是制备特种陶瓷及电器元件的重要材料，可通过溶胶凝胶法、共沉淀法、过氧盐热分解法等方法制备，工业上最简易的方法是直接将碱土金属氧化物与 TiO_2 混合加热合成，但必须经过较复杂过程制备的 TiO_2，自然界中的钛酸盐是以 $FeTiO_3$（铁钛矿）的形式存在的。采用机械力化学方法可直接将 $FeTiO_3$（铁钛矿）与碱土金属氧化物发生如下反应

$$MO + FeTiO_3 === MTiO_3 + FeO \quad (MO \text{ 为 } BaO、SrO、CaO \text{ 或 } MgO) \tag{4.6}$$

混合物粉磨50 h后，BaO、SrO、CaO 几乎完全与 $FeTiO_3$ 反应生成了 $BaTiO_3$、$SrTiO_3$、$CaTiO_3$。而 MgO 与 $FeTiO_3$ 反应不够完全。该途径主要存在如何除去 FeO 及其他杂质的问题。

4.4　机械力化学效应与其他物理化学性质的变化

4.4.1　颗粒粒径和比表面积的变化

物体在受机械力的研磨作用后，最初表现出的外观变化是颗粒细化，相应的比表面积增大。但是颗粒粒径虽随粉磨时间的增加而不断地减小，然而比表面积却会在一定时间后又下降。图 4.9 为 Al_2O_3 粉末比表面积与粉磨时间的关系，由图看出，所处理的 Al_2O_3 粉末经 120 min 粉磨，当比表面积从 23 m^2/g 上升至 33 m^2/g 后继续粉磨，比表面积会急剧下降，甚至比原来的比表面积还小，从电子显微镜下观察到颗粒发生了严重的团聚。为提高粉磨的效率，常用湿法粉磨，同样是 Al_2O_3，在湿法和干法粉磨下的 d_{50} 的变化如图 4.10 所示。由图可知，粉磨时间并不是越长越好，存在着最佳的粉磨时间。另外粉磨初始颗粒的大小对粉磨效率也有较大影响。

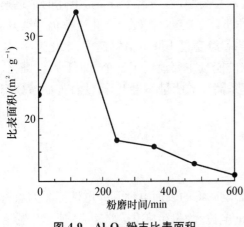

图 4.9　Al_2O_3 粉末比表面积
与粉磨时间的关系

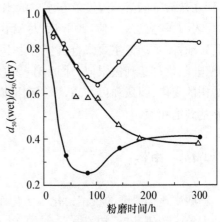

图 4.10　不同起始粒径湿法和干法
粉磨不同时间平均粒径比

○—0.6 μm；△—3.9 μm；●—22 μm

4.4.2 密度变化

固体物质经过机械力粉碎后,表观密度的变化主要是由颗粒粒径大小级配不一造成的;而真密度的变化则是由于固体物质的晶体结构变化或是发生了化学反应所造成的。

滑石-高岭土-三水铝石的混合物在共同粉磨时(图 4.11),在最初的 60 分钟,密度减小了 10%,粉磨至 380 分钟时,减小了 14%;再继续粉磨,密度变化就很小了。值得注意的是,此时混合物的密度比原始物的都小,是 2 250 kg/m³(滑石 2 460 kg/m³,高岭土 2 550 kg/m³,三水铝石 2 370 kg/m³),因此可以推断,机械力化学作用使体系的结晶程度降低或是发生化学变化生成了密度较小的新生物。此外经机械力粉磨作用后,物质密度的变化也因物质的不同而异。如方解石的

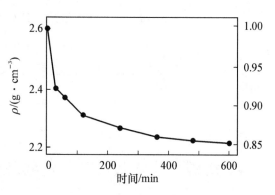

图 4.11 密度随粉磨时间的变化

密度为 2 720 kg/m³,莫氏硬度为 3.0,而文石则分别为 2 950 kg/m³ 和 3.5~4.0,因此,当方解石转变为文石后,密度增大;但是石英在转变为无定形 SiO₂ 时,密度则从 2 600 kg/m³ 下降至 2 200 kg/m³。

4.4.3 溶解度和溶解速率

许多矿物如方解石、水铝石、滑石等,机械力活化能显著地提高其溶解度和溶解速率。即使石英这类难溶矿物,经机械力作用,也可检测到在纯水中的溶解。如对氧化钙进行粉磨,在不同的粉磨时间其溶解度也不一样,粉磨 15 h 前,比表面积及晶格变形速度均迅速升高,但在盐酸中的溶解速度及在水中的水化速度却提高缓慢,粉磨 15 h 后,上述两者迅速提高,比表面积达到最大值,20 h 后,尽管比表面积下降了,溶解速度及水化速率仍持续升高,可见,此时体系活性主要来自机械力化学效应;当粉磨超过 100 h,溶解速度、水化速率、比表面积、非晶化都达到极限值。因为粉碎过程输入的能量主要消耗于三个方面:颗粒细化、晶体结构的变化、团聚和再结晶,当达到平衡时,体系储存的能量不再上升,使各方面参数都趋向和达到饱和值。

4.4.4 电性

粉磨或超细粉磨的机械力化学活化作用还影响矿物的表面电性和介电性能。如黑云母经冲击粉碎和研磨后,其等电点和表面电位(Zeta 电位)均发生变化,如表 4.1 所示。粉磨作用也可直接影响颗粒的介电性质,如膨润土在粉磨时,其相对介电常数(DK)随粉磨时间的变化会发生显著改变,如图 4.12 所示。

表 4.1　黑云母粉体等电点及 Zeta 电位

样　品	比表面积/(m^2/g)	等电点	ζ 电位 $(pH = 4)/mV$
原　　矿	1.1	1.5	-31
干磨产物	14.4	3.7	-3
湿磨产物	12.6	1.5	-18

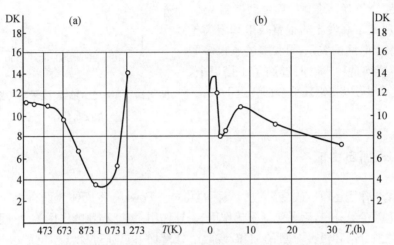

图 4.12　膨润土相对介电常数与粉磨时间的关系曲线

4.4.5　吸附能力

在机械力活化作用下,矿物颗粒被粉碎,在断裂面上出现不饱和键和带电的结构单元,导致颗粒处于不稳定的高能状态,从而增加了颗粒的活性,提高了表面吸附能力。图 4.13 反映了振动磨和研轮磨在提高石棉比表面积的同时,也促进矿物表面对 Ca^{2+} 的吸附,可见研轮磨的促进作用大于振动磨,因为振动磨主要是使石棉断裂,研轮磨在改变矿物内部结构方面的作用更为显著,从而激活表面。机械力化学提高固体颗粒表面吸附能力的效应在改变矿物表面性质、提高材料性能方面极具实用价值。

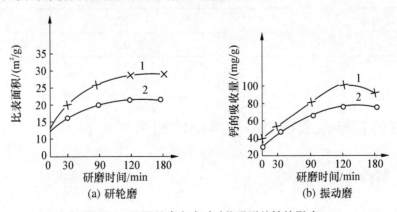

图 4.13　不同粉磨方式对矿物吸附特性的影响

4.4.6 离子交换和置换能力

机械力化学活化作用可以改变矿物的离子交换能力,因为细磨、超细磨会导致矿物表面富含不饱和键和残余电荷的活化能,所以能够明显提高其阳离子置换容量,尤其是硅酸盐类矿物。图 4.14 反映了高岭土的铝置换量和阳离子交换容量与粉磨时间的关系,可见高岭土仅多磨 6 min 对铝的置换量比未磨时提高了 1 倍以上,粉磨 12 min 后则可以将铝几乎全部置换下来。

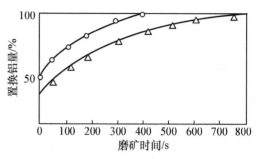

图 4.14　高岭土的铝置换量与粉磨时间的关系

△-酸浓度 0.4 N;○-酸浓度 0.8 N

4.4.7 表面自由能

机械力化学作用还可以改变颗粒的表面自由能。Fowkes 将固体表面自由能分为伦敦色散分量和非伦敦色散分量,后者包括极化作用、诱导作用、氢键和静电作用等。一般情况下,表面自由能是色散分量和极性分量的加和,该两个分量均可以通过反气相色谱法(Inverse Gas Chromatography,IGC)来测定。表 4.2 和表 4.3 分别给出了氧化钙和高岭土表面自由能的色散分量(γ_s^d)与粉磨时间的关系。可见氧化钙表面自由能的色散分量(γ_s^d)随粉磨时间的延长不断增加,但高岭土的 γ_s^d 却相反。这是因为高岭土、膨润土、含水铝石等含水含羟基的矿物,在细磨过程中,伴有机械力化学脱水、脱羟基效应,会形成水,从而降低了物料的 γ_s^d。

表 4.2　氧化钙表面自由能的色散分量与粉磨时间的关系

粉磨时间/h	0	10	20	100	200
$\gamma_s^d(100℃)/(mJ \cdot m^{-2})$	37.9	44.1	45.0	50.5	56.3
$\gamma_s^d(20℃)/(mJ \cdot m^{-2})$	42.4	48.6	49.5	54.5	60.8

表 4.3　高岭土表面自由能的色散分量与粉磨时间的关系

粉磨时间/h	0	12	24	96	192
$\gamma_s^d(20℃)/(mJ \cdot m^{-2})$	28.84	30.02	24.7	24.45	21.44

4.5　机械力化学效应在材料科学中的应用

4.5.1 制备纳米合金

机械力化学法(高能球磨法)是利用机械能达到合金化而不是用热能或电能,所以把机械力化学制备合金粉末的方法称为机械合金化(Mechanical Alloying，MA)。MA 是利用球磨罐内磨球与磨球、磨球与磨罐之间的高速高频冲击，使物料强烈撞击、研磨和搅拌，把金属或合金粉末粉碎为纳米级微粒的方法。如果将两种或两种以上金属同时放入球磨机的球磨罐中进行高能球磨，粉磨颗粒经压延、压合、碾碎、再压合的反复过程(冷焊-粉碎-冷焊的反复进行)，最后获得组织和成分分布均匀的合金粉末。机械力化学法已成功地制备出纳米晶纯金属、互不相溶体系的固溶体、纳米金属间化合物、纳米金属-陶瓷复合材料及纳米陶瓷粉体等纳米晶材料。

4.5.2 制备纳米复合材料

把金属与陶瓷(纳米氧化物、碳化物等)复合在一起，利用机械力化学法可获得具有特殊性质的新型纳米复合材料。日本国防学院把几十纳米的 Y_2O_3 粉体复合到 $Co-Ni-Zr$ 合金中，Y_2O_3 仅占 $1\%\sim5\%$，它们在合金中呈弥散分布状态，使得 $Co-Ni-Zr$ 合金的矫顽力提高约两个数量级。用机械力化学方法得到的 $Cu-$纳米 MgO 或 $Cu-$纳米 CaO 复合材料，这些氧化物纳米微粒均匀地分散在 Cu 基体中，这种新型复合材料电导率与 Cu 基本一样，但强度大大提高。

利用金属材料的延伸性，脆性的陶瓷材料通过掺入金属材料进行增强，并具有韧性。以 Al、Fe_2O_3、TiO_2 为原料采用机械力化学的原理制备 $Fe/\alpha-Al_2O_3$ 及 $Fe-Ti/\alpha-Al_2O_3$ 复合材料，其微观结构均匀，Fe 或合金(Fe，Ti)达到纳米级，并具有交织复杂结构，改进了金属-陶瓷界面结合性能。Nicholas 等采用机械力化学原理制备 Al_2O_3 基 TiC、TiN 及 $TiC_{0.5}N_{0.5}$ 纳米复合材料，制得复合粉末经 $1\,000℃$ 退火 $1\,h$ 热压成型($2.5\times10^9\,Pa$，$1\,350℃$)制备纳米复合材料，其硬度达 $19\sim30\,GPa$($1\,740\sim2\,750\,VHN$)，Al_2O_3 晶粒尺寸为 $30\sim50\,nm$，钛相为 $25\sim50\,nm$。

Y. Iwase、T. Koga 和 M. Nagumo 等在球磨 Ti/Si_3N_4 系统时 Si_3N_4 分解出 Si、N 在 Ti 中扩散反应，从而制备了纳米 $TiN-TiSi_2$ 复合粉末，后续热压成型($1\,573\,K$)制得纳米陶瓷复合材料。这种材料的烧结温度显著低于传统工艺，且不需添加烧结剂；材料晶粒尺寸为 $100\,nm$，粒径分布均匀。其在高温下有塑性行为；其维氏硬度在室温下为 $1.7\,GPa$，在 $1\,273\,K$ 下为 $1.0\,GPa$。

W. Schlump 等在球磨 $Ti-Ni-C$、$Ti-Ni-N_2$、$Si-Ti-C$、$Al-Ni-O_2$、$W-Ni-C$ 时利用过程中发生的化学反应制得了 Ni/TiC、Ni/TiN、Ti/TiC、Ni_3Al/Al_2O_3、Ni/WC 纳米复合材料，陶瓷相粒子弥散均匀地分布于基体中，晶粒尺寸在 $10\,nm$。

4.5.3 制备纳米陶瓷

利用机械力化学的原理制备纳米陶瓷粉体近年来研究得比较活跃，已制备了各种稳定 ZrO_2、纳米铁氧体粉体，特别是在纳米粉体的制备方面表现出独特的优点，与化学法相比，可用常规氧化物原料、成本低、加工过程简单、易于实现工业化等，具有广阔的应用前景。

用机械力化学法制备出多种稳定剂 ZrO_2，将单斜型 ZrO_2 分别与 MgO、CaO、Y_2O_3 外加剂放入行星磨的球磨罐内，氩气气氛下进行混合，经 $24\,h$ 粉磨，经 XRD 及透射电镜分析，制备的各种稳定剂 ZrO_2 的颗粒尺寸为 $10\sim40\,nm$，具有较大的形变，达 $0.7\%\sim1.5\%$。发生如下反应：

$$0.8ZrO_2 + 0.2CaO \longrightarrow Ca_{0.2}Zr_{0.8}O_{1.8}（萤石型）$$

$$0.8ZrO_2 + 0.2MgO \longrightarrow Mg_{0.2}Zr_{0.8}O_{1.8}（萤石型）$$

$$0.8ZrO_2 + 0.09Y_2O_3 \longrightarrow Y_{0.18}Zr_{0.8}O_{1.87}（萤石型）$$

$$0.6ZrO_2 + 0.2CaZrO_3 \longrightarrow Ca_{0.2}Zr_{0.8}O_{1.8}（萤石型）$$

尖晶石型铁酸盐是一类重要的催化剂，也是一种重要的磁性材料，传统的固态铁酸盐材料一般是通过 Fe_2O_3 与其他金属氧化物（或碳酸盐等）在高温条件下的固相反应而得（即反应烧结法），颗粒尺寸大于 $1~\mu m$，与氧反应的活性很低，限制了其研究及应用的范围，近年来的研究发现纳米尖晶石铁酸盐晶体具有优异的磁性及磁光记录性能，而纳米铁酸盐粉体一般均是利用湿化学方法制备，成本高，不利于工业化。利用机械力化学原理将 Fe_2O_3、V_2O_3 于行星磨内粉磨 $12~h$ 后，经 $500℃$ 条件下烧结，得到了高反应活性（与氧反应）的 Fe_2VO_4 纳米晶体，其晶粒尺寸小于 $100~nm$，其性能接近化学法制备的 Fe_2VO_4 纳米晶体。以 Fe_2O_3 和 ZnO 粉体为原料，在高能球磨的作用下，室温（约 $25℃$）合成了铁酸锌（$ZnFe_2O_4$）纳米晶。球磨 $70~h$ 后样品中的 ZnO 相完全消失，$\alpha\text{-}Fe_2O_3$ 相基本消失，生成了具有尖晶石结构的铁酸锌（$ZnFe_2O_4$）。通过 Mossbauer 谱及 IR 光谱分析可知：所得纳米晶具有非正型分布的尖晶石结构，为超顺磁性，并存在较多的缺陷。

纳米晶 Si 的制备方面，由于 Si 纳米晶的性质与多晶 Si 或无定形 Si 有很大不同，近年来引起了广大材料工作者的研究兴趣，并试图采用机械力化学方法制备了无定形或纳米半导体元素 C、Si、Ge。Gaffet 和 Harmel 第一次采用机械力化学粉磨的方法制备含有大约 10% 的无定形 Si 粉。F.D. Shen 和 C.C. Koch 进一步证实了 Gaffet 的实验，即多晶 Si 经粉磨可发生晶体→无定形的转变，并发现 Si 纳米晶体的形成，这种 Si 纳米晶体含有大量的位错、孪晶及层错等缺陷，晶体尺寸为 $3\sim20~nm$。

4.5.4 机械力化学在矿物加工中的应用

由于矿物在机械力的作用下，发生一系列的机械力化学效应，改变了矿物的晶体结构，增加了矿物的晶格畸变，提高了矿物的化学活性，为常温下直接从矿物中提取有价物创造了条件。日本东北大学素材研究所的斋藤文良（Fumio SAITO）为代表的课题组对滑石（talc）、蛇纹石（serpentine）、白钨矿（scheelite）、镁质硅酸镍（garnierite）、菱镁矿（magnesite）等矿物进行机械力化学研究，并从中提取镁、硅、钨、镍等有价金属；他们还利用机械力化学的原理对一些废弃物进行资源化研究，均取得一些成果。我国学者在机械力化学应用方面亦取得了一些成果。

1. 从滑石中提取镁

滑石属单斜晶系，其晶体结构式为 $Mg_3[Si_4O_{10}](OH)_2$，是含 OH^- 的 3 层结构（2：1）的硅酸盐矿物，每个晶层是由 2 层 Si-O 四面体中夹一层 Mg-O(OH) 八面体构成，在其晶格构造中，Si-O 四面体联结形成层状结构，活性氧朝向一边，每两个活性氧通过一层 $[MgO_6]$ 八面体而相互联结，构成双层，双层内部各离子的电价已经中和，联系牢固，双层之间以作用力较小的分子键相连。利用滑石的机械力化学变化的性质进行了提取镁的研究,粉磨30 min 内 Mg 的浸取率迅速增加,这与滑石出现无定形化的时间相一致,Mg 在 H_2SO_4、HCl 中的浸取率分别达到 80%、70%,而粉磨对 Si 的浸取率基本没有影响。

2. 从蛇纹石中提取镁和硅

蛇纹石的化学结构式为 $Mg_6Si_4O_{10}(OH)_8$,属于单斜晶系。蛇纹石可用作钢铁助熔剂或道路填料,采用高温熔融硫酸法浸取蛇纹石中的镁和硅,但需要较高的温度(1 073~1 173 K)。采用机械力化学的原理研究了室温下高能球磨蛇纹石,得到了很有价值的信息。蛇纹石的晶体结构在机械力作用下发生了很大变化,粉磨 12 h 基本无定形化,粉体的活性大大提高。粉磨 120 min 时,Mg 和 Si 的浸出率分别达到 90%、45%,继续粉磨,浸出率仍有增加,粉磨至 240 min,Mg 的浸出率近 100%。差热分析与红外光谱研究表明了蛇纹石的晶体结构可能发生如下变化:

$$Mg_6Si_4O_{10}(OH)_8 \rightarrow 6MgO \cdot 4SiO_2 \cdot 4H_2O \rightarrow 3(Mg_2SiO_4) \cdot SiO_2 \cdot 4H_2O$$

3. 从镁质硅酸镍矿中提取镍和镁

从镁质硅酸镍矿中提取镍和镁等有价金属,很难采用浮选和磁选工艺,通常采用高温冶金法,高温冶金法需要大量的能耗,在浸取有价物之前必须去除铁等杂质,工艺复杂。机械力化学法可用于从镁质硅酸镍矿中提取镍和镁。粉磨 30 min,镁质硅酸镍矿的衍射峰几乎消失,而粉磨 120 min 石英、磁铁矿的衍射峰仍清晰可见。究其原因,由于镁质硅酸镍矿具有层状结构,每层是由硅氧四面体组成,层与层之间是靠 Mg-O(OH)或 Ni-O(OH)八面体相连,在机械力的作用下,Mg-O(OH)或 Ni-O(OH)八面体结构易于发生畸变,因此镁质硅酸镍矿易于转变为无定形,而石英、磁铁矿则很难无定形化。粉磨 30 min,Mg、Ni 的浸取率便达到 80%,而 Si、Fe 的浸取率为 20%左右;继续粉磨,Si、Fe 的浸取率可增加至 40%左右,Mg、Ni 的浸取率增加至 90%左右。

4. 从白钨矿中提取钨

白钨矿是钨的重要矿物资源之一,采用现行液相工艺很难得到高的浸取率,将白钨矿与 NaOH 在行星磨内干粉磨,发现约 4 h 混合物通过固相反应生成 $Ca(OH)_2$ 和 Na_2WO_4,混合物具有很高的活性,若用 0.2 mol/L Na_2CO_3 溶液浸取,钨的浸取率可达 88%。

5. 从天青石(celestite)中提取锶

从天青石(主要成分为 $SrSO_4$)制备 $SrCO_3$,通常采用两步工艺:第一步在 368 K 温度下,将天青石与 Na_2CO_3 搅拌反应生成 $SrCO_3$ 和 Na_2SO_4;第二步为碳还原焙烧过程,生成水溶性的硫化锶,水溶性的硫化锶与 CO_2 或苏打反应生成沉淀 $SrCO_3$。机械力化学法制备 $SrCO_3$ 则将天青石直接与 NaOH 混合粉磨,生成 $Sr(OH)_2$,在空气中碳化 4 天生成固态 $SrCO_3$。$SrCO_3$ 的产率达 90%以上,与焙烧法相比,工艺过程简单。

6. 由菱镁矿(主要成分为 $MgCO_3$)制备 $Mg(OH)_2$

机械力化学法可直接制备 $Mg(OH)_2$,将菱镁矿和 NaOH 在行星磨内进行混合粉磨,发现粉磨 1~2 h,即发生反应:$MgCO_3(s) + 2NaOH(s) == Mg(OH)_2(s) + Na_2CO_3(s)$,经水洗即可得到 $Mg(OH)_2$。

7. 从 $LiCo_{0.2}Ni_{0.8}O_2$(废旧锂电池中的主要成分)废物中提取有价物

对 $LiCo_{0.2}Ni_{0.8}O_2$ 废物(主要含有 $LiCo_{0.2}Ni_{0.8}O_2$,聚偏氟己烯)进行机械力化学研究,发

现当加入 Al_2O_3 与之共粉磨时,粉磨 30 min,$LiCo_{0.2}Ni_{0.8}O_2$ 即发生无定形化,而未掺 Al_2O_3 则需 4 h,因此,Al_2O_3 对 $LiCo_{0.2}Ni_{0.8}O_2$ 的无定形化具有促进作用。采用 HNO_3 进行浸取实验,对于粉磨 1 h 的样品,Li、Co、Ni 的浸取率可达 90% 以上,而 F 的溶出为 1% 左右。

机械力化学在矿物加工中的应用,我国学者也取得了一些成绩:如获得专利的热碱球磨分解工艺技术已成功用于钨业生产。该工艺将机械力化学作用、破碎作用、搅拌作用与浸出过程有机结合,为反应创造了良好的动力学条件,大大地强化了反应的速度,流程短,分解率高。如 150℃ 下处理黑钨矿或混合矿,经 1 h 分解率为 99.49%。因此,机械力化学在矿物加工中的应用,工艺简单,无须高温煅烧,具有广阔的应用前景。

4.5.5　机械力化学表面改性

粉体超细化技术是许多高新技术的重要基础,但由于超细粉体极易团聚等原因严重影响其物化特性的发挥,必须进行表面改性;表面改性也是矿物深加工的重要方法,如为了改善作为有机物填料的无机粉体与高聚物的相容性,亦必须对无机粉体进行改性处理。机械力化学的应用研究成果为粉体的表面改性提供了新方法,即可在使粉体超细化的同时达到表面改性的目的。粉体在超细磨过程中高活性表面的出现及微观结构变化,引起表面能量增高是实施机械力化学改性的基础。高能机械力使被研磨粉体表面键发生断裂,形成具有很高反应活性的表面"悬键",可与存在的有机物分子作用,在表面发生聚合反应或将高分子嵌段聚合物"锚定"在粉体的表面,使粉体的表面性质发生显著改变。通过机械力化学法表面改性可设计和制备自然界中不存在的复合材料,使粉体表面具有所期望的特性,达到资源高值化利用。

日本东丽公司把超细 ZrO_2 粉体和聚酯酰胺微粒子置于混合机械中,由于机械力的作用而使 ZrO_2 粉末渗入聚酰胺粒子表层形成牢固的结合,从而使聚酰胺粒子表面均匀地包覆 ZrO_2,复合的 ZrO_2 可代替 ZrO_2 粉末用作颜料和各种涂料的基材、研磨剂和填充剂。Masato 用机械力化学法制备了有机物为基体的复合粒子;在超细粉碎重质碳酸钙时,丁浩用硬脂酸钠,郑桂兵等则分别用丙烯腈-苯乙烯(Acrylonitrile-Styrene, AS)共聚物和丙烯酸(Acrylic Acid, AA)作改性剂对其进行表面改性,得到具有良好疏水性的重钙颗粒,且粒度减小,比表面积增大,提高了作为填料的功能性。根据机械力化学原理用硬脂酸作改性剂对硅灰石进行表面改性,也取得了较好的效果。利用干式处理技术可实现金属、无机及有机粉体之间较均匀的包覆改性,该技术已用于硼化物系陶瓷合金喷涂材料的开发、新型化妆品的生产和改善难溶药物的溶解性等。

4.5.6　机械力化学在高分子材料中的应用

近年来利用应力场控制和改变聚合物的链结构、超分子结构和织态结构已逐步发展成为通用高分子材料高性能化和功能化的重要途径,聚合物在机械粉碎过程中,在颗粒微细化的同时,粉体的形态结构、物理化学性质和化学反应活性将发生变化,在应力承受点或受应力反复作用的局部区域将产生机械力化学反应。其应用主要在以下几个方面:应力场作用下不相容聚合物混合物的增容、粉碎力化学法制备低分子量 PVC、利用粉碎力化学效应实现黏度不匹配聚合、聚合物固体(废弃高分子材料和制品)粉碎、新型高分子合金和高分子纳米复合材料制备。

4.6　机械力化学效应的检测和判断方法

为确切知道某个体系的物质在机械力作用下发生了何种变化,就必须有相应的检测方法,对发生的物理效应,如密度、比表面积的测定可用阿基米德原理和 BET 吸附法。判断结晶程度的退化、晶体结构转化和发生化学变化与否,常用的手段有如下几种。

X 射线衍射法(X-rays Diffraction,XRD):它的功能包括可测定受力作用前后晶体结构变化、晶型转变、化学变化等,也可以测定结晶程度的变化。要知道量的变化则需要用不同的解析谱图方法,如 Rietveld 解谱法,可以从一幅谱图分析所存在的物相及各自的量;借用径向分布函数(Radial distribution function,RDF)解析法,可以得知晶体局部构造的变化;用小角散射,可测得最小颗粒的分布。

电子显微分析法:包括扫描电子显微镜(Scanning Electron Microscope,SEM)、透射电子显微镜(Transmission Electron Microscope,TEM)、能量弥散 X 射线微量分析(Energy Dispersive X-ray Microanalysis,EDXA)、电子衍射(Electronic Diffraction,ED)等,这些方法对观察粉体物质在受力作用前后的颗粒大小分布、晶体形貌、团聚状况以及化学组成和结构变化等都是很有用的工具。

热分析技术:如差热分析-热重分析法(Differential Thermal Analysis-Thermogravimetric Analysis,DTA-TG),是判断物质受力前后是否有变化常用的工具,特别是鉴别含水物质的脱水过程和脱水程度、晶型转变现象等十分有效。

红外光谱分析(Infrared Spectroscopy,IR):检测物质在受力前后的键能和键的性质,从而推断所发生的效应。

光电子能谱法(X-ray Photoelectron Spectroscopy,XPS):测定不同元素与 O 的结合能,从而判断系统中所发生的变化,它的测定精度高,分辨率也高,而且可以从物体表面纵向剥层作逐层分析,以确知变化深度和程度。

固体核磁共振谱(Nuclear Magnetic Resonance,NMR):测定物质结构变化的核技术方法之一,是较现代的研究物质结构的工具,可测定物质中某一元素所处的状态,如 $[SiO_4]^{4-}$ 四面体的聚合态、P 与 O 的配位和 $[PO_4]^{3-}$ 的聚合态、Al-O 的配位等以及其他元素类似的性质。测定时需有各元素相应的同位素,如 ^{29}Si、^{27}Al 等和标准物,这一方法在测定过程中不损坏样品,但技术较复杂。

正电子湮没技术(Positron Annihilation Technique,PAT):从测定核外电子的情况来判别所测物质系统的状况,对晶粒内部的缺陷性质和种类尤为有效。

穆斯堡尔谱:当所测定的物质体系中含有 Fe、Sn 等元素时,用穆斯堡尔谱仪测定这类元素的价态、配位态、有序、无序分布以及物质的磁性,是很有效的一种核技术方法。

气相色谱分析方法(Gas Chromatography,GC):此法不同于以上各分析方法,它是化学方法之一,测定时样品需预先经化学处理,可以测定 $[SiO_4]^{4-}$ 的聚合态分布,对低聚合度的$[SiO_4]^{4-}$四面体还可以做定量分析,也可以测定物体表面吸附的气体种类和数量。这一方法的缺点是对聚合度高的分子和链状以上的结构无法分析。

4.7 工程案例

案例 1 高分子材料的合成

高分子材料的机械力化学对其力降解合成的影响,其中聚合物的化学特性、链的构象、分子量、温度、声学性质等对聚合物崩溃过程的力降解均有一定影响。

机械力化学合成的第一个反应是聚合物的力降解,由于这个过程的温度系数为负值,溶剂和增塑剂降低力合成的速率,在这种情况下,其中的一种聚合物或单体可能起增塑剂作用。因此,在链的强度相同时,首先较刚性的聚合物链受到裂解。而由于有较刚性聚合物存在,又提高了体系的总刚性,弹性聚合物的力降解也会加快。体系所有组分对共混物性质及每种组分力降解条件和影响很复杂,并且与组分比例、键强度、链的混溶性等一系列因素有关。例如,聚甲基丙烯酸甲酯与天然橡胶并用胶中,当天然橡胶强烈降解时,聚甲基丙烯酸甲酯几乎不裂解,虽然按两种组分的物理状态关系有相反的情况。被聚合物吸收的单体使聚合物塑化、降低分子间相互作用力,使分子链在机械力作用下容易移动,在同等条件下降低力降解的可能性。聚合物与单体的化学特性越接近,阻止力降解的效率也越高。

机械力化学合成第二个反应是力合成。力合成过程中,特别是中、后期对产物的结构与性能有很大的影响。力合成的增长反应决定异种聚物中间结构的性能。例如,如果单体生成比起始聚合物弹性好的嵌段,则力降解强度下降。这不仅使力合成减慢,甚至可使反应完全停止。这时只是未参加反应的单体塑化产物的单纯混合。相反,较刚性嵌段增加时可以强化反应,在保持力作用条件时可使反应自动加速。因此,多阶段力合成有很大意义。在力化学合成过程中有大量能生成较刚性聚合物的单体与聚合物接枝。当往聚合物中一次加入这些单体时,会使可塑性增加而使加工时不发生断链,仅是混料中组分的混合。此时可用分批加入单体的方法进行力合成,即反应分几个阶段进行。

案例 2 氧气气氛下合成氧化物

气体和固体分子反应与球磨时间有关,随着球磨时间的增加,颗粒比表面积增大,颗粒位错密度也显著增加。在氧气气氛下,球磨 FeS 可以得到 FeO 和 SO_2。氧化速率和球磨时间的函数图上会出现最大值,类似破碎速率的变化。这一现象可以解释为:在机械力作用下,表面氧化层被连续腐蚀,使得新鲜表面暴露在 O_2 气氛中,当延长球磨时间后,氧化速率不断降低,这可以认为是金属量减少和氧化物积累的结果。除氧气外,其他气氛下的球磨也有类似现象的发生。在 CO 气氛下球磨金属 Ni,可以得到 $Ni(CO)_4$。分析认为除机械力作用外,H_2S 和 CO 混合物也可以强化反应,此外,在 H_2S 和 CO 气氛下,$NiCO_3$ 的球磨可以产生高度无序的 NiS,比单独存在 Ni 或 $NiCO_3$ 更能促进反应进行。

案例 3 煤矸石的机械力活化

将块状煤矸石破碎成粒径小于 5 mm 的颗粒,放入行星磨中分别粉磨 8 h、12 h、24 h、48 h、72 h 后,进行 XRD 分析和 IR 分析。其结果见图 4.15 和图 4.16。

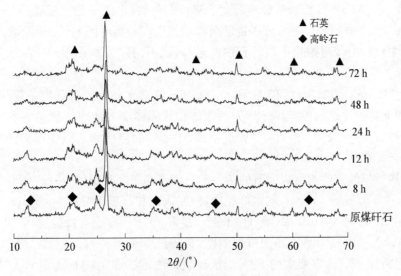

图 4.15 不同粉磨时间煤矸石试样 XRD 图谱

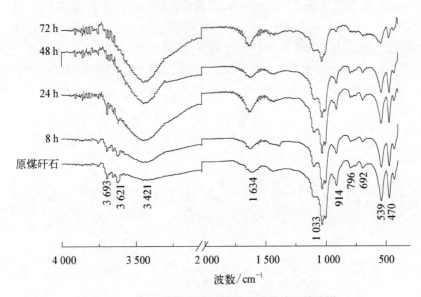

图 4.16 不同时间粉磨的煤矸石试样的红外光谱

根据 XRD 图谱中衍射峰的 d 值判断试样中的矿物组成,从而分析活化煤矸石中的某些矿物和煤矸石活性的相关性。分别经 8~72 h 粉磨的 5 个煤矸石试样的 XRD 谱见图 4.15。由图 4.15 可知,与未煅烧煤矸石样相比,粉磨 12 h 煤矸石样各衍射峰基本无变化,主要还是高岭石和石英两种矿物。随着粉磨时间继续延长,高岭石的特征峰(晶面间距 d 值为

0.714 4 nm、0.358 4 nm)逐渐变低,粉磨 72 h 试样高岭石的特征峰基本消失,同时出现了一些弥散峰;这是由于高岭石矿物在机械力的作用下其 OH 被部分脱除,晶体结构遭到破坏,发生晶格无序化现象。

不同粉磨时间的煤矸石试样的红外光谱如图 4.16 所示。图 4.16 表明,随着粉磨时间延长,3 693 cm^{-1} 处高岭石晶体中外部羟基伸缩振动吸收峰、3 621 cm^{-1} 处内部羟基振动吸收峰和 914 cm^{-1} 处 Al－OH 振动吸收峰强度下降,72 h 试样中此三处的吸收峰已不见。相反地,3 421 cm^{-1} 和 1 634 cm^{-1} 处水分子振动吸收峰强度随粉磨时间的延长而不断加强。这说明粉磨过程中机械力作用排除了高岭石中的羟基,机械力脱羟基作用形成的水随粉磨的进行不断增多。

此外,1 033 cm^{-1}、692 cm^{-1} 和 470 cm^{-1} 处 Si－O 键振动吸收峰强度下降说明:Si－O 键被折断,四面体有序结构被破坏。作为四面体和八面体层之间连接桥梁的 Si－O－Al 键的红外吸收峰(796 cm^{-1} 和 539 cm^{-1})强度下降,说明四面体层和八面体层的分离和高岭石晶体结构趋于无序化。

采用加热回流的方法测定煤矸石的活性率。将不同粉磨时间的煤矸石在 105～110℃ 下烘干后,称取 0.5 g,置于 250 mL 的锥形瓶中,并注入饱和石灰水溶液 200 mL。用回流冷凝的方法煮沸 2 h 后,加入 8 mL 浓盐酸,中和剩余的 CaO 后所形成的稀盐酸,可用于溶解反应的 SiO$_2$ 和 Al$_2$O$_3$。用蒸馏水洗净回流瓶内壁,再沸煮 5 min,冷却后,过滤、定容到 250 mL 量瓶中,即为待测溶液。溶液中的 SiO$_2$ 用氟硅酸钾滴定法测定,Al$_2$O$_3$ 用 EDTA 滴定法测定,测定所得的可溶 SiO$_2$ 和 Al$_2$O$_3$ 含量;测定原试样中的初始成分,得到 SiO$_2$ 和 Al$_2$O$_3$ 全量,用式 $k_a = w'/w_0$ 计算其活性率 k_a(%);式中 w' 为在饱和石灰水中反应的 SiO$_2$ 和 Al$_2$O$_3$ 的总量,即活性 SiO$_2$ 和 Al$_2$O$_3$ 的总量之和(g);w_0 为原样初始全分析中的 SiO$_2$ 和 Al$_2$O$_3$ 总量(g)。其值的大小可反映煤矸石化学反应活性的高低。

煤矸石的活性率结果见图 4.17。从图 4.17 可知,随着粉磨时间的延长,煤矸石的活性率不断提高,也就是说煤矸石中可溶性 SiO$_2$ 和 Al$_2$O$_3$ 不断增加,机械力的作用有利于煤矸石的活性的激发。

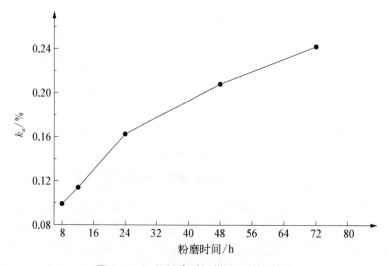

图 4.17　不同粉磨时间煤矸石的活性率

思考题

1. 何谓机械力化学效应？物质受机械力作用后，会发生哪些物理、化学变化？
2. 与热化学反应相比，机械力作用引起的化学反应在机理上有何异同？
3. 分析机械力化学反应速率的影响因素？
4. 试分析机械力化学效应引起物质密度变化的机制。
5. 结合专业知识，试分析机械力化学效应的应用前景。

5 粉 尘 爆 炸

本章提要

本章主要介绍了燃烧和爆炸，燃点和相对可燃性，粉尘爆炸的特点，可燃粉尘的分类；粉尘爆炸的必要条件和特性，爆炸界限和压力，爆炸特性的表征；粉尘爆炸的预防和防护。

5.1 燃烧和爆炸

5.1.1 燃烧和爆炸

可燃物与氧化剂作用发生的放热反应，伴有火焰、发光或发烟的现象称为燃烧。大块的固体可燃物燃烧时，可燃物质和助燃物质的混合在燃烧过程中逐渐形成，因此燃烧速度慢，如煤的燃烧等。这种燃烧能量的释放比较缓慢，所产生的热量和气体可以迅速散逸。可燃性粉尘或颗粒物料的堆积状燃烧，在通风良好的情况下形成明火燃烧，而在通风不好的情况下，可形成隐燃。

可燃物质事先与助燃物质混合成混合物（或含氧的炸弹），遇火源迅速燃烧，使压力急剧上升而引起爆炸。物质由一种状态迅速地转变为另一种状态，并瞬间以机械功的形式放出大量能量的现象称为爆炸。

粉尘爆炸就是悬浮于空气中的可燃粉尘颗粒与空气中的氧气充分接触，在特定条件下瞬时完成的氧化反应，反应中放出大量热，进而产生高温、高压的现象。发生粉尘爆炸的粉体粒度为 $0.5 \sim 15\ \mu m$，实验证明颗粒尺寸大于 $75\ \mu m$ 时不再发生剧烈燃烧。

5.1.2 燃点和相对可燃性

与爆炸关联的燃烧限定为产生火焰或着火的激烈反应。物质要发生这样的燃烧必须有加热源（或称点火源）将其加热至着火温度，这一温度称为燃点。木材的燃点为 $225\,℃$，木炭为 $360\,℃$，焦炭为 $700\,℃$。木材、木炭、煤或焦炭的燃烧温度都在 $1\,000\,℃$ 以上。

粉尘燃烧的可能性一般用相对可燃性表示。在可燃性粉体中加入不燃烧无活性的粉体分散为尘云后，用标准点火源点火，使火焰停止传递所需要的无活性粉体的最低加入量

（％），即为相对可燃性。通常采用燃烧了的陶土作为无活性粉体。一些粉体的相对可燃性见表 5.1。

表 5.1　一些粉体的相对可燃性

粉　体	相对可燃性/%	粉　体	相对可燃性/%
镁	90	合成橡胶成型物	90+
锆	90	木质素树脂	90+
铜	90	碳酸树脂	90+
铁（氢还原）	90	紫胶树脂	90+
铁（羰基化铁）	85	醋酸盐造型物	90+
铝	80	尿素树脂	80
锑	65	玉米粉	70
锰	40	烟煤粉	65
锌	35	马铃薯粉	57
镉	18	小麦粉	55
醋酸盐树脂	90	烟草粉	20
聚苯乙烯树脂	90+	无烟煤粉	0

相对可燃性都是 80% 的有机粉体与金属粉末，在燃烧机理上是有差异的。有机粉体受热蒸发分解产生蒸气，一般发生气相反应。锡、锌、镁、铝受热也产生蒸气，但熔点高的铁、钛、锆等则不然，引起这些金属粉末着火必须直接在其表面层发生。

5.1.3　粉尘爆炸的特点

粉尘爆炸要比可燃物质燃烧及可燃气体爆炸复杂。一般来讲，可燃粉尘悬浮于空气中形成在爆炸浓度范围内的粉尘云，在点火源作用下，与点火源接触的部分粉尘首先被点燃并形成一个小火球。在这个小火球燃烧放出的热量作用下，使得周围邻近粉尘被加热、温度升高、着火燃烧现象产生，这样火球就将迅速扩大而形成粉尘爆炸。

粉尘爆炸的难易程度与剧烈程度，与粉尘的物理、化学性质以及周围空气条件密切相关。一般来讲，燃烧热越大、颗粒越细、活性越高的粉尘，发生爆炸的危险性越大；轻的易悬浮可燃物质的爆炸危险性较大；空气中氧气含量高时，粉尘易被点燃，爆炸也较为剧烈。此外，粉尘和大气越干燥，则发生爆炸的危险性也越大，因为水分具有抑制爆炸的作用。

粉尘爆炸与可燃气体相比具有以下特点。

（1）粉尘爆炸感应期长，达数十秒，为气体的数十倍。感应期就是从接触火源至发生爆炸所需的时间。粉尘爆炸感应期长，是因为粉尘燃烧有一个加热、熔融、热分解和着火等一系列过程。粉尘爆炸感应期长为粉尘爆炸监测、抑制、泄压提供了宝贵的时间。

（2）粉尘爆炸起爆能量大，为数十毫焦耳到数百毫焦耳，甚至有若干焦耳，为气体的近百倍。但应指出大多数火源能量都能达到起爆能量，引起粉尘爆炸。

（3）粉尘爆炸易产生二次爆炸。第一次爆炸会把沉积在设备上的粉尘吹扬起来，爆炸中心经过很短时间后会形成负压，周围的新鲜空气会进行补充，形成所谓的"返回风与扬起的粉尘混合"，在第一次爆炸的余火引燃下引起第二次爆炸。由于第二次爆炸时粉尘浓度比第一次高得多，第二次爆炸的威力比第一次要大得多。

（4）粉尘爆炸升压速度略低于可燃气爆炸，但正压作用时间比可燃气爆炸长。可燃气爆炸一般是可燃气分子与氧分子混合后遇火源引起的爆炸，其反应极其迅速，升压速度快，爆炸压力高，但衰减也很快。而粉尘爆炸是粉尘粒子与氧气混合后遇火源引起的爆炸，反应慢，升压慢，压力较低，一般为 $0.3 \sim 0.8$ MPa，很少超过 1 MPa 的。但由于粉尘粒子不断释放可燃的挥发分，而且粒子中包含的挥发分又多，所以压力衰减慢，正压作用时间长，这时粉尘爆炸造成的破坏往往比可燃气爆炸严重。

（5）粉尘爆炸由于时间短，粉尘粒子不可能完全燃烧，会产生 CO 等不完全燃烧产物，因此粉尘爆炸毒性比较大。

5.1.4　可燃粉尘的分类

粉尘按其是否可燃分为可燃的与非可燃的两类。可燃粉尘的分类各国标准也不一致。

英国把能传播火焰的粉尘列为 A 组，不能传播火焰的粉尘归入 B 组。但这种分类不等于说 B 组绝对不会发生粉尘爆炸。存在有少量可燃性气体或存在高能量火源时 B 组粉尘也有爆炸可能。

美国将可燃粉尘划为 Ⅱ 级危险物品，且将其中金属粉尘、含碳粉尘、谷物粉尘又列入不同组别。

德国则按测试粉尘爆炸时所得升压速度将可燃粉尘划为三个等级。

尚未见到我国的可燃粉尘分类标准。

5.2　粉尘爆炸要素分析

5.2.1　粉尘爆炸的必要条件

从 5.1 节可知，粉尘在空气中浮游形成尘云时，必须具备以下三个条件才能引起粉尘爆炸：（1）点火源；（2）可燃细粉尘；（3）粉尘悬浮于空气中且达到爆炸浓度极限范围以内。若缺少其中任何一个条件都不可能发生粉尘爆炸（见图 5.1）。

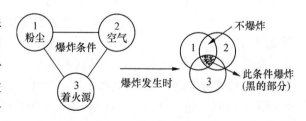

图 5.1　粉尘爆炸的条件

5.2.2 粉尘爆炸的特性

5.2.2.1 爆炸界限

粉尘爆炸与可燃气体发生爆炸一样,也存在浓度的上、下限值。但上、下限不像气体那样确定,这是因为粉体的化学组成、粒度大小以及成分不像气体那样稳定,故其燃烧的波动性亦大,上限值波动范围远大于下限值。一般而言,粉尘爆炸下限浓度为 $20\sim60\ \mathrm{g/m^3}$,上限浓度为 $2\sim6\ \mathrm{kg/m^3}$。

从物理意义讲,粉尘浓度上、下限值反映了粒子之间距离对粒子燃烧的影响。粉体粒子与粒子间距过大时,由于粒子表面上的火焰不能延伸到相邻粒子表面而消散,爆炸也不会发生。此时粉尘浓度即低于爆炸的下限值。若粒子之间过分靠近,粉尘粒子彼此过于紧密即可燃物浓度太大时,由于它们之间不能保持必要而充足的氧气,也不能引起燃烧,也就不可能形成爆炸。此时粒子浓度高于上限值。能够维持燃烧的浓度范围称为爆炸界限。

爆炸传递速度、爆炸压力以及爆炸趋势,从下限爆炸浓度开始随着浓度的增大而趋向高值,此后,又开始下降。也就是说爆炸浓度上、下限之间存在一个极大值。

5.2.2.2 爆炸压力

粉尘爆炸压力与浓度、粒度有关。在某一浓度范围内,压力随浓度的增大而增高,如图5.2所示。用最易爆炸时的浓度所对应的压力表示最大爆炸压力。所有粉尘爆炸的最大压力几乎都不超过 $7\times10^5\ \mathrm{Pa}$,平均约为 $3\times10^5\ \mathrm{Pa}$。压力上升速率取决于场所的封闭状况,密闭状态时的上升速率达 $700\times10^5\ \mathrm{Pa/s}$,并不罕见。

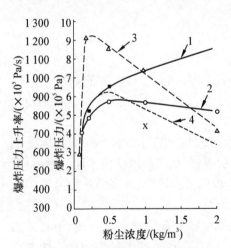

图 5.2　铝粉浓度对爆炸压力的影响
1. 薄片状铝粉对最大爆炸压力的影响;
2. 喷雾状铝粉对最大爆炸压力的影响;
3. 薄片状铝粉对最大爆炸压力上升率的影响;
4. 喷雾状铝粉对最大爆炸压力上升率的影响

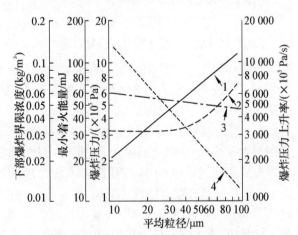

图 5.3　雾状铝粉粒度对爆炸特性的影响
1. 最小着火能;
2. 下限爆炸浓度;
3. 最大爆炸压力;
4. 最大爆炸压力上升率

粉尘粒度愈细,爆炸最大压力亦愈高。粒度小于 100 目时,其影响尤为显著,如图 5.3 所示。一般氧化反应是粒子表面积的函数,粒度越小,粉体的相对可燃性越大,燃点、下限爆炸浓度越低,最大爆炸压力上升速率亦越大。

5.2.2.3 爆炸特性的表征

粉尘爆炸特性可用以下参数表征。

(1) 着火敏感度

$$着火敏感度 = 着火温度 \times 最小着火能 \times 下限爆炸浓度 \tag{5.1}$$

(2) 爆炸敏感度

$$爆炸敏感度 = 最大爆炸压力 \times 最大爆炸压力上升率 \tag{5.2}$$

(3) 爆炸指数

$$爆炸指数 = 着火敏感度 \times 爆炸敏感度 \tag{5.3}$$

5.3 粉尘爆炸的预防和防护

由于粉尘爆炸可造成人员伤亡,财产损失,具有很大破坏性。必须从技术上采取措施防止爆炸发生或使其破坏程度限制在最小范围,这些措施大致可分为预防措施及防护措施两大类。

5.3.1 粉尘爆炸的预防

5.3.1.1 防止可爆炸粉尘云形成

可爆炸粉尘云,指粒度小于 $400~\mu m$ 的粉尘含量占有一定比例,且其浓度在爆炸范围内,粉尘与空气或氧气充分混合呈悬浮状的尘云。控制粉尘浓度在非爆炸范围内,也就是使粉尘浓度低于爆炸下限或高于爆炸上限。

(1) 易产生粉尘厂房的地面、墙面、顶棚要求平滑无凹凸之处;非设置不可时应保持上平面与水平线成 60°以上的倾角,使沉积的粉尘能自动滑落;门窗应与墙壁位于同一平面,管线尽量不要穿越粉尘车间,必须穿越时,最好埋入墙内,以防粉尘堆积,达到消除粉尘源。

(2) 凡安装有除尘设备的车间,设备启动时应先开除尘器,后开动主机,停车时先停主机,后停除尘器,以防粉尘飞扬在空中。除尘设备的风机应该安在清净空气一侧,不宜采用压入式风机,含尘气流比重小的粉尘其速度应在 20 m/s 左右,比重大的粉尘流速应增大至20~30 m/s,以防粉尘沉积在管道中;易燃粉尘不能用电除尘设备;金属粉尘不能用湿式除尘设备。

(3) 经常清除地沟、管道和车间内的粉尘,不能有粉尘堆积,防止发生危害极大的二次爆炸。

(4) 除尘设备要定期检修,保证运行正常,无积尘和摩擦。

（5）对可燃粉尘进行惰化处理，一是在粉尘空气混合气体中添加惰性气体，以降低氧含量；二是用惰性粉惰化。如由于无烟煤比烟煤爆炸感度低得多，故常用其与烟煤粉混合使用，用以在启动或停机时降低烟煤粉的爆炸性。

5.3.1.2 控制氧气量

如能降低空气中氧含量，也可大大减小爆炸的可能性。当空气中氧的浓度小于 10% 时，许多有机物粉尘将不产生爆炸。

降低空气中氧含量常用的方法是在粉尘空气混合气体中添加惰性气体，一般采用的惰性气体有 N_2、CO_2、He 等。要注意的是用 CO_2 或 N_2 稀释氧含量，不能防止某些金属粉体的爆炸，因为自由燃烧的高温金属在缺氧的空气中仍能和 CO_2 或 N_2 发生激烈反应。对有机粉尘可采用 CO_2，惰性气体添加量可以用下式计算。

惰性气体中不含氧时

$$V_x = \frac{21-O}{O}V \tag{5.4}$$

惰性气体中含有氧时

$$V_x = \frac{21-O}{O-O_x}V \tag{5.5}$$

式中，V_x 为惰性气体添加量（m^3）；V 为容器中空气体积（m^3）；O 为粉尘爆炸的临界氧含量（%），见表 5.2；O_x 为惰性气体中氧气的含量（%）。

必须指出，限制氧气量对防止粉尘爆炸虽然是有效的，但空气中氧气不足对工作人员的健康是有害的。因此，在没有采取有效的保健措施之前，不能采用减少氧气量的方法。

表 5.2　某些粉尘用惰性气体保护时的临界氧含量

粉尘种类	临界氧含量/%			粉尘种类	临界氧含量/%		
	CO_2	N_2	He		CO_2	N_2	He
脱脂奶粉		15		木粉		11	
大豆粉	15			松香粉		10	
小麦淀粉	12			铝粉	3.0	9.0	10.0
硫	12			镁粉	a	2.0b	3.0
维生素 C	15	12		铝镁合金(50-50)	a	5.0b	6.0
煤粉		14		钛粉	a	6.0b	7.0

注：a—CO_2 中可着火；b—高温下 N_2 中可着火。

5.3.1.3 消除着火源

消除火花源是预防一切火灾和因燃烧而引起爆炸（称热爆炸）的最实用、最有效的措施。根据统计资料，引起粉尘爆炸的火花源中，冲击、摩擦、静电以及电器设备熔断产生的火花占重要位置。除此以外,粉尘自燃也是重要原因,约占23%。因此在生产粉尘的厂房内不安置或少安置照明、采暖设备,防止照明开关产生火花,防止采暖设备上沉积粉尘的热自燃;启动设备最好设在粉尘车间的隔壁房间;除尘器的过滤材料,风机叶片宜采用不易产生静电、撞击,不产生火花的材料制作。电器设备要采用防爆装置,加装地线及消除静电的装置。

火花探测和熄灭系统是消除点火源的有效途径。这种系统通常安装在除尘管道上,在探测到点火源后,用适量的水雾将火花熄灭。

对于煤粉储缸内引起的自燃,因燃烧不充分放出CO,则可用测CO浓度来监控,及时向罐内补充惰性气体抑制自燃。

5.3.2 粉尘爆炸的防护

主要的防护措施有爆炸的封闭、泄爆、抑爆及隔爆等。

5.3.2.1 封闭

封闭技术对设备强度的要求较高,设备必须具备可承受粉尘的最大爆炸压力而不产生永久变形。显然,设备的强度必须按压力容器的要求进行设计,设计耐压力应大于最大爆炸压力。如烟煤的最大爆炸压力一般不超过0.9 MPa,采用封闭技术是可行的。

5.3.2.2 泄爆

如果设备的强度无法达到封闭的要求,则可采用泄爆技术。在设备上安装减压部件(爆破膜、安全阀等),这些部件在破裂或开启时能降低爆炸对设备产生的压力。爆破膜或安全阀在超过最高工作压力10%～20%时应该产生动作。根据爆破时压力的高低,可采用铝合金片、金属箔片、牛皮纸、漆布、浸橡胶的石棉板、聚氯乙烯薄膜、赛璐珞等作为爆破膜(片)等材料。爆破膜(片)的面积和设备容积比(m^2/m^3)应大于0.16。

对于具有粉尘爆炸危险的厂房和车间,可以用轻质屋盖、轻质墙体和门窗作为泄压面积;轻质屋盖和轻质墙体每平方米重量不要超过120 kg;泄压面积和厂房体积比值(m^2/m^3)一般应采用0.05～0.22,爆炸压力大,升压速度大的厂房泄压面积比值取得大些;体积超过1 000 m^3的建筑物,如采用上述比值有困难时,可适当降低,但不应小于0.03。

泄压装置的设置应靠近容易发生爆炸的部位,且不要面向人员集中的场所和主要交通道路。采用泄爆技术的设备投资比封闭技术低,故应用较普遍。对于高压系统不宜采用泄爆技术,因其泄爆气流可达音速,造成环境污染,且维修不便。

5.3.2.3 抑爆

在粉尘爆炸初期,迅速喷撒灭火剂,将火焰熄灭,达到抑制粉尘爆炸的装置,称粉尘爆炸抑制装置。它由爆炸监测系统和灭火剂释放系统组成。

1. 爆炸监测系统

爆炸监测系统必须反应迅速,动作准确,以便迅速发出信号。用于爆炸监测系统中的传感器通常有热电传感器、光学传感器和压力传感器三种类型。用于粉尘爆炸监测系统的传感器主要是压力传感器。由于粉尘干扰,粉尘爆炸的监测比较困难,特别是感烟、感光传感器不适用于粉尘爆炸监测。

2. 灭火剂释放系统

粉尘爆炸监测系统发出的信号传送到释放系统以后,释放系统立即快速地(一般在 $10^{-3} \sim 10^{-2}$ s 内)把灭火剂释放出去。释放方法有用电雷管起爆,使充满灭火剂的容器破坏,从而将灭火剂喷出;也有在装满灭火剂的容器内用氮气加压;当雷管起爆时,容器比较薄弱的部分(爆破板)破裂,由于加压气体的压力使灭火剂从开口处喷出。常用的抑制剂有水、各种卤族化合物(如溴氯甲烷)。据报道,用溴化乙烯对扑灭聚苯乙烯树脂粉尘火焰具有较好的抑爆作用。为了扑灭聚苯乙烯树脂粉尘和煤粉的火焰,建议采用最有效的抑制剂溴氟利昂。

5.4　工程案例

案例:金属粉尘爆炸分析

2016 年 4 月 29 日下午,某市五金加工厂的 12 名员工在抛光打磨设备上进行金属管材抛光作业,抛光作业产生的粉尘,未经除尘器处理,直接经由 10 台非粉尘防爆型的轴流风机吸尘吹入矩形砖槽风道,在风道内形成粉尘云,再由气流正压吹送至室外的沉淀池。事故发生时,由于 2 号轴流风机的轴承室内部积有铝粉尘,产生异常摩擦阻力,导致轴流风机出现持续滞转,电机持续负载,电机绕组温度不断升高,引燃了通过接线盒引出线进入轴流风机电机内部绕组的铝粉尘,产生的火花吹入矩形砖槽除尘风道,引燃矩形砖槽除尘风道内的粉尘云,发生铝粉尘初始爆炸及二次爆炸。

1. 粉尘爆炸直接原因

(1) 可燃性粉尘。事故车间打磨的铝制品主要成分为 90% 的铝,镁、铁等含量各为 0.1% ~ 1%。打磨铝制品产生的铝粉尘经实验测试,该粉尘为爆炸性粉尘。矩形砖槽除尘风道内粉尘的爆炸性:粉尘层最低着火温度 > 400℃(5 mm),粉尘层最小着火能量为 50.15 ~ 107 mJ,粉尘云最低着火温度 640℃,粉尘云爆炸下限 40 g/m³。

(2) 粉尘云。事故车间的 10 台砂带机打磨铝制品产生的铝粉尘,经由 1~10 号轴流风机吸尘吹入矩形砖槽除尘风道,铝粉尘在矩形砖槽除尘风道内形成粉尘气流及粉尘云。

(3) 点火源。2 号轴流风机电机持续负载电机绕组高温引燃的火花吹入矩形砖槽除尘风道。

(4) 助燃物(氧气)。轴流风机将大量空气吹入矩形砖槽除尘风道内,矩形砖槽除尘风道内形成的气流,支持了爆炸发生。

(5) 相对密闭的空间。矩形砖槽除尘风道的截面尺寸为:长 41.7 m、宽 1.4 m、高 2 m,风道的总长度为 41.7 m,容积 116.76 m³。矩形砖槽除尘风道的内部是有限空间,风道结构为上盖固定木板,两侧为砖墙。

2. 粉尘爆炸间接原因

(1) 生产车间不具备安全生产条件。发生事故的铁皮房为违法建筑,未经建设工程竣工验收、消防验收,未申请环境保护竣工验收,未履行建设项目安全设施"三同时"程序,不满足《建筑设计防火规范》(GB50016—2014)和《粉尘防爆安全规程》(GB15577—2018)的要求。

（2）生产车间未按标准规范设计、安装、使用和维护通风除尘系统,未按《爆炸危险环境电力装置设计规范》(GB50058—2014)和《危险场所电气防爆安全规范》(AQ3009—2007)规定安装、使用防爆电气设备,未按规定配备防静电工装等劳动保护用品。

（3）主要负责人和管理人员不具备与本单位所从事的生产经营活动相应安全生产知识和管理能力;未建立安全生产责任体系,未健全落实安全管理规章制度。

（4）未依法设置安全生产管理机构或配备专职安全生产管理人员;未落实从业人员安全生产三级培训、未对粉尘爆炸危险岗位的员工应进行专门的安全技术和业务培训,造成员工对铝粉尘存在爆炸危险没有认知。

（5）未依法建立隐患排查治理制度,未依法组织安全检查和开展日常或专业性等隐患排查,无隐患排查治理台账,对铝粉尘爆炸危险未进行辨识,缺乏预防措施;对有关部门检查发现的安全隐患未有效整改,导致安全隐患长期存在。

（6）未按照《粉尘防爆安全规程》(GB15577—2018)的要求建立定期清扫粉尘制度,未及时清扫除尘风道内的积尘。

思考题

　　1.何谓燃烧和爆炸? 两者有什么同异点?

　　2.试述粉尘爆炸的特点。

　　3.粉尘爆炸的必要条件有哪些?

　　4.影响粉尘爆炸压力大小的因素有哪些?

　　5.简述预防粉尘爆炸的措施。

6 粉体的机械制备

本章提要

本章主要论述了粉碎的基本概念,粉碎功耗理论。介绍了常用的破碎机械和破碎技术及粉磨机械和粉磨技术。在破碎机械中,重点介绍了颚式破碎机、锤式破碎机和反击式破碎机的工作原理、类型、构造和主要部件、主要工作参数、性能及应用。在粉磨机械中,重点介绍了球磨机、辊磨机和辊压机的工作原理、类型、各主要部件、结构、性能和应用。高速机械冲击式粉碎机、气流磨和搅拌磨等超细粉磨设备的工作原理、特点及应用。

6.1 基本概念

6.1.1 粉碎与粉碎比

6.1.1.1 粉碎

固体物料在外力作用下,克服内聚力,从而使颗粒的尺寸减小、表面积增加的过程称为粉碎。

因处理物料的尺寸大小不同,可大致上将粉碎分为破碎和粉磨两类处理过程;使大块物料碎裂成小块物料的加工过程称为破碎;使小块物料碎裂成细粉末状物料的加工过程称为粉磨。相应的机械设备分别称为破碎机械和粉磨机械。通常按物料被处理后的尺寸做如下分类:

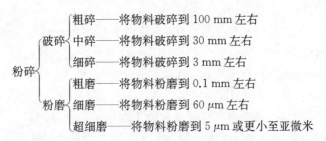

物料经破碎后特别是粉磨后,其粒度减小,表面积增大,有利于提高物理作用的效果和化学反应速度,提高固体物料混合的均化效果,为烘干、运输、混合、储存等操作创造条件。

6.1.1.2 粉碎比

若物料破碎前的平均粒度为 D,粉碎后的平均粒度为 d,则 D/d 被称为平均粉碎比,或称为破碎比、粉碎度。用 i 表示平均粉碎比,则有数学表达式

$$i = D/d \tag{6.1}$$

对于破碎机而言,为了简单地表示它们的这一特性,可用破碎机的最大进料口宽度与最大出料口宽度之比(称为公称粉碎比 $i_公$)。因实际破碎时加入的物料尺寸总是小于最大进料口宽度,故破碎机的平均粉碎比一般都小于公称粉碎比,前者为后者的70%~90%。

粉碎比是衡量物料粉碎前后粒度变化程度的一个指标,也是粉碎设备性能的评价指标之一。一般破碎机的粉碎比为 3~30;粉磨机的粉碎比为 500~1 000 或更大。

6.1.2 粉碎级数和粉碎流程

6.1.2.1 粉碎级数

由于粉碎机的粉碎比有限,生产上要求的物料粉碎比往往远大于单个粉碎机械的粉碎比,因而有时用两台或多台粉碎机串联起来进行粉碎。几台粉碎机串联起来的粉碎过程称为多级粉碎,串联的粉碎机台数称为粉碎级数。在此情形下,原料粒度与最终粉碎产品的粒度之比称为总粉碎比。总粉碎比 i_0 与各级粉碎比有如下关系

$$i_0 = i_1 \cdot i_2 \cdot i_3 \cdot i_4 \cdots \cdot i_n = D/d_n \tag{6.2}$$

即多级粉碎的总粉碎比为各级粉碎机的粉碎比之乘积。

例题 6.1 在水泥生产中,石灰石的二级破碎,常用一级 PEF600×900,最大进料粒度 480 mm,出料粒度 75~200 mm,二级 ϕ1 250×1 000 反击式破碎机,最大进料粒度 100 mm,出料粒度小于 20 mm,求 i_1、i_2、$i_总$。

解: $i_总 = 480/20 = 24$

$\quad\quad i_1 = 480/100 = 4.8$

$\quad\quad i_2 = 100/20 = 5$

6.1.2.2 粉碎流程

破碎系统的基本流程如图 6.1 所示。(a)为简单的粉碎流程;(b)为带预筛分的粉碎流程;(c)为带检查筛分的粉碎流程;(d)为带预筛分和检查筛分的粉碎流程。

凡是从破碎机卸出的物料全部作为产品,不带分级设备的粉碎流程称为开路(或开流)流程[图 6.1(a)及(b)],其优点是工艺简单、设备少、扬尘点也少,缺点是要求粉碎产品的粒度较小时,粉碎效率较低;产品中会存在部分粒度不合格的粗颗粒物料。

带有分级设备的(如检查筛分、选粉机等)流程称为闭路(或圈流)流程[图 6.1(c)及(d)]。该流程的特点是从粉碎机中卸出的物料须经分级设备,粒度合格的颗粒作为产品,不合格的粗颗粒作为循环物料重新返回粉碎机中再进行粉碎。粗颗粒回料质量与该级破碎(或粉磨)产品质量之比称为循环负荷率。检查筛分(或选粉设备)分选出的合格物料质量与

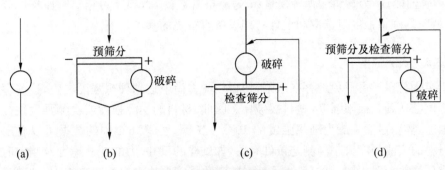

图 6.1　破碎系统的基本流程

进该设备的合格物料总质量之比称为筛分效率(或选粉效率)。

粉碎流程的选择根据生产具体情况而定。一般说来,在细度要求不太严格,生产规模较小的粗、中破碎过程,多用开流流程。对于细度要求比较严格、生产规模较大、消耗电力较多的细磨过程,宜用圈流流程。

6.1.3　强度

材料的强度是指其对外力的抵抗能力,通常以材料破坏时单位面积上所受的力来表示。按受力破坏的方式不同,可分为压缩强度、拉伸强度、扭曲强度、弯曲强度和剪切强度等。

6.1.3.1　理想强度

材料结构非常均匀、没有缺陷时的强度称为理想强度。此时原子或分子间的结合力是相当大的。原子或分子间作用力与它们之间距离的关系如图 6.2 所示。原子或分子间的引力源于原子或分子间的化学键如共价键、金属键、离子键等,原子或分子间的斥力为原子核之间的排斥力。引力和斥力的作用使原子或分子处于平衡位置,理想强度就是破坏这一平衡所需要的能量,即

$$\sigma_{th} = \sqrt{\frac{\gamma E}{\alpha}} \tag{6.3}$$

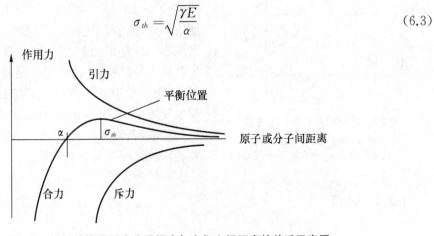

图 6.2　材料晶格原子或分子间力与它们之间距离的关系示意图

式中,γ 为表面能;E 为材料的弹性模量;α 为晶格常数(引力和斥力相等时原子或分子间的距离)。材料的理想强度对选取和设计粉碎设备有重要的参考价值。

6.1.3.2 实际强度

由于实际材料不可避免地存在缺陷,使得在受力尚未达到理想强度之前,这些存在缺陷的薄弱部位已达到其极限强度,材料被破坏。因此,材料的实际强度或实测强度往往远低于其理想强度,实测强度一般为理想强度的 $10^{-3}\sim10^{-2}$。由表 6.1 中的数据可以看出两者的差异。材料的实测强度大小与测定条件有关,如试样的尺寸、力的加载速度及测定时材料所处的介质环境等。对于同一材料,小尺寸时的实测强度要比大尺寸时来得大;加载速度大时测得的强度也较高;同一材料在空气中和在水中的测定强度也不相同,如硅石在水中的抗张强度比在空气中减小 12%,长石在相同的情形下则减小 28%。

表 6.1　一些材料的理想强度和实测强度

物料	理想强度/GPa	实测强度/MPa	物料	理想强度/GPa	实测强度/MPa
金刚石	400	约 1 800	MgO	37	100
石墨	1.4	约 15	NaCl	4.3	约 10(多晶状试料)
钨	86	3 000(拉伸的硬丝)	石英玻璃	16	50(普通试料)
铁	40	2 000(高张力的钢丝)			

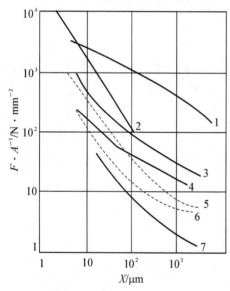

图 6.3　颗粒强度与大小的关系

1-玻璃球;2-碳化硼;3-水泥熟料;
4-大理石;5-石英;6-石灰石;7-煤炭

当材料有一长轴长度为 $2a$ 的椭圆形缺陷裂缝,由 Griffth 理论可得实际断裂的强度为

$$\sigma_{ex}=\sqrt{\frac{2\gamma E}{\pi a}} \tag{6.4}$$

实际上材料的缺陷是多样的,而且尺寸也大小不等。由式(6.4)可知,颗粒强度与颗粒内原生裂纹长度的平方根成反比。对于同一物料,颗粒内最长的原生裂纹长度与该颗粒的粒度有关,当粒度很大时,颗粒内最长原生裂纹长度不随粒度变化;当粒度很小时,随着粒度减小,颗粒内最长原生裂纹长度减小。这是因为颗粒内长的原生裂纹比短的原生裂纹容易扩展,每次破碎总是较长的原生裂纹扩展,而剩下是短的。所以随着破碎次数增多,即颗粒粒度减小,颗粒内的原生裂纹长度减小,随着粒度的减小,颗粒实际强度就会增加。图 6.3 为几种物料颗粒强度与大小的关系。

6.1.4　硬度

硬度表示材料抵抗其他物体刻画或压入其表面的能力,也可理解为固体表面产生局部变形所需的能量,这一能量与材料内部化学键强度以及配位数等有关。

硬度的测定方法有刻画法、压入法、弹子回跳法及磨蚀法等,相应有莫氏硬度(刻画法)、布氏硬度、韦氏硬度和史氏硬度(压入法)及肖氏硬度(弹子回跳法)等。硬度测定方法虽有不同,但它们都是使物料变形及破坏的反映,因而用不同方法测得的各种硬度有互相换算的可能。例如,莫氏硬度每增加一级,压入深度约增加 60%;莫氏硬度是韦氏硬度的三分之一次方。

硬度的表示随测定方法而不同,一般的无机非金属材料的硬度常用莫氏硬度来表示,材料的莫氏硬度分为 10 个级别,硬度值越大意味着其硬度越高。表 6.2 列出了典型矿物的莫氏硬度值。

表 6.2 典型矿物的莫氏硬度值

矿物名称	莫氏硬度	晶格能/(kJ/mol)	表面能/(J/m^2)	矿物名称	莫氏硬度	晶格能/(kJ/mol)	表面能/(J/m^2)
滑　石	1	—	—	长　石	6	11 304	0.36
石　膏	2	2 595	0.04	石　英	7	12 519	0.78
方解石	3	2 713	0.08	黄　晶	8	14 377	1.08
萤　石	4	2 671	0.15	刚　玉	9	15 659	1.55
磷石灰	5	4 396	0.19	金刚石	10	16 747	

硬度可作为材料耐磨性的间接评价指标,即硬度值越大者,通常其耐磨性能也越好。

强度和硬度两者皆表示物料对外力抵抗的能力。尽管尚未确定硬度与应力之间是否存在某种具体关系,但一般认为,材料抗研磨应力的阻力和拉力强度之间有一定的关系,并主张用"研磨强度"代替磨蚀强度。事实上,粉碎愈硬的物料也像粉碎强度愈大的物料一样,需要愈多的能量。

6.1.5 易碎性

物料粉碎的难易程度,称为易碎性。易碎性与物料的强度、硬度、密度、结构、水分、表面情况及形状等有关。同一粉碎机械在相同的操作条件下,粉碎不同物料时,生产能力是不同的,这说明各种物料的易碎性不同。

易碎性通常用易碎性系数表示,又称相对易碎性系数。相对易碎性系数 k_m 是指采用同一台粉碎机械在同一物料尺寸变化条件下,粉碎标准物料的单位电耗 E_b(J/t)与粉碎风干状态下该物料的单位电耗 E(J/t)之比。

$$k_m = \frac{E_b}{E} \tag{6.5}$$

水泥工业中,一般选用中等易碎性的回转窑水泥熟料作为标准物料,取易碎性系数为 1。物料的易碎性系数越大,越易粉碎。同一台粉碎机械在粉碎不同物料时的生产能力与物料的易碎性系数有如下关系。

$$\frac{Q_1}{Q_2} = \frac{k_{m1}}{k_{m2}} \tag{6.6}$$

国家标准规定了球磨机易磨性的试验方法。该方法原理：物料经规定的球磨机研磨至平衡状态后，以磨机每转生成的成品量计算粉磨功指数 W_i（Bond 粉碎功指数）。所得的 W_i 值越小，则物料的易碎性越强；反之亦然。

6.2 粉碎功耗理论

粉碎过程是一个能量消耗过程，如何降低粉碎能耗一直是粉碎工程和粉碎理论关注的问题，找出粉碎能耗与粒度的关系是解决这一问题的基础，通常以粒径的函数来表示粉碎功耗。本节介绍有关粉碎功耗的经典理论和一些新的观点。

6.2.1 经典粉碎功耗理论

6.2.1.1 Lewis 公式

粒径减小所耗能量与粒径的 n 次方成反比。数学表达式为

$$dE = -C\frac{dD}{D^n} \tag{6.7}$$

式中，E 为粉碎功耗；D 为物料的粒径；C、n 为常数。

式(6.7)是粉碎过程中粒径与功耗关系的通式。实际上由 6.1.2 节分析可知，随着粉碎过程的不断进行，物料的粒度不断减小，其宏观缺陷也减小，强度增大，因而减小同样的粒度所耗费的能量也要增加。换言之，粗粉碎和细粉碎阶段的比功耗是不同的。显然用 Lewis 公式来表示整个粉碎过程的功耗是不确切的。

6.2.1.2 Ritttinger 定律——表面积学说

1867 年雷廷智(P. R. Ritttinger)提出：粉碎过程是物料表面积增加的过程；粉碎物料所消耗的功与粉碎过程中新增加的表面积成正比。该学说比较符合粉磨作业过程。数学表达式为

$$dE = C_R dS \tag{6.8}$$

$$E = C_R\left(\frac{1}{D_2} - \frac{1}{D_1}\right) \tag{6.9}$$

式中，E 为粉碎功耗；D_1、D_2 分别为粉碎前、后的物料平均粒径；C_R 为常数。

6.2.1.3 Kick 定律——体积学说

1874 年和 1885 年，基尔比切夫和基克(F. Kick)分别提出了体积理论，认为物体的体积

变形导致了物料的粉碎,粉碎物料消耗的功与物料的体积成正比,尤其是粗碎作业。数学表达式为

$$E = C_K \left(\lg \frac{1}{D_2} - \lg \frac{1}{D_1} \right) \tag{6.10}$$

式中符号意义同前,系数 C_K 与物料的物理机械性能有关。

6.2.1.4　Bond 定律——裂纹学说

1952 年邦德(F. C. Bond)提出:当物料受外力作用时产生应力,当应力超过着力点的强度时,就产生裂纹,裂纹进一步扩展,物料被破碎;粉磨物料所消耗的功与粉碎物料的直径平方根成反比(或与物料的边长平方根成反比)。

$$E = C_B \left(\frac{1}{\sqrt{D_2}} - \frac{1}{\sqrt{D_1}} \right) \tag{6.11}$$

式中,比例系数 C_B 的大小与物料性质及使用的粉碎机类型有关;D_1、D_2 为粉碎前、后 80% 物料所能通过的筛孔尺寸。

将上面几个学说综合起来看,表面积学说、体积学说和裂纹学说可看成 Lewis 公式中的常数 n 分别为 2、1 和 1.5 时积分所得。这三种学说可认为是对 Lewis 公式的具体修正,从不同角度解释了粉碎现象的某些方面,它们各代表粉碎过程的一个阶段——弹性变形(Kick)、开裂及裂纹扩展(Bond)和形成新表面(Ritttinger)。即粗粉碎时,基克学说较适宜;细粉碎(磨)时雷廷智学说较合适;而邦德学说则适合于介于两者之间的情况,它们互不矛盾,相互补充,这种观点已为实践所证实。

6.2.2　新近粉碎功耗理论

6.2.2.1　田中达夫粉碎定律

由于颗粒形状、表面粗糙度等因素的影响,6.2.1 节各式中的平均粒径或代表性粒径很难精确测定。而比表面积测定技术的发展使得用其表示粒度平均情况来得更精确些,田中达夫提出了用比表面积表示粉碎功的定律:比表面积增量对功耗增量的比与极限比表面积和瞬时比表面积的差成正比。

$$\frac{\mathrm{d}S}{\mathrm{d}E} = K(S_\infty - S) \tag{6.12}$$

式中,S_∞ 为极限比表面积,它与粉碎设备、工艺及被粉碎物料的性质有关;S 为瞬时比表面积;K 为常数,水泥熟料、玻璃、硅砂和硅灰的 K 值分别为 0.70、1.0、1.45 和 4.2。

式(6.12)意味着物料越细时,单位能量所能产生的新表面积越小,即越难粉碎。

将式(6.12)积分,当 $S \ll S_\infty$ 时,可得

$$S = S_\infty (1 - e^{-KE}) \tag{6.13}$$

式(6.13)相当于式(6.7)中 $n > 2$ 的情形,适用于微细或超细粉碎。

6.2.2.2　Hiorns 公式

英国的 Hiorns 在假定粉碎过程符合 Ritttinger 定律及粉碎产品粒度符合 RRB 分布的基础上,设固体颗粒间的摩擦力为 k,导出了如下功耗公式

$$E = \frac{C_R}{1-k}\left(\frac{1}{D_2} - \frac{1}{D_1}\right) \tag{6.14}$$

可见,k 值越大,粉碎能耗越大。由于粉碎的结果是增加固体的表面积,则将固体比表面能 σ 与新生表面积相乘可得粉碎功耗计算式如下

$$E = \frac{\sigma}{1-k}(S_2 - S_1) \tag{6.15}$$

6.2.2.3　Rebinder 公式

苏联的 Rebinder 和 Chodakow 提出,在粉碎过程中,固体粒度变化的同时还伴随有其晶体结构及表面物理化学性质等的变化。在将基克定律和田中定律相结合的基础上,考虑增加表面能 σ、转化为热能的弹性能的储存及固体表面某些机械化学性能的变化,提出了如下功耗公式

$$\eta_{\mathrm{m}}E = \alpha \ln \frac{S}{S_0} + [\alpha + (\beta + \sigma)S_\infty]\ln \frac{S_\infty + S_0}{S_\infty + S} \tag{6.16}$$

式中,η_{m} 为粉碎机械效率;α 为与弹性有关的系数;β 为与固体表面物理化学性质有关的常数;S_0 为粉碎前的初始比表面积;其余符号同上。

上述新的观点或从极限比表面积角度或从能量平衡角度反映了粉碎过程中能量消耗与粉碎细度的关系,这是在几个经典理论中未涉及的,从这个意义上讲,这些新观点弥补了经典粉碎功耗定律的不足,是对它们的修正。粉碎理论还不够完善,有待进一步研究。

6.2.3　粉碎极限

粉碎设备的发展方向和研究的前沿领域是制备纳米颗粒材料和超细粉体材料。超细粉通常指颗粒粒径 $1\ \mu\mathrm{m}$ 以下的微粉,它介于宏观物体和微观粒子之间,除了兼有宏观物体和微观粒子的一些固有性质外,还具有自身的特殊性,如表面效应和体积效应。主要表现在吸附、催化、扩散、烧结等性质及一系列光、电、磁、热等特性与宏观物体显著不同,超细粉的这些特性决定了它在新材料、新技术、新工艺领域现实的和潜在的应用优势。制备颗粒材料有无尺寸极限是多年来有争议的问题。Hosokawa 公司在 20 世纪 50 年代开发的粉碎设备所得颗粒尺寸可达 $3\ \mu\mathrm{m}$,而这一尺寸保持了近 30 年。因此 $3\ \mu\mathrm{m}$ 多年来被认为是通过粉碎所能制备颗粒材料的极限尺寸。但近年来的研究表明通过添加助磨剂等方法可制备超细粉体材料。

一般细磨过程中,粉碎与颗粒比表面积的增加有直接关系。图 6.4 为石英粉碎过程的比表面积随粉碎时间的变化曲线,由图可见,整个粉磨过程可分为 3 个阶段,第一阶段为

Ritttinger 范围,比表面积增加正比于粉碎功;第二阶段为黏附区,范德瓦尔斯力导致了超细颗粒团聚,黏团在振动、搓揉条件下即可分散开;第三阶段为聚集区,化学结合力导致聚集,同时发生晶体结构的变化,此时颗粒的比表面积称极限比表面积。这三个阶段组成的曲线符合田中达夫公式,所以粉碎粒度存在极限值。

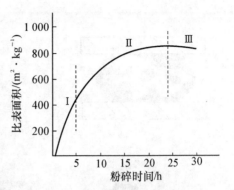

图 6.4 石英粉碎过程比表面积
与粉碎时间的关系图

由微观机械力化学基本理论可知:粉碎特别是超细粉碎并非一简单的粗粒变细粒的过程,而是一个粉碎与团聚的复杂过程。一方面,机械力作用导致物料颗粒的粒度减小,比表面积增大;另一方面,机械力作用也促进物料颗粒的聚结,从而增大表观粒度,减小比表面积。因此,可以认为超细粉碎过程是一个粉碎与团聚的可逆过程;当这种正反两个过程的速度相等时,便达到粉碎平衡,颗粒尺寸达到极限值。进一步延长粉碎时间时,由于这时的机械力已不足以抗衡物料更高的断裂强度,只能用于维持粉碎平衡,并促进小颗粒的"重聚",于是,"逆粉碎"现象出现,如图 6.5 所示。

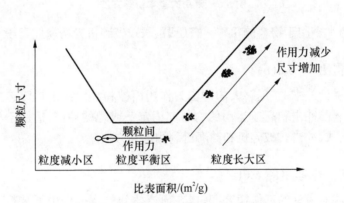

图 6.5 粉碎过程粒度变化机理示意图

6.3 粉碎方法和粉碎设备分类

6.3.1 粉碎方法

机械粉碎按施加外力的方法不同,可以归纳为如图 6.6 的几种方法。

6.3.1.1 挤压法[图 6.6(a)]

挤压粉碎是粉碎设备的两个工作面对物料施加挤压作用,物料在相对缓慢的压力作用下发生粉碎。因为压力作用较缓慢和均匀,故物料粉碎过程较均匀。这种方法适用于破碎

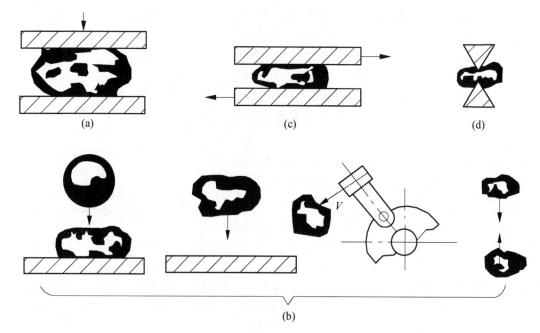

图 6.6　常用的基本粉碎方法

大块硬质物料,通常多用于物料的粗碎。挤压磨、颚式破碎机等均属此类粉碎设备。

6.3.1.2　冲击法[图 6.6(b)]

物料在瞬间受到外来的、足够大的冲击力作用而被粉碎。冲击粉碎包括高速运动的粉碎体对被粉碎物料的冲击和高速运动的物料向固定壁或靶的冲击,适用于粉碎大中块脆性物料。锤式、反击式、冲击式破碎机和球磨机利用这种方法。

6.3.1.3　研磨、磨削法[图 6.6(c)]

物料在两个相对滑动的工作面之间,或在研磨体间的摩擦作用下被粉碎。研磨和磨削是靠研磨介质对物料颗粒表面的不断磨蚀而实现粉碎的,本质上属于剪切摩擦粉碎;多用于小块物料的粉磨。振动磨、搅拌磨以及球磨机的细磨仓等都是以此为主要方法的。

6.3.1.4　劈裂法[图 6.6(d)]

物料在楔形工作体的作用下受拉应力的作用而被粉碎,用于粉碎脆性物料。齿辊破碎机利用这种方法。

6.3.2　粉碎设备分类

粉碎设备可分为破碎机和粉磨机两大类。

6.3.2.1　破碎机械的类型

破碎机械按结构和工作原理的不同,可分为下列几种类型,如图 6.7 所示。

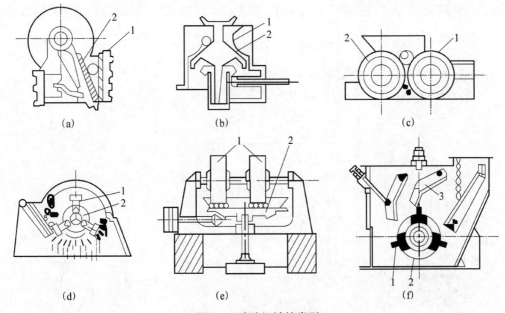

图 6.7 破碎机械的类型

(1) 颚式破碎机[图 6.7(a)] 由于活动颚板 2 对固定颚板 1 做周期性的往复运动,物料在两颚板间被挤压粉碎。适用于粗、中碎硬质物料或中硬质物料。

(2) 圆锥式破碎机[图 6.7(b)] 物料在固定的外锥体 2 和可偏心回转的内锥体 1 之间受到挤压和弯曲力而被破碎。适用于粗、中、细碎硬质物料或中硬质物料。

(3) 辊式破碎机及辊压机[图 6.7(c)] 物料在两个相对旋转的滚筒 1、2 之间(或形成料床)受到挤压被压碎。适用于中、细碎中硬质物料和软质物料。

(4) 锤式破碎机[图 6.7(d)] 物料受到安装在转子 2 上的高速旋转锤头 1 的冲击作用而被击碎。适用于中、细碎中硬质物料。

(5) 轮碾机[图 6.7(e)] 物料在旋转的碾盘 2 上被圆柱形碾轮 1 所压碎和磨碎。多用于陶瓷厂及耐火材料厂原料的粉碎。

(6) 反击式破碎机[图 6.7(f)] 物料受到安装在转子 2 上的高速旋转的板锤 1 的打击,并弹向反击板 3 被撞击以及物料之间相互撞击而击碎。适用于中、细碎硬质和中硬质物料。

破碎机械还有立式冲击破碎机和笼式破碎机等。

6.3.2.2 粉磨机械的类型

粉磨机械按结构和工作原理的不同,也可分为下列几种类型,如图 6.8 所示。

(1) 球磨机[图 6.8(a)] 物料与研磨体 1 在旋转着的筒体 2 中,由于研磨体被筒体带到一定高度抛落,因而能将物料击碎和磨碎。

(2) 辊磨机[图 6.8(b)、(c)] 物料在磨盘(或圆环)1 和在磨盘上的碾轮(摆轮)2 之间,靠辊压产生的挤压和研磨作用被粉碎。由下面吹入的气流将细粉带走,由于它是风扫式磨,兼具粉磨与烘干的功能。

(3) 锤击磨[图 6.8(d)] 物料被安装在转子 2 上的高速旋转的锤头 1 击碎,同时物料颗粒间也互相撞击磨碎。并由下面吹入的气流将细粉带走。

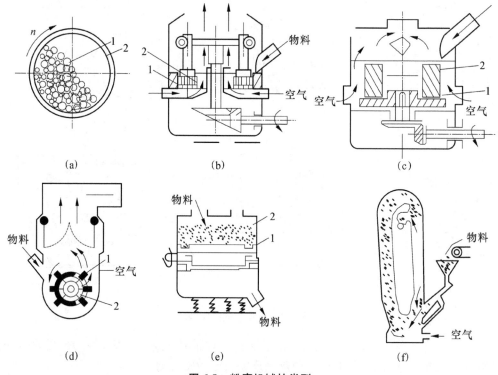

图 6.8　粉磨机械的类型

（4）振动磨[图 6.8(e)]　通过磨机筒体 1 做高频(1 000～3 000 次/分钟)强烈振动使研磨介质 2 对物料产生冲击、摩擦、剪切作用而使物料粉碎。主要用来细磨和超细磨物料。

（5）气流磨[图 6.8(f)]　气流粉碎机是以高速气流(100～500 m/s)为动力和载体,使物料颗粒在高速运动中相互碰撞、摩擦和剪切而使物料粉碎。

此外,粉磨机还有行星磨、搅拌磨等设备。

6.3.3　粉碎技术的发展

（1）多碎少磨技术。球磨机的能量利用率仅为 3％～9％,而破碎机的能量利用率为 30％～40％,因此为了节约能量,尽量减小破碎产品的粒度,即减小入磨物料的粒度;概括为"多碎少磨"。现在水泥行业中的预破碎、预粉碎工艺就是采用的这一技术,可以大幅度提高磨机产量,降低粉磨综合电耗。

（2）料层粉碎技术。料层粉碎理论作为区别于单颗粒粉碎理论在近 30 年中被广泛应用,料层粉碎原理催生了新型粉磨技术和装备,如立磨、辊压机、筒辊磨等都运用了料层粉碎理论。这些设备能量对物料的输入方式由球磨机近似于单颗粒、低能量、反复多次向物料颗粒群体、料层化、采用高压力、高能量少次数的输入方式转变,大幅度提高了能量利用率。对颗粒群的粉碎压力高达 50～300 MPa。

（3）简化设备和工艺流程技术。一是设备日趋大型化,管磨机中达 $\phi5.8$ m×16 m,电机功率达 8 700 kW,台时产量达 300 t 以上;立式磨的磨盘直径已达 5 m 以上,电机功率 5 000 kW,台时产量 500 t 以上。二是烘干与粉碎操作在同一设备中完成,组成烘干与粉碎联合机组,如立式磨等。三是选粉时采用热风,选粉与烘干同时完成。

(4)粉碎系统操作自动化技术。磨机系统操作自动化,应用自动调节回路及电子计算机控制生产,代替工人操作,力求生产稳定。如控制原料配料,保证入窑生料成分均匀性,采用电子定量喂料秤—X荧光分析仪—电子计算自动调节系统;控制水泥磨出料粒度组成,采用电子定量喂料秤—激光粒度分析仪—电子计算自动调节系统。

(5)超细粉碎及分级设备。国内已能生产各种气流磨、高速冲击磨、搅拌磨、振动磨等超细粉碎设备,有的设备在性能上已接近国外同类设备的水平。然而还缺少与粉碎设备配套的高效大型化的超细分级设备。

粉碎技术的发展主要表现在产品微细化、微粉功能化、设备自动化、节能降耗新工艺和新设备及低污染高强度材料的应用等方面。

6.4 破碎设备

6.4.1 颚式破碎机

6.4.1.1 工作原理及类型

颚式破碎机是广泛应用的一种粗碎和中碎破碎机。图6.9为颚式破碎机的工作原理示意图,动颚板2套装在偏心轴5或悬挂轴6上,工作时,由传动机构带动偏心轴转动,使之相对固定额板1做周期性往复运动。动颚摆向定颚时,当落在颚腔内的物料在两颚板之间主要受挤压作用而破碎;当动颚摆离定颚时,已破碎的物料在重力的作用下经颚腔下部的出料口自由卸出,喂入进料口的物料也随之下落至破碎腔内,粉碎和卸料交替进行。

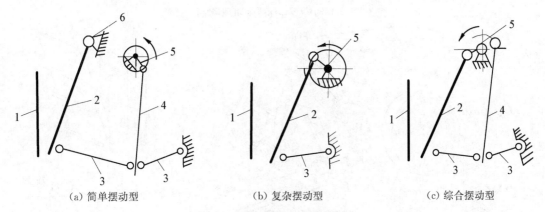

(a) 简单摆动型　　　　　　(b) 复杂摆动型　　　　　　(c) 综合摆动型

图6.9　颚式破碎机的主要类型

颚式破碎机按动颚的运动特征可分为简单摆动型[图6.9(a)]、复杂摆动型[图6.9(b)]和综合摆动型[图6.9(c)]三种。近年来,又出现了液压颚式破碎机。

颚式破碎机其规格用进料口的宽度和长度表示。如PEJ1200×1500颚式破碎机,即进料口宽度为1 200 mm,长度为1 500 mm。PEJ为简摆型,PEF为复摆型。

6.4.1.2 构造

1. 简单摆动型颚式破碎机

如图 6.10 所示,动颚以悬挂轴为支点,偏心轴通过连杆、推力板带动动颚做简单往复摆动。动颚上各点均以悬挂轴为中心单纯做圆弧摆动。运动轨迹简单,故称为简单摆动型颚式破碎机。动颚的摆动距离上部小、下部大,水平和垂直位移都只有下部的 1/2;动颚水平行程上部小、下部大,不利于喂入物料的夹持和破碎。

简单摆动型颚式破碎机的结构简单,偏心轴承受的作用力小,破碎过粉碎现象小,操作维护方便。可制成大型设备,是该破碎机的优点。其缺点:有空行程,电耗较高,破碎比小,一般为 4～6。

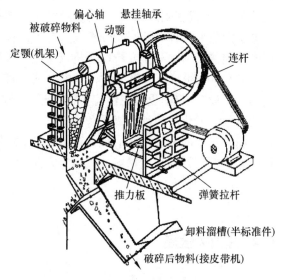

图 6.10　简单摆动型颚式破碎机

2. 复杂摆动型颚式破碎机

如图 6.11 所示,动颚挂在偏心轴上,受偏心轴的驱动,当偏心轴转动时动颚一方面对定颚做往复运动,同时还顺着定颚有很大幅度的上下运动。动颚的运动轨迹是一条复杂曲线,其上部做圆周运动,下部做推力板弧线运动,中部做椭圆曲线运动。动颚各点的运动轨迹复杂,故称为复杂摆动型颚式破碎机。动颚顶部的水平行程约为下部的 1.5 倍,而垂直位移小于下部,就整个动颚而言,垂直位移为水平行程的 2～3 倍,有强制排料作用。在破碎腔中物料除受到颚板的挤压和弯曲作用外,还有研磨劈裂作用。

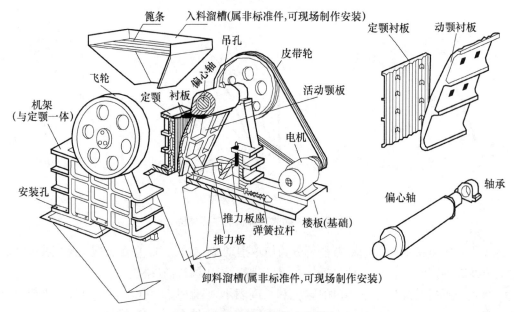

图 6.11　复杂摆动型颚式破碎机

与简单摆动型颚式破碎机比,复杂摆动型颚式破碎机粉碎产品的粒度均匀,产量比同规格的简单摆动型颚式破碎机提高 20%～30%,质量减少 20%～30%,破碎比可达 10 左右,效率高。但缺点是动颚挂在偏心轴上,使偏心轴及轴承容易损坏,不适宜大型化。

3. 液压式颚式破碎机

如图 6.12 所示,在连杆和推力板上,各装一个液压油缸和活塞。它的特点是采用了液压连杆结构,实现分段启动,降低了功率;超负荷保险装置也是利用液压连杆结构,工作可靠;卸料口的间隙采用液压调节,调整容易。机器的体积小,质量轻。

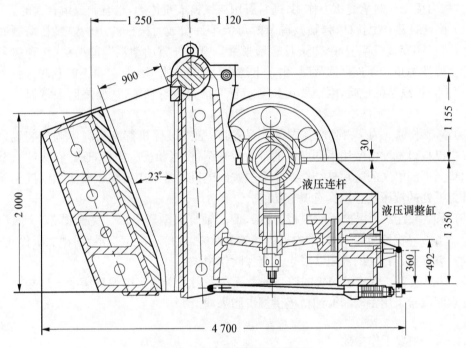

图 6.12　液压简摆颚式破碎机

6.4.1.3　主要工作部件

(1) 机架和支承装置　机架由两个纵向侧壁和两个横向侧壁组成的刚性框架,机架在工作中承受很大的冲击载荷,要求具有足够的强度和刚度,中小型机架一般用铸钢整体铸造,小型的也可用优质铸铁代替,大于 1 200 mm×1 500 mm 的颚式破碎机都采用组合型机架形式。随着焊接工艺的发展,机架也逐步采用钢板焊接结构,并用箱形结构代替筋板加强结构。

支承装置主要用于支承偏心轴和悬挂轴,使它们固定在机架上,支承装置采用滑动轴承和滚动轴承两种,目前已逐步采用后者取代前者。这不仅可减小摩擦损失,且维修简单,具有润滑条件好和不易漏油等优点。

(2) 破碎部件　破碎部件是动颚和定颚,两者由颚床和衬板组成,动颚直接承受物料的破碎力,要有足够的强度,且要求轻便,以减少往复摆动时所引起的惯性力。因此,动颚应用优质钢铸成,大型破碎机一般用铸铁做成空心的箱形体,小型的则做成肋条结构。衬板是用螺栓固定在板床表面上,其间常垫有塑性材料,以保持衬板与颚床紧密结合。衬板的作用是避免颚板磨损,提高使用寿命。通常衬板采用强度高且耐磨的锰钢铸造。为了有效地破碎物料,衬板的表面常铸成波浪形和三角形。衬板通常下部磨损较快,为了延长使用寿命,常做成上下对称,可上下调换使用。

(3) 传动机构　偏心轴是带动连杆或动颚做往复运动的主要部件,通常采用合金钢制造。悬挂轴采用合金钢或优质碳素钢制造。偏心轴的偏心部分悬挂连杆(或动颚),其两端分别装有飞轮和胶带轮,胶带轮除起传动作用外,还兼起飞轮的作用。它们都具有较大的直径和质量,其作用在于使动力负荷均匀,保证破碎机稳定运转。主轴的动力通过连杆、推力板传递给活动颚板,推力板是连接连杆、动颚和机架的中间连接构件,它的作用是传递连杆作用力,推力板工作时承受压力作用,通常有用铸铁铸成整体的,也有制成组合式的。

(4) 拉紧装置　由拉杆、弹簧及调节螺母等零件组成。拉杆的一端铰接在动颚底部的耳环上,另一端穿过机架壁,用弹簧及螺母张紧。当连杆驱动动颚向前摆动时,动颚和推力板将产生惯性力矩。而连杆回程时,由于上述惯性力矩的作用,使动颚不能及时进行回程摆动,有使推力板跌落的危险,因而要用拉紧装置使推力板与动颚、顶座之间经常保持紧密的接触。

(5) 调节装置　为了得到所需要的产品粒度,颚式破碎机都有出料口调整装置,大、中型破碎机出料口宽度由使用不同厚度的推力板来调整;当颚板磨损后,通过在机架后壁与顶座之间垫上不同厚度的垫片来补偿。小型颚式破碎机通常采用楔铁调整方法。液压颚式破碎机推力板处的液压装置也具有调节功能。

(6) 保险装置　为保护活动颚板、机架、偏心轴等大型贵重部件免受损坏,一般设有安全装置。当破碎机负荷过大时,推力板或其螺栓断裂,或传动皮带打滑,活动颚板停止摆动。液压颚式破碎机连杆处的液压装置也具有保险作用。

(7) 润滑装置　颚式破碎机的偏心轴承通常采用润滑油集中循环润滑。悬挂轴和推力板的支承面通常采用手动润滑油枪提供润滑脂来润滑。

6.4.1.4　主要工作参数

1. 钳角

颚式破碎机动颚与定颚间的夹角 α 称为钳角,如图 6.13。减小钳角可增加破碎机的生产能力,但会导致破碎比减小;反之,增大钳角虽可增大破碎比,但会降低生产能力,同时,落入颚腔中的物料不易夹牢,有被推出机外的危险。因此钳角应有一定的范围。

设夹在颚腔内的球形物料的质量为 G,见图6.13(a),由于 G 产生的重力比物料所受的破碎力小得多,可忽略不计。在颚板与物料接触处,颚板对物料的作用力为 p_1 和 p_2,两者均与颚板垂直。

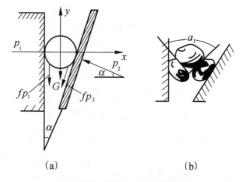

图 6.13　颚式破碎机钳角

此两力所导致的摩擦力为 fp_1 和 fp_2,其方向向下,其中 f 为物料与颚板之间的摩擦系数。

当物料夹在颚腔内,不到被推出机时,几个力互相平衡,即

$$\sum X = 0 \quad p_1 - p_2\cos\alpha - fp_2\sin\alpha = 0 \tag{6.17}$$

$$\sum Y = 0 \quad -fp_1 - fp_2\cos\alpha + p_2\sin\alpha = 0 \tag{6.18}$$

将式(6.17)乘以 f 后,与式(6.18)相加,消去 p_1,得

$$-2fp_2\cos\alpha + (1-f^2)p_2\sin\alpha = 0 \tag{6.19}$$

$$\tan\alpha = 2f/(1-f^2) \tag{6.20}$$

摩擦系数 f 与摩擦角 φ 的关系为 $f = \tan\varphi$,则

$$\tan\alpha = \tan 2\varphi \tag{6.21}$$

为了使破碎机工作安全,必须令 $\alpha \leqslant 2\varphi$。

一般摩擦系数为 0.2~0.3,则钳角最大值为 $22°\sim33°$。实际上,当破碎机喂料粒度相差较大时,即使符合上述关系,仍有可能发生物料被挤出的情况,这是因为当大块物料楔塞在两个小块物料之间,如图 6.13(b)所示,物料有被挤出加料口的可能,故颚式破碎机的钳角一般取 $18°\sim22°$。

2. 偏心轴转速

偏心轴转一圈,动颚往复摆动一次,前半圈为破碎物料,后半圈为卸出物料。当动颚后退时,破碎后物料应在重力作用下全部卸出而后动颚立即返回破碎物料,转速过高或过低都会使生产能力不能达到最大值。

由于颚板较长,摆幅不大,因此可设动颚摆动时钳角值不变,即动颚做平行摆动。令出料口宽度为 e,动颚行程为 s,破碎后的物料在颚腔内堆积成一梯形体,如图 6.14 所示。BC 以下的物料尺寸均小于出料口宽度,因而每次所能卸出的物料高度为

$$h = s/\tan\alpha \tag{6.22}$$

物料在重力的作用下,自由下落。破碎后物料能下落的高度为

$$h = (1/2)gt^2 \tag{6.23}$$

使高度 h 的梯形物料全部自由卸出所需的时间为

$$t = \sqrt{\frac{2h}{g}} \tag{6.24}$$

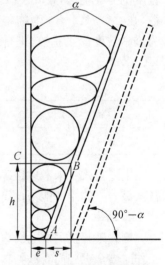

图 6.14 偏心轴转速计算

式中,g 为重力加速度;为了保证已达到要求尺寸的物料能及时全部卸出,卸出时间 t 应等于动颚空行程经历的时间 t'。

$$t' = \frac{60}{2n} = \frac{30}{n} \tag{6.25}$$

则

$$\sqrt{\frac{2h}{g}} = \frac{30}{n} \tag{6.26}$$

$$n = 665\sqrt{\frac{\tan\alpha}{s}} \tag{6.26}$$

实际上,动颚在空转行程的初期,物料因弹性形变仍处于压紧状态,不能立即下落,故偏心轴的转速应比上式算出的值低 30% 左右。所以

$$n = 470\sqrt{\frac{\tan\alpha}{s}} \tag{6.27}$$

式中,n 为偏心轴转速(r/min);s 为动颚行程(cm);α 为钳角(°)。

偏心轴转速还可以用以下经验公式确定:

当进料口宽度 $B \leqslant 1\,200$ mm 时,$n = 310 - 145B$ (6.28)

当进料口宽度 $B > 1\,200$ mm 时,$n = 160 - 42B$ (6.29)

B 为破碎机进料口宽度(m)。

3. 生产能力

破碎机的生产能力与被破碎物料性质(物料强度、节理、喂料粒度组成等)、破碎机的性能和操作条件(供料情况和出料口大小)等因素有关。目前还没有把所有这些因素包括进去的理论公式,都采用经验公式。

$$Q = K_1 K_2 K_3 qe \tag{6.30}$$

式中,q 为标准条件下(开路破碎,容积密度 ρ_b 为 1.6 t/m³ 的中等硬度物料)单位出料口宽度的生产能力(t/mm·h),见表 6.3;e 为破碎机出料口宽度(mm);K_1 为物料易碎性系数,在 0.9~1.2;K_2 为物料堆积密度修正系数,$K_2 = \rho_s/1.6$,ρ_s 为堆积密度(t/m³);K_3 为进料粒度修正系数,进料最大粒度和进料口宽度比为 0.85、0.60、0.4 时,K_3 分别取 1.0、1.1、1.2。

表 6.3 颚式破碎机单位出料口宽度生产能力 q

规 格	250×400	400×600	600×900	900×1 200	1 200×1 500	1 500×2 100
q/(t/mm·h)	0.4	0.65	0.95~1.0	1.25~1.3	1.9	2.7

上述公式并未考虑破碎机的工作特性对生产能力的影响,事实上,复摆型和综合摆动型颚式破碎机的生产能力比简摆型的分别提高 20%~30% 和 90%~95%。

4. 功率

颚式破碎机需要的功率,可按体积假说或破碎物料时需要的破碎力来推算。设破碎机工作时整个颚腔内充满物料,且沿颚腔长度 L 方向成平行圆柱体排列。通过推导分析可得如式(6.31)和(6.32)。

对于简摆型颚式破碎机,需要的功率为

$$N = 6.8LHsn \tag{6.31}$$

对于复摆型颚式破碎机

$$N = 12LHrn \tag{6.32}$$

式中,L 为颚口的长度(m);H 为颚腔的高度(m);s 为颚板行程(m);r 为偏心轴的偏心距(m);n 为偏心轴转速(r/min)。

则电机功率为

$$N_0 = \frac{kN}{\eta} \tag{6.33}$$

式中，N_0 为电动机的安装功率（kW）；k 为电动机备用系数，$k = 1.05 \sim 1.10$；η 为颚式破碎机的传动效率，$\eta = 0.60 \sim 0.75$。

确定颚式破碎机电动机功率的经验公式为

$$N_M = CBL \tag{6.34}$$

式中，L、B 分别为进料口长度和宽度（cm）；C 为系数，$B < 250$ mm 时，$C = 1/60$；$B = 250 \sim 900$ mm 时，$C = 1/100$；$B > 900$ mm 时，$C = 1/120$。

例题 6.2 用 400×600 复摆颚式破碎机破碎中硬石灰石，最大进料粒度为 340 mm，已知该破碎机的钳角为 $20°$，偏心轴的偏心距 $r = 10$ mm，动颚行程 $s = 13.3$ mm，出料口宽度为 100 mm，试计算偏心轴转速、生产能力及功率。

解：（1）偏心轴转速

按式（6.27）计算 $n = 470\sqrt{\dfrac{\tan\alpha}{s}} = 470\sqrt{\dfrac{\tan 20°}{1.33}} = 246$（r/min）

按式（6.28）计算 $n = 310 - 145B = 310 - 145 \times 0.4 = 252$（r/min）

实际转速为 250 r/min。

（2）生产能力

石灰石的容积密度为 $\rho_s = 1.6$ t/m³，则 $K_2 = 1.6/1.6 = 1.0$；$K_1 = 1.0$；查表 6.3 得 $q = 0.65$ t/mm·h；$340/400 = 0.85$，$K_3 = 1.0$；则

按式（6.30）计算 $Q = K_1 K_2 K_3 qe = 1.0 \times 1.0 \times 1.0 \times 0.65 \times 100 = 65$（t/h）

（3）功率

$$H = \frac{B - e}{\tan\alpha} = \frac{0.4 - 0.1}{\tan 20°} = 0.824\text{（m）}$$

按式（6.32）计算破碎物料所需功率

$$N = 12LHrn = 12 \times 0.6 \times 0.824 \times 0.01 \times 250 = 15\text{（kW）}$$

按式（6.33）计算电机所需功率，k 取 1.10，η 取 0.75

$$N_0 = \frac{kN}{\eta} = \frac{1.10 \times 15}{0.75} = 22\text{（kW）}$$

实际配用电机功率 22 kW。

6.4.1.5　特点及应用

颚式破碎机的优点是：构造简单，管理和维修方便，工作安全可靠，适用范围广。缺点是：由于工作是间歇的，所以存在空行程，因而增加了非生产性功率消耗。由于动颚和连杆做往复运动，工作时产生很大的惯性力，使零件承受很大的载荷，因而对基础要求也很高。在破碎黏湿物料时会使生产能力下降，甚至发生堵塞现象。在破碎片状物料时，片状物料易顺颚板宽度方向通过，而难以达到破碎目的，造成出料溜子或下级破碎机进料口堵塞，破碎比较小。

选用颚式破碎机时,应使其进料口尺寸适合物料的尺寸,通常喂入物料的尺寸不能超过破碎机进料口尺寸的85%。破碎后的产品粒度主要取决于出料口尺寸的大小,也与物料的性质和给料粒度有关。颚式破碎机破碎产品中有15%～35%的物料尺寸超过出料口尺寸。其中最大物料尺寸为出料口尺寸的1.6～1.8倍,这在颚式破碎机选型时应特别注意。

6.4.2 锤式破碎机

6.4.2.1 工作原理及类型

进入锤式破碎机中的物料,受到高速旋转锤子的冲击而被破碎。物料获得能量又以高速冲击衬板而第二次被破碎。较小的物料通过篦条缝隙排出,较大的物料在篦条上再次受到锤头的冲击被破碎,直至全部通过篦条排出。

锤式破碎机的种类很多,按不同结构特征分类如下。按转子的数目,可分为单转子和双转子两类;按转子的回旋方向,分为不可逆式和可逆式两类;按锤子的排列方式,分为单排式和多排式两类;按锤子在转子上的连接方式,还可分为固定式和活动式两类。

锤式破碎机的规格用转子的直径(mm)×长度(mm)表示。如 $\phi2\,000\,\text{mm}\times1\,200\,\text{mm}$,即转子的直径 $2\,000\,\text{mm}$,长度 $1\,200\,\text{mm}$。

6.4.2.2 构造

1. 单转子锤式破碎机

图6.15为单转子、不可逆式、多排、活动锤头的锤式破碎机。由机壳1、转子2、篦条3、打击板4和滚动轴承5等部分组成。机壳的上部有一加料口,内部镶有高锰衬板,下部的两面和两侧壁均设有检修孔,便于检修、调整和更换篦条或锤头。整个机体用地脚螺栓固定在混凝土基础上。圆弧状的卸料篦安装在转子下部,篦条的排列方向与转子运动方向垂直,锤头与篦条之间的间隙,可通过螺栓来调节。

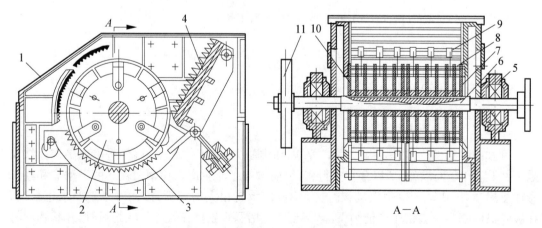

图6.15 单转子锤式破碎机的构造

1-机壳;2-转子;3-篦条;4-打击板;5-滚动轴承;6-主轴;7-锤架;8-锤子销轴;9-锤子;10-压紧锤盘;11-飞轮

2. 双转子锤式破碎机

图 6.16 为双转子锤式破碎机。在机壳 6 内,平行安装有两个转子,转子由臂形的挂锤体 4 及铰接在其上的锤子 3 组成。挂锤体安装在主轴 7 上。锤子呈多排式排列,相邻的挂锤体互相交叉成十字形。两转子由单独的电动机带动做相向旋转。

破碎机的进料口设在机壳上方正中,进料口下面两转子中间设有弓形篦篮 1,篦篮由一组相互平行的篦条组成。各排锤子可自由通过篦条之间的间隙。篦篮底部有凸起成马鞍状的砧座 8。

物料由进料口喂入弓形篦篮后,落存弓形篦条上的大块物料受到篦条间隙扫道的锤子的冲击粉碎,预碎后落在砧座及两边转子下方的篦条筛 5 上,连续受到锤子的冲击成为小块物料,最后经篦缝卸出。

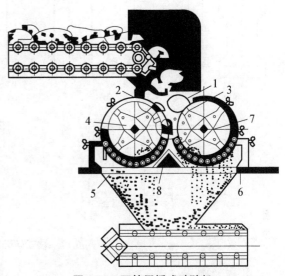

图 6.16 双转子锤式破碎机
1-弓形篦篮;2-弓形篦条;3-锤子;4-挂锤体;
5-篦条筛;6-机壳;7-主轴;8-砧座

双转子锤式破碎机由于分成几个破碎区,同时具有两个带有多排锤子的转子,故破碎比大,可达 40 左右;生产能力相当于两台同规格单转子锤式破碎机。

6.4.2.3 主要工作部件

1. 锤子

在锤式破碎机中,料块受到高速旋转的锤子冲击而粉碎。当转子的圆周速度一定时,锤子质量愈大则动能愈大。锤子的有效质量,不但能对料块产生碎裂的冲击,而且还要在冲击时不产生向后偏倒。否则,将大大降低破碎机的生产能力,且增加能量消耗。

常用的锤子形式见图 6.17,图中(a)、(b)、(c)三种是轻型锤子,其质量为 3.5～15 kg,用来粉碎粒度为 100～200 mm 的软质和中等硬度的物料;(d)为中型锤子,其质量为 30～60 kg,用来粉碎 800～1 000 mm 的中等硬度物料;重型:质量达 50～120 kg,用来粉碎大块而坚硬的物料。锤子磨损后可调换使用;更换新锤子时,应在径向对称地成对更换以便破碎机平稳运转,减少振动。锤子用高碳钢锻造或铸造,也可用高锰钢铸造。

2. 转子

转子由主轴、一组转子圆盘(或三角形,或多角形)组成。转子用来悬挂锤子,转子转速高、质量大,平衡非常重要。如果转子的重心偏离转轴的几何中心时,则产生静力不平衡现象;若转子的回转中心线和其主惯性轴中心线不重合而呈交叉状态时,则将产生动力不平衡现象。转子产生不平衡时,则破碎机的轴承除了承受转子的质量外,还受到惯性离心力、惯性离心力矩作用,以致轴承很快磨损,功率消耗增加,机械产生振动。因此,转子制造及修理后要进行精确的平衡。锤式破碎机转子的 L/D 比值不大,转子转速多在 1 500 r/min,一般只进行静力平衡。

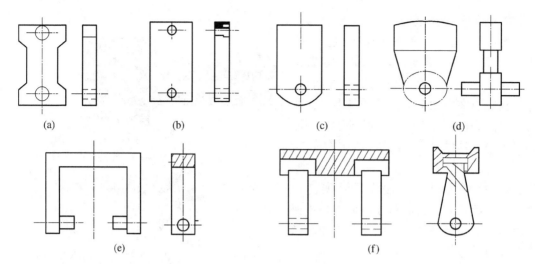

图 6.17　锤式破碎机的锤子形式

3. 箅条筛

箅条筛由箅条、筛架、扁钢压板等组成,箅条筛的筛格间隙应从里向外扩展,以便使破碎了的物料能尽快排出。

4. 安全装置

当破碎机内进入难碎物时,为避免机械损坏,在主轴上装有安全销,当过载时即被剪断,使电动机与破碎机转子脱开从而起到保护作用。

6.4.2.4　主要工作参数

1. 转子的转速

随着圆周速度的增加,可使粉碎比以及产品中细粒含量增加。但若圆周速度过大,将显著增加电耗,同时导致锤子、箅条和衬板的磨损速度加快,产品粒度要求越细转子转速也越高。转子的圆周速度一般为 30～50 m/s。转子直径为 300～600 mm 时,转速为 1 000～3 000 r/min;转子直径为 600～1 000 mm 时,转速为 600～1 500 r/min;转子直径为 1 000～3 000 mm时,转速为 300～1 000 r/min。

2. 生产能力

根据锤子扫过卸料箅条筛面时,从所有箅条间隙同时卸出已粉碎的物料体积可推得其生产能力 Q(t/h)计算为

$$Q = 60Led_e Zk\mu n\rho \tag{6.35}$$

式中,L 为卸料箅条间隙长度(m);e 为卸料箅条间隙宽度(m);d_e 为产品粒度(m);Z 为卸料箅条间隙数目;μ 为物料松散及卸料不均匀系数,一般取 0.015～0.07,小型破碎机取小值;k 为转子圆周方向的锤子排数,一般为 3～6;n 为转子的转速(r/min);ρ 为破碎产品的容积密度(t/m³)。

3. 功率

选配电动机时,可根据以下经验公式估算其功率

$$N_M = KD^2 Ln \tag{6.36}$$

式中,L 为卸料篦条间隙长度(m);D 为卸料篦条间隙宽度(m);K 为系数,$K=0.1\sim0.15$;n 为转子的转速(r/min)。

6.4.2.5 特点及应用

锤式破碎机的优点是生产能力高,破碎比大,电耗低,机械结构简单,紧凑轻便,投资费用少,管理方便。缺点是粉碎坚硬物料时锤子和篦条磨损较大,金属消耗较大,检修时间较长,需要均匀喂料,粉碎物料潮湿时生产能力降低,甚至因堵塞而停机,为避免堵塞,被粉碎物料的含水量应为 10%～15%。

锤式破碎机的产品粒度组成与转子圆周速度及篦缝宽度等有关。转子转速较高时中细粒较多;快速锤式破碎机已兼有中、细碎作用,慢速锤式破碎机产品中粗粒较多。减小卸料篦缝宽度可使产品粒度变细,但生产能力随之降低。

6.4.3 反击式破碎机

6.4.3.1 工作原理及类型

反击式破碎机是在锤式破碎机的基础上发展起来的。如图 6.18 所示,反击式破碎机的主要工作部件为带有板锤的高速转子。喂入机内的物料在转子回转范围(即锤击区)内受到板锤冲击,并被高速抛向反击板再次受到冲击,然后又从反击板弹回到板锤,继续重复上述过程。在往返途中,物料之间还有相互撞击作用。由于物料受到板锤的打击、与反击板的冲击及物料相互之间的碰撞,物料内的裂纹不断扩大并产生新的裂缝,最终导致粉碎。

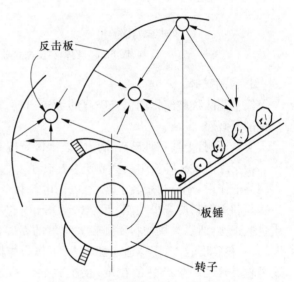

图 6.18 反击式破碎机工作原理示意图

当物料粒度小于反击板与板锤之间的缝隙时即被卸出。

反击式破碎机以冲击方式粉碎物料,其破碎作用主要分为三个方面。

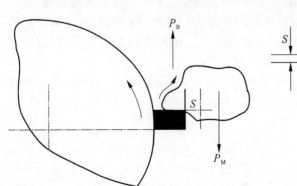

图 6.19 反击式破碎机物料受力图

1. 自由破碎

进入破碎腔内的物料,立即受到高速板锤的冲击,以及物料之间的相互撞击,同时还存在板锤与物料之间的摩擦作用,如图 6.19 所示。在这些外力作用下,使破碎腔内的物料受到粉碎。

2. 反弹破碎

被破碎的物料,实际上并不是无限制地分散的,而是被集中在箱形体区间里。由于高速旋转的转子上的板锤冲击作用,使物料获得很高的运动速度,然后撞击到反击板上,使物料得到进一步的破碎,如图6.20 所示。

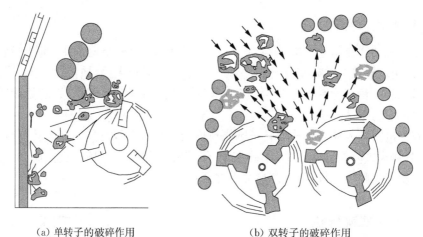

（a）单转子的破碎作用　　　　　　　　（b）双转子的破碎作用

图 6.20　物料在反击式破碎机内的破碎过程

3. 铣削破碎

经上述两种破碎作用仍未破碎的大于出料口尺寸的物料,在出料口处被高速旋转的锤头铣削而破碎。

实践证明,上述三种破碎作用中以物料受板锤冲击的作用最大。

由于反击式破碎机中板锤固定装在转子上,并有反击装置和较大的破碎空间,能更多地利用冲击作用,充分利用转子能量,因而电耗和金属消耗均比锤式破碎机少。反击式破碎机主要是利用物料所获得动能 $[E=(1/2)mv^2]$ 进行选择性破碎,物料的破碎程度直接与本身质量成正比,所以大块物料受到较大程度的粉碎,而小块物料则不致被粉碎得更小,产品粒度均匀,粉碎度较大,工作适应性较大,可作为物料的粗、中、细碎机械。同时,调整转子的转速可较灵敏地调整产品的粒度,反击式破碎机没有上下箅条筛,产品粒度一般均为 $5\sim$ $10\ \mathrm{mm}$ 以上,而锤式破碎机则大都有底部箅条,因而产品粒度较小,较均匀。

反击式破碎机按其结构特征可分为单转子和双转子两大类。双转子按转子回转方向可分为三类:（1）两转子同向旋转,它相当于两个单转子破碎机串联使用,破碎比大,粒度均匀,生产能力大,但电耗较高,可同时作为粗、中和细碎机械使用;（2）两转子反向旋转,它相当于两个单转子破碎机并联使用,生产能力大,可破碎较大块物料,作为粗、中碎破碎机使用;（3）两转子相向旋转,它主要利用两转子相对抛出物料时的自相撞击进行粉碎,故破碎比大,金属磨损较少。

反击式破碎机的规格用转子直径(mm)×长度(mm)表示。如 PF1000×900 表示单转子反击式破碎机,转子直径为 $1\ 000\ \mathrm{mm}$,长度为 $900\ \mathrm{mm}$。

6.4.3.2　构造

1. 单转子反击式破碎机

单转子反击式破碎机的构造如图6.21所示。主要由转子1、板锤2、反击板3、4、悬挂螺栓5、机壳6等部分组成。机壳体的前后左右均设有检修门。物料从进料口7喂入,为了防止物料在破碎时飞出,装有链幕8。箅条筛9可以将喂入的物料中细小的物料筛出,而大块的物料沿着筛面落到转子上,受到高速旋转的板锤的冲击获得动能,在破碎腔内得以破碎。反击板3、链幕8与转子之间构成第一破碎腔10,两块反击板3、4与转子之间组成的第二破碎腔11。

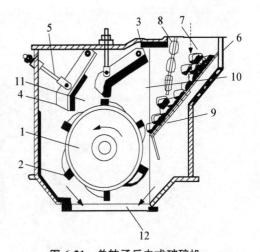

图6.21 单转子反击式破碎机
1-转子;2-板锤;3,4-反击板;5-悬挂螺栓裂;
6-机壳;7-进料口;8-链幕;9-箅条筛;
10-第一破碎腔;11-第二破碎腔;12-出料口

反击板的一端用活铰悬挂在机壳上,另一端用悬挂螺栓自由地悬吊在机体上,可以通过拉杆螺母调节反击板与板锤之间的间隙,改变破碎物料粒度和产量;当有大块或难碎物夹转子与反击板间隙时,反击板受到较大压力而向后移动,在自重作用下恢复至原位,起到保险作用。

增加破碎腔数目可强化选择性破碎,增大物料的破碎比。因此通过增设破碎腔,采取较低的转子速度,不仅可达到通常需要较高的转子速度才能达到的破碎效果,而且还可减少产品中的过大颗粒及降低板锤磨损,这对破碎硬质物料具有重要意义。如德国生产的Hardopact型反击式破碎机,该破碎机的转子速度仅为 $22\sim26$ m/s,比通常反击式破碎机转的速度低 $15\%\sim20\%$。由于板锤的磨耗与其线速度的平方成正比,因而降低板锤的线速度减少磨损的效果是显而易见的。为了在低速运转时仍能保证产品粒度,采用三个反击板构成的三个破碎腔结构,以低能耗获得较高的生产能力。

2. 双转子反击式破碎机

双转子反击式破碎机的构造如图6.22所示,机体由第一级反击板和分腔反击板分隔成两个破碎腔,两个破碎腔中分别装有第一级转子和第二级转子;第一级转子为重型转子,转速较低,主要用于粗碎,第二级转子转速较快,用于细碎。两个转子分别由弹性联轴器、液压联轴器、三角皮带和电动机组成两套传动装置驱动,做同向高速旋转。采用液压联轴器既可降低启动负荷,减少电机容量,又可起到保险作用。当板锤等零件磨损后产品粒度变大或产品粒度需要调整时,可通过调节分腔反击板、第二反击板或均整箅板与转子板锤端点的间隙来实现;拧动分腔反击板定位螺母即可改变分腔反击板与转子板锤端点的间隙。调整间隙时,需相应调整弹簧预应力。第二反击板、均整箅板与第二转子板锤端点间的间隙可通过相应的弹簧来调整。调节第二道反击板的拉杆螺母可以控制破碎机最终产品粒度。

3. 反击-锤式破碎机

反击-锤式破碎机是一种反击式和锤式相结合的破碎机。按其结构特征也可分为单转子和双转子两种。

单转子反击-锤式破碎机又称EV型破碎机,如图6.23所示。其结构特点是机内装设有喂料滚筒、一块可调节的颚板和一个可调节的卸料箅条筛。反击腔较大,仅使用一个中速锤式转子即可进行接连几次的破碎。锤子是活动悬挂在转子上的,圆周速度为 $38\sim40$ m/s,锤子质量为 $90\sim230$ kg。物料经一次破碎即可得到 95% 小于 25 mm 的产品,其电耗为 $0.3\sim0.4$ kW·h/t。

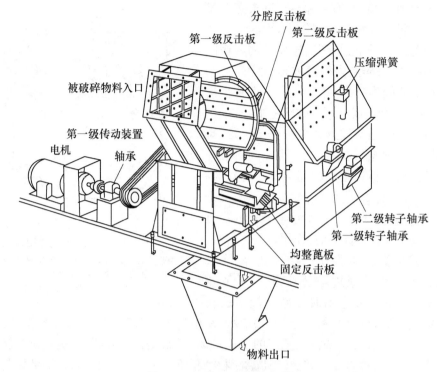

图 6.22　双转子反击式破碎机

　　为了破碎大块物料,在锤式转子前装设两个慢速回转的喂料滚筒以缓冲喂入的大块物料的冲击,减轻对锤式转子的冲击,并实现由滚筒向锤式转子的均匀喂料。两滚筒不但保护了锤式转子,而且喂入机内的细小物料可从其间隙直接漏下,因而它们还起到了预筛分的作用。

　　双转子反击-锤式破碎机,如图 6.24 所示,装有两个锤式转子。其粉碎比可达 50 左右,可用于单级破碎。

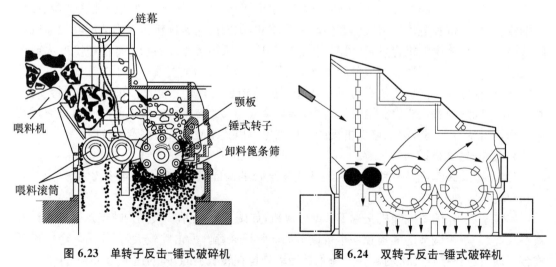

图 6.23　单转子反击-锤式破碎机　　　　　图 6.24　双转子反击-锤式破碎机

4. 烘干反击式破碎机

　　烘干反击式破碎机构造如图 6.25 所示。这种破碎机无出料箅条,转子及其上部反击板等结构与一般反击式破碎机相同,物料的破碎过程也与单转子反击式破碎机相同,所不同的是在出料斗下部的侧向和喂料板侧向加设进风口,高温气体从此进入,在破碎的同时烘干物料,从而克服了反击式破碎机在破碎潮湿物料时,生产能力明显降低,甚至发生堵塞现象。由于破碎机内部表面积小、保温性能好及散热损失小,故热效率高。破碎机构造简单,体积小,占地面积小,设备投资费用低。

烘干反击式破碎机视其生产能力的大小也有单转子和双转子之分,入料水分可达 25%～30%,出料水分可降低至 1% 以下。

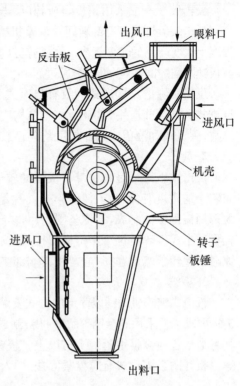

图 6.25　烘干反击式破碎机

6.4.3.3　主要工作部件

1. 反击装置

反击装置的作用是承受被板锤击出的物料在其上冲击破碎,并将冲击破碎后的物料重新弹回锤击区,再次进行冲击破碎,其目的是确保整个冲击过程正常进行,最终获得所需的产品粒度。

反击板的形式很多,主要有折线形和弧线形两类。折线形的反击面由渐开面形而形成(图 6.26),渐开面形在反击板各点上物料均以垂直方向进行冲击,因此可获得最佳的破碎效果,但渐开线形反击面制作困难,并且实际破碎时由于料块在破碎腔内存在相互干扰致使运行轨迹不规则,故实用意义不大,通常采用近似渐开线的折线形反击面代之。图 6.27 为圆弧形反击面,它能使物料由反击板反弹后在圆心区形成强烈冲击粉碎区,以增加物料的自由冲击破碎效果。

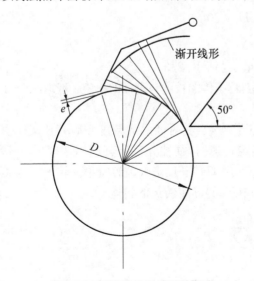

图 6.26　折线形的反击面的形成

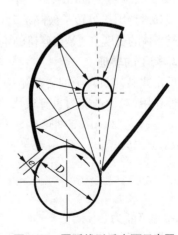

图 6.27　圆弧线形反击面示意图

反击装置一般采用钢板焊成,其反击面上装有耐磨衬板,也可用反击辊或篦条板组成。

反击装置通常带有卸料间隙调整机构。通过调整卸料间隙可改变冲击次数,从而在一定程度上改变产品的粒度组成。在破碎腔内进入难碎物时,反击板可绕悬挂点适当摆动,增大它与板锤之间的间隙,当难碎物通过后,它又迅速回复至原位。因此该机构还起着保险作用。

反击装置的结构形式大致有自重式、重锤式、弹簧式和液压式四种。四种结构形式中,自重式和弹簧式应用较广泛,前者结构简单可靠,调节简便,但产品粒度均匀性差,结构也较笨重;弹簧式和液压式产品粒度均匀性较好,但结构较复杂。

2. 转子

反击式破碎机是利用带有板锤的转子高速冲击物料进行破碎的,冲击破碎物料的能量与转子的质量有关,为了使破碎机具有足够大的冲击能量,转子体应具有足够大的质量,其大都用铸钢整体制成,结构坚固耐用,易于安装板锤,它的质量大,能满足破碎要求。小型和轻型反击式破碎机也可用钢板焊接成空心转子。为防止细粒物料通过转子两端与机壳间缝隙时引起转子端部磨损,通常在其端部镶嵌有护板。

3. 板锤

板击式破碎机板锤以固定的方式安装在转子上,要求其工作可靠、装卸简便、耐磨和抗冲击等要求。常采用高锰钢等耐磨材料制成,近年来研制出来的高强高锰钢 ZGMn14Cr2Mo,其寿命比普通高锰钢延长 1 倍以上。板锤的形状有长条形、T 形、工形、S 形、斧形及带槽形等。板锤的紧固形式有螺栓紧固法、插入紧固法和楔块紧固法。

6.4.3.4 主要工作参数

1. 转子的直径与长度

反击式破碎机喂料粒度与转子直径间的比值大小对反击式破碎机的性能有较大影响,比值越小,破碎比越小,生产能力越高,电动机负荷趋于均匀,相应机械效率就越高;反之,破碎比增大,生产能力降低,机械效率随之下降;喂料粒度与转子直径的关系可按式(6.37)经验公式来确定

$$d = 0.45D - 60 \tag{6.37}$$

式中,d 为喂料粒度(mm);D 为转子直径(mm)。

式(6.37)用于单转子破碎机时,其计算结果还要乘以 2/3。

转子体的长度主要视破碎机的生产能力而定,转子体的长度与直径的比值一般取 0.5~1.2。

2. 转子的转速

反击式破碎机转子的转速是一个重要的工艺参数,它对产品的粒度和破碎比大小具有决定性作用,对生产能力也有很大影响。在确定转速时,往往先确定其圆周速度 v,一般粗碎时 $v = 15 \sim 20$ m/s;细碎时 $v = 40 \sim 80$ m/s。双转子反击式破碎机第一转子 $v = 30 \sim 35$ m/s,第二转子 $v = 35 \sim 45$ m/s。然后用式(6.38)确定转子的转速

$$n = \frac{60v}{\pi D} \tag{6.38}$$

3. 生产能力

根据转子每转一周每一板锤所拨动的物料通过转子与反击板之间间隙时的体积,可推

得生产能力 Q(t/h)计算式

$$Q = 60(h+e) \cdot L \cdot d_e \cdot Z \cdot n \cdot K \cdot \rho_s \tag{6.39}$$

式中,h 为板锤的高度(m);e 为转子与反击板之间的间隙(m);L 为转子的长度(m);d_e 为物料破碎后的粒度(m);Z 为板锤的个数;n 为转子转速(r/min);K 为修正系数,一般取0.1;ρ_s 为物料容积密度(t/m³)。

4. 功率

反击式破碎机的功率与很多因素有关,但主要取决于物料的性质、转子的速度、破碎比和生产能力。计算公式为

$$N = EQ \tag{6.40}$$

式中,E 为破碎单位质量物料需要的电耗,对于中等硬度的石灰石,粗碎时 $E = 0.5 \sim 1.2$ kW·h/t,细碎时 $E = 1.2 \sim 2$ kW·h/t;Q 为破碎机的生产能力(t/h)。

也可用下式计算

$$N = 0.010\,2\frac{Q}{g}v^2 \tag{6.41}$$

式中,Q 为开路破碎的生产能力(t/h);g 为重力加速度(m/s²);v 为转子的圆周速度(m/s)。

例题 6.3 $\phi1000$ mm×700 mm 反击式破碎机的板锤数目为 3,板锤高度为 72 mm,宽度为 700 mm,板锤与反击板间的距离为 30 mm,转子转速为 675 r/min,用该破碎机破碎石灰石,石灰石的堆积密度为 1.6 t/m³,产品粒度为 $d=20$ mm。试计算其生产能力和功率。

解:(1)生产能力
根据式 6.39
$$\begin{aligned}Q &= 60(h+e) \cdot L \cdot d_e \cdot Z \cdot n \cdot K \cdot \rho_s\\&= 60 \times (0.072+0.03) \times 0.7 \times 0.02 \times 3 \times 675 \times 0.1 \times 1.6\\&= 28(\text{t/h})\end{aligned}$$

(2)破碎机功率
按式 6.40 取 $E = 1.4$

$$N = EQ = 1.4 \times 28 = 39.2(\text{kW})$$

按式 6.41
$$v = \frac{D\pi n}{2 \times 30} = \frac{1 \times 675 \times 3.14}{2 \times 30} = 35.3(\text{m/s})$$

$$N = 0.010\,2\frac{Q}{g}v^2 = 0.010\,2 \times \frac{28}{9.81} \times 35.4^2 = 36.5(\text{kW})$$

实际配用电机功率为 36.5 kW。

6.4.3.5 特点及应用

反击式破碎机的优点:使物料反复多次受到打击、反击和互相撞击而破碎,因此它的破碎效率高,动力消耗低,产品粒度均匀,破碎比大,一般为 40 左右,高的可达 150,粗碎用反击式破碎机喂料尺寸可达 2 m³;细碎用反击式破碎机的产品粒度小于 3 mm。可以减少破碎级数,简化生产流程;结构简单,维修方便;适应性强,尤其是对于中等硬度、脆性物料。反击式破碎机的缺点:板锤、反击板磨损快,特别是破碎坚硬物料,防堵性能差,不适宜破碎塑性

和黏性物料;运转时噪声较大,产生的粉尘也较大。反击式破碎机主要用于石灰石、砂岩、煤及水泥熟料等的粗、中、细破碎。

6.4.4 其他类型破碎机械

6.4.4.1 圆锥破碎机

1. 工作原理及类型

圆锥破碎机如图 6.28 所示。其主要部件有:固定圆锥形破碎环(定锥 2)、活动的破碎锥体(动锥 1)装在破碎机主轴(4)上,主轴的中心线 O_1O 与定锥的中心线 $O'O$ 于点 O 相交成 β 角。主轴悬挂在交点 O 上,轴的下方活动地插在偏心衬套中。衬套以偏心距 r 绕 $O'O$ 旋转,使动锥沿定锥的内表面做偏旋运动,在靠近定锥处,物料受到动锥挤压和弯曲作用而被破碎;在偏离定锥处,已破碎的物料由于重力的作用从锥底落下;因为偏心衬套连续转动,动锥也就连续旋转,故破碎过程和卸料过程沿着定锥的内表面连续依次进行。

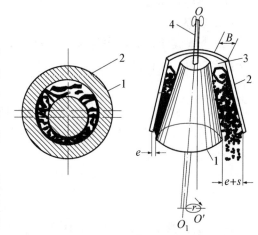

图 6.28 圆锥破碎机工作示意图
1-动锥;2-定锥;3-破碎腔;4-主轴

在破碎物料时,由于破碎力的作用、在动锥表面产生了摩擦力,其方向与动锥运动方向相反,因为主轴上下方均为活动连接,这一摩擦所形成的力矩使动锥在绕 O_1O 做回旋运动的同时还做方向相反的自转运动,此自转运动可使产品粒度更均匀,并使动表面的磨损也较均匀。

圆锥破碎机按用途可分为粗碎和细碎两种,按结构又可分为悬挂式和托轴式两种。

用作粗碎的破碎机又称旋回式破碎机,如图 6.29 所示。因为要处理的物料较大,要求近料口尺寸大,故动锥是正置的,而定锥是倒置的。用作中细碎的破碎机,又称菌形破碎机,如图 6.30 所示。它所处理的一般是经初次破碎后的物料,故进料品不必太大,但要求卸料范围宽,以提高生产能力,并要求破碎产品的粒度较均匀,所以动锥和定锥都是正置的。

由于破碎力对动锥的反力方向不同,这两种破碎机动锥的支承方式也不相同。旋回式破碎机反力的垂直分力 p_2 不大,故动锥可以用悬吊方式支承,支承装置在破碎机的顶部,因此支承装置的结构较简单,维修也较方便,菌形破碎机反力的垂直分力 p_2 较大,故用球面座 3 在下方将动锥支托起来,支承面积较大,可使压强降低。但这种支承装置正处于破碎室的下方,粉尘较大,需有完善的防尘装置。因而其结构较复杂,维修也较困难。

2. 特点及应用

粗碎圆锥破碎机和颚式破碎机都可用作为粗碎机械,两者相比较,粗碎圆锥破碎机的特点是:破碎过程是沿着圆环形破碎腔连续进行的,生产能力较大,单位电耗较低,工作较平稳,适于破碎片状物料,破碎产品的粒度也较均匀,产品粒度组成中超过进料口宽度的物料粒度较颚式破碎机要小,数量也少。缺点是:结构复杂,造价较高,检修较困难,机身较高,因而使厂房及基础构筑物的建筑费用增加;粗碎圆锥破碎机适合在生产能力较大的工厂中使用。

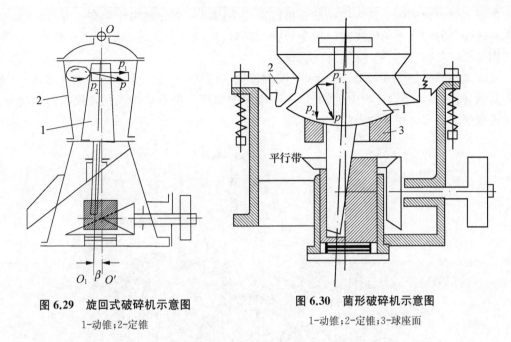

图6.29　旋回式破碎机示意图

1-动锥；2-定锥

图6.30　菌形破碎机示意图

1-动锥；2-定锥；3-球座面

同粗碎圆锥破碎机一样，中细碎圆锥破碎机的优点是生产能力大，破碎比大，单位电耗低；缺点是构造复杂，投资费用大，检修维护较困难。

6.4.4.2　辊式破碎机

1. 构造、工作原理及类型

辊式破碎机按照辊筒的数目分为双辊式和单辊式两种基本类型。

单辊式破碎机是由一个回转的辊筒和一块弧形颚板组成，故又称颚辊式破碎机，如图6.31所示。物料在辊筒和颚板之间受挤压、冲击、劈裂而被破碎。这种破碎机一般用于物料的粗碎。

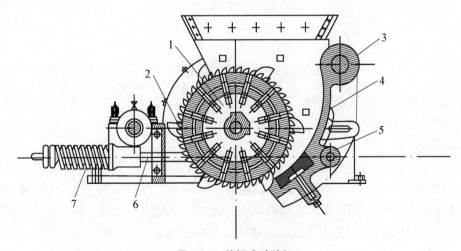

图6.31　单辊式破碎机

1-辊子；2-衬套；3-悬挂轴；4-颚板；5-衬板；6-拉杆；7-弹簧

单辊式破碎机实际上是将颚式破碎机和辊式破碎机的部分结构组合在一起,因而具有这两种破碎机的特点。单辊式破碎机有较大的进料口,辊子表面装有不同的破碎齿条。所以可用于粉碎物料,宜用于中硬或松软物料。

双辊式破碎机如图 6.32 所示。由两个圆柱形辊筒作为主要工作部件。工作时,两个辊筒相对回转;进入两个辊筒面上的物料,在与辊筒的摩擦作用下被拽入两辊筒的间隙之中,受挤压破碎。一般适用于物料的中、细碎。

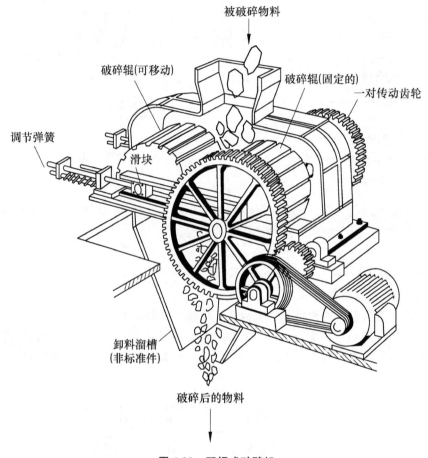

被破碎物料

破碎辊(可移动)
破碎辊(固定的)
一对传动齿轮
调节弹簧
滑块
卸料溜槽
(非标准件)

破碎后的物料

图 6.32 双辊式破碎机

辊式破碎机的规格用辊子直径 D(mm)×长度 L(mm)来表示。因辊子表面磨损不均匀,因此辊子长度 L 应不大于辊子直径 D,一般取 $L = (0.3 \sim 0.7)D$。

2. 特点及应用

辊式破碎机的主要优点是:结构简单,机体不高,紧凑轻便,造价低廉,工作可靠,调整破碎比方便,适用于中、低硬度的脆性和黏性物料的破碎。常用来破碎黏土、煤和混合材。其主要缺点是:生产能力低,要求将物料均匀连续地喂到辊子全长上,否则辊子磨损不均,且所得产品粒度也不均匀,对于光面辊式破碎机,喂入物料的尺寸要比辊子直径小很多,破碎比小(4~12)。破碎产品中有 $15\% \sim 20\%$ 的物料超过辊间距尺寸,实践证明,当要求破碎产品中保持一定数量的粗粒,并不希望有过多的细粒时,辊式破碎机可更有效地工作。

6.4.4.3　轮碾机

1. 构造、工作原理及类型

轮碾机的主要工作部件是碾轮及碾盘。利用碾轮与碾盘之间的相对运动,以挤压和研磨的方式将物料粉碎。碾轮宽度愈大,研磨作用愈大;但动力消耗增大。它用于中硬质和软质物料的细碎和粗磨作业,粉碎的同时还起着物料混合作用。

轮碾机按其结构特点可分为盘转式和轮转式(图 6.33 和 6.34)两类。轮转式轮碾机的碾轮既绕主轴公转,又绕水平轴自转,碾盘则固定不动。盘转式轮碾机的碾盘由驱动装置带动做等速回转,碾轮受到盘面的摩擦带动,只绕本身的水平轴自转。盘转式轮碾机工作较平稳,产量较高,动力较省;但是结构较复杂,物料易散开。轮转式轮碾机正好相反。

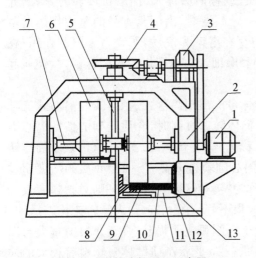

图 6.33　盘转式轮碾机示意图

1-电机;2-支架;3-减速机;4-圆锥齿轮;
5-立轴;6-碾轮;7-水平轴;8-碾盘;9-衬板;
10-筛板;11-活动刮板;12-料槽;13-筛板架

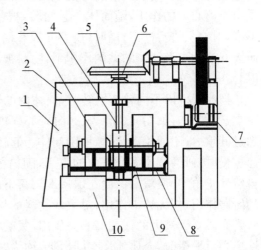

图 6.34　轮转式轮碾机示意图

1-支架;2-横梁;3-碾轮;
4-立轴;5-圆锥齿轮;6-立轴轴承;
7-电机;8-栏杆;9-水平轴;10-碾盘

按传动方式可分为顶部传动和底部传动两类。顶部传动式的轮碾机维修方便,易于防尘,但铁屑和油垢容易污染物料。底部传动式的轮碾机则反之。

按碾轮材料可分为金属轮和石轮两类。石轮式轮碾机可避免金属污染物料。

按工艺可分为干碾机和湿碾机两类。干碾机用于处理含水量低于 10% 的物料。

按操作方式可分为连续式和间歇式两类。连续式轮碾机加料和卸料连续进行。

轮碾机的规格用碾轮的直径和宽度(mm)表示。

2. 特点及应用

轮碾机的优点是:结构简单,工作可靠,维修方便,对物料的粒度、水分等适应性强;具有碾揉与拌和作用,可用来混合物料。用石材制造的碾盘和碾轮,可防止铁质掺入物料中;控制产品细度非常方便。因此在陶瓷工业中作为细碎和粗磨机械,轮碾机仍占一定地位。

轮碾机的缺点是:单位时间内碾轮对物料作用次数较少,故生产能力低,功率消耗大。轮碾机是一种古老的粉碎机械,至今仍应用于硅酸盐工业生产中,常用来细碎或粗磨黏土、长石、石英等。细碎时产品粒度为 3～8 mm,粗磨时为 0.3～0.5 mm。

6.5　粉磨设备

6.5.1　球磨机

6.5.1.1　工作原理及类型

球磨机的主体是由钢板卷制而成的回转筒体。筒体两端装有带空心轴的端盖,筒体内壁装有衬板。磨机内装有不同规格的研磨介质(或称研磨体)。当磨机回转时,研磨介质由于离心力的作用,随筒体一起回转,被带到一定高度时,由于其本身的重力作用抛落下来,对物料进行冲击;同时,研磨介质在磨机内存在滑动和滚动,对物料起研磨作用;在研磨介质冲击和研磨的共同作用下,物料被粉碎和磨细。在球磨机粉碎配合料时,还兼起混合作用。

当球磨机以不同转速回转时,筒体内的研磨体可能出现泻落式、抛落式和离心式三种基本运动状态,如图 6.35 所示。图 6.35(a)表示筒体转速过高时,介质受到的惯性离心力超过其重力,不能脱离筒体,而随筒体一起转动,称为"离心状态"。图 6.35(b)表示筒体转速过慢时,研磨介质靠摩擦力的作用,随筒体沿同心圆轨迹升高,当面层介质的斜度超过自然休止角,介质就沿斜面一层层地泻落下来,称为"泻落状态"。此状态则对物料有较强的研磨作用,但无冲击作用,对大块物料的粉碎效果不好。图 6.35(c)表示转速比较适中,研磨介质受到较大的惯性离心力作用,紧贴在筒壁沿圆弧轨迹提升,直至介质的重力与惯性离心力平衡时,介质才从空间抛下,称为"抛落状态",此状态研磨体对物料有较大的冲击,粉碎效果较好。

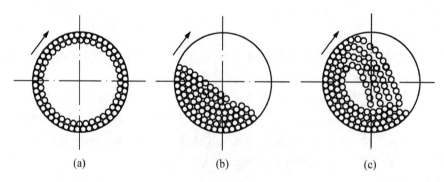

(a)　　　　　　　(b)　　　　　　　(c)

图 6.35　研磨体的运动状态

实际上,研磨体的运动状态是很复杂的,有贴附在磨机筒壁上的运动;有沿筒壁和研磨体层向下的滑动,有类似抛射体的抛落运动,还存在自转运动和滚动等。三种运动状态是相互联系的,这些运动状态的改变取决于粉磨条件。研磨体对物料的基本作用是上述各种运动对物料综合作用的结果,以冲击和研磨作用为主。

由于研磨介质之间存在滑动和滚动,当研磨介质较小时,靠近磨机中心部分,介质运动不明显,仅做蠕动,粉磨能力很弱,这一部分可能处于静止状态,这一区域称为滞留带(或蠕动区)。有研究表明,当球径/磨机直径小于1/80时,磨内将有滞留带存在,如直径3 m的球磨机最小球径应不小于$3\,000 \times 1/80 = 37.5$(mm)。装钢锻时,钢锻规格小于磨机直径的$1/(180 \sim 200)$就有滞留带存在。当钢锻为$\phi25\,mm \times 25\,mm$时,产生滞留带的磨机直径将达到$4.5 \sim 5\,m$。

若采用$\phi8 \sim 10\,mm$微锻,研磨介质填充率为30%,不同规格磨机滞留带所占的比例见表6.4。

表 6.4　不同规格磨机滞留带所占的比例

磨机直径/m	4	3.5	3.0	2.6	2.4	2.2	2.0	1.8
滞留带所占比例/%	36.5	29.15	21.0	13.1	8.9	4.7	1.0	0

按照不同的分类方法,可得到多种类型的球磨机。

1. 按筒体的长度与直径之比(L/D)分

短磨机:长径比$L/D < 2$时为短磨机,俗称球磨机,一般为单仓。

中长磨机:长径比$L/D \approx 3$时为中长磨机。

长磨机:长径比$L/D > 4$时为长磨机,可称管磨机。中长磨和长磨,其内部一般分成$2 \sim 4$个仓。

2. 按磨内装入的研磨介质形状和材质分

球磨机:磨内装入的研磨介质主要是钢球或钢段。

棒球磨机:这种磨机通常具有$2 \sim 4$个仓。在第一仓内装入圆柱形钢棒作为研磨介质,以后各仓装入钢球或钢段。

砾石磨:磨内装入的研磨介质为砾石、卵石、瓷球等。用花岗岩、瓷料等作内衬。

3. 按卸料方式分

尾卸式磨机:被磨物料由磨机的一端加入,由另一端卸出。

中卸式磨机:被磨物料由磨机的两端加入,由磨体中部卸出。

4. 按传动方式分

中心传动磨机:电动机通过减速机带动磨机主轴而驱动磨体回转,减速机的主轴与磨机的中心线在同一直线上。

边缘传动磨机:电动机通过减速机带动固定在磨机筒体上的大齿轮而驱动磨体回转。

5. 其他分类

按工艺操作又可分为干法磨机或湿法磨机、间歇操作式磨机或连续操作式磨机。

球磨机的规格一般用不带衬板的筒体内径D(m)和筒体的有效长度L(m)来表示($D \times L$)。

6.5.1.2　构造

1. 间歇式球磨机

间歇式球磨机在陶瓷、玻璃等工业较多使用,即可用于干法粉磨,也可于湿法粉磨。其构造如图6.36所示。

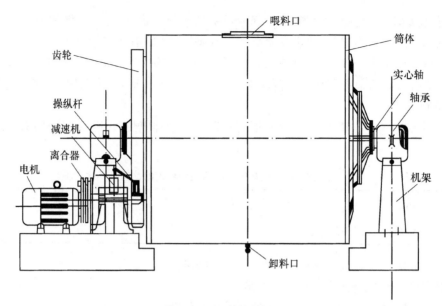

图 6.36　间歇式球磨机

2. 连续式球磨机

图 6.37 为 $\phi 3\,\mathrm{m} \times 10\,\mathrm{m}$ 中心传动中长磨机(连续式)的构造图,磨机分为三仓,第一道隔仓板为双层隔仓板,第二道是单层隔仓板,磨内一、二仓采用阶梯形衬板,三仓是小波形无螺栓衬板。磨筒体支承在两个主轴承上。物料由进料装置送入磨内,经过三个仓的粗、细粉磨,由卸料接管上的椭圆形孔进入出料罩后卸出。

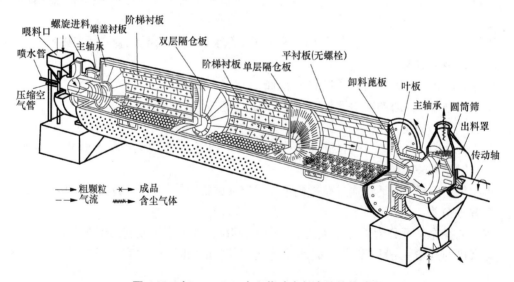

图 6.37　$\phi 3\,\mathrm{m} \times 10\,\mathrm{m}$ 中心传动中长磨机的构造图

6.5.1.3　主要工作部件

1. 筒体

筒体是由钢板卷制焊接而成的空心圆筒,两头装有端盖和中空轴。物料在筒内被粉磨介质冲击和磨剥成细粉。筒体要承受自身和衬板、隔仓板、研磨体及物料等的质量及筒体的转动扭矩,故需有足够的强度和刚度。筒体一般用 Q235 钢板制作,大型磨机则用 15 Mn 钢板卷制。钢板厚度为磨机直径的 1%～1.5%(直径大或长度长者取大值)。筒体上的每一个仓都开设一个磨门(又称人孔),以便向仓内装入研磨体,并供检修人员进仓检修。各人孔门的位置应处于筒体一边的一条直线上,或分别在筒体两边的两条直线上交错排列。中空轴材质一般为铸钢 ZG35。

2. 衬板

(1) 作用　保护筒体,使筒体免受粉磨介质和物料的直接冲击和摩擦;另外利用不同形式的衬板来调整各仓内粉磨介质的运动状态。

(2) 类型　磨机衬板的基本类型如图 6.38 所示。

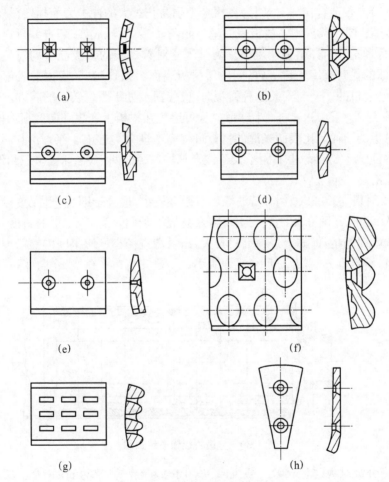

图 6.38　磨机衬板的类型
(a) 平衬板;(b) 压条衬板;(c) 凸棱衬板;(d) 波形衬板;(e) 阶梯衬板;
(f) 半球形衬板;(g) 小波纹衬板;(h) 锥形分级衬板

① 平衬板[图 6.38(a)]　工作表面平整或持有花纹的衬板均称平衬板。对研磨体的作用基本上都是依赖衬板与研磨体之间的静摩擦力,研磨体在它上面产生的滑动现象较大,对物料的研磨作用强,通常多与波纹衬板配合用于细磨仓。

② 压条衬板[图6.38(b)] 由平衬板和压条组成。压条上有螺栓孔,螺栓穿过螺孔将压条和衬板(衬板上无孔)固定在筒体内壁上。这种衬板由平衬板部分与研磨体间的摩擦力和压条侧面对研磨体的直接推力的联合作用带动研磨体,因而研磨体提升得较高,使研磨体具有较大的冲击研磨力,适用于一仓,特别是入磨物料粒度大和硬度高的一仓。

③ 凸棱衬板[图6.38(c)] 它是在平衬板上铸成断面为半圆或梯形的凸棱。凸棱的作用与压条相同,其结构参数与压条衬板类似。由于它是一体的,所以当凸棱磨损后需更换时,平衬板部分也随之报废,但它比压条衬板的刚性好,因而可用延展性较大的材料制作。

④ 波形衬板[图6.38(d)] 使凸棱衬板的凸棱平缓化即成为波形衬板。在一个波节的上升部分对研磨体的提升是相当有效的,而下降部分却有不利作用;这种衬板的带球能力较凸棱衬板低得多,实际上可能使研磨体产生一些滑动,但能避免将某些研磨体抛起过高的不良现象。这一特点较适合棒球磨,因为在棒仓必须防止过大的冲击力而损伤衬板。

⑤ 阶梯衬板[图6.38(e)] 衬板表面呈一倾角,安装后形成许多阶梯,可以加大对研磨体的提升能力,理论分析证明工作表面呈阿基米德对数螺线的衬板能够均匀地增加介质的提升能力,钢球的提升高度均匀一致,同一层衬板表面磨损均匀,即磨损后表面形状改变不明显,适用于管磨机的一仓。安装这种衬板时,应使薄端处于磨机转向的前方。

⑥ 半球形衬板[图6.38(f)] 半球形衬板可避免在衬板上产生环向磨损沟槽,能显著降低研磨体和材板的消耗。比表面光滑的衬板可提高产量10%左右。半球形衬板的半球体应为该仓最大球径的2/3,半球中心距不大于该仓平均球径的两倍,半球应呈三角形排列,以阻止钢球沿筒体滑动。

⑦ 小波纹衬板[图6.38(g)] 其波峰和节距都较小,适合于细磨仓装设的无螺栓衬板。

⑧ 锥形分级衬板[图6.38(h)] 主要特点衬板沿轴向具有8°～10°的斜度,在磨内的安装方向是大端朝向磨尾,即靠近进料端直径大,出料端直径小。使得磨内的粉磨介质按大小不同自动分级,沿料流方向,介质尺寸逐渐减小。一般安装在一仓、二仓内(图6.39)。

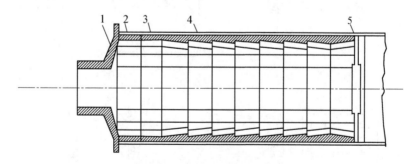

图6.39 分级衬板铺设示意图

⑨ 角螺旋分级衬板(图6.40) 磨机回转一周时,介质的脱离角在一个区域内发生多次变化,而降落点也相应发生变化。每隔两衬板沿轴向相互错开一定角度,使筒体内壁由四个圆角形成一个断续的四头内螺旋。从而,使粉磨介质及物料获得向出料端运动的推力,还促使粉磨介质实现自动分级,提高了粉磨效率。生产实践表明,角螺旋分级衬板可使磨机产量提高10%～14%,电耗降低20%～25%。

⑩ 端盖衬板[图6.38(h)] 其表面是平的,用螺栓固定在磨机的端盖上以保护端盖不受研磨体和物料的磨损。

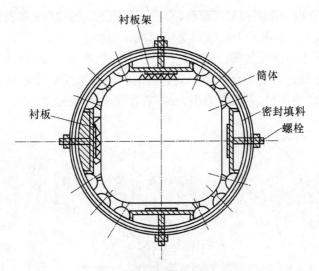

图 6.40　角螺旋分级衬板

（3）规格、排列及安装　磨机衬板尺寸已基本统一,其宽度为 314 mm,整块衬板长度 500 mm,半块衬板长度为 250 mm,平均厚度为 50 mm 左右。衬板排列时应相互错开 （图 6.41）,保证环向缝不能贯通,以防止研磨体残骸及物料对筒体内壁的冲刷作用。

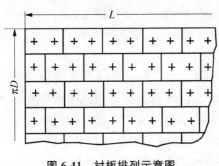

图 6.41　衬板排列示意图

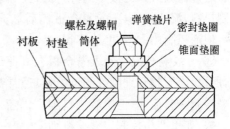

图 6.42　衬板的螺栓连接

衬板的安装方式有螺栓连接和镶砌法两种。螺栓连接法如图 6.42 所示,在固定衬板时,螺栓应加双螺母或防松垫圈,以防磨机在运转中因研磨体冲击使螺栓松动。在筒体与垫圈之间配有带锥形面的垫圈,锥形面内填塞麻丝,以防物料或料浆从螺栓孔流出。镶砌法是衬板与筒体之间加一层 1∶2 的水泥砂浆或石棉水泥,在衬板的环向缝隙中用铁板楔紧,再灌以 1∶2 的水泥砂浆。将衬板相互交错地镶砌在筒体内。镶砌法一般用于细磨仓的衬板固定。

（4）磨球和衬板的匹配

随着磨球硬度的提高,衬板硬度也应相应提高。为保证衬板的安全,衬板的硬度可比磨球低 HRC3∼5。如中铬合金钢衬板硬度 HRC43∼45,磨球取 HRC53∼55;高铬铸铁衬板硬度 HRC53∼55,磨球取 HRC55∼60。

3. 隔仓板

（1）作用　分隔研磨介质,阻止各仓间研磨介质的轴向移动;隔仓板对物料有筛析作用,防止过大颗粒窜入下一仓;隔仓板篦板的孔大小及开孔率决定了磨内物料的流动速度,从而控制物料在磨内的粉磨时间。

（2）类型　隔仓板分单层和双层两种，双层隔仓板又分为过渡仓式、提升式和分级式几种。

① 单层隔仓板　一般由若干块扇形箅板组成。如图6.43（b）所示，大端用螺栓固定在磨机筒体上，小端用中心圆板与其他箅板连接在一起。已磨至小于箅孔的物料，在新喂入物料的推动下，穿过箅缝进入下一仓。单层隔仓板的另一种形式是弓形隔仓板，如图6.43（c）所示。单层隔仓板结构简单，通风阻力小，占磨机容积小，料流速度慢。

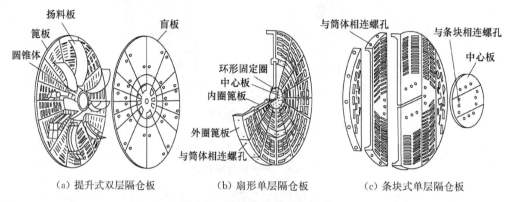

（a）提升式双层隔仓板　　（b）扇形单层隔仓板　　（c）条块式单层隔仓板

图6.43　隔仓板的类型与构造

② 双层隔仓板　一般由箅板和盲板组成，中间设有提升扬料装置。如图6.43（a）所示，物料通过箅板进入两板中间，由提升扬料装置将物料提升到中心圆锥体上，进入下一仓，系强制排料，流速较快，不受隔仓板前后填充率的影响，便于调整填充率和配球，适用于闭路磨。但通风阻力大，占磨机容积大。

③ 分级隔仓板　分级隔仓板在开路磨中使用效果更好，由于开路磨系统中无选粉装置，所以，出磨物料细度控制不方便，通常都是通过增大磨尾仓研磨体填充率抬高物料水平面来限制物料流速，但出磨物料细度仍随入磨物料量的变化而大幅波动。物料跑粗是常见的现象，如果严格控制出磨物料细度，则由于磨内物料的过粉磨现象而导致磨机产量降低，粉磨电耗提高。分级隔仓板能有效地控制进入细磨仓的物粒细度，起到筛分或选粉的作用，提高磨机台时产量。如图6.44所示的康比丹磨隔仓板。

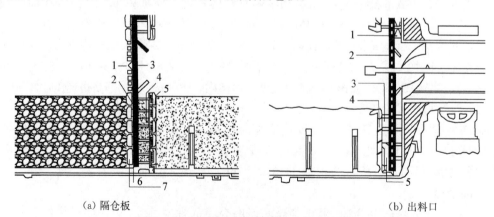

（a）隔仓板　　　　　　　　　　　（b）出料口

图6.44　康比丹磨的隔仓板和出料口的结构

1-中心锥；2-间隔空间；3-箅板；　　　　　1-扬料板；2-箅板；3-间隔空间；
4，6-扬料板；5-挡料圈；7-粗筛　　　　　　4-挡料圈；5-导料板

（3）隔仓板的箅板

① 箅孔排列　箅孔的排列主要可分为同心圆状和放射状,如图 6.45 所示。同心圆状排列的箅孔,物料容易通过,但也易返回,不易堵塞,放射状与其相反。双层隔仓板由于不存在物料返回问题,其箅孔通常都是同心圆排列的。为了便于制造,同心圆排列常以其近似形状代替,呈多边形排列。

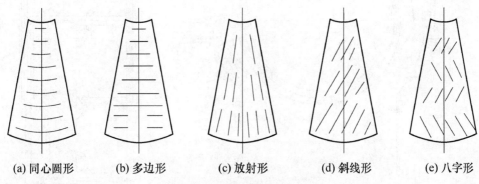

(a) 同心圆形　　(b) 多边形　　(c) 放射形　　(d) 斜线形　　(e) 八字形

图 6.45　隔仓板箅孔排列形式

② 箅孔形状　箅孔的形状有放射形和切线形两种,如图 6.46 所示。箅孔宽度一般一仓为 8～16 mm,二仓为 6～10 mm,三仓为 5～8 mm。箅孔间距一般为 40 mm。箅孔的形状要使物料容易通过,且箅板有一定磨损后箅孔的有效宽度不变。箅板的厚度一般有 40 mm 和 50 mm 两种。

隔仓板上所有箅孔面积之和与其整个面积之比的百分数称为隔仓板的通孔率。通孔率通常为 3％～15％,干法磨机的通孔率为 7％～9％。隔仓板大端朝向出料端。

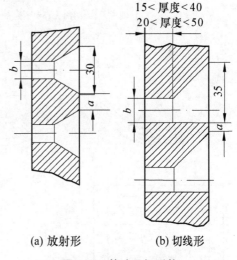

(a) 放射形　　(b) 切线形

图 6.46　箅孔几何形状

4. 支承装置

支承装置承受磨机回转部分的质量和粉磨介质的冲击载荷。支承装置可分为主轴承支承、滑履支承。主轴承支承有滚动轴承支承和滑动轴承支承两种。滚动轴承只用于小型磨机,较大磨机一般采用滑动轴承。磨机的滑动轴承可分为中空轴颈的主轴承和滑履轴承两种。下面介绍主轴承和滑履轴承。

（1）磨机主轴承主要构造是由轴瓦、轴承座、轴承盖、润滑及冷却系统组成。图 6.47 为磨机的主轴承,球面瓦的底面呈球面形,装在轴承座的凹面上,在球面瓦的内表面浇注一层瓦衬,一般多用铅基轴承合金制成。轴承座用螺栓固装在磨机两端的基础上。轴承座上装有用钢板焊成的轴承盖,其上设有观察孔供检查供油及中空轴、轴瓦的运转情况。为了测量轴瓦温度,盖上还装有温度计。

轴承的润滑油采用动压润滑和静压润滑两种方式。动压润滑靠专设的油泵供油,润滑油从进油管进入轴承内,经刮油板将油分布到轴颈和轴瓦衬的表面上。轴承座内的润滑油

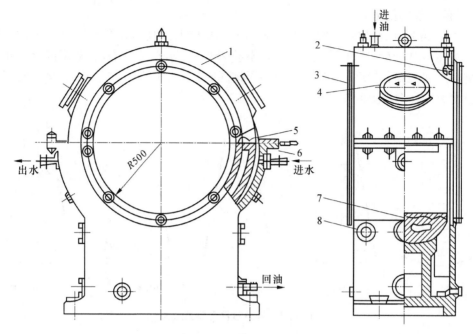

图 6.47　球磨机主轴承

1-轴承盖；2-刮油板；3-压板；4-视孔；5-温度计；6-轴承座；7-球面瓦；8-油位孔

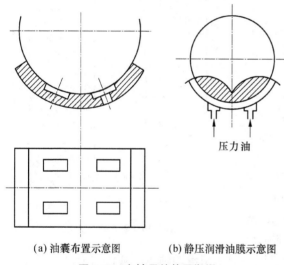

(a) 油囊布置示意图　(b) 静压润滑油膜示意图

图 6.48　主轴承的静压润滑

从回油管流回，构成闭路循环润滑。由于磨机转速低，所以由动压润滑形成的油膜很薄，达不到液体摩擦润滑，而是半液体润滑，这不但易于擦伤轴衬，缩短轴衬使用寿命，还会增加磨机传动功率消耗，起动也较困难。因此，除上述动压润滑系统外，有些磨机上还采用静压润滑系统；所谓静压润滑系统即在轴瓦的内表面上成对称布置开设数对油囊，见图6.48，在开磨之前启动专门的高压油泵向油囊供高压油，该高压润滑油从油囊向四周间隙扩散开，形成一层稳定的静压油膜，托起空心轴使之与轴瓦表面脱离。此时启动磨机，因全液摩擦系数 $f = 0.001\sim0.004$（滚动轴承的摩擦系数 $f = 0.002\sim0.006$），摩擦产生的启动转矩比一般动压润滑时低 40% 左右。

主轴承在工作时，磨内的热物料及热气体会不断向轴承传热、轴颈与轴衬接触表面的摩擦也会产生热量，虽轴承表面也同时向周围空间散热，但其散热速度不及前者的传热速度，因而热量的不断积累必然导致轴承的温升。轴承衬的允许工作温度要低于70℃，如果超过此温度即会发生烧瓦，影响磨机的正常运转。因此，必须及时排走热量，降低温度常用的方法是水冷却，直接引水入轴瓦的内部，或间接水冷却润滑油，或两者同时使用。

（2）滑履支承的磨机是通过固装在磨机筒体上的轮带支承在滑履上运转,如图6.49所示。磨机根据需要可以一端或二端采用滑履支承。滑履支承的工作原理与平面止推摆动瓦轴承相同,磨筒体上装有滚圈,把回转体的重量传递到2个、3个或4个滑履轴承上,数量根据负荷而定。滑履支承在球窝上,可在任何方向作微小摆动,以适应磨体和滚圈的偏摆。

滑履轴承的结构如图6.50所示,表面浇铸轴承合金的钢制履瓦2坐在带有凸球面的支块3上,两者之间用圆柱销定位,凸球面的支块又置于凹球面支块4中,凹球面支块放在滑履支座的底座5上,两者之间也是用圆柱销定位。滑履支座的底座的下边放在能沿磨机轴向自由滚动的托轮6上,托轮安装在轮带罩的底座上。

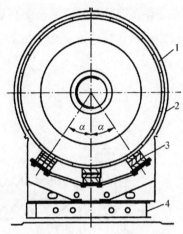

图6.49　三履瓦的滑履支承装置

1-滚圈;2-滚圈罩;3-履瓦;4-滚圈罩支座

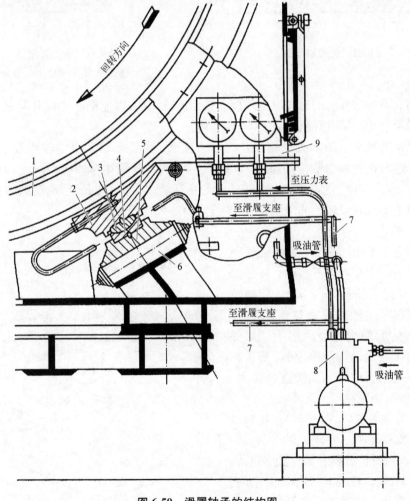

图6.50　滑履轴承的结构图

1-轮带;2-履瓦;3-凸球面支块;4-凹球面支块;5-底座;6-托轮;7-高压输油管;8-高压油泵;9-轮带罩

轮带罩和轮带之间的密封见图 6.51 和 6.52,环形的毛毡 1 被压板 2 压在轮带罩上,并由拉伸弹簧 3 将其紧紧地压在工字形轮带的法兰上,进而起到密封的作用。

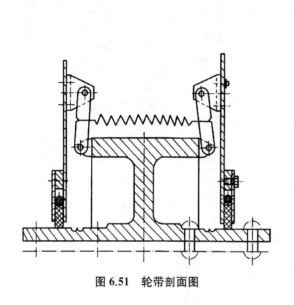

图 6.51　轮带剖面图

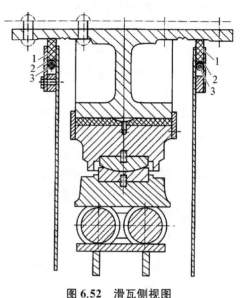

图 6.52　滑瓦侧视图

1-环形毛毡圈;2-压板;3-拉伸弹簧

滑履的润滑通常在起动和停磨冷却期间采用静压润滑,以便把磨体浮升起来;而在正常运转时则采用动压润滑,以简化监控和连锁系统。

滑履轴承磨机与主轴承磨机相比具有以下优点:由于取消了中空轴和复杂的磨头结构,磨总长度短,进出料方便;磨机两端支承点距离缩短,其筒体弯曲应力减小;滑环的速度比中空轴高,利于润滑油膜的形成;滑履轴承的托瓦能根据筒体的变形灵活地自动找正;在磨机进出口上可以开设较大的通风口,以改善磨内通风情况。

5. 进料装置

进料装置的作用主要是将物料顺利地送入磨机内。主要有以下三种。

(1)溜管进料装置(图 6.53)　物料经溜管进入磨机中空轴颈内的锥形套筒内,再沿旋转着的套筒内壁滑入磨中。此种进料装置的优点是结构简单,缺点是喂料量较小。它适用于中空轴颈的直径较大、长度又较短的情况。

(2)螺旋进料装置(图 6.54)　物料由进料口进入装料接管,并由隔板带起溜入套筒中,被螺旋叶片推入磨内。螺旋进料装置是强制性喂料,喂料量较大,但结构复杂,钢板焊接件易磨损。它适用于喂料量大而中空轴的直径较小、长度较大的情形。

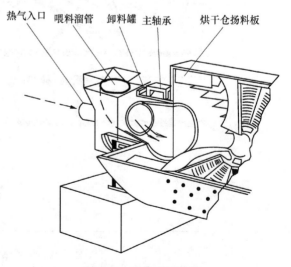

热气入口　喂料溜管　卸料罐　主轴承　烘干仓扬料板

图 6.53　溜管进料装置

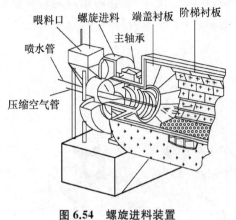

图 6.54 螺旋进料装置

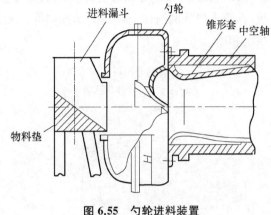

图 6.55 勺轮进料装置

(3) 勺轮进料装置(图 6.55) 物料由进料漏斗进入勺轮内,勺轮轮叶将其提升至中心卸下进入锥形套内,然后溜入磨内。为避免物料从进料漏斗与勺轮之间的缝隙漏出,要求勺轮入口半径与勺轮半径之差值 H 须大于物料的堆积高度,并在环形空隙处加设密封。由于锥形套可使物料有较大落差,所以在规格相同时其喂料量比溜管进料装置的大。

6. 卸料装置

(1) 边缘转动磨机的卸料装置(图 6.56) 通过篦板后的物料由提升叶板提升到螺旋叶片上,再由回转的螺旋叶片把物料输送至卸料出口,经控制筛溜入卸料漏斗中。磨内排出的含尘气体经排风管进入收尘系统。

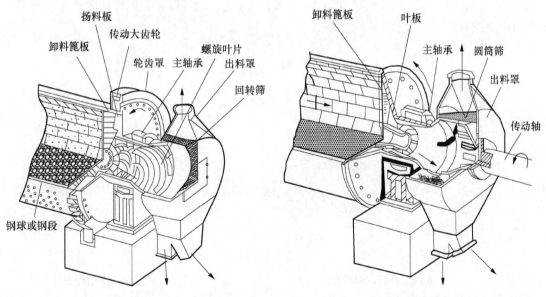

图 6.56 边缘转动磨机的卸料装置

图 6.57 中心转动磨机的卸料装置

(2) 中心转动磨机的卸料装置(图 6.57) 物料由卸料篦板排出后,经叶板提升沿卸料锥外壁送到空心轴内的卸料锥形套内,再经椭圆形孔进入控制筛,过筛物料从罩子底部的卸料口卸出。罩子顶部装有和收尘系统相通的管道。

（3）中卸磨机的卸料装置（图 6.58）　中卸磨的中部有两个仓,两个仓的出口均装隔仓板,在仓出口处的筒体上有椭圆形卸料孔。筒体外设密封罩,罩底部为卸料斗,顶部与收尘系统相通。

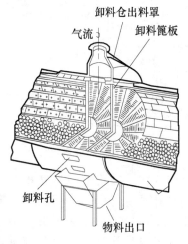

图 6.58　中卸磨卸料装置

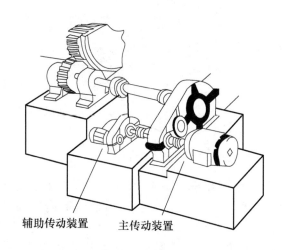

图 6.59　磨机边缘单传动

7. 传动系统

（1）传动形式

① 边缘传动　边缘传动是由小齿轮并通过固定在筒体尾部的大齿轮带动磨机转动。它可分为低速电机传动、高速电机（带减速机）传动,还可以分为边缘单传动（图 6.59）和边缘双传动（图 6.60）。这种传动的传动效率低,大齿轮大且笨重,但设备制造比中心传动容易,多用于小型磨机。

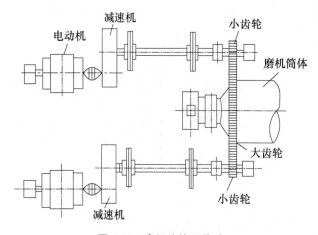

图 6.60　磨机边缘双传动

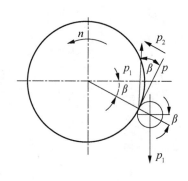

图 6.61　小齿轮安装角

对于边缘单传动的磨机,小齿轮的布置角和转向如图 6.61 所示。小齿轮的布置角 β 常为 $20°$ 左右,相当于齿形压力角,此时小齿轮的正压力 p_1 的方向垂直朝上,使传动轴受到垂直向下的压力,对小齿轮轴承的连接螺栓和地角螺栓的工作有利,运转平稳;同时,由于 p_1 垂直向上,减小了磨机传动端主轴承的受力,从而减轻该主轴承轴衬的磨损。还有利于减小磨机横向占地面积。在满足上述条件后力求使传动轴承与磨机主轴所在的基础表面处在同一平面上,便于更换小齿轮。注意转向不可与图示方向相反,以免传动轴承受拉力,连接螺栓松脱和折断。

② 中心传动 磨机中心传动分为单传动和双传动两种。图 6.62 和图 6.63 分别为中心单传动和中心双传动示意图。在中心传动中,如采用低转矩电动机,在电机与减速机之间必须用离合器连接,否则要用高转矩电机。我国中心传动的磨机通常只用高转矩电机。

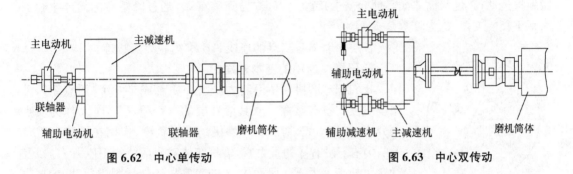

图 6.62 中心单传动   图 6.63 中心双传动

(2) 传动形式的比较

① 边缘传动与中心传动的比较 边缘传动磨机的大齿轮直径较大,制造困难,占地多,但齿轮精度要求较低;中心传动结构紧凑,占地面积小,但制造精度要求较高,对材质和热处理的要求也高。中心传动较边缘传动装置的总质量小些,而造价要高一些。边缘传动较中心传动的零部件分散,供油点多,检查点多,操作及检查不方便,磨损较快,寿命短。

中心传动的机械效率一般为 0.92~0.94,最高可达 0.99;边缘传动的机械效率一般为 0.86~0.90,两者相差 5% 左右。对大型磨机而言,出于机械效率的差异,电耗相差很大。例如,功率为 1 000 kW 的 $\phi 3$ m×9 m 的磨机,若电能每小时差 50 kW,则一年可差300 000 kW 以上。磨机功率较小(2 500 kW 以下)时,两种传动形式均可选择;而功率大于 2 500 kW 时,应尽可能选用中心传动方式。

② 单传动与双传动的比较 由于双传动的传动装置是按磨机功率的一半设计的,因此传动部件较小,制造方便,并有可能选用通用零部件。双传动的大齿轮同时与相互错开为 1/2 节距的两个小齿轮啮合,传力点多,运转平稳。但双传动零部件较多,安装校正较复杂,检修及维护工作量大,使两个主动小齿轮同时平均分配负荷较困难。

6.5.1.4 研磨体运动分析

为了确定磨机的适宜工作转速、需要功率、研磨体最大装载量以及对磨机进行机械计算等,必须对动态研磨体的运动规律进行分析。由前述知研磨体的运动状态是很复杂的,为了使问题简化,根据研磨体的实际运动状态,做如下假设。

当磨机在正常操作时,研磨体在磨机筒体内按其所在位置一层一层地进行循环运动,如图 6.64 所示。图中弧 AD、BC 等封闭曲线代表各层研磨体中心的运动轨迹。

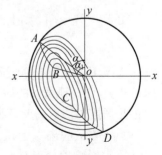

图 6.64 研磨体层示意图

研磨体在磨机内的运动轨迹只有两种:一种是一层一层的以磨机筒体横断面几何中心

为圆心,按同心圆弧的轨迹随着筒体回转做向上的运动;另一种是一层一层地按抛物线轨迹降落下来。

研磨体与磨机筒壁间及研磨体层与层之间的相对滑动极小,具体计算时可忽略不计。

磨机筒体内物料对于研磨体运动的影响忽略不计。

研磨体开始离开圆弧轨迹而沿抛物线轨迹下落,此瞬时的研磨体中心(A 点)称为脱离点,而通过 A 点的回转半径及与磨机中心的垂线之间的夹角 α 称作脱离角。研磨体抛出后,做斜抛运动,再度与筒体或其他介质层接触之点,称为降落点 D,通过降落点的筒体半径与水平半径的夹角,称为降落角 β。

各层研磨体脱离点的连线 AB 称为脱离点轨迹。

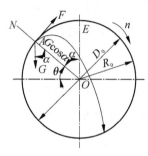

图 6.65　研磨体运动分析

1. 研磨体运动的基本方程式

我们把球磨机筒体里装的研磨介质看成是一个"质点系",并假设质点间没有摩擦。取其最外层的一个研磨介质 A 作为质点来分析,如图 6.65 所示。在磨机动转过程中,作用在研磨介质 A 上的力有:研磨体的重力 G,磨机筒体对研磨体的正压力 N,以及对介质的摩擦力 F。研磨体 A 随着磨机筒体做圆周运动,根据牛顿第二定律有

$$N + G \cdot \cos \alpha = m \cdot a \tag{6.42}$$

式中,N 为衬板对研磨介质的正压力(N);G 为研磨体的重力(N);α 为研磨体的脱离角;m 为研磨体 A 的质量(kg);a 为向心加速度(m/s^2),$a = u^2/R = \omega^2 R$;R 为研磨体所在位置的回转半径(m);g 为重力加速度(m/s^2);ω 为角速度(rad/s)。当转速为 n(r/min)时,则

$$\omega = 2\pi n/60 = \pi n/30 \tag{6.43}$$

当法向正压力 $N = 0$,即摩擦力等于零时,研磨介质即脱离圆弧轨迹开始按抛物线轨迹运动。因此研磨体在脱离点应具备的条件

$$G \cdot \cos \alpha = ma = \left(\frac{G}{g}\right)\omega^2 R$$

$$\cos \alpha = \omega^2 R/g \tag{6.44}$$

或

$$\cos \alpha = \frac{\pi^2 R n^2}{900g}$$

由于 $\pi^2/g \approx 1$,则上式可写成

$$\cos \alpha = Rn^2/900 \tag{6.45}$$

式(6.45)称为磨机内研磨体运动的基本方程式。研磨体脱离角与筒体转速及筒体有效内径有关,而与研磨体的质量无关。

2. 研磨体降落高度与脱离角的关系

研磨体从脱离点上抛到最高点后,从最高点到降落点之间的垂直距离 H 称为降落高度。它影响着研磨体的冲击能量。在回转半径 R 一定时,H 值取决于脱离角的大小。$H = h + y$,如图 6.66 所示。

由物体上抛公式 $u_y^2 = 2gh$,所以 $h = u_y^2/2g$;而 $u_y = u\sin\alpha$,又由式(6.44)得 $u^2 =$

$gR\cos\alpha$，故

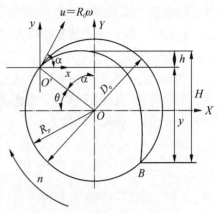

$$h = \frac{gR\sin^2\alpha\cos\alpha}{2g} = 0.5R\sin^2\alpha\cos\alpha \quad (6.46)$$

取脱离点 O' 为坐标原点，x-x 轴、y-y 轴为坐标基准，则研磨体抛物线方程为

$$\begin{cases} x = ut\cos\alpha \\ y = ut\sin\alpha - \dfrac{1}{2}gt^2 \end{cases}$$

将上式消去 t 得

图 6.66 研磨体的降落高度

$$y = x\tan\alpha - \frac{gx^2}{2u^2\cos^2\alpha} \quad (6.47)$$

以 O 点为圆心，X-X 轴、Y-Y 轴为坐标基准，半径为 R 的圆的方程式为

$$X^2 + Y^2 = R^2 \quad (6.48)$$

此圆相对于以 O' 为圆心，x-x 轴、y-y 轴的方程式为

$$(x - R\sin\alpha)^2 + (y - R\cos\alpha)^2 = R^2 \quad (6.49)$$

将式(6.47)、式(6.48)联立求解，得

$$\begin{cases} x = 4R\sin^2\alpha\cos^2\alpha \\ y = -4R\sin^2\alpha\cos\alpha \end{cases} \quad (6.50)$$

式(6.50)中"－"号表示降落点在横坐标之下。以绝对值表示为

$$|\,y\,| = 4R\sin^2\alpha\cos\alpha \quad (6.51)$$

则降落高度为

$$H = h + y = 0.5R\sin^2\alpha\cos\alpha + 4R\sin^2\alpha\cos\alpha$$
$$H = 4.5R\sin^2\alpha\cos\alpha \quad (6.52)$$

式(6.52)就是降落高度与脱离角的关系式，取不同的 α 值，可以得到不同的 H 值。为了求得降落高度 H 的极大值，取导数 $\mathrm{d}H/\mathrm{d}\alpha = 0$，即

$$\frac{\mathrm{d}H}{\mathrm{d}\alpha} = 4.5R(2\sin\alpha\cos^2\alpha - \sin^3\alpha) = 4.5R\sin\alpha(2\cos^2\alpha - \sin^2\alpha) = 0$$

根据研磨体脱离筒体的条件，脱离角 α 不应为零，故 $2\cos^2\alpha - \sin^2\alpha = 0$，解得

$$\alpha = 54°40'$$

这一脱离角称为有利脱离角，研磨体若以此脱离角抛出，则其降落高度为最大，从而使研磨体具有最大的冲击能量。

6.5.1.5　球磨机主要参数的确定

1. 磨机转速

（1）磨机的临界转速 n_c　磨内最外层研磨体刚好开始贴随磨机筒体做圆周转动这一瞬时的磨机转速。此时研磨体处于磨机筒体圆断面的顶点，即 $\alpha = 0°$，将其代入研磨体运动基本方程式，可得磨机界转速为

$$n_c = \frac{30}{\sqrt{R_0}} = \frac{42.4}{\sqrt{D_0}} \tag{6.53}$$

式中，R_0 为磨机筒体的有效内半径（m）；D_0 为磨机筒体的有效直径，等于筒体的内径减去两倍衬板厚度（m）。

以上公式是在几个假定的基础上推导出来的，事实上研磨体与研磨体、研磨体与筒体之间是存在相对滑动的，且粉磨物料对研磨介质的运动有影响等，当最外层研磨介质达临界转速时，而对其他各层研磨介质来说并未达到临界转速，因此球磨机的实际临界转速比上述的理论计算值更大一些。

（2）磨机的理论适宜转速 n_s　以抛落方式工作的磨机，希望介质能从最高的位置上抛下，从而获得最大的动能，冲击物料。使研磨体产生最大冲击粉碎功的磨机转速称作理论适宜转速。当靠近筒壁研磨体层的脱离角 $\alpha = 54°40'$，研磨体具有最大的降落高度，对物料产生的冲击粉碎功最大。将其代入研磨体运动基本方程式，得研磨体产生最大粉碎功时的磨机转速，即理论适宜转速。

$$n_s = \frac{22.8}{\sqrt{R_0}} = \frac{32.4}{\sqrt{D_0}} \tag{6.54}$$

式中符号意义同前。

磨机的理论适宜转速与临界转速的比值，称为磨机的转速比 λ。

$$\lambda = n_s / n_c = 22.8/30 = 0.76 \tag{6.55}$$

此为磨机理论上的适宜转速比，实际生产的磨机可能会略有出入，但大多数在76%左右波动。

（3）磨机的实际工作转速 n_g　上述理论适宜转速计算式是从研磨体能够产生最大冲击粉碎功的观点推导出来的，而被粉磨物料在磨机内由粗物料变为细粉的过程是研磨体冲击和研磨综合作用的结果，磨机以理论适宜转速运转时，虽研磨体的冲击作用大，但研磨作用小，不易将物料磨细。为使磨机具有最好的粉磨效果，应考虑冲击和研磨作用的平衡问题，同时还要注意使外层研磨体呈无滑落循环运动；只有如此才能使磨机功率和衬板磨耗达到合理，获得较好的技术经济指标。

实际上在确定磨机实际工作转速时，应考虑磨机规格、生产方式、衬板形式、研磨体种类及填充率、被粉磨物料的物理化学性质、入磨物料粒度和要求的粉磨细度等因素，就是说应通过实验来确定磨机的实际工作转速。

根据经验和统计资料，磨机的实际工作转速计算如下。

对干法磨机：

当 $D > 2$ m 时,

$$n_g = 32/\sqrt{D_0} - 0.2D \qquad (6.56)$$

当 $1.8 \leqslant D \leqslant 2$ m 时,

$$n_g = n_c = 32/\sqrt{D_0} \qquad (6.57)$$

当 $D < 1.8$ 时,

$$n_g = n_c - (1 \sim 1.5) \qquad (6.58)$$

对湿法间歇磨机:

当 $D < 1.25$ m 时,

$$n_g = 40/\sqrt{D_0} \qquad (6.59)$$

当 $1.25 \leqslant D \leqslant 1.75$ m 时,

$$n_g = 35/\sqrt{D_0} \qquad (6.60)$$

当 $D > 1.75$ m 时,

$$n_g = 32/\sqrt{D_0} \qquad (6.61)$$

式中,D_0 为磨机筒体的有效内径(m);D 为磨机筒体的规格直径(m)。

磨机的实际工作转速随磨机规格的不同与理论适宜转速有所差异。一般入磨物料粒度相差不大,块状物料的粉磨过程中,在满足冲击粉碎的条件下还应加强对于细物料的研磨作用,才能获得更好的粉磨效果,当磨机转速低于理论适宜转速时,研磨体的滑动和滚动现象增强,对物料的研磨作用也随之加强。所以,对于大直径磨机没有必要将研磨体提升到具有最大降落高度,其实际工作转速较理论适宜转速略低;而对于小直径磨机为使研磨体具有必要的冲击力,其实际工作转速较理论适宜转速略高。

对于湿法磨机,由于湿法磨除料浆阻力对冲击力有影响外,还由于水分的湿润降低了研磨体之间以及研磨体与衬板之间的摩擦系数,相互间产生较大的相对滑动,因此湿法磨机的工作转速应比相同条件下的干法磨机高 25%,但湿法棒球磨的转速却比干法磨低,这主要是因为钢棒的质量比钢球大得多,其冲击动量比较大,粉碎作用较强。

此外磨机在闭路操作时,由于磨内物料流速加快,生产能力较高,因而闭路操作比开路操作的磨机转速高些。

2. 磨机的功率

影响磨机功率的因素很多,如磨机的直径、长度、转速、装载量、填充率、内部装置、粉磨方式以及传动形式等。计算功率的方法也很多,常用的功率的计算方法有以下两种。

(1)磨机以实际工作转速运转时所需的能量消耗主要用于运动研磨体和克服传动与支承装置的摩擦;按此推导出来的磨机主传动装置所需的功率为

$$N = \frac{1}{\eta} \times 0.222nD_0V\left(\frac{G}{V}\right)^{0.8} \qquad (6.62)$$

式中，n 为磨机转速(r/min)；D_0 为磨机有效直径(m)；V 为磨机有效容积(m³)；G 为研磨体总质量(t)；η 为机械效率，中心传动磨机 $\eta=0.90\sim0.94$；边缘传动磨机 $\eta=0.85\sim0.90$，选用高速电机时，η 取较低值；选用低速电机时，η 取高值。

(2) 聚集层法，所谓聚集层是假想磨机筒体中所有的研磨体都集中在某一中间层运动，研磨体在这一中间层运动的各种性质可代表全部研磨体在筒体内的运动情况，该中间层称为"聚积层"。按此推导出来的磨机主传动装置所需的功率为

$$N=\frac{0.2GD_0n}{\eta} \tag{6.63}$$

式中符号意义同式(6.62)。

考虑到磨机启动时介质有较大的惯性力和转动时的可能过载，球磨机配用的主电动机功率应增加 10%～15%。

$$N_M=kN \tag{6.64}$$

式中，k 为备用功率系数，为 1.10～1.15。

应用式(6.63)计算磨机主电机功率时，应注意以下几点。

该式仅适用于干法磨机，湿法磨机中由于存在水分，研磨体与衬板之间摩擦系数小，故研磨体提升高度小；另外水分多处于磨体下部从而使得重心下移，因此湿法粉磨比干法所需功率要小。实测证明，要小 10% 左右。

该式仅适用于填充率为 0.25～0.35 的磨机(填充率见研磨体一节)，磨机填充率过高或过低时都会引起误差。

另外，在计算磨机产量时用粉磨物料所需功率 N_0，而 N_0 不应包括机械传动和运动物料所需功率。

例题 6.4　计算 $\phi 3.5\ m\times11\ m$ 水泥磨机的临界转速、理论适宜转速、工作转速和所需的主电机功率。已知：衬板厚度为 0.05 m，有效容积 93.8 m³，研磨体装载量为 152 t，填充率为 0.31，系中心传动。

解：$D=3.5\ m$　$D_0=3.5-2\times0.05=3.4(m)$

$$n_c=\frac{42.4}{\sqrt{D_0}}=\frac{42.4}{\sqrt{3.4}}=23(\text{r/min})$$

$$n_s=\frac{32}{\sqrt{D_0}}=\frac{32}{\sqrt{3.4}}=17.35(\text{r/min})$$

$$n_g=\frac{32}{\sqrt{D_0}}-0.2D=\frac{32}{\sqrt{3.4}}-0.2\times3.5=16.65(\text{r/min})$$

根据传动系统的配置情况，实际磨机转速为 16.5 r/min。

用式(6.62)计算

$$\begin{aligned}
N&=\frac{1}{\eta}\times0.222nD_0V\left(\frac{G}{V}\right)^{0.8}\\
&=\frac{1}{0.92}\times0.222\times16.5\times3.4\times93.8\left(\frac{152}{93.8}\right)^{0.8}\\
&=1\ 868(\text{kW})
\end{aligned}$$

若考虑 5% 的储备能力，则电动机所需功率为

$$N_M = 1.05 \times 1\,868 = 1\,961.4(\text{kW})$$

用式(6.63)计算时

$$N = \frac{0.2GD_0n}{\eta} = \frac{0.2 \times 152 \times 3.4 \times 16.5}{0.92} = 1\,853.7(\text{kW})$$

若考虑 10% 的储备能力，则电动机所需功率为

$$N_M = 1.10 \times 1\,853.7 = 2\,039(\text{kW})$$

查电动机产品系列可知。所选主电动机的额定功率为 $2\,000\,\text{kW}$。

3. 磨机的生产能力

影响磨机生产能力的因素很多，主要有：粉磨物料的种类、物理化学性质(如粒度、温度、水分和颗粒形状等)、粉磨细度；磨机的结构形式、仓数及各仓的长度比例、内衬和隔仓板使用情况、筒体转速；研磨体的种类、形状尺寸和级配、装填程度；加料的均匀性和在磨内的装填程度；粉磨方法和操作条件；助磨剂使用情况等。

上述因素对磨机产量的影响以及彼此关系，目前尚难以从理论上进行精确、系统地定量描述。常用的磨机产量计算公式为

$$Q = N_0\frac{q\eta_c}{1\,000} = 0.2nD_0V\left(\frac{G}{V}\right)^{0.8}\frac{q\eta_c}{1\,000} \tag{6.65}$$

式中，N_0 为磨机粉磨物料所需功率(kW)；q 为单位功率单位时间生产能力(t/kW·h)，见表 6.5；η_c 为流程系数，开路为 1.0，闭路为 1.15～1.5。

表 6.5　几种物料单位电耗的产量

物料名称	易磨性	单位电耗产量 $q/(\text{kg}\cdot\text{kW}^{-1}\cdot\text{h}^{-1})$	
		湿磨	干磨
回转窑水泥熟料	易磨	—	44
	中等	—	40
	难磨	—	32～36
石灰石与黏土	易磨	100～150	80～100
水泥生料	中等	70～90	70～80
	难磨	50～70	50～60
立窑水泥熟料			40
石英砂			30

当入磨物料粒度、易磨性和产品细度发生变化时，应对式(6.65)进行修正。

当入磨物料粒度发生变化时，磨机的产量也随之发生变化，粒度系数的计算如下。

$$K_d = \frac{Q_1}{Q_2} = \left(\frac{d_2}{d_1}\right)^x \tag{6.66}$$

式中，d_1 为当产量为 Q_1 时的入磨物为粒度，以 80% 通过的筛孔孔径表示；d_2 为当产量为

Q_2 时的入磨物料粒度,以 80% 通过的筛孔孔径表示;x 为与物料性质、成品细度、粉磨条件等有关的指数,通过试验确定,一般为 0.1～0.25。

x 的取值:对于粗磨能力较大的大直径圈流磨机,或是软质物料石膏、粉砂岩、页岩等,入磨物料的变化对产量影响较小,x 可取低值;对于棒球磨机,由于钢棒的粉磨能力较强,故 x 亦可取低值;对于水泥生料开流长磨,或是硬质物料(如石灰石、熟料、砂岩等),入磨粒度对产量影响较大,故 x 可取高值。

当入磨物料发生变化时,可根据表 6.6 查出易磨性系数,再用式(6.67)计算。

$$\frac{K_{m1}}{K_{m2}} = \frac{Q_1}{Q_2} \tag{6.67}$$

式中,K_{m1}、K_{m2} 为生产能力分别为 Q_1、Q_2 时的入磨物料相对易磨性系数。

表 6.6　几种典型物料的相对易磨性

物料名称	相对易磨性系数 K_m	物料名称	相对易磨性系数 K_m
回转窑熟料＋矿渣	0.9	硬质石灰石	1.27
干法回转窑熟料	0.94	中硬质石灰石	1.5
湿法回转窑熟料	1.0	软质石灰石	1.7
立窑熟料	1.12	石英砂	0.6～0.7
煤	0.7～1.34		

当粉磨产品的细度变化时,磨机的产量亦发生变化,从表 6.7 查出不同细度时的细度系数 K_{c1}、K_{c2} 的数值,可按下式计算

$$\frac{K_{c1}}{K_{c2}} = \frac{Q_1}{Q_2} \tag{6.68}$$

表 6.7　不同细度的细度系数值

细度 R(0.08 mm 方孔筛筛余/%)	2	3	4	5	6	7	8	9	10	11
细度系数 K_c	0.59	0.66	0.72	0.77	0.82	0.87	0.91	0.96	1.00	1.04
细度 R(0.08 mm 方孔筛筛余/%)	12	13	14	15	16	17	18	19	20	
细度系数 K_c	1.09	1.13	1.17	1.21	1.26	1.30	1.34	1.39	1.43	

例题 6.5　用 $\phi 3.5\ \text{m} \times 11\ \text{m}$ 闭路系统水泥磨粉磨干法回转窑熟料,磨制 42.5 级普通水泥,入磨物料粒度小于 15 mm。要求水泥 0.08 mm 方孔筛筛余小于 8%,试确定该水泥磨的产量。

解:　由前例题 6.4 已知,$n = 16.5\ \text{r/min}$,$G = 152\ \text{t}$,$D_0 = 3.4\ \text{m}$,$V = 93.8\ \text{m}^3$,查表 6.5 取 $q = 34(\text{kg} \cdot \text{kW}^{-1} \cdot \text{h}^{-1})$。

$$\begin{aligned}
Q &= 0.2\, n D_0 V \left(\frac{G}{V}\right)^{0.8} \frac{q \eta_c}{1\,000} \\
&= 0.2 \times 16.5 \times 3.4 \times 93.8 \times \left(\frac{152}{93.8}\right)^{0.8} \times \frac{34(1.15 \sim 1.5)}{1\,000} \\
&= 60.5 \sim 79.0\,(\text{t/h})
\end{aligned}$$

6.5.1.6 研磨体

研磨体是球磨中的工作元件,又是主要的磨损消耗材料,对球磨机的工作效率、产品质量和操作成本都有重要的影响。

1. 填充率 φ

研磨体填充率是指研磨体在磨内的堆积体积 V_G 与磨机有效容积 V_0 之比,即研磨体断面积 F_G 与磨机有效断面积 F_0 之比。

$$\varphi = \frac{V_G}{V_0} = \frac{G/\rho_S}{\pi R_0^2 L} = \frac{G}{\pi R_0^2 L \rho_S} \tag{6.69}$$

或

$$\varphi = \frac{F_G}{F_0} = \frac{F_G}{\pi R_0^2} \tag{6.70}$$

式中,G 为研磨体装载量(t);R_0 为磨机的有效半径(m);L 为磨机的有效长度(m);ρ_S 为研磨体堆积密度(t/m³),对于钢球和钢段一般可取 $\rho_S = 4.5$ t/m³。

填充率直接影响冲击次数、研磨面积,反映各仓球面高低,还影响研磨体的冲击高度(冲击力),其范围一般为 25%~35%,以 28%~32% 者居多。根据生产经验可按下述原则选取:对于多仓长磨或闭路磨机的填充率应是前仓高于后仓,依次递减;当物料易磨性较好时,或出磨产品的细度要求较粗时,可适当提高一仓的填充率(取 30% 或更多)以提高产量。当物料易磨性较差时,或出磨产品的细度要求较细时,一仓填充率应低些,以不高于 28% 为宜;磨机的转速较高,或衬板的提升能力较强时,磨机的填充率应低些,反之应高些;段仓的填充率一般不宜太高。

一般情况,先确定填充率,再根据所确定的填充率按式(6.69)计算磨机装载量。

2. 形状与材质

(1)形状 常用的研磨体的形状有球形、柱形(也称段)和棒形,目前也有椭圆形和多面体的研磨体。

球形研磨体向物料冲击时,接触于一点,物料受到的粉碎力较大,较易造成物料颗粒的碎裂。大颗粒物料用冲击方式粉碎比较有效,故球形研磨体多用在粗磨仓中。球形研磨体的不足是比表面积较小,再加上点接触,对物料颗粒的粉磨概率较低,从而粉磨效率较低。

柱形彼此之间是线接触,接触面积较大,能够加强磨剥效应,所以宜用于细小物料的磨剥方式粉磨,如用在细磨机或管磨机的最后一仓中。

棒形介质质量较大,宜于粉碎大块物料,产品粒度均匀,用于棒磨机或棒球磨机的头仓中。

椭圆形研磨体结合了钢棒、钢球等的优点。椭圆球与同直径的圆球相比,质量增加了60% 以上,冲击力增强,同时椭圆球提升的高度比圆球高,提高了破碎能力;椭圆球之间以线接触代替了球之间的点接触,在冲击和研磨过程中,研磨体与物料之间的有效作用面积增加30% 左右,从而提高了磨机的粉磨效率。椭圆球各点的曲率不同,因此球与球接触时可以形成不同的夹角,对物料具有选择性研磨和有效筛分作用,使产品粒度均匀,有效减少了过粉磨现象,使用椭圆球后,一般磨机产量可提高 5%~25%,比表面积提高 20 m²/kg 以上。

(2)材质 研磨体材料的选用需考虑其对粉磨过程的影响、磨损速度和价格外,还应考虑对磨机能耗的影响,研磨体材料有铸铁、碳素钢、合金钢、陶瓷、硬质合金、砾石等。在生产陶瓷、玻璃或白水泥等时,一般采用砾石、陶瓷等材料作研磨体,常用的有氧化铬、氧化铝等陶瓷材料。粉磨没有特殊要求产品时,可采用金属材料如高铬铸铁、中锰铸铁、硬质合金材料,其中硬质合金的密度是钢的 1.5~2.0 倍,可大幅度提高粉碎作用力,减少磨损和提高粉磨效率。近年来,随着国家对粉磨能耗提出的新标准和要求,细磨仓采用陶瓷材料的逐渐增多,陶瓷材料的使用可以降低磨机电耗。

3. 级配

将不同规格的研磨体按一定比例配合装入同一仓中使用,称为级配。物料在粉磨过程中,较大的块状物料需要研磨体的冲击力大,这就要求大尺寸的研磨体;而较小的粉体物料需要研磨,使物料和介质很好地接触。在介质装填量不变的情况下,减小研磨体的尺寸,便能增加物料与研磨体的接触,因此单纯考虑研磨的装填量是不全面的,还必须考虑不同规格的介质和配合使用,以提高粉磨效率。

选配研磨体的原则如下。

(1) 在能将物料粉碎的前提下,尽量选用尺寸小的介质,而且大小介质作适当配合,使填充密度增大。这样既能保证具有一定的冲击能力,又有一定的磨剥能力。

(2) 当入磨物料粒度大、硬度大时,需要加大冲击功,钢球直径要增大;反之,则缩小。产品细度放粗,喂料量必然增大,应加大球径,以增加冲击功、加大间隙、加快排料、减少缓冲;反之应减小球径。

(3) 磨机直径大,钢球冲击高度高,球径可适当减小;磨机相对转速高,钢球提升得高,相应平均球径应小些。

(4) 选用的衬板的带球能力不足时,应增加球径。

(5) 钢球一般采用 3~5 种规格,钢段用 1~2 种规格,球径一般相差 10 mm,并且大球、小球应少些,中间球应多些,即"两头小、中间大"。对于中长磨机,头仓的最小球径就是二仓的最大球径。

球在磨机中的冲击次数,随着球径的减小而增多,介质间的研磨间隙,随球径的减小而密集。因此,最好选用质量较大而直径较小的球为介质。要求粉磨产品越细,磨机筒体直径越大,小直径球所占比重越多。

研磨体的大小主要取决于待磨物料的粒度,其次适当考虑磨机的直径和转速。加入钢球的最大球径和平均球径可用以下经验公式来估算。

最大球径
$$D_{\max} = 28\sqrt[3]{d_{95}} \tag{6.71}$$

或
$$D_{\max} = 28\sqrt[3]{d_{95}} \cdot \frac{f}{K_m} \tag{6.72}$$

平均球径
$$D_{\mathrm{av}} = 28\sqrt[3]{d_{80}} \tag{6.73}$$

或
$$D_{\mathrm{av}} = 28\sqrt[3]{d_{80}} \cdot \frac{f}{K_m} \tag{6.74}$$

式中,$D_{\max}$ 为最大级钢球的直径(mm);D_{av} 为一仓要求的钢球平均直径(mm);d_{95} 为入磨物料最大级粒度,即 95% 物料通过的筛孔孔径(mm);d_{80} 为入磨物料 80% 通过的筛孔孔径(mm);K_m 为入磨物料的相对易磨性系数,见表 6.6;f 为单位容积物料通过量影响系数,根据每小时的单位容积通过量 K 由表 6.8 查得。

$$K = \frac{Q + QL}{V} \tag{6.75}$$

式中, Q 为磨机生产能力(t/h); L 为磨机循环负荷率,对于开路磨 $QL = 0$; V 为磨机有效容积(m³)。

表 6.8　单位容积物料通过量 K 与 f 值的关系

$K/$ (t/h·m³)	1	2	3	4	5	6	7	8	9	10	11	12	13	14	15	16
f	1.01	1.02	1.03	1.04	1.05	1.06	1.07	1.08	1.09	1.10	1.11	1.12	1.13	1.14	1.15	1.16

球磨机使用的钢球尺寸多数为 $\phi 30 \sim \phi 100$ mm,一般级差为 10 mm。棒的尺寸为 $\phi 50 \sim \phi 75$ mm;细磨仓钢段尺寸为 $\phi 16 \sim \phi 25$ mm;目前超细磨采用的微段尺寸为 $\phi 6 \sim \phi 10$ mm,段的长径比为 $L/D = 1.0 \sim 1.3$ 。一般单仓球磨机全部都用钢球;双仓磨机的头仓用钢球,后仓用钢段;三仓以上磨机一般前两仓装钢球,三仓或四仓装钢段。

通常用平均球径表示磨机各仓装入钢球的大小。它是分析球仓工作能力好坏的主要依据之一。配球后的钢球平均球径可按式(6.76)计算

$$D = \frac{N_1 m_1 D_1 + N_2 m_2 D_2 + \cdots + N_i m_i D_i}{N_1 m_1 + N_2 m_2 + \cdots + N_i m_i} \tag{6.76}$$

式中, D_1 、 $D_2 \cdots D_i$ 为各种球径(mm); m_1 、 $m_2 \cdots m_i$ 分别为直径 D_1 、 $D_2 \cdots D_i$ 的钢球质量(t); N_1 、 $N_2 \cdots N_i$ 分别为直径 D_1 、 $D_2 \cdots D_i$ 钢球每吨个数。

表 6.9 列出了入磨物料平均粒径与钢球平均球径的关系,可供配球参考。

表 6.9　入磨物料平均粒径与钢球平均球径的关系

物料平均粒径/mm	钢球平均球径/mm	物料平均粒径/mm	钢球平均球径/mm
0.075～0.10	12.5	2.40～3.30	40.0
0.15～0.20	16.0	4.70～6.70	49.0
0.30～0.42	20.0	6.70～9.50	57.0
0.60～0.80	25.0	13.0～19.0	70.0
1.20～1.70	31.0	27.0～38.0	89.0

4. 研磨体的调整

研磨体的装填与配合是否适宜,应通过生产实践来检验。检验的方法有:计算磨机产量、听磨音、检查磨内物料量、检验产品细度和绘制筛余曲线等。

(1) 产品的产量和细度判断

在入磨物料粒度、水分等均正常的情况下,若磨机产量高而持续,细度合格且稳定,说明研磨体装载量适当,级配方案合理;若产量高,但细度粗,可能是粗磨仓的研磨体尺寸偏大,隔仓板箅缝过宽,磨内通风能力过剩,或粗磨仓的研磨体填充率比细磨仓的明显过高,使粗磨仓的粉磨能力过剩;若产量低、细度粗,可能是一仓研磨体装载量或尺寸偏小,而细磨仓的研磨体尺寸偏大,出料箅板箅孔偏大,若产量低、细度细、增大喂料量即出现返料现象,可能是粗磨仓球

量太少或球径过小,或隔仓板堵塞,细磨仓研磨体填充率比粗磨仓高出过多,或磨内通风不良。

若仓内研磨体全部或大部分为初次使用,由于研磨体表面过于粗糙或有毛刺,需待磨机运转 10 天,甚至半月,待研磨体表面光滑后,方可用此法判断。

(2)据仓内料面高度及现象判断

在磨机正常喂料情况下,同时停止磨机的喂料(包括闭路磨的回料)和运转,观察各仓的面高度。一般认为:对开路磨而言,双仓磨一仓料面上露出半个或小半个球,二仓料面刚盖住研磨体面,或比研磨体面高 10~20 mm,则研磨体装载量和级配适当;若一仓钢球露出料面太多,说明该仓球量过多,或球径太大;反之,则是装球量太少,或球径太小;若两仓研磨体上都盖有很厚的料层,则两仓的研磨体装载量都太少,也可能是出料篦孔被堵或出料空心轴内螺旋被湿料堵死的问题;若研磨体和衬板上黏有较多物料,则磨内水分较高;若黏附现象只在二仓,多数是该仓温度高。对于三仓开路磨一仓的料面上露出约半个球,二仓料面上刚见球面,三仓料面比研磨体高 30~50 mm,说明研磨体量和级配方案合理。闭路磨各仓的料面均比开路磨的稍高。

(3)用磨内物料的筛余曲线判断

筛余曲线的绘制方法:在磨机正常喂料的情况下,同时停磨和停料(闭路磨还同时停止粗粉回磨)。打开各仓磨门,沿筒体轴线方向,每隔 0.5~1.0 m 为一取样断面,另各仓的进、出料端均设取样断面,在取样断面中心和贴筒壁处各设一取样点(大直径磨机应在取样断面上设 4 个取样点),在各取样点料面下约 10 mm 深处各取 40~50 g 的小样,综合为一个平均样后,装入编好序号的样品袋内。各仓平均样的个数应为 4 个以上。将样品袋内的平均样分别混匀,做 0.08 mm 和 0.2 mm 方孔筛的细度测定。以筛余作为纵坐标,筒体长度为横坐标,标出各样在坐标纸上的位置,将各点连接起来,即为筛余曲线,如图 6.67 所示。

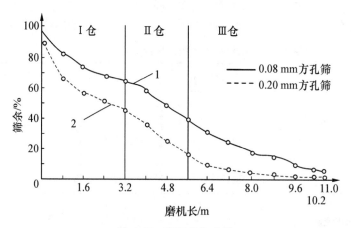

图 6.67 磨机筛余曲线

介质级配合理,操作良好的磨机,其筛余曲线的变化应当是:在第一仓内,表示粗粒变化的曲线 1 应当急剧下降;第三仓内曲线 1 已逼近横坐标轴,斜度无变化;表示细粒变化的曲线 2 还是继续下降,达到要求细度。这样,第一、二仓就能起到预磨作用,第三仓起着细磨作用。各个仓都能发挥最大的效用,使磨机生产能力提高。如果曲线中出现斜度不大或有较长的一段接近水平线,则表明磨机的操作情况不良,物料在这一段较长距离过程中细度变化不大。其原因可能是由于介质的级配、装填量和平均球径大小等不恰当,也可能由于磨机各仓的长度比例不当,而造成前后仓粉磨能力不平衡。一般而言,各仓尾试样的 0.08 mm 方孔筛筛余值为：双仓开路磨，一仓 38%～52%，二仓 5%～11%；三仓开路磨，一仓 50%～70%，二仓 30%～40%；四仓磨，一仓 60%～75%，二仓 35%～45%，三仓 20%～30%；闭路二仓磨磨尾出料处多为 38%～50%。

（4）据磨音判断

在磨机喂料正常情况下，在研磨体泻落侧，离磨机筒体 0.5 m 处，沿磨机筒体轴向与筒体平行缓步前进，细听磨音。第一仓最响的磨音多来自距筒体入料端 0.4～1.0 m 长度段筒体的中下部位。对开路磨而言，若粗磨仓为哗哗声，夹杂着轻微钢球冲击衬板声，细磨仓为沙沙声，表明研磨体级配合理，粉磨情况正常，若粗磨仓呈达达声，甚至震耳，说明研磨体尺寸过大，仓内料量过少。若粗磨仓声音发闷无钢球冲击衬板声，表明钢球的尺寸过小，仓内存料量过多或仓内通风不良；若磨头同时还有返料现象，尾仓的声音也发闷，可能是研磨体级配不合理（一般是球径偏小或碎球过多）、入磨物料平均水分高、磨内风速过低，或研磨体填充率过低。

（5）据磨机的运转电流判断

在设备正常、喂料量和电压正常且磨内物料水分含量也正常时，若磨机的运转电流低，表明研磨体装载量少，若运转电流高，表明研磨体装载量多。

5. 研磨体的补充

磨机在运转过程中，介质会逐渐磨耗，因而改变了原来的装填量和级配，如不及时添加新的介质，就会降低粉磨效率。

常用的添补介质的方法有如下几种。

（1）根据磨机产量和介质消耗量添补

单位产量的介质消耗量可用下式计算

$$m = \frac{G + \sum G - C + S}{M} \tag{6.77}$$

式中，G 为磨机第一次装入的介质质量（kg）；$\sum G$ 为每隔一定操作时间，向磨内补充介质的总质量（kg）；C 为更换介质时，由磨内倒出的研磨体总质量（kg）；S 为碎球、过小的球等研磨体质量（kg）；M 为磨机从开始操作至研磨体这一段时间内所粉磨物料的质量（t）。

（2）根据磨机主电动机的电流表读数降低情况添补

每次添补研磨体的前后，都应记录电流表读数，以便算出增添每吨介质所升高电流的数值。在介质调整后，磨机运转正常时，记下电流表读数，作为电动机负荷的标准值。磨机运转一段时间后，由于介质的磨损而减轻了电动机的负荷。补充研磨体质量应使电机电流达到原来的基准负荷值为止。

（3）按磨机的实际运转时间补充

在磨机运转过程中，统计得出磨机单位运转时间的研磨体消耗量，以它和实际运转时间的乘积进行补充。

（4）根据磨内介质面降低添补

磨机内介质填充率 φ 与磨机中心至介质表面的距离 h 和磨内球面高度 H 的几何关系，可从图 6.68 导出。

$$h = \frac{D}{2} \cos \frac{\beta}{2} \tag{6.78}$$

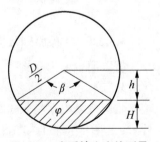

图 6.68 介质填充率的测量

$$H = \frac{D}{2} - h = \frac{D}{2}\left(1 - \cos\frac{\beta}{2}\right) \tag{6.79}$$

$$\varphi = \frac{\beta}{360} - \frac{\sin\beta}{2\pi} \tag{6.80}$$

式中,φ 为磨机内研磨体填充率(以小数表示);β 为研磨体表面对磨机中心的圆心角(度);D 为磨机内径(m);H 为磨内研磨体表面高度。

当测出 h 或 H 值时,从上述关系式便可求出 β 和 φ 值,从而可算出该仓研磨体需要添补的数量。

在生产实际中,往往是几种补球方法结合起来使用。考虑到研磨体在粉磨过程中逐渐磨损变小,所以每次只添补最大直径的研磨体。另外由于长时间的磨损,其中积存的过小的球和碎球有碍于粉磨效率。因此磨机运转 3 个月左右之后需进行清仓,将所有研磨体倒出,然后重新配球。

6.5.1.7 特点及应用

球磨机在建材、冶金、选矿和电力等工业中应用极为广泛,这是因为它有如下优点。

(1) 对物料的适应性强,能连续生产,生产能力大,可满足现代化大规模生产的要求。

(2) 粉碎比大,可达 300 以上,并易于调整粉磨产品的细度。

(3) 可适应各种不同情况下的操作,既可干法作业,也可湿法作业,还可以把干燥和粉磨合并在一起同时进行,对被粉磨的混合物料还有均化作用。

(4) 结构简单、坚固、操作可靠、维护管理简单,能长期连续运转。

(5) 有良好的密封性,可以负压操作。

缺点:

(1) 工作效率低,其有效电能利用率仅为 2% 左右,近代球磨机也只提高到 6% 左右。

(2) 体型笨重。

(3) 由于筒体转速很低,一般为 15～30 r/min,如用普通的电动机驱动,则需要配备昂贵的减速装置。

(4) 研磨体和内衬的消耗量很大,粉磨每吨水泥的钢材消耗量为 1 kg 左右。

(5) 操作时噪声大。

6.5.2 辊磨机

6.5.2.1 工作原理及类型

辊式磨也称为立式磨、环辊磨、中速磨等。

1. 工作原理

辊磨机是根据料床粉磨原理来粉磨物料的机械,磨内通常装有分级机构而构成闭路循环,其主要工作部件为磨盘及在其上做相对滚动的磨辊。磨辊依靠惯性离心力或机械压力的作用压在磨盘上,以挤压和磨剥方式将物料粉碎。磨机旋转部件的转速为 50～300 r/min。

物料在磨辊和磨盘之间的粉磨过程如图 6.69 所示。在喂入物料形成的环形料床上,物料被咬入磨辊和磨盘之间,大块料首先受到磨辊的滚压作用,就像在辊式破碎机中被破碎一样。研磨压力先集中在大块物料上,物料受到挤压很快地、大幅度地被粉碎。然后,磨辊施加的压力很快地传到次一级的大块料上,如此延续下去。伴随物料粒度减小的挤压过程,在滚压作用下,各物料颗粒在密集空间重新组合。随之所产生的挤压和剪切力,进一步将较小料粒粉磨。磨辊和磨盘间一定的相对运动,还有助于防止黏湿物料引起的堵塞。

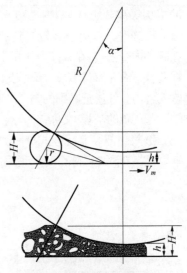

图 6.69　物料在磨盘磨辊间的粉碎过程

2. 类型

辊磨机的种类很多,可按下述结构特征分类。

按研磨体的组合形式,可分为截锥辊-平盘式[图 6.70(a)]、截锥辊-凹槽式[图 6.70(b)]、鼓形辊-凹槽式[图 6.70(c)]、双鼓形辊-凹槽式[图 6.70(d)]、圆柱辊-平盘式[图 6.70(e)]、球-环式[图 6.70(f)]等。

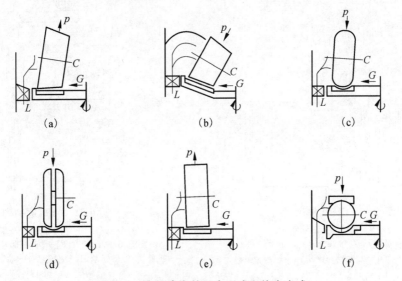

图 6.70　磨辊磨盘的组合形式和施力方式

按磨辊的结构形式,可分为悬辊式(图 6.71)、辊子式(图 6.72)、滚球式(图 6.73)。

按磨辊的加压机构,可分为弹簧压力式和液压式两类。

6.5.2.2　构造

辊磨机主要由底座、磨盘、磨辊、加压装置、上下壳体、选粉机、密封进料装置、润滑装置、传动电动机和减速装置等组成。以下介绍几种常见的辊磨机。

1. 悬辊磨(又称雷蒙磨)

悬辊磨主要由磨辊、磨环、立式主轴、刮板、底盘、梅花架、外壳、给料器、风力分级机、传动机构等部分组成,结构见图 6.71。

工作时,传动机构带动与主轴旋转,磨辊在惯性离心力作用下,绕铰接中心向外摆出而压紧在圆环内壁公转,在摩擦力作用下又绕悬轴中心自转,使喂入物料受到挤压和磨剥作用而粉碎。在底盘下缘开有许多长方形的孔洞,外围为环形风筒。风机鼓入的空气经风筒由底盘下缘的孔洞吹入磨内。气流把磨细的物料带起,在经过顶部分离器时,粗粒被分出,落回底盘上,然后被与磨辊一起旋转的刮板(又称铲刀)刮起,重新撒在底盘的圆环,再次粉磨,直至达到要求的细度为止。

磨机顶部装有旋叶式分离器,可以自由调节产品细度,机侧磨盘上方装有分格轮自动喂料器,并装有空气控制器,可以根据磨内空气的条件自动调节喂料量,使磨机保持正常的产量。

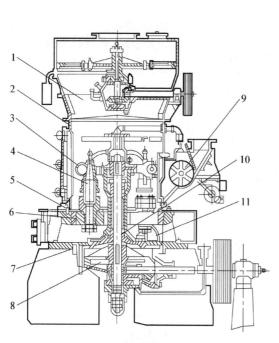

图 6.71　悬辊磨构造图

1-分级机;2-外壳;3-梅花架;
4-磨辊轴;5-磨辊;6-磨环;7-底盘;
8-传动齿轮;9-给料器;10-主轴;11-刮板具

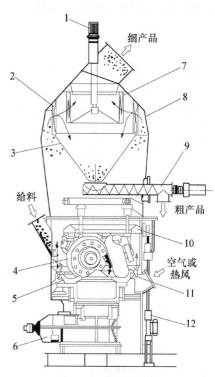

图 6.72　MPS 磨的构造

1-分级机驱动;2-导向叶片环;3-粗粉收集器;
4-磨辊;5-磨盘;6-主减速机;7-薄片叶轮;8-分级
机外壳;9-输送机;10-加压架;11-喷气口;12-液压缸

2. 鼓形磨辊的盘辊磨机

典型设备为德国 Pfeifferr 的 MPS 磨(图 6.72)。有三个鼓辊,辊子轴是倾斜安装的,压在带环形凹槽的磨盘上。一组液压气动的预应力弹簧系统对三个磨辊同时施加压力,以便产生必要的研磨压力。电动机通过减速传动装置带动磨盘转动。由于物料与磨盘间摩擦力的作用,使辊绕本身自转。物料咬入磨辊与磨盘之间,受到挤压和磨剥作用而粉碎。气流通过围绕磨盘周围的一圈风管吹入粉磨室内,将磨细的物料带入上部分离器内。分离器为旋转叶轮式,细粉通过叶片自上部排出,进入收尘器。粗粉被叶片阻留落回磨盘上,与新喂入物料一起粉磨。碎铁屑等杂物则从风嘴掉下排出磨盘外。对于潮湿物料,可以通入热风,在粉磨的同时可将物料烘干至水分含量 0.5% 以下。

由于 MPS 磨机的辊子为鼓形和磨盘上带有轮沟,辊套磨损较均匀,且较耐磨。

3. 球形磨辊的盘辊磨机

典型设备为美国 Babcocl and Wilcox 公司制造的 E 型辊磨机(图 6.73),研磨体设计成巨型止推滚珠轴承的形状,通常有 6~14 个直径为 235~1 070 mm 的铸钢球,夹在带弧形沟的上部座圈与下部的磨盘之间,工作中上部的座圈不旋转,只在压紧装置的作用下,对磨辊施加压力,下部的磨盘转动带动钢球公转和自转,使物料进入磨盘与钢球之间,在钢球压力的作用下被粉磨。钢球磨损均匀,但有无效滚动和磨损。上部座圈与钢球之间金属磨损严重。一般用于粉磨煤等低硬度物料。

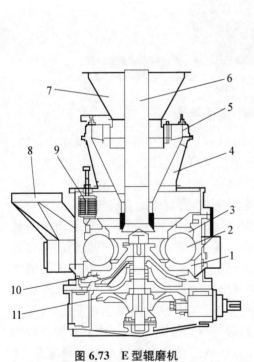

图 6.73　E 型辊磨机

1-磨盘;2-磨辊;3-座圈;4-分级机;5-分级叶片;6-给料部;7-细产品出口;8-热风入口;9-压紧弹簧;10-磨盘架;11-传动齿轮具

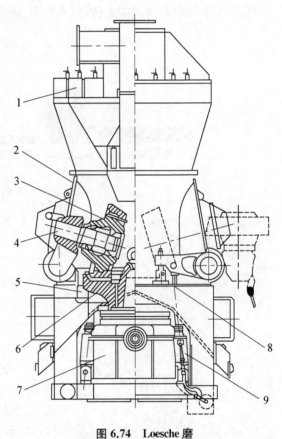

图 6.74　Loesche 磨

1-分级机;2-机壳;3-磨辊;4-磨辊轴;5-进风喷嘴;6-磨盘;7-减速箱;8-缓冲器;9-液压弹簧装置

4. 截锥形磨辊的盘辊磨机

典型设备为德国 Loesche 公司生产的 Loesche 磨(图 6.74),它由上机壳、分离器、下机壳、磨辊、磨盘以及与磨盘连接的立式减速器等组成。磨辊与磨盘间的压力由液压装置产生。物料从磨机上部喂入,落到磨盘中央,在惯性离心力作用下甩到辊子下边。磨盘周边的挡圈把物料形成一研磨料层。经粉磨的物料,超过挡圈落下,上升的气流把物料带到磨机上部的分离器内进行分级。分离器为锥形离心式,有一个截锥转子,周围有竖向风叶,控制着上升气流。转子做低速回转,气流中的粗粉撞到壳体内壁后滑下,落回粉磨室中央再进行粉磨。细粉则通过分离器的旋转格条,随气流自上部排出。分离器可控制产品细度在40~400 μm。产品细度可通过改变分离器转子的转速得到调节。

5. 新型的立磨

(1) 德国 Loesche 公司生产的 LM 2+2CS 或 LM 3+3CS 立式辊磨,最突出的优点就是主辊和辅辊的安排,较小的辅辊对磨床起排气和预压实的作用,有效地准备料床,较大的主辊进行粉磨,这种立磨中有两个或三个辅辊,见图 6.75。该立磨物料从磨机上部喂入,落到磨盘中央,在惯性离心力作用下甩到辊子下边。磨盘周边的挡圈把物料形成料层。经粉磨后的物料,超过挡圈落下,上升的气流把物料带到磨机上部的分离器内进行分级。该立磨结构可靠,对不同喂料的操作灵活,具有粉磨、烘干、产品细度可调等优势。

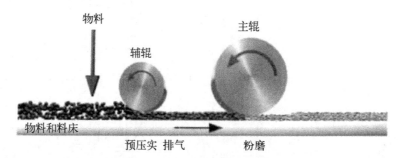

图 6.75 辅辊和主辊对物料作用示意图

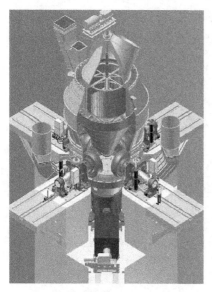

图 6.76 磨辊驱动的立式辊磨

(2) 德国 thyssenkrupp 公司的磨辊驱动立式辊磨,见图 6.76,磨辊的数量可以是 3、4、6 个,根据磨机大小而定。该磨机粉磨料床的形成由传统的磨盘驱动形成改为通过磨辊驱动形成,磨辊驱动立磨与磨盘驱动立磨相比具以下优势:由大功率的大扭矩齿轮驱动改为低功率和低扭矩的齿轮驱动单元,可以显著降低磨机驱动单元功率,大大降低磨机驱动制造成本,并降低磨机驱动功率,功率降幅节能效益与磨辊数量有关;同时提高了磨机运行的可靠性。在传统的磨盘驱动模式中,磨盘的转速总是比磨辊的转速稍快,待粉磨物料被碾压进粉磨区域,磨辊前方区域总是会有物料堆积的情况发生。磨辊驱动模式时,磨辊的转速总是比磨盘的转速稍快,物料被咬入,那么粉磨区域的料床分布将会更加均匀,则获得更好的料床分料,有利于压力的传递,粉磨效率较高。

6. 主要工作部件

(1) 粉磨机构

粉磨机构的核心部件是磨辊和磨盘。它们的几何形状必须满足两个要求:一是能够形成厚度均匀的料床,二是在其接触面上具有相等的比压,这是保证物料均匀研磨和部件均匀磨损的必要条件。磨辊和磨盘均为易磨损件,辊子表面装配耐磨损的辊套,磨盘上镶有耐磨衬板,两者均分为若干小片,磨损后可更换。

（2）加压机构

加压机构是粉磨力的来源,分有弹簧式和液压式两种。现代大型辊磨机加压机构是由液压装置或液压气动装置通过摆杆对磨辊施加压力的。图6.77所示的为Loesche磨磨辊的加压装置,它由油缸、储油器、蓄能器及电动油压装置组成。液压装置和蓄能器使辊子以一定压力压在磨盘上。在启动或遇到大块难磨物料时,可使辊子升起,蓄能器内气囊受压,异物排出后,辊子返回正常工作位置。

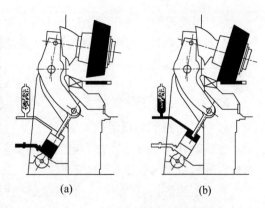

图 6.77　Loesche 磨磨辊的加压装置

（3）分级机构

分级机构一般是空气选粉机,直接安装在磨机内部,是产品细度的控制机构。根据其结构的不同,可分为三大类:静态选粉机、动态选粉机、高效组合式选粉机。

① 静态选粉机

如图6.78(a)所示,其工作原理类似于旋风筒,差别是带尘气流经过内外锥壳之间的通道上升,并通过圆周均布的导风叶切向进入内选粉室,边回转边再次折进内筒。其特点是结构简单,造价低,无运动部件,故障及维修量小,但分离效率不高,调整不灵活,不能满足粉磨高细磨物料的要求。

② 动态选粉机

如图6.78(b)所示,它是一个高速旋转的笼子,含尘气流穿过转子时,细颗粒由空气带入,粗颗粒直接被叶片碰撞,转子的速度可以根据要求来调节,转速越高,出料细度越细;反之亦然。因此,该机分离分级精度较高,控制产品质量方便。

③ 高效组合式选粉机

如图6.78(c)所示,该选粉机的特点是集合了风叶转子笼式选粉机和静态导风叶系统的特点,其转子为圆柱形笼子,四周均布了导风叶,使气流上下均匀地进入选粉区。这种选粉机分离清晰,选粉效率高,但是阻力增加,导风叶的磨损也较大。

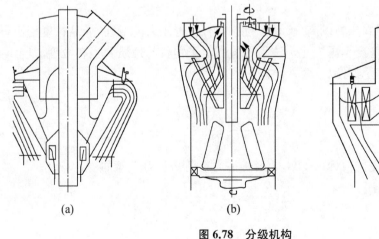

（a）　　　　　　　　　（b）　　　　　　　　　（c）

图 6.78　分级机构

（4）驱动机构

一般由主电机、主减速机和辅助电机、辅助减速机组成。辅助电机、辅助减速机用于磨机开车时的慢速启动。

6.5.2.3　主要工作参数

1. 喂料粒度和料层厚度

喂料粒度与磨辊直径有一定的比例关系，喂料粒度大，磨辊直径相应增大，辊磨机允许的最大喂料粒度为磨辊（辊子或圆球）直径的 $1/20 \sim 1/15$。

对于盘辊磨机，在工作中，磨盘上必须保持适当而稳定的物料层，否则不但会影响物料所受的粉碎压力和产品粒度，还会破坏盘辊磨机的正常工作；甚至还会影响粉磨单位电耗。适宜的料层厚度 h 值为

$$h = 0.041D_1 \quad \text{或} \quad h = 0.02D_1 \pm 20 \tag{6.81}$$

式中，h 为料层厚度（mm）；D_1 为磨辊大端直径（mm）。

2. 转速

辊磨机属于中速磨，它的圆周速度是根据物料在磨盘内的运动速度和粉磨速度相平衡的原理设计的。其近似计算式为

$$n = C \frac{1}{\sqrt{D}} \tag{6.82}$$

式中，n 为磨盘转速（r/min）；D 为磨盘直径（m）；C 为比例系数。不同形式的磨机比例系数不同，如表 6.10 所示。

表 6.10　各立磨的比例系数

	Loesche 磨	ATOX 磨	MPS(MLS)磨	RM 磨
C	56～58.5	55～57	51～54	50～53
磨盘形式	平盘	平盘	碗盘	碗盘

3. 辊压力

辊磨机是借助于对料床施以高压而粉碎物料的，随着压力的增加，成品粒度变小，但压力达到某一临界值后，粒度不再变化。该临界值决定于物料的性质和喂料粒度。辊压的大小可用相对辊压力来表示，有以下两种计算方法。

（1）磨辊面积压力 p_1

$$p_1 = \frac{F}{\pi D_{1a} B} \tag{6.83}$$

式中，F 为每个磨辊所受的力（kN）；D_{1a} 为磨辊平均直径（m）；B 为磨辊宽度（m）。

（2）磨辊投影面积压力 p_2

$$p_2 = \frac{F}{D_{1a} B} \tag{6.84}$$

式中符号意义同式(6.82)。

使物料颗粒碎裂所需的平均压力 p 一般为 $10\sim35$ MPa。

4. 功率

立式磨功率 N 的大小可由下式计算。

$$N = KD^{2.5} \tag{6.85}$$

式中,K 为比例系数,Loesche 磨 K 为 $63.9\sim87.8$,MPS 磨 K 为 $64.5\sim52.7$;D 为磨盘直径(m)。

5. 生产能力

立式磨的生产能力与从磨辊下通过的物料层厚度、磨辊压入物料的速度和磨辊宽度成正比,与物料在磨内的循环次数成反比。

$$Q = \frac{3\,600\rho vbhZ}{K_0} \tag{6.86}$$

式中,Q 为立式磨生产能力(t/h);K_0 为物料在磨内的循环次数;ρ 为物料在磨盘上的堆积密度(t/m³);v 为磨辊(外侧)圆周速度(m/s);b 为磨辊宽度(m);h 为料层厚度(m);Z 为磨辊个数。

6.5.2.4 特点及应用

辊磨机系统与传统球磨系统相比有如下主要特点。

1. 优点

(1) 粉磨效率高、能耗较低。由于辊磨机粉磨方式合理,粉磨功被物料充分利用,避免了物料过粉磨现象,因此其粉磨效率高,电耗较低。

(2) 烘干能力大,烘干效率高。辊磨机允许通过的风量大,故烘干能力大,磨内物料处于悬浮状态,增大了物料与气流的接触面积,热交换条件好,故烘干效率高。

(3) 入磨物料的料度可以放宽,能够粉磨较粗的物料,一般可达磨辊直径的 4%,大型磨的允许入料粒度达 $100\sim150$ mm。

(4) 成品细度调节方便,成品颗粒级配较合理,产品粒度均齐。

(5) 系统紧凑,可露天布置,基建投资低。

(6) 噪声小,扬尘少,有利于环境保护。辊磨机作业时没有研磨体之间和研磨体与衬板之间的撞击,故噪声较低;辊磨机的粉磨及管道系统比较简单,密封较好,多为负压操作,因此扬尘较少。

(7) 有利于设备大型化。

(8) 磨耗较低。运转中没有金属间的直接接触,故金属消耗量少。

2. 缺点

(1) 不适宜于粉磨磨蚀性大的物料;否则,不仅辊套和磨盘衬板磨耗大,而且产、质量均下降。

(2) 辊套和磨盘的耐磨性偏低时,辊套易磨损,且易松动,维修工作量大。

(3) 操作人员需有较高的技术水平。

目前,投入生产的辊磨机的生产能力已达 $1\,000$ t/h。在国内外辊磨机已逐步取代球磨机,广泛用于粉磨各种软质和中硬物料,而且多数作烘干粉磨设备使用。

6.5.3　辊压机

辊压机又称高压辊式磨机或挤压机。它是 20 世纪 80 年代中期开发的一种新型节能粉碎设备,具有效率高、能耗低、磨损轻、噪声小、操作方便等优点。辊压机的规格以辊子的直径和长度表示。

6.5.3.1　工作原理

辊压机主要是由两个速度相同、相向转动的辊了组成,辊间保持一定的工作间隙,如图 6.79 所示。物料从两辊间的上方喂入,随着辊子的转动向下运动。大颗粒物料在粉碎区上部被碎至较小的颗粒,在进一步向下运动时,由于大部分物料颗粒都小于辊间隙而形成料层,在这一过程中物料受到的压力逐渐增大,在通过两辊轴线平面处达到最大。在 $50 \sim 300$ MPa 的高压作用下,物料被粉碎至极细的粒度,并形成了强度很低的料饼。经打散机打碎后,产品中粒度 2 mm 以下的占 $80\% \sim 90\%$,80 μm 以下的占 30% 左右。

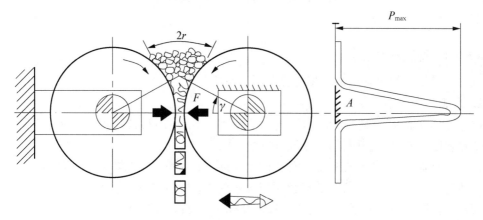

图 6.79　辊压机工作原理示意图

辊压机与辊式破碎机相比,双辊式破碎机是通过双辊作用在单体颗粒上对物料粉碎,利用的是压力、冲击、剪切等综合作用力,对颗粒作用产生裂纹,并粉碎成 25 mm 以下的颗粒产品。辊压机采用双辊对物料层施加外力,使物料层间的颗粒与颗粒之间互相施力,形成粒间破碎或料层破碎。辊压机对物料施加的是纯压力,将物料层压实,颗粒产生裂纹并有一定粉碎作用。

辊压机破碎的物料,由于其颗粒产生大量裂纹,从而改善了物料的易磨性;经打散机打散后球磨机进一步粉磨,其电耗大大降低。

6.5.3.2　构造

辊压机主要由两个挤压辊、轴承和轴承座、机架、传动系统、液压系统、润滑系统和喂料装置等构成,如图 6.80 所示。

1. 辊子

辊子分为移动辊和固定辊。固定辊是用螺栓固定在机体上;移动辊两端经四个平油缸对辊施加液压力,使辊子的轴承座在机体上滑动,并使辊子产生 100 kN/cm 左右的线压力。

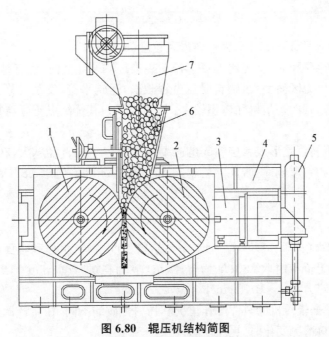

图 6.80　辊压机结构简图

1-固定辊；2-滑动辊；3-液压缸；4-机架；5-蓄能器；6-进料装置；7-电动阀门

辊子有镶套式压辊和整体式压辊两种结构形式,如果物料较软,可以采用带楔形连接的镶套式压辊。轴与辊芯为整体,表面堆焊耐磨层,焊后硬度可达 HRC55 左右,寿命为 8 000～10 000 h；磨损后不需拆卸辊子,可直接采用专门的堆焊装置堆焊,一般只需 1～2 天即可完成。通常,辊子的工作表面采用槽形,又可分为环状波纹、人字形波纹、斜井字形波纹三种,都是通过堆焊来实现。

2. 机架

机架是形成和承受巨大粉碎力的部件；因此,机架必须有足够的强度,机架由底座、顶板、立柱和剪力销等零部件组成。

3. 传动系统

传动系统由电动机、减速机、传动轴、皮带传动装置等部件组成。每台设备有两套传动系统,分别带动两个辊子旋转。

4. 液压系统

辊压力由液压系统产生,它是由两个大蓄能器,两个小蓄能器,四个平油缸、液压站等组成液气联动系统。蓄能器起缓冲和保护两方面作用。

5. 喂料装置

喂料装置内衬采用耐磨材料,它是弹性浮动的料斗结构,料斗围板(辊子两端面挡板)用蝶形弹簧机构使其随辊子滑动而移动。用一丝杆机构将料斗围板上下滑动,可使辊压机产品料片厚度发生变化,适应不同物料的挤压。

6.5.3.3　主要参数

1. 辊子的直径和长度

由统计数据得,辊子的直径与喂料粒度间有如式(6.87)关系

$$D = (10 \sim 24)d_{max} \tag{6.87}$$

式中,D 为辊子的直径(mm);d_{max} 为喂料最大粒度(mm)。

辊压机的辊子直径和长度之比 $D/L = 0.5 \sim 1.2$。D/L 大时,优点是容易咬住大块料,向上反弹情况少,压力区高度大,物料受压过程较长,运转平稳,安装检修方便;缺点是运转时会出现边缘效应,其次是质量和体积较大。D/L 小时,其优缺点正好与其相反。

2. 辊间隙

保持一定的辊间隙是形成料层粉碎的必要条件。辊子的直径越大,在同样的啮角 γ 下(图 6.79),啮合的物料层越厚,辊间隙就越大,辊间隙 S(m)可按式(6.88)确定

$$S = \frac{qD}{3\,600\rho} \tag{6.88}$$

式中,q 为单位处理能力$(t \cdot s)/(m^3 \cdot h)$;$q$ 与给料粒度、物料水分和辊面特性等因素有关,由实验测定,无测定资料时取 130;D 为辊径(m);ρ 为料饼密度(t/m^3),约为物料真密度的 80%,单位辊宽粉碎力为 $9 \sim 10(t/cm)$ 时,$\rho = 2.4(t/m^3)$。

辊间隙大小根据辊压机的具体工作情况和物料性质的不同,在生产调试时,调整到比较合适的尺寸;在喂料情况变化时,更应及时调整。

3. 辊压

为保证物料在粉碎区域内被粉碎,其最大粉碎压力应为 $50 \sim 300$ MPa。辊压机的工作压力控制着辊子的间隙和物料的压实度,为了更精确地表示辊压机的压力,可用辊子的单位长度压力即线压力来表示,一般为 $80 \sim 160$ kN/cm。辊子的直径小时取小值,辊子的直径大时取大值。

在一般情况下,辊压机出料中的细粉含量随着辊压力的增大而增加,但其增长的速度在不同的压力范围内是不同的。到临界压力时,细粉急剧增加,但超过临界压力后,细粉含量就无明显变化。

4. 辊转速和辊面线速度

辊速与辊压机的生产能力、功率消耗、运行稳定性有关。辊速高,生产能力大,但过高的辊速使得辊子与物料之间的相对滑动增大,咬合不良,使辊子表面磨损加剧,对辊压机的产量和质量也会产生不利影响。辊面线速度 v 一般为 $0.5 \sim 2.0$ m/s。也可用式(6.89)确定

$$v = 1.2\sqrt{D} \tag{6.89}$$

5. 生产能力

$$Q = 3\,600\rho LSv = 60\pi\rho LSDn \tag{6.90}$$

式中,Q 为辊压机的生产能力(t/h);L 为辊子的长度(m);S 为辊间隙(料饼厚度)(m)。

其余符号同式(6.88)和式(6.89)。

6. 功率

辊压机的驱动功率可用式(6.91)计算

$$N = \mu Fv \tag{6.91}$$

式中,N 为辊压机的功率(kW);F 为辊子粉碎力(kN);μ 为辊子与物料的摩擦系数。实验得出:水泥熟料 $\mu = 0.05 \sim 0.10$。

6.5.3.4　特点及应用

辊压机与球磨机相比有以下特点：粉磨效率高，增产节能，降低钢材消耗，单位磨耗为 0.5 g/t；噪声低，约为 80 dB；体积小，质量轻，占地面积小，安装容易。由于辊压机辊子作用力大，存在有辊面材料脱落及过渡磨损，轴承容易损坏，减速器齿轮过早溃裂等设备问题。此外，对工艺操作过程要求严格，如要求喂料粒柱密实、充满，并保持一定的喂料压力，回料量控制要恰当，粉磨工艺系统配置要合适，否则它的优越性就不能发挥。

辊压机的最大喂料粒度不要超过辊隙的 35～40 倍，一般在 75 mm 以下，物料水分应控制在 5% 以下；最高温度一般不应超过 150℃。辊压机主要适用于脆硬物料，不适用于软质物料（如黏土等）。

辊压机已被广泛应用于建材、冶金、化工等工业部门。最初辊压机是安装在球磨机之前作预粉碎设备，辊压机作为预粉磨设备，用于原有流程改造，可使全流程增产 30%～60%，节电 15%～30%。经过不断的发展，辊压机系统已经形成了预粉碎系统、终粉磨系统和混合粉磨三种基本的工艺流程。

6.5.4　其他磨机

6.5.4.1　振动磨

1. 类型

振动磨的类型很多。按振动特点可分为惯性式、偏旋式；按筒体数目可分为单筒式和多筒式；按操作方式又可分为间歇式和连续式。

2. 构造及工作原理

（1）构造　振动磨的简单结构形式主要由磨机筒体、激振装置、弹性支承装置、万向（弹式）传动联轴装置、制动装置、驱动电动机及机座等部件组成。图 6.81 为惯性式振动磨结构示意图；图 6.82 为 Palla 型振动磨结构示意图。

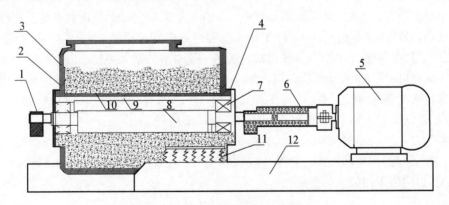

图 6.81　惯性式振动磨示意图

1-附加偏重；2-筒体；3-耐磨橡胶衬；4-锥形环；5-电动机；6-弹性联轴器；7-轴承；
8-偏心轴激振器；9-振动器内管；10-振动器外管；11-弹簧；12-支架

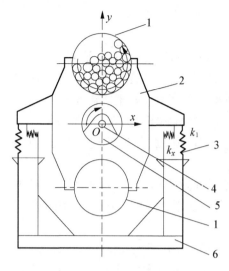

图 6.82　Palla 型振动磨结构示意图

1-筒体；2-支承板；3-隔振弹簧；
4-主轴；5-偏心重块；6-机座

（2）工作原理　振动磨由电动机经万向传动联轴器驱动偏心轴激振器高速旋转，从而产生激振力使参振部件（筒体部件）在弹性支承装置上做高频率、低振幅的连续振动，筒体内的物料受到研磨体的强烈冲击、摩擦、剪切等作用；同时由于研磨体的自转和相对运动，对物料的颗粒产生频繁的研磨作用，使物料的弹性模量降低并产生缺陷和微裂纹扩展，达到粉碎物料的目的。装有研磨介质和待磨物料的振动磨筒体在传动轴（轴上装有不平衡重块）的带动下做圆振动。

3. 主要参数

（1）研磨体的选择及填充率

① 研磨体的选择　研磨介质的形状，以采用球形或长径比 $L/D \approx 1$ 的短圆柱体粉磨效率较佳。但当物料粉磨至较高细度会产生"衬垫"作用时，则不能采用球或段，而要选用钢棒。在粉磨产品中对某一特定粒级要求其含量较高时，有时也需采用钢棒。

研磨体的大小影响到对物料的冲击力和磨剥力以及装填的个数。研磨体尺寸必须同喂料粒度相适应，球与料的直径比一般为 5～6。由于振动磨机主要用于细磨和超过细磨，通常喂料粒度小于 10 mm，球径一般为 10～25 mm。当粉磨大粒或硬质物料时，宜装较大的球。研磨体的材料比重愈大，其冲击力和磨剥力愈大。例如，粉磨石英时，用钢球代替瓷球，可使生产能力提高 2～3 倍。但是对于陶瓷及玻璃等工业，考虑到对原料的污染，磨机衬板及介质最好采用石质或瓷质材料。

② 装填率　振动磨机的工作效率以筒体全部容积都处在研磨作用范围之内为最佳，其填充率一般为 0.7～0.8，最高可达 0.9。被磨物料填充率（筒体内物料所占体积与研磨体间的空隙的百分比）为 80%～120%。

（2）工作频率和振幅

振动磨机的工作频率愈高，振幅愈大，生产能力也愈高，但是动能消耗也愈大，磨机机构内的应力也显著增大。实验表明，频率（即转速）一定时，粉磨物料的单位电耗开始随振幅的增加而逐渐变小，振幅到一定值时，功耗趋于最小值；此后，再增加振幅，则单位电耗又逐渐增大。同时，当频率和振幅乘积一定时（即振动加速度值一定时），频率大振幅小的磨机效率大于频率小振幅大的磨机。因此，振动磨机是以高频率低振幅的振动方式粉碎物料的。通常磨机一般直接用弹性联器与电动机连接。实际工作频率 25Hz（1 500 r/min）和 50Hz（3 000 r/min），有人主张采用 12.5Hz（750 次/mm）和 167Hz（1 000 次/mm）两种。

振幅为 3～20 mm，通常取 4～7 mm。根据被磨物料的物理性质、粒度及所要求的产品细度来选择适宜的频率和振幅。振幅 λ 与喂料最大粒度 d_{max} 的关系大致为 $\lambda = (1 \sim 2)d_{max}$。喂料粒度大，则应采用较大的振幅。

（3）功率

根据机械振动学原理，推导出的振动磨振动部分运动时所消耗的功率为

$$N_0 = (0.122 \sim 0.156)m\lambda^2\omega^3 \tag{6.92}$$

式中，m 为研磨体和物料的质量(kg)；λ 为振幅(m)；ω 为激振器角速度(rad/s)。

考虑到振动器轴承消耗的功率和电动机的储备功率，振动磨消耗的功率由式(6.93)计算

$$N = 0.6m\lambda^2\omega^3 \qquad (6.93)$$

（4）特点及应用

振动磨机与转筒式球磨机相比，其主要性能特点是筒体内研磨介质填充率高，研磨强度大，相同容积的处理能力较大，粉碎效率较高；而且结构较简单、操作灵活方便，既可进行间歇干式或湿式粉碎，也可进行连续干式或湿式粉碎。此外，通过调节振动的振幅、振动频率、介质类型、配比和介质直径可加工各种不同物料，包括高硬度物料和各种细度的产品，包括平均粒径 $1\ \mu m$ 甚至小于 $1\ \mu m$ 的超细粉体产品。其不足是：振动磨对机械部件的要求高，特别是大规格磨机中弹簧及轴承等零件易于损坏；喂料粒度不能过大，应小于 $10\sim30\ mm$；对于某些物料(韧性或热敏性物料等)粉磨困难，但随着超低温粉磨技术的发展，该问题已得到解决；单机的生产能力低，不能满足大型企业的需要。在硅酸盐工业中，振动磨机用于粉磨铝矾土、锆英砂、石英、焙烧白云石、珐琅原料、水泥熟料及煤等。

6.5.4.2 行星球磨机

行星磨是在普通球磨机基础上发展变化而来的一种粉磨机械。围绕主轴设有多个磨筒体(一般为 4 个)，工作时各筒体不但自转，而且围绕主轴公转。按磨筒体的布置可分为卧式和立式两大类。其传动方式基本上都是皮带或齿轮传动，公转和自转方向可以相同也可反向。

1. 结构及工作原理

图 6.83 为卧式行星球磨机结构简图，连接杆 2 上装有 4 个筒体，当传动轴 6 由电机带动旋转时，连接杆 2 和磨筒 3 将绕主轴 6 公转；与此同时，固定齿轮 4 带动传动齿轮 5 转动，使装有研磨体和物料的磨筒 3 绕自身的轴自转。这种公转加自转的运动使介质产生冲击、摩擦力而粉碎物料。

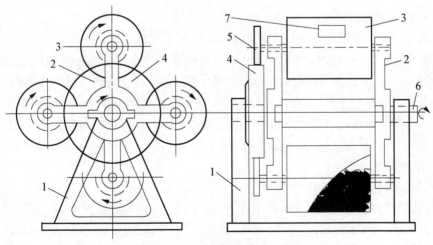

图 6.83 行星球磨机结构示意图

1-机架；2-连接杆；3-筒体；4-固定齿轮；5-传动齿轮；6-主轴；7-料孔

2. 特点及应用

行星磨筒体转速高,一方面研磨体抛落开始时的初速度大,且抛落过程的加速度也大,则抛落终了时的冲击力就大,冲击粉碎力大;另一方面在非抛落过程中加速度也大,研磨体之间的挤压力也大,对物料的挤压研磨力度大,因此行星磨的粉磨强度和效率高于普通球磨机。由于结构复杂,同时难以形成连续的给料、排料过程,目前只有小型、分批粉磨的设备,用于细磨和超细磨。中型连续给料的设备目前只是在试生产中,还不是很成熟。

6.6 超细粉碎机械

随着材料科学和技术的不断发展,新型材料和高功能材料的生产和开发对有关粉体的微细化或超细化提出了越来越高的要求,超细粉碎机械的研究和开发也理所当然地成为人们越来越重视的课题。下面就几种超细粉碎机械进行简要介绍。

6.6.1 高速机械冲击式粉碎机

6.6.1.1 类型

高速机械冲击式粉碎机是指利用围绕水平或垂直轴高速旋转的回转体(棒、锤、叶片等),对给料加以激烈的冲击,使其与固定体或颗粒之间冲击碰撞,从而使颗粒粉碎的一种超细粉碎设备。

主要类型有高速冲击锤式粉碎机、高速冲击板式粉碎机、高速棒销式磨机。按转子的布置方式可分为立式和卧式;按锤子的排数可分为单排、双排和多排。

6.6.1.2 构造及工作原理

1. 立式机械冲击粉碎机

立式机械冲击粉碎机的转子驱动轴竖直设置,转子围绕该垂直轴高速回转进行物料的粉碎。这种类型的粉碎机大都内置分级轮。图 6.84 所示为 ACM 型机械冲击式粉碎机原理示意图,其基本原理:物料由螺旋给料机强制喂入粉碎室内,在高速转子与带齿衬套定子之间受到冲击剪切而粉碎。然后,在气流的带动下通过导向环的引导进入中心分级区域分选,细粉作为成品随气流通过分级涡轮后从中心管排出,由收尘装置捕集;粗粉在重力作用下落回转子粉碎区内再次被粉碎。其产品平均细度(d_{50})为 10～1 000 μm,且粉碎产品粒度分布窄,颗粒近似球形化。

2. 卧式机械冲击式粉碎机

卧式机械冲击式粉碎机转子轴水平放置,转子围绕水平轴高速回转实现物料的粉碎。典型产品有 Super Miero Mill 型、CW 型等,图 6.85 为 Super Miero Mill 型粉碎机结构和工作原理示意图,物料经料斗和给料器定量连续地给入第一粉碎室,在转子 1 的冲击粉碎作用下被粉碎成数百微米大小的粉体。风机从给料端吸入空气,粉碎室内的空气流向风机方向

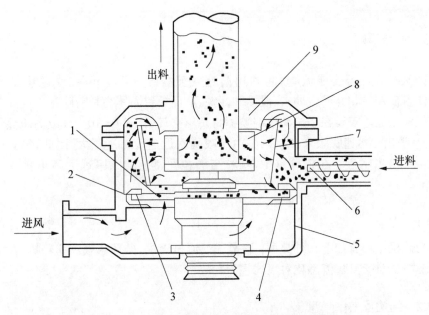

图 6.84　ACM 型机械冲击式粉碎机原理示意图
1-粉碎盘；2-齿圈；3-锤头；4-挡风盘；5-机壳；6-加料螺旋；7-导向圈子；8-分级叶轮子；9-机盖

回转运动并将第一粉碎室粉碎后的物料输入第二粉碎室。在第一粉碎室内转子 1 向排料端倾斜，因此它促进空气的流动；但在第二粉碎室内的转子 2 不倾斜，因此它阻碍或迟缓空气的流动。由于这种结构，空气流挟着物料在粉碎室中反复循环，延长了物料在粉碎室中的停留时间，使物料受到转子的多次冲击或打击作用。这种空气流的离心运动还具有分级的作用。除了转子的冲击或打击作用外，在这种磨机中颗粒之间还有相互的研磨和摩擦作用。处于转子 1 和转子 2 之间的物料受到强烈的搅动和颗粒相互间的研磨作用；同时转子末端之间较小的间隙以及转子与衬套之间的细小间隙也使物料受到器件之间的研磨作用。这种超细粉磨机的最大给料粒度为 8 mm，一般是≤5 mm，产品平均粒径可以在 3~100 μm 内调节。

冲击式磨机与其他型式的磨机相比，易于调节粉碎粒度，应用范围广、机械安装占地面积小，且可进行连续、闭路粉碎等优点。但是，由于机件的高速运转及与颗粒的冲击、碰撞，不可避免地会产生磨损问题，因而不适用于处理硬度太高的物料，适用于涂料、食品、医药品、合成树脂等软化点低的物质粉碎和碳酸钙、滑石、云母、大理石、石墨等较软质矿物粉碎。

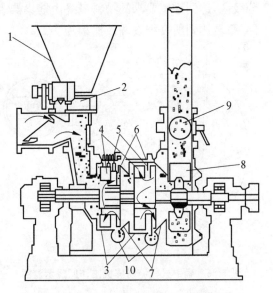

图 6.85　Super Miero Mill 型超细粉碎机
1-料斗；2-给料器；3-衬套；
4-1 号转子；5-固定锁；6-2 号转子；
7-粒度调节隔环；8-风机；9-阀；10-排渣口

6.6.2 气流磨

气流磨又称喷射磨或能流磨,它利用高速气流(300~500 m/s)或过热蒸汽(300~400℃)的能量使颗粒相互产生冲击、碰撞和摩擦,从而导致固体物料粉碎。

高速气流是通过安装在磨机周边的喷嘴将高压空气(3~9)×10⁵ Pa 或高压热气流(7~20)×10⁵ Pa喷出后迅速膨胀来产生的。由于喷嘴附近速度梯度很大,因此,绝大多数的粉碎作用发生在喷嘴附近。在粉碎室中,颗粒与颗粒间碰撞的频率远远高于颗粒与器壁的碰撞。

6.6.2.1 类型

气流粉碎机主要有如下几种类型:扁平式气流粉碎机;循环式气流粉碎机;对喷式气流粉碎机;靶式气流粉碎机;流态化对喷式气流粉碎机。

6.6.2.2 结构及工作原理

气流粉碎机的一般原理:将干燥无油的压缩空气通过拉瓦尔喷管加速成超音速气流,喷出的气流带动物料做高速运动,使颗粒相互碰撞、摩擦而粉碎。被粉碎的物料随气流到达分级区,达到细度要求的物料最终由捕集器收集,没有达到要求的物料再返回粉碎室继续粉碎,直至达到所需细度并被捕集为止。

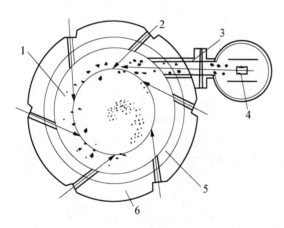

图 6.86 扁平式气流粉碎机工作原理示意图

1-粉碎带;2-研磨喷嘴;3-文丘里喷嘴;
4-推料喷口;5-铝补垫;6-外壳

1. 扁平式气流粉碎机

扁平式气流粉碎机亦称圆盘气流磨。图6.86 为其工作原理示意图。待碎物料由文丘里喷嘴加速到超音速后导入粉碎室,高压气流经入口进入气流分配室,分配室与粉碎室相通,气流在自身压力下强行通过研磨喷嘴时产生高达每秒几百米的气流速度。由于研磨喷嘴与粉碎室的相应半径成一锐角,物料在由研磨喷嘴喷射出的高速旋流带动下做循环运动,颗粒间、颗粒与机体间产生相互冲击、碰撞、摩擦而粉碎。粗粉在离心力作用下甩向粉碎室周壁做循环粉碎,而微粉在离心气流带动下被导入粉碎机中心出口管,进入旋风分离器加以捕集。

扁平式气流磨的规格以粉碎室内径尺寸表示。规格从 φ50 mm 到 φ1 066 mm;压缩空气耗量从 0.566 m³/min 到 94 m³/min;过热蒸汽耗量从 147 kg/h 到 3 630 kg/h(过热蒸汽入口压强 1.03 MPa,温度 288℃)。相应的生产能力从小于 0.2 kg/h 到大于 2 500 kg/h。产品细度从 325 目到平均粒径 0.5 μm。

2. 循环管式气流磨

循环管式气流磨又称立式环形喷射式气流粉碎机。图 6.87 是目前应用最广的 Jet-O-

Mizer 型循环管式气流磨的结构及工作原理示意图,它的下部为粉碎区,设有多个喷嘴,其安装位置正好使喷气流的轴线与粉碎室中心线相切;上部为分级区,装有百叶窗式惯性分级器。物料经加料器由文丘里喷嘴送入粉碎区,气流经一组研磨喷嘴喷入不等径变曲率的跑道形循环管式粉碎室,并加速颗粒,使之相互冲击、碰撞、摩擦而粉碎。气流旋流携带被粉碎的颗粒沿上行管向上运动进入分级区,在分级区由于离心力场的作用与分级区轮廓的配合使密集的颗粒流分流,细粒在内层经分级器分级后排出,作为成品捕集;粗粒在外层沿下行管返回,继续循环粉碎。

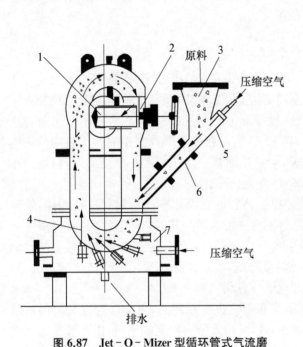

图 6.87 Jet-O-Mizer 型循环管式气流磨

1-出口;2-导叶(分级区);3-进料;4-粉碎;
5-推料喷嘴;6-文丘里喷嘴;7-研磨喷嘴

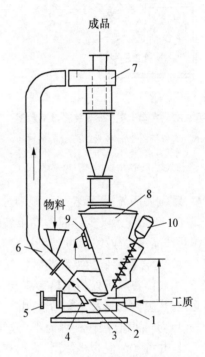

图 6.88 靶式气流磨结构示意图

1-气流磨;2-混合管;3-粉碎室;4-固定板(靶板);5-调节装置;6-上升管;7-分级器;8-粗颗粒收集器;9-风动振动器;10-螺旋加料器

3. 靶式气流磨

靶式气流粉碎机又称为单喷式气流磨,在这类气流磨中,物料的粉碎方式是颗粒与固定板(靶)进行冲击碰撞。固定板(靶)一般用坚硬的耐磨材料制造并可以拆卸和更换。

图 6.88 为改进型现代靶式气流磨结构示意图。此机型本采用气流分级器取代转子型离心通风式风力分级器,这种气流磨进料一般很细,其中可能含有相当数量的合格黏级,故物料粉碎前在上升管 6 中经气流带入分级器进行预分级,只有粗颗粒才进入粉碎室粉碎,这样就可降低磨机负荷。这种气流磨特别适合于粉碎高分子聚合物、低熔点热敏性物料、纤维状物料以及其他聚合物。

4. 对喷式气流磨

喷式气流磨又称为逆向喷射磨,是一种物料在超音速气流中自身产生对撞而实现超细粉碎的装置,它克服了靶式和圆盘式气流磨易被磨损的缺点,可以加工较高硬度的物料。

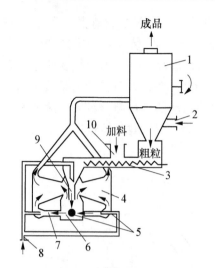

图 6.89　布劳-诺克斯型气流磨示意图

1-风力分级机；2-二次风入口；3-螺旋加料器；
4-一次分级室；5-喷嘴；6-粉碎室；7-喷射器混合；
8-气流入口；9-喷射式加料器；10-物料入口

对喷式气流磨的早期代表机型是布劳-诺克斯型气流磨(图 6.89)，它有四个相对的喷嘴，物料经螺旋加料器进入喷射式加料器中，随气流吹入粉碎室，被来自四个喷嘴的喷气流所加速，并相互冲击碰撞而粉碎。被粉碎后的物料在一次分级室中做初步惯性分级之后，粗粒返回粉碎室，细粒进入风力分级机再次分级后作为产品排出。通过调节喷射器的混合管尺寸、气流压强、温度以及分级器转速等参数可以调节产品细度。

6.6.2.3　特点及应用

气流磨是最常用的超细粉碎设备之一，广泛应用于非金属矿物及化工原料等的超细粉碎，具有下列特点。

（1）粉碎比一般为 1～40，产品粒径 d 一般可达 3～10 μm。产品粒度上限取决于混合气流中的固体含量，与单位能耗成反比。产品细度均匀，粒度分布较窄、颗粒表面光滑、颗粒形状规则、纯度高、活性大、分散性好等。

（2）产品受污染少。因为气流破碎机是根据物料的自磨原理而对物料进行粉碎，粉碎腔体对产品污染较少，因此特别适宜于药品等不允许被金属和其他杂质沾污的物料粉碎。

（3）适合粉碎低熔点和热敏性材料及生物活性制品，因为气流粉碎机以压缩空气为动力，压缩气体在喷嘴处的绝热膨胀会使系统温度降低，所以工作过程中不会产生大量的热。因此，对热敏性物料及生物活性制品的超细化十分有利。

（4）实现联合操作。因为当用过热高压饱和蒸汽进行粉碎时，可同时进行物料的粉碎和干燥，并可作为混合机使用；物料在粉碎的同时，可喷入所需浓度的溶液，以此覆盖固体细颗粒，以形成包覆层和进行表面改性，因此，气流粉碎可与粉碎外表包覆及表面改性相结合。

（5）可在无菌状态下操作。

（6）生产过程连续，生产能力大，自控、自动化程度高。

用气流磨进行超细粉碎时，除了气流磨本身外，还要有辅助设备。这些辅助设备包括气流或蒸气发生设备、气流净化和处理设备、加料设备、成品收集设备、废气流挟带物料的捕集回收设备、除尘设备等，这些辅助设备和气流磨一起构成完整的气流磨粉碎工艺。

6.6.3　搅拌磨

搅拌磨是 20 世纪 60 年代开始应用的粉磨设备。早期被称为砂磨机，主要用于染料、涂料行业的料浆分散与混合，后来逐渐发展成为一种新型的高效超细粉碎机。

6.6.3.1　类型

搅拌磨的类型很多。按安放形式分为立式和卧式；按结构形式分为盘式、棒式、螺旋式和环式等；按工作方式分为间歇循环式和连续式；按工作环境分为干式和湿式等。

6.6.3.2　构造及工作原理

搅拌磨主要由一个填充小直径研磨介质的研磨筒和一个旋转搅拌器构成。图 6.90 为间歇式、连续式和循环式 3 种类型搅拌磨的示意图。其中间歇式搅拌磨主要由带冷却套的研磨筒、搅拌装置和循环卸料装置等组成。冷却套内可通入冷却介质,控制研磨温度。研磨筒内壁及搅拌装置的外壁可根据不同的用途镶上不同的材料。循环卸料装置既可保证在研磨过程中物料的循环,又可保证最终产品及时卸出。连续式搅拌磨研磨筒的高径比较大,其形状像个倒立的塔体,筒体上下装有隔栅,产品的最终细度是通过调节进料流量来控制物料在研磨筒内的滞留时间来保证的。循环式搅拌磨是由一台搅拌磨和一个大体积循环罐组成的,循环罐的容积是磨机体积的 10 倍,其特点是产量大,产品质量均匀及粒度分布较均匀。

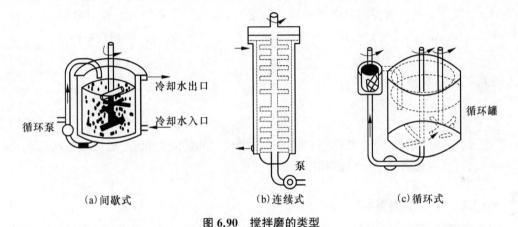

图 6.90　搅拌磨的类型

工作原理:由电动机通过变速装置带动磨筒内的搅拌器回转,搅拌器回转时其叶片端部的线速度在 3～5m/s,高速搅拌时还要大 4～5 倍。在搅拌器的搅动下,研磨介质与物料做多维循环运动和自转运动,从而在磨筒内不断地上下左右相互置换位置,产生剧烈的运动,由研磨介质重力以及螺旋回转产生的挤压力对物料进行摩擦、冲击、剪切作用使其粉碎。由于它综合了动量和冲量的作用,因此,能有效地进行超细粉磨,细度达到亚微米级。

研磨介质一般是球形,其平均直径小于 6 mm,用于高速超细粉碎时一般小于 1 mm,目前,先进的高细度搅拌磨所使用的研磨介质直径已经小于 0.1 mm。介质大小直接影响粉磨效率和产品细度,直径越大,产品粒径也越大,产量越高;反之,介质粒径越小,产品粒度越小,产量越低。一般视给料粒度和要求产品细度而定,为提高粉磨效率,研磨介质的直径必须大于给料粒度的 10 倍。另外,研磨介质的粒度分布越均匀越好,研磨介质的密度对粉磨效率也有重要作用,介质密度越大,研磨时间越短。研磨介质的硬度须大于被磨物料的硬度,以增加研磨强度。表 6.11 列出了搅拌磨常用研磨介质的密度和直径。

表 6.11　搅拌磨常用研磨介质的密度和直径

项　目	玻璃(含铅)	玻璃(不含铅)	氧化铝	锆砂	氧化锆	钢球
密度/(g/cm^3)	2.5	2.9	3.4	3.8	5.4	7.8
直径/mm	0.3～3.5	0.3～3.5	0.3～3.5	0.3～1.5	0.3～3.5	0.2～1.5

6.6.3.3　特点及应用

搅拌磨输入能量大部分直接用于搅动研磨介质,而无须耗于转动或振动笨重的筒体,因此能耗比球磨机、振动磨机低。从其工作原理可以看到,搅拌磨不仅有研磨作用,而且还具有搅拌和分散作用。对于大型低速干式连续超细搅拌磨还能用来完成粉体表面改性包覆等作业,在磨机内部温度可控的条件下能对物料进行表面活化处理。对于高速大型湿式超细搅拌磨,被磨浆料可在短时间内一次通过磨机,完成超细粉碎作业;在湿式连续搅拌超细粉碎过程中,可完成高浓度、高黏度的超细粉碎。

搅拌磨广泛应用于矿山、涂料、非金属深加工、粉末冶金等行业。如在高岭土深加工方面,可用于高岭土剥片;在湿法超细粉磨重质碳酸钙、硅灰石、镕英石时,搅拌磨可以将物料磨至 1 μm 以下。搅拌磨能将几种物料均匀地混合,这一特点在粉末冶金、硬质合金等行业中得到应用;在精细陶瓷行业,采用搅拌磨制备 SiC、Si_3N_4、Al_2O_3 等超微粉体。

6.6.4　胶体磨

胶体磨是利用一对固定磨体(定子)和高速旋转磨体(转子)的相对运动产生强烈的剪切、摩擦、冲击等作用力,使被处理的浆料通过二磨体之间的间隙,在上述诸力及高频振动的作用下,被有效地研磨、粉碎、分散和混合。

6.6.4.1　胶体磨粉碎原理

在胶体磨的剪切力场中的颗粒有三种运动方式,即沿流体流动方向的平行移动、转动和垂直于流体方向的升举运动。

当两个颗粒旋转并相互接触时,相互之间出现能量交换和摩擦研磨作用。这种能量交换的大小取决于颗粒之间的相对运动速度而不是颗粒的绝对运动速度。提高浆料黏度有助于增强颗粒之间的摩擦研磨作用。但是,随着浆料黏度的增大,磨机的产量将下降。

6.6.4.2　类型

胶体磨按其结构,可分为盘式、锤式、透平式及孔口式等类型。

盘式胶体磨由一个快速旋转盘、一个固定盘组成,两盘之间有 0.02~1 mm 的间隙。盘的形状可以是平的、带槽的、锥形的,旋转盘的转速为 3 000~15 000 r/min。盘由钢、氧化铝、石料等制成,圆周速度可达 40 m/s。粒度小于 0.2 mm 的物料以浆料形式给入圆盘之间。盘的圆周速度越高,产品粒度越小,可达 1 μm 以下。

图 6.91 为立式胶体磨结构形式图,待分散的物料自上部给入机内,在高速旋转盘与固定盘的楔形空间受到磨碎和分散后自圆周排出。

图 6.92 为 JTM120 立式胶体磨,物料自给料斗 13 给入机内,在快速旋转的盘式转齿 8 和定齿之间的空隙内受到研磨、剪切、冲击和高频振动等作用,而被粉碎和分散,定子和转子构成磨体,其间的间隙可由间隙调节套 10 调节,最小间隙为 0~0.3 mm。调节套上有刻度可以检查间隙的大小。

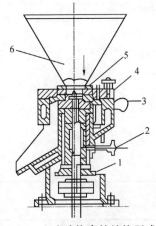

图 6.91　立式胶体磨的结构形式图

1-调节手轮；2-锁紧螺钉；
3-出水口；4-旋转盘和固定盘；
5-混合器；6-给料

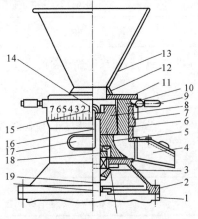

图 6.92　JTM 型立式胶体磨

1-电机；2-机座；3-密封盖；4-排料槽；5-圆盘；
6，11-O 型丁腈橡胶圈；7-产品溜槽；8-转齿；9-手柄；
10-间隙调整套；12-垫圈；13-给料斗；14-盖形螺母；
15-注油孔；16-主轴；17-铭牌；18-机油密封；19-甩油盘

6.6.4.3　胶体磨的特点

（1）可以在较短时间内对颗粒、聚合体或悬浮液等进行粉碎、分散、均匀混合、浮化处理。处理后的产品粒径可达几微米至 1 微米以下。

（2）由于二磨体间隙可调（最小可达 $1\ \mu\mathrm{m}$ 以下），因此容易控制产品粒度。

（3）结构简单，操作维护方便，占地面积小。

（4）由于固定磨体和高速旋转磨体的间隙极小，因此加工精度要求高。

胶体磨广泛应用于化工、涂料、颜料、染料、化妆品、医药、食品和农药等行业。

6.7　工程案例

案例 1　水泥磨系统工艺技术管理

陕西某建材集团有限公司积极探索水泥粉磨系统的工艺管理，总结了如下经验。

1. 水泥磨工艺系统技术性能与产、质量关系

在同等物料和质量指标下，系统各环节增产能力分配见表 6.12（以传统开流水泥磨产量为基准）；质量指标变化对技术管理水平的要求，以细度为 0.08 mm 的方孔筛筛余和比表面积（m^2/kg）为基准，见表 6.13。

2. 管好物料和优化辊压机压力

（1）物料品质性能对水泥产、质量影响

熟料质量和混合材品种与配比及石膏的品质对挤压和粉磨的影响较大，尽可能做好三降（降物料粒径、温度、水分）工作，特别要重视入磨熟料温度，如陕西泾阳厂库内热熟料直接入磨与用堆场凉熟料入磨，前者产量要降低 5.81%。另外，不同水泥品种要制定不同质量控制指标。各种不同工艺入磨物料筛余值控制见表 6.14。

表 6.12　系统增产能力分配(生产统计分析)

名　　称	比例/%
辊压机、打散分级机或 V 型选粉机	60～70
磨机	15～20
其中　研磨体级配与装填	5～8
其中　箅板型式,箅缝尺寸,通料率,活化环	6～10
其中　衬板型式,仓位	2～4
其中　高效选粉机	15～20

表 6.13　质量指标对技术水平的要求(生产统计分析)

工艺流程	质量要求等级细度/%(0.08 mm)			某水泥厂出磨水泥质量指标			
	低	中	高	0.08 mm/%	0.045 mm/%	$S/(m^2/kg)$	品　种
传统开流磨	<5	<4	<3.0(2.8)				
传统闭路磨	<3.5	<2.5	<2.0(1.8)				
预粉磨	<2.0	<1.5	<1.0(0.8)	<0.2	<0.2	>400	P·O52.5R
				<1.5	<10	340	低碱 42.5
				<0.8	<8.0	>360	P·O42.5R
联合粉磨	<3.0	<2.0	<1.5(1.2)	<1.5	<12	340～360	P·O42.5
联合预粉磨	<1.5	<1.0	<0.8(0.6)	<0.8(0.6)	<8.0	340～360	低碱 42.5
					<6.0	>360	P·O42.5R

表 6.14　不同工艺入磨物料粒径(生产统计分析)

工 艺 名 称	>1.0 mm	>0.2 mm	>0.08 mm	>0.045 mm
预粉磨/%	<50	<65	<75	<80
联合粉磨/%	<10	<30～35	<50～60	<65～70
联合预粉磨/%	<1.0	<3.0	<25	<35

(2)粉磨系统各工序管理,完成其工序目标值,确定辊压机、打散分级机或选粉机的最佳操作和控制参数,便于该系统设备平稳连续高效运行,以达到入磨物料粒径合理分布,并尽最大可能降低入磨物料粒径。

辊压机操作控制:从稳压仓料位控制回料量等方面入手调节辊压机和打散机的运行。① 在确保系统安全的条件下尽可能提高辊压机的压力,合理调节系统运行保护的延时程序,既有利提高辊压机作功能力,又有利于系统正常纠偏。② 一般规律是辊压机两主辊电流越高,说明辊压机做功越多,系统产量越高。要求达到电机功率的 60% 以上。③ 根据挤压物料特性和磨机生产不同品种水泥时,确定辊压机垫片厚度和辊缝尺寸大小。④ 重视辊压机下料点的位置,喂料要注意料仓物料离析导致偏辊、偏载。因细料难以施压和形成"粒间破碎"。所以细粉越多,辊缝越小,功率越低。⑤ 导料板插入深度越深,辊缝越小,功率越低,最终导致产量下降。辊压机进料口到稳压仓下料点之间柱壁面上黏结细粉后,也影响辊压机产量。⑥ 加强辊压机侧挡板的维护,间隙控制在 2～5 mm 较为合适,经常检查侧挡板磨损状况,防止磨损严重漏料。⑦ 定期检查辊压机辊面,若出现剥落与较大磨损要及时补焊处理。⑧ 防止辊压机振动而跳停的故障。

打散机的操作控制:① 加大对打散机锤头及分级筛网的日常检查维护,若入磨物料大颗粒增大,需检查锤头和筛网。② 改变筛网孔尺寸,可改变入磨物料粒径和产量。③ 调节内筒与内锥的高度,稳定细粉产量。④ 稳料小仓料量要控制设计值的 80% 为合适。⑤ 根据不同水泥品种的质量要求,确定打散机的合理转速。防止打散机转速过低,回粉量过多,这样稳压仓内细料过多,严重影响辊压机做功效果,反而使磨机产量下降,质量更难控制,造成恶性循环。

V 型选粉机的操作控制:① 调节入磨物料细度是调节选粉机的进风量,进风量越小,半成品细度越细。进风越大,则半成品细度越粗,改变选粉机出风管一侧的导流板数量和角度,可调节半成品细度,导流板数量越多,则半成品细度越细,反之亦然。② 选粉机喂料要注意在选粉区的宽度方向形成均匀料幕,避免料流集中在选粉区的中间区域内,从而导致选粉区两侧气流短路影响选粉效果及半成品产量。③ 选粉机料气比为 4.0 kg/m³ 来确定控制风量。

3. 抓好计量与操作

(1) 对操作人员进行全面培训:① 熟知工艺流程,设备规格性能,懂得工作原理,学会正常操作方法和一般故障判断处理能力及事故的防范等方面的知识与技能。② 了解各种规章制度、规程、细则办法等,明确岗位记录报表,报告制度与责任,掌握其精神实质,抓住要点严格执行。③ 掌握系统操作控制参数,懂得各参数的互相关系及各参数与质量、产量、安全、环保的关系。同时要知道各种物料配比数量与计量器具电流变化的关系等作为岗位看板操作调整依据。

(2) 对系统计量器具进行全方位标定、校正:① 首先要求是可调的稳定性,然后是绝对值准确性或相对值准确性。② 必须做到使系统各计量器具都能用相对值反求可比准确性,然后进行绝对值配比核算。③ 记录各设备空载运行时电流和不同载荷下的电流,找出载荷量变化与电流值的关系,电流值与各种物料配比的关系(即与某些质量指标变化的关系),作为技术人员看板管理的判断依据。

4. 整好篦板焊好篦缝

对磨机而言隔仓板结构、型式、篦缝分布与宽度及篦板缝的通料率对磨机产量和质量的影响是十分明显。如合肥院研制国产高细、高产磨就是采用小篦缝大流速的磨内筛分技术隔仓板作为技术突破口,为采用小直径研磨体创造条件,细磨仓采用活化环技术进一步提高细磨能力。随后,旧水泥磨技术改造采用双层筛分技术的隔仓板提高磨机产量和质量,取得较好效果。

(1) 隔仓板结构与型式。隔仓板型式与结构由老式带全盲板的普通双层隔板,发展到粗、细筛板组合隔仓板,无盲板中间夹筛网的双层隔仓板,中、高料位无盲板的双层隔仓板,带筛分装置的双层隔仓板。总之,磨机制造厂为配备不同生产工艺的磨机而设计不同形式与结构的隔仓板。同时为不同工艺磨机配套使用对出口筛板也做了许多改进。

(2) 整好篦板,安装篦板时一定要整平,篦板之间间隙要均匀,螺栓要多次坚固后并焊住,同时认真焊好篦板间隙缝,防止篦板在运行中位移,若篦板开孔率过大时,要对篦缝进行焊补,减少篦缝通料量,其目的是防止研磨体和物料颗粒串仓及控制物料流速。

(3) 篦缝尺寸、篦板开孔率、隔仓板前后筛余降(篦板前点与后点筛余值之差)见表 6.15。双层篦板缝宽为 6～8 mm,粗筛板缝宽可到 10 mm,出口篦板缝宽 4～6 mm。若发现隔仓板前后筛余降很小,说明篦板通料率和研磨体级配不合适,可能是球径偏小和篦板开孔率偏低造成,需调整级配和处理篦板篦缝。隔仓板筛余降合理或偏大,说明磨机研磨体级配合适,开孔率合适,磨机系统产量也相对较高。若筛余降出现倒挂现象,可能球径偏大或偏小,篦板开孔率偏大或偏小,根据具体情况进行处理。

表 6.15　P·O42.5R 磨内取样分析

工艺名称	Ⅰ仓		Ⅱ仓		Ⅲ仓
	开孔率/%	篦板前后点筛余降/% (0.08 mm 方孔筛筛余)	开孔率/%	篦板前后点筛余降/% (0.08 mm 方孔筛筛余)	开孔率/%
传统开流磨	5～7	7	5～6	6	3.5～5.0
传统闭流磨	8～12	5～6	6～8		
预粉磨	6～9	5～6	12		
联合粉磨	4～5	7～8	3～4	4～6	4.0
联合预粉磨	7～10	3～4	8～10		

5. 配好球段

(1) 基本原则:① 在已定的工艺技术的条件下,以入磨物料粒径分布和生产品种的质量指标要求为主线。作为配球的依据。② 坚持大球不能缺,小球不可少的原则。③ 一仓必须具有足够能力并留有余地,是提高磨机产量的基础,是稳定磨况,便于正常生产控制必备条件。一仓能力是球径、球量、级配、仓长的组合体。④ 若碰到熟料强度低,易磨性差,物料粒径差异大,而质量指标要求高时,一仓配球可采用两头大中间小的方案。也可采用其中主要两级球径的球量为主,其余球径球量作辅助。⑤ 在解决磨机细碎与细磨结合难点时,适当增长一仓长度(约 0.25 m),来解决物料充分细碎,因在同样条件下,可适当降低球径或适当减少篦板通料率,有利细碎。在相同填充率系数条件下,增加该仓球量,增加钢球对物料冲击次数,有利加强对物料的细碎。一仓细碎效果比后仓要强得多。⑥ 物料经辊压机挤压,经过打散机或 V 型选粉机分散分选后入磨物料颗粒很细。研磨体直径也较小,在这样的条件下,一仓研磨体仍然要有足够动能冲击力,从而使物料在无序粉碎过程中产生小颗粒、微粉及颗粒裂纹,为后仓进行细磨创造条件,将小颗粒磨得更细,裂纹被解体后继续进行粉磨,微粉对提高成品比表面积特别有利。另外,水泥产品中的颗粒组成和颗粒形貌对水泥强度影响较大,利用一仓研磨体的动能冲击力,为改善上述参数创造条件,有利提高水泥产品颗粒的圆形度,从而提高水泥强度。

(2) 拉朱莫夫计算球径公式中 i 系数在不同工艺中的应用

$$K \cdot A 拉朱莫夫公式: D_m = i\sqrt[3]{d_m}$$

式中,D_m 为钢球直径(mm);d_m 为物料粒径(mm);i 为系数,取 28。

根据国内不同工艺较好的配球方案进行反求计算,而推出的拉朱莫夫公式中 i 系数的经验值,见表 6.16。

表 6.16　*i* 系数值列表(生产统计分析)

预粉磨

仓位	一　仓						二　仓						
球径/mm	Φ100	Φ90	Φ80	Φ70	Φ60	Φ50	Φ60	Φ50	Φ40	Φ30	Φ25	Φ20	Φ17
i 值	40±5	40±5	40±5	55±5	160±10	143±5	80±10						

联合预粉磨

仓位	一　仓						二　仓							
球径/mm	Φ50	Φ40	Φ30	Φ25	Φ20	Φ17	Φ20	Φ17	Φ15	Φ18×20	Φ16×18	Φ14×16	Φ12×14 Φ2×10	
i 值	85±10						42±4(球或段)			42±4				

联合粉磨

仓位	一　仓					二　仓			三　仓	
球径/mm	Φ60	Φ50	Φ40	Φ30	Φ25	Φ18×20	Φ16×18	Φ14×16	Φ12×14	Φ10×12
i 值	55±10	55±10	90±10	95±10	95±10	45±5	55±5	55±5	35±5	

(3) 各仓筛余降的实践数据

根据最好和最差时的磨机产质量,取样了解磨内筛余内曲线的分布状况,并找出各工艺水泥磨生产不同品种时各仓首点、末点的筛余值,然后得该仓筛余降和每米筛余降。水泥磨分析结果整理的数据见表 6.17。(各仓首点、末点筛余值因磨机规格分仓和不同品种而异)。

表 6.17　磨机筛余降(%/m)生产 P·O42.5R 和 PC32.5R 统计分析

工艺名称	Ⅰ仓	Ⅱ仓	Ⅲ仓	质 量 指 标	
				0.08 mm/%	S/(m²/kg)
传统开流磨	8.5~10.0	9.6	3.67	<5.0	290
高细高产开流磨	7.0~9.0		2.0~2.5	<4.0	350
挤压联合粉磨	3.5~4.0(掺大量粉煤灰时) 7.0~8.0	2.1~2.5(4.0)	0.45~1.4	<2.0	330
传统闭路磨	3.5~5.0	3.0~4.0		<2.0	320
预粉磨	1.45~2.0	1.15~1.71		<0.5	330
联合预粉磨	1.2~1.6	0.6~1.3		<0.5	330

6. 高效选粉机与系统的通风管理

目前水泥磨用高效选粉机以 O—Sepa 为主,从 O—Sepa 选粉机的基本原理出发研制多种高效选粉机,各水泥生产企业按设计制造厂技术要求进行调试与管理,基本上取得了良好的效果。

(1) O—Sepa 选粉机使用时注意点

操作时主要注意点是比表面积与细度的调节关系,它是一种选粉效率高,循环负荷较低(100%~250%)的高效选粉机,使用风量一定要满足其要求,一、二、三次风配合要合理。一般讲细度细、比表面积相应较高,细度细,比表面积在一定值时水泥 28d 强度也相应较高。

这对粉磨原理而言是对的,但对 O—Sepa 选粉机而言不一定符合这一规律。但在生产中仍要强调将物料磨细作为技术管理重点。① 部分人认为物料细,比表面积就一定高,于是就提高转速,降低风量,结果回料量大,导致投料量递减,同时投料量少,风速慢物料在磨内停留时间长,出磨颗粒相对均匀,因而不能有效提高比表面积。② 在一定转速的情况下,加大系统风量较多粗颗粒进入成品,成品变粗,n 值越小,比表面积反而提高。③ 风量不变情况下,加快转子速度,n 值增大,比表面积反而降低或没有提高。④ 在实际操作中,当细度细时,比表面积并不高;细度粗时,比表面积反而高。因从比表面积计算公式中知,n 值越大,比表面积越小,n 值是颗粒特征直线的斜率,也就是均匀性系数。物料颗粒分布范围越窄,直线越陡,颗粒越均匀,n 值越大,则比表面积越小。

(2) 加强系统密封管理,确保系统用风量首先满足 O—Sepa 选粉机的工况需求,同时也确保磨内通风量,一般讲入磨物料越细,磨内通风量越大,尽快将磨内符合产品要求的微粉拉出磨机进入选粉机。同时也加快磨内物料流速,从而提高磨产量。① 磨尾负压,随入磨物料变细而增大,一般为 $250\sim2\,200$ Pa。② 磨尾气体温度显示,开流磨低于 $120\,℃$,若出磨气体显示温度达 $135\,℃$ 以上或产品细度变粗与比表面积变高时,磨内物料流动不畅,篦板缝已堵,需停磨清理。(这一现象符合预粉磨,联合预粉磨)。③ 磨物料综合水分小于 1.0%,最大不能超过 1.5%。

案例 2　ATOX - 50 立磨提产措施

湖南某水泥有限公司原料磨为丹麦史密斯公司 ATOX - 50 立磨,设计产量 450 t/h,运行 9 个月后,产量只有 390 t/h,电耗也持续增长,到 2009 年 11 月份生料电耗 22.27 kW·h/t,远超出 18.6 kW·h/t 的指标。公司采取了一系列措施后,产量增长到平均 425 t/h,吨生料电耗也降至 19.56 kW·h/t。

1. 立磨运行状况

立磨主电机电流偏高(电机额定功率 3 800 kW),正常运行时平均大于 360 A,喂料量难以提高。在停止磨内喷水的情况下,料层为 90 mm 或者更高;入磨风量不足,风温偏低。吐渣偏多,且吐渣中的大块多,刮板磨损严重,辊皮外侧磨损严重,形成明显的凹槽。石灰石调配库离析现象严重,在离析时磨机电流会达到高报警状态,定子温度增长较快,大量吐渣将刮板仓填满,并多次出现刮板仓排料口因大块物料挤压,导致下料口堵塞的危急状况。此外,出磨生料石灰石饱和比难受控,出现大幅度波动。

生料电耗增高,均化库料位一直偏低,一方面导致生料均化效果差,另一方面增加了立磨故障停机的风险性。立磨例检周期变长,甚至不能保证必要的检修,影响系统的正常维护和运行。出磨生料成分和细度不稳定,影响了大窑的运转和熟料质量。

2. 主要原因及分析

(1) 磨辊和磨盘衬板磨损。当磨辊和磨盘衬板磨损后,辊与盘之间的接触形式由线接触改为内端点接触,而粉磨作业区主要发生在磨辊与磨盘的外端(靠喷口环侧),因此,此处磨损量也较其他地方大,当磨辊与磨盘衬板外端形成凹槽后,物料在此区域受不到有效挤压,大大降低了粉磨效率,造成大量的物料经过此区时,未能得到很好的粉磨,进而被甩落在喷口环区,导致吐渣料增多。11 月份辊皮平均磨损状况为最大处达 64.6 mm,最小处也有

17.4 mm,辊皮有明显的凹槽。

(2) 系统风量。ATOX-50 磨机喷口环的设计风速一般为 45～55 m/s,由 V(风速)$=Q$(风量)$/S$(有效通风面积)可知,在喷口环面积不变的情况下,当系统风量增大的时候,喷口环处的风速就会增高,吐渣就会减少,相反则会增多。而立磨的喷口环盖板为 210 mm,喷口环有效通风面积宽度小于 150 mm,这是因为系统风量不足,为了满足喷口风速,将盖板宽度加大。这说明从窑系统过来的热风明显不足,这一点还可以从入磨风压偏低和入磨风温不足看出。

(3) 入磨风温。入磨风温对料层的厚度控制有很大影响。由于温度高,物料干燥,料层发散偏薄;温度低,料层就偏厚。ATOX-50 磨机的理想料层为 40 mm±10 mm,而该磨机在磨内喷水停止的情况下,料层厚度在 90 mm 以上。因为料层是受压力使颗粒间产生相互挤压摩擦而起到粉磨效果的,过厚的料层会缓冲辊子的压力,平均到每个颗粒力度就会减小,因此降低了粉磨效率,增加了电机负荷。而造成这一结果的原因是石灰石掺有大量水分高的泥土,遇上入磨风量不够,风温偏低,烘干能力不足,所以料层偏厚。

(4) 研磨压力。研磨压力设定值过小,磨机做功少,吐渣料必然增多,但研磨压力增加至 $99×10^5$ Pa 左右,产量并没有明显增加,说明单方面提高研磨压力并不能解决问题。

(5) 离析现象严重。石灰石库几乎都存在离析现象,形成机理是石灰石破碎的粒度不一致,或者石灰石内存在泥土,当物料入库时形成一个锥形料堆,大颗粒较重的石头会滑落到两边,粒度小轻质物料会在料堆中央集中下料。停止进料后,中间部分物料下空后,两边较大的石头才会滑落,因此会很明显出现一个物料分层现象。石头粒度的大幅度波动使工况紊乱,而石灰石粒度落差越大,离析现象就会越明显。因仓内物料的离析作用,磨内一会儿石头、一会儿泥土,进而导致立磨料层不稳,产生较大的振动,吐渣料必然增多。

3. 措施及效果

(1) 减少窑尾系统内的漏风点,包括余热发电 PH 炉系统,尽量提高入磨风温。

(2) 减小进厂石灰石含泥量及降低石灰石粒度,来满足磨机的生产需求。经测试表明:粒度小于 25 mm 的石灰石在正常料中占 61.4%,离析料中占 43.57%;粒度大于 60 mm 的石灰石颗粒在离析料中占 21.8%,在正常料中只占 9.97%。由此可见石灰石粒度大小对磨况的影响。

(3) 通过增加高温风机转数和增大 PH 炉旁路挡板,增加入磨风量和提升风温。

(4) 增加刮板头部的长度及喷口环盖板的修复力度。

经过此次提产方案的实施,立磨运行状况有了很大的改善,具体参数可见表 6.18。

表 6.18 提产方案实施效果

时　间	产量/(t/h)	电耗/(kW·h/t)	主机电流/A	入磨负压/kPa	入磨风温/℃	生料细度合格率/%
11 月	390	22.27	>360	−1.8	160～175	91.3
12 月	425	19.56	<350	−1.4	>190	97.8

思考题

1. 何谓粉碎? 何谓粉碎比? 粉碎的目的及意义有哪些?

2. 何谓物料的易碎性、相对易碎性系数? 写出相对易碎性系数的数学表达式。

3. 常用的粉碎方法有哪几种?

4. 常用的破碎机械与粉磨机械有哪些类型?

5. 何谓材料的理想强度?

6. 试述粉碎的表面积学说、体积学说和裂纹学说之间的内在关系及各自适用性。

7. 试述粉碎过程中,粉碎物料的分散度随粉磨时间变化的关系。

8. 分别画出简单摆动型和复杂摆型颚式破碎机的工作原理图,并指出各部件的名称。

9. 为什么颚式破碎机偏心轴的转速过高和过低都会使生产能力不能达到最大值? 理论分析最大生产能力对应的转速应满足什么假设条件?

10. 某一破碎粉磨系统,一破为颚式破碎机,进料平均粒度为 350 mm,出料平均粒度为 80 mm,从二破反击式破碎机卸出的平均粒度为 20 mm,经球磨机粉磨得细粉平均粒度为 0.05 mm,试分别计算平均粉碎度为 i_1、i_2、i_3 和总粉碎度 i。

11. 计算 EP900×1200 偏心轴转速。已知:钳角为 22°,动颚行程为 30 mm。

12. 锤式破碎机转子在制造与修理后,为什么必须进行平衡?

13. 何谓反击式破碎机的选择性破碎?

14. 试从工作原理、锤头与转子的联结方式、粒度调节方式、产品粒度的均匀程度、保险装置等五个方面比较单转子 PC 和单转子 PF 破碎机的异同点。

15. 研磨体在磨机中有几种运动状态? 各有何特点?

16. 衬板的主要作用有哪些? 列举 4 种球磨机衬板的形式,简述它们的用途。

17. 什么是研磨体运动的基本方程式? 此式说明了什么?

18. 球磨机隔仓板起何作用? 它的结构型式与特点有哪些? 篦孔排列方式有哪些?

19. 什么是磨机的临界转速、理论适宜转速和实际转速?

20. 何谓粉碎过程中的"多破少磨"? 提出该说法的理由是什么? 据此,可否进一步提出"以破代磨",为什么?

21. 粉磨过程中球磨机筒体具有同一转速,而工艺要求各仓内研磨体要呈不同运动状态,应采用哪些措施来解决这对矛盾,保证磨机的最佳工作状态。

22. 怎样绘制球磨机的筛析曲线?

23. 试求 $\phi 2 \times 13$ m 球磨机临界转速、理论适宜转速、工作转速和所需的主电机功率。已知:衬板厚度为 0.05 m,有效容积为 41 m³,研磨体装载量为 46 t,填充率为 0.32,系采用边缘传动。若喂入物料为 70% 的中等硬度石灰石和 30% 的易磨性黏土,产品粒度要求为 0.08 mm,方孔筛筛余<10%,采用开路操作时,其台时产量是多少?

24. 提高球磨机产量、质量的途径有哪些?

25. 各种不同型式的立式磨的主要区别在哪里?

26. 简述立式磨的工作原理。

27. 从工作原理、构造比较辊磨机和辊压机的异同点。

7 化学法制备粉体

本章提要

随着无机非金属材料对组分均匀性的要求越来越高,传统的机械粉碎方法已难以满足这样的要求,化学法制备高性能原料粉体则成为解决这个问题的一种新途径。采用化学制备法的粉体纯度高、粒度可控,均匀性好,颗粒微细,并可以实现颗粒在分子级水平上的复合、均化。本章主要介绍了化学法制备微粉的原理和方法,包括气相法、沉淀法、水热合成法、有机金属法、激光法、自蔓延合成法和冻结干燥法等。

7.1 概述

随着无机非金属材料,特别是陶瓷材料的精细化发展,材料组分的均匀性显得越来越重要。传统的机械粉碎方法难以使材料达到分子或原子尺度的混合,而采用化学制备法往往可以解决这个问题,从而达到以较低生产成本制备高质量材料的目的。粉体化学制备法是由离子、原子、分子通过反应、成核和成长、收集、后处理等手段获取微细粉末,甚至纳米颗粒。这种方法的特点是纯度高、粒度可控,均匀性好,颗粒微细,并可以实现颗粒在分子级水平上的复合、均化。

原料粉体的性能对陶瓷的成型、烧结和显微结构有很大的影响,进而对陶瓷的性能产生决定性的作用。先进陶瓷制备一般要求高纯、超微细的粉体。理想的粉体应是:形状规则(各向同性)一致,粒径均匀且细小,不结块,纯度高,能控制相。先进陶瓷与传统陶瓷最大区别之一是它对原料粉体的纯度、细度、颗粒尺寸和分布、晶型、反应活性、团聚性等都提出了更高的要求。表 7-1 列出了先进陶瓷原料粉体的主要特性,了解这些特性对新型无机非金属材料性能的影响以及合理使用粉体都是非常重要的。

表 7-1 原料粉体的主要特性

组　成	化学计量性、组成的均匀性、表面吸附层、组成晶相
颗粒形状	颗粒的直径及分布,颗粒形状、气孔、表面积
结晶性能	单晶和多晶、结构缺陷、表面和内部畸变
聚　结	团聚颗粒的大小、硬度和结构

按照物质的原始状态分类,可将微粉制备方法分为气相法、液相法和固相法。按照制备原理和技术分类,主要有沉淀法、溶胶-凝胶法、水热合成法、前驱体法、有机金属法、离子体法、激光法、自蔓延合成法等。

7.2 液相法

7.2.1 沉淀法

沉淀法通常是通过一种或多种离子的可溶性盐溶液，加入沉淀剂（如 OH^-、$C_2O_4^{2-}$、CO_3^{2-} 等），当存在于可溶性盐溶液中的离子 A^+ 和 B^- 的离子浓度积超过其溶度积时，A^+ 与 B^- 之间就开始结合，进而形成晶格，并在晶格生长和重力作用下发生沉降，形成沉淀物；或于一定温度下使溶液发生水解，形成不溶性的氢氧化物、水合氧化物或盐类的前驱体沉淀物，再通过过滤与溶液分离，将沉淀物洗涤去除其中的阴离子，经热分解或脱水得到所需的氧化物纳米颗粒。

沉淀法要控制沉淀物的粒径与形状。一般而言，当颗粒粒径达到 $1\ \mu m$ 以上就形成沉淀物。沉淀颗粒成长中有时在单个核上发生，但常常是细小的一次颗粒的二次凝集。沉淀物的粒径取决于核形成与核成长的相对速度。即如果形成速度低于核成长速度，那么生成的粒数就少，单个颗粒的粒径就变大。但是沉淀生成过程是复杂的。沉淀物的溶解度越小，沉淀物的粒径也越小；而溶液的过饱和度越小则沉淀物的粒径较大。由于控制沉淀物的生成反应不容易，所以，实际操作时，是通过使沉淀物颗粒长大来对粒径加以控制的。通过将含有沉淀物的溶液加热，可使沉淀物粒径长大。

沉淀法制备纳米颗粒主要分为共沉淀法、均匀沉淀法、化合物沉淀法、水解沉淀法等多种。目前被广泛应用于微粉制备的沉淀法有共沉淀法和化合物沉淀法。

7.2.1.1 共沉淀法

化学共沉淀法一般是把化学原料以溶液状态混合，并向溶液中加入适当的沉淀剂，使溶液中已经混合均匀的各个组分按化学计量比共同沉淀出来，或者在溶液中先反应沉淀出一种中间产物，再把它煅烧分解制备出微细粉料产品。采用化学共沉淀法制备粉体的方法很多，比较成熟并应用于工业批量生产的有草酸盐法和氨盐法等。

常用方法是以水溶液形式，将阴离子导入易溶性化合物的水溶液中作为沉淀剂，并与含有金属阳离子的易溶性化合物发生反应，形成难溶性氢氧化物、碳酸盐或草酸盐而沉淀出来。由于反应在液相中可以均匀进行，获得在微观按化学计量比混合的产物。有关工艺流程为：分别制备金属的盐类水溶液→按化学计量比混合盐类水溶液制备前驱体沉淀物→固液分离→低温煅烧分解制备出微细粉料。

1. 单相共沉淀

沉淀物为单一化合物或单相固溶体时，称为单相共沉淀。这是使溶液中金属离子按化学计量比来配制溶液，得到化学计量化合物形式的单相沉淀物。这样，当沉淀颗粒的金属元素之比等于产物化合物金属元素之比时，沉淀物可以达到在原子尺度上的组成均匀性。对于二元以上金属元素组成的化合物，当金属元素之比呈现简单的整数比时，可以保证生成化合物的均匀性组合。例如，在 Ba、Ti 的硝酸盐溶液中加入草酸沉淀剂后，形成了单相化合

物 $BaTiO(C_2O_4)_2 \cdot 4H_2O$ 沉淀;在 $BaCl_2$ 和 $TiCl_4$ 的混合水溶液中加入草酸后也可得到单一化合物 $BaTiO(C_2O_4)_2 \cdot 4H_2O$ 沉淀。经高温(450~750℃)加热分解和一系列反应可制得 $BaTiO_3$ 粉料。采用单相共沉淀法可以对多种草酸盐化合物进行操作,如 $BaSn(C_2O_4)_2 \cdot 12H_2O$、$CaZrO(C_2O_4)_2 \cdot 2H_2O$ 等,从而制得 $BaSnO_3$ 和 $CaZrO_3$ 等纳米颗粒。这种方法仅对有限的草酸盐沉淀适用,如二价金属的草酸盐间产生固溶体沉淀。

2. 混合物共沉淀

如果沉淀产物为混合物时,称为混合物共沉淀,这种方法能将各种阴离子在溶液中实现原子级的混合。通常使用氢氧化物、碳酸盐、硫酸盐、草酸盐等,这些物质配成共沉淀溶液时,其 pH 具有很灵活的调解范围。例如,以 $ZrOCl_2 \cdot 5H_2O$ 和 Y_2O_3 为原料采用共沉淀法制备四方氧化锆或全稳定立方氧化锆的过程是将 Y_2O_3 用盐酸溶解得到 YCl_3,然后将 $ZrOCl_2 \cdot 5H_2O$ 和 YCl_3 配制成一定浓度的混合溶液,在其中加 $NH_3 \cdot H_2O$ 后便有 $Zr(OH)_4$ 和 $Y(OH)_3$ 的沉淀粒子缓慢形成,反应式如下

$$ZrOCl_2 + 2NH_3 \cdot H_2O + H_2O \longrightarrow Zr(OH)_4 \downarrow + 2NH_4Cl \qquad (7.1)$$

$$YCl_3 + 3NH_3 \cdot H_2O \longrightarrow Y(OH)_3 \downarrow + 3NH_4Cl \qquad (7.2)$$

得到的氢氧化物共沉淀物经洗涤、脱水、煅烧可得到具有很好的烧结活性的 $ZrO_2 - Y_2O_3$ 颗粒。

让溶液内的多种离子同时沉淀几乎是不可能的。可利用溶度积化学平衡理论来定量地讨论共沉淀反应。溶液中沉淀生成的条件因不同金属离子而异,这成为共沉淀法的一个缺点。即同一条件下沉淀的金属离子的种类很少,按满足沉淀条件的顺序依次沉淀下去,形成单一的或几种金属离子构成的混合沉淀物。我们考察一下利用氧化钇、氧化镁、氧化钙等靠共沉淀法来合成稳定氧化锆原料的情况。锆、钇、镁、钙各金属元素的氯化物能溶解于水而成为溶液。在合成含有稳定剂元素钇的氧化锆微粉时,向含有锆和钇离子的水溶液中添加氢氧化钠、氨水之类含有碱基团的物质,可使溶液中的离子沉淀。但是,要让这些离子同时沉淀,得到在微粒单元上组成均匀的颗粒是相当困难的,图 7.1 表示的是锆离子和稳定剂离子在水溶液中的离子浓度与 pH 之间的关系。由图 7.1 知道,锆离子与起稳定剂作用的各离子的沉淀 pH 相差很大,所以沉淀是分别发生的,沉淀物是水合锆微粒与稳定剂氢氧化物微粒的混合沉淀物。将这种混合沉淀物进行煅烧就得到化合物微粉,用此方法进行锆原子、稳定剂原子的混合比机械混合氧化物的方法更完全、更好,但其本质上仍是固相反应。要达到使合成粉体在一个粒子水平上的稳定化是困难的。从化学平衡理论来看,主要的操作参数是溶液的 pH。

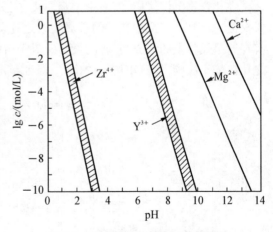

图 7.1　水溶液中的锆离子及稳定剂离子浓度与 pH 的关系

7.2.1.2　均匀沉淀法

一般的沉淀过程是不平衡的,但如果控制溶液中的沉淀剂浓度,使之缓慢地增加,则可

使溶液中的沉淀处于平衡状态,且沉淀能在整个溶液中均匀地出现,这种方法称为均相沉淀。通常是通过溶液中的化学反应使沉淀剂慢慢地生成,从而克服了由外部向溶液中加沉淀剂而造成沉淀剂的局部不均匀性,沉淀不能在整个溶液中均匀出现的缺点。例如,尿素水溶液的温度逐渐升高至 70℃ 附近,尿素会发生分解,即

$$(NH_2)_2CO + 3H_2O \longrightarrow 2NH_3 \cdot H_2O + CO_2 \uparrow \qquad (7.3)$$

由此生成的沉淀剂 $NH_3 \cdot H_2O$ 在金属盐的溶液中分布均匀,浓度低使得沉淀物均匀地生成。由于尿素的分解速度受加热温度和尿素浓度的控制,因此可以使尿素分解速度降得很低。有人采用低的尿素分解速度来制得单晶颗粒,用此种方法可制备多种盐的均匀沉淀,如铝盐颗粒以及球形 $Al(OH)_3$ 粒子。

为了避免共沉淀方法本质上存在的分别沉淀倾向,可以提高作为沉淀剂的氢氧化钠或氨水溶液的浓度,再导入金属盐溶液,从而使溶液中所有的金属离子同时满足沉淀条件;为了防止由于导入金属盐溶液产生沉淀而引起局部环境变化,还可以对溶液进行激烈的搅拌让沉淀生成。这些操作虽然在某种程度上能防止分别沉淀,但是,在使沉淀物向产物化合物转变而进行加热反应时,并不能保证其组成的均匀性。要靠共沉淀方法来使微量成分均匀地分布在主成分中,参与沉淀的金属离子的 pH 大致上应在 3 以内。对于共沉淀法来说,一般认为,沉淀物组成的分布均匀性只能达到沉淀物微粒的粒径层次上;所添加的微量成分,由于所得到的沉淀物粒径无论是主成分,还是微量成分,几乎都是相同的,所以,在这种情况下,也完全没有实现微观程度上的组成均匀性。即共沉淀法在本质上还是分别沉淀,其沉淀物是一种混合物。克服共沉淀法的缺点并在原子尺度上实现成分原子的均匀混合方法之一是化合物沉淀法。

7.2.1.3 化合物沉淀法

在化合物沉淀法中,溶液中的金属离子是以具有与配比组成相等的化学计量化合物形式沉淀的,因而,当沉淀颗粒的金属元素之比就是产物化合物的金属元素之比时,沉淀物具有在原子尺度上的组成均匀性。但是,对于由两种以上金属元素组成的化合物,当金属元素之比按倍比法则,是简单的整数比时,保证组成均匀性是可以的,而当要定量地加入微量成分时,保证组成均匀性常常很困难。靠化合物沉淀法来分散微量成分,达到原子尺度上的均匀性,如果是利用形成固溶体的方法可以收到良好效果。不过,形成固溶体的系统是有限的,再者,固溶体沉淀物的组成与配比组成一般是不一样的,所以,能利用形成固溶体的方法的情况也是相当有限的。而且要得到产物微粉,还必须注重溶液的组成控制和沉淀组成的管理。图 7.2 所示的是利用草酸盐进行化合物沉淀的合成装置,作为化合物沉淀法的例子,如由 $BaTiO(C_2O_4)_2 \cdot 4H_2O$、$BaSn(C_2O_4)_2 \cdot$

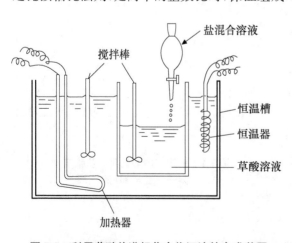

盐混合溶液
搅拌棒
恒温槽
恒温器
草酸溶液
加热器

图 7.2 利用草酸盐进行化合物沉淀的合成装置

$(1/2)H_2O$、$CaZrO(C_2O_4)_2 \cdot 2H_2O$ 分别合成 $BaTiO_3$、$BaSnO_3$、$CaZrO_3$ 等。化合物沉淀法是一种能够得到组成均匀性优良的微粉的方法。例如，由 $BaTiO(C_2O_4)_2 \cdot 4H_2O$ 合成 $BaTiO_3$ 微粉，$BaTiO(C_2O_4)_2 \cdot 4H_2O$ 沉淀由于煅烧，发生热解

$$BaTiO(C_2O_4)_2 \cdot 4H_2O \longrightarrow BaTiO(C_2O_4)_2 + 4H_2O \tag{7.4}$$

$$BaTiO(C_2O_4)_2 + 1/2O_2 \longrightarrow BaCO_3(无定形) + TiO_2(无定形) + CO + CO_2 \tag{7.5}$$

$$BaCO_3(无定形) + TiO_2(无定形) \longrightarrow BaCO_3(结晶) + TiO_2(结晶) \tag{7.6}$$

即 $BaTiO_3$ 并不是由沉淀物 $BaTiO(C_2O_4)_2 \cdot 4H_2O$ 微粒的热解直接合成，而是分解为碳酸钡和二氧化钛之后，再通过它们之间的固相反应来合成的。因为由热解而得到的碳酸钡和二氧化钛是微细颗粒，有很高的活性，所以这种合成反应在 450℃ 的低温就开始了，不过要得到完全单一相的钛酸钡，必须加热到 750℃。在这期间的各种温度下，很多中间产物参与钛酸钡的生成，而且这些中间产物的反应活性也不同。所以，$BaTiO(C_2O_4)_2 \cdot 4H_2O$ 沉淀所具有的良好的化学计量性就丧失了。几乎所有利用化合物沉淀法来合成微粉的过程中，都伴随有中间产物的生成，因而，中间产物之间的热稳定性差别越大，所合成的微粉组成不均匀性就越大。

7.2.2 水解法

许多化合物可采用水解法生成相应的沉淀物，用来制备微粉。一般是利用氢氧化物和水合物，配制水溶液的原料是各类无机盐，如氯化物、硫酸盐、硝酸盐、铵盐等。其原理是通过配制无机盐的水合物，控制其水解条件，合成单分散性的球、立方体等形状的纳米颗粒。这种方法目前正广泛地应用于各类新材料的合成。例如，通过对钛盐溶液的水解可使其沉淀，合成球状的单分散形态的 TiO_2 纳米颗粒；通过水解三价铁盐溶液，可以得 $\alpha\text{-}Fe_2O_3$ 纳米颗粒。此外，水解沉淀法还经常采用金属醇盐为原料。因而，水解法可分为无机盐水解法和金属醇盐水解法。

7.2.2.1 无机盐水解法

利用金属的明矾盐溶液、硫酸盐溶液、氯化物溶液、硝酸盐溶液胶体化的手段是制备金属氧化物或含水金属氧化物超微粉、材料研究以及新材料合成的常用方法。在催化剂、填充剂、表面涂层剂、光导材料等领域有多方面的应用。其中，特别是不断开拓在颜料领域内的应用，这是因为不同的粒子形状，使颜料显示出在很宽范围内的可调变化。以下叙述 TiO_2、Fe_2O_3 微粉的合成方法。

球形单颗粒 TiO_2 微粉的合成方法。首先在 59℃，1 mmHg 的条件下，将化学纯 $TiCl_4$ 进行蒸馏精制。往四氯化钛里添加浓度为 12 mol/L 的盐酸后，通过 $0.22~\mu m$ 孔径的微孔过滤器，除去因水解等操作在四氯化钛中所产生的杂质。添加了盐酸的四氯化钛溶液非常稳定不易水解，可长时间保存。通过测定因添加过氧化氢而生成的过氧化钛在 $400 \sim 420~nm$ 内的吸光度来确定溶液中的钛浓度之后，再将该溶液用于制备 TiO_2。

例如，将四氯化钛的浓度为 0.106 mol/L，HCl 浓度为 5.76 mol/L，$[SO_4^{2-}]/[Ti^{4+}] =$

1.9 的溶液在 98℃下,经 37 d 的水解进行水热合成,就可以得到最小粒径为 2.1 μm,最大粒径为 3.1 μm,中等粒径为 2.6 μm 的单分散态 TiO_2 微粉。其中,SO_4^{2-} 离子是以 Na_2SO_4 的形式添加的。另外,所合成的球状粉末粒径以及粒度分布依赖于水热时间。粒径随水热时间加长而变大,不过颗粒成长过程具有一定的诱导时间,在此诱导期间之前,溶液中检测不出颗粒。在上述条件下,该诱导期为 15 h。

三氧化二铁 α-Fe_2O_3 的微粉,可以通过水解三价铁的盐溶液比较容易地得到。但是,得到的颗粒其粒径及颗粒形状不齐整,不是单分散态的颗粒。立方体形状的颗粒可由下面的办法得到:在室温下,使三氯化铁溶解于蒸馏水,调整浓度使之成为 2.1~3.6 mol/L 的高浓度溶液。此溶液通过 0.2 μm 的微孔过滤器后作为水解用的原料溶液。将原料溶液用盐酸稀释到预定的浓度之后,与体积比为 1:1 的水-乙醇溶液混合而作为实验溶液。将实验溶液在高温下使之水热合成,便得到微粉。所生成的微粉包含有两种颗粒,即氢氧化铁 β-$FeOOH$ 和三氧化二铁 α-Fe_2O_3 的混合颗粒。因为两者粒径差异非常大,所以利用转速为 3 000 r/min,经 30 min 的离心分离或者经 1~5 d 的自然沉淀就能容易将它们分离开。β-$FeOOH$ 一般是棒状,而 α-Fe_2O_3 则依反应系的浓度而改变颗粒形状。

7.2.2.2 醇盐水解法

金属醇盐是一类有机金属化合物,可用通式 $M(OR)_x$ 表示。金属醇盐是由醇 R-OH 中羟基的 H 被金属 M 置换而形成的一种诱导体,所以它通常表现出与羟基化合物相同的化学性质,如强碱性、酸性等。金属有机醇盐溶于有机溶剂可能发生水解生成氧化物、氢氧化物、水合物的沉淀,利用这一原理可以由多种醇盐出发,通过水解、沉淀、干燥等操作制得各类氧化物陶瓷微粉。当醇盐水解沉淀物是氧化物时,可对其直接干燥制得相应的陶瓷微粉;当沉淀物为氢氧化物或水合物时,需要经过煅烧处理,得到各类陶瓷氧化物微粉。此种制备方法采用有机试剂作金属醇盐的溶剂,由于有机试剂纯度高,因此氧化物粉体纯度高。另一方面,用此种方法可制备化学计量的复合金属氧化物粉末,用醇盐水解法就能获得具有同一组成的颗粒。不同浓度醇盐合成的 $SrTiO_3$ 粒子的 Sr/Ti 之比都非常接近 1,这表明合成的粒子,以粒子为单位都具有优良的组成均一性,符合化学计量组成。在习惯上常把正硅酸盐、硼酸盐、正钛酸盐等称呼为烷基正酯,如硅乙醇盐 $Si(OEt)_4$,一般就称为正硅酸乙酯。$(OEt)_n$ 是烷氧基,其中 n 是碳链节数。

金属醇盐具有 M-O-C 键,由于氧原子有很强的电负性,导致 M-O 键发生很强的极化而形成 $M^{\delta+}$-$O^{\delta-}$。醇盐分子的这种极化程度与金属元素 M 的电负性有关。像硫、磷、锗这类电负性强的元素所构成醇盐的共价性很强,它们的挥发特性表明,几乎全是以单体存在。另外,像碱、碱土这类正电性强的元素所构成的醇盐因离子特性强而易于结合,显示出缩聚物性质。此外,同一种金属元素而烷基不一样的诱导体,其烷基的诱导效应越大,M-O 键的共价特性增加就越多。

由于醇盐是金属的羟基诱导体,所以,醇盐还表现出与羟基化合物相同的化学性质。在一般元素的羟基诱导体中,含正价元素的 $NaOH$、$Ba(OH)_2$、$Ln(OH)_3$ 之类的物质具有很强的碱性。当然也存在有像 $HOCl$、$(OH)_3PO$ 之类的酸。这类羟基诱导体中的 H 原子由于与烷基置换,所得到的诱导体的碱性或者酸性就有因置换作用而减弱的倾向。但是,由碱金属之类正电性很强的元素构成的醇盐在置换之后也仍然在它们的母醇液中有极强的碱性作用。因此,要使氢氧化钠之类的碱性物与氢氧化锌之类的两性氢氧化物反应而获得 $Na_2Zn(OH)_4$ 形式的羟基盐,就需使带强碱性的醇盐和锌或铝之类元素的醇盐发生反应。这样可以获得相当于氢氧化物羟基盐的羟基盐 $Na_2[Zn(OEt)_4]$、$Mg[Al(OEt)_4]$ 等。

金属醇盐的合成方法一般与该金属的电负性有关。

$$M + nROH \longrightarrow M(OR)_n + n/2H_2 \tag{7.7}$$

但像 B、Al 及镧系金属等的正电性弱,要使反应进行,必须要加入催化剂 $HgCl_2$。这种反应的催化剂机制尚不清楚,不过一般认为催化剂的作用仅是使金属的表面清洁以及生成容易与醇起反应的氧化物等中间诱导体。金属与醇的反应活性随金属的正电性增大而增加,但也受醇性质的影响,与同一金属反应,分支结构的醇反应就慢一些,这种效果是因为烷基的正电中心诱导效应导致了具有侧链的醇基酸性程度降低。要合成由金属和醇的直接反应所得不到的醇盐,就用金属卤化物来代替金属,特别是金属的氯化物。

金属醇盐与水反应生成氧化物、氢氧化物、水合物的沉淀。几乎所有情况下反应都很快,当然,也有一些反应较慢像硅及磷的醇盐反应。沉淀是氧化物时就可以直接干燥,是氢氧化物、水合物时可经煅烧而制成陶瓷粉末。

合成 $BaTiO_3$ 的初始原料是 Ba 的醇盐和 Ti 的醇盐。Ba 醇盐由金属 Ba 和醇的直接反应得到,钛醇盐是在 NH_3 存在条件下使四氯化钛和醇反应。反应结束后,将溶剂换成苯,过滤掉副产物 NH_4Cl 而得到的。在测定好钡醇盐、钛醇盐的浓度之后,就按 Ba∶Ti=1∶1 的形式将两种金属醇盐混合,再进行 2 h 左右的环流。向这种溶液之中逐步加入蒸馏水,一面搅拌一面进行水解。水解之后就生成白色结晶性 $BaTiO_3$ 超微粉沉淀。

从钛酸钡的 X 射线衍射图、差热分析及电子显微镜观察的结果都可以证实甲醇、乙醇、异丙醇、正-丁醇,无论使用哪一种醇对合成的粉末都没有本质的影响,即醇盐的烃基对粉末颗粒的粒径及粒形都没有多大改变,都可以得到单相的结晶性钛酸钡。醇的沸点越高,X 射线所表现的粉末的结晶性就越好。用电子显微镜观察颗粒的粒形、粒径、凝聚状态,未见有什么大的区别。由金属醇盐的水解所生成的这种氧化物颗粒完全不溶于反应溶剂,所以不能指望在合成之后靠水热使颗粒长大。即合成颗粒的粒径取决于水解条件。在这种条件下,要改变粒径,最有效的并能控制的实验变量就是水解反应中醇盐的浓度。例如,反应中的醇盐浓度在 $0.01\sim1$ mol/L 内变化来合成 $BaTiO_3$,即便反应中的醇盐浓度变化 100 倍,所生成 $BaTiO_3$ 颗粒的一次粒径几乎不变。在低浓度区域为 10 nm,随着浓度增大,一次粒径接近于 15 nm,并保持一定值。一般来说,由于醇盐所合成的粉末其粒径不依物质而变化,几乎都由 $10\sim100$ nm 的微粒组成,即使改变反应系的实验变量,所合成粒子的粒径组成几乎不变。除 $BaTiO_3$ 之外,还有 $SrTiO_3$、$BaZrO_3$、$CoFe_2O_4$、$NiFe_2O_4$、$MnFe_2O_4$ 以及一些固溶体如 $(Ba, Sr)TiO_3$、$Sr(Ti, Zr)O_3$、$(Mn, Zn)Fe_2O_4$ 等。

随着构成颗粒的元素数目增加,很多情况下所得到微粒成为非晶质。不过这种非晶质颗粒的组成也与结晶颗粒单元与配比组成一样。所有金属醇盐的水解速度都比溶液中金属元素趋向不均匀化所需时间要快得多,因而,沉淀物金属元素的混合情况直接反映了它们在溶液中的混合状态。混合之后就形成非晶质。像这样能在颗粒单元尺度上获得与原始反应物组成相同的微粉,是由醇盐法合成微粉的一个显著特征。将这种颗粒进行热处理就能合成用以往的方法所得不到的,可以实现组成设计的微粉。

利用醇盐合成微粉的研究主要以固溶物为中心。尽管如此,醇盐也可在非固溶物系中应用,它可以使微颗粒的微粒化在固体内部进行;并通过均匀系统向不均匀化的转变,为在固体内产生界面提供了新的材料制造技术,这对新的功能陶瓷的开发表现出极大的魅力。

7.2.3　溶液氧化法

在液相或者非常接近液相的状态下也可以直接氧化而合成微粉。其中最为人们熟知的例子就是合成四氧化三铁、锰铁氧体、钴铁氧体。在含有二价铁、锰、钴的溶液中,使这些离子以氢氧化物微粒沉淀,再将这种沉淀悬浮在溶液中氧化就得到氧化物微粉。如首先让七水硫酸亚铁一面通氮气,一面溶解于经煮沸冷却后的蒸馏水里,溶液浓度为 10% 较好。向该溶液添加 20% 的氨水,使之生成氢氧化亚铁沉淀、形成悬浊液。将这种悬浊液加温到 70℃ 以上,慢慢氧化,就可以得到每个边长为 0.2 μm 左右、颗粒均一的正八面体或立方体超微颗粒。就氧化方法而言,用空气或 KNO_3 之类的氧化剂也行。根据用于生成沉淀的碱的种类、沉淀量、氧化温度以及氢氧化亚铁的不同会得到不同的生成物。

7.2.4　水热氧化法

水热氧化法是在水热合成法的基础上发展的有液相参与的氧化制备纳米颗粒的一种新方法。一般是在 100～350℃ 温度下和高气压环境下使无机或有机化合物与水化合,通过对加速渗析反应和物理过程的控制,可以得到改进的无机物,再经过滤、洗涤、干燥,从而得到高纯的各类纳米颗粒。

水热合成法可以用两种不同的实验环境进行反应:其一为密闭静态,即将金属盐溶液或其沉淀物置入高压反应釜内,密闭后加以恒温,在静止状态下长时间保温;其二为密闭动态,即在高压釜内加磁性转子,将高压釜置于电磁搅拌器上,在动态的环境下保温。一般动态反应条件下可以大大加快合成速率。目前,水热合成法作为一种新技术已经引起人们的重视,如将金属盐溶解于高温高压的水中,可得到粒径、形状和成分均匀的高质量氧化锆、氧化铝和磁性氧化铁纳米颗粒。

在常温常压溶液中不容易被氧化的物质,可以通过将物质置于高温高压条件下来加速氧化反应的进行。例如,金属铁在潮湿空气中的氧化非常慢,但是,把这个氧化反应置于水热条件下就非常快。例如,在 98 MPa、400℃ 的水热条件下用一个小时就可以完成氧化反应,得到粒度从几十到 100 μm 左右的 Fe_3O_4。另外,在普通情况下不能氧化的物质(如金属锆之类),也可以在水热条件下氧化。能够由 Al-Zr 合金合成 Al_2O_3-ZrO_2 系微粉。如果是水热合成氧化锆粉,则用 100 MPa、250～700℃ 的温度条件就能得到单斜氧化锆单一相,粉末的粒径约为 25 nm;如果是处理铝,则用 100 MPa、100～500℃ 的温度条件就能得到 γ-AlOOH,再经 500～700℃ 的热处理就生成 α-Al_2O_3。生成的 α-Al_2O_3 的平均粒径为 110～200 nm。将 Al-Zr 这两种成分合金化后,该合金完全氧化的温度范围取决于合金的组成。如组成为 Zr_5Al_3 的合金在 100 MPa、500～700℃ 的温度条件下完全氧化,成为粒径为 10～35 nm 的单斜氧化锆、四方氧化锆和 α-Al_2O_3 混合微粉。

7.3　气相法

7.3.1　蒸发凝聚法

蒸发凝聚法是早期制备纳米颗粒的一种物理方法,它是将纳米颗粒的原料加热、蒸发,使之成为气体原子或分子,再使许多原子或分子凝聚,生成极微细的纳米颗粒。如采用真空蒸发法制备金属纳米颗粒 Zn 烟灰。蒸发凝聚法所得产品粉体一般为 5~100 nm。蒸发法制备纳米颗粒大体上可分为金属烟粒子结晶法、真空蒸发法、气体蒸发法等几类。而按原料加热蒸发技术手段不同,又可将蒸发法分为电极蒸发、高频感应蒸发、电子束蒸发、等离子体蒸发、激光束蒸发等几类。

7.3.2　气相化学反应法

气相化学反应法制备纳米颗粒是利用挥发性的金属化合物的蒸气,通过化学反应生成所需要的化合物,在保护气体环境下快速冷凝,从而制备各类物质的纳米颗粒。按体系反应类型可将气相化学反应法分为气相分解和气相合成两类方法;如按反应前原料物态划分,又可分为气-气反应法、气-固反应法和气-液反应法。要使化学反应发生,还必须活化反应物系分子,一般利用加热和射线辐照方式来活化反应物系的分子。通常气相化学反应物系活化方式有电阻炉加热、化学火焰加热、等离子体加热、激光诱导、γ 射线辐射等多种方式。

1. 气相分解法

气相分解法又称单一化合物热分解法。一般是对待分解的化合物或经前期预处理的中间化合物进行加热、蒸发、分解,得到目标物质的纳米颗粒。其原料通常是容易挥发、蒸气压高、反应性高的有机硅、金属氯化物或其他化合物,如 $Fe(CO)_5$、SiH_4、$Si(OH)_4$ 等。热分解一般具有下列反应形式

$$A(g) \longrightarrow B(s) + C(g)\uparrow \tag{7.8}$$

2. 气相合成法

气相合成法通常是利用两种以上物质之间的气相化学反应,在高温下合成出相应的化合物,再经过快速冷凝,从而制备各类物质的纳米颗粒。利用气相合成法可以进行多种纳米颗粒的合成,具有灵活性和互换性,其反应可以表示为以下形式

$$A(g) + B(g) \longrightarrow C(s) + D(g)\uparrow \tag{7.9}$$

气相反应法制备纳米颗粒具有多方面优点,如产物纯度高、颗粒分散性好、颗粒均匀、粒径小、粒径分布窄、粒子比表面积大、化学反应活性高等。气相化学反应法适合于制备各类金属、氯化物、氮化物、碳化物、硼化物等纳米颗粒,特别是通过控制气体介质和相应的合成工艺参数,可以合成高质量的各类物质的纳米颗粒。

3. 激光诱导气相化学反应法

自激光问世以来,激光技术迅速发展并被广泛地应用于各个领域,其中的一个重要领域是新材料合成。20 世纪 70 年代以后,人们开始研究依靠激光激发引起气体、液体、固体表面的化学反应以合成纳米颗粒为目的的化学反应机制。目前,采用激光法已经制备出各种金属氧化物、碳化物、氮化物等纳米颗粒,其中有相当一部分研究成果已经开始走向工业化。

激光诱导气相化学反应法是利用激光光子能量加热反应体系来制备纳米颗粒的一种方法,其基本原理是利用大功率激光器的激光束照射于反应气体,反应气体通过对入射激光光子的强吸收,气体分子或原子在瞬间得到加热、活化,在极短的时间内完成反应、成核、凝聚、生长等过程,从而制得相应物质的纳米颗粒。根据 J. S. Haggerty 的估算,激光加热到反应最高温度的时间小于 10^{-4} s。被加热的反应气流将在反应区域内形成稳定分布的火焰,火焰中心处的温度一般远高于相应化学反应所需要的温度,因此反应在 10^{-3} s 内即可完成。

激光法合成纳米颗粒的主要过程包括原料处理、原料蒸发、反应气配制、成核与生长、捕集等。生成的核粒子在载气流的吹送下迅速脱离反应区,经短暂的生长过程到达收集室。为了保证反应生成的核粒子快速冷凝,获得超细的颗粒,需要采用冷壁反应室。通常采用的技术是水冷式反应器壁和透明辐射式反应器壁。这样,有利于在反应室中构成大的温度梯度分布、加速生成核粒子的冷凝,抑制其过分生长。此外,为了防止颗粒碰撞,黏连团聚,甚至烧结,还需要在反应器内配备惰性保护气体,使生成的纳米颗粒的粒径得到保护。

合成过程中首先要根据反应需要调节激光器的输出功率,调整激光束半径以及经过聚焦后的光斑尺寸,并预先调整好激光束光斑在反应区域中的最佳位置。其次,要做好反应室净化处理,即进行抽真空准备,同时充入高纯惰性保护气体,这样可以保证反应能在清洁的环境中进行。

图 7.3 是用激光合成微粉的装置示意图。激光束的入射方向与反应气流成垂直方向。所使用的是二氧化碳激光,波长为 10.6 μm,最大输出功率为 150 W。激光束强度在散焦状态下为 270~1 020 W/cm²,在集焦状态为 105 W/cm²。把反应容器内气体压力调整到 $(0.08 \sim 1.0) \times 10^5$ Pa,通过 KCl 窗口向反应容器射入激光束。激光束射到气流上时,在反应室内形成反应焰。反应焰之所以向左偏斜,是为了防止粉体与热量向 KCl 窗口移动而引入的氩气流所致。微粉在图中实线所示的反应焰内生成,如果用氩气流载体将点线所围的微粒柱向上方输送,就能把微粉留在微过滤器上。用激光合成微粉,由于反应的空间可以取在离开反应器壁的反应器内任意部位,所以该方法没有除反应物以外的杂质混入,可制造超纯微粉。另外,因为该方法能够提供一个与周围环境绝热的、相当均匀的高温反应空间,所以合成条件容易控制,能合成单分散性的微粉。用 SiH_4 合成 Si、SiC、Si_3N_4 的反应如下

$$SiH_4(g) \longrightarrow Si(s) + 2H_2(g) \tag{7.10}$$

$$3SiH_4(g) + 4NH_3(g) \longrightarrow Si_3N_4(s) + 12H_2(g) \tag{7.11}$$

$$SiH_4(g) + CH_4(g) \longrightarrow SiC(s) + 4H_2(g) \tag{7.12}$$

$$2SiH_4(g) + C_2H_4(g) \longrightarrow 2SiC(s) + 6H_2(g) \tag{7.13}$$

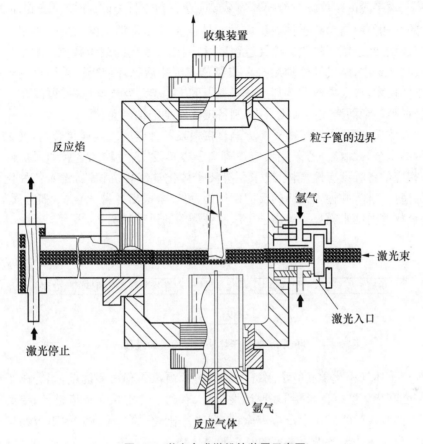

图 7.3 激光合成微粉的装置示意图

所得到的微粒都是球形的、凝集成链状；Si 的平均粒径约为 50 nm，Si_3N_4 的平均粒径为 $10\sim20$ nm，SiC 的为 $18\sim26$ nm；Si 和 Si_3N_4 的氧含量在 0.1%（wt）以下，属高纯粉末；而 SiC 微粉则富 Si 或富 C。

4. 等离子体加强气相化学反应法

等离子体是物质存在的第四种状态。它由电离的导电气体组成，其中包括六种典型的粒子，即电子、正离子、负离子、激发态的原子或分子、基态的原子或分子以及光子。事实上等离子体就是由上述大量正负带电粒子和中性粒子组成的，并表现出一种准中性气体。目前，产生等离子体的技术很多，如直流电弧等离子体、射频等离子体、混合等离子体、微波等离子体等。按等离子体火焰温度，可将等离子体分为热等离子体和冷等离子体，其区分标准一般是按照电场强度与气体压强之比 e/p，即将该比值较低的等离子体称为热等离子体，该比值高的称为冷等离子体。无论是热等离子体，还是冷等离子体，相应火焰温度都可以达到 2 700℃ 以上，这样高的温度都可以应用于材料切割、焊接、表面改性，甚至材料合成。

由于等离子体是一种高温、高活性、离子化的导电气体，处于等离子体状态下的物质颗粒通过相互作用可以很快地获得高温、高焰、高活性，这些颗粒将具有很高的化学活性，在一定的条件下获得比较完全的反应产物。因此，利用等离子体空间作为加热、蒸发和反应空间，可以制备出各类物质的纳米颗粒。其基本原理是在等离子体发生装置中引入干燥气体，使干燥气体电离，并在反应室中形成稳定的高温等离子体焰流。高温等离子体焰流中的活性原子、分子、离子或电子以高速射到各种金属或化合物原料表面,使原料瞬间加热、熔融并蒸发,蒸发的气相原料与等离子体或反应性气体发生气相化学反应、成核、凝聚、生长,并迅速脱离反应区域,经过短暂的快速冷凝过程后,得到相应物质的纳米颗粒。纳米颗粒经载气携带进入收集装置中,尾气经处理后排出或经分离纯化后循环使用。采用直流与射频混合式的等离子体技术,或采用微波等离子体技术,可以实现无极放电,这样可以在一定程度上避免因电极材料污染而造成的杂质引入,制备出高纯度的纳米颗粒。

在惰性气体保护下,采用等离子体火焰直接蒸发各种金属或金属化合物,使之热分解可以制备各种纳米金属颗粒。若采用反应性等离子体蒸发法,在输入金属和保护性气体的同时,再输入相应的各种反应性气体,或采用等离子体化学气相沉积法,输入各种化合物气体和保护性的惰性气体,并输入相应的反应性气体,可以合成出各种化合物,如金属氧化物、氮化物、碳化合物等的纳米颗粒。等离子体法制备微粉的过程如图 7.4 所示。

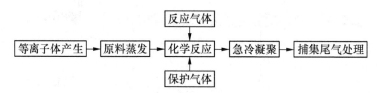

图 7.4 等离子体法制备微粉的过程

采用等离子体气相化学反应法制备物质的纳米颗粒具有很多优点,如等离子体中具有较高的电密度和离解度,可以得到多种活性组分,有利于各类化学反应进行;等离子体反应空间大,可以使相应的物质化学反应完全;与激光法比较,等离子体技术更容易实现工业化生产,这是等离子体法制备纳米颗粒的一个明显优势。

7.4 固相法

气相法和液相法制备的微粉大多数情况下都必须再进一步处理,大部分的处理是把盐转变成氧化物等,使其更容易烧结,这属于固相法范围。再者,像复合氧化物那样含有两种以上金属元素的材料,当用液相或气相法的步骤难以制备时,必须采用通过高温固相反应合成化合物的步骤,这也属固相法一类。

固相法是通过从固相到固相的变化来制造粉体,其特征不像气相法和液相法那样伴随有气相-固相、液相-固相那样的状态(相)变化,而对于气相或液相,分子(原子)具有大的易动度,所以集合状态是均匀的,对外界条件的反应很敏感;另一方面,对于固相,分子(原子)的扩散很迟缓,集合状态是多样的。固相法其原料本身是固体,固相法所得的固相粉体和最初固相原料可以是同一物质,也可以不是同一物质。

采用固相法获得物质微粉的机理大致可分为如下两类方法:一类是将大块物质极细地分割[尺寸降低过程(Size Reduction Process)]的方法;另一类是将最小单位(分子或原子)组合[构筑过程(Buildup Process)]的方法。

7.4.1　固相热分解法

固相热分解通常有如下(S代表固相、G代表气相)反应形式表示

$$S_1 \longrightarrow S_2 + G_1 \tag{7.14}$$

$$S_1 \longrightarrow S_2 + G_1 + G_2(或 + G_3) \tag{7.15}$$

$$S_1 \longrightarrow S_2 + S_3 \tag{7.16}$$

式(7.14)是最普通的,式(7.16)是相分离,不能用于制备粉体,式(7.15)是式(7.14)的特殊情形。如硫酸铝铵$[Al_2(NH_4)_2(SO_4)_4 \cdot 24H_2O]$在空气中热分解可获得性能良好的$Al_2O_3$粉体。

$$Al_2(NH_4)_2(SO_4)_4 \cdot 24H_2O \longrightarrow$$
$$Al_2(SO_4)_3 \cdot (NH_4)_2SO_4 \cdot H_2O + 23H_2O\uparrow (200℃) \tag{7.17}$$

$$Al_2(SO_4)_3 \cdot (NH_4)_2SO_4 \cdot H_2O \longrightarrow$$
$$Al_2(SO_4)_3 + 2NH_3\uparrow + SO_3\uparrow + 2H_2O\uparrow (500 \sim 600℃) \tag{7.18}$$

$$Al_2(SO_4)_3 \longrightarrow Al_2O_3 + 3SO_3\uparrow (800 \sim 900℃) \tag{7.19}$$

$$\gamma - Al_2O_3 \longrightarrow \alpha - Al_2O_3(1\,300℃、1.5 \sim 2.0\,h) \tag{7.20}$$

微粉除了粉末的粒度和形态外,纯度和组成也是主要因素。从这点考虑常选用有机酸盐,其原因是有机酸盐易于提纯,化合物的金属组成明确,容易制成含两种以上金属的复合盐,分解温度比较低,产生的气体组成为C、H、O。另一方面也有下列缺点,如价格较高,碳容易进入分解的生成物中等。

7.4.2　化合或还原化合法

直接化合的反应通式可写为

$$M + X \longrightarrow MX \tag{7.21}$$

M、X分别代表金属和非金属元素。此类方法包括采用气体反应剂N_2合成氮化物。在许多情况下,常常用金属氧化物代替金属,则反应通式为

$$MO + 2X \longrightarrow MX + XO\uparrow \tag{7.22}$$

用此法生产氮化物时,有时用NH_3作氮化气氛代替N_2,反应式变为

$$2Me + 2NH_3 \longrightarrow 2MeN + 3H_2\uparrow \tag{7.23}$$

在许多情况下,以上反应式常有碳参加,则

$$2MO + N_2 + 2C \longrightarrow 2MN + 2CO,\ 2MO + 2NH_3 + C \longrightarrow 2MN + H_2O + 2H_2 + CO \tag{7.24}$$

7.4.3 固相反应法

由固相热分解可获得单一的金属氧化物,但氧化物以外的物质,如碳化物、硅化物、氮化物等以及含两种金属元素以上的氧化物制成的化合物,仅仅用热分解就很难制备,通常是按最终合成所需组成的原料混合,再用高温使其反应的方法,其一般工序示于图7.5。首先按规定的组成称量混合,通常用水等作为分散剂,研磨混合,然后通过压滤机脱水后再用电炉焙烧,通常焙烧温度比烧成温度低。对于电子材料所用的原料,大部分在1 100℃左右焙烧,将焙烧后的原料粉碎到1～2 μm。粉碎后的原料再次充分混合而制成烧结用粉体,当反应不完全时往往需再次焙烧。固相反应是陶瓷材料科学的基本手段,粉体间的反应相当复杂,反应虽从颗粒间的接触部分通过离子扩散来进行,但接触状态和各种原料颗粒的分布情况显著地受各颗粒的性质(粒径、颗粒形状和表面状态等)和粉体处理方法(团聚状态和填充状态等)的影响。

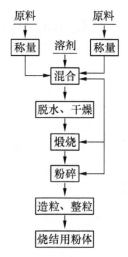

图7.5 固相反应法制备固体粉体工艺流程

7.4.4 自蔓延高温合成法

金属元素燃烧是强烈的放热化学反应。如果利用这种反应热形成自蔓延的燃烧过程制取化合物粉体,这种方法就称之为自蔓延高温合成法(Self-Propagation High-Temperature Systhesis),即SHS技术。SHS技术最早于1967年在苏联科学院物理化学研究所进行研究,得到了很大的成功,据称已经能用这一技术生产四百多种化合物粉体。在20世纪80年代,美国和日本也进行了积极的研究。SHS技术制取粉体可概括为以下两大方向。

1. 元素合成

如果反应中无气相反应物也无气相产物,则称为"无气体合成",如果反应在固相和气体混杂系统中进行,则称为"气体渗透合成",主要用来制造氧化物和氢化物。

$$2Ti + N_2 \longrightarrow 2TiN \tag{7.25}$$

$$3Si + 2N_2 \longrightarrow Si_3N_4 \tag{7.26}$$

就属于这类合成方法。如果金属粉体与S、Se、Te、P、液化气体(如液氮)的混合物进行燃烧,由于系统中含有高挥发组分,气体从坯块中逸出,从而称为"气体逸出合成"。

2. 化合物合成

用金属或非金属氧化物为反应剂、活性金属为还原剂(如Al、Mg等)的反应即为一例。复杂氧化物的合成是SHS技术的重要成就之一。如高Tc超导化合物的合成可写为

$$3Cu + 2BaO_2 + 1/2Y_2O_3 \longrightarrow Y_1Ba_2Cu_3O_{7-x} \tag{7.27}$$

在单纯的固相反应中,由于反应物颗粒接触面的限制,常常影响反应速率。为了提高燃烧反应的速率,可以引入气相转移添加剂,使反应物形成液相,也可以施以超声振动等方法。

如需要提高纯固相反应

$$A(s) + B(s) \longrightarrow C(s) \tag{7.28}$$

的燃烧速率时,可引入气相转移添加剂 $D(g)$,使反应变为

$$A(s) + D(g) \longrightarrow (AD)(g) \tag{7.29}$$

$$(AD)(g) + B(s) \longrightarrow C(s) + D(g) \tag{7.30}$$

气相转移添加剂只增加了颗粒间的有效接触面积,但不参与反应。不同的反应其气相转移添加剂是不同的,如碳可被氢携带,金属可被卤素携带等。

7.5　喷雾法

以溶液为初始原料来合成微粉的物理方法,要数喷雾法应用最为广泛。常用的喷雾法有喷雾干燥法和喷雾焙烧法。喷雾干燥法是将液滴进行干燥并随即捕集,捕集后直接或者经过热处理之后作为产物化合物颗粒;喷雾焙烧法是将液滴在气相中进行水解,并使液滴在游离气相中进行热处理。此外,还有其他方法。

7.5.1　喷雾干燥法

喷雾干燥法所制备的超微颗粒不仅粒径小,而且组成极为均匀。图 7.6 是用于合成软铁氧体超微颗粒的装置模型,用这个装置将溶液化的金属盐送到喷雾器进行雾化。喷雾、干燥后的盐用旋风收尘器收集。用炉子进行焙烧就成为微粉。以镍、锌、铁的硫酸盐一起作为初始原料制成混合溶液,进行喷雾就可制得粒径为 $10 \sim 20~\mu m$,由混合硫酸盐组成的球状颗粒。将这种球状颗粒在 $800 \sim 900~^{\circ}\mathrm{C}$ 进行焙烧就能获得镍、锌铁氧体。这种经焙烧所得到的粉末是 $0.2~\mu m$ 左右的一次颗粒的凝集物,经涡轮搅拌机处理,很容易成为亚微米级的微粉。

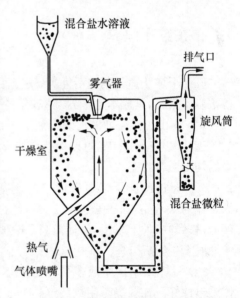

图 7.6　喷雾干燥装置的模型图

7.5.2　喷雾焙烧法

喷雾焙烧法的原理是将含所需正离子的某种金属盐的溶液喷成雾状,送入加热设定的反应室内,通过化学反应生成微细的粉末颗粒。一般情况下,金属盐的溶剂中需加可燃性溶剂,利用其燃烧热分解金属盐。喷雾热解法制备纳米颗粒的主要过程有溶液配制、喷雾、反应、收集等四个基本环节。

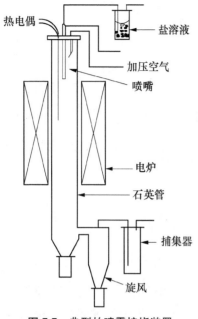

图 7.7 典型的喷雾焙烧装置

将醇盐溶胶化之后再进行水解,用铝醇盐合成氧化铝颗粒的方法。铝醇盐的蒸气通过分散在载体气体中的氯化银核后冷却,生成以氯化银为核的铝的丁醇盐气溶胶。这种气溶胶由单分散液滴构成。让这种气溶胶与水蒸气反应来实现水解,从而成为单分散性氢氧化铝颗粒,将其焙烧就得到氧化铝颗粒。图 7.7 所示的是典型的喷雾焙烧装置。呈溶液态的原料用压缩空气供往喷嘴,在喷嘴部位与压缩空气混合并雾化。喷雾后生成的液滴大小随喷嘴而改变。液滴载于向下流动的气流上,在通过外部加热式石英管的同时被热解而成为微粒。通过将硝酸镁、硝酸铝的混合溶液喷雾、焙烧,合成了镁铝尖晶石。溶液为水与甲醇的混合溶剂。所生成的尖晶石颗粒的粒径受溶液和溶剂影响,溶液中盐浓度越低,溶剂中甲醇浓度越高,其粒径就变得越大。用喷雾焙烧法来制造微粉没有特别的技术困难。

7.6 冻结干燥法

冻结干燥法适于制造活性高、反应性强的微粉。这种方法用途广泛,可以大规模成套设备来制备微粉,其成本也十分经济,有实用性。制造过程的特点如下。

(1) 能由可溶性盐的均匀溶液来调制出复杂组成的粉末原料。

(2) 靠急速的冻结,可以保持金属离子在溶液中的均匀混合状态。

(3) 通过冷冻干燥可以简单地制备无水盐。无水盐的水合熔融,一般是在比无水盐的熔融温度低得多的条件下发生,因而,可以避免混合盐在熔融时发生组成分离。

(4) 经冻结干燥生成多孔性干燥体,因此,气体透过性好。在煅烧时生成的气体易于放出的同时,其粉碎性也好,所以容易微细化。

冻结干燥法首先是制备含有金属离子的溶液,再将制造好的溶液雾化成为微小液滴的同时急速冻结,使之固化。这样得到的冻结液滴经升华将水全部汽化,做成溶质无水盐。把这种盐在低温下煅烧就能合成微粒粉末。由于一般用水作溶剂,所以考虑以水为溶剂来进行冷冻干燥的情

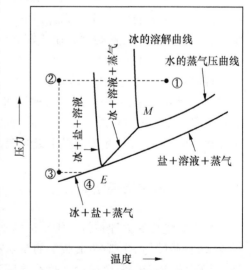

图 7.8 盐水溶液的温度-压力图

M: 水的三相点;E: (冰、盐、溶液、蒸气的)四相共存点

况。分析盐和水两种成分共存的系统,物系的温度-压力关系用图 7.8 来予以说明。E 点处,冰、盐、溶液、蒸气四相共存。在这一点,由相律 $F=n+2-P=2+2-4=0$ 得其自由度为零。如图 7.8 所示,从 E 点引出来"冰+溶液+气相、冰+盐+溶液、冰+盐+气相、盐+溶液+气相"四条曲线,在这些曲线上相的数目为 3,自由度为 1,在温度-压力图上成为线。从 E 点出来的四条线所包围的区域其自由度为 2,相的数目为 2。由于水溶液一般能在大气压、室温下制备,所以在温度-压力图上可用点来表示被冰的熔化曲线和蒸气压曲线所围的、水的液相区域。设该点为①,那么在该状态下溶液的蒸气压与同一温度下纯水的蒸气压相等。这是因为在室温下溶液中盐的蒸气压很小,可以忽略。那么,若将处于①点状态的溶液急剧冷冻(冻结),溶液就向②点变化,溶液物系变为冰与盐的固体混合物。将该混合物减压至物系的四相平衡点 E 以下的压力之后再缓慢升温,使物系向盐+蒸气的区域移动,即物系在相图上发生②→③→④的变化。在状态④把蒸气相排出物系,只有盐存在。

例如,使硫酸铝 $Al_2(SO_4)_3 \cdot (16\sim18)H_2O$ 溶解于水,制备成浓度为 0.6 mol/L 的溶液。将该溶液从喷嘴喷雾,冻结。经过冻结,生成直径约为 1 mm 的硫酸铝球。经干燥、热解、煅烧也能维持球形。经冻结干燥后的球为无定形态,约在 300℃ 可成为晶态的无水硫酸铝。由冻结干燥球的热失量分析曲线分析知,在 500℃ 以前,因加热而放出的气体几乎全是水。硫酸盐的分解在 600℃ 以上才会发生。在 770~860℃ 温度内分解后成为 γ-Al_2O_3。γ-Al_2O_3 在 1 200℃ 时转化为 α-Al_2O_3。在 1 200℃ 下,通过 10 小时的热处理,就能得到由几百埃大小的微粒连接成长为几微米的颗粒。

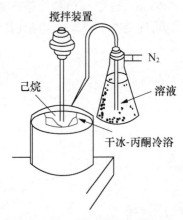

图 7.9 实验室用液滴冻结装置图

在冻结过程中,为了防止溶解于溶液中的盐发生分离,最好尽可能把溶液变为细小的液滴。因为液滴越小,冻结速度越快,所以能把盐的分离降到最小限度。液滴的冻结过程如下:在用冷冻剂冷却与溶液不互溶的液体的同时,把盐溶液喷雾到液体中。例如,以干冰-丙酮为冷冻剂来冷却己烷,把盐水溶液喷到己烷溶液中就很容易制得 0.1~0.5 mm 大小的冰滴,在实验室内就可使用图 7.9 所示的装置。用液氮之类的液化气体取代用冷冻剂冷冻的己烷,把盐溶液直接喷向液化气中。干冰-丙酮冷却剂使己烷处于 -77℃ 的低温,而液氮能直接冷却到 -196℃。因此,仅从温度的观点来看,液氮的冷却效果好,但实际上使用己烷常常可得到很好的效果。这是因为使用液氮时,在液滴周围包覆有气相氮,妨碍了液滴向周围环境传热。干燥过程必须保证液滴不解冻而使冰升华,如果在升华的时候加热,可以加速干燥。因为升华需要热量,冰滴在保持冻结状态下升华的耗热与从周围吸取的热能不断达到平衡,系统也就能维持在一定温度,并且由于越是高真空,热传导就越差,所以如果不供热的话,干燥就非常慢。此外,尽可能降低系统中水的蒸气压,能有效地进行干燥,为此,必须用冷凝器捕集升华后的水。

盐的溶解度对冻结干燥效率有很大影响。一般来说,要用冷凝器或冷凝收集器来高效率地捕集由冻结冰滴所升华的水。因此,溶液中的盐浓度不能太高。但是,为了提高装置的处理能力,又必须提高溶质的浓度,这就会使溶液的凝固点下降,导致整个装置的效率降低。

7.7 工程案例

案例：$Ni_{0.5}Co_{0.5}Nd_xFe_{2-x}O_4$/PANI 复合微粒的制备

采用柠檬酸盐溶胶凝胶法制备了钕掺杂钴镍铁氧体，在此基础上使用溶液原位聚合法制备了 PANI/$Ni_{0.5}Co_{0.5}Nd_xFe_{2-x}O_4$ 复合微粒。

图 7.10 为 $Ni_{0.5}Co_{0.5}Nd_xFe_{2-x}O_4$/PANI 和 PANI 的 FT-IR 曲线，本征态的 PANI 在 $3\,419\,cm^{-1}$，$1\,560/1\,475\,cm^{-1}$，$1\,290\,cm^{-1}$，$1\,128\,cm^{-1}$ 处的峰分别对应着 N-H 伸缩振动峰，苯环(B)和醌环(Q)上的 C=C 伸缩振动峰，苯环上的 N-H 弯曲振动峰，C-H 的面内弯曲振动峰。在 $Ni_{0.5}Co_{0.5}Nd_xFe_{2-x}O_4$/PANI 曲线上显示其峰值与 PANI 峰值一致，但这些峰值发生了不同程度的红移，其原因是 $Ni_{0.5}Co_{0.5}Nd_xFe_{2-x}O_4$ 和 PANI 复合过程中的相互作用使得颗粒被聚苯胺分子链包覆，他们之间产生的化学键合作用使聚合物分子链上的电子云密度下降，影响与之结合的原子的振动频率，减弱了 N-H 化学键，C-N 化学键和 N-Q-N 化学键之间的作用力。这些结果都表明 PANI 和 $Co_{(1-x)}Ni_xFe_2O_4$ 之间存在着分子间的作用力，也进一步说明了复合的成功。7.10(c) 中 $1\,630\,cm^{-1}$ 处为 Ni-O 伸缩振动峰，$600\,cm^{-1}$ 是 Co-O 伸缩振动峰，与 7.10(b) 比较可见，前一个峰消失了，而后一个峰减弱了，这可能是由于聚苯胺包裹在铁氧体的表面，形成了核壳结构引起的。

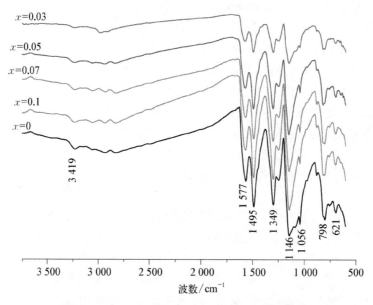

图 7.10 $N_{i0.5}Co_{0.5}Nd_xFe_{2-x}O_4$/PANI 红外光谱图

图 7.11 为 $Ni_{0.5}Co_{0.5}Nd_xFe_{2-x}O_4$ 和 $Ni_{0.5}Co_{0.5}Nd_xFe_{2-x}O_4$/PANI 的 XRD 图谱，在图 7.11(a) 中，清楚可见尖晶石结构的铁氧体的特征峰，其峰位置为 18.42°、31.2°、36.5°、43.9°、53.82°、57.6° 和 63.4° 分别对应尖晶石铁氧体的晶面 (111)、(220)、(311)、(222)、(400)、

(422)、(511)和(440)。在图 7.11(b)中铁氧体的峰清晰可见,同时在 2θ 为 $25°$ 左右处存在弥散峰,这是 $Ni_{0.5}Co_{0.5}Nd_xFe_{2-x}O_4/PANI$ 复合材料中的 PANI 所致,这个结果也表明复合材料包含 $Ni_{0.5}Co_{0.5}Nd_xFe_{2-x}O_4$ 铁氧体和聚苯胺。

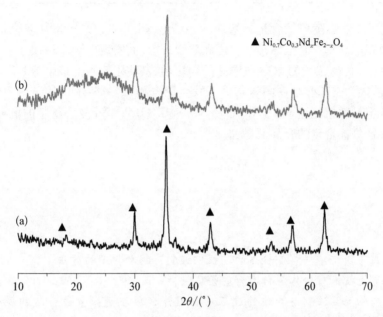

▲ $Ni_{0.7}Co_{0.3}Nd_xFe_{2-x}O_4$

图 7.11　$Ni_{0.5}Co_{0.5}Nd_xFe_{2-x}O_4$(a)和 $Ni_{0.5}Co_{0.5}Nd_xFe_{2-x}O_4/PANI$(b)的 XRD 图谱

当晶粒尺寸小于 100 nm 时,可以用 XRD 数据有效计算晶粒尺寸。根据 Scherrer 公式(1),式中 λ 为 X 射线波长,k 为形状系数取决于米勒指数的反射平面和晶的体形状等因素,如果形状是未知的,k 通常取 0.89,D 是垂直于晶面方向的晶粒直径,β 为衍射峰的半高峰宽。通过计算,$Ni_{0.5}Co_{0.5}Nd_{0.05}Fe_{1.95}O_4$ 颗粒的平均粒径为 84.5 nm。

图 7.12 为 $Ni_{0.5}Co_{0.5}Nd_xFe_{2-x}O_4$、HCl - PANI、$Ni_{0.5}Co_{0.5}Nd_xFe_{2-x}O_4/PANI$ 的扫描电镜图。由图 3 可看到,PANI 和 $Ni_{0.5}Co_{0.5}Nd_xFe_{2-x}O_4/PANI$ 复合颗粒的形貌基本上呈球状,$Ni_{0.5}Co_{0.5}Nd_xFe_{2-x}O_4$ 粒子呈立方锥形。这一结果也表明 $Co_{(1-x)}Ni_xFe_2O_4/PANI$ 复合材料是核壳纳米颗粒,其中 $Co_{(1-x)}Ni_xFe_2O_4$ 为核,PANI 为壳。

$Ni_{0.5}Co_{0.5}Nd_xFe_{2-x}O_4$　　　　　PANI　　　　　$Ni_{0.5}Co_{0.5}Nd_xFe_{2-x}O_4/PANI$

图 7.12　扫描电镜图

表 7.2 复合材料的电导率

钕掺杂量	0	0.03	0.05	0.07	0.1
电导率	0.290	0.385	0.667	1.250	1.667

从表 7.2 可以看出随着钕含量的增加 $Ni_{0.5}Co_{0.5}Nd_xFe_{2-x}O_4$/PANI 复合材料的电导率随之上升。微观电导率主要依靠掺杂程度和共轭长度,而宏观电导率取决于一些外部因素,如样品的致密性、微观粒子的取向和样品的包覆状态等对于 $Ni_{0.5}Co_{0.5}Nd_xFe_{2-x}O_4$/PANI 复合材料来说,因为聚苯胺是在同等条件下发生聚合的,聚苯胺本征的导率大致相等,因此复合物的微观电导率值相差不多,$Ni_{0.5}Co_{0.5}Nd_xFe_{2-x}O_4$/PANI 复合材料的电导率值随着钕掺杂纳米钴镍铁氧体含量的升高而增加。

思考题

1. 简述在不同化学法制备粉体的过程中控制产物颗粒度的方法。

2. 先进陶瓷技术对粉体原料有哪些粉体特性的要求?

3. 在化合物沉淀法制备粉体的过程中利用什么原理使微量成分达到原子尺度均匀? 有哪些限制条件? 影响所合成微粉组成均匀性的主要因素是什么?

4. 简述等离子体法制备纳米粒子的原理、过程和特点。

8 分 级

本章提要

　　本章主要介绍分级的意义、分级效率、分级流程，以及分级机械的结构、原理、性能及应用等。把粉碎后的产品按某种粒度大小或不同种类的颗粒进行分选的操作过程称为分级。分级有筛分（将固体颗粒混合物通过具有一定大小孔径的筛面而分成不同粒度级别的过程）和选粉（按对产品细度要求利用颗粒在流体介质中沉降速度的不同，通过选粉机对颗粒进行分选的过程）的两种方式。筛分一般适用于粒度大于 0.05 mm 的物料分级，而粒度小于 50 μm 的颗粒物料适合用流体分级设备进行分级。分级一方面能提高粉碎效率，降低能耗，及时将合格的产品选出，减轻过粉磨现象和微细颗粒在粉碎过程中的团聚；另一方面确保产品的细度和粒度分布。

8.1 分级效率

8.1.1 分级效率的定义

1. 分级效率

　　分级操作后获得的某种粒度的质量与分级操作前粉体中所含该粒度的质量之比称为分级效率，用式(8.1)表示。

$$\eta = \frac{m}{m_0} \times 100\%$$ (8.1)

式中，η 为分级效率；m_0、m 为分别为分级前粉体中某种粒度的质量和分级后获得的该粒度的质量。

　　式(8.1)反映了分级效率的实质，但使用并不方便。工业连续生产中处理的物料量大，m_0 和 m 不易称量，即使能够称量，也较烦琐。下面以粒度分级为例推导分级效率的实用公式。

　　设分级前粉体、分级后细粉和粗粉的总质量分别为 F、A、B，其中合格细颗粒在 F、A、B 中的含量分别为 x_f、x_a、x_b，又假定分级过程中粉体无损耗，则根据物料质量平衡，有

$$F = A + B$$ (8.2)

$$x_f F = x_a A + x_b B$$ (8.3)

将式(8.2)和式(8.3)联立,并结合式(8.1)可解得

$$\eta = \frac{x_a A}{x_f F} \times 100\% = \frac{x_a(x_f - x_b)}{x_f(x_a - x_b)} \times 100\% \tag{8.4}$$

式(8.4)表明,分级效率与分级前、后粉体中合格细颗粒的含量百分数有关系,换言之,分级效率的提高有赖于 x_a 的增大和 x_b 的减小。

2. 综合分级效率

综合分级效率(牛顿分级效率 η_N)是综合考察合格细颗粒的收集程度和不合格粗颗粒的分级程度,其定义为合格成分的收集率减去不合格成分的残留率。数学表达式为式(8.5)。

$$\eta_N = \gamma_a - (1 - \gamma_b) = \gamma_a + \gamma_b - 1 \tag{8.5}$$

$$\gamma_a = \frac{x_a A}{x_f F}$$

$$\gamma_b = \frac{B(1 - x_b)}{F(1 - x_f)}$$

$$\frac{A}{F} = \frac{(x_f - x_b)}{(x_a - x_f)}$$

式中, γ_a , γ_b 分别为 a 成分、b 成分的收集率。所以

$$\eta_N = \frac{(x_f - x_b)(x_a - x_f)}{x_f(1 - x_f)(x_a - x_b)} \tag{8.6}$$

可以证明,牛顿分级效率的物理意义是粉体分级中能实现理想分级(即完全分级)的质量比,牛顿效率越高则分离程度越高。

3. 部分分级效率

部分分级效率是指将粉体按颗粒粒径分为若干粒度区间,然后计算出各区间颗粒的分级效率。图 8.1 所示的部分分级效率曲线反映了粒体粒径为连续变量的分级性能。

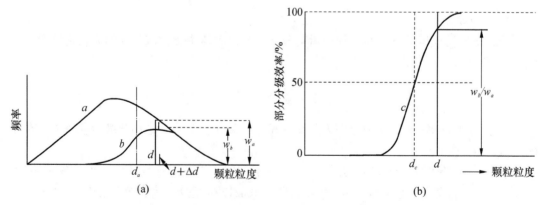

图 8.1 部分分级效率曲线

8.1.2 分级粒径

在图 8.2 中,曲线①为理想分级曲线,在粒径 d_{Pc} 处曲线①发生跳跃突变,意味着分级后

$d > d_{Pc}$ 的大颗粒全部在粗粉中,并且粗粉中无粒径小于 d_{Pc} 的细颗粒,而细粉中全部为 $d < d_{Pc}$ 的细颗粒,无粒径大于 d_{Pc} 的粗颗粒。这种情况犹如将原始粉体从粒径 d_{Pc} 处截然分开一样,所以,分级粒径也称切割粒径。有时也将部分分级效率为 50% 的粒径称为切割粒径。

8.1.3 分级精度

图 8.2 中曲线②、③为实际分级的曲线,从中可以看出实际分级结果与理想分级结果的区别表现在部分分级曲线相对于曲线①的偏离,其偏离的程度即曲线的陡峭程度可以用来表示分级的精确度,即分组精度。为便于量化起见,提出了关于该曲线的各种指数。以下介绍分级精度指数(Sharpness Index)K。

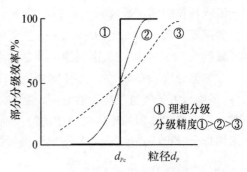

图 8.2 不同设备部分分级效率曲线比较

德国 Leschonski 提出的分级精度指数

$$K = d_{75}/d_{25} \tag{8.7}$$

式中,d_{75} 和 d_{25} 分别为部分分级效率为 75% 和 25% 的分级粒径。

理想分级状态下 $K = 1$,K 值越接近 1,分级精度越高;反之亦然。实际分级情形时,K 值为 1.4~2.0,分级状态良好,$K < 1.4$ 时分级状态很好。

也有用 $K = d_{25}/d_{75}$ 表示分级精度的,此时 $K < 1$,K 值越小分级精度越差。当粒度分布范围较宽时,分级精度可用 $K = d_{90}/d_{10}$ 或 $K = d_{10}/d_{90}$ 表示。类似的指数有很多,但经常采用的是分级精度指数 K。

8.2 分级设备的切割粒径

判断分级设备的分级效果需从分级效率、分级粒径、分级精度几个方面综合判断。譬如,当 η_N、K 相同时,d_{50} 越小,分级效果越好;当 η_N、d_{50} 相同时,K 值越小,即部分分级效率曲线越陡峭,分级效果越好。如果分级产品按粒度分为二级以上,则在考察牛顿分级效率的同时,还应分别考察各级别的分级效率。

在一个垂直的圆形管形成的重力沉降分级设备中,当气流随着管路上升时,如果单个颗粒重力沉降速度比气流的速度小,单个颗粒将随着气流的流动,被带到管的顶部而排出;如果该颗粒重力沉降速度大于上升气流速度,该颗粒则下降;当颗粒重力沉降速度等于气流上升的速度时,该颗粒的粒径称为切割粒径 d_{Pc}。这时在理论上切割粒径是不会离开分级区域的。在实际的运行中,处于切割粒径的颗粒在粗细颗粒中呈现均匀分配,因此有时也称为等概率粒径。

由于颗粒在重力作用下的沉降速度很小,不适合于小颗粒的分级,由 3.3.3 节可知,可以利用惯性离心力加快颗粒的沉降及分离出比较小的颗粒。例如,颗粒以半径 $r = 0.1$ m、圆周速度u_f＝100 m/s 运动，那么离心加速度 a 和重力加速度 g 的比值等于 10 000，因此颗粒沉降速度被大大增加，切割粒径则减小。但是分离同样粒径时，离心分离设备的体积比重力分离设备小得多。

一般离心分级设备切割粒径极限为 1~2 μm，要得到更细切割粒径的产品就必须增加气流或颗粒圆周速率，即 u_f 要高。低于 1 μm 的切割粒径需要更高的气流圆周速度和低的径向速度。当 a＝0.01 m/s^2，1 μm 的切割粒径需要空气的圆周速率达 110 m/s。将切割粒径减到 0.5 μm 时则空气圆周速率将是前者的两倍。

如果分级设备尺寸 r 或径向速度 u_r 减少，则可使离心分级设备的切割粒径进一步减少。然而，由于气流仅能运载有限的颗粒数量，一定的流量需要一个确定的流速，所以必须有一定流速和体积的流体与一定的径向速度相配合。如果要减少尺寸或分级设备半径 r，必须增加分级设备高度，或者是增加分级设备的台数。

8.3 分级流程及计算

8.3.1 分级流程

工业上粉碎和分级通常联合组成一个粉碎系统，所谓分级流程实际上即粉碎系统流程，见 6.1.2 节。只有一级粉碎的称为一级粉碎分级流程，两级以上的称为多级粉碎流程。

一级粉碎筛分流程有四种基本形式，见图 6.1。

多级粉碎分级流程可以视为由几个一级流程组合而成。二级流程可以有 $4^2 = 16$ 种方案，因为每一种基本流程可与包括自身这种在内的四种基本流程组合。同理，三级流程可以有 $4^3 = 64$ 种方案。图 8.3 表示了三种二级粉碎筛分流程的实例，三级流程示例见图 8.4。

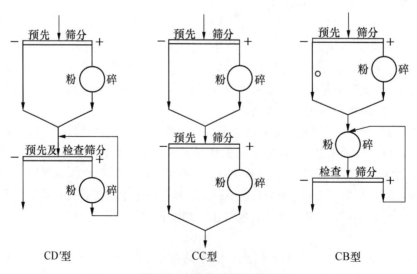

图 8.3 二级粉碎筛分流程

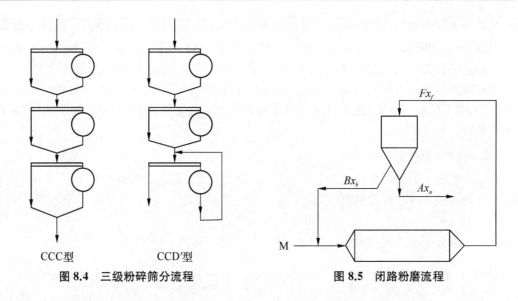

图 8.4　三级粉碎筛分流程　　　　图 8.5　闭路粉磨流程

CCC型　　　　CCD′型

8.3.2　循环负荷

在粉碎设备和分级设备组成的系统中,虽然分级设备是辅助设备,但是分级设备能将粉磨过程中合格的产品及时分离出,从而可以提高粉磨系统的产量,降低电耗。即分级设备的工作情况对粉磨系统起着重大的影响。在闭路流程中,设分级前粉体、分级后细粉和粗粉的总质量分别为 F、A、B,其中合格细颗粒的含量分别为 x_f、x_a、x_b(图 8.5),经过检查筛分或选粉机后返回粉碎或粉磨设备的物料量 B(如检查筛分的筛上物)与分选出的细粉量(即产品)A 之比称为循环负荷 C,也称循环负荷比。

$$C = B/A \tag{8.8}$$

根据物料平衡可推得

$$C = \frac{x_a - x_f}{x_f - x_b} \tag{8.9}$$

由此可见,循环负荷比 C 值的增加,就意味着粉碎流程产品的粒度减小。但其影响是有一定限度的。循环负荷比过分高,在技术经济上是不合算的。所以,一般的循环负荷比在 $1\sim10$。

分级效率的高低与分级设备的分级性能和循环负荷的大小有关。如采用圈流粉磨系统时,磨机和分级设备组成了一个有机的结合体。虽然选粉机没有粉碎物料作用,产品中细粉量的多少取决于磨机的粉磨效率。然而,选粉机的选粉效率(分级效率)也会影响到磨机的粉磨效率。

分级设备的分级能力必须与磨机的粉磨能力互相适应,正确选择操作参数,尤其要把循环负荷与分级(选粉)效率控制在合理范围内。在磨机的粉磨能力与选粉机的选粉能力基本平衡时,适当提高循环负荷可使磨内物料流速加快,增大细磨仓的物料粒度,减少衬垫作用和过粉碎现象,使整套粉磨系统的生产能力提高。如果是粉磨水泥,当循环负荷增加时,也增加了回粉中水化较慢的 $30\sim80~\mu m$ 的颗粒。经过磨机的再粉磨,就能增加水泥中小于 $30~\mu m$ 的微粒的含量,以提高水泥的强度。因此,适当增大循环负荷是有好处的。但是,当循环负荷过大,会使磨内物料的流速过快,因而粉磨介质来不及充分对物料作用,反而使水泥的颗粒组成过于均匀,小于 30 μm 颗粒的含量少,以致水泥的强度下降。当循环负荷太大时,选粉效率会降低过多,甚至会使磨内料层过厚,出现球料比太小的现象,粉磨效率就会下降。结果使磨机产量增大不多,而电耗由于循环负荷增长而增长,使经济上不合算。图 8.6 为粉磨效率与循环负荷的关系。因此,循环负荷应有一个合理数值。循环负荷与粉磨方法和流程、磨机长短和结构、选粉机的类型等因素有关。在实际操作中,各种不同粉磨系统的循环负荷一般可取:

一级圈流水泥磨	$C = 100\% \sim 300\%$
二级圈流水泥磨(短磨)	$C = 300\% \sim 600\%$
一级圈流干法水泥生料磨	$C = 200\% \sim 450\%$
风扫式水泥生料磨	$C = 50\% \sim 150\%$
一级圈流湿法水泥生料磨	$C = 50\% \sim 300\%$

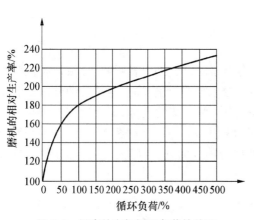

图 8.6 粉磨效率与循环负荷的关系

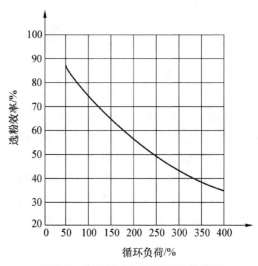

图 8.7 选粉效率与循环负荷的关系

对于同一台选粉机来说,选粉效率随着循环负荷的增加而降低(图 8.7)。必须指出,在圈流粉磨系统的操作中,并不像其他单纯以离析为目的的操作那样,一味追求较高的选粉效率。如果选粉效率不适当地提高,而循环负荷却不适当地降低,物料在磨内被磨得相当细之后才能卸出,这时开流粉磨系统所有的垫衬作用和过粉碎现象就严重起来,导致产量降低。如果选粉效率太低,则循环负荷太大,同样造成磨机效率降低,产量也下降。因此,选粉效率也应当控制在适当范围。根据生产统计资料,粉磨水泥生料或水泥时,选粉效率一般控制在 50%～80%为宜。当循环负荷较大时,甚至低于 50%也可以。

循环负荷和选粉效率都影响粉磨系统的产量和质量,因此,当考虑循环负荷和选粉效率是否恰当时,不仅要注意到产量,而且也要注意到产品的粒度组成。

8.3.3 粉碎-分级流程的计算

粉碎-分级流程的计算,通常已知原物料的处理量、粒度特性及分级效率等参数,求取各作业的生产率、粒度特性及循环负荷比等项。一级流程的计算式列于表 8.1 中。

表 8.1　一级粉碎筛分流程的计算公式

流　程　图	计　算　公　式	符　号　说　明
$F = Q_1$		F -原物料处理量(t/h) Q_1 -产品产量(t/h) Q_2, Q_6 -筛下料量(t/h) Q_3, Q_5 -筛上料量(t/h) Q_4 -粉碎机的出料量(t/h) α_1 -原物料中筛下级别的含量(%) α_3 -筛上物中筛下级别的含量(%) β_4 -粉碎机出料中筛下级别含量(%) C, C_1, C_2 -循环负荷比 η -筛分效率(%)
	$Q_2 = \alpha_1 \eta F$ $Q_3 = F(1 - \alpha_1 \eta)$	
	$Q_5 = CF$ $C = (1 - \beta_4 \eta)/(\beta_4 \eta)$	
	$Q_5 = C_1 Q_3$ $C_1 = (1 - \beta_4 \eta)/(\beta_4 \eta)$	
	$Q_4 = C_2 Q_1$ $C_2 = (1 - \alpha_1 \eta)/(\beta_4 \eta)$	

多级粉碎系统流程的计算是先将多级流程分解成几个一级流程,然后依次分段按一级流程进行计算。

例题 8.1　某三级闭路粉碎筛分流程如图 8.8 所示,有关的原始资料是:(1) 按流程给料量的生产能力,$Q_0 = Q_0'$;(2) 在各级粉碎机出料口 1、4、6 处粉碎后物料的粒度分布特性为 $\beta_{1\mathrm{I}}$、$\beta_{4\mathrm{I}}$、$\beta_{6\mathrm{I}}$ 和 $\beta_{1\mathrm{II}}$、$\beta_{4\mathrm{II}}$、$\beta_{6\mathrm{II}}$(分别指小于筛孔 I、II 的料量百分率);(3) 筛分作业 I、II 的筛分效率为 η_{I} 和 η_{II}。

流程设计计算内容有:

(1) 一切产物的流量 Q_1、Q_2、Q_3、Q_4、Q_5 和 Q_6。

(2) 产物在筛分 I、II 处给料的粒度分布特性 α_{I}、α_{II}。

(3) 算出循环负荷比 C。

解:从流程中,可列出下列计算式

$$Q_0 = Q_1$$

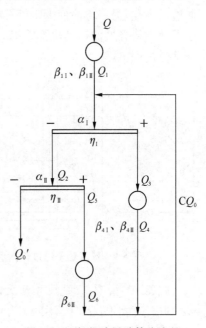

图 8.8　三级闭路粉碎筛分流程

$$Q_3 = Q_4$$

$$Q_5 = Q_6$$

$$CQ_0 = Q_4 + Q_6$$

$$\eta_{\text{I}} = Q_2/\alpha_{\text{I}}(Q_1 + CQ_0)$$

$$\eta_{\text{II}} = Q_0/\alpha_{\text{II}} Q_2$$

$$\alpha_{\text{I}}(Q_1 + CQ_0) = Q_6 + \beta_{4\text{I}} Q_4 + \beta_{1\text{I}} Q_1$$

$$\alpha_{\text{II}} Q_2 = \beta_{1\text{II}} Q_1 + \beta_{6\text{II}} Q_6 + \beta_{4\text{II}} Q_4$$

利用上列算式,能够逐个解出上述计算内容中所要求的项目。

上面所述的是设计工作中的流程计算。若系生产查定,则可从各处粒度分布特性的测定着手,来解出有关的筛分效率。

8.4 筛分原理

8.4.1 筛分机理

固体颗粒物料的筛分过程,可以看作两个阶段:一是筛下级别的颗粒通过筛上级别颗粒所组成的物料层到达筛面上;二是筛下级别的颗粒透过筛孔而分离。要使这两个阶段能够实现,物料与筛面必须有适当的运动特性,一方面使筛面上的物料呈松散状态,有利于运动中的物料层产生析离(按粒度分层),最大的颗粒处在最上层,最小的颗粒位于筛面上,进而透过筛孔;另一方面使大于筛孔的颗粒脱离筛面,进入物料层上部,让细粒透过。因此,凡是促使物料分层的运动也都能提高筛分效率。下面以单个粒子通过筛孔的特性来进一步分析筛分过程。

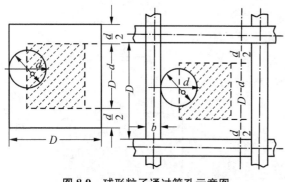

图 8.9 球形粒子通过筛孔示意图

假设筛孔为金属丝组成的方形孔,如图 8.9,筛孔每边净长为 D,筛丝的直径为 b。筛分物料的粒子设为球形,直径为 d。当筛分时粒子垂直落向筛面,要使粒子能顺利通过筛孔,其球心应在画有虚线的面积 $(D-d)^2$ 之内。而球粒在该筛孔上可能出现的位置应为 $(D+b)^2$ 的面积。根据概率定义,球粒通过的概率为

$$p = (D-d)^2/(D+b)^2 \quad (8.10)$$

式(8.10)说明,筛孔尺寸愈大,筛丝和粒子直径愈小,则粒子通过筛孔的概率愈大。表 8.2 列出了两种 b/D 下,不同 d/D 值时的概率 p。当 d/D 大于 0.8 时,粒子通过的概率就很小,常把这类粒子称作"难筛粒"。

表 8.2 粒子通过的概率

d/D	p/%		d/D	p/%	
	b = 0.25D	b = 0.5D		b = 0.25D	b = 0.5D
0.1	51.92	36.00	0.6	10.24	7.14
0.2	41.00	28.44	0.7	5.76	4.00
0.3	31.41	21.77	0.8	2.56	1.77
0.4	23.08	16.00	0.9	0.64	0.45
0.5	16.10	11.11	1.0	0.00	0.00

当筛面倾斜设置,如图 8.10 所示,则筛孔 D 只以它的投影面起作用,即 $D'=D\cos\alpha$,因此球形粒子通过筛孔的机会势将减少。反之,筛面是水平放置的,而球粒的运动方向不垂直于筛面,则同样会产生类似的影响。当粒子的形状不是球形,而是正方形、长方形或其他不规则形状,其通过筛孔的概率也会减少。

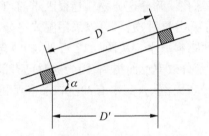

图 8.10 倾斜筛面对通过概率的影响

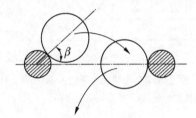

图 8.11 粒子弹跳通过筛孔

在实际情况下,球形粒子通过筛孔的概率要比上述分析的大,其原因可以从图 8.11 中看出。当球形粒子的下落位置即使在 $(D-d)/2$ 之外,但因粒子与筛丝碰撞时其重心仍在筛孔面积内,这时粒子完全有可能通过筛孔。倘若其重心不在筛孔内,粒子经与筛丝相撞而弹跳起来,当其第二次落到筛面时,仍有落下筛孔而通过的可能。

8.4.2 影响筛分过程的因素

影响筛分效率和生产率的因素很多,归纳起来可将它们分成三类,分述如下。

8.4.2.1 物料物理性质的影响

1. 物料的粒度分布

物料粒度组成对筛分生产率有着极大的影响。物料的粒度组成不同,同一筛分设备的生产率可相差很大,尤其当物料中筛下级别含量较少,整个筛面几乎被筛上物所覆盖,妨碍了细粒通过,这时将明显地降低筛分率。对于这种情况,可采用筛孔较大的辅助筛网预先排出过粗的粒级,然后对含有大量细级别的物料进行筛分,以提高筛分生产率。

理论和实践表明,物料中所含的难筛粒(粒度大于筛孔尺寸的 3/4 且小于筛孔尺寸的颗粒),阻碍粒(粒度大于筛孔尺寸而小于 1.5 倍筛孔尺寸的颗粒)数量愈少,筛分愈容易,所得的筛分效率也愈高。粒径小于筛孔 0.8 倍的粒子很容易透过物料层到达筛面,且很快通过筛孔。物料中这部分含量增加,生产率就迅速上升。若物料中难筛粒愈多,且粒度愈接近筛孔,这时筛分效率和生产率都将降低。

2. 物料的湿度

物料中含有水分时,筛分效率和筛分生产率都会降低。在细孔筛网上筛分时,水分的影响尤其突出。物料表面的水分使细粒互相黏结成团,并附着在大粒子上,这种黏性物料将堵塞筛孔。附着在筛丝上的水分,因表面张力作用,可能形成水膜,把筛孔掩盖起来。这样,阻碍了物料的分层和通过。但若可以改成湿式筛分,则既能防止附着凝集,又能增加流动性,反而使处理质量和处理能力提高。

应当指出,影响筛分过程的并不是物料所含的全部水分,而只是表面水分,化合水对筛分并无影响。

3. 物料含泥量

物料中含有结团的泥质混合物,当含水量达到 8% 时就会使细粒物料黏结在一起,再经筛面摇动即滚成球团,很快就堵塞筛孔。筛分这类物料是很困难的,有时甚至不可能。为了筛分这种物料,可以采用湿式筛分,在筛分时不断向筛面物料喷水。从图 8.12 可见,物料含水量超过某一值后,筛分效率反而提高,因为这时已有部分水分开始沿着粒子表面滚动,流水有冲洗粒子和筛网的作用,改善筛分条件。

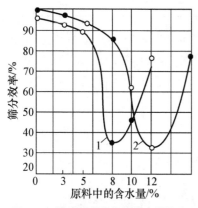

图 8.12 筛分效率与物料含水量的关系
1-吸湿性弱的物料;2-吸湿性强的物料

8.4.2.2 筛面运动性质及其结构参数的影响

1. 筛面运动性质

筛面与物料之间的相对运动是进行筛分的必不可少的条件,这种运动可以分成两种类型:一是粒子主要是垂直筛面运动,如振动筛;二是粒子主要是平行筛面运动,如筒形筛、摇动筛。实践证明,第一种运动方式的筛分效率较高。因为物料这时也做垂直筛面运动,物料层的松散度大,析离速度也大,且粒子通过筛孔的概率增大,筛分效率得以提高。筛面做垂直运动时,物料堵塞筛孔的现象有所减轻。

筛面的运动频率和振动幅度影响到粒子在筛面上运动速度和通过概率。粒度较小的物料适宜于小振幅和高频率振动,最佳的振幅和频率要在实验中确定。

2. 有效筛面面积

筛孔的面积与整个筛面面积之比,叫作有效筛面面积。有效筛面面积愈大,筛面的单位生产率和筛分效率都将愈高。如表 8.2 所示的概率值。但有效筛面面积也不宜过大,否则会降低筛面强度和使用寿命。

3. 筛面长度

筛分设备的生产率和筛分效率还取决于筛面尺寸。筛面宽度主要影响生产率,筛面长度则影响筛分效率。筛面愈长,粒子在筛面上的停留时间也长,增加了通过筛孔的机会,筛分效率可以提高。但过分延长筛面并不能始终有效地提高效率,图 8.13 表明了这样的情况:在筛分的最初阶段筛下物的产量增加得很快,但以后的增加就逐渐变慢起来。因此,工业上使用的筛子的长度一般为宽度的 2.5～3 倍。

4. 筛孔大小

筛孔的尺寸愈大,筛面单位面积生产率和效率也都愈大。特别在筛孔小于 1 mm 时,筛分生产率将急剧下降。

8.4.2.3 操作条件的影响

1. 加料均匀性

加料均匀性有两方面的要求,一是单位时间的加料量应该相等,二是入筛物料沿筛面宽度须均匀分布。这样使筛面保持在稳定的最佳条件下工作,整个筛面充分发挥作用,有利于提高筛分效率和生产率。在细筛筛分时,均匀性要求常显得更为突出。

2. 料层厚度

料层的厚度控制得愈薄,粒子较容易透过物料层,接触筛面的机会就多,无疑可以提高筛分效率。但同时会使料流量减少,降低了生产率。但过厚的料层会堵塞筛孔,这不仅会降低筛分效率,筛下物的总量也并不会增加。

3. 筛面倾角

加大筛面倾角可以提高送料速度,生产率将有所增加,但缩短了物料在筛上停留时间,引起筛分效率下降,筛面最适宜的倾角应通过实验确定。

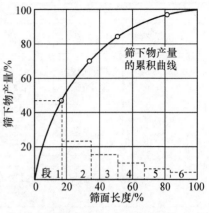

图 8.13　筛面长度对筛分过程的影响

8.5　筛分机械

筛分机械的品种很多,按照筛分工艺和筛分机械结构的不同,有不同形式的筛分机械,如振动筛、固定筛、摇筛、六角筛、湿筛等。按筛面运动形式一般分为如下四类。

(1) 格筛:可分为固定格筛和滚轴筛等。

(2) 筒形筛:有圆筒筛、圆锥筛、角柱筛(如六角筛)和角锥筛等。

(3) 摇动筛:有单筛框和双筛框等。

(4) 振动筛:按其传动方式可分为机械振动筛和电力振动筛两种,它们的品种较多,参见表 8.3 所列。以下主要介绍振动筛的原理、结构和应用等。

表 8.3　振动筛的主要类型

一般分类	通　称	简　图	驱动方式	筛面运动形式	备　注
圆振动型倾斜振动筛	偏心振动筛		偏心轴	○	
简易型振动筛	单轴惯性振动筛		不平衡重锤	○○	筛框上有驱动机构,不适于大型机械
	单轴惯性振动筛		不平衡重锤	↗	筛框用弹性杆件支承

一般分类	通 称	简 图	驱动方式	筛面运动形式	备 注
直线振动型水平振动筛	双轴惯性振动筛		不平衡重锤		
	低 型		不平衡重锤		几乎是直线运动
	共振筛		曲柄弹性连杆		大型机械中推广
电磁振动筛			电磁铁		使筛面作直接振动
			电磁铁		电磁振动器使筛框振动
振动马达式振动筛	共振式		振动马达		一个振动马达,共振下工作
概率筛			振动马达		筛面倾斜率依次加大
			不平衡重锤		筛孔随滚动方向依次变小,数层重叠在一起

8.5.1 单轴惯性振动筛

单轴惯性振动筛又称纯振动筛,它是振动筛中结构最简单的一种。单轴惯性振动筛的原理图和结构简图见图 8.14。由钢板焊成带有被张紧筛网的筛框 1,被固定在两组板簧 2 上。板簧安装在支座 3 的上面。这样,筛框就被弹性地固定在筛架 4 的中部。筛架既可安放在刚性支承上,也可用挠性吊杆 5 悬挂起来。

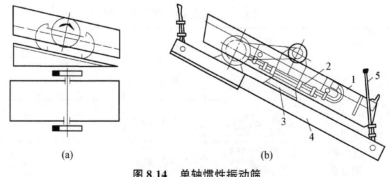

(a)   (b)

图 8.14 单轴惯性振动筛

筛框上设有两个轴承座,振动器轴即安装在它里面的滚柱轴承上。轴 1 的中间部分直径较粗,且偏心于轴承中心,偏心距为 10 mm(图 8.15 主轴结构图)。两轴承外侧装有不平衡器,不平衡器外壳 3、4 固定在主轴上,而不平衡重块 5 则可在壳 3 内做周向移动以调节相位,调节后用螺栓固定。轴的一端固定三角皮带轮 7,以传递扭矩。

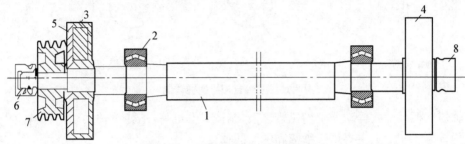

图 8.15 单轴惯性振动筛主轴结构

主轴回转时,轴上的偏心部分和不平衡器一起产生离心惯性力。如重块与轴的偏心部分装在一边,产生的离心力最大,这时振动器将产生最大的振动力。改变不平衡重块与主轴偏心部分的相对位置,其离心力合力可从最小值变化到最大值,借此可调节筛框的振幅。

这类筛机,当轴连同不平衡器一起回转时,筛框做圆形或近似圆形轨迹的运动。因此,皮带轮与电机的中心距存在着周期性变化,引起皮带振动。为了控制这种振动,单轴惯性振动筛的振幅不宜太大,一般在 3 mm 以下。鉴于这种特性,这类振幅小而频率较高(在 1 000次/分钟以上)的振动筛常用于中筛和细筛操作中。由于筛框不具有定向运动,因此筛面必须倾斜安装,使之能输送物料,它的倾角一般在单轴惯性振动筛的筛网运动特性与偏心振动筛一样,因此主轴转速的选取方法完全可参照偏心振动筛。单轴惯性振动筛具有较高的筛分效率和生产率,在工业上应用较广。

8.5.2 双轴惯性振动筛

双轴惯性振动筛的筛框常带有一层或几层筛面。筛框装在弹性支杆上,或用弹性吊杆悬挂在支架上。筛框上装有产生振动的双轴自相平衡振动器,见图 8.16。振动器由两个构造相同的不平衡轴构成[图 8.17(a)],两个不平衡轴分别安装在两组轴承上,两轴彼此用齿轮副传动,使其始终保持转向相反、转速相等,并使两不平衡轴的相位相反,重块 A 和 A′不论在什么位置上,它们所产生的合力将总是沿着 X 轴的

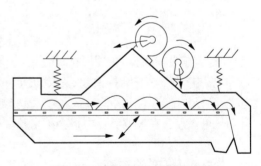

图 8.16 双轴惯性振动筛原理图

方向[图 8.17(b)],离心力在 Y 方向上的分力已相互平衡。振动器的激振力变化范围从零到最大值,不平衡轮每转过 180°,力的方向改变一次。

由于振动器产生的振动力为直线惯性力,当其与筛面以 35°～55°的角度安装时,筛框就依照这个方向做定向振动,筛面上的物料便跳跃前进,实现筛分和运送。因此这类筛机不需倾斜安装。

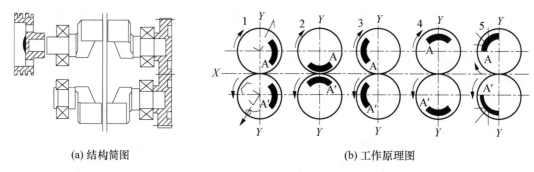

(a) 结构简图　　　　　　　　　　　　　　(b) 工作原理图

图 8.17　双轴自相平衡振动器

双轴惯性振动筛的振动器结构比较复杂,制造成本也高,不如单轴振动筛或自定中心振动筛应用普遍。工业上主要用于细筛和中筛的场合。

8.5.3　电振筛

电振筛按其振动器不同可分为电磁式振动筛和振动马达式振动筛。电磁式振动筛又以驱动部位不同分为筛网直接振动和筛框振动。

目前筛框振动的电磁振动筛应用较多。这类筛机往往处在共振状态下工作,筛框做直线形振动,它的运动特性和双轴惯性振动筛相似。

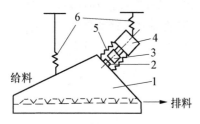

图 8.18　电磁振动筛原理图

1—筛框;2—振动器衔铁;3—电磁铁;
4—辅助重块;5—弹簧;6—弹簧吊杆

电磁振动筛的简图如图 8.18 所示。筛框 1 和筛框上的振动器衔铁 2 组成一个振动机体 m_1。辅助重物 3 和振动器的电磁铁 4 组成第二个机体 m_2。两机体间用弹簧 5 连接,整个系统用弹簧吊杆 6 悬挂在固定的支架结构上。振动器通入交变电流时,衔铁 2 和电磁铁 4 的铁芯交替地相互吸引和排斥,使两机体产生振动。机体的质量和弹簧 5 的刚度如果选择合适,就可使振动系统调节到接近共振状态下工作。振动器倾斜地安装在筛框上,与筛面有一夹角,这与其他带有水平筛框或微倾斜筛框的筛机一样,筛框的振动使物料跳动,在沿筛面移动中得到筛分。

电磁振动筛具有结构简单,无传动元件,体积小,耗电少,筛分效率高(可达 98%),适宜于做密封筛分,便于自动化等优点。在玻璃工业中将会越来越多地被采用。

8.5.4　概率筛简介

图 8.19 表示概率筛的工作原理。筛机的上部设有电磁振动器。多层同一目数(也可不同目数)的筛网以不同倾斜度依次排列,下一层筛网的倾角比上一层的大。物料从上部加入,当筛机处于振动工作时,物料就被各层筛网所分级。

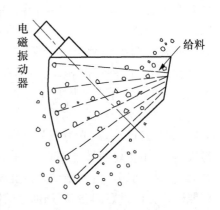

图 8.19　概率筛示意图

概率筛的筛分原理与一般筛机的有所不同。它是借助于粒子通过筛孔过程中存在着概率的特性,并利用筛网的不同倾角其筛孔投影面积不同(虽然筛孔是同样大小),而使大小不同的粒子通过筛孔的概率不等这样一种原理将粒子分级。被筛分物料的粒径与筛孔尺寸相比,不论其比筛孔小多少,总是存在着一定的通过概率。粒径大的颗粒在透过筛孔时概率较小,而粒径小的概率就大。当它们通过多层筛网时小粒子因概率大而能透过的层数较多,大颗粒因概率小则被中间筛网所截留,于是不同粒级的颗粒就被依次分开。又因为合理布置筛网的倾角,可使概率变化的幅度进一步加大,于是筛下物的粒度又能进一步得到控制,达到预期的筛分要求。

筛下物的粒度不仅由筛孔尺寸这一个因素所控制。当改变筛网的孔径,筛网的层数以及它的倾角,均能改变筛下物的粒度。正是利用这种调节灵活性,提供了用大孔径的筛网来筛分小粒子的可能性。这正是概率筛的一个特点,它的筛孔尺寸要比筛下物的粒度大若干倍,大致为

$$D \geqslant (4 \sim 10)d_\circ \tag{8.11}$$

式中,D 为筛孔尺寸;$d_\circ$ 为筛下物的粒度。

这时所谓难筛料也不存在了。由于概率筛的这种特点,使它具有很多明显的优点:筛孔大,筛丝粗,因而筛网强度大,寿命长,大大减少维修工作;因筛孔比物料粒径大得多,筛孔不会堵塞,物料通过量也可大大增加,因此生产率提高很多,可比一般筛机高数倍至十余倍,特别在筛分潮湿含泥物料时,筛分效率也比一般筛机高很多;调节灵活性大,它可改变筛网的设计,以及调节振动器的频率和振幅来调节筛下物的粒度,不必像一般筛机那样更换筛网。

8.6　流体系统分级设备

在粉体制备过程中,往往需要将固体颗粒在流体中按其粒径大小进行分级。应用空气作分散介质进行分级的设备,称为空气选粉机。

空气选粉机是一种通过气流的作用,使颗粒按尺寸大小进行分级的设备。这种设备用于干法圈流的粉磨系统中。其作用:使颗粒在空气介质中分级,及时将小于一定粒径的细粉作为成品选出,避免物料在磨内产生过粉磨以致产生黏球和衬垫作用,从而提高粉磨效率;将粗粉分出,引回磨机中再粉磨,从而减少成品中的粗粉,调节产品细度,保证粉磨质量。在产品细度相同情况下,一般产量可提高 $10\% \sim 20\%$。

空气选粉机有两大类型:一类是让气流将颗粒带入选粉机中,在其中使粗粒从气流中析出,细小颗粒跟随气流排出机外,然后在附属设备中回收,这类设备称为通过式选粉机。另一类是将颗粒喂入选粉机内部,颗粒遇到该机内部循环的气流,分成粗粉及细粉,从不同的孔口排出,这类设备称为密闭式选粉机。

8.6.1　粗粉分离器

粗粉分离器常见的结构如图 8.20 所示。它由两个内外套装着的锥形筒 2 和 3 组成。外

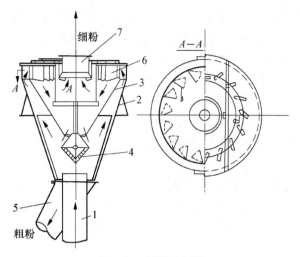

图 8.20　粗粉分离器

1-进风管；2-外锥壳体；3-内锥壳体；4-反射棱锥体；5-粗粉出口

壳 2 上有顶盖，下接粗粉出口管 5 和稍插入的进风管 1。内壳 3 下方吊装着反射棱锥体 4。外壳顶盖和内壳上边缘之间装有导向叶片 6，装在顶盖外面的调节环用于调节叶片的导向角度，顶盖中部装有排气管 7。携带颗粒的气流以 15～20 m/s 的速度经管 1 进入选粉机内外壳之间的空间。气流首先撞到内壳下部的小棱锥体，气流中所夹带的粗大颗粒由于惯性力的作用，撞落到外壳 2 的下部。同时由于通道截面积扩大，气流上升速度降低到 4～6 m/s，因此又有一部分较大颗粒受重力作用陆续向下沉降，顺着筒壁滑下，经粗粉管 5 排出。气流在环形空间中上升至顶部之后，进入导向叶片 6 时，由于运动方向突变，撞到叶片上，又有部分粗颗粒落下。气流通过与径向成一定角度的导向叶片后，产生向下旋转运动，进入内壳 3 中。因此又有一部分颗粒在惯性离心力的作用下甩向内壳的内壁，沿着内壳的内壁落下，跟着又落入粗粉管 5。细小的颗粒则跟随气流一起，经中心管 7 离开选粉机，送入粉尘设备，以便将这些细粉颗粒收下。

　　在粗粉分离器中存在两个分离区，一是在内外壳之间的粗选粉区，颗粒主要是在重力作用下沉降，分出最小粒径；另一是在内壳中的细选粉区，颗粒是在惯性离心力作用下沉降做进一步分级。当颗粒做离心沉降的离心速度与气流向心方向流速在数值上相等时，这时的颗粒粒径就是最小分级粒径，可用式（8.12）估算。

$$d_p = \frac{3\zeta \rho r}{4(\rho_p - \rho)} \cot^2 \alpha \tag{8.12}$$

式中，r 为气流旋转半径；α 为叶片的径向夹角；ζ 为阻力系数，$\zeta = 8/\pi f(Re)$；ρ_p，ρ 分别为颗粒物料及介质的密度；

　　从式（8.12）可知，分级界限尺寸（即分离最小粒径）与选粉机的直径、气流速度和叶片的导向角度有关。分离最小粒径随设备直径和风速的增大而增大，随叶片角度的增大而变小。因此，通过式选粉机可以用下述方法调整细粉细度：改变气流速度，气流速度愈低，细粉的细度就愈高；改变叶片的导向角度，叶片与径向夹角愈小，气流旋转速度愈小，细粉细度下降。此外，有些尚可适当升降反射棱锥体的位置，以控制产品粒度分配。

$$V = KQ \tag{8.13}$$

式中，V 为选粉机容积（m³）；Q 为处理风量（m³/s）；K 为系数，按表 8.4 选取。

表 8.4　系数 K 与筛余关系

0.08 mm 方孔筛筛余/%	4～6	6～15	19～28	28～40
K	1.8	1.44	1.03	0.8

根据求出的选粉机容积,由表8.5确定选粉机直径。

表 8.5　通过式选粉机的直径和容积

直径/mm	2 250	2 500	2 850	3 420	4 000
容积 V/m³	4.2	5.5	8.4	14.3	22.0

粗粉分离器结构简单,操作方便,没有运动部件,不易损坏。使用这种选粉机可以得到细度相当于0.080 mm方孔筛上筛余为10%～20%的细粉,生产能力可达7～8 t/h。不过使用这种选粉机时,必须另设通风机产生气流,以将粉料带入选粉机;另外还需设置收尘设备回收细粉,使设备复杂。粗粉分离器宜配用风扫式磨机系统。

8.6.2　离心式选粉机

8.6.2.1　构造及工作原理

离心式选粉机如图8.21所示。选粉机由外壳5和内壳4套装而成。壳体上部为圆柱形,下部为圆锥形。内壳用支架固定在外壳内部,内外壳之间形成环形空间。内壳中部有一垂直漏斗,粉料经此漏斗送入选粉机内。漏斗中心的垂直轴上装有转子。转子由撒料盘、辅助风叶(小风叶)和主风叶(大风叶)组成。在大小风叶之间和内壳顶边装有一圈可以调节的挡风板。内壳中部装有一圈可以调节进风角度和空隙的回风叶。回风叶的间隙为内外壳气流循环通道。选粉机的顶部用盖板封闭。离心式选粉机的规格以外壳体直径表示,最大的达10 m,其生产能力达2 500 t/h。

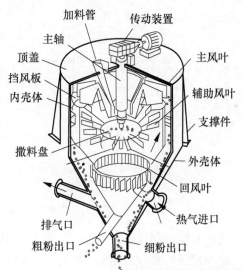

图 8.21　离心式选粉机结构简图

离心式选粉机依靠大风叶旋转产生的循环气流,经过内壳中部切向装置的回风叶的间隙,进入内壳后,形成旋转上升的气流,然后又从内外壳之间的环形空间下降,返回内壳。因此在选粉机的内部形成一股循环的气流。小风叶用来帮助气流的循环,并且形成一道旋转的栅栏,使较粗的颗粒下沉,以提高细粉的细度。

粉料由加料管送入,经漏斗落到旋转着的撒料盘上,受到惯性离心力的作用,甩向内壳的周壁,并在旋转气流的作用下,较粗大的颗粒撞到内壳的壁面时,失去动能,沿着壁面滑下,作为粗粉经粗粉出口排出。其余较小颗粒被旋转上升的气流卷起,经过小风叶的作用区时,在小风叶的碰击作用下,又有一部分颗粒抛到内壳周壁被收入。气流经过挡风板时,发生部分折流,在惯性力作用下,也有一部分颗粒被分离下来。当含有细小颗粒的气流进入内外壳之间的环形空间时,由于运动方向急剧改变,通道截面扩大,气流速度减慢,于是气流中的细小颗粒便落下,沿着外壳内壁滑到细粉出口,作为细粉排出。而气流则受到风叶的抽吸,重新返回内壳循环使用。

从它的工作过程可知,选粉机内的颗粒是在环流气体作用力 F_d,惯性离心力 F_c 和重力 G 的共同作用下进行分级[图 8.22(a)]。颗粒的运动速度可分解为如下三个互相垂直的分速来分析:(1) 轴向速度($(u_p)_L$)。这是由于颗粒的重力和上升气流对颗粒的作用力所引起的。由于两力的方向相反,故$(u_p)_L$ 的方向可能向上,也可能向下。对于粗大的颗粒,沉降速度大于气流的上升速度,产生向下沉降。而细小颗粒其沉降速度小于气流的上升速度($u_0 < u_f$),被上升气流携带向上提升。颗粒愈小,其向上提升速度愈接近上升气流速度。(2) 切向速度($(u_p)_t$)。即颗粒随撒料盘和气流一起绕轴旋转的圆周速度。(3) 径向速度$(u_p)_r$。由于颗粒绕轴旋转产生的惯性离心力所引起的。显然,颗粒在随同气流做圆周运动的同时,由于$(u_p)_L$ 和$(u_p)_r$ 合成的结果,大小不同的颗粒将以不同的运动轨迹倾斜地向上或向下运动。粗大的颗粒倾斜向下运动;细小的颗粒倾斜向上运动。中等颗粒虽也倾斜向上运动,但斜度较小。于是形成如图 8.22(b)所示的颗粒运动情况。

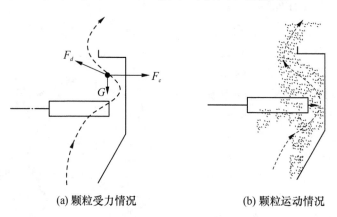

| (a) 颗粒受力情况 | (b) 颗粒运动情况 |

图 8.22 颗粒在选粉机内的运动

在离心式选粉机内颗粒重力的影响可略去不计。由于撒料盘的旋转作用,颗粒在水平方向所受到的剩余惯性离心力为

$$F_{c0} = \frac{\pi d^3 (\rho_p - \rho) v_p^2}{6r} \tag{8.14}$$

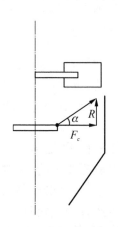

图 8.23 粉料在选粉机内的分级

式中,v_p 为撒料盘边的颗粒圆周速度;r 为撒料盘半径。

在垂直方向上,气流对颗粒的作用力为

$$R = \zeta \frac{\pi}{4} d_p^2 \rho \frac{u_f^2}{2} \tag{8.15}$$

式中,u_f 为空气向上流速;ζ 为阻力系数。

合力方向决定颗粒走向,如图 8.23 所示。

$$R/F_c = \tan \alpha \tag{8.16}$$

当颗粒的运动走向角为 α 时,颗粒刚能飞出内壳筒口边,这种颗粒的粒径 d_p,即为颗粒分级界限尺寸。从式(8.14)～(8.16)可解得

$$d_p = \frac{3\zeta\rho r u_f^2}{4(\rho_p - \rho)v_p^2} \tag{8.17}$$

对于一定的选粉机处理一定物料时,式(8.17)尚可简化为

$$d_p = k\zeta u_f^2 / r n^2 \tag{8.18}$$

式中,n 为主轴转速;k 为常数。

式(8.17)及式(8.18)为离心式选粉机的分级界限公式。大于 d_p 的颗粒将碰撞于内壳的内壁或挡风板上面,在内壳空间降落,作为粗粉排出。小于 d_p 的颗粒则被气流带出,经大风叶进入内外壳之间的环形空间,在重力作用下沉降,成为细粉排出。显然,分级界限尺寸增大,则产品变粗;反之,产品则变细。

分级界限尺寸的大小主要是通过调整气流的上升和旋转速度以及增、减小风叶的作用来实现。增加转子转速或增多、增大风叶,都会使上升气流速度增大,使细粉的细度下降;反之,则可提高细粉的细度。改变回风叶的角度,会影响到旋转气流速度,回风叶片偏向内筒壁时,叶片之间通道缩小,旋流速度增加,则可提高细粉的细度;反之,则会降低细粉的细度。增加小风叶数目,旋转栅栏的作用加强,可增加碰击颗粒次数,有利于颗粒分离出来,可提高细粉的细度。当挡风板往里推时,上升气流的折流增大,可提高细粉的细度;反之,细粉的细度则降低。

增减风叶时,必须按直径方向成对增减,以保持转子的平衡。改变大小风叶的数目,对细度调整的幅度较小。调整挡风板位置比较方便且效果较好。至于正确的调节幅度要通过实际生产经验来决定。

在选粉机中,存在着两个分离区:一是在内壳中的选粉区,颗粒主要是在惯性力作用下沉降;另一个是在内外壳之间的环形空间的细粉沉降区,颗粒主要是在重力作用下沉降。选粉区还可细分为选粉区和细粉提升区,这两个区的高度比例对于选粉机的工作具有重要的意义。延长细粉在气流中的停留时间可能使物料更好地分级,故选粉空间应尽可能高。细粉提升区的细粉越过内壳的边棱,其输出速度必须尽可能快。

8.6.2.2 工作参数的确定

(1)影响选粉机生产能力的因素较多,如选粉机的结构尺寸、转速、物料性质和产品细度等。可按下列经验公式计算

$$Q = KD^{2.65} \tag{8.19}$$

式中,Q 为生产能力(t/h);D 为选粉机外壳直径(m);K 为系数,与物料的性质、产品细度及选粉效率有关。

对于水泥生料,当选粉效率为 70%～80%,产品在 0.080 mm 方孔筛上的筛余为 6%～8%时,$K=0.85$;对于 32.5 级的水泥,当选粉效率为 50%～60%、筛余为 5%～8%时,$K=0.56$;对于 42.5 级的水泥,筛余为 2%～5%;$K=0.42$。

(2)主轴转速选粉机主轴转速快慢,影响到循环风量的改变及选粉区气流上升速度,从而影响到选粉机的生产能力、功率和选粉效率。一般离心式选粉机的转速 n 和直径 D 的乘积在 600～900(r/min),即

$$nD = 600 \sim 900 \tag{8.20}$$

表 8.6 列出国内几种规格离心式选粉机的转速与直径乘积值。

表 8.6 离心式选粉机的转速与直径乘积值

选粉机直径/m	1.5	3.0	3.5	4.2	5.0	5.5
$nD/(\text{m}\cdot\text{r/min})$	600	725	805	840	900	918

（3）离心式选粉机的功率,可按下列经验公式计算

$$N = KD^{2.4} \qquad (8.21)$$

式中,D 为选粉机直径(m);K 为系数,一般取 1.58。

8.6.3 旋风式选粉机

8.6.3.1 构造和工作原理

离心式选粉机结构存在固有缺陷:① 机内用来产生循环气流的大风叶,由于同含尘气流相接触,磨损较大;② 上升风速的大小和撒料盘转速的快慢都是主轴转速来控制,不能分别进行调节;从式 8.18 可知,这不利于产品细度的控制和调节;③ 大风叶转速较低,风叶间隙较大,故空气效率较低;④ 细粉在内外壳之间的细粉沉降区中依靠重力很难完全沉降,循环气流返回选粉区时总会带有部分细粉,降低选粉效率。因此,对离心式选粉机做了改进,设计了一种外部循环气流的旋风式选粉机。取消大风叶,采取专用风机外部鼓风;取消内外壳间的细粉沉降区,采取专用旋风分离器外部回收细粉的形式。

典型旋风式选粉机如图 8.24 所示。选粉机的分级室是一个用钢板制成的圆柱形外壳。分级室的周围均匀布置有几个旋风分离器。在分级室内,小风叶和撒料盘安装在主轴上,由电动机经过胶带传动装置带动旋转。离心通风机代替了离心选粉机的大风叶,产生循环气流。通风机把空气从切线方向送入选粉机,经滴流装置的缝隙旋转上升,进入分级室。粉料由进料管落到撒料盘后,立即向四周甩出,撒布到选粉区中,与上升的旋转气流相遇。粉料

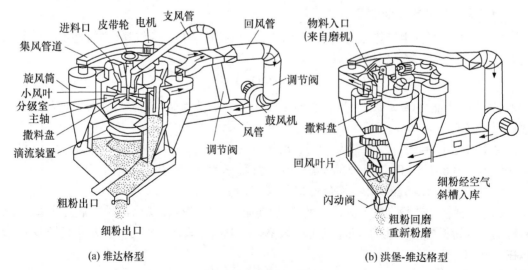

(a) 维达格型   (b) 洪堡-维达格型

图 8.24 旋风式选粉机

中的粗粒,质量较大,受撒料盘、小风叶和旋转气流作用产生的惯性离心力也较大,被甩到分级室的四周边缘。当它与壁面相碰撞后,失去动能,便被收集下来,落到滴流装置处。在该处被上升气流再次分选,然后落到滴流装置内下锥处,作为粗粉经粗粉管排出。粉料中的细颗粒,质量较小,在选粉室中被上升的气流带入旋风筒中。气流是从切线方向进入旋风筒的,在筒内形成一股猛烈旋转气流;处在气流中的颗粒受到惯性离心力的作用,甩向四周筒壁,向下落到旋风筒下部的外锥体中,作为细粉经细粉管排出。清除细粉后的空气则由旋风分离器中心的排风管经集气管和导风管再返回通风机,形成了气流闭路循环。

循环风量可以用风机的变频调速电机来调节。若不改变循环风量,而要改变分级室的气流上升速度时,可以改变支风管上的调节阀的开度。经过支风管的气流不经分级室而直接进入旋风分离器,调节直接进入旋风分离器的风量与经过滴流装置和选粉室的风量之比,就可以大幅度调节细粉的细度。改变立轴转速和小风叶的数目也能调节产品细度。立轴现在一般采用变频调整电机,因此撒料盘的转速调节方便,对细粉的细度要求容易控制。

8.6.3.2 旋风式选粉机工作参数的确定

1. 生产能力

实践表明旋风式选粉机的生产能力与选粉室面积大小成正比。其生产能力可用式(8.22)来估算

$$Q = KD^2 \tag{8.22}$$

式中,Q 为旋风式选粉机生产能力(t/h);D 为选粉机直径(m);K 为系数,对生产 32.5 级水泥时,K 取 5.35;对于要求控制 0.08 mm 方孔筛余为 8% 的水泥生料时,K 取 7.12。

2. 主轴转速

旋风式选粉机的主轴转速可按式(8.23)来估算

$$nD = 300 \sim 550 \tag{8.23}$$

式中,n 为选粉机主轴转速(r/min);D 为选粉机直径(m)。

选粉机直径愈大,所取 nD 值也应愈大。对于直径 3.5 m 以上的选粉机,nD 值宜取550 m·r/min左右。

3. 风量

根据生产实践,当操作温度为 100℃,控制 0.080 mm 方孔筛的筛余为 6%～8% 时,一般选粉室截面气流上升速度取 3.4～4.0 m/s,选粉浓度取 500 g/m³ 较为合适。

根据选粉室截面风速算出风量后,考虑漏风量增加 10%,即可作为风机的风量。风机的风压一般取 2 400 Pa(20℃)。

4. 旋风分离器直径

流经选粉室的风量与进入旋风分离器的风量可视为相等,根据这一关系,可以算出旋风分离器的直径。

设 A_1 为旋风分离器截面积,u_1 为其截面风速;A_2 为选粉室截面积,u_2 为其截面风速。则流经旋风分离器的空气流量 $q_1 = A_1 u_1$,而流经选粉室的空气流量 $q_2 = A_2 u_2$。如果 $q_1 = q_2$,于是

$$A_1/A_2 = u_2/u_1 \tag{8.24}$$

旋风分离器的截面风速取 3.0 m/s；选粉室内截面风速取 3.4～4.0 m/s 计算，则 $A_1/A_2 = 1.13～1.33$。根据这两个截面的比值关系，则可确定旋风分离器的直径。

旋风分离器直径亦可按下式估算

$$d = 0.438D \tag{8.25}$$

式中，d 为旋风分离器直径(m)；D 为选粉机直径(m)。

例题 8.2 计算 $\phi 2.5$ m 旋风式选粉机的风量，已知：$u = 3.7$ m/s(取平均值)，$D = 2.5$ m。

解：

$$Q = \frac{\pi}{4}D^2 u \times 3\,600$$

$$= \frac{3.141\,6}{4} \times 4^2 \times 3.7 \times 3\,600$$

$$= 167\,384(\text{m}^3/\text{h})$$

增加 10% 储备风量得

$$167\,384 \times 1.1 = 184\,122(\text{m}^3/\text{h})$$

圆整后为 185 000 m³/h。

8.6.4 高效选粉机

为了克服离心式、旋风式选粉机撒料不均匀、分级流场不均匀等缺陷，一批高效选粉机得以研制，应用广泛的 O—Sepa 型选粉机被认为是第三代高效分级设备的典型代表。

8.6.4.1 O—Sepa 选粉机

1. 构造及工作原理

O—Sepa 选粉机的结构如图 8.25 所示，气流分别由一次风管 1、二次风管 2 切向进入蜗壳形筒体，经过导流叶片进入导流叶片和涡轮转子之间的环形分级区，形成一次涡流。然后进入涡轮内部的分级区，在高速旋转的涡轮叶片的带动下，形成二次涡流。最后气流经过涡轮中部，由细粉出口进入旋风筒或袋收尘器等细粉收集设备。

被分级的物料从进料口 3 喂入，经撒料盘离心撒开，在缓冲板的作用下均匀分散后落入环形分级区，与经过导流后的分级气流进行料气混合。在旋转的分级气流作用下，物料中较粗的颗粒被甩向导流叶片，沿分级室下降进入锥形灰斗 4。再经过由三次风管 5 进入的三次空气的漂洗，将混入粗颗粒中或聚集的细粒分出后，粗颗粒经翻转阀 6 排出。粒径较小的细颗粒随气流进入涡轮分级区，在强制涡流场中再次被分级。较粗的颗粒被甩出，回到环形分级区，合格的细颗粒则随气流一起通过涡轮中部，由细粉出口排出。

2. 性能及应用

O—Sepa 选粉机在分级原理上，与前两代选粉机相比有较大的改进，其分级气流仅在水平面内旋转，而且气流平稳。物料在经过撒料盘和缓冲板充分分散之后垂直下落，从上而下

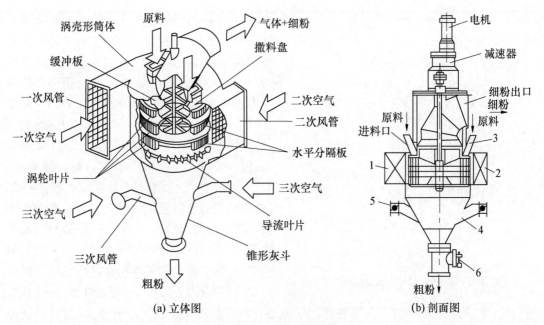

图 8.25　O—Sepa 选粉机

通过整个分级区,可受到多次分级的作用。因而,具有分级效率高、处理物料量大、产品粒径范围窄等特性。O—Sepa 选粉机的规格以选粉机通风量为标志。如 N-1500 代表通风量为 1 500 m³/min。O—Sepa 选粉机的技术参数见表 8.7。

表 8.7　O—Sepa 选粉机的技术参数

型　号	转速/(r/min)	装机容量/kW	风量/(m³/min)	最大喂料量/(t/h)	小时产量/(t/h)
N-500	190~420	25~50	500	150	20~40
N-1000	140~320	50~100	1 000	300	35~75
N-1500	120~260	75~150	1 500	450	50~110
N-2000	105~230	100~200	2 000	600	70~150
N-2500	95~205	130~250	2 500	750	90~190
N-3000	85~175	155~300	3 000	900	105~225

　　除了在分级设备原理和性能方面具有明显的优越性之外,O—Sepa 选粉机还具有以下特点:

　　(1) 粉粒状物料粒径的分选精度较高,因此,分级效率可以提高,产量增加。

　　(2) 可以生产粒度分布较窄的产品,改变涡轮的转速,可在 10~300 μm 内调节分级粒径。

　　(3) 由于可以用含尘气体作为分级气流,因此,粉碎-分级系统非常紧凑,并具有冷却等功能。

　　(4) 可以与辊磨或辊压机组合成粉碎-分级系统,简化工艺流程,提高粉碎效率。

　　在生产条件基本相同的情况下,O—Sepa 选粉机比离心式、旋风式选粉机的产量分别提高 20% 左右和 10% 左右,电耗降低 8 kW·h/t 左右和 3 kW·h/t 左右。

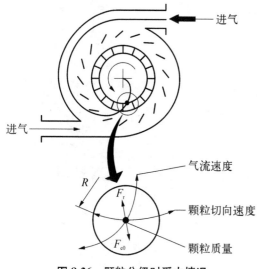

图 8.26　颗粒分级时受力情况

O—Sepa 选粉机内粉体颗粒运动轨迹及其受力见图 8.26，粉体在分离过程中的受力情况比较复杂，除受到重力、气流作用力（拖曳力）和离心力外，在分级过程中还受到其他作用力［如浮力、巴塞特（Basset）力、萨夫曼（Saffman）力、马格纳斯（Magnus）力、附加质量力等等］。尽管作用在颗粒上的力相当复杂，但一般情况下并非所有的力都一样重要，对于质量较大的颗粒，重力起着重要的作用（考虑浮力），所以粗颗粒绝大多数由重力作用而沉降至粗粉出口排出。对于微细颗粒，在气固两相流中，由于气体的密度远远小于颗粒的密度，与颗粒本身的惯性相比，浮力、压力梯度力、虚拟质量力等均很小，可忽略不计；颗粒切向运动产生的离心力和气流对颗粒作用的向心力对颗粒的运动状况起着重要的作用，决定着颗粒的运动轨迹。

O—Sepa 选粉机中环形区域内的理论分级粒径。O—Sepa 选粉机中导向叶片内边界和转笼外边界包围的环形空间区域。在该区域内，粉体粒子随气体流作涡旋运动，粒子的切向分速度为 u_t，向外的剩余惯性离心力为 F_{c0}；另一方面按切线方向流入的空气从中心管排出，在做回旋运动时，保持向心分速度 u_r，对粒子产生一向内的气流作用 F_r。

$$F_{c0} = \frac{\pi d^3 (\rho_p - \rho) u_t^2}{6r} \tag{8.26}$$

$$F_r = \zeta \frac{\pi}{4} d_p^2 \rho \frac{u_r^2}{2} \tag{8.27}$$

根据牛顿第二定律，颗粒的运动方程为

$$m \frac{\mathrm{d}u}{\mathrm{d}t} = F_{c0} - F_r \tag{8.28}$$

假设上述情况属于层流（Stokes 区域）$\zeta = \dfrac{24}{Re_\rho}$、$Re_p = \dfrac{\rho u_r^2 r}{\mu}$

当 $\dfrac{\mathrm{d}u}{\mathrm{d}t} = 0$，可解得 d_p，此时的颗粒粒径称为分级粒径（d_c）

$$d_c = u_t \sqrt{\frac{18\mu r u_r}{\rho_p - \rho}} \tag{8.29}$$

式中，d_c 为分离粒径（m）；μ 为流体的动力黏度（Pa·s）；r 为颗粒的旋转半径（m）；u_r 为气流径向速度（m/s）；u_t 为气流切向速度（m/s）；ρ_p 为颗粒密度（kg³/m）；ρ 为气体密度（kg³/m）。

转子叶片间分级区内的理论分级粒径。由于气流在涡轮分级区内形成强制涡流场，ω 为常数，故有

$$V/r = \omega = \pi n/30 \tag{8.30}$$

式中,n 为转子的转速(r/min)。

又此区域内的气流径向速度为

$$u_r = Q/2\pi rh \quad (\text{m/s}) \tag{8.31}$$

式中,Q 为风量(m^3/s);h 为转子的高度(m)。

由式(8.29)、式(8.30)、式(8.31)可以得出转子叶片间区域内理论分级粒径公式:

$$d_c = \frac{1}{\omega}\sqrt{\frac{18\mu r(Q/2\pi rh)}{\rho_p - \rho}} = \frac{3}{\omega r}\sqrt{\frac{Q\mu}{\pi h(\rho_p - \rho)}} \tag{8.32}$$

由式(8.32)可以看出,分级切割粒径并不是一个定值,在转子叶片间分级区域它是随半径 r 和转子转速的变化而在一定范围变化的,而环形区域分级粒径就主要取决于气流的径向和切向速度值。

3. 工作参数的确定

(1) O—Sepa 选粉机的产量或规格

O—Sepa 选粉机的产量或规格可用按喂料浓度计算(式 8.33)和按选粉浓度计算(式 8.34)两种方法确定。选粉浓度又可称为成品浓度,即单位风量选出的成品量。

$$N_1 = \frac{G_m(L+1)}{60C_a} \quad (\text{m}^3/\text{min}) \tag{8.33}$$

式中,N_1 按喂料浓度计算的 O—Sepa 选粉机的规格(m^3/min);G_m 为水泥磨的产量(kg/h);L 为 O—Sepa 选粉机的循环负荷(合适范围 150%～200%)。在确定选粉机规格时可取 200%;C_a 为最大喂料浓度($C_a = 2.5\ \text{kg/m}^3$)。

$$N_2 = \frac{G_m}{60C_f} \quad (\text{m}^3/\text{min}) \tag{8.34}$$

式中,N_2 为按选粉浓度计算的 O—Sepa 选粉机的规格(m^3/min);C_f 为 O—Sepa 选粉机的选粉浓度(C_f 为 0.75～0.85 kg/m^3),选型时可按 0.8 kg/m^3 计算。

O—Sepa 选粉机规格的匹配,以喂料浓度($C_a = 2.5\ \text{kg/m}^3$)和选粉浓度($C_f = 0.8\ \text{kg/m}^3$)两个指标来核算,如计算结果不一致,则用规格较大的配套。

(2) O—Sepa 选粉机所需功率计算

由于选粉机要适应不同的操作要求,其工艺参数将会相应地改变,所以必须针对性地合理配备动力。如果动力配置过小,就满足不了产量和细度要求;如果动力配置过大,则容易造成浪费。相关功率的计算探讨如下。

启动功率:启动功率是指选粉机转子从静止状态变到操作速度时所需的功率。从物理概念来说,从静止到操作速度时的动能为 $\frac{1}{2}mu_t^2$,u_t^2 颗粒的切向速度(相当于转子回转速度,m/s),如达到 x s(一般可按 10 s 计),则其启动功率计算式(8.35)。

$$N_q = \frac{1}{2}mu_t^2 \times \frac{1}{x} = \frac{1}{2} \times \frac{w}{g} \times \frac{1\,000}{10^2} \times \frac{u_t^2}{10} = \frac{1}{20}wu_t^2 \tag{8.35}$$

式中，N_q 为选粉机启动功率(kW)；w 为选粉机转子重量(t)；u_t 为转子线速度(m/s)。

运转功率：选粉机在稳定状态下的运转功率包括撒料和抵消转子叶片回转时料幕的阻力两个方面。撒料的功率 N_s 可按每小时喂料量从撒料盘上水平零速，达到最大滑离速度的动能来计算，其撒料所需功率按(8.36)计算；

$$N_s = \frac{1}{2} \times \frac{m}{3\,600} u_t^2 = \frac{1}{2} \times \frac{Q1\,000}{g \times 3\,600 \times 10^2} \times u_t^2 = \frac{1}{7\,200} Q u_t^2 \tag{8.36}$$

式中，N_s 为撒料功率(kW)；Q 为撒料量(t/h，如是上喂料则等于喂料量，下部气流喷进喂料则 $Q=0$，上、下均喂，则应扣除下部气流带入)；u_t 为撒料盘速度(m/s，与转子速度相近)。

抵消转子叶片回转时料幕的阻力，该阻力亦可认为是流体运动对阻碍物的推力。转子叶片切割料幕时，相对速度近似于撒料盘速度 u_t。因此，所有叶片的总阻力为式(8.37)。

$$F = \zeta A_0 (C_0 + \rho) \frac{u_t^2}{2g} \tag{8.37}$$

式中，F 为转子叶片回转时的总阻力(kg)；ζ 为阻力系数与 Re 有关；A_0 为转子叶片总面积(m²)；C_0 为喂料浓度(kg/m³)；ρ 为气体密度(kg/m³)；u_t 转子的线速度(m/s)；则消耗的功率 N_h 如式(8.38)所示。

$$N_h = \frac{F u_t}{10^2} = \frac{\zeta A_0 (C_0 + \rho) u_t^3}{2\,000} \tag{8.38}$$

阻力系数可以从气体绕平板运动的原理得出；$Re = u_t b/\mu$，b 为叶片宽度(m)；μ 为流体的动力黏度(Pa·s)。高效选粉机实际计算求得的 Re 一般大于 1×10^5。因此其绕流阻力正处于速降至 0.18 的范围。由此选粉机的运行功率为式(8.39)。

$$N = N_s + N_h = \frac{Q u_t^2}{7\,200} + \frac{0.18(C_0 + \rho) A_0 u_t^3}{2\,000} \tag{8.39}$$

选粉机在实际运转时还有机械摩擦消耗，如轴承和轴封的摩擦损失、转子和导向叶之间的圆盘气阻磨损等。因此实际运转功率 N_0 需乘以系数 k，k 一般取 1.3。

$$N_0 = kN = k(N_s + N_h) = 1.3 \left(\frac{Q u_t^2}{7\,200} + \frac{0.18(C_0 + \rho) A_0 u_t^3}{2\,000} \right) \tag{8.40}$$

选粉机在配置电机时，首先要确定其使用范围，如生产能力、成品细度、喂料量、最大线速度，再计算出 N_0 值。并应考虑一定的备用，一般可按 $(1.2 \sim 1.3)N_0$ 确定电机功率。并应核算启动功率，一般来说小于以上选定的功率，如果超过则应增大电机功率。选用变频调速器时，按恒转矩，调速范围为 $1 \sim 3$，从高速向低速调。

例题 8.3 某水泥粉磨系统能力 $G_m = 120$ t/h，计算配用 O—Sepa 选粉机的规格。

解： $N_1 = \dfrac{G_m(L+1)}{60 C_a} = \dfrac{120\,000(2+1)}{60 \times 2.5} = 2\,400 (\text{m}^3/\text{min})$

圆整后可选 N-2500。

$$N_2 = \frac{G_m}{60C_f} = \frac{120\,000}{60 \times 0.8} = 2\,500\,(\text{m}^3/\text{min})$$

例题 8.4　规格为 N-1000 选粉机,其产量是多少?

解: 按喂料浓度计算

$$G_m = \frac{60C_a N_1}{(L+1)} = \frac{60 \times 2.5 \times 1\,000}{(2+1)} = 50\,000\,(\text{kg/h})$$

按选粉浓度计算

$$G_m = 60C_f N_2 = 60 \times 0.8 \times 1\,000 = 48\,000\,(\text{kg/h})$$

8.6.4.2　S—SD 型选粉机

美国斯特蒂文特公司开发出来的 S—SD 型阶梯撒料盘式选粉机,其外形与离心式选粉机相似,但分级气流从机壳的侧面沿水平方向进入,其结构如图 8.27 所示,另外在阶梯形撒料盘的下部装有三角形风叶,旋转时可产生向下的气流。分级气流通过导流叶片、圆钢篦栅后螺旋运动速度加快;物料得到进一步分散和分级后,粗颗粒经锥形灰斗由锁分阀排出,细颗粒随气流由出风口排出。

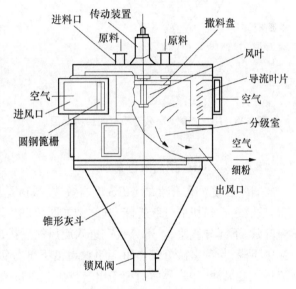

图 8.27　S—SD 型高效选粉机的结构简图

这种选粉机与传统的离心式选粉机相比,具有以下特点:

(1) 分级气流沿切向进入,在水平面内运动。

(2) 气流与物料在机内停留时间较长,可提高分级效率。

(3) 圆钢篦栅耐磨性好,容易更换,调节分级粒径比较方便。

8.6.4.3　IHI—SD 型高效选粉机

日本 IHI 公司研制的 IHI—SD 型高效选粉机与传统的离心式选粉机相比,设计了螺旋桨形的撒料盘,并在圆锥体的内壁上设置了冲击板,其结构如图 8.28 所示。进入机内的物料被螺旋桨形撒料盘和分级叶片分散;分级气流由蜗壳形进风口进入,经两级导流叶片做螺旋运动。物料在下落过程中经过多次分级作用,粗颗粒落入锥形灰斗由粗粉出口排出,细颗粒随气流向上运动,从细粉出口排出。

这种选粉机与传统的离心式选粉机相比,具有以下特点:

(1) 使物料充分分散,粗颗粒受到多次分级。因此,分级效率高。

(2) 在生产能力、产品细度相同的情况下,机体减小,风量也减小。

(3) 单位容积的处理量大,能量消耗低,运行费用低。

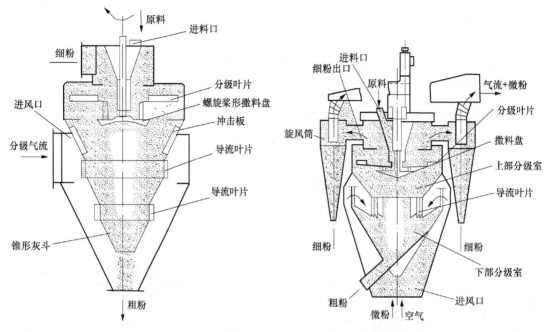

图 8.28 IHI—SD 型高效选粉机的结构简图   图 8.29 MDS 型高效选粉机结构简图

8.6.4.4 MDS 型高效选粉机

日本三菱公司开发的 MDS 型高效选粉机,是将旋风分级和离心分级结合起来的分级设备,改善了选粉机的分级性能,其结构如图 8.29 所示。分级气流从下部进风口进入,经过导流叶片、下部分级室、上部分级室进入旋风筒后排出。物料被撒料盘甩开、分散后,在分级气流中下降,受到多次分级作用。粗颗粒沿下部分级室的壁面经粗粉出口排出。细颗粒随气流进入旋风筒,经收集后由细粉出口排出。少量微粉与气流一同进入收尘器。

MDS 型高效选粉机的主要特点是:

(1)可利用粉碎机内的通风和各收尘点的含尘气体作为分级气流,故所用的风机容量比较小。

(2)含尘气流中的粗颗粒可在下部分级室中除去,因此,分级室中的粉体浓度降低,单位容积的处理量大。

(3)通过改变分级叶片的转速和导流叶片的角度,可在一定的范围内改变分级粒径。

8.6.4.5 Sepax 选粉机

1. 构造和工作原理

F.L 史密斯公司在 1984 年开发了 Sepax 选粉机(图 8.30)。该选粉机是由主体分选部分和分散部分两部分构成,分选部分和分散部分两部分由一垂直管道连接,垂直管道长度可根据布置需要调节。分选部分由导向叶片、立式转子、喂料口、细粉出口、粗粉锥和粗粉出口阀等组成;分散部分由抗磨板、轴承罩、锁风器、布料板、磨损研磨介质卸出装置和进气口等组成。该选粉机有 Sepax - Ⅰ 型[图 8.30(a)]和 Sepax - Ⅱ 型[图 8.30(b)]两种,后者与前者的区别是上部带有四个小旋风筒、成品靠自身就能收集大部分。其工作原理为来自磨机的物料被喂入选粉机的分散区,并在那里被上升气流吹起破碎和磨损的研磨介质碎片则逆气流下落,经磨损研磨介质卸出装置排出;因此,Sepax 选粉机内的磨损特别低。悬浮物料在上升气流的作用下到达分离区,并通过垂直导向叶片后到达转子处,(导向叶片的功能:一是保证气体速度在整个转子高度上均匀分布,这是精确选粉的前提条件;二是使空气和物料旋转以实现有效的预分离;三是收集被转子选出的粗粉),导向叶片选出的粗粉掉入粗粉锥内并通过出口排出;细粉通过转子后,随选粉空气由选粉机顶部的细粉出口离开选粉机,转子由一调速电动机驱动,以改变电动机的速度来调节成品的细度。

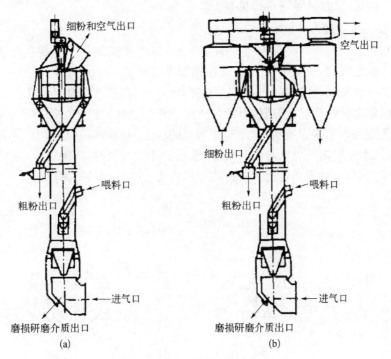

图 8.30　Sepax 选粉机结构简图

2. Sepax 选粉机的特点

(1) 性能好、效率高。下部的分散部分由固定的撒料板代替了传统的旋转撒料盘,使物料得到均匀分散。通过中间连接风管时,又进一步得到分散。在穿过圆周均布的竖式导向叶片时,粉料团块还会继续击散,使进入选粉区的物料分散极好,给高效选粉创造了必要的条件。选粉区窄而长,延长了物料的停留时间。空气在转子周围分布均匀,涡旋气流稳定,颗粒受力恒定。因此,选粉性能好,效率高。实践证明,一般可使粉磨系统增产 30%,节电 20%。

(2) 能力大。Sepax 高效造粉机的直径可为 $\phi 1.9 \sim 4.75$ m,相应的选粉能力为 $25 \sim 300$ t/h。

(3) 细度调节容易。只要改变转子的转速就可将成品细度控制在 $2\,500 \sim 5\,000$ cm^2/g 的勃氏比表面积范围内。

(4) 减轻磨损,防止篦板堵塞。这种选粉机可有效地将研磨介质和物料的碎渣及时排出,一方面最大限度地减轻了选粉机和输送设备的磨损,另一方面可减少磨机篦板的堵塞,能够提高粉磨效率。

(5) 结构紧凑,体形小、重量轻。这种选粉机将分散和选粉分开,构成了细长结构。因此,结构紧凑,体形窄小,重量很轻。非常适用于将开流粉磨系统改造为圈流粉磨系统,更适合于改造普通型的选粉机。

Sepax-Ⅱ型高效选粉机的构造与 Sepax-Ⅰ型基本相同,只是将向上偏斜的一个排风排料管取消,而改成互成 90°切线形的排风排料管,分别与四个相同的小旋风筒的进风口连接。四个旋风筒的上部出风分别进入两个集风管中,这样一来将选粉部分的高度降低约 500 mm,并且成品靠自身的四个旋风筒就能收集大部分,使后部设置的收尘器规格减小。

8.6.4.6 动态选粉机(煤磨选粉机)

1. 结构及工作原理

动态选粉机的结构有点类似 O—Sepa 选粉机,如图 8.31 所示。主要由传动部分、叶轮、导向风叶、壳体、出风管、灰斗等部分组成。其工作原理为:由风扫磨来的空气带着物料由进风口切向进入选粉机,经过有一定角度的导向叶片均匀地进入分级内,并在旋转叶轮作用下形成水平强制涡旋流场,然后通过叶轮周边的涡流调整叶片进入中心风管;在导风叶和转子之间形成稳定的水平涡流选粉区,涡流中运动的粉尘颗粒将同时受重力、风力和旋转离心力的作用,粗颗粒被甩向导流叶片,下降进入锥形灰斗,返回磨机再磨;细小轻微的颗粒随气流被吸入转子内部,流经出风管进入后面收尘器作为成品细粉被分离出来。

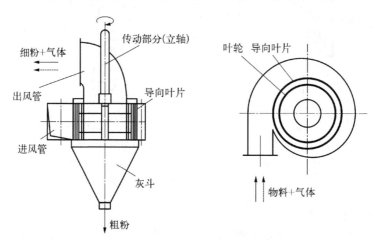

8.31 CMS 煤磨选粉机的结构示意图

2. 特点

动态选粉机系统与传统的通过式选粉机(粗粉分离器)的煤磨系统相比,有以下特点。

(1)控制煤粉细度方便。采用粗粉分离器-煤磨系统,调整细度。一是调整粗粉分离器的导风叶片角度,二是调整系统风量。而动态选粉机-煤磨系统只需调整选粉机立轴的转速,就可有效控制煤粉的细度,调整方便可靠。

(2)分级效率高。当制备同样细度的煤粉时,动态选粉机-煤磨系统其返磨粗粉细度远小于粗粉分离器-煤磨系统,即分级效率高。

(3)土建费用低。动态选粉机结构紧凑,体积小,处理量大,运转平稳,动载荷小,土建费用低。

(4)维护量小。动态选粉机易磨损部位采用新的耐磨材料及新技术、新工艺处理,可靠性高,使用寿命长,维护工作量小。

（5）生产安全可靠。采用了有效的防煤粉沉积、自燃和防爆措施,确保安全生产。

8.7　工程案例

案例：水泥磨改建双闭路辊压机半终粉磨系统

安徽某水泥有限责任公司与江苏某建材设备有限公司合作,将已完成土建施工的2#水泥磨改建为辊压机半终粉磨系统,取得了良好效果。

辊压机闭路系统：物料经辊压机挤压后由循环斗提机提升入V型选粉机,经V型选粉机分级的粗颗粒回到辊压机中间仓继续挤压,较细颗粒随气流进入"下进风式的"双驱双转笼预粉磨分级机。经分级机分选后,大于 $200\,\mu m$ 的颗粒回到辊压机继续挤压,$30\sim200\,\mu m$ 进球磨机粉磨,小于 $30\,\mu m$ 的颗粒随气流进入两个旋风筒进行固气分离,分离后的物料通过球磨机尾部的反螺旋装置进入球磨机二仓进行细磨整形。

球磨机闭路系统：经辊压机破碎为 $30\sim200\,\mu m$ 的物料,喂入球磨机被进一步粉磨,出球磨机物料经高效选粉机分选,细粉作为产品,中粗经反螺旋装置进入球磨机二仓、粗粉进入球磨机一仓继续粉磨,其工艺流程见图8.32。

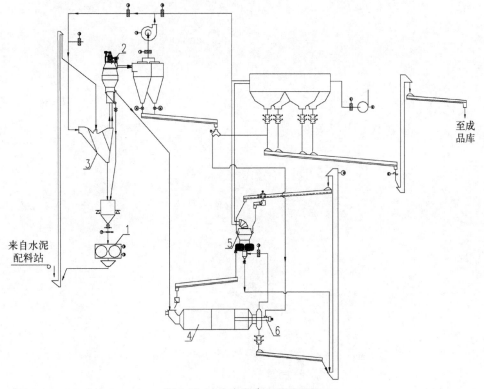

图 8.32　2#水泥磨工艺流程图

思考题

1. 简述分级效率、部分分级效率和综合分级效率的意义。

2. 简述切割粒径和分级精度的意义。

3. 什么是分级效率和循环负荷率? 它们对粉磨过程有什么影响?

4. 简述粗粉分离器中不同选粉区的分级原理。

5. 简述离心式选粉机的构造、性能特点及细度调节方法。

6. 简述旋风式选粉机的构造、性能特点及细度调节方法。

7. 分析和讨论筛分效率及其影响因素。

8. 简述 O—Sepa 型选粉机的特点。

9. 某连续磨机为保证产品粒度不大于 50 μm,采用圈流粉磨系统,系统流程如图 8.33 所示,已知:磨机喂料量 $G_1 = 15$ t/h;磨机出料量 G_3 中大于 50 μm 的颗粒含量为 70%;选粉机回料量 G_2 中大于 50 μm 的颗粒含量的 90%。

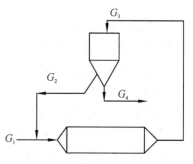

图 8.33　圈流粉磨系统流程图

试求:(1) 选粉机回料量 G_2、磨机出磨量 G_3 和最终产品量 G_4。

(2) 选粉机选粉效率和循环负荷率。

9 气固分离与除尘

本章提要

  气固分离是实现气-固两相分离,对气-固系统而言亦称为除尘,起分离作用的系统或器具称为分离设备(或收尘器)。本章主要介绍收尘的意义、收尘效率;常用收尘器的结构、原理、性能及应用、操作及维护等;影响收尘器工作性能的主要因素;以及收尘器主要工作部件的结构、型式及所用材料等。

9.1 概述

9.1.1 除尘的目的和意义

  当固体粒子分散(悬浮)在气体中时,这种固体粒子被称为粉尘。粉尘是一种分散体系,其分散相是固体粒子,分散介质是空气。

  粉尘有的就是成品、半成品或原料,若任其飞失,不仅会增加原料、燃料和动力的消耗,提高产品的成本,加速机械设备的磨损,而且当这些粉尘进入大气,会直接影响人的身体健康。长期在含硅粉尘环境下工作会造成硅肺病。粉尘对健康的危害与粉尘的性质有关,如粉尘的粒度。人体肺部细胞的间隔为几微米,10 μm 以上的尘粒大部分能被鼻毛、鼻黏膜以及上呼吸道所阻留,不容易进入肺部;0.5 μm 以下的尘粒能自由地进出肺细胞间隙,也不易在肺部沉积下来,危害最大的是 0.5~10 μm 的粉尘。另外,积尘过多也会破坏建筑结构。因此,回收粉尘,搞好除尘设施是关系到保护环境、造福人类,优质、高产、低消耗的生产的重要问题。

9.1.2 粉尘的排放标准

  由于粉尘对环境、生态、经济和人体健康等方面的影响很大,因此,国家颁布了相应的法律和标准对粉尘加以控制。如《中华人民共和国大气污染防治法》《环境空气质量标准》(GB 3095—2012)规定了环境污染物项目浓度极限值(表 9.1,表 9.2);为控制粉尘对人体健康的影响国家颁布了《无机化学工业污染物排放标准》(GB 31573—2015)、《水泥工业大气污染物排放标准》(GB 4915—2013)、《锅炉大气污染物排放标准》(GB 13271—2014)、《砖瓦工业大气污染物排放标准》(GB29620—2013)、《火电厂大气污染物排放标准》(GB 13223—

2011)等多项标准。表9.3列出了部分企业的粉尘排放浓度限值标准。

表 9.1　环境污染物基本项目浓度极限值

序号	污染物项目	平均时间	浓度限值		单位
			一级	二级	
1	二氧化硫(SO_2)	1 年	20	60	$\mu g/m^3$
		24 h	50	150	
		1 h	150	500	
2	二氧化氮(NO_2)	1 年	40	40	
		24 h	80	80	
		1 h	200	200	
3	一氧化碳(CO)	24 h	4	4	mg/m^3
		1 h	10	10	
4	臭氧(O_3)	日最大 8 h	100	160	$\mu g/m^3$
		1 h	160	200	
5	颗粒物(粒径≤10 μm)	1 年	40	70	
		24 h	50	150	
6	颗粒物(粒径≤2.5 μm)	1 年	15	35	
		24 h	35	75	

表 9.2　环境污染物其他项目浓度极限值

序号	污染物项目	平均时间	浓度限值		单位
			一级	二级	
1	总悬浮颗粒物(TSP)	1 年	80	200	$\mu g/m^3$
		24 h	120	300	
2	氮氧化物(NO_x)	1 年	50	50	
		24 h	100	100	
		1 h	250	250	
3	铅(Pb)	1 年	0.5	0.5	
		1 季度	1	1	
4	苯并[a]芘(BaP)	1 年	0.001	0.001	
		24 h	0.002 5	0.002 5	

表 9.3　粉尘排放标准

名　称	排放粉尘企业	污 染 项 目	排放浓度限值/(mg/m³)
烟尘及产生的粉尘	水泥企业	水泥窑及窑尾余热利用系统、带烘干系统、煤磨及冷却机系统	30 20(重点地区企业①)
		其他系统	20 10(重点地区企业①)
	砖瓦企业	原料燃料破碎及制备成型	30
		人工干燥或焙烧	30
	火电厂	燃煤锅炉	30
		油燃料	30
		天然气	5
		其他气体燃料	10
	锅炉	燃煤锅炉	50
		燃油锅炉	30
		燃气锅炉	20

注：① 重点地区企业执行表中规定的大气污染物特别排放限值。执行特别排放限值的时间和地域范围由国务院环境保护行政主管部门或省级人民政府规定。

9.1.3　收尘器类型

收尘器的种类很多(见表 9.4)，按工作方式的不同可分为以下几种。

(1) 重力收尘设备：靠重力作用使气流中的粉尘分离；最小收尘粒径为 50 μm。

(2) 惯性力收尘设备：靠气流运动方向改变时的惯性力使粉尘分离；最小收尘粒径为 5 μm。

(3) 过滤作用收尘设备：利用过滤方法使气流中的粉尘分离；最小收尘粒径为 1 μm 以下。

(4) 电收尘设备：靠电场作用使粉尘分离；最小收尘粒径为 1 μm 以下。

表 9.4　常用除尘设备的适用范围及性能

类　型		适宜风量/(m³/h)	风速/(m/s)	阻力/(kPa)	应 用 范 围		对不同粒度(μm)粉尘的分离效率/%			适用净化程度
					粉尘类别	粉尘浓度/(g/m³)	<1	1~5	5~10	
重力沉降室		<50 000	<0.5	0.05~0.1	各种干粉尘	>10	<5	<10	<10	粗净化
旋风收尘器	小型	<15 000	12~15(进口)	0.5~1.5	各种非纤维干粉尘	30	<10	<40	60~90	粗净化
	大型	<100 000		0.4~1.0			<10	<20	40~70	

类　型		适宜风量 /(m³/h)	风速 /(m/s)	阻力 /(kPa)	应 用 范 围		对不同粒度(μm)粉尘的分离效率/%			适用净化程度
					粉尘类别	粉尘浓度 /(g/m³)	<1	1~5	5~10	
袋式收尘器	简易式	按设计	0.2~0.7	0.4~0.8	各种非纤维干粉尘	<5	<30	<80	<95	中细净化
	机械振打		0.7~2.0	0.8~1.0		3~5	<90	<90	<99	
	脉冲振打		0.7~2.0	0.8~1.2		3~5	<90	<90	<99	
	气环袋式		0.7~2.0	1.0~1.5		5~10	<90	<99	<99	
静电收尘器	干式	按设计	0.5~1.0	0.05~0.4	各种非纤维粉尘,比电阻为 10^4~10^{10} Ω·cm		<90		<99%	中细净化
	湿式						<95			
湿法收尘器	水浴式	<30 000	1.0~3.0 筒体断面	0.4~1.0	各种非纤维、非黏性、非水化性粉尘	<5	<20	<50	95	中细净化
	冲击式	按设计		0.8~2.0		<100	<90	<99	99	
	泡沫	<50 000		0.6~1.5		<10	<70	<70	99	

9.1.4　分离效率

分离效率(或收尘效率)是指分离器的工作效率,它是评价分离器操作性能好坏的主要指标。分离效率的高低与分离器的种类、结构、颗粒的种类、分散度、浓度及流体的负荷、温度、湿度等因素有关。

1. 总分离效率

分离器的进出口处气体含尘浓度之差与进口处气体含尘浓度之比称为分离效率(收尘效率)。

$$\eta = \frac{G_c}{G_i} \times 100\% = \frac{G_i - G_e}{G_i} \times 100\% = \frac{C_1 Q_1 - C_2 Q_2}{C_1 Q_1} \times 100\% = \left(1 - \frac{C_2 Q_2}{C_1 Q_1}\right) \times 100\%$$

$$(9.1)$$

式中,G_i、G_c、G_e 分别为分离器进口气体中的含尘量、从气体中分离收集出来的粉尘量和分离器出口气体中的含尘量;C_1、C_2 分别为进分离器和出分离器气体的含尘浓度;Q_1、Q_2 分别为进分离器和出分离器的风量。

当分离器没有漏风时,则 $Q_1 = Q_2$。

式(9.1)可简化为

$$\eta = \frac{C_1 - C_2}{C_1} \times 100\% = \left(1 - \frac{C_2}{C_1}\right) \times 100\%$$

$$(9.2)$$

若采用两台分离器串联安装,构成二级分离系统时,其系统分离效率按下式计算

$$\eta = \eta_1 + \eta_2(1 - \eta_1) \tag{9.3}$$

式中,η_1、η_2 分别为第一级和第二级分离器的分离效率。

例题 9.1 某厂水泥磨,出磨气体含尘浓度为 60 g/Nm³,已知采用二级收尘设备,第 1 级为旋风收尘,收尘效率为 85%,第 2 级为袋式收尘,收尘效率为 99%,问排出的气体含尘浓度是否符合我国水泥企业粉尘排放标准。

解: 将各级收尘效率代入式(9.3):

$$\eta = 85\% + 99\%(1 - 85\%) = 99.85\%$$

由式(9.2)计算出排出的气体含尘浓度

$$C_2 = 0.090(\text{g/Nm}^3)$$

$$0.090 \text{ g/Nm}^3 < 0.100 \text{ g/Nm}^3$$

答: 排出的气体含尘浓度符合我国水泥企业粉尘排放标准。

2. 分级分离效率(部分收尘效率)

收尘效率的高低与颗粒的大小和分散度有密切的关系;一般说来,粒径越大,收尘效率也越高。因此单独用分离效率来描述某一分离器的分离性能是不够的,还必须对不同大小的颗粒的分离效率进行了解,对于某一粒级的颗粒的分离效率称为分级分离效率。

$$\eta_x = \frac{G_{cx}}{G_{ix}} \times 100\% = \frac{G_c R_{cx}}{G_i R_{ix}} \times 100\% = \eta \frac{R_{cx}}{R_{ix}} \tag{9.4}$$

式中,G_{ix}、G_{cx} 为分别为分离器进口气体中含有某一粒级的含尘量、从气体中分离收集出来的某一粒级的含尘量;R_{ix}、R_{cx} 为分别为分离器进口气体中含有某一粒级的粉尘百分含量、从气体中分离收集出来的粉尘中某一粒级的粉尘百分含量。

总收尘效率 $\qquad \eta = (1/100)(R_1\eta_1 + R_2\eta_2 + \cdots + R_n\eta_n) \times 100\% \tag{9.5}$

式中,η_1,η_2,$\cdots$,η_n 为各粒级的收尘效率;R_1,R_2,$\cdots$,R_n 为各粒级占总粉尘量的质量百分数。

3. 通过率

通过率以净化后流体中粉尘含量的百分数表示

$$\varepsilon = (G_e/G_i) \times 100\% = 1 - \eta \tag{9.6}$$

从环境保护观点来看,收尘器回收多少粉尘并不重要,而关键是随着净化后的气体排出去多少粉尘。例如,有两台收尘器,其中一台的净化效率为 90%,另一台为 95%,相差仅 5%;但通过系数前一台为 10%,后一台为 5%,相差一倍。可见,通过系数对评价收尘器的环境效果一目了然。

9.2 重力分离器

重力分离器又称降尘室,是最简单的收尘设备(图 9.1)。它是一个截面较大的空室,

含尘气体经过空间室时,气流速度降低,粉尘便在重力的作用下沉降到空间室底部的灰仓中。

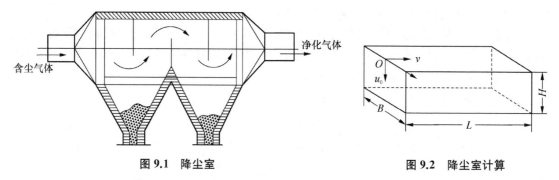

图 9.1 降尘室   图 9.2 降尘室计算

在设计适合于沉降某种尺寸粉尘的降尘室时,应该使随同气流进入到降尘室而处在顶部的该种粉尘,能在气流经过降尘室的时间内,降落到灰仓中。

设降尘室高度为 $H(\text{m})$,长度为 $L(\text{m})$,宽度为 $B(\text{m})$,参见图 9.2,需要收集的最小尘粒的沉降速度为 $u(\text{m/s})$,气体在水平方向上的流速为 $v(\text{m/s})$。降尘室端部截面最高点 O 处的颗粒以与气体相同的水平流速 v 向右运动,同时以沉降速度 u 向下降落。为了能够收集某种尘粒,则应该使

$$H/u \leqslant L/v \tag{9.7}$$

气体中的尘粒粒径为 $3\sim100\,\mu\text{m}$ 时,尘粒沉降时只受到气流的黏性阻力。因此,尘粒的沉降速度 u_0 可用斯托克斯公式算出。根据式(9.17)和斯托克斯公式,就可求出降尘室能够全部离析出来的界限粒径

$$d_k = \sqrt{\frac{18\mu Hv}{L(\rho_p - \rho)g}} \tag{9.8}$$

式中,ρ_p,ρ 为分别为颗粒物料及介质的密度(kg/m^3);g 为重力加速度(m/s^2);d_k 为颗粒的界限直径(m)。

式(9.8)表明,L 愈大或 v 和 H 愈小时,就愈能沉降微小颗粒。

如果含尘气体的流量为 Q,则气体经过降尘室的水平流速为

$$v = Q/HB \tag{9.9}$$

将 v 值代入式(9.7)则

$$Q = LBu \tag{9.10}$$

式(9.10)表明,降尘室的生产能力与室的水平面积以及尘粒的沉降速度成正比,而与室的高度无关。

为了提高降尘室的收尘效率,有时在降尘室中插入若干上下交错的垂直挡板,使气流折流,利用惯性作用可以提高收尘效率。

降尘室结构简单,容易建造,流体阻力小,一般为 $50\sim100\,\text{Pa}$。但因占地面积大,收尘效率低,故一般只用以收集 $500\,\mu\text{m}$ 以上的粗大尘粒,适于高浓度和腐蚀性大的粉尘作初次收尘设备使用,以减轻第二级收尘设备的运转负荷。

9.3 离心式分离器

旋风收尘器是应用较广泛的一种离心式分离收尘设备。其优点是构造简单、价格便宜、体积较小;同时收尘效率一般达 70%~80%,最高可达 90% 以上,能处理的气体量也很大。其缺点是流体阻力较大,收尘效率极易受载荷的影响,常被作为多级收尘的初级收尘设备。

9.3.1 工作原理

旋风收尘器是利用旋转气流产生的离心力将粉尘从空气中分离出来的一种干式收尘设备。

含尘气体由进气管以 12~15 m/s 的速度按切线方向进入收尘器并自上旋转向下,进入下部的圆锥部分后,转成中心上升气流最终由排气管排出。粉尘在气流做旋转运动时,由于离心力的作用碰撞器壁而沉降集中于集尘箱。

旋风收尘器内的流场是一个复杂的三维流场(轴向、径向、切线方向),与离心力产生的分离性能及压力损失关系最大的是切线方向的速度 v_t,见图 9.3。

(1)中心部位,大约在 $0.6d$(d 为出口管径)范围内,气流旋转速度与半径 r 大致成正比,称为强涡流区。设旋转角速度为 ω,则

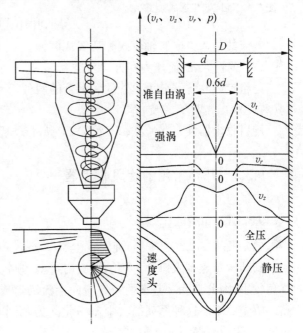

图 9.3 旋风收尘器内气流和压力分布

$$v_t = r\omega \text{ 或 } v_t/r = \omega = \text{常数} \tag{9.11}$$

(2)外周部,由于壁面的摩擦使气流速度分布由中心向外侧逐渐减小,称为准自由涡流区。

$$v_t r^n = \text{常数} \tag{9.12}$$

若 $n=1$,则是自由涡流(实际上 $n=0.5\sim0.9$)。在强涡流区与准自由涡流区的交界处,具有最大的旋转速度,它的位置约在出口管径的 60% 处。

9.3.2 分类

旋风收尘器的种类繁多,通常可做如下分类。

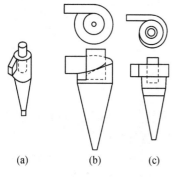

图 9.4　旋风收尘器的型式

(1) 按气体流动方式分类

① 切向式[图 9.4(a)]气流进入收尘器后产生上下的双重涡流,收尘效率受到影响,但收尘器制造方便。

② 螺旋面式[图 9.4(b)]使进入收尘器的气流向下一定角度,有利于降低阻力。向下角度越大,则阻力越小,但收尘效率也同时降低。

③ 渐开线式[图 9.4(c)]可使气流间的干扰减至最小限度,收尘效率最高,制作较方便,是被采用最多的一种,但其阻力较大。

④ 导向叶片式(图 9.5)强化气流旋转,有较高的收尘效率。气流的进入方向有轴流式和切线式两种。

(2) 按管数、气流压力和方向分类

可将旋风收尘器分为单管的和多管的两种;X 型的(吸出式)和 Y 型的(压入式)及 S 型的(右旋)和 N 型的(左旋)等。

旋风收尘器共有 XN 型、XS 型、YN 型和 YS 型四种型号。

9.3.3　几种常用的旋风收尘器

9.3.3.1　单管收尘器

(1) CLT/A 型(螺旋形)旋风收尘器

其结构特点是入口为下倾的螺旋切线型,倾斜角为 15°(也有 11°或 24°)。外形细而长,锥角较小,因此消除了基本型的气流向上流动形成小旋涡气流的缺点,减少了动能消耗,提高了收尘效率。这种系列的收尘器净化能力范围较宽(170~42 780 m³/h),能满足不同的需要,采用较普遍。

另外,它的排风管的上部装有蜗壳,使排出气流直线运动,减小阻力。集尘箱下部装一锥型闪动阀,既可顺利排出粉尘,也保证了收尘器的密封。

CLT/A 型收尘器适用于处理含有密度、粒度较大粉尘的气体。进入收尘器的初始浓度,一般不应大于 1.5 g/m³;作为多级收尘系统的初级收尘时,也不应大于30 g/m³。

(2) CLP/B 型旋风收尘器

这种收尘器是利用气流产生上旋涡的特点,获得很高的收尘效率。

其结构特点是进气管为半圆周渐开线形,位置低于筒体顶盖。在筒体外部的旁路室为螺旋形槽,排气管较短。引入的气流分成向上和向下的两股旋转气流:向上的气流与顶盖碰撞后向下回旋,形成小涡流;向下的气流在旋转运动中形成二次旋流运动。这两股旋涡气流大约在排气管下端形成分界面,产生强烈的分离作用。由于离心力作用甩向器壁的较粗颗粒随着旋转气流被带至底部排出;另一部分细而轻的粉尘由上旋流带至上部,在顶盖下面形成强烈的粉尘环,使之团聚。在圆锥部分负压的作用下,上旋气流携带粉尘环进入旁室,沿旁室流至下部与下旋涡流汇合,粉尘则从气体分离出来进入集尘箱,从而提高了收尘器的效率。特别当气体中尘粒细小且浓度低时,其优点更为突出。

单管旋风收尘器还有旁路式、扩散式等形式。

9.3.3.2 多管(CLG 型)旋风收尘器

将许多个小型旋风收尘器(旋风筒)组合在一个壳体内并联成一整体的收尘器,称多管收尘器。

图 9.5 为立式多管收尘器的断面图。旋风筒 1 整齐地排列在外壳 2 内,其中上下安置两块支撑花板 3、4,旋风筒分别嵌于花板的孔上,旋风筒和外壳之间用填料(如矿渣)5 填充。含尘气体引入收尘器后经扩散管 6 和配气室 A 均匀地分布到各个旋风筒内,然后通过导向叶片 7 使气体造成旋流,所收集的粉尘落入收尘箱 8 内,并经粉尘排出口 9 排出。被净化的气体从排出管 10、经净气室 B 和空气出口 11 排出。多管收尘器内旋风筒的数目由 7 只到 70 只不等。旋风筒多为铸铁制成,其直径为 250、150、100(mm)三种。实践证明,采用较小直径的旋风筒,收尘效率较高,但易造成堵塞,因此目前应用最广的是直径250 mm 的旋风筒。旋风筒按其导向片结构可分为两种:花瓣式[图 9.6(a)]和螺旋式[图 9.6(b)]。

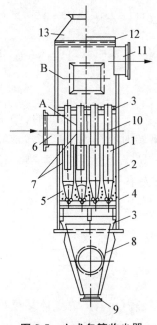

图 9.5 立式多管收尘器

1-旋风筒;2-外壳;3,4-支撑花板;
5-填料;6-扩散管;7-导向叶片;
8-收尘箱;9-粉尘排出口;10-排气导管;
11-空气出口;12-顶盖;13-支撑部分;
A-配气室;B-净气室

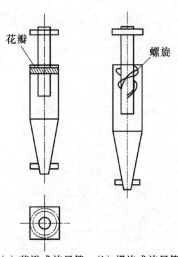

(a) 花瓣式旋风筒 (b) 螺旋式旋风筒

图 9.6 旋风筒结构

多管旋风收尘器不仅能处理大量气体,同时效率也较单管收尘器高,且体形紧凑。但单管收尘器较多管收尘器制造安装简单。因此仅在收尘效率要求高、风量大的情况下采用多管收尘器。

9.3.4 选型计算

1. 压力损失

不同型式的旋风收尘器,产生的压力损失也不同,一般为 980~1 960 Pa。

旋风收尘器压力损失有不同的计算方法,但一般以局部阻力系数 ζ 通用式计算,即

$$\Delta p = \zeta u_{进}^2 \rho_气 / 2 \tag{9.13}$$

式中,Δp 为压力损失(Pa);ζ 为阻力系数;$\rho_气$ 为含尘气体密度(kg/m³);$u_进$ 为旋风收尘器的入口速度(m/s)。

ζ 常常近似地使用下述实验公式

$$\zeta = \frac{KA\sqrt{D_1}}{D_2\sqrt{H_1 + H_2}} \tag{9.14}$$

式中,K 为常数(无因次),20~40(约30);A 为旋风收尘器气体入口面积(m²);D_1 为旋风收尘器圆筒部分直径(m);D_2 为旋风收尘器出气管直径(m);H_1 为旋风收尘器圆筒部分长度(m);H_2 为旋风收尘器圆锥部分长度(m)。

系数 K 因收尘器内壁面的粗糙度不同而异。如摩擦情况不明时可取作 30。用此式推算最终压力损失,有 20%~30% 的富余量。

2. 分离粒径

普通的旋风收尘器所能分离的临界(即最小)粒径为 5~10 μm,小型的(如多管收尘器)则为 5 μm 以下。另外,在含尘浓度很高,或者由于旋转时降温而改变了气流相对湿度的情况,微细尘粒易于相互凝集,则单一粒子的临界粒径可达 2 μm 左右。

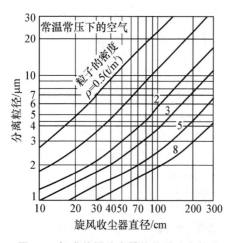

图 9.7 标准旋风分离器的临界分离粒径

根据气流分布研究,分离粒径 $d_{最小}$ 可按下式计算

$$d_{最小} = \sqrt{\frac{0.58\mu B}{u_进(\rho_p - \rho)}} \tag{9.15}$$

式中,$d_{最小}$ 为分离粒径(m);μ 为气体黏度(Pa·s);$u_进$ 为进口流速(m/s);B 为进口宽度(m);ρ_p 为尘粒密度(kg/m³);ρ 为气体密度(kg/m³)。

在常温下,进口空气流速一定时,根据旋风收尘器的直径和粒子的密度,由图 9.7 可查得分离粒径的大致数值。

3. 收尘效率

收尘效率受粉尘的性质、收尘器形式、气体操作参数等很多因素的影响,可用经验公式[式(9.16)]计算。应当指出的是式(9.16)计算结果只能用于估计总收尘效率,工程上常以实验方法来确定实际收尘效率。

从多种旋风收尘器的实测数据可知，对于一定形式的收尘器，分级收尘效率 η_d 和粒径 d_p 之间的关系为

$$\eta_d = 1 - e^{-ad_p^m} \qquad (9.16)$$

式中，α 为与收尘器结构有关的系数；m 为粒径对收尘效率的影响指数，取 $0.33\sim1.2$。当 $d_p = d_{50}$，$\eta_d = 50\%$，令 $m = 1$，可解得

$$\alpha = 0.693/d_{50} \qquad (9.17)$$

各类旋风收尘器的 d_{50} 及 α 值见表 9.5。α 值越大，则 η_d 越高，因而 d_{50} 值越小。

表 9.5　各类收尘器的 α 值

收 尘 器 类 型	α	$d_{50}(\mu m)$
超高效旋风收尘器	＞0.57	～2
高效旋风收尘器	～0.19	4
低压多管旋风收尘器	～0.092	8
中低压旋风收尘器	～0.056	12

9.3.5　影响旋风收尘器性能的主要因素

收尘效率与压力损失是旋风收尘器的主要技术性能。一般来讲，提高收尘效率的因素与压力损失增加的原因往往并不一致。它们受到旋风收尘器尺寸与运转条件的影响如表 9.6 所示。

表 9.6　旋风收尘器性能因素

因　　素		提高收尘效率	减小压力损失
旋风分离器尺寸	＊器身相对大小	小型	无影响
	＊内筒(排气管)直径	小	大
	△外筒直径	大	小
	圆筒部分高度	适当	长
	＊圆锥部分高度	稍长(锥角 20°)	长
	进口面积	小	小
运转条件	进口气流速度	大(12～24)	小($P\propto u_{进}^2$)
	△ 气体温度(黏度)	低(小)	高(大)
	气体密度	无影响	小
	尘粒密度	大	无影响
	入口气流含尘浓度	大	大
	排气口气密程度	高	无影响
	器内壁光滑程度	低	高
	粉尘的含水量与黏性	高	无影响

注：＊表示其影响程度较大；△表示对收尘效率与压力损失的影响相反。

9.4　袋式分离器

袋式收尘器是过滤式收尘器中最常见的一种,作为高效收尘设备,19世纪中叶开始应用于工业生产,经过不断发展,特别是脉冲反吹清灰方法及合成纤维滤袋的应用,为袋式收尘器的应用和发展提供了有利的条件,已成为最有竞争力的收尘设备。

9.4.1　袋式收尘器的过滤机理及分类

袋式收尘器是利用含尘气体通过多孔纤维的滤袋使气、固两相分离的设备。设备开始工作时,粉尘与滤袋产生接触、碰撞、扩散及静电作用,使粉尘沉积于滤布表面的纤维上或毛绒之间。在这个阶段净化效率不高,但是在数秒或数分钟之内形成一定厚度的初次黏附层后,就能通过粉尘自身成层的作用显著地改变过滤作用,气体中的粉尘几乎被百分之百地过滤下来。

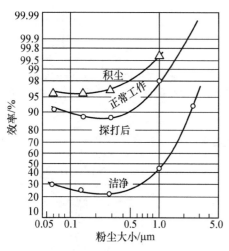

图9.8　滤料在不同状态下的分离效率

但是随着粉尘层的加厚,滤布的透气性能降低,气体通过滤布的阻力增加,处理能力降低,妨碍过滤器有效工作。同时,由于孔隙率减小,使气体通过滤布孔眼的速度增高,反而会带走黏附在缝隙间的粉尘颗粒,导致滤布的净化效率大大降低。因此要定期地清除滤布上的粉尘,即清灰操作,使之保持稳定的处理能力和较高的净化效率。袋式收尘器的收尘效率及其稳定性,主要取决于滤料、清灰方式和它的结构型式。图9.8表示袋式收尘器滤料在不同状态下的分离效率。

袋式收尘器的种类较多,分类方法也多。按清灰方式不同可分为机械振打、脉冲反吹、气环反吹和回转反吹式四种;按滤袋形状不同可分为偏袋和圆袋两种;按入袋气流压力不同可分为正压和负压两种。

9.4.2　常用的几种袋式收尘器的构造和工作原理

1. 中部振打(ZX型)袋式收尘器

这种收尘器的构造如图9.9所示。它主要由振打清灰装置、滤袋、过滤室(箱体)、集尘斗、进出口风管及螺旋输送机等组成。

根据规格不同,过滤室可分成2~9个室,每个分室内挂有多个滤袋。含尘气体由进风口进入,经过隔风板,分别进入各室滤袋中。气体经过滤袋后,通过排气管排出。排气时,排气管闸板打开,回风管闸板关闭。气体的流动是靠所装排风机所造成的负压作用。滤袋悬

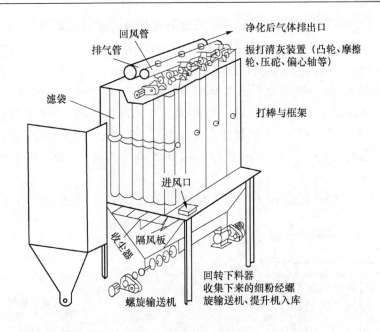

图 9.9　中部振打袋式收尘器

挂在挂袋的铁架上,呈封闭状态。滤袋下口固定在花板上。顶部的振打装置通过摇杆、打棒与框架连接。

含尘气体经过滤袋后,气体中的粉尘大部分吸附在滤袋的内壁上,有一小部分粉尘滞留在滤袋纤维缝中。根据一定的振打周期(如 7 min),振打装置上的拉杆将排气管闸板关闭,回风管闸板打开,同时摇杆通过打棒带动框架前后摇动(时间约为 10 min),滤袋随着框架的摇动而摆动,袋上附着的粉尘随之脱落;同时由于回风管闸板打开后,回风管内有一部分回风,还能将滤袋纤维缝内滞留的粉尘吹出,一起落入下部的集尘斗中,由螺旋输送机和回转卸料器送走。

各室的滤袋轮流振动,即在其中的一室振打清灰时,含尘空气通过其他各室。因此,每室的滤袋虽然间歇进行振动,但整个收尘器却在连续地工作。

中部振打袋式收尘器构造简单,维护方便,但滤袋易破损。

2. 脉冲袋式收尘器

这种收尘器的结构是多种多样的,脉冲控制装置有机械的、晶体管电路的、射流的和气动的等方式。本节只讨论机械脉冲袋式收尘器,简称脉冲袋式收尘器。

脉冲袋式收尘器的结构和工作原理如图 9.10 所示。含尘气体由进气口进入装有若干排滤袋的中部箱体,滤袋将粉尘阻留于滤袋外面,气体得以净化。净化后的气体经文氏管进入上箱体,由排气口排出。滤袋用钢网框架固定在文氏管上。每排滤袋上部装一根喷射管。喷射管上的喷射孔与每条滤袋相对应,喷射管经脉冲阀与压力气包相连。控制器定期发出脉冲信号,通过控制阀使各种脉冲阀顺序开启(每次 0.1～0.2 s)。此时,与该脉冲阀相连的喷射管与气包相通,高压空气以极高速度从喷射孔喷出,在高速气流周围形成一个比喷吹气流大 5～7 倍的诱导气流,一起经文氏管进入滤袋,使滤袋急剧膨胀,引起冲击振动,同时产生瞬时的逆向气流,将粘在袋外和吸入滤料内部的尘粒吹扫下来,落入下部灰斗,并经泄灰阀排出。

　　控制器以一定的周期发出信号在一个周期内每排滤袋都得到喷吹,因而使滤袋保持良好的透气性能及收尘效果。脉冲阀的结构及原理如图 9.11 所示。高压空气由入口 C 进入 A 室,同时经节流孔进入 B 室。此时,二室气压相等。但由于 B 室作用面积大于 A 室,加上弹簧的压力,使波纹膜片 E 封住脉冲阀的输出口 D。当控制阀得到控制器的信号后即开启,B 室的高压空气由控制阀排入大气,B 室压力降低(远低于 A 室)膜片 E 便向右移,高压空气由 A 室向 D 喷出,并通过喷射管向滤袋喷射清扫。控制信号消失以后,控制阀关闭,经节流孔进入的高压空气使 B 室压力上升至与 A 室相等,波纹膜片 E 又将出口 D 封闭,喷射停止。

　　脉冲袋式收尘器的特点是体积小,滤袋寿命长,收尘效率高(可达 99%)。

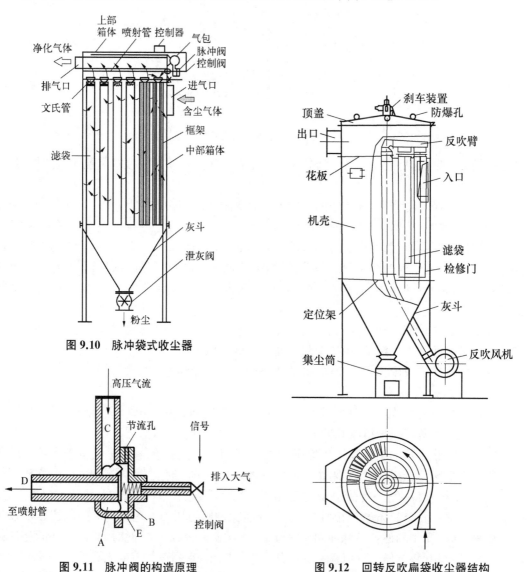

图 9.10　脉冲袋式收尘器

图 9.11　脉冲阀的构造原理

图 9.12　回转反吹扁袋收尘器结构

3. 回转反吹扁袋收尘器

　　回转反吹扁袋收尘器的结构(图 9.12)主要由筒体、布袋、定位架、反吹臂、刹车装置及防爆孔等组成。含尘空气由入口进入收尘器内,由布袋外面进入里面,粉尘被滤袋阻留,被净化的空气经上部空间由出口接至风机排出。滤袋挂尘后,阻力损失增加到规定值时,反吹风即自动开始工作。反吹风机将高压风由中心管送到反吹臂,均匀地送至风管。其中一路风从喷口喷出,利用喷出风的反推力推动旋臂转动;另外两路风分别送入两个反吹风口,吹向布袋里侧起到清灰的作用。旋臂旋转一圈,内外两圈每个布袋依次均匀地被吹拂一次。因此,旋转一圈即相当于脉冲布袋的脉冲周期,而每个布袋吹风的时间相当于脉冲宽度。清下来的灰经集尘斗入集尘桶。当阻损恢复到规定值以后,风机自动停止。旋臂转动的速度由顶部刹车装置控制。为了不使袋框在反吹清灰时摆动,框架底部有定位头,将袋框保持在定位架内。

回转反吹偏袋收尘器的滤袋为梯形扁袋。回转反吹袋式收尘器的主要特点是使用低压风机作为气源,动力消耗少,清灰技术先进,滤袋寿命长,设备运行稳定、安全可靠;收尘效率高。与脉冲袋式收尘器相比,易损件少,运行稳定可靠,体积小。

4. 气箱脉冲袋式收尘器

气箱脉冲袋式收尘器的主要结构见图 9.13,主体由箱体、袋室、灰斗、进出风口和气路系统五大部分组成,并配有支柱、爬梯、栏杆和清灰控制机构等。

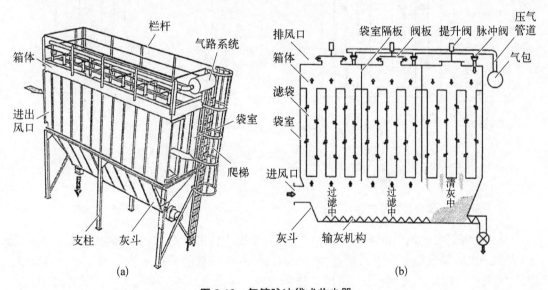

(a)   (b)

图 9.13　气箱脉冲袋式收尘器

(1) 箱体:主要用于固定袋笼、滤袋及气路元件等,清灰时,压输空气首先冲入箱体,再进入各滤袋内部。根据不同规格,箱体内又分成若干个室,相互之间均用钢板隔开,互不透气,以实现离线清灰,每个室内均设有一个提升阀,以通断过滤烟气流;箱体顶部设有检修门。

(2) 袋室:袋室在箱体的下部,用来容纳袋笼和滤袋,并形成一个过滤空间,烟气的净化主要在这里进行;同箱体一样,根据规格的不同也分成若干个室,并形成一定的沉降空间。

(3) 灰斗:灰斗布置在袋室的下部,它除了存放收集下来的粉尘外,还作为进气总管使用(下进气风),当含尘气体进入袋室前先进入灰斗,由于灰斗容积较大,使得气流速度降低,加之气流方向的改变,使得较粗的尘粒在这里就得到分离。灰斗下部设有螺旋输送机或空气斜槽等输送设备,出口还有回转卸料机或翻板阀等锁风设备,可连续进行排灰。

（4）进出风口：根据收尘器的结构形式主要分为两种，一种进风口为圆筒型，直接焊在灰斗的侧板上，出风口安装在箱体上部，袋室的侧面，通过提升阀门孔与箱体内部相通（图9.14）。另一种是进出口制成一体，安装在袋室的侧面、箱体和灰斗之间（图9.15），中间用隔板隔开为两个部分，分别为进出风管，这种结构形式的体积虽大，但气流分布均匀，灰斗内预收尘效果好，适合于烟气含尘浓度较大的场合使用。

（5）气路系统：根据设备结构大小和清灰方式等，设备顶部设有配套的气路系统，由于气路系统需在现场组对安装，所以在安装时要按图纸进行组对，注意安装尺寸和密封要求。

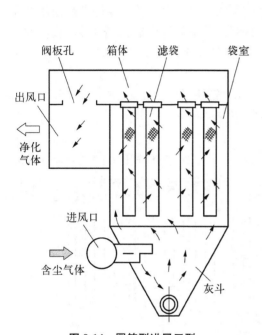

图9.14　圆筒型进风口型

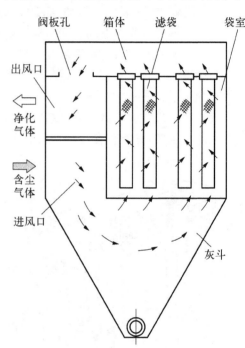

图9.15　进出口一体型

当含尘烟气由进风口进入灰斗以后，一部分较粗尘粒由于重力、惯性碰撞等作用落入灰斗，大部分尘粒随气流上升进入袋室，经滤袋过滤后，尘粒被阻留在滤袋外侧，净化的烟气经滤袋内部进入箱体，再由阀板孔、出风口排入大气。参见图9.14和图9.15。随着过滤过程的不断进行，滤袋外侧的积尘也逐渐增多，从而使除尘器的运行阻力也逐渐增高，当阻力增到预先设定值（1 245～1 470 Pa）时，清灰控制器发生信号，首先控制提升阀将阀板孔关闭，如图9.16所示，以切断过滤烟气流，停止过滤过程，然后电磁脉冲阀打开，以极短时间（0.1～0.15秒）向箱体内喷入压力为0.5～0.7 MPa的压缩气体，压缩气体在箱体内迅速膨胀，涌入滤袋内部，使滤袋产生变形、振动，加上逆气流的作用，滤袋外部的粉尘便被清除下来掉入灰斗；清灰完毕之后，提升阀再次打开，除尘器又进入过滤状态。气箱脉冲袋式收尘器的多个室，各室分别按顺序进行清灰，清灰室和正在过滤的室互不干扰。

一个室从清灰开始到结束称为一个清灰过程，其用时为3～10 s。从第一个室的清灰结束，到第二个室的清灰开始，称为清灰间隔，清灰间隔的时间长短取决于烟气参数、型号的大小，短则几十秒，长则几分钟甚至更长时间。清灰间隔又可分为集中清灰间隔和均匀清灰间隔两种，集中清灰间隔是指从第一室清灰开始到最后一个室清灰结束以后，全部室进入过滤

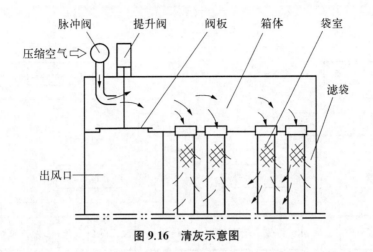

压缩空气⇒　脉冲阀　提升阀　阀板　箱体　袋室

滤袋

出风口

图 9.16　清灰示意图

状态,直至下一次清灰开始;而均匀清灰间隔则在最后一个室清灰结束以后,仍以间隔相同的时间启动第一室的清灰。可见,均匀清灰间隔的清灰过程是连续不断的。从第一室的清灰过程开始到该室下次的清灰过程开始的时间间隔,称为清灰周期。清灰周期的长短取决于清灰间隔时间的长短。上述清灰动作均由清灰控制器进行自动控制,清灰控制器有定时式和定压式两种,定时式是根据除尘器阻力的变化情况,预置一个清灰周期时间,除尘器按预置固定的时间进行清灰;这种控制器结构简单、调试、维修方便、价格便宜,适用于工况条件比较稳定的场合。定压式是在控制器内设置一个压力转换开关,通过设在除尘器上的测压孔测定除尘器的运行阻力,当达到清灰阻力时,压力转换开关便送出信号,启动清灰控制器进行清灰;这种控制器能实现清灰周期与运行阻力的最佳配合;因此非常适合工况条件经常变化的场合,但仪器较复杂,价格也比较贵,非特殊情况不推荐使用。

9.4.3　滤料和滤袋

1. 滤料

滤料是袋式收尘器中的主要部件。其造价占设备费用的 $10\%\sim15\%$,常用的滤料材料很多,滤料纤维可分为天然纤维和非天然纤维两大类,详见图 9.17。羊毛呢有较高的捕集效率,但存在处理能力低、使用寿命短,吸尘后阻力高,耐热不高的缺陷。玻璃纤维制品能耐高温,而且价格低,但是对粒度在 $3.2\ \mu m$ 以下的尘粒不能捕集,并不耐揉折和摩擦。化学纤维制品具有强度高,耐酸碱性能好,适宜在较低温度下工作,耐温性能差。玄武岩纤维制品具有高强度、永久阻燃性、短期耐温在 $1\ 000℃$ 以上,可长期在 $760℃$ 温度环境下使用,是理想材料。

滤袋的性能除了与滤料的材质有关外,还与滤袋的结构有很大关系;滤袋的结构不仅直接影响滤袋本身的收尘效果,而且对粉尘层的形成、清灰等都有重要影响。滤袋的结构可分为织布(如长丝玻璃纤维布)、起绒织布(如涤纶绒布和呢料)、压缩毡和针刺毡。几种滤料的细孔直径都可控制在 $20\sim50\ \mu m$。而各种织布总孔隙率虽也可达 60%,而针刺毡是直接用细的短纤维在空间交错刺成,细孔分布比较均匀,总孔隙率可达 $70\%\sim80\%$。对于相同过滤面积的滤袋,针刺毡的处理能力可为织布的两倍。且各种织布的细孔是直通的,而针刺毡的细孔交错排列有利于收尘,但需要用压缩空气脉冲或反向射流法清灰才能使阻力得到合适

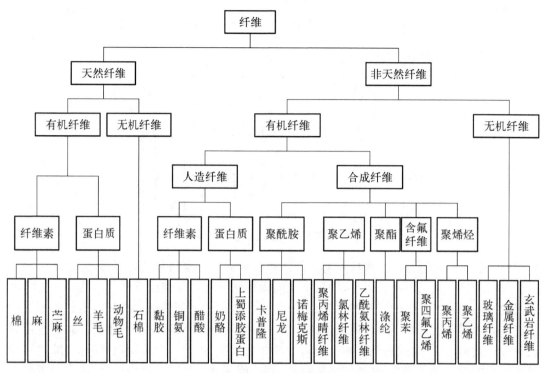

图 9.17 滤料纤维分类图

的控制和调节。起绒织布在其表面和经纬线间都有长约 3 mm 的短绒,其滤尘效果在一般织布与针刺毡之间。常用滤料的结构特性见表 9.7,其物理性质见表 9.8。

表 9.7 滤料的结构性能

滤料种类		单位结构内		交织点	孔隙率	透气度	强 度	表面状态
		纬 纱	经 纱					
平纹织布		1	1	多	最小	最小	大	平纹
斜纹织布		1	1～4	中	小	小	中	斜对角纹
缎纹织布		1	＞5	少	中	中	小	光滑缎纹
起绒斜纹面		1	1～4	中	较小	较小	中	短绒
针刺毡	基布	1	1	最少	最大	最大	中	纤维层
	纤维层	无	无	无				

表 9.8 滤料的物理性能

滤料名称	结 构	厚度/mm	单位面积质量/(g/m²)	真密度	容积密度(g/m³)	孔隙率/%	破断强度/(N/cm²)	
							经 向	纬 向
玻璃长丝布	缎纹	0.418	497	2.50	1.19	52.5	1 225	1 225
208 号涤纶绒布	斜纹单面起绒	1.55	392	1.38	0.26	81.2	2 090.3	1 027
No3 针刺毡	针刺毡	1.79	405	1.30	0.23	82.4	774.2	686
No4 针刺毡	针刺毡	2.16	519	1.31	0.24	82.5	911.4	980

2. 滤袋的形状

滤袋的形状随收尘器的结构而定,最常用的是圆袋,它受力较好,并且骨架和连接较简单;扁袋(剖面形状为矩形)排列紧凑,体积小,在相同过滤负荷下占地面积较小,因此近年来用得越来越多。

3. 滤袋过滤面积

在滤袋织品的"允许张力"情况下,通过滤袋时的气体流速(即单位时间过滤面积上的流量)愈大,则收尘器的处理能力愈大,所需滤袋的总过滤面积愈小。

9.4.4 选型计算

1. 压力损失

袋式收尘器的阻力包括过滤阻力和机体阻力两部分。过滤阻力与滤袋的材料、滤尘量、气体含尘浓度、过滤风量及清灰周期等因素有关。准确的数据应通过实验确定,实际中一般用查表法:首先计算滤袋的滤尘量,然后根据滤尘量和过滤风速可从表 9.9 中查得过滤阻力 Δp_1 和机体阻力 Δp_2。

$$\Delta p = \Delta p_1 + \Delta p_2 \tag{9.18}$$

$$G = C_1 u_f t \tag{9.19}$$

式中,G 为滤袋的滤尘量(kg/m^2);C_1 为气体含尘浓度(kg/m^3);u_f 为过滤风速(m/min),一般为 $2.0 \sim 2.5$(m/min);过滤风速越低出口净化空气的含尘浓度越低,为 $1.0 \sim 1.5 \, m/min$,出口浓度一般可控制在 $30 \, mg/m^3$ 以下;想要达到 $10 \, mg/m^3$ 的排放标准,净过滤风速必须小于 $1.0 \, m/min$,最好保持在 $0.9 \, m/min$ 以下;若要达到小于 $5 \, mg/m^3$ 的排放,则净过滤风速要在 $0.7 \, m/min$ 以下;t 为过滤阶段所经历的时间(s)。

表 9.9　滤尘量、过滤风速与过滤阻力的关系

过滤风速 u_f/(m/min)	滤尘量 G/($\times 10^{-3} \, kg/m^2$)						Δp_2/Pa
	100	200	300	400	500	600	
	Δp_1/Pa						
0.5	300	360	410	460	500	540	
1.0	370	460	520	580	630	690	80
1.5	450	530	610	680	750	820	100
2.0	520	620	710	790	880	970	150
2.5	590	700	810	900	1 000		250
3.0	650	770	900	1 000			

2. 过滤面积

$$\Sigma A = A + A_0 = \frac{Q}{u_f} + A_0 \tag{9.20}$$

式中,A 为滤袋工作部分的过滤面积(m^2);A_0 为滤袋清灰部分的过滤面积(m^2);Q 为袋式收尘器单位时间内所需处理气体量(m^3/h)。

3. 滤袋数量

根据总过滤面积即可从产品目录查出所需要的滤袋规格及数量,亦可根据每个滤袋的过滤面积 A_1,求得滤袋数量 n。

$$n = \frac{\Sigma A}{A_1} \tag{9.21}$$

9.5　电收尘器

9.5.1　工作原理及性能

电收尘器是利用电场作用力来捕集含尘气体中粉尘的设备。工作原理见图 9.18,金属线借助绝缘子吊装在金属圆管的中心,将圆管和金属线分别接到 $50\sim70$ kV 的高压直流电源的正负极上,在圆管与金属线之间的空间产生非均匀的电场,电场强度自金属线电极向圆筒电极逐渐降低。当电极之间的电压升高到某一程度时,导线附近的电场强度达到一定值,电极之间的空气中已存在的少量离子在电场力的作用下,就会以较高的速度向电极运动。在途中当它碰到中性的原子时,就会产生新的离子。这些新的离子在电极之间运动时,又再使另一些中性原子电离,在短时间内产生大量离子。这种现象称为气体的自激电离。自激电离只能在金属线附近产生,离金属线稍远,电场强度已经降低到不能使离子做高速运动,当离子碰击到中性原子时,就无法使后者电离,只在金属线附近区域出现电晕,故这一区域叫电晕区(图 9.19)。

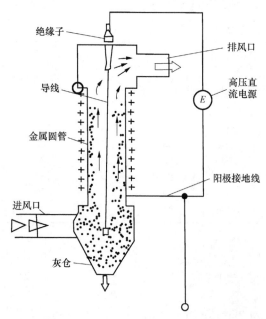

图 9.18　电收尘器的工作原理示意图

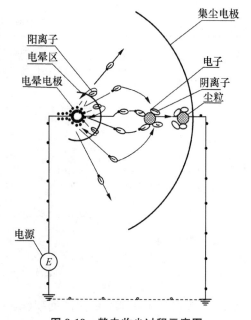

图 9.19　静电收尘过程示意图

金属线电极又称电晕电极(或放电电极)。电晕区的半径通常只有 2～3 mm。电晕的外面叫晕外区。在晕外区并无新的离子产生,只有从电晕电极发出的做单向运动的离子流经过。当含尘气体经过电极空间时,所含尘粒就与这股离子接触而带上电荷。由于在电晕电极附近的阳离子走向电晕电极(负极)的路程极短,速度低,碰上粉尘的机会很少,只有极少量粉尘沉积于电晕电极。因此,绝大部分粉尘与飞翔的阴离子相碰,带负电后跟着离子流向圆管电极运动,沉积在圆管电极的表面。所以圆管电极又称集尘电极(或沉淀电极)。经一定周期将集尘电极及电晕电极振打,就可使沉积在其上的尘粒振落到下面的灰仓中,并被向外卸出。清除尘粒以后的净化空气,经收尘器顶部排风口排出。

若为均匀电场,一旦发生电离,则整个空间空气都产生电离,绝缘空间击穿,大量电流通过引起电弧放电,会将电极烧毁。非均匀电场只在极小区间内产生电晕放电,不致烧毁电极。为了造成非均匀电场,正负极的表面积要相差较大。除了上述采用一根导线,一个圆管作电极外,亦可如图 9.20 所示,用平板代替圆筒电极,将导线置于平板的中央,也可以产生非均匀电场。

通常,收尘器的集尘电极是正极,并且接地;电晕电极是负极,同地绝缘。经验证明,使用负电晕的收尘效率比使用正电晕要高。这是因为从负电晕发生的负离子流的运动速度比正电晕发出的正离子流大,而且负电晕比较稳定,火花击穿电压较高。

电收尘器是一种高效率收尘设备,已广泛用于工业生产中。它的优点是:收尘性能好,能捕集 $0.1\ \mu m$ 以下微细尘粒,并可获得较高收尘效率(达

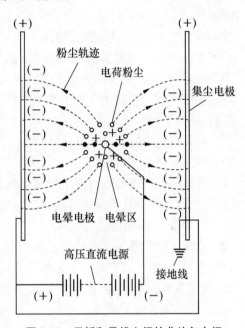

图 9.20　平板和导线之间的非均匀电场

99%);由于电场力直接作用在粉尘上,所以流体阻力小(一般不超过 200 Pa),因而动力消耗少,维持费用低;可以处理不同性质粉尘,如较高压强(达 3 kPa 表压),较高温度(达 500℃),高湿度(达 100%)以及有化学腐蚀性的气体;处理大量气体,能适应广泛、快速变化着的进气状况;可使操作自动化。缺点是:要配置比较复杂的高压直流供电系统;设备笨重,初次投资费用高;对粉尘电阻率有一定要求,一般低于 $10^4\ \Omega\cdot cm$ 或高于 $2\times 10^{10}\ \Omega\cdot cm$ 时,收尘效率不高;另外,需要较高的技术管理水平,同时不适用于处理含尘浓度大的气体(一般不超过 40 g/m³),否则需在电收尘器前添置预处理装置除去粗颗粒。

9.5.2　类型及结构

电收尘器的形式多种多样,可按清灰方式、荷电的形式、集尘电极形式和气流运动方向等进行分类。

(1) 按清灰方式,可分为湿式、半湿式和干式。

黏附于集尘电极上的粉尘连续用水冲洗的结构叫湿式电收尘器。使集尘电极表面经常

形成连续的水膜,就不致使捕集粉尘再飞散或堆积,也不需要对集尘电极进行振打。

用喷雾等方法间歇地润湿集尘电极表面,以防止粉尘二次飞扬的结构,叫半湿式电收尘器。

黏附在电极上的粉尘用振打装置定期抖动或敲打极板,使其脱落的设备,叫干式电收尘器。

(2)按荷电形式,可分为单区式和双区式两种。

单区式的特点是电荷给予尘粒的荷电作用和荷电尘粒的收尘作用,这两个过程是在同一电场中进行。双区式电收尘器的特点是荷电部分和收尘部分两个过程分别在前后两个区间进行。

(3)按集尘电极形式,大致可分为平板式、管式、圆筒式和格栅式等。

管式又可分为圆形和多角形横截面管。带圆管集尘电极的叫管极式电收尘器。用一些平行配置的平板,在每两块平板之间放置一排与平板平行的导线,这种收尘器叫板极式电收尘器。管式收尘器多用于较小型的电收尘器。板式集尘电极形式较多,常用于大型的电收尘器。

(4)按气流的运动方向,可分为立式和卧式两种。管极式电收尘器一般为立式,板极式则可有立式和卧式两种。

含尘气体由下部垂直向上经过电场的称为立式电收尘器。图 9.21 所示为 $60~m^2$ 立式电收尘器,含尘气体从机身下部进入,经过气体均匀分布装置后均匀地进入电场,净化后的气体经收尘器上部,从烟囱排入大气。

立式电收尘器的优点是占地面积小,由于电场竖向布置,可利用电收尘器本身加设一段钢烟囱进行排气,因而可以省去修建专设的排气烟囱。但气流方向与尘粒自然沉降方向相反,收尘效率较差,安装及维修不便,且常用正压操作,风机只能布置在电收尘器之前,磨损较快,故近年来较少采用。

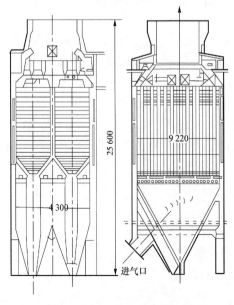

图 9.21　$60~m^2$ 立式电收尘器

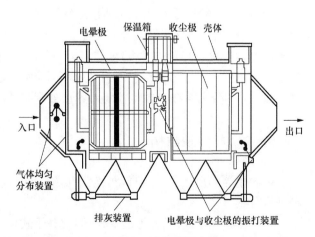

图 9.22　卧式电收尘器

含尘气体水平通过电场的称为卧式电收尘器。收尘器可根据需要任意加长和延伸,分为几个分开的通路(一般为 2 个)和几个电压不同的区域,前者称为收尘室,后者称为电场。图 9.22 为双电场卧式电收尘器。

卧式电收尘器的特点是可根据粉尘性质和净化要求,增加电场数量;同时可根据处理气体量增加收尘室的数量;每个电场供给不同的电压,这样既可以获得很高的收尘效率,又可适应不同流量要求。卧式电收尘器一般用负压操作,风机寿命较长。且由于设备高度比立式电收尘器的低,基建投资费用较少,安装检修较方便。但占地面积较大,设备较重,投资较多。

9.5.3 电极

电收尘器主要工作部件是阳极板与阴极线。各种电极板形式的设计主要是要求极板在振打时粉尘的二次飞扬量少,保证在振打时极板各点所产生的振动和加速度有利于电极间电场的均匀分布,此外还要考虑极板的加工、刚度和重量等。卧式电收尘器常用的几种集尘极板如图 9.23 所示。集尘极板通常由几块长条极板安装在一个悬挂架上组合成一排。一个电收尘器由多排集尘极板组合而成。相邻两排中心距为 250～350 mm。极板材料一般由厚 1.2～2 mm 普通碳素钢制成。

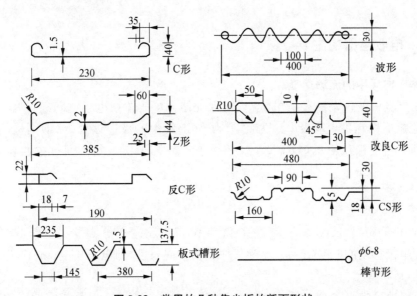

图 9.23 常用的几种集尘板的断面形状

电晕极为电收尘器中的放电极,主要由电晕线配以框架、悬吊机构、支撑机构、绝缘套管等组成。为了使放电效率良好而又耐用,常将电晕极组制成多种形状,常用的有:圆形、螺旋形、星形、芒刺形等,见图 9.24。电晕极一般由 2～4 mm 耐热合金钢(镍铬钢丝)制成,当气体温度小于 250℃时也可用碳钢制成。

电晕极带有高压电,需要良好绝缘,最好是用石英套管,其高温绝缘性能好,热膨胀系数小。

为了及时清除正负电极上的积灰,电收尘器都装有定时振打清灰装置。常用的振打装置有:锤击振打装置、弹簧凸轮振打装置与电磁振打装置。

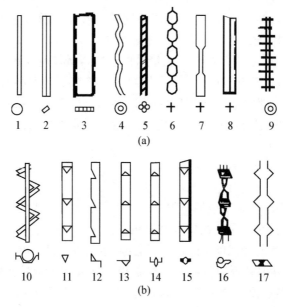

图 9.24　几种不同的电晕线

9.5.4　电收尘器的主要参数

1. 气体在电场中的流动速度

气体在电场中的流动速度 v 的大小,应保证使含尘气体在电场空间经过时,有充分时间使带电尘粒沉积到集尘电极上。为此,应使位于集尘电极最远处 R(即两极间距离)的尘粒移动到集尘电极所需的时间 R/u_0,必须小于或等于含尘气体通过电收尘器的时间 L/v,即

$$R/u_0 \leqslant L/v \tag{9.22}$$

式中,R 为电极间距离(m);u_0 为尘粒的沉降速度,又称驱进速度,是指带电粉尘在电场力作用下向集尘电极移动的速度(m/s);L 为气体流动方向长度,即电场长度(m);v 为电收尘器的截面风速(m/s)。

影响沉降速度的因素很多,还不能通过理论计算求出 u_0,主要是靠实践经验积累。在选用电收尘器时,可按表 9.10 推荐的数值计算。表中所列数据是以净化气体的含尘浓度 150 mg/Nm³ 为基准的。

在一定处理风量条件下,气流速度低,固然可使尘粒得到充分沉降,但收尘器截面积增大,设备增大,气流分布也不均匀,亦会使效率降低;若气流速度过大,则不仅需增大电场强度,电场长度过分增长,使设备加大,同时对干式收尘来说还会引起严重的粉尘二次飞扬,对湿式收尘来说会把水滴溅起破坏电场,同样会使效率降低。因此,气流速度应有其合理范围。干式电收尘器的截面风速一般为 0.5~2 m/s;湿式电收尘器的截面风速一般为 1.5~5 m/s。

表 9.10　收尘器的气流速度和沉降速度

设 备 类 型	气流速度/(m/s)	沉降速度/(m/s)
悬浮预热窑(不增湿)	0.4～0.7	4～6
悬浮预热窑(废气利用或增湿)	0.7～1.0	6～9
立波尔窑、立窑	0.8～1.2	8～12
湿法窑	0.91～3	9～13
粉磨、烘干设备	0.7～1.1	6～9
篦式冷却机	0.7～1.3	6～14

2. 收尘效率及集尘电极面积

收尘效率是衡量电收尘器性能的主要指标,也是设计收尘器的主要依据。如图 9.25 所示,设收尘器进口处含尘气体的浓度为 C_1,出口处含尘气体的浓度为 C_2,集尘电极的长度为 L,流动方向单位长度的集尘电极面积为 a,流动方向断面积为 A,含尘气体沿

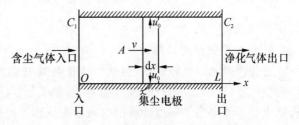

图 9.25　电收尘器尘粒捕集机理

X 方向进入电极空间后,在距起点为 x 处的某一截面上含尘浓度为 C,气体的流速为 v,带电尘粒走向集尘电极的沉降速度为 u_0,则当气体在电极空间向前流动 $\mathrm{d}x$ 的距离,经过 $\mathrm{d}t$ 的时间之后,在 $\mathrm{d}x$ 区间所捕集的粉尘量 $\mathrm{d}w$ 可用式(9.23)表示

$$\mathrm{d}w = au_0 C \mathrm{d}t = -A\mathrm{d}x\mathrm{d}C \tag{9.23}$$

而 $v\mathrm{d}t = \mathrm{d}x$,由式(9.22)得

$$\frac{au_0}{Av}\mathrm{d}x = -\frac{\mathrm{d}C}{C} \tag{9.24}$$

将上式由入口至出口进行积分,

$$\frac{au_0}{Av}\int_0^L \mathrm{d}x = -\int_{C_1}^{C_2} \frac{\mathrm{d}C}{C} \tag{9.25}$$

而 $Av = Q$, $aL = S$,于是

$$\frac{Su_0}{Q} = -\ln\frac{C_1}{C_2} \tag{9.26}$$

或

$$e^{-Su_0/Q} = \frac{C_2}{C_1} \tag{9.27}$$

式中,S 为集尘电极表面积(m^2);Q 为操作状态下的气体流量(m^3/s);A 为电极空间总截面积(m^2)。

所以收尘效率

$$\eta = 1 - \frac{C_2}{C_1} = 1 - e^{-Su_0/Q} \tag{9.28}$$

从收尘效率公式可看出,采用的电场强度愈大,集尘电极愈大以及气体流速愈小,收尘效率就愈高。集尘电极面积的大小对收尘器的使用效果影响很大,若要求获得较高的收尘效率,应当用较大的集尘电极总面积。

如果收尘效率 η 值确定,则可按上述公式求出需要的集尘电极面积 S 值。应该指出,由于板式电收尘器的极板两侧面均起集尘作用,所以两侧面均为计算面。

3. 电收尘器截面尺寸的确定

电收尘器的规格是以收尘器内与气流方向垂直的有效截面积来表示。电收尘器所需有效通风截面积可根据处理风量及选定风速按下式求得

$$A_0 = Q/3\,600v \tag{9.29}$$

式中符号意义同前。

4. 电收尘器选型计算

首先根据入口气体性状(包括气体量与其变动值、温度、压强、含湿量、气体组成等),入口粉尘性状(包括粒度分布、含尘浓度、粉尘成分、电阻率值等),收尘效率或出口含尘浓度等选择电收尘器类型。根据计算出的截面积从选型系列表中选择截面积相近的型号。要注意截面积相同的电收尘器电场数可以不同,所以还要计算集尘电极总的收尘面积,它对电收尘器的使用效果有很大的影响,是收尘器的另一主要规格指标。根据沉降速度 u_0 值,则可按电收尘器有效通风截面选定的型号查得或算出该电收尘器的集尘电极总面积 S;再核算所选电收尘器的收尘效率,若效率过低,可适当降低电场风速,取较大型号的电收尘器。

9.5.5 电收尘器的使用

影响电收尘器使用性能的因素较多,粉尘性质、气体参数、结构以及操作条件都直接影响收尘效果。

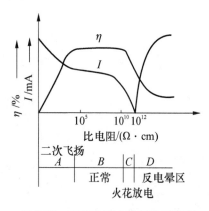

图 9.26 电收尘器中粉尘的电阻率和收尘效率的关系

1. 电阻率

电阻率是指每单位体积粉尘的表观电阻。它对电收尘器的性能影响很大,可以看作能否采用电收尘器来收尘的条件。图 9.26 为电阻率和收尘效率的关系。对于电阻率为 $10^4 \sim 10^{10}$ $\Omega \cdot cm$ 的粉尘(图 9.26 中 B 区域)用电收尘器最容易处理,带电稳定,收尘性能良好。电阻率在 10^4 $\Omega \cdot cm$ 以下的低电阻粉尘(图 9.26 中 A 区域),导电性特别好,当荷电粉尘与集尘极接触时,立即释放出负电荷,同时获得与集尘电极相同的正电荷,受到同性电荷的排斥,重新返回气流中,产生尘粒二次飞扬现象,使电收尘器的收尘效率大为降低。电阻率在 10^{11} $\Omega \cdot cm$ 以上的高电阻粉尘(图 9.26 中 C、D 区域),导电性太差,荷电尘粒沉积到集尘电极时,电荷不能顺利地释放,粉尘被牢牢地黏附在集尘电极上,不易振落。随着粉尘愈积愈厚,粉尘表面上电荷就愈积愈多,则在集尘电极上的粉尘层两界面间的电位差逐渐升高,以致在这个靠近集尘电极的很窄的区域里,在充满气体的松散覆盖层孔隙中发生电

击穿,随后气体在一些地方开始产生电离,形成电晕放电,电晕放电所产生的电子和负离子被吸向集尘电极,正离子被集尘电极排斥跑向收尘空间,中和了附近的阴离子,这种在集尘电极上发生正电晕放电现象,称为"反电晕"。出现"反电晕"即消耗了高压电流,使净化操作恶化。同时,这种的反电晕容易发展,而频繁地发生火花,以至电压下降,导致收尘效率降低。

粉尘的电阻率还与含尘气体的化学组成、温度及湿度有关。对于高电阻率粉尘,当含尘气体的 SO_3 含量高、温度低、湿度高时,粉尘的电阻率就会降低;而对于电阻率过小的粉尘,增加温度又能使粉尘电阻率增大,从而改善电收尘器的运行状况。干法生产水泥的回转窑(如各种形式的悬浮预热器窑),由于其废气的温度高、湿度低,粉尘电阻率往往超过 $10^{11}\ \Omega\cdot cm$,使用电阻收尘器效率不高。为了降低含尘气体温度和粉尘的电阻率值,可以对出窑废气进行喷雾增湿。一般在进电收尘器之前装置一个增湿塔,将雾状水(或蒸汽)喷在含尘气体上,既增湿又降温,达到降低电阻率的效果,从而取得良好的收尘效率。

2. 含尘浓度

进入电收尘器的含尘浓度不宜过大。若含尘浓度过高,将严重抑制电晕电流的产生,使尘粒不能获得足够的电荷,尤其是粒径在 $1\ \mu m$ 左右的粉尘越多,影响就越大。当气体的含尘浓度大至某一值时,电晕电流几乎减小到零。此时,收尘效率显著下降,这种现象称为电晕封闭。因此应当限制进入电收尘器气体的含尘浓度,限制值随操作条件和粉尘性质而异。对于水泥厂使用的电收尘器,允许的含尘浓度一般小于 $60\ g/Nm^3$。

3. 湿含量

空气的击穿电压随着水分含量的加大而提高。水汽分子是一种极性分子,介电常数比空气大得多,在电场中水汽分子能大量吸附电子,使水汽分子带负电并转变为行动缓慢的负离子,因而使空间自由电子的数目大大减少,电离强度减弱。同时,水汽分子与自由电子碰撞的机会多,使自由电子在电场中加速的平衡自由行径缩短,而且互相碰撞时,将使电子的动能消耗,转化为热能,使得碰击电离难于发展。另外,由于吸附电子而形成的行动缓慢的水汽负离子,在电晕区里与正离子结合的机会比快速逸出的电子要多,因而使正负电荷的复合加剧。使得气体的电离减弱,电晕电流减小,使得空气间隙的耐压强度增加,击穿电压升高,一般水分含量控制为 $7\%\sim10\%$。

4. 气体流速

对于一定规格的电收尘器,气体在电场内的流速将直接影响收尘效率。对 $1\ \mu m$ 左右粉尘,风速由 $1\ m/s$ 增大至 $1.5\ m/s$,其部分收尘效率约降低 10%。同时,流速过高还会吹起已沉积在电极的粉尘,加剧涡流等不规则流动,降低效率。为了使气流在电场内均匀分布,防止和减少短路情况,在电收尘器结构设计上往往考虑了气流导向板及分布节流孔板等特殊装置。

5. 结构

收尘器的结构对收尘效率有影响。当处理气体量及尘粒沉降速度一定时,选用集尘电极总表面积大、电场长度大或正负极间距小的电收尘器,可获得较高效率。对某一粒径尘粒,要使效率从 90% 提高到 99%,电极系统的外形尺寸或电场内气流接触时间应当加倍。实际上,由于经济原因,一般只按总效率为 99% 考虑,这时对 $0.01\ \mu m$ 尘粒仍有 90% 的收尘效率。另外,集尘电极的形状及振打方式也影响收尘效率。

在操作上应经常保持电压充足和正负电极上清洁,还应注意密封,收尘器漏风会造成已收入的粉尘再次飞扬和额外增加了风速,使收尘效率下降。

9.5.6 其他形式的电收尘器

电收尘器是高效、耐高温、低阻力的收尘器,近年来在设计和应用上都有很大发展,出现了一些新型电收尘器。

1. 宽极距超高电压型电收尘器

宽极距超高电压电收尘器简称宽极距电收尘器,它的特点是极距比较宽,一般电收尘器极距为 250~350 mm,它则为 400~1 500 mm;外加电压高,一般电收尘器电压为 50~70 kV,而它则为 60~300 kV;其电晕导线直径仅为一般电收尘器的十分之一,在电晕导线附近的电位梯度为一般电收尘器的 1.5 倍。

当极距加大时,施加的电压可以增加,而且电压增加的幅度比间距增大的幅度大。在宽极距的情况下施加的电压越高,收尘器内的电场强度就越大,因而电场作用力也就越大,使粉尘的沉降速度增加,则收尘效率提高或可以减少集尘电极面积。

但是,并非极距越宽越好。如果处理气体量一定时,电离空间过大会使电晕电流密度降低,从而使收尘效率也降低。所以极距不能无限增加,极距的选择要和粉尘特性(如含尘浓度等)及经济效果统一来考虑。

宽极距高压电收尘器在结构上与一般电收尘器没有多大不同,只是对高压电源装置和绝缘装置要多加注意。例如,WS 宽极距高电压电收尘器,采用高压硅整流装置,用可控硅控制,全部电源装置均放在收尘器顶上。使用电压为 80~200 kV,由于电源装置和保温箱之间用钢板制的密闭屏蔽导管相连接,所以外部没有任何危险。

宽极距电收尘器具有如下特点:① 由于极距加宽,反电晕影响较小,可以收集的粉尘电阻率范围可扩大到 $10^3 \sim 10^{13}$ Ω·cm;② 极距加宽,电压提高后,电晕区域扩大,电场作用力增加,带正电的粉尘在趋向集尘电极的机会增多,使电晕导线粘灰肥大的现象减少;③ 极距加宽后,电收尘器的制造和安装精度都可提高,反电晕的情况减小,火花放电频率大为降低,运行比较稳定可靠;④ 在处理气体量 Q 相同的情况下,虽然集尘电极面积 S 由于极距加宽后而成倍地减少,但粉尘的沉降速度 u_0 却成倍地增加,故其收尘效率仍然很高;⑤ 在集尘电极高度相同,振打后粉尘振落时的扩散区域相同的条件下,宽极距电收尘器由于极板数少,飞扬区域小,故二次飞扬率显著降低;⑥ 极距加宽后,极板极线减少,整体梁柱构件重量减轻,降低了钢材消耗量,使电收尘器价格降低;⑦ 一般电收尘器效率不高,往往是因为极距小,维修不便,使收尘器内部极板、板线积灰过多所致。而大的宽极距电收尘器,甚至人可以自由进出,维修方便,同时振打部件相应减小,维修工作量也就减少了。

宽极距电收尘器的缺点:① 高压整流装置、绝缘子、电缆等电气部件的价格高,高压电源有时不易获取;② 保温箱等穿通部分漏风大;③ 粉尘浓度过高时容易受空间荷电的影响而阻碍电晕放电,所以含尘浓度大时,不宜用宽间距,一般第一电场间距都不宽,以后几个电场才加宽,不同间距高压电源配置不同电压。

宽极距电收尘器已用于石灰窑、水泥生料磨、窑尾废气及熟料冷却机的收尘。其最大处理风量达 4.5×10^6 m³/h,收尘效率达 99.9%。

2. 电场屏蔽式电收尘器

电场屏蔽式电收尘器属于双区式电收尘器。它由荷电部分和静电屏蔽的收尘部分所组成,故又称为 EP-ES 型电收尘器(图 9.27)。荷电部分是采用普通电收尘器的电晕电极和集尘电极,而静电屏蔽的收尘部分具有独特的形状,两者结合为一个整体。尘粒在荷电部分荷电后靠电极间产生的电力流体力学效应把粉尘吸引到集尘电极的口袋内,而后被振打脱落。荷电部分和收尘部分可以制成其他形状,可根据所处理的粉尘种类选择最佳的电极结构。

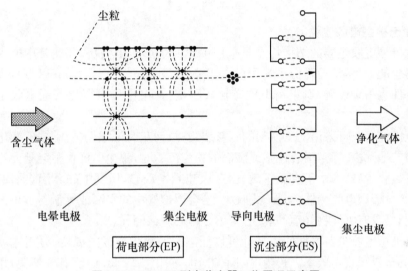

图 9.27 EP-ES 型电收尘器工作原理示意图

电场屏蔽式电收尘器的特点是荷电部分由带有芒刺线的电晕电极和集尘电极所组成,电晕电极外加负高压进行电晕放电。悬浮在气体中的粉尘通过荷电空间时,由于与荷电空间电场中的负离子相碰撞,在 $1/100 \sim 1/10$ s 的短时间内带负电,尘粒荷电并凝聚到一定大小后与气流同时被送到后一段的收尘部分。收尘部分是由与气流垂直交错排列的一对槽型正负电极群组成,在两个电极间施加高压电,在收尘部分前端的导向电极施加与粉尘荷电相同的负电,后端的槽型电极作为相反的极性而接地,因而在两个电极的中间区域内,可形成由带电尘粒导入集尘电极槽内的直流电场,并用这种直流电场重复排列,在流体力的作用下使带电粒子进入上述区域,一方面使荷电粉尘保持在电场的有效范围内,一方面使荷电粉尘进入槽型电极内而形成流体力场。

由于这种流体力场和电场所合成的电力流体力场的屏蔽作用,振打时堆积在槽内的粉尘不会产生二次飞扬,而沉降在不直接受气流影响的地方,使收尘效率显著增加,根据处理气体性质及工艺要求的不同,EP-ES 型电收尘器还可制成两单元或三单元的组合形式,按气流方向依次排列。

EP-ES 型电收尘器具有如下特点:① 荷电部分相当小,收尘部分在气流方向上也显著缩短,它的电场相当于一般电收尘器的一个电场空间时,可以起两个电场的作用,所以体积只有普通电收尘器的二分之一,而收尘性能却显著提高;② 与普通电收尘器的收尘机理不同,由于是利用电力流体力场的作用,运行非常稳定,当烟气性质(如含尘浓度、烟气量、温度等)波动的情况下,收尘性能也非常好。例如,用于水泥熟料冷却机废气的收尘,当进口气体条件发生相当大的变化时,也不需使用旋风收尘器等一级收尘设备;③ 由于能防止粉尘的二次飞扬,一般的电收尘器出口含尘量平均在 100 mg/Nm^3 左右,而 EP‐ES 型电收尘器出口含尘量在 30 mg/Nm^3 以下,能捕集 $0.1 \mu\text{m}$ 的粉尘,可处理温度高于 $500℃$ 的烟气;④ EP‐ES 型电收尘器的 EP 和 ES 两部分,一般都由 $60\sim72 \text{ kV}$ 高压整流装置供电,电晕放电只发生在荷电区的电晕部分,而收尘部分耗电量极低,所以电能消耗低,耗电量约为一般电收尘器的二分之一;⑤ 结构简单坚固、维护简单,管理费少。由于具有以上特点,很快用于硅酸盐工业和其他工作,用于带窑外分解的水泥回转窑及熟料冷却机等设备的收尘上,且效果很好。

3. 水冷电极型电收尘器

水冷电极型电收尘器的结构特点是采用中空的矩形集尘极板,并在其中通入循环冷却水以降低粉尘的附着,从而降低了粉尘的电阻率值(可降至 $10^{11} \Omega\cdot\text{cm}$ 以下),同时电晕放电与火花特性也得到改善,所以荷电状态比较稳定,荷电电压可以比普通电收尘器增大约两倍。

集尘电极的清灰可采用上下滑动的刮灰装置,故清灰时可减少二次飞扬,集电尘极的积灰可以很均匀地除去,遇到附着性强或湿润的粉尘沉积时,集尘电极也不会肥大。

在湿式电收尘器中,由于水滴扩散,引起火花频发现象,烟气中的雾滴会引起电晕现象停止,但水冷电极型电收尘器仍是干式收尘,不会因烟气中的水滴或雾滴对放电现象造成不利影响。同时,没有沉淀物处理等麻烦,也不必担心腐蚀问题。

水冷电极型电收尘器根据使用条件可以任意改变集尘电极的温度,因而也就能控制粉尘的电阻率值,提高收尘效率。粉尘电阻率在 $10^3\sim10^{15} \Omega\cdot\text{cm}$ 内能有效捕集,用电量比一般电收尘器小。集尘极板冷却水可以循环使用,补充很少,变热的水(为 $70\sim80℃$)也可供工厂采暖或作别用。

除了上述几种电收尘器外,还有许多种新型电收尘器,如干湿混合型电收尘器及交流电收尘器等。在交流电收尘器中采用交流电,粉尘的沉降速度比直流电收尘器大 $5\sim6$ 倍,用于捕集很细的粉尘和电阻率大于 $10^{11} \Omega\cdot\text{cm}$ 的粉尘效果良好。

9.6　收尘系统设计与计算

收尘系统的设计计算,首先要考虑烟气的排放符合国家标准,并达到国家标准规定的排放要求;其次工艺设计及建筑设计中,应尽量减少扬尘点,降低物料落差,缩短运输距离,能做到密封的都应密封处理;再次收尘系统设计应考虑与工艺设备联锁;即实现先于工艺设备开动,后于工艺设备关闭。

9.6.1　收尘系统的选择

收尘系统通常分有独立式收尘系统、分散式收尘系统及集中式收尘系统三种。

独立式收尘系统是指通风罩、接管、收尘器、风机及电动机等组成一个独立机组,这类常由制造厂家定型生产。

分散式收尘系统是指只连接 1 到 2 个收尘点的收尘系统。当收尘点相距较远、各工艺设备在不同时间工作时,常采用这种收尘系统。它运行调节简单,效果可靠,管理方便。

集中式收尘系统是指当有多个(一般 3 个以上)收尘点时,将其连接成最后由同一收尘器收尘的系统。集中式收尘系统又可分为枝状式(图 9.28)和集合管式(图 9.29)两类。

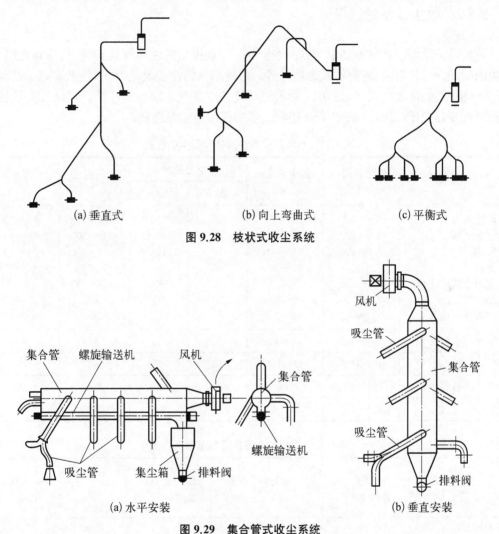

(a) 垂直式　　　　　　(b) 向上弯曲式　　　　　(c) 平衡式

图 9.28　枝状式收尘系统

(a) 水平安装　　　　　　　　　　　　　(b) 垂直安装

图 9.29　集合管式收尘系统

枝状式收尘系统收尘器和风机与枝状管的最后干管相连。这种系统无论设计上还是启动运行调节上都比分散式复杂,故系统总风量一般不超过 25 000 m³/h,收尘点不多于 6 个。干线管道延伸长度也不宜大于 40 m。该系统设备维护管理方便,粉尘处理及回收也较为容易,但启动运行及调节困难,管道易堵塞,局部管路的阻力或风量改变会影响整个系统。故设计中对管网布置和支管节点阻力平衡计算必须合理。

集合管式收尘系统,它是将所有收尘支管全部或大部分集中连接于集合管上,然后再与风机相接,集合管式可比枝状式连接更多的吸风管,其所连支管一般不超过 20 个,支管引入集合管时流速应相同,一般取 6～10 m/s(可以用扩散管来实现),在集合管内风速一般不大于 3 m/s,总风量不超过 50 000 m³/h,其收尘点分布半径不大于 15 m。集合营的阻力系数卧式时取 1.25,立式时取 2.0。该系统关闭任何局部吸风支管对其余吸风管及整个系统无重大影响;局部吸风管风量可有一定的调节变化范围,部分粗颗粒可在集合管内先分离出来,减少了收尘设备的负荷,减轻总管、收尘器及风机的磨损。

9.6.2 收尘设备的选择

收尘设备选型应该掌握如下几点基本资料:一是粉尘的性质及其变化,包括颗粒组成、含尘浓度、密度、比电阻、黏附性及磨损性等。二是烟气的性质及其变化,包括烟气量及其变化、烟气温度、黏度及露点等,表 9.11 为水泥厂设备中废气和粉尘的性质。三是收尘设备的工作特性及其适用范围,表 9.12 为常用收尘器的适用范围及性能。

表 9.11　水泥厂设备中废气和粉尘的性质

名　　称		处理风量/ (Nm³/h)	含尘浓度/ (g/Nm³)	粉尘粒径/%		废气温度 /℃	露点 /℃
				<20 μm	<88 μm		
湿法长窑		3.3~4.5	20~60	80	100	180~250	65~75
立波尔窑		1.8~2.2	10~30	55	90	100~200	50~60
SP 窑		1.6~2.0	60~80	90	100	300~350	35~40
立窑		2~3.5	10~30	60	95	50~190	40~55
熟料篦式冷却机		2.5~4.5	3~20	1	30	100~450	
黏土烘干机		1.3~3.5	50~150	80	95	75	55~60
矿渣烘干机		1.2~4.2	10~70			90	55~60
生料磨	自然排风	0.4~1.5	10~20	50	95	50	30
	带烘干	0.4~1.5	50~150	50	95	90	45
水泥磨	自然排风	0.4~1.5	40	50	100	100	25
	带烘干	0.4~1.5	40~80	50	100	90~100	25

表 9.12　常用收尘器的适用范围及性能

类　　型		粉尘 类别	分离粒 径/μm	允许含 尘浓度/ (g/m³)	气体温 度/℃	风速/ (m/s)	压力损 失/Pa	分级收尘效率/%			收尘 效率/%
								<1 μm	1~ 5 μm	5~ 10 μm	
沉降室			>50	>10	>450	<0.8	100~150	<5	<10	<10	40~60
旋风收尘器	CLT/A	非纤维性	>10	>4~50	<300	12~18	500~700	8	<24	<79	80~85
	CLK		>10	>2~200		14~20	900~1 200	8	27		88~92
	CLP/A		>5	>0.5		12~17	500~900	13	<28	<88	85~90
	CLP/B		>5	>0.5		12~20	500~900	13	<28	<88	85~90
	立式多管		>5	<100		10~20	500~800		<72	<84	80~85
袋式	ZX 脉冲		>0.1	<10 <15		1.5~3 0.7~3	800~1 500	<10	<99	<99	95~99
电收尘	CDWY CDWH SHWB	非纤维性 10^2~2× 10^2 Ω·cm	>0.1	≤80 ≤50	≤300	≤0.7 0.7~1	<200	<90	<90	≈100	99.7 99.81~99.97

根据上述条件,通常可进行收尘设备的预选,再结合设备投资、材料消耗、运行费用、使用寿命、占地面积及维护管理等有关因素,进行综合分析,确定合理的收尘系统方案。收尘设备的级数取决于含尘气体的浓度和收尘设备的效率。设计时应使净化后气体的含尘浓度符合国家卫生标准和排放标准,尽可能采用一级收尘系统,这样既便于管理,又可减少运行费用。当一级收尘系统达不到要求时,可采用二级或三级收尘系统。应进行多方案比较,从节约投资和运转费用以及简化操作和维修来看,应尽可能减少收尘系统的级数。

9.6.3 吸尘罩及风管设计

9.6.3.1 吸尘罩

类型:吸尘罩可分为封闭式和敞开式两种。敞开式是当工艺条件或设备不能设置密封的防尘罩时,将吸尘罩设在尘源上部或附近,靠吸力作用将含尘空气抽到风管内。当工艺条件或设备允许设置严密的防尘罩时,吸尘罩与密闭防尘罩相接,称为封闭式吸尘罩。

设计要求:(1)吸尘罩应处于尘源或密闭防尘罩正压处的上方气流缓冲区,不能正对含尘气流流向,以免带走生产中的物料。(2)吸尘罩内应为负压,且要求均匀,避免产生空气的短路。(3)吸尘罩张角小于60°,罩口断面处风速一般为封闭式0.2～2.5 m/s,敞开式2～4 m/s。

9.6.3.2 风管

铺设方式:力求短、直、光滑,必要时应设有排灰设施。尽量垂直或倾斜布置,管道的倾斜角应大于粉尘休止角5°以上。支管与主管的夹角应小于30°,最好从主管上方或侧面接入。为防止管道堵塞,当粉尘较细时,管径不应小于80 mm,粉尘较粗时不小于100 mm,最小曲率半径与管径之比为1～2。在适当部位应设置清扫、检修及测试孔。当气温不能高于气体露点10℃以上时,必须对管道进行保温。

管内风速:管内风速根据粉尘的性质与空间位置而定,一般可采用表9.13所列的数值。为防止管路中能引起涡流的局部管件(如弯管、三通)处沉积粉尘,设计时,建议沿气流流向使风速依次递增。

表 9.13　收尘风管内的风速

单位:m/s

粉尘种类	倾斜管道	垂直管道	水平管道
水泥粉尘		8～12	18～22
黏土粉尘	12～16	13～15	16～18
煤　粉		11	15

风管直径:收尘风管直径的计算可按式(9.30)计算。

$$D = \sqrt{\frac{4Q}{3\,600\pi v}} = \sqrt{\frac{Q}{2\,826v}} \tag{9.30}$$

式中,D 为风管直径(m);Q 为通过收尘管道的气体量(m^3/h);v 为管内风速(m/s),可参照表 9.13 选取。

需要指出的是式(9.30)计算、圆整后选出风管管径是管外径,在 9.6.4 节中计算流体阻力时,所用风速是管道内的实际风速,此时用式(9.30)反过来计算风速,风管直径要用内径带入计算,风管管径与壁厚的关系见表 9.14。

表 9.14 风管管径与壁厚

一般除尘风管		含尘浓度高的风管	
管径/mm	壁厚/mm	管径/mm	壁厚/mm
Φ100~Φ400	1.5~2.5	Φ100~Φ300	2.0~2.5
Φ400~Φ650	2.5~3.0	Φ300~Φ700	2.5~4.0
Φ650~Φ900	3.0~3.5	Φ700~Φ1 000	4.0~5.0

9.6.4 收尘系统的流体阻力计算及风机选型

9.6.4.1 收尘系统的流体阻力计算

收尘系统的流体阻力包括收尘管网流体阻力和收尘器流体阻力两部分。其中收尘流体阻力按选定的收尘器进行计算,管网流体阻力按下例方法计算。

收尘系统管网的总流体阻力为不同直径各直管段的流体阻力之和加上各局部阻力点局部流体阻力之和,再乘以阻力附加系数,即

$$\Delta p = K\left(\sum \Delta p_f + \sum \Delta p_j\right) \tag{9.31}$$

式中,K 为流体阻力附加系数;$\sum \Delta p_f$ 为不同直径各直管段流体阻力之和(Pa);$\sum \Delta p_j$ 各局部阻力点(管道中阀门、变径、弯道、改向等部位)局部阻力之和(Pa)。

管网的直管摩擦阻力:一般情况下由于收尘器管道内气体的含尘浓度很小,可近似地用净空气管道摩擦阻力计算,如式(9.32)。

$$\Delta p_f = \lambda \frac{L}{D} \cdot \frac{v^2}{2}\rho \tag{9.32}$$

式中,Δp_f 为净空气管道摩擦阻力(Pa);λ 为圆形管的摩擦阻力系数;L 为等径风管总长度(m);D 为风管直径(内径)(m);v 为气体流速(m/s);ρ 为气体密度(kg/m^3)。当风管为矩形时,D 按当量直径计算[式(9.33)]。

$$D = \frac{2ab}{a+b} \tag{9.33}$$

式中,a 和 b 为矩形风管截面的边长(m)。

管网的局部流体阻力按式(9.34)计算。

$$\sum \Delta p_j = \sum \zeta \frac{v^2}{2} \cdot \rho \tag{9.34}$$

式中，Δp_j 为管网中阀门、各变径点、改向点的局部阻力(Pa)；ζ 为局部阻力点局部阻力系数(表 9.15)。

表 9.15 各个变径角度对应的局部阻力系数

α	90°	120°	135°	150°
ζ	1.1	0.55	0.35	0.2

在设计收尘系统时，当有几个尘源点通过一个收尘系统时，必然要有三通点，这时必须要考虑三通管处两个支管的阻力平衡问题，两个支管的阻力差不应大于 10%。如不平衡，对阻力较大的支管，应通过加大管径来减小阻力，使二管路阻力平衡。

9.6.4.2 收尘系统的风机选型

收尘系统的排风机，其风量以收尘系统风量的(一般由工艺计算求得)10%～15%的储备能力选择。其风压以计算出来的网流体阻力和收尘器流体阻力之和的 10%～15%的储备能力选择。根据风量、风压值来进行选型。

例题 9.2 某一采用 O—Sepa 选粉机的水泥闭路粉磨系统，磨机规格 $\phi 4.2 \times 13$ m，研磨体装载量为 $G=240$ t，衬板厚度为 0.05 m，有效长度为 12.5 m，生产能力为 $Q=180$ t/h，入磨熟料温度 $\leqslant 100$℃，磨尾出口 80℃，选粉机选粉浓度 $G_f = 0.8$ kg/m³；磨头进料提升机和磨尾出料提升机的除尘管道接入磨尾收尘设备，其排出气体含尘浓度为 25 g/m³，磨尾和磨头提升机的排风量分别为 2 000 m³/h 和 1 500 m³/h，磨尾和磨头提升机排出气体的温度分别为 80℃和 50℃。试进行磨尾收尘器选型计算。

解：

(1) 总通风量

磨机通风量

$$V = 400Q = 400 \times 180 = 72\ 000 \text{ m}^3/\text{h}$$

考虑到磨机尾部漏风为 20%，因此磨尾排出风量

$$V_1 = 1.2V = 1.2 \times 72\ 000 \times \frac{273}{273 + 80} = 66\ 819 \text{ m}^3/\text{h}$$

磨尾提升机的排风量

$$V_2 = V' \times \frac{273}{273 + 80} = 2\ 000 \times \frac{273}{273 + 80} = 1\ 547 \text{ m}^3/\text{h}$$

磨头提升机的排风量

$$V_3 = 1\ 500 \times \frac{273}{273 + 50} = 1\ 268 \text{ m}^3/\text{h}$$

（2）收尘器的选型

设 O—Sepa 选粉机中进入的一次风、二次风、三次风的风量比设定为 4∶4∶2，其中磨机尾部进入选粉机的风为一次风，因此选粉机的风量为

$$V_{选粉机} = \frac{66\ 819}{0.4} = 167\ 047.5\ \text{m}^3/\text{h}$$

设备进风口到收尘进风管的漏风系数为 1.1，因此进入收尘器的总风量为

$$V_{袋收尘} = 1.1(V_{选粉机} + V_2 + V_3) = 1.1(167\ 047.5 + 1\ 547 + 1\ 268) = 186\ 849\ \text{m}^3/\text{h}$$

由于管道散热使气体进入袋式除尘器得温度降至 70℃，进入袋式除尘器风量为

$$V_{袋} = 186\ 849 \times \frac{273 + 70}{273} = 234\ 759\ \text{m}^3/\text{h}$$

气体最大的含尘浓度为选粉机进入袋式除尘器的含尘浓度。

$$C_{选粉} = \frac{273 + 80}{273 + 70} \times 0.8 = 0.823\ \text{kg/m}^3$$

磨尾和磨头提升机引入的风量相对于选粉机的风量小得多，故以选粉机进入袋式除尘器的含尘浓度进行选型计算。

收尘器进口气体最大的含尘浓度 0.823 kg 和处理风量 234 759 m³/h，依据简单流程及出口气体排放浓度符合国家废气排放标准的原则，经对比不同收尘设备的性能和参数，选用 PPW128-2×14 型气箱式脉冲袋式收尘器，其参数为处理风量 314 000 m³/h，总过滤面积 3 584 m²，净过滤面积 3 456 m²，入口含尘浓度≤100 g/m³，出口含尘浓度＜30 mg/m³，收尘器阻力为 1 500～1 700 Pa。

袋式收尘器核算

实际滤速

$$v = \frac{Q}{60A} = \frac{234\ 759}{60 \times 3\ 584} = 1.09\ \text{m/min} = 0.018\ \text{m/s}$$

袋收尘器的过滤阻力按 9.4.4 节中的方法进行。

9.7 工程案例

案例：大布袋收尘器在水泥企业中的应用

湖南洞口县某水泥厂，该厂为 4 000 t/d 的新型干法水泥生产线，采用国内先进的生产工艺，全厂物料输送量每天达近万吨，因此粉尘治理压力也很大（表 9.16），全厂均配备了先进的布袋除尘器，全部由江苏某环境工程有限公司承建，其中窑头处理风量在 460 000 m³/h，过滤面积为 9 960 m²，除尘布袋采用 P84 玻纤复合毡材质，由于设计过滤风速为 0.9 m/min，投运后，经过检测，出口浓度远低于设计要求的小于 30 mg/m³ 的标准（表 9.17）。

表 9.16　窑头废气监测结果(除尘器进口)

监测点位	监测日期	监测频次	标况废气流量/(m³/h)	颗　粒　物	
				产生浓度/(mg/m³)	产生速率/(kg/h)
◎9#窑头除尘器入口	12月3日	第1次	350 804	27 513.0	9 651.7
		第2次	349 807	25 519.4	8 926.9
		第3次	344 663	26 376.2	9 090.9
		第4次	350 552	26 603.0	9 325.7
	12月4日	第1次	346 454	26 985.9	9 349.4
		第2次	351 574	26 273.7	9 237.1
		第3次	345 805	25 445.9	8 799.3
		第4次	354 364	26 773.7	9 487.6
	12月5日	第1次	349 312	26 444.2	9 237.3
		第2次	356 081	25 365.2	9 032.1
		第3次	351 052	25 845.2	9 073.0
		第4次	354 305	25 693.5	9 103.3
最大值			356 081	27 513.0	9 651.7
标准限值			/	/	/
是否达标			/	/	/

表 9.17　窑头废气监测结果(除尘器出口)

监测点位	监测日期	监测频次	标况废气流量/(m³/h)	颗　粒　物	
				排放浓度/(mg/m³)	排放速率/(kg/h)
◎10#窑头除尘器入出口	12月3日	第1次	204 513	16.8	3.44
		第2次	209 095	15.6	3.26
		第3次	201 560	16.8	3.39
		第4次	205 117	14.3	2.93
	12月4日	第1次	210 915	14.6	3.08
		第2次	202 758	16.8	3.41
		第3次	206 513	14.8	3.06
		第4次	203 096	15.9	3.23
	12月5日	第1次	204 511	14.3	2.92
		第2次	208 809	17.3	3.62
		第3次	202 998	14.7	2.98
		第4次	204 927	17.1	3.51
最大值			210 915	17.3	3.62
标准限值			/	30	/
是否达标			/	达标	/

思考题

1. 试述收尘的意义。

2. 什么是收尘器的收尘效率？怎样测定？

3. 收尘设备分哪几类？常用的收尘器有哪些？

4. 试述沉降室的工作原理及其优缺点。

5. 简述旋风收尘器的工作原理,有哪些因素影响旋风收尘器的工作性能？

6. 常用的旋风收尘器有哪几种？各有何特点？

7. 滤袋的性能对袋式收尘器收尘效率有哪些影响？

8. 常用的袋式收尘器有哪几种？各有何特点？

9. 试述电收尘器的结构及工作原理。

10. 影响电收尘器工作性能的主要因素有哪些？

11. 某厂水泥磨出磨气体含尘浓度为 $60 \ g/Nm^3$,已知采用二级收尘设备,第 1 级为旋风收尘,收尘效率为 85%,第 2 级为袋式收尘,收尘效率为 99%,问排出的气体含尘浓度是否符合我国水泥企业排放标准。

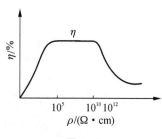

图 9.30

12. 图 9.30 为电收尘器收尘效率 η 与尘粒比电阻 ρ 的 White 关系曲线。将曲线分成不同的区域,解释 ρ 对 η 的影响机理。

13. 某一降尘室回收气体中的固体颗粒(假设其颗粒为球形),气体的黏度为 $1.81 \times 10^{-5} \ Pa \cdot s$,密度为 $1.2 \ kg/m^3$,固体颗粒的密度为 $3\ 200 \ kg/m^3$,要求净化后的气体中不含有直径大于 $50 \ \mu m$ 的固体颗粒,处理气体量 $5\ 000 \ m^3/h$,试求所需沉降面积为多大。

10　固液分离与干燥

本章提要

固液分离就是用机械的方法、物理地将液体悬浮液中的液相和固相分开的过程。虽然在不同领域中固液分离的对象和工艺过程各不相同,但其目的主要有四种:一是回收有用固体,二是回收有价值的液体,三是同时回收固体和液体,四是固体和液体均不回收(如防止水污染的固液分离)。干燥就是采用热物理方法去除水(或溶剂)的过程。原则上含水(或溶剂)物料的干燥也应属于固液分离,但本质上是一个传热、传质的热工过程,即采用加热、降湿、减压或其他能量传递的方式使物料中的水(或溶剂)产生挥发、冷凝、升华等过程,以达到去除水分(或溶剂)的目的。

10.1　固液分离

10.1.1　基础知识

10.1.1.1　方法与分类

固液系统是由固体和液体两个相构成,液体是连续相,可以是水或水溶液,也可以是有机溶液;颗粒或颗粒的集合体是分散相。固液分离采取何种方法、设备与工艺,既取决于固体颗粒的大小,也取决于固相的浓度,同时还取决于溶液的性质,特别是溶液的黏度等。固液分离基本上可分为沉降与过滤两种方法。沉降主要靠固体颗粒运动,固体浓度越稀,越有利于此分离过程的进行。而过滤则相反,在过滤中运动的是液相,所以固体浓度高、液相量少时有利于分离。

沉降分离又分为重力沉降与离心沉降,前者称为弱沉降分离,后者称为强沉降分离。由于弱沉降分离借助的是自然力,能源消耗少,属环境友好型工艺,是固液分离的首选手段。强沉降分离还包括真空过滤、压滤、离心过滤等,因需借助外力,能源消耗较大。目前,为降低能源消耗常用的辅助措施有:① 采用两种或两种以上分离手段的联合流程实现优化配置,例如沉降与过滤的组合,旋流器与过滤及沉降分离的组合等;② 添加凝聚与絮凝助剂提高沉降速度,利用预涂层、助滤剂等改善过滤性能,提高过滤速度;③ 利用电场、磁场等辅助手段促进过滤分离。

过滤是直接通过"过滤介质"(如筛、纸、编织滤布、膜等)进行固液两相分离,液相或流动的滤液通过过滤介质,而固体颗粒被截留。过滤分为重力过滤(砂滤、格筛)、真空过滤、加压过滤和离心过滤等。也可以认为有第三种分离方法即固液两相均处于运动状态,如水力旋流器分级、流态化洗涤等,严格来说,这些只能达到分级的目的,而未达到分离的要求。

10.1.1.2 悬浮颗粒特性

在固液两相系统中,由于两相间的共存方式及相互作用,整个体系呈现出一系列不同于各相单独存在时的特殊性质,颗粒间的相互作用及颗粒的沉降性质会有较大变化。有关颗粒的沉降性质详见第 3 章 3.2 和 3.3 节。

胶体或悬浮液中固体颗粒之间的相互作用主要有范德瓦尔斯力作用、双电层静电作用、溶剂化力作用、疏水力作用、位阻效应和高分子桥联作用等。

1. 范德瓦尔斯力

范德瓦尔斯力见第 1 章 1.4.1 小节。对分散在介质中的颗粒,范德瓦尔斯力公式中的哈梅克常数 A 必须用有效哈梅克常数代替,对于同一物质的两个颗粒可用式(10.1)计算,对于不同物质的两个颗粒可用式(10.2)计算。

$$A_{131} = (\sqrt{A_{11}} - \sqrt{A_{33}})^2 \tag{10.1}$$

$$A_{132} = (\sqrt{A_{11}} - \sqrt{A_{33}})(\sqrt{A_{22}} - \sqrt{A_{33}}) \tag{10.2}$$

由式(10.1)可知,对同一物质颗粒间的范德瓦尔斯作用永远是相互吸引的,介质的存在会使吸引作用减弱,介质的性质与颗粒的性质越接近,质点间的相互作用越弱。式(10.2)表明,当 A_{33} 介于 A_{11} 和 A_{22} 之间时,A_{132} 为负值,这意味着在介质 3 中,物质 1 颗粒与物质 2 颗粒间的范德瓦尔斯力将不再是相互吸引而是相互排斥。当介质对某一物质颗粒具有强润湿作用,或者某一物质的颗粒比介质的极性更强时,往往出现这种现象。

2. 双电层静电作用

在溶液中,固体颗粒表面因表面基团的解离或自溶液中选择性地吸附某种离子而带电,由于电中性的要求,荷电的颗粒表面吸引分散介质中的反离子,在颗粒表面形成离子的双电层。一部分反离子由于电性吸引或非电性的特性吸引作用(如范德瓦尔斯力)而和表面紧密结合,构成吸附层,其余的离子则扩散地分布在溶液中,构成双电层的扩散层。在颗粒周围形成离子的双电层,形成浓度和电势梯度。通常认为颗粒所表现出的电位是在两层之间的边界上,称作 Zeta 电位,双电层模型见图 10.1。

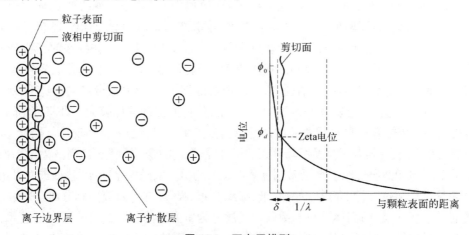

图 10.1　双电层模型

附着的负离子构成的第一层称离子边界层,它与颗粒表面连接紧密,随颗粒一起运动,其界面称为剪切面。扩散层中靠近剪切面的负粒子浓度高,正粒子浓度低。双电层内形成的电位 ϕ 距离颗粒表面越远,其值越小,至双电层的外缘而趋于零。双电层外缘处正、负离子电荷平衡。电位 ϕ 与颗粒距离 x 的关系呈指数衰减关系式如式 (10.3)。

$$\phi = \phi_0 \exp(-kx) \tag{10.3}$$

式中,ϕ_0 为颗粒表面的电位;k 为常数,与溶液中离子强度、电荷等成正比,与温度成反比。以上状态系以颗粒表面带正电荷形成的构象,若颗粒表面带负电荷则情况相反;颗粒外围双电层的厚度主要取决于液体介质。

带电的颗粒和双电层中的反离子作为一个整体是电中性的,因此,只要彼此的双电层未发生交联,两个带电质点之间并不存在静电斥力。只有当质点接近到一定位置,它们的双电层发生重叠,改变了双电层的电势与电荷分布,才产生排斥作用。

3. 溶剂化作用

溶剂化作用是由于颗粒表面的溶剂化膜的存在。当两颗粒相互接近时,除了分子吸引和静电作用外,当间距减小到颗粒溶剂化膜开始接触时,便产生附加作用力,这种附加作用力被称为溶剂化力。溶剂化力的表现形式有两种,一种形式是振荡力,随着距离的增大而逐渐衰减,其振荡周期与液体分子的直径有关;另一种形式则是随着表面组分的溶剂化和溶剂分子在表面的定向排列而增加。

4. 疏水化作用

疏水化作用是在水中的疏水颗粒间的相互吸引作用,它与水化膜作用有密切关系,甚至可以认为它是由水化膜衍生出来的颗粒间的特殊作用。颗粒间疏水作用发生在 $10\sim25$ nm 内,其作用能很大,通常比颗粒间静电作用及分子作用能大 $10\sim100$ 倍。一般认为疏水作用能由两部分组成,疏水颗粒表面由于界面水分子的相互缔合,致使体系自由能升高,为了阻止体系的内能升高,颗粒周围的水分子将对颗粒产生强烈的"排斥"作用,迫使颗粒相互靠拢形成疏水聚团,或者逃出液相而在气-液界面聚集,以尽量减小固-液界面,使体系自由能降低。自由能降低是疏水作用的第一个组成部分;当有表面活性剂存在的情况,吸附层的颗粒接近到一定距离时,表面吸附层中的烃链发生穿插缔合作用,引起附加能量的变化,这是疏水作用能的第二个组成部分。

5. 位阻效应

位阻效应是在有非离子表面活性剂尤其是高分子聚合物存在的体系中,使胶体或悬浮液稳定的一个重要作用。当吸附有高分子的颗粒相互靠近,高分子吸附层开始接触、重叠时,会发生吸附物之间相互穿插[图 10.2(a)]和吸附层之间相互压缩[图 10.2(b)]两种情况。穿插作用多发生在吸附层结构比较疏松的场合(即吸附量较小,吸附密度较低,吸附物的分子量大);压缩作用多发生在吸附层结构较为致密,即吸附密度高、吸附量大的场合。当介质是高分子的良好溶剂时,不利于穿插过程进行,穿插作用表现为斥力;当为不良溶剂时,则有利于穿插过程,穿插作用表现为引力;压缩过程则总表现为斥力。上述两种作用是理想的极端情况,实际上吸附层的作用往往是穿插作用及压缩作用兼而有之。

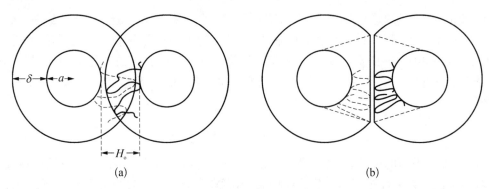

图 10.2　位阻效应的两种模式

6. 高分子桥联作用

高分子聚合物借助于长碳链活性基团的作用,可以吸附在液相中的固体颗粒上,又由于其较长的线状结构且每个高分子聚合物一般都有众多的可吸附于原粒表面的基团,所以同一个分子的聚合物可以同时吸附在多个颗粒上,同一高分子将颗粒联结在一起的作用称为"架桥"或"桥联"作用。

10.1.1.3　凝聚和絮凝

凝聚与絮凝是目前常采用的固液分离方法,凝聚与絮凝都被用作使细小颗粒团聚成较大的颗粒群,便于固体颗粒在沉降分离或过滤作业中被有效地分离。通过改变电解质溶液中离子的性质和浓度而使电解液中悬浮颗粒的 Zeta 电位减小,由此引起的现象称为凝聚。而絮凝则采用长链聚合物或聚合电解质通过在颗粒之间形成架桥使颗粒聚集。在实际过程中加入某一试剂时这两种现象的影响往往会同时存在,但起主导作用的通常是其中的一种。

1. 凝聚

凝聚是在分子力或原子力作用下引起的颗粒间的黏附过程,凝聚是否发生取决于范德瓦尔斯引力和双电层排斥力之间的平衡。悬浮在液体中的小颗粒受到液体分子的无序碰撞而做布朗运动,布朗运动使一些颗粒靠得足够近,从而在相互吸引的表面力作用下黏合到一起形成小的颗粒团。如果颗粒表面带有正电荷或负电荷(晶体的解离或结构上的缺陷等原因引起),这些颗粒在布朗运动中,一旦彼此接近即互相排斥,靠得越近排斥力越大。这种排斥力可能足以阻止由布朗运动引起的颗粒自发成团。图 10.3 表示了在颗粒表面出现的势能与颗粒间距离的关系。在图 10.3(a)中,曲线 a 表明随着颗粒间距离减小,颗粒间相互吸引的范德瓦尔斯力(负)在数值上是增大的;曲线 b 则反映颗粒间相互排斥的电荷力也随颗粒间距离的减小而增大;而曲线 c 是两种力综合作用的结果,说明在颗粒间距离处于某一定值时存在一最大能量势垒导致固液体系保持稳定状态。加入凝聚剂的目的在于改变颗粒表面电荷,使凝聚过程发生。其效果在图 10.3(b)中得以体现,从图中看出,加入凝聚剂后,曲线 b 的位置下移,致使曲线 c 的势能值为负,这时如果颗粒靠得足够近就会发生凝聚现象。两个或两个以上的细微颗粒即有可能吸附在一起而组成较大的团粒,此过程即为凝聚。总体来说,凝聚是借助外加的离子使细颗粒呈电中性,以消除颗粒间的排斥力而使之能相互接近。

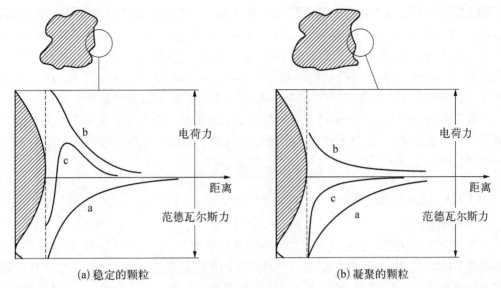

(a) 稳定的颗粒　　　　　　　　　(b) 凝聚的颗粒

图 10.3　势能曲线

2. 絮凝

絮凝是在悬浮液中加入絮凝剂,在胶体颗粒间起到桥联作用,从而使固体颗粒团聚成较大颗粒的过程。絮凝的机理涉及分子架桥或颗粒间连带的架桥。聚合链从溶液中被吸附到一个颗粒上,而当另一个颗粒与之靠得足够近时,就会被伸展的聚合链吸附。这个初步的絮状物通过与其他颗粒桥联而长大,直到形成最佳絮状物尺寸。絮凝机理认为,首先絮凝剂分散到液相中,接着絮凝剂再扩散到固液界面处,然后絮凝剂吸附到固体颗粒表面,最后表面吸附有絮凝剂的颗粒与其他颗粒发生碰撞,自由聚合链吸附到第二个颗粒上形成桥联并最终形成多颗粒絮凝物。

实际上在一个很大的颗粒尺寸和固相浓度范围内,聚合物都是按正比于固体颗粒表面积的最佳剂量被吸附。有学者提出当颗粒面积的一半被聚合电解质覆盖时,发生的絮凝过程效果最佳。絮凝的影响因素包括溶液的 pH 变化、絮凝剂浓度的大小以及其他盐浓度的影响、高分子化合物类型。

溶液的 pH 对絮凝的影响比较复杂。对有些体系而言,当 pH 偏离等电点时聚合物的最佳用量会减少,等电点表示净电荷为零时对应的 pH。但通常高表面电荷的存在会抑制携带同种电荷的聚合电解质的吸附,而强化带有异向电荷的聚合物的吸附。如果表面电荷非常高,就会抑制生成絮凝物所需要的碰撞,但随着颗粒表面吸附聚合物的增加这种影响会减弱,絮凝过程对颗粒间非常靠近的要求得以降低。像阳离子型和阴离子型絮凝剂这样的可离子化聚合物,如果处于存在电荷的区域,会呈现出一种持久刚性的聚合物长链。没有电荷影响时聚合物分子将趋于一种随机卷曲的链形式。

在聚合电解质浓度高时絮凝程度降低,直到颗粒表面完全被所吸附的聚合物层覆盖。过量使用聚合电解质会使悬浮液处于一种非常稳定的状态以至于极其难以分离,因此要控制聚合电解质的用量。搅拌悬浮液则影响聚合物分散程度并增加颗粒间的碰撞速度。搅拌不充分将会导致吸附于一些固体颗粒上的絮凝剂过多,但过度搅拌将会使絮凝物有破碎的趋势,并且由于胶体物质的存在而引起悬浮液混浊,而通过再絮凝操作很难排除这一现象。

固体颗粒表面和聚合物链上的电荷强度会受到悬浮液中存在的其他离子浓度的影响。有些离子,尤其是多价阳离子,通常会降低固液界面的势能,由此带来的结果是颗粒间相互排斥作用降低,因此改善了絮凝反应的效率。盐对于絮凝、凝聚的影响也是由于其对当前电荷的作用,并因此影响聚合物链结构和聚合物链与其溶剂之间的相互作用。因此为了得到所要求的絮凝物尺寸和强度,在有些应用中有必要采用凝聚–絮凝两级处理系统。

有效絮凝过程中存在一个最佳聚合物分子量或链长度。如果分子量太低则聚合物链长度就不足以形成桥联;如果分子量太高则聚合物就难于溶解和分散。通常分子量增加可以提高絮凝效率和絮凝物强度。

10.1.1.4 固液分离效率

1. 总分离效率

对单个设备或系统而言,进入分离单元的体积流量为 $V_i(\mathrm{m^3/s})$;质量流量为 $M_i(\mathrm{kg/s})$;固液分离后的溢流(液相体积)和沉渣(固相体积)的体积流量分别为 V_c、V_u;溢流和沉渣质量流量分别为 M_c、M_u;进料、溢流和底渣中的质量浓度分别为 C_i、C_c 和 C_u,即固体的质量含量百分数(%)。

总分离效率 E 定义为底流固体质量占进料固体质量的比例,即

$$E = \frac{M_u}{M_i} \times 100\% \tag{10.4}$$

由固体质量平衡得

$$E = \left(1 - \frac{M_c}{M_i}\right) \times 100\% \tag{10.5}$$

由液体质量平衡得

$$\frac{M_u}{\rho} \cdot \frac{1 - C_u}{C_u} + \frac{M_c}{\rho} \cdot \frac{1 - C_c}{C_c} = \frac{M_i}{\rho} \cdot \frac{1 - C_i}{C_i} \tag{10.6}$$

式中,ρ 为固体的密度。

由上式可以得到

$$\frac{M_c}{M_i} = \frac{C_c(C_i - C_u)}{C_i(C_c - C_u)} \tag{10.7}$$

于是

$$E = \left(1 - \frac{M_c}{M_i}\right) \times 100\% = \left[1 - \frac{C_c(C_i - C_u)}{C_i(C_c - C_u)}\right] \times 100\% = \frac{C_u(C_i - C_c)}{C_i(C_u - C_c)} \times 100\% \tag{10.8}$$

式(10.8)表明,可以由测量入料悬浮液、固液分离后所得沉渣和溢流的质量浓度,计算出总分离效率。

2. 粒级分离效率

几乎所有的固液分离设备的性能都和它处理的物料粒度密切相关,而且每个粒级在同一设备中的分离效率不同,所以用粒级分离效率来描述某些固液分离设备的分离性能更为贴切。

分级分离效率 E_x 定义为

$$E_x = \frac{M_{ux}}{M_{ix}} \times 100\% = \frac{M_u R_{ux}}{M_i R_{ix}} \times 100\% = E \frac{R_{ux}}{R_{ix}} \tag{10.9}$$

式中，M_{ix}、M_{ux} 分别为分离器进料中含有某一粒级的固体质量、从液体中分离出来的某一粒级的固体质量；R_{ix}、R_{ux} 分别为分离器进料中含有某一粒级的百分含量、从液体中分离出来的固体中某一粒级的固体百分含量。

总分离效率为

$$E = (1/100)(R_1 E_1 + R_2 E_2 + \cdots + R_n E_n)\% \tag{10.10}$$

式中，E_1，E_2，$\cdots$，E_n 为各粒级的分离效率；R_1，R_2，$\cdots$，R_n 为各粒级物料占总固体的质量百分数。

3. 分离效率的修正

在分离器中，实际上有一部分固-液相未得到分离，它们只是被分离到底流及溢流两股流体中去了，在底流量比例大，但浓度小（含液相多）的情况下，若按式(10.8)或式(10.9)计算可能有较高的 E 或 E_x 值，对此许多学者提出不同的修正的意见，其中应用最广泛是 Kelsall 及 Mayer 提出的修正式(10.11)。

$$E' = \frac{E - \beta}{1 - \beta} \tag{10.11}$$

式中，E' 为修正后的总分离效率；$\beta = V_u/V_i$，为底流量与进料量之比，表示分离设备只起分流作用的情况。由式(10.11)可知，当 $E = \beta$ 时，则修正后的净分离效率为零，表示设备仅起分流而未起分离作用；当 $E = 1$ 时，净分离效率为 1。

粒级分离效率亦存在与总分离效率相同的问题。因此，它也可以用同样的方法予以修正。应当指出，修正后的总分离效率与粒级分离效率之间的基本关系式仍然适用。

4. 多级串联分离效率

多级串联固液分离系统可以达到较高的分离效率。串联时前面几级可以采用效率较低的惯性力或重力分离设备（如重力沉降设备）。如采用水力旋流器时可以多级串联，使最后一级进料的负荷减轻，则可以采用效率较高的设备如过滤装置或离心沉降设备等，以最终取得较高的分离效率。以图 10.4 的流程进行分析，可计算总分离效率 E 与串联级数间的关系。

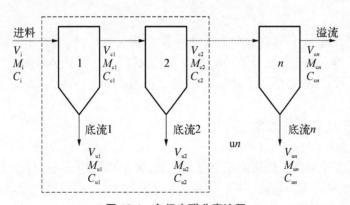

图 10.4 多级串联分离流程

2 级串联时，

$$E = E_1 + E_2 - E_1 E_2 = 1 - (1 - E_1)(1 - E_2) \tag{10.12}$$

3 级串联时，

$$E = 1 - (1 - E_1)(1 - E_2)(1 - E_3) \tag{10.13}$$

运用归纳法，n 级串联时，

$$E = 1 - (1 - E_1)(1 - E_2) \cdots (1 - E_n) \tag{10.14}$$

10.1.1.5 设备的选择原则

1. 工艺流程

全面分析和了解固液分离工艺流程以及分离操作环节的上游和下游流程，包括从上游的化学反应器或分离物的其他来源处开始，一直到合乎要求的最终产品为止。知道进入分离设备料浆的物性如浓度、粒度等是稳定的还是随时可变的，进行分离前是否需要预处理或预浓缩，分离后的固体渣是否需要干燥脱水，渣中的母液是否要回收等。上述因素对离心机和过滤机的选型都将产生影响。这是分离前、后工艺过程对分离机械选型的影响，简称为工艺过程的影响。

2. 物料特性

颗粒群的颗粒尺寸及分布，以及在分离过程中所形成的颗粒层（滤饼或沉淀层）的性质，对分离速率有直接的影响。颗粒层的一个特性尺寸是孔隙直径，孔隙直径是颗粒层中孔隙体积与形成此颗粒层的全部颗粒的表面积之比值。显然，颗粒尺寸愈小，表面积就愈大，孔隙直径则愈小。因而，分离时，液体通过的阻力则愈大，速率将降低。其次，极细的颗粒（通常指小于 $10~\mu m$ 的颗粒）所形成的颗粒层，通常具有可压缩性。对于可压缩性的物料颗粒层，增大过滤压力可能导致颗粒层被压缩而堵死孔隙，使分离过程无法进行，在这种情况下，用沉淀方法反而优于过滤方法。

3. 分离任务

分离设备必须满足分离任务和要求，分离任务包括单位时间内的处理量，需要回收的固相或液相的回收率，固相含湿量或液相含固量的要求。若母液具有挥发性，需要密闭型分离设备等。

4. 经济性

经济性包括设备的可获得性、附属装置的多少、设备的价格、质量和可靠性、维修管理和运转费用的高低等。由于分离设备种类繁多，能满足同一分离任务和要求的设备的型号和种类可能不止一种，在这种情况下，最后的选择主要取决于经济性。

10.1.2 重力沉降与浓缩机

浓缩机是基于重力沉降作用的固液分离设备，其基本原理是基于悬浮液中固相和液相之间的密度差，这种密度差是固相颗粒沉降的主要推动力，这一分离过程，称为重力浓密，也称为重力沉降。在浓密过程中不仅较粗粒级容易沉降，而且微细物料可通过凝聚或絮凝也能达到较好的沉降效果。因此,重力沉降通常是液固分离的第一道工序,得到了广泛应用。

10.1.2.1 工作原理

悬浮液在浓缩机中进行沉降浓缩时,浓缩机的作业空间由上到下一般可分为5个区,如图10.5所示。A区为澄清区,得到的澄清液作为溢流产物从溢流堰排出。B区为自由沉降区,需要浓缩的悬浮液(浆体)首先进入B区,固体颗粒依靠自重迅速沉降,进入压缩区(D区),在压缩区,悬浮液中的固体颗粒已形成较紧密的絮团,仍继续沉降,但其速度已较缓慢。E为浓缩

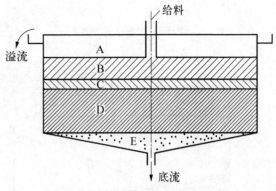

图 10.5　浓缩机的浓缩过程

物区,因在此区设有旋转刮板(有时该区的一部分呈浅锥形表面),浓缩物中的水又会在刮板的挤压作用下渗出,使悬浮液浓度进一步提高,最终由浓缩机底口排出,成为浓缩机的底流产品。在自由沉降区B与压缩区D之间,有一个过渡区C,在该区中,部分颗粒由于自重作用沉降,部分颗粒则受到密集颗粒的阻碍、难以继续沉降,故又称为干涉沉降区。在5个区中,B、C、D区反映了浓缩过程,A、E两区则是浓缩的结果。为使浓缩过程顺利进行,浓缩机池体需要有一定的深度。

10.1.2.2 浓缩机及其选型

重力浓缩机是在重力场中实现悬浮液浓缩的设备,习惯称为浓缩机、浓密机等。自从1905年道尔(Dorr)发明第一台耙式浓缩机以来,浓缩设备得到了不断的发展,其发展的主要方向是大型化和高效化。大型浓缩机直径已达100~200 m,大型浓缩机不仅可以大幅度提高处理能力,而且可以明显降低单位投资费用和操作成本,但存在机体笨重、占地面积大等不足;浓缩机高效化是发展趋势。

根据浓缩机的作业方式可分为间歇式和连续式。常用的浓缩机大体上可分为三类:耙式浓缩机、倾斜板(管)式浓缩机和高效浓缩机。

1. 耙式浓缩机

耙式浓缩机结构简单、容易管理、生产可靠,是目前最为普遍应用的设备,按沉降槽的结构分为单层沉降槽和多层沉降槽两类,按刮泥机构的传动形式可分为中心传动式和周边传动式两类。

图10.6为中心传动耙式浓缩机构造图。槽体上方有一桥架横跨整个槽体,桥架上设有传动装置,兼作人行道,故称为桥式中心传动耙式浓缩机。多层浓缩机是在一个池子中设有两个以上(常用的有3~5个)的耙动机构,把一个池子用几个隔板分成数个深度较小的间层。多层浓缩机的每一层都有单独的给料管及卸料管。多层浓缩机直径一般不大于5 m。多层沉降槽减少了占地面积,节省了建造沉降槽所需材料和费用;多层沉降槽每一层的底板同时也是下一层的顶盖,工作桥架、立轴及传动装置为多层共用;多层沉降槽的基础、桥架及槽体圆锥部分的高度与同直径单层沉降槽的相应结构参数基本没有区别,只是槽体部分总高度按层数比例增加,厂房建筑结构也无变化,厂房高度相应增加。

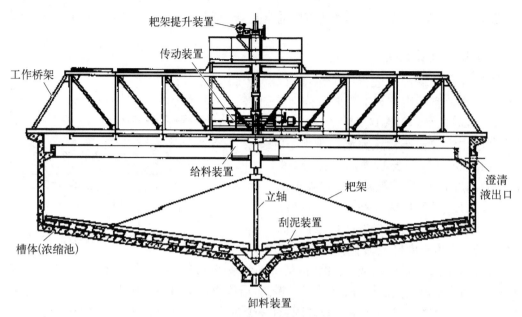

图 10.6　悬挂式中心传动沉降槽的结构示意图

周边传动耙式浓缩机的特点是借助于辊轮和轨道间的摩擦力使耙转动,因为当耙架所受阻力过大时,辊轮会自动打滑,耙子就停止前进,故不需特殊的安全装置。在直径大于 15 m 的周边传动浓缩机上,与轨道并列安装有固定齿条,传动装置的齿轮减速器上有一小齿轮与齿条啮合,带动小车运转,另用胶轮代替钢辊,也可以免除钢轮打滑。但不适用于冻冰的北方。

浓缩机槽体可采用钢板、水泥混凝土建造,直径小于 25 m 的浓缩机一般用钢板制成,大于 25 m 的浓缩机常采用水泥混凝土建筑。槽体底部呈圆锥形(<120°)或者是平底。

给料装置有上部给料和下部给料两种方式,目前国内除大型浓缩机(直径 100 m 以上)采用下部给料外,一般均采用上部给料。

耙架结构必须有足够的强度,以承受把沉淀的固体耙至卸料口所需的转矩,当发生淤耙,耙架受到的阻力过大时,可以通过耙架提升装置使耙架向上向后提起,起保护耙架的作用,并有利于耙散沉淀物。

卸料装置是利用泵排出沉积物料,浓缩机底部的排料口可根据浓缩机的规格大小采用不同类型泵与其配合使用。溢流排出系统常见的有薄壁堰式、宽顶型溢流堰、三角形溢流堰和淹没孔型溢流堰四种。

2. 倾斜板(管)式浓缩机

倾斜板(管)式浓缩机利用浅层沉降原理,将倾斜板或倾斜管放到普通沉降设备中,强化沉降分离作用以加速颗粒的沉降分离,提高设备的单元面积处理能力,缩短了沉降时间,缩小了沉降分离设备所需的面积。

倾斜板(管)式浓缩机按悬浮液流动方向,可分为平流式和辐流式;按倾斜板(管)的排列方式可分为单列式、双列式和三列式。图 10.7 为平流式倾斜板式浓缩机示意图。

倾斜板(管)装在澄清区下部,其倾角一般为 45°~60°,以利于浓密后的物料沿斜面下滑到底部。倾斜板(管)的间距一般为 15~50 mm,为防止紊流影响分离效果,间距不能小于10 mm。料浆沿倾斜板的空间向上方流动,使固体颗粒团沿倾斜板下滑,沉到浓缩机底部。

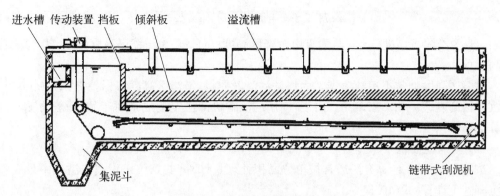

图 10.7　平流式倾斜板式浓缩机

从而强化了处理微小颗粒的能力,提高了溢流的澄清度。从水力学分析,采用斜管优于斜板,因为斜管的临界雷诺数比斜板的要大一倍。从材料力学分析,斜管也优于斜板,斜管的稳定性好,而斜板容易变形导致泥渣排除困难。斜管的受力条件也较好。

3. 高效浓缩机

高效浓缩机主要特点是:在待浓缩的料浆中添加一定量的絮凝剂或凝聚剂,使浆体中的固体颗粒形成絮团或凝聚体,加快其沉降速度,提高浓缩效率;给料筒向下延伸,将絮凝料浆送至沉积及澄清区界面下;设有自动控制系统控制絮凝剂或凝聚剂的用量、浓浆层高度和底流浓度等。高效浓缩机与传统浓缩机相比单位面积处理能力可提高十倍至几十倍,直径仅为传统浓缩机的 $1/3 \sim 1/2$,占地面积为传统浓缩机的 $1/9 \sim 1/4$,节省投资 30% 以上;日常运行费用较高。

高效浓缩机的种类有多种,其中较为典型的有 EIMCO 高效浓缩机和 Dorr-Oliver 高效浓缩机。

EIMCO 高效浓缩机的给料筒内设有搅拌器,搅拌器由专门的调速电动机带动旋转,搅拌叶分为二段,叶径逐渐减小,使搅拌强度逐渐降低。料浆先给入排气系统,排出空气后经给料管进入给料筒,絮凝剂则分段给入筒内和料浆混合。混合后的料浆由下部呈放射状给料筒直接进入浓缩-沉积层的上、中部,料浆絮团迅速沉降,液体则在浆体自重的液压力作用下,向上经浓缩-沉积层过滤出来,形成澄清的溢流由溢流槽排出。泥浆从底流排料管排出。由于该高效浓缩机中颗粒和液体的停留时间大为缩短,固体沉降和液体溢流的速度极快,因此,需采用自动控制系统以调节浓缩-沉降层的高度。

Dorr-Oliver 高效浓缩机。料浆进入高效浓缩机前,经消气装置除去所含的大部分气体,从给料管进入混合装置,料浆在混合装置中与适量絮凝剂充分混合,形成良好的絮凝状态,然后,从其底部向四周扩散进入浓缩池底部预先形成的高浓缩沉积层。此时,絮凝后的絮团向池底部沉淀,料浆水则透过沉淀层上升。在此,沉淀层起到了过滤作用,并能阻止细颗粒固相上升。尚未充分絮凝的料浆在到达沉淀层时,继续与絮团接触,絮团长大。最后,借助于中心驱动装置驱动耙架,将浓缩的物料推向中心推料口,通过底流泵排出,料浆水从溢流口流出。

4. 浓缩机选型计算

(1) 浓缩机深度

耙式浓缩机深度 H 等于

$$H = H_1 + H_2 + H_3 + H_4 \tag{10.15}$$

式中，H_1 为澄清区高度(m)；H_2 为自由沉降区高度(m)；H_3 为压缩区高度(m)；H_4 为浓缩物区高度(m)。

过渡区高度通常不单独考虑。为保证溢流液质量，澄清区高度应保持在 0.5～0.8 m，自由沉降区高度应为 0.3～0.6 m。由于，使用的浓缩机都已定型成系列产品，一般情况不需要计算浓缩机深度。

(2) 浓缩机面积

浓缩机面积 A 计算方法通常按单位面积处理量计算[式(10.16)]或按溢流中最大颗粒的沉降速度计算[式(10.17)]。

$$A = \frac{G_0}{q} \tag{10.16}$$

式中，G_0 为给入浓缩机的固体量(t/d)；q 为浓缩机单位面积处理量[t/(m² · d)]。

单位面积处理量一般根据工业性或半工业试验选定，若无试验数据，可参照类似的生产指标选取。表 10.1 列出某些被浓缩的产物单位面积处理量。

表 10.1　浓缩机单位面积处理量

被 处 理 物 料	$q/[t/(m^2 \cdot d)]$	被 处 理 物 料	$q/[t/(m^2 \cdot d)]$
机械分级机溢流	0.7～1.5	浮选铁精矿	0.5～0.7
氧化铅精矿和铅铜精矿	0.4～0.5	磁选铁精矿	3.0～3.5
硫化铅精矿和铅铜精矿	0.6～1.0	萤石浮选精矿	0.8～1.0
黄铁矿精矿	1.0～2.0	锰精矿	0.4～0.7
浑铝矿精矿	0.4～0.6	重晶石浮选精矿	1.2～2.0
锌精矿	0.5～1.0	浮选尾矿及中矿	1.0～2.0
锑精矿	0.5～0.6		

$$A = \frac{G_0(R_f - R_u)k_1}{86.4 u_0 k_2} \times 10^{-3} \tag{10.17}$$

式中，R_f、R_u 分别为浓缩前、后浆体的液固比；k_1 为料量波动系数，一般为 1.05～1.20；k_2 为有效面积系数，一般取 0.85～0.95，浓缩机直径大时取大值；u_0 为溢流中最大颗粒的自由沉降速度(m/s)，一般由试验确定，如无试验数据，可按式(10.18)计算。

$$u_0 = 0.545(\rho_s - 1\,000)d^2 \tag{10.18}$$

式中，d 为溢流中允许的最大颗粒直径(m)，通常为 5～10 μm，根据物料性质而定；ρ_s 为固体颗粒的密度(kg/m³)。

求出浓缩机作业总面积 A 后，再按式(10.19)计算浓缩机直径 D。

$$D = \frac{4}{\pi}\sqrt{A} \tag{10.19}$$

上升水流速度按式(10.20)计算，u 必须小于 u_0。

$$u = \frac{V_0}{A} \tag{10.20}$$

式中，V_0 为浓缩机的溢流量（m^3/s）。

高效浓缩机的浓缩效率不但与面积有关，还与加药量（絮凝剂）有很大关系，加药量适宜与否起着关键性的作用，药量少，达不到尾矿颗粒快速固结沉降的作用，造成溢流跑浑；药量多，不但不经济，而且沉泥层容易形成孤岛，致使浓缩机不能正常工作。加药量的多少根据试验数据确定。

10.1.3　水力旋流器

水力旋流器是一种用途十分广泛的离心沉降设备，主要用于物料的分级，脱泥和浓缩。结构简单、设备价格低、处理量大、占地面积小、投资少、设备本身无运动部件、维修容易。但给料要求有一定的水压、能耗较高。

10.1.3.1　工作原理与结构

1. 分离因数

质量为 m 的固体颗粒在离心力场中所受的离心力 F_r 与重力场所受力 F_g 之比称为分离因数 f_r，即

$$f_r = \frac{F_r}{F_g} = \frac{mr\omega^2}{mg} = \frac{r\omega^2}{g} = \frac{r}{g} \cdot \left(\frac{2\pi n}{60}\right)^2 = 1.12 \times 10^{-3} rn^2 \tag{10.21}$$

式中，r 为颗粒所处的回转半径（m）；ω 为旋转角速度（rad/s）；g 为重力加速度（m/s^2）；n 为转速（r/min）。

分离因数是离心机性能与分离能力的主要指标，f_r 值越大，被分离物料受到的离心力越大，分离效果越好。从式（10.21）可知，分离因素与回转半径成正比，与转速的平方成正比。因此，高效离心机均采用小直径、高转速的大分离因素。

2. 工作原理

物料以 $49 \sim 245$ kPa 的压力，$5 \sim 12$ m/s 的流速，高速从给料管沿切线方向进入圆柱形筒体，绕轴高速旋转，产生离心力；粗的与密度大的颗粒受到的离心力大，被抛向筒壁，按螺旋轨迹下旋到底部，作为沉砂从沉砂口排出；细且密度小的颗粒受到的离心力小，被带到中心，在锥形筒体中心形成内螺旋液流向上运动，作为溢流从溢流管排出。水力旋流器的分离粒度范围一般为 $0.33 \sim 0.01$ mm，进料须采用低浓度，一般以质量浓度不超过 30% 为宜。

3. 结构

水力旋流器上部是一个中空的圆柱体，下部是一个倒锥体，与上部相通，两者组成工作筒体。上部圆柱形筒体切向装有给料管，顶部装有溢流管和溢流导管。在圆锥形筒体底部有沉砂口。

10.1.3.2　选型计算

1. 溢流分离粒径 d_{95}

d_{95} 指溢流中 95% 物料通过的筛孔尺寸，通过表 10.2 可以换算成 d_{95} 表示的分离粒径。

表 10.2　溢流分离粒径 d_{95}

$d_{95}/\mu m$		1 170	830	590	420	300	210	150	100	74
溢流中 含量/%	$\leqslant 74\ \mu m$	17	23	31	41	53	65	78	88	95
	$\leqslant 44\ \mu m$	11	15	20	27	36	45	50	72	83

水力旋流器的进口压力通常为 $49\sim157$ kPa,通过溢流分离粒径 d_{95} 可以查算出对应的进口计算压力,见表10.3。

表 10.3　进口计算压力与溢流分离粒径的一般关系

$d_{95}/\mu m$	590	420	300	210	150	100	74	37	19	10
进口计算 压力/kPa	29.4	49	$39\sim78$	$49\sim98$	$59\sim118$	$78\sim137$	$98\sim147$	$118\sim167$	$147\sim196$	$196\sim245$

2. 分离粒径 d_{50}

在水力旋流器分离过程中,50%进入溢流、50%进入底流时的粒度叫分离粒径 d_{50},分离粒径 d_{50} 与修正分离粒径 d_{50c} 关系如式(10.22)。

$$d_{50c}=C_1 C_2 C_3 d_{50} \tag{10.22}$$

式中,C_1 为浓度修正系数,按式(10.23)计算;C_2 为压力修正系数,按式(10.24)计算;C_3 为密度修正系数,按式(10.25)计算。

$$C_1=\left(\frac{53-C_S}{53}\right)^{-1.43} \tag{10.23}$$

式中,C_S 为给料的固体体积浓度(%)。

$$C_2=3.27p^{-0.28} \tag{10.24}$$

式中,p 为水力旋流器的给料压力(kPa),一般小于 150 kPa,常取 $40\sim70$ kPa。

$$C_3=\left(\frac{1.65}{\rho_s-\rho_L}\right)^{0.5} \tag{10.25}$$

式中,ρ_s 为固体物料的密度;ρ_L 为液体的密度,一般液体为水,$\rho_L=1$。

式(10.22)中修正分离粒径 d_{50c} 可由式(10.26)求得。

$$d_{50c}=d_{95}/k \tag{10.26}$$

式中,k 为比例系数,见表10.4所示。

表 10.4　分离粒径的比例常数

$d_{95}/\mu m$	$\geqslant150$	$150\sim108$	$108\sim74$	$74\sim45$	$45\sim25$	$25\sim15$	15
k	2.2	2.0	1.8	1.6	1.4	1.2	1.0

3. 直径 D

根据分离粒径 d_{50} 按式(10.27)求水力旋流器的直径 D(cm),对计算后的直径要进行圆整。

$$d_{50} = 2.84 D^{0.66} \tag{10.27}$$

每种水力旋流器直径,溢流分离粒径都有一定的范围,溢流分离粒径的上限 $d_{max}(\mu m)$ 按式(10.28)计算;下限 $d_{min}(\mu m)$ 按式(10.29)计算。

$$d_{max} = 5D + 20 \tag{10.28}$$

$$d_{min} = D - 5 \tag{10.29}$$

根据水力旋流器的直径再分别求底流口(沉砂口)直径 D_B、给料口面积 A 和溢流管直径 D_e。

$$D_B = 2.54 \left[4.16 - \frac{16.43}{2.65 - \rho_s + \frac{100\rho_s}{M}} + 1.1\ln\left(1.102\,3 \times \frac{m}{\rho_s}\right) \right] \tag{10.30}$$

式中,M 为底流中固体的质量分数(%);m 为底流中固体质量流量(t/h)。

$$A = 0.055 D^2 \tag{10.31}$$

$$D_e = (0.35 \sim 0.4)D \tag{10.32}$$

4. 水力旋流器的处理能力 Q

$$Q = 0.154\,65\sqrt{p} \cdot D^2 \tag{10.33}$$

5. 水力旋流器台数 n

$$n = kQ_0/Q \tag{10.34}$$

式中,Q_0 为需要处理的料浆量;k 为保险系数,一般取 1.0~1.2。

10.1.4　过滤机

过滤是指在推动力的作用下,液固混合物通过多孔性介质(过滤介质)而使液、固两相分离的过程。其中液体透过介质,而固体颗粒则截留在介质上,从而达到液固分离的目的。

10.1.4.1　过滤方程

在过滤理论研究方面,从传统的滤饼过滤理论发展成为压密、压榨理论及动态薄层过滤等新理论。但 1856 年 Darcy 提出的著名的渗流经验公式迄今仍被视为过滤的基本方程。

$$Q = k\frac{A\Delta p}{\mu L} \tag{10.35}$$

式中,Q 为滤液流量(m³/s);A 为过滤面积(m²);L 为滤层厚度(m);Δp 为滤层上下界面的压力差(Pa);μ 为滤液的黏度(Pa·s);k 为滤层的渗透性系数(m²)。

由于滤层厚度 L 和滤层渗透性系数 k 实质上是以滤层阻力影响过滤过程,设滤层阻力 $R = L/k(m^{-1})$,而滤层阻力为过滤介质的阻力 R_m、滤饼阻力 R_c 之和。则式(10.35)可表示为式(10.36)。

$$Q = \frac{A\Delta p}{\mu R} = \frac{A\Delta p}{\mu(R_m + R_c)} \tag{10.36}$$

对于不可压缩滤饼,滤饼阻力通常与过滤介质表面沉积的固体物料量呈线性关系,设 w 为单位面积上所沉积的滤饼质量($\mathrm{kg \cdot m^{-2}}$);α_m 为滤饼比阻($\mathrm{m \cdot kg^{-1}}$),不可压缩滤饼的滤饼比阻为一常数。则有式(10.37)关系。

$$R_c = \alpha_m w \tag{10.37}$$

将式(10.37)代入式(10.36)得出

$$Q = \frac{A\Delta p}{\mu \alpha_m w + \mu R_m} \tag{10.38}$$

压力差 Δp:根据所使用的泵的特性和所使用的推动力确定,压力差可以是一个常数,或者随着时间而变化。如果随时间变化的话,则函数量 $\Delta p = f(t)$,一般是已知的。

过滤介质的表面积 A:过滤介质的表面积通常是一个常数。如果使用管状过滤介质或转鼓过滤机,随着滤饼的累积,其过滤介质的表面积是变化的。

液体黏度 μ:如果过滤过程中温度保持不变且流体是牛顿流体,则液体黏度是一个常数。

滤饼比阻 α_m:不可压缩滤饼的滤饼比阻 α_m 为一常数。大多数滤饼是可压缩的,滤饼比阻则随着滤饼两侧的压强差的变化而变化的。在这种情况下应以平均滤饼比阻 α_{av} 代替式(10.38)中的 α_m。在一定的压力范围内,α_{av} 可用经验公式(10.39)求得。

$$\alpha_{av} = (1-n)\alpha_0(\Delta p_c)^n \tag{10.39}$$

式中,α_0 为单位压力差下的滤饼比阻;Δp_c 为滤饼两侧压力差;n 为由实验获得的滤饼压缩性指数(对于不可压缩物质来说,其指数为零)。通常 $n < 1$,但对可压实性絮团,n 将大于 1。当 n 达到 3 时,可以证明,提高 Δp_c 或 Δp,对过滤速率已基本不起作用。当 $n < 1$ 时,可按 n 值将滤饼分为 $n < 0.3$,$n = 0.3 \sim 0.5$,$n > 0.5$ 三类,n 值越小,可压缩性越差。几种典型物料的 n 值见表 10.5。

表 10.5　几种典型物料的压缩指数

物料	硅藻土	碳酸钙	钛白(絮凝)	高岭土	滑石	黏土	硫化锌	硫化铁	氢氧化铝
n	0.098	0.19	0.27	0.33	0.51	0.47~0.6	0.69	0.8	0.9

单位面积上沉积滤饼的质量 w:单位面积上沉积滤饼的质量 w 是时间的函数。若悬浮液中所含固体的质量浓度为 $C(\mathrm{kg/m^3})$,则在时间 t 内,沉积滤饼质量 w 与滤液累积体积 V 之间有式(10.40)关系(这里忽略了被滤液残留在液体中的固体量)。

$$wA = CV \tag{10.40}$$

过滤介质阻力:在过滤操作中,滤饼阻力随过滤时间的延长而增大,而过滤介质阻力则常常被假定为常数。实际上,过滤过程中微细颗粒的堵塞会使过滤介质阻力升高。但对工业过滤机而言,介质阻力不变的假设还是合理的,因为一是不应选用易被堵塞的过滤介质;二是即使过滤伊始介质因部分堵塞而使阻力 R_m 有所上升,而一旦介质表面有滤饼形成,R_m

就很少有变化了,这已被实验所证实。

一台安装好的过滤机的总压力降不仅应包括过滤介质中的压力损失,还应包括有关管路,以及进口与小口的压力损失。因此,在实践中,应将这些附加的阻力包括在过滤介质阻力 R_m 值中。

对不可压缩滤饼,将式(10.40)代入式(10.38)得出

$$Q = \frac{A\Delta p}{\dfrac{CV}{A}\mu\alpha_m + \mu R_m} \tag{10.41}$$

滤液流量是滤液流速的函数,则有

$$Q = \frac{\mathrm{d}v}{\mathrm{d}t} = \frac{A^2\Delta p}{\mu\alpha_m CV + \mu R_m A} \tag{10.42}$$

对于可压缩滤饼而言,滤饼的阻力随着压力的增加而增加。处理可压缩滤饼的一种最好的方法是使用平均滤饼比阻 α_{av} 的概念。通常在一定的压力差范围内可以直接应用函数,对通过过滤介质的压力差 Δp_m 和滤饼的压力差 Δp_c 进行分别处理。

令

$$\Delta p = \Delta p_c + \Delta p_m \tag{10.43}$$

$$\Delta p_m = \frac{\mu RQ}{A} \tag{10.44}$$

$$\Delta p_c = \frac{\alpha_{av}\mu_c VQ}{A^2} \tag{10.45}$$

将式(10.39)代入式(10.45),可得到可压缩滤饼的过滤方程式(仅考虑滤饼阻力时)。

$$Q = \frac{\mathrm{d}v}{\mathrm{d}t} = \frac{A^2}{\mu c\alpha_0(1-n)\Delta p_c^{(n-1)}V} \tag{10.46}$$

对于恒压过滤、恒速过滤、变压变速过滤等不同过滤情况时,均可以根据式(10.42)不可压缩滤饼和式(10.46)可压缩滤饼的基本方程式导出,在此不做推导。

10.1.4.2 过滤方式与过滤介质

1. 过滤方式

固液过滤可分为澄清过滤和滤饼过滤两大类。以获得洁净滤液为目的的过滤操作称为澄清过滤,包括粒状层过滤、直接过滤、膜过滤、电磁过滤和助滤剂过滤五种。滤饼过滤是使用织物、多孔固体或孔膜等作为过滤介质,过滤时液体通过过滤介质,而大于过滤介质孔的颗粒先以桥联方式在介质表面形成初始层,其后沉积的固体颗粒逐渐在初始层上形成一定厚度的滤饼。滤饼过滤又分为真空过滤、加压过滤、离心过滤和压榨过滤等。

2. 过滤介质

在分离过程中能截留固相颗粒的多孔材料统称为过滤介质,过滤介质必须多孔,有一定的厚度和机械强度,过滤效率要高。对过滤影响最主要的因素是孔的结构,包括孔的形状、大小、垂直或弯曲度,孔的深度,即滤布的厚度,单位面积上孔的密度,分布的均匀程度等。

而过滤介质最主要的性能是截留的最小颗粒尺寸,不同类型过滤介质及其能截留的最小颗粒列于表 10.6 中。

表 10.6　不同类型过滤介质与能截留的最小颗粒

过滤介质类型	过滤介质材质	截留的最小颗粒粒径/μm
针织类	天然纤维与合成纤维滤布	10
非针织类	纤维为材料的滤纸	5
	玻璃纤维为材料的滤纸	2
	纤维滤板	0.1
	毛毡和针织毡	10
	纯不锈钢纤维毡	6
滤网	金属丝平纹编织密纹滤网	40
	金属丝斜纹编织密纹滤网	5
刚性多孔过滤介质	多孔塑料	3
	多孔陶瓷	1
	烧结金属	3
	金属多孔板	100
滤芯	表面式滤芯	0.5~50
	深层式滤芯	1
滤膜	反渗滤膜	0.000 1~0.001
	超滤膜	0.001~0.1
	微孔膜	0.1~10
松散性颗粒	纤维质、粉粒质	<1

过滤滤布是应用最为广泛、品种最多的一种过滤介质。常用的滤布有天然纤维和合成纤维二大类,表 10.7 为常用滤布的耐腐蚀性能及使用条件。

表 10.7　常用过滤滤布的耐腐蚀性能及使用温度

项　　目	棉布	毛料	尼龙	涤纶	锦纶	腈纶	维纶	丙纶	氯纶
最高使用温度/℃	100	100	130	150	120	100	80	60	60
耐酸性	弱酸	强酸	弱酸	强酸	弱酸	强酸	弱酸	强酸	强酸
耐碱性	弱碱	弱碱	强碱	弱碱	强碱	弱碱	强碱	强碱	强碱

10.1.4.3　脱水与洗涤

1. 脱水

滤饼脱水或脱液是过滤的后处理过程之一。滤饼脱液的目的一是最大限度地提高有价值滤液的回收率(如果汁、糖浆等);二是减少滤饼中的杂质,降低滤液对滤饼的污染;三是便于滤饼的进一步处理(如精矿的运输、冶炼等)。对于某些需要进一步干燥脱水的滤饼,可省略干燥作业,节省大量费用。

滤饼内的剩余液体可以用滤饼的"饱和度"来描述,饱和度 S 定义为

$$S = \frac{\text{滤饼中液体体积}}{\text{滤饼中孔体积}} \tag{10.47}$$

显然,完全饱和的滤饼 $S=1$,而完全干燥的滤饼 $S=0$。

目前常用的脱水方法主要有:

(1) 气体吹风:利用气体吹除滤饼孔隙中的残留液体,包括真空抽除和压气吹除两种方式,前者用于真空过滤,脱液压差 $<0.1\,MPa$;后者多用于压滤,压差大于 $0.1\,MPa$。压气吹除效率较高,但设备相应比较复杂。气体吹除脱液可分三个阶段,饱和度大于 70% 时主要为驱替或穿透阶段,饱和度在 $70\%\sim10\%$ 主要为置换阶段,饱和度低于 10% 为蒸发阶段。

(2) 机械压榨:机械压榨或压挤就是施加外力,使料浆或滤饼中的液相由于固相位移而被排挤出来。固相位移的原因或是滤饼的可压缩性,或是滤室容积变小所致。机械压榨有膜板式、管压式、带压式和螺旋压榨等形式。前两种用于间歇式压滤机,后两种用于连续式压滤机。

(3) 水力脱液:包括压实、反洗、用非牛顿液体渗透等。

(4) 其他方法:利用惯性离心力脱水,毛细力抽液、振动脱液、红外线、微波照射、电渗脱水和利用表面活性剂强化脱水等。

脱液方法的选择主要取决于过滤方法和物料性质,主要是由物料粒度来决定。研究表明,用空气取代滤饼孔隙中的液体,可使滤饼饱和度降低 $10\%\sim20\%$。由于脱水时需要克服滤饼孔隙的毛细压,故脱水压力应随物料粒度减小而增加。当孔隙小于 $0.1\,\mu m$ 时,脱水的空气压力须达到 $3\,000\,kPa$,这显然太不经济,所以对于细物料更适宜用压榨脱水。目前,生产实践中多采用气体吹风和压榨脱水,一些现代的先进压滤机则大多两者同时采用。

2. 洗涤

洗涤是利用不含杂质的洗液置换出滤饼中残留滤液。一是除去滤饼内残留的可溶性杂质,提高固体组分的纯度;二是回收滞留在滤饼中的有价值母液。滤饼的洗涤通常在滤饼脱液后进行,此时滤饼已经过压榨或吹气。在某些工业领域洗涤起着决定性作用,如在磷酸生产中,石膏的洗涤占总分离过程的 80% 以上。

滤饼孔隙原先占有的体积可被同样体积的洗涤液所置换,置换该体积的洗涤液等于洗涤的"孔隙体积"。在一个理想的体系中,用大量的洗涤液可以除去所有可溶解的残留物。实际上,即使在理想的环境下,要实现充分洗透,所用的洗液量必须大于孔隙体积,应是孔隙体积的 $2\sim3$ 倍。在溶质被捕捉的地方,需要相当大体积的洗涤液冲洗,这将导致很长的洗涤时间并降低设备的生产能力。

滤饼的洗涤方式有三种。

(1) 置换洗涤:置换洗涤又有并流洗涤和逆流洗涤之分。前者洗液方向和滤液方向相同,后者方向相反。水平真空过滤机(如带式、转盘式、翻盘式),洗涤液是在固定位置透过滤饼,宜用并流置换洗涤。当滤液为产品时,通常选择并流洗涤方式。逆流洗涤时,洗液使滤饼发生某种松动,消除了洗液不易到达的死区和通道,洗涤效果良好。当滤饼作为纯净产品时,或为了有效地利用有价值的洗涤液,逆流洗涤方式更为有效。

(2) 再制浆洗涤:当滤饼呈黏泥状、渗透性差,或干脆无法成饼时,利用简单的置换洗涤法达不到所要求的溶质移出程度,或者虽能满足工艺要求,但所需洗涤时间太长;或者因滤饼碎裂而无法进行置换脱水时,可采用再制浆洗涤,即用新鲜洗液将滤饼重新制浆、搅拌、过滤。必要时,须多次重复上述过程。

(3)逐级稀释洗涤:当固体呈浆状时,如在浓缩过滤机中,浆体先被脱去部分母液,再用洗液稀释,再浓缩过滤。如此多次稀释-浓缩,直到洗去所有母液。

用于滤饼洗涤的洗液应具备以下条件:

① 能和残余滤液很好地互溶;② 只能溶掉需去除的杂质,不能溶解滤渣;③ 洗涤后,洗液与溶质易于分离;④ 具有较低黏度。通常采用水作为洗液。

10.1.4.4 过滤机及选型

1. 真空过滤机

真空过滤机是利用真空设备提供的负压作为推动力,使悬浮液实现液固分离的一种过滤过程。其推动力一般为 0.04～0.06 MPa,最大可达 0.08 MPa,由于滤饼两侧的压力降较低,过滤速度较慢,导致微细物料滤饼的含水量较高;但真空过滤机能在相对简单的机械条件下连续操作,并能获得比较满意的工作指标,因此,真空过滤机长期以来一直受到用户的青睐。

1) 转鼓真空过滤机

转鼓真空过滤机也称圆筒真空过滤机,属于连续式过滤机,能自动连续运转,生产能力大,且具有运转性能良好、操作方便、节省人力等优点。由于它对波动进料自稳定性较好,对物料的适应性强,在工业生产中受到广泛应用。转鼓真空过滤机的型式很多,按滤布铺设在转鼓的内侧还是外侧可分为内滤面式与外滤面式;按加料方式可分为上部加料式和下部加料式;按卸料方式可分为刮刀卸料式、折带卸料式、辊卸料式等。

转鼓真空过滤机的主要工作部件是分配头和转鼓。分配头由紧密贴合的转动盘与固定盘构成、转动盘上有与滤液管数量相同的圆孔,固定在空心轴上。固定盘上有大小不等、形状不同的开孔,固定在分配头壳体上,与真空源和压缩空气相连。转鼓外表面镶有长方形筛板,上面铺有滤布和钢丝。鼓内部被径向筋片隔成若干个彼此独立的小过滤室,每个小滤室都有单独的孔道与主轴端部的分配头相连,分配头的转动盘随转鼓一起旋转,分配头与小滤室相互连通和切换。

过滤转鼓大致可分为过滤区、第一吸干区、洗涤区、第二吸干区、卸渣区、滤布再生区几个区域;分别进行过滤、吸净剩余滤液、洗涤、干燥、卸料和滤布再生等项操作。一般情况下,过滤区角度为 125°～135°,洗涤吸干区角度为 120°～170°,卸渣再生区角度为 40°～60°。转鼓浸在悬浮液中,由电机带动旋转。当浸在料浆中的小滤室与真空源相通时,滤液便透过滤布向分配头汇集,而固体颗粒则被截留在滤布表面形成滤饼;滤饼转出液面进入第一吸干区吸净剩余滤液后,到达洗涤区,洗涤后的滤饼进入第二吸干区,在真空作用下脱水干燥;当转入卸料区压缩空气从转鼓内反吹,使滤饼隆起由刮刀卸除,至此一个过滤循环即完成。

刮刀卸料式转鼓真空过滤机适用流动性好,固相颗粒为 0.01～1 mm 的悬浮液,滤饼不黏,有较好的透气性。滤饼透气性好的滤浆也不适宜该机过滤,因为滤饼易从过滤面上脱落。另外,也不适用于过滤物性不稳定的料浆。

内滤面式转鼓真空过滤机的特点是料浆直接加在转鼓内筒里,不另设料浆槽和搅拌装置,结构比较简单,过滤方向与颗粒重力方向一致,固体颗粒先沉淀在滤布表面上,特别适用于料浆中固体颗粒粗细不均,且沉降速度大的浆液分离。

工作时,随着转鼓的旋转,浸在料浆中的滤布因真空作用使料浆中的颗粒形成滤饼;接着滤饼随转鼓转出浆面,受到洗涤和脱水;最后,滤饼转至顶部,用低压空气反向喷吹或用脉冲压缩空气喷吹,使滤饼依靠风压及自重被卸落在溜槽上,再由螺旋输送机或皮带输送机运出鼓外。滤液和洗涤液经过通向过滤面背后各滤室的管道排出。

2) 圆盘真空过滤机

圆盘真空过滤机有数个过滤圆盘装在一根水平空心轴上,工作原理如图10.8所示。过滤圆盘可视为压缩成扁形的转鼓,与外滤转鼓真空过滤机的工作原理、某些结构和操作都十分相似。

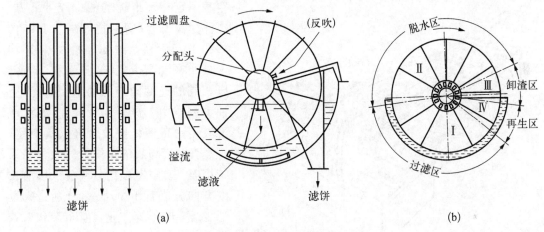

图 10.8 圆盘真空过滤机工作原理图

圆盘真空过滤机的过滤圆盘由 10～30 个彼此独立、互不相通的扇形滤叶组成,扇形滤叶的两侧为筛板或槽板,每一扇形滤叶单独套上滤布之后,即构成了过滤圆盘的一个过滤室。而中空主轴则由径向筋板分割成 10～30 个独立的轴向通道,这些通道分别与各个过滤室相连,并经分配头周期性地与真空抽吸系统、反吹压缩空气系统和冲洗水系统相通,使料浆进行固液分离。在过滤区,过滤室被抽成真空,滤液穿过滤布,固体颗粒被截留在过滤室两侧的滤布上形成滤饼;脱水区过滤室随主轴旋转离开液面并继续脱水;在卸料区,压缩空气进入过滤室瞬时反吹,吹落脱水的滤饼;在再生区,滤布获得再生。过滤圆盘每转 1 周,完成一次作业循环,实现过滤机的连续运行。

圆盘真空过滤机能过滤密度小、不易沉淀的料浆。不论料浆是否带黏性,只要其固相浓度为 1%～20%,在 2 min 内能在过滤表面均匀地形成 3 mm 以上厚度的滤饼。圆盘真空过滤机与转鼓真空过滤机相比,具有结构紧凑、占地面积小、处理量大、单位过滤面积造价低、真空度损失少、单位产量耗电低、并可以不设置搅拌装量等优点。由于是侧面过滤,即使悬浮液中颗粒粗细不均、数量不等,也能获得较好的过滤效果。但存在滤饼洗涤困难、滤饼厚度不均匀,易于龟裂,滤饼含湿量高、滤布易堵塞难再生等不足。

3) 带式真空过滤机

带式真空过滤机是以循环运动的环形滤带作为过滤介质,上表面为过滤面,下方抽真空,一端加料,另一端卸料的真空过滤机。一种充分利用料浆的重力和真空吸力来实现固液分离的新型过滤设备。带式真空吸滤机具有如下特点:① 在物料自重的重力条件下,真空泄漏损失小,便于保持真空度,有利于液体分离及滤饼的均匀形成。② 可连续进行过滤、洗涤、干燥卸饼和清洗滤布,获得较高的真空度。③ 滤室采用分段定型结构。可根据需要组成不同的过滤、洗涤、干燥区段,配合可无级变速的滤带使运行呈最佳状态。④ 连续清洗滤布,保持稳定的过滤效率,延长滤布使用寿命。⑤ 自动化程度高,切换真空、返回滤室、张紧滤带、纠正跑偏均可采用气动控制,操作自动完成。

按其结构原理可分为固定室型、移动室型、滤带间歇运动型和滤盘连续运动型四大类型。

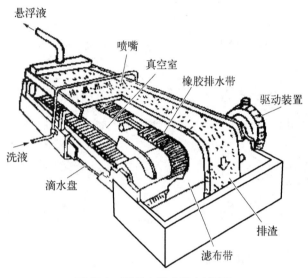

图 10.9 固定室带式真空过滤机

（1）固定室带式真空过滤机:真空室固定在环形运动的橡胶带下方,也称为橡胶带式真空过滤机。其结构如图 10.9 所示。过滤开始时,料浆均匀分布在滤布带上,橡胶带和滤布带以相同的速度同向运动,料浆在真空抽力的作用下进行固液分离,滤液或洗液经滤布带和橡胶带进入真空室,再经真空管与收液系统及气液分离系统相连。真空室根据分离要求可沿长度方向分成若干个小室,分别完成过滤、洗涤、吸干等作业。滤布带和橡胶带在主动辊处相互分开,前者经卸饼、洗涤、张紧后循环工作,后者因不与滤饼接触可直接返回,如此实现过滤、洗涤、吸干等连续作业。可获得含湿量较低的滤饼;母液和洗液能严格分开;可进行薄滤饼(约 2 mm 厚)快速过滤(带速最高可达 24 m/min);滤布可正反两面连续冲洗,再生性好。带宽可达 4 m,过滤面积可达 185 m²。

（2）移动室带式真空过滤机:与固定室型相比,移动室带式真空过滤机的特点为真空室可以往复移动,过滤带与传送带为同一条带子。过滤带(同时又是传送带)是用高强度聚酯纤维滤布制成的环形带。真空室靠滚轮沿水平框架上的导轨做往复运动。真空行程(即工作行程)与返回行程之间的切换由行程开关及返回气缸控制。过滤开始时,真空室与过滤带同步向前运动,由于两者之间不发生相对运动,所以密封效果较好。均匀分布在滤带上的料浆经过滤、洗涤、吸干等过程实现固液分离。当真空行程终了时,真空室触到行程开关、真空被切换,滤带仍以原来速度运行,而真空室则在气缸推动下快速返回原地,当触到一侧的行程开关时,又开始了下一个过滤行程。

（3）滤带间歇运动型带式真空过滤机:滤带间歇运动型真空过滤机又称固定盘水平真空撑带式过滤机。该机大部分构造与移动室带式过滤机相同,主要区别是前者的真空室是固定的,兼作传送带的过滤带是靠撑带气缸的间歇运动而向前运动的。过滤时真空切换阀开启,撑带气缸缓慢回缩一个行程 S(即从图 10.10 中的 2 位置回到 1 位置),同时张紧气缸带动张紧辊子由位置 3 移到位置 4(行程为 S'),以使缩回的带子张紧;行程结束时即刻触动行程限位器,发出信号使真空切换阀关闭抽气口,同时打开通气口,解除滤带所受的真空吸力;此时撑带气缸快速由位置 1 向 2 撑出,张紧辊子则放松至位置 3,在此过程中进行卸饼、冲洗等作业;当撑带辊子到达 2 后,行程限位器再次工作,不过这次是接通真空抽气口重新开始过滤阶段。如此循环,实现间歇过滤。

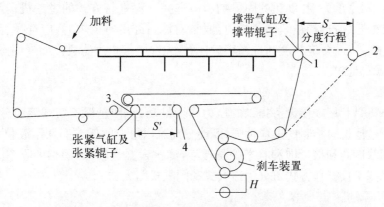

图 10.10　滤带间歇运动型带式真空过滤机工作原理图

(4) 滤盘连续运动型带式真空过滤机:滤盘连续运动型带式真空过滤机(图 10.11)将整体式真空滤盘改为很多可以分合的小滤盘组成;小滤盘联结成一个环形带。滤盘可以和滤布一起前进移动,不必使用真空切换阀,控制系统更加简单,作业可靠性增强。该机由环型小滤盘带组成滤布支撑机构,小滤盘工作时,上面覆有滤布及过滤材料,小滤盘下面有孔,通过滑动密封面与真空室相通,滤液通过滤布、小滤盘进入真空室。小滤盘在驱动辊的带动下与滤布一起向前移动,完成过滤、洗涤、脱水等作业,最后在驱动辊处滤布和小滤盘分开,真空被破坏,滤饼即被卸除。滤布经清洗再生、纠偏、张紧装置在从动辊处与小滤盘再度汇合,进入下一个工作循环。

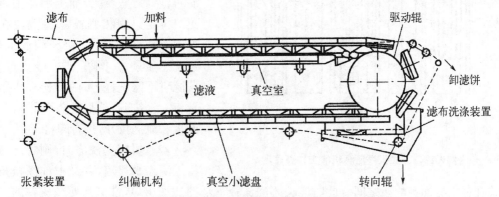

图 10.11　滤盘连续运动型带式真空过滤机结构示意图

4) 真空过滤机选型

通过考察料浆的可滤性,测定过滤参数,如过滤速率、滤饼比阻、可压缩性指数、渗透率、过滤介质阻力及最终滤饼水分,完成实验室试验(有条件的应做中试试验)后,选择过滤介质及助滤剂,确定过滤操作(包括洗涤、吹干)的最佳周期及助滤剂添加方式等。

根据试验结果确定真空过滤机机型时,应充分考虑浆料性质(pH、浓度、粒度等)、操作空间(过滤机台数、可利用空间)、操作条件(连续或间断、无菌、高温等)、材料要求(对设备的材料性能要求)、设备能力(如过滤面积)、分离精度(带式最高、转鼓次之,圆盘最低)、操作控制(操作难易程度)、制作材料(普通钢、不锈钢、合金、钢衬胶、环氧、聚丙烯等)、价格(包括设备费和运行成本)。

一般而言,对密度大、粒度粗的固体物料应选择上部进料方式的过滤机;若过滤后产品需进入干燥机处理,应选择连续卸料的过滤机;对滤饼纯度有要求时,应选择有洗涤装置的过滤机;对要求较高的分离精度和洗涤容量,则优先选用带式过滤机。如强调操作要简单易行,可选择鼓式过滤机。

2. 压滤机

加压过滤机是利用加压设备提供的压力作为推动力,使悬浮液实现液固分离的一种过滤过程。加压过滤机对物料的适应性强,既能分离难以过滤的低浓度悬浮液和胶体悬浮液,又能分离液相浓度高和接近饱和状态的悬浮液,滤饼含湿量较低,固相回收率高、滤液澄清度好。加压过滤机按操作方式可分为连续式和间歇式两大类。

(1)板框压滤机

由滤框、过滤介质和滤板交替排列组成滤室的加压过滤设备称为板框加压过滤机,简称板框压滤机。板框压滤机种类较多,按出液方式可分为明流式和暗流式;按板框的安装方式可分为立式和卧式;另外还有按板框的压紧方式或操作方式、滤布安装方式、压榨过程和脱干方式进行分类。

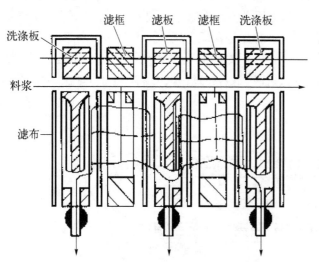

图 10.12 卧式板框压滤机的工作原理图

图 10.12 为卧式板框压滤机的工作原理图,板框压滤机操作时,用泵将料浆泵到滤板与滤框组合的通道中,料浆由滤框角端的暗孔进入框内,在压差作用下,滤液穿过两侧的滤布,然后经过滤板而上的沟槽流至出口排走。固相则被滤布截留在滤框中形成滤饼,待滤饼充满滤框后,过滤速度随之下降,即可停止过滤。若滤饼不需洗涤,可随即松开压紧装置将头板拉开,然后分板装置依次将滤板和滤框拉开,进行卸料。

若滤饼需要洗涤时,则将洗涤水压入洗涤水通道,并经由洗涤板角端的暗孔进入板面与滤布之间。此时应关闭洗涤板下部的滤液出口,洗涤水便在压差的推动下,横穿第一层滤布及整个滤框中的滤饼层;然后再横穿第二层滤布,按此重复进行,最后由非洗涤板下部的滤液出口排出。滤饼洗涤分明流洗涤和暗流洗涤两种方式。

当滤饼需要吹干时,可从共用通道通入压缩空气。

(2)厢式压滤机

厢式压滤机是由凹形滤板和过滤介质交替排列组成过滤室的一种间歇操作的加压过滤机,也称凹板型压滤机。按厢式压滤机的过滤室结构可分为压榨式(滤室内装有弹性隔膜)和非压榨式(滤室内未装隔膜);按滤布的所处状态可分为滤布固定式和滤布移动式;另外,还有按滤板的压紧方式或拧开方式、操作方式和出液方式分类的。

厢式压滤机适用于过滤黏度大、颗粒较细、有压缩性的各类料浆,且占地少、操作安全,在湿法冶金、化工厂、医药等领域都得到广泛应用。间歇式操作,更换滤布较麻烦。

厢式压滤机的工作原理可参见图 10.13。工作时先将凹形滤板压紧、滤板闭合形成过滤室,然后料浆由尾板(固定板)上的进料口进入滤室,料浆由进料泵(或隔膜)产生的压力进行液固分离,滤液穿过滤布(过滤介质),经滤板上的小沟槽流到滤板出液口排出机外,固体颗粒被截留在滤室内形成滤饼。当过滤速度减小到一定数值时,停止料浆进入滤室。根据需要,可对滤饼进行洗涤、吹风干燥,然后将滤板拉开,滤饼靠自重或靠卸料装置卸出。完成一个工作循环,接着再进行下一个工作循环。

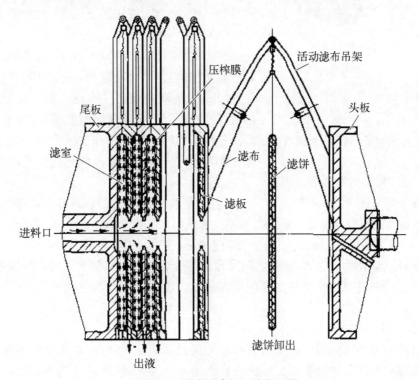

图 10.13　厢式压滤机工作原理图

（3）加压叶滤机

加压叶滤机是由一组并联的滤叶按垂直或水平方式装在密闭的滤筒内,当料浆在压力下进入滤筒后,滤液透过滤叶从管道排出,而固体颗粒被截留在滤叶表面,这种过滤机称为加压叶滤机,又称叶滤机。

叶滤机的分类方法很多,按外形分有水平(卧式)和垂直(立式)叶滤机;按自动化程度可分为自动、半自动和手动叶滤机;按滤叶进出滤筒的传动方式可分为机械推动和液压推动叶滤机;按滤筒的密封形式又可分为全密封式、密封式和半开式叶滤机。

叶滤机多用于悬浮液固相含量较少(<1%)和只需要液相而废弃固相的场合。由于其滤叶等过滤部件多采用不锈钢材料制造,因此常用于啤酒、果汁、饮料、植物油的净化,以及制药、精细化工、液体硫黄净化和某些加工业中对分离设备卫生条件要求较高的生产过程。

立式垂直滤叶加压叶滤机:立式加压叶滤机有垂直滤叶型和水平滤叶型;卧式也是如

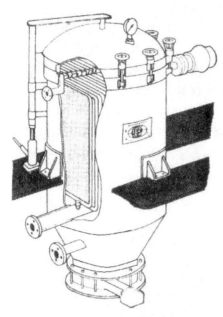

图 10.14　立式垂直滤叶加压叶滤机

此。加压叶滤机主要部件有：圆柱形受压滤槽、过滤元件、卸料装置。其中最主要部件为过滤元件，又称滤叶。滤叶是一片状金属结构组件，可制成方形、矩形或圆形；四周是空腔边框，框内为滤网，通常由多层烧结金属板组成。滤叶上的滤液出口接头和滤槽的排液管组成可拆卸联结，用 O 形密封圈密封。图 10.14 是立式垂直滤叶加压叶滤机。

卧式垂直滤叶加压叶滤机：卧式垂直滤叶加压叶滤机的工作原理与立式基本相同。其结构由加压筒体、滤叶、振动装置、液压系统、管路系统等组成。

（4）筒式加压过滤机

筒式加压过滤机又称筒式压滤机或管式压滤机，是以滤芯作为过滤介质、利用加压作用使固液分离的一种过滤机。筒式压滤机按滤芯形式又分为塑料滤芯型、绕线滤芯型、金属烧结滤芯型、滤布套筒型等类型。各种不同的滤芯配置在过滤管中，加上壳体组成各种滤芯筒式压滤机。筒式压滤机由过滤装置、聚流装置、卸料装置和壳体等部件组成。

当液固分离生产中固体颗粒大于 10 μm，且为刚性、不易变形的物料属易滤物料，一般选用常规过滤设备及滤布即可完成分离。固体颗粒为 0.01～0.50 μm，浓度为 5～10 mg/L 的物料属超细物料，多采用微孔膜或超滤膜进行动态增稠过滤。固体颗粒为 0.5～10 μm，或大于 0.5 μm，但颗粒非刚性、易变形、颗粒之间或颗粒与过滤介质之间黏度大的物料属难滤物料，微孔过滤技术就是过滤这种物料最好的技术手段。应用此技术的过滤设备，最主要的就是筒式压滤机。

3. 离心过滤

离心过滤和离心沉降同样都是借助离心力进行固液分离，但两者在分离原理上是不同的。离心过滤对所要分离的液相和固相没有密度差的要求，它使悬浮液中固相颗粒截留在过滤介质上，不断堆积成滤饼层，与此同时，液体在离心力作用下穿过滤饼层及过滤介质，从而达到固液分离目的。

过滤离心机中，连续操作式过滤离心机发展较快，适用于大工业生产；间歇操作式过滤离心机，在操作中引进了现代化的计算与控制技术，由于结构简单、价格低廉、操作容易掌握，维修方便，因而在局部范围内能与连续操作式过滤一争高低。间歇式过滤离心机在化学工业、制糖工业、制药及食品等轻工业方面用得较多；连续式过滤离心机由于其处理能力大，适用于固相颗粒较粗的物料，所以在原料处理工业如矿业及煤炭工业等方面应用较广。

（1）三足式离心机

离心机的转鼓垂直悬挂支撑在三根支柱上的机型称为三足式离心机。三足式离心机有多种形式，按滤渣卸料方式、卸料部位和控制方法不同，可分为人工上卸料、吊装上卸料、人工下卸料、刮刀下卸料、自动刮刀下卸料、上部抽吸卸料和密闭防爆等结构形式。按驱动形式可分为上部驱动和下部驱动。上部驱动离心机用于处理游离态过滤物质，如糖晶体。人工上部卸料三足式离心机,劳动强度大,操作条件差,生产能力小,适于小规模生产过程使用。自动刮刀下部卸料三足式离心机按预先设定的程序完成加料、过滤、洗涤、脱水、制动、卸料、洗网等分离操作过程,还可以进行远距离操作控制,操作方便,劳动强度小,生产能力大。

三足式离心机的主要优点是:对分离物料的适应性强,它可以用于成件产品的脱液,也可以用于各种不同浓度和不同固相颗粒粒度的悬浮液的分离、洗涤脱水,对一些细粒级难分离悬浮液在无合适的分离设备时也可以用三足式离心机对这类物料进行处理。在低速下或停车后卸滤饼,对结晶晶粒破碎小;机器安装在弹性悬挂支承上,重心低、运转平稳;机器结构简单,制造容易,安装方便,操作维护易于掌握。其缺点是间歇操作、辅助作业时间较长,生产能力较低。三足式离心机适宜于处理量不大、又要求充分洗涤的物料,如用以分离悬浮液或用于成件物品(如纺织品)、纤维状物料的脱水。

人工上部卸料三足式离心机如图10.15所示,主要由转鼓、机壳、弹性悬挂支承装置、底盘和传动系统等部件组成。分离操作前,转鼓内装好衬网和滤网,根据被分离物料特性和分离要求,选定分离操作方法,物料在低速下或全速下逐渐加入转鼓内,经分布器预加速后均匀分布在过滤介质上,在离心力作用下,固相被过滤介质截留生成滤渣,滤液穿过滤网和过滤介质,从转鼓外的机壳排液口排出。当滤渣充满转鼓有效容积后停止加料,滤渣经脱水(如物料要求洗涤清除杂质时还需加洗水充分洗涤)后停车,从转鼓上部用人工或真空抽吸取出滤液。对下部卸料三足式离心机,离心

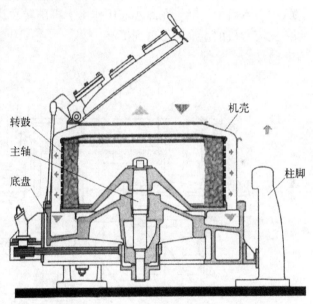

图 10.15　人工上部卸料三足式离心机

机减速后,用手动刮刀或液压电气控制的机械刮刀刮削滤渣从转鼓底的下料斗排出。

(2) 刮刀卸料过滤离心机

刮刀卸料过滤离心机按照分离原理可分为:过滤式、沉降式和虹吸式三种。过滤式用得最为普遍,虹吸式是20世纪后期发展的机型,具有许多优点。刮刀卸料过滤离心机都是卧式安装、间歇操作、刮刀卸料,适于含粗、中、细固相颗粒悬浮液的过滤分离,在化工、制药、轻工、食品等工业领域广泛应用。

刮刀卸料离心机的优点是对物料的适应性强,可以处理不同粒度、不同浓度的悬浮液,对进料浓度、进料量变化不敏感,过滤循环周期可以根据物料的特性和分离要求调节,分离效果好,获得滤渣含液量低、滤液澄清度高;设有洗涤装置,洗涤效果好;各工序所需的时间和操作周期的长短可视产品的工艺要求而定,适应性较好。缺点在于卸渣时刮刀的刮剥作用容易使固相颗粒有一定程度的破碎,且振动较大,故刮刀易磨损;由于刮刀卸料后滤网上仍留有一薄层滤饼,对分离效果有影响,不适于处理易使滤网堵塞而又无法再生的物料。

刮刀离心机的分离操作过程是在全速下完成的。离心机启动到达全速后,通过电气-液压控制的加料阀经进料管向转鼓加入被分离的悬浮液,滤波穿过过滤介质(滤布或金属丝网)进入机壳的排出管排出。固相被过滤介质截留生成滤渣,当滤液达到一定厚度时,由料层限位器或时间继电器控制关闭加料阀,滤渣在全速下脱除液体。如果滤渣需要洗涤,开启洗液阀,洗液经洗涤管充分洗涤滤渣,在滤渣进一步脱液后,刮刀油缸动作,推动刮刀切削滤渣,切下的滤渣落入料斗内排出,对黏性大的滤渣由螺旋输送器输出。经洗网后,进入下一过滤循环。加料、过滤、洗涤、脱水、卸料、洗网整个操作过程均由电气-液压控制系统按上述顺序控制,手动和自动任意切换,实现半自动或全自动操作。

常用的刮刀卸料过滤离心机结构主要由回转体、机壳、门盖、机座、刮刀装置、电气-液压控制系统、传动系统等部件组成。图 10.16 为虹吸刮刀卸料离心机。虹吸离心机的转鼓不开孔,转鼓内有过滤介质(滤板、衬网和滤网),滤液进入滤板与转鼓之间的环状空间,沿轴向进入虹吸室后由虹吸管在离心液压作用下排出转鼓;通过使用虹吸作用提高有效压差,可使刮刀式离心机的生产能力得到提高。

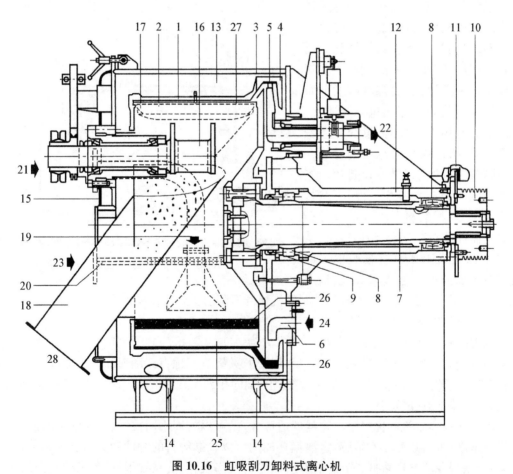

图 10.16　虹吸刮刀卸料式离心机

1-虹吸转鼓;2-过滤介质;3-虹吸口;4-虹吸环罩;5-吸液管;6-反冲洗管;7-转鼓主轴;8-轴承;9-轴密封装置;
10-Ｖ形带轮;11-制动阀;12-箱体支承架;13-箱体;14-排液集管;15-外壳门盖;16-刮刀卸料装置;
17-刮刀;18-固相滤饼卸料槽;19-进料管;20-洗涤管;21-悬浮液进口;22-滤液出口;23-洗涤液进口;
24-循环滤液;25-滤饼;26-液层;27-残留滤饼层;28-固相滤饼排料口

（3）活塞推料离心机

活塞推料离心机是连续运转、自动操作、脉冲卸料的过滤离心机。悬浮液给到转鼓内推进器前的滤网上，过滤后形成的滤饼，在推料活塞的推动下，脉动地沿轴向往前移动，最后被推出转鼓。过滤介质是板状或条状的筛网，适用于粒度为 0.1 mm 以上，固相浓度大于 30% 的结晶颗粒或纤维状物料的过滤。主要用于化肥、化工、制盐等工业部门分离维生素 B_1、尿素、食盐等。

活塞推料离心机具有分离效率高，生产能力大，生产连续，操作稳定，滤渣含液量低，滤渣破碎小，功率消耗均匀等优点，宜用于中粗颗粒、浓度高的悬浮液的过滤脱水。

活塞推料离心机均为卧式安装，主要特征是转鼓直径和转鼓级数，转鼓有一级、二级和多级之分。图 10.17 为一级活塞推料离心机示意图。悬臂式的转鼓由空心主轴带动高速旋转，推料盘随转鼓一起同步旋转，同时又被推杆带动在转鼓内作往复运动。被分离的悬浮液从加料管进入到固定在推料盘上的布料斗内，物料在布料斗内预加速后从大端甩出，均匀分布到转鼓内壁的筛网上，在离心力作用下，滤液穿过筛网进入前机壳的滤液收集器，固体被筛网截留，被截留的固体被推料盘脉冲地推进。推料盘的行程长度为 L，往复推送一次，物料前进 L 的距离，直至推出转鼓口外，进入固相收集器。

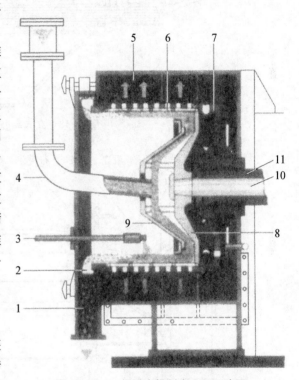

图 10.17　一级活塞推料离心机示意图

1-固体收集器；2-刮削器；3-洗涤管；4-进料管；
5-滤液收集器；6-带槽筛网；7-转鼓；8-推料盘；
9-布料斗；10-推杆；11-空心主轴

（4）离心卸料离心机

离心卸料离心机是一种无机械卸料装置的自动连续卸料离心机。滤渣在锥形转鼓内依靠本身所受的离心力，克服与筛网间的摩擦力，沿筛网表面向转鼓大端移动，最后自行排出。离心卸料离心机分为立式和卧式两种，分别见图 10.18 和图 10.19。

离心卸料离心机主要部件有锥形转鼓、传动座、机座、外机壳、内机壳、进料管等。转鼓内的中心部分有物料分布器，转鼓锥面衬板网，锥体部分为双层结构，里层是花篮（冲孔卷板式的筛网），外壳不开孔，内、外层之间留有较大的环形间隙。作为过滤的通道；转鼓的半锥角为 25°～35°，筛网的选择是分离效果的关键。

主机全速运转后，悬浮液通过进料管进入装在转鼓内的锥形布料器后，沿其圆周均匀地分布在转鼓小端底部。在离心力的作用下，悬浮液被推移进入到转鼓内锥筛网上，液相经筛网孔和转鼓滤孔流出，汇集到机壳底部后从排液管排出。固相颗粒在锥面上受到向前，即向转鼓大端的分力作用，沿筛网向下端移动；由于转鼓直径不断变化，滤渣层逐渐变轻且继续得到干燥，最后在转鼓大端端面排出机外，进入集料槽。

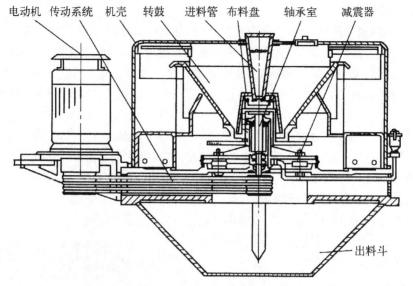

电动机　传动系统　机壳　转鼓　进料管　布料盘　轴承室　减震器

出料斗

图 10.18　立式离心卸料离心机

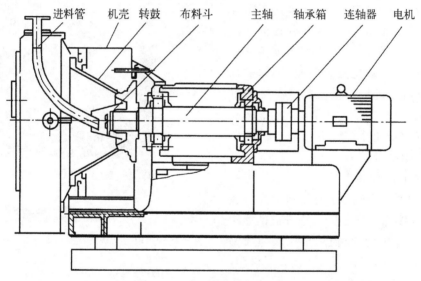

进料管　机壳　转鼓　布料斗　主轴　轴承箱　连轴器　电机

图 10.19　卧式离心卸料离心机

　　离心卸料离心机的滤饼厚度很薄，一般小于 4 mm。滤饼沿筛网向大端移动的条件是：转鼓半锥角的正切大于滤渣对筛网的摩擦系数。离心卸料离心机主要用于分离大于 0.1 mm 的结晶颗粒、无定形物料、纤维状物料，如浓度在 50% 左右的悬浮液、食盐、砂糖、化肥、羊毛、黏胶纤维等。

　　（5）振动卸料离心机

　　振动卸料离心机是指附加了轴向振动或同向振动的离心机，前者称轴向振动卸料离心机，后者称作扭转振动卸料离心机。轴向振动卸料离心机又分为立式和卧式两种。图 10.20 是一卧式轴向振动卸料离心机。

　　振动卸料离心机结构与离心力卸料离心机相似，该机主要由锥形转鼓、主轴、缓冲器、激

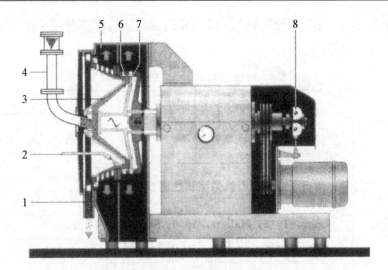

图 10.20　振动卸料离心机

1-固相收集器;2-洗涤管;3-锥形布料器;4-进料管;5-滤液收集器;
6-筒锥组合型转鼓;7-推料盘;8-机械振动装置

振器等组成,其中激振器是最重要的一个部件,其作用是产生激振力,使转鼓产生轴向振动。常用的激振器又分为双轴惯性激振器、连杆激振器和电磁激振器三种。

物料由给料管进入转鼓后,在小端筛网上形成滤饼,滤饼受沿滤网表面方向的离心力分力和振动惯性力共同作用下,沿筛网表面不断向转鼓大端呈脉动式移动,最后由出料口排出,分离过程连续、自动。转鼓半锥角一般应小于物料与筛板的摩擦角,一般为 $20°\sim35°$。转鼓除旋转外,还要轴向振动,振动频率小于 34 Hz,振幅为 $2\sim6$ mm。

这种离心机操作连续、处理能力大,但离心力强度(分离因数)低、物料在转鼓内停留时间短,适于分离固体颗粒大于 $30\ \mu m$ 的易过滤悬浮液,如海盐脱水、煤粒脱水等。

(6) 离心机的选型

过滤离心机一般适用于固相含量较高、粒度范围较粗、液体黏度较大的悬浮液的分离,还能用于分离固相密度不大于液相密度的悬浮液。选择离心机时须从分离物料的性质(颗粒尺寸、形状和密度)、分离的工艺要求、固相的浓度、料液的相对密度、要求的流量、经济效果等方面进行全面考虑,并在样机上进行必要的实验后决定。

由于滤饼固有渗透率不仅与物料粒度分布有关,而且与颗粒形状、可变形性以及液体的黏度等有关,故可根据经验和已确定的固有渗透率按表 10.8 进行选择。"固有渗透率"是指在离心力场中,考虑了所要分离液体黏度的影响时,测定出的离心过滤的滤饼渗透率。

表 10.8　按滤饼固有渗透率选择过滤离心机

固有渗透率/[$m^4/(N \cdot s)$]	过滤离心机类型
大于 20×10^{-10}	连续操作过滤离心机(一般选用卧式活塞卸料过滤离心机)
$(1\sim20)\times10^{-10}$	刮刀卸料过滤离心机
$(0.02\sim1)\times10^{-10}$	三足式过滤离心机
小于 0.02×10^{-10}	离心沉降代替离心过滤

然后根据各类过滤离心机的性能、特点、功用以及使用经验来初步选型。各种过滤离心机性能的综合比较见表 10.9。

表 10.9　各种过滤离心机的性能比较

性能 ＼ 机型	间　歇　式		半连续式		连　续　式		
	三足式上悬式	卧式刮刀卸料三足自动卸料上悬机械卸料	单级活塞推料	双级活塞推料	离心力卸料	振动卸料	螺旋卸料
分离因数	500～1 500	～2 500	300～700	300～1 000	1 500～2 500	400	1 500～2 500
进料含固量/%	10～60	10～60	30～70	20～80	≤80		
能分离的颗粒直径/mm	0.05～5	0.05～5	0.1～5	0.1～5	0.04～1	0.1	0.04～1
分离效果	优	优	优	优	优	优	优
滤液含固量	少	少	较少	较少	部分小颗粒会漏入滤液中		
滤饼洗涤	优	优	可	优	可	可	可
颗粒磨损程度	小	大	中～小	中～小	中～小	中～小	中
应用场合	过滤、洗涤甩干	过滤、洗涤、甩干	过滤、洗涤、甩干	过滤、洗涤、甩干	过滤、甩干		
代表性分离物料	糖、棉纱制药	糖、硫铵	碳铵	硝化棉	碳铵、糖		洗煤

选择过滤离心机时,还应考虑对滤饼的要求,如滤饼干湿度、洗涤效果、固相颗粒允许破坏程度等因素,然后根据各类过滤离心机的性能、特点、功用以及使用经验来初步选型。

机型初步选定之后,还需根据中间试验及同类型设备的运转试验结果以及经济可行性分析,最后确定所选设备是否合适。

10.2　干燥

10.2.1　基础知识

干燥指采用热物理方法去湿的过程,借热能使物料中水分(或溶剂)汽化,即通过加热、降湿、减压或其他能量传递的方式使物料中的湿分产生挥发、冷凝、升华等相变过程以达到与物体分离或去湿,这里物料可以是固态,也可以是液态或气态。

干燥可分为自然干燥和人工干燥两种。按干燥设备的不同分有箱式干燥、隧道干燥、转筒干燥、转鼓干燥、带式干燥、盘式干燥、桨叶式干燥、流化床干燥等;按干燥方法不同分有真空干燥、冷冻干燥、气流干燥、微波干燥、红外线干燥和高频率干燥等方法。

按照物料的状态干燥分为两大类,一类要求干燥后仍然保持原料的原型,如很多食品类与建筑材料的干燥;另一类是把液体、泥状、块状、粉状物料干燥后,成为粉状或颗粒状产品。

10.2.1.1 物料性质与干燥适应性

被干燥物料的理化性质是决定干燥介质种类、干燥方法和干燥设备的重要因素,因此,选择干燥设备时必须了解物料的性质,包括化学组成、热敏性、允许温度、毒性、可燃性、爆炸性、氧化性和酸碱性等化学特性;密度、比热、热软化或熔化点、导热系数等物理特性;以及粒度、粒度分布、水分、形状、黏性、流动性等物料状态等。结合物料的性质,参考已有的经验及考虑设备的通用性来选择干燥设备。在许多情况下,物料的原始状态决定干燥设备的型式。表 10.10 是干燥物料状态与适用的干燥设备类型。

表 10.10　干燥物料状态与适用的干燥设备类型

被干燥物料的状态	适用的干燥设备类型	
	大批量连续处理	少量处理
液体、泥浆	喷雾干燥、流化床多级干燥	转鼓式、真空带式、惰性介质流化床
糊状物	气流干燥、搅拌回转干燥、通风带式干燥、冲击波喷雾干燥	传导加热圆筒搅拌干燥、箱式通风干燥
湿片状物	带式通风干燥、回转蛇管通蒸汽干燥、回转通风干燥	箱式通风干燥、真空圆筒式搅拌
颗粒状物料	带式通风干燥、回转蛇管通蒸汽干燥、回转通风干燥、立式通风干燥、流化床干燥、回转干燥	流化床干燥、箱式通风干燥、锥形回转干燥、多层圆盘干燥
粉状物料	流化床干燥、气流干燥、闪蒸干燥	间歇流化床干燥、真空圆筒式带搅拌干燥
定型物料	平流隧道式、平流台车式干燥机	箱式干燥设备
片状物料	喷流式、多圆筒式干燥	单筒或多圆筒干燥
涂料、涂布液	红外线、喷流式	平行流热干燥
易碎的、晶状物料	带式、穿流循环式、塔式干燥机、振动床	箱式通风干燥、多层圆盘干燥

另外,有毒、细粉、欲脱除非水溶剂的物料往往采用间接真空干燥机;易燃、易氧化损伤、易爆的物料需要在惰性介质的保护下进行干燥;易产生泡沫的液体或泥浆需要进行消泡处理,并选用流化床、盘式、带式、塔式干燥设备。

10.2.1.2 干燥速率和干燥效率

1. 干燥速率

干燥速率是评价干燥设备干燥能力的重要参数,干燥速率的定义为

$$\overline{W}_D = \frac{m_s}{A} \times \frac{dx}{dt} \tag{10.48}$$

式中,$\overline{W}_D$ 为干燥速率($kg/m^2 \cdot s$);m_s 为被干燥物料的绝干质量(kg);A 为干燥介质和被干燥物料的接触面积(m^2);x 为被干燥物料的湿含量(kg/kg,干基);t 为干燥时间(s)。

干燥介质和被干燥物料的接触面积有时难以测定,通常用干燥强度 N 表示干燥进行的速度。

$$N = \frac{dx}{dt} \tag{10.49}$$

式中，N 为干燥强度；x、t 同式(10.48)。

当物料受热干燥时，首先是表面汽化过程，能量(大多数是热量)从周围环境传递至物料表面使其表面湿分蒸发；然后是内部扩散过程，物料内部湿分传递到物料表面，在表面汽化而挥发。表面汽化过程的速率取决于介质的温度、湿度、流速、压力和物料暴露的比表面等外部条件，受外部条件控制，被称作恒速干燥过程。内部扩散过程是指物料内部湿分的迁移，是物料性质、温度和湿含量的函数，此过程受内部条件控制，被称作降速干燥过程。

干燥的两个过程相继发生，干燥速率受两个过程中较慢的一个过程控制，从周围环境将热能传递到湿物料的方法主要有对流、传导或辐射，这些传热方式有时是联合作用，或以某一个为主导；大多数情况下，热量先传到物料的表面再传至物料内部；而介电、射频或微波干燥供应的能量首先在物料内部产生热量然后才传至外表面。

2. 干燥效率

热源提供给干燥设备的总热量主要消耗在湿分蒸发所需要的热量、物料升温所需要的热量以及热损失三部分。衡量干燥设备操作好坏的重要指标有热效率或干燥效率，通常用干燥效率来表征干燥过程或设备的能耗情况，但由于干燥热效率更易测量，因此使用更为广泛。

干燥设备的热效率 η_k 是指干燥过程中用于湿分蒸发所需要的热量与热源提供的热量之比，即

$$\eta_k = \frac{E_1}{E_0} \times 100\% \tag{10.50}$$

式中，E_1 为湿分蒸发所需要的热量(kJ)；E_0 为热源提供的热量(kJ)；η_k 为干燥设备的热效率(%)。

对于无内热、无废气循环的绝热对流干燥设备，若忽略由于温度和湿度引起湿空气的比热容变化，其热效率可简化为

$$\eta_k = \frac{t_1 - t_2}{t_1 - t_0} \times 100\% \tag{10.51}$$

式中，t_1 为干燥介质在干燥设备入口的温度(℃)；t_2 为干燥设备出口废气的温度(℃)；t_0 为干燥介质的温度(℃)。

介质在干燥设备中放出的热量，只有一部分用于汽化湿分，对干燥过程来讲，只有这部分热量是有效的。所以汽化湿分所耗的热量与介质在干燥过程中放出的热量之比称为干燥设备的干燥效率(η_d)，即

$$\eta_d = \frac{i_2 - \theta_1}{l C_1 (t_1 - t_2)} \times 100\% \tag{10.52}$$

式中，i_2 为在温度 t_2 下湿分蒸汽的热焓量(kJ/kg)；l 为每汽化 1 kg 湿分所需要的绝干气体量，称为干燥介质的比耗量(kg/kg)；θ_1 为冷凝热焓量(kJ/kg)；C_1 为湿气体的干基比热(kJ/kg·℃)。

用热空气作为干燥介质的热风式对流干燥设备,其干燥热效率为 30%～60%,η_k 随进气温度 t_1 的提高而上升,理论上也不会达到 100%。当采用部分废气循环时,η_k 为 50%～75%。

用过热蒸汽作为干燥介质的干燥设备,从干燥设备中排出的已降温的过热蒸汽并不向环境排放,而是排出干燥过程中所增加的那部分蒸汽后,其余作为干燥介质经预热器提高过热度后,重新循环进入干燥设备。理论上过热蒸汽干燥的热效率可达 100%,实际 η_k 为 70%～80%。

在传导式干燥设备中,除了传导给热外,有时为了移走干燥设备中蒸发的水分,会通入少量空气(或其他惰性气体)及时移走水蒸气,可使干燥速率提高 20% 左右;然而,因为少量空气(或其他惰性气体)的排放会损失少量热量,干燥过程的热效率稍有下降。若不通入少量空气(或其他惰性气体)及时移走水蒸气,干燥过程的热效率有提高,但干燥速率会下降,意味着需要较大的干燥容器。这种干燥设备的热效率一般为 70%～80%。

10.2.1.3　设备选型

干燥设备的选型,主要根据一是物料的形态、性质,二是干燥产品的要求、大小、处理方式,三是所采用的热源等,主要包括以下指标:生产能力、形式(间歇、半连续、连续);初始、终端含湿量;颗粒规格,尺寸分布(固体颗粒);干燥能动性、减吸作用;最佳工作温度;易爆炸(蒸汽/空气、尘/气);毒性(有关部位);干燥介质(指干燥时用空气、贫氧介质、蒸汽、惰性介质等);腐蚀状况;物理、化学数据;物理处理特性;环境和安全规定;占地面积;干燥能源消耗;是否需要后加工(在一个连续单元中,冷却、凝结、包衣、包装等);以往经验(一般来说,对新型干燥机是不适用的);热回收要求(能耗);预处理要求(成丸、离心、真空渗透);物料研磨特性等。

每一种产品都有自己独特的生产方式和干燥条件,至于选用何种干燥设备,一方面可借鉴目前生产采用的设备(表 10.10);另一方面可利用干燥设备的最新发展,选择适合该物料和产品的新设备。如这两方面都无资料可循,则应在实验的基础上,再经技术经济核算后做出结论,以保证选用的干燥设备在技术上可行,产品质量优良,且经济合理。

10.2.2　箱式和带式干燥设备

箱式干燥设备是以热风通过潮湿物料表面实现干燥的。箱式干燥设备内部主要由逐层存放物料的盘子、框架、蒸汽加热翅片管(或无缝钢管)或裸露电热元件加热器组成,由风机产生的循环流动的热风,吹到潮湿物料的表面以达到干燥的目的;大多数设备中,热空气被反复循环通过物料。干燥介质一般采用热空气或烟道气,当热风沿着物料的表面通过,称为水平气流箱式干燥;当热风垂直穿过物料,称为穿流气流箱式干燥。当干燥室内的空气被抽成真空状态时,称为真空箱式干燥。

箱式干燥设备一般为间歇操作,广泛应用于干燥时间较长和数量不多的物料,也可用于干燥有爆炸性和易生成碎屑的物料,如各种散粒状物料、膏糊状物料、木材、陶瓷制品和纤维状物料等。被干燥物料用人工放入干燥箱,或置于小推车上送入箱内。小车的构造和尺寸应根据物料的外形和干燥介质的循环方式决定。支架或小车上置放的料层厚度为 10～100 mm。空气速度以被干燥物料的粒度而定,要求物料不致被气流所带出,一般气流速度为 1～10 m/s。箱式干燥设备的门应保持密封性良好，以防空气漏入。

箱式干燥设备存在以下不足：物料得不到分散，干燥时间长；若物料量大，所需的设备容积也大；工人劳动强度大，如需要定时将物料装卸或翻动时，粉尘飞扬，环境污染严重；热效率低，一般为 40% 左右，每干燥 1 kg 水分约需消耗加热蒸汽 2.5 kg 以上。此外，产品质量不够稳定。

10.2.2.1　水平气流箱式干燥设备

水平气流箱式干燥设备的风机应安置在合适的位置，并在设备内安装整流板，以调整热风的流向，保证热风分布均匀。

干燥介质循环使用的箱式干燥设备，是传导加热和热风循环的组合。箱内装有两台或多台可移动的盘架式料车。盘架中空管内通以蒸汽、热水或热油。利用传导和水平流动的热风对流，进行传热和传质，达到均匀干燥的目的。烘箱顶部安装循环风扇，不断补充新鲜空气，并从排风口放出等量废气。大部分混合热风在箱内进行加热和循环操作。箱内调风阀可根据产品性状和要求调节进风量和温度，以确保箱内热风温度分布均匀。

10.2.2.2　穿流气流箱式干燥设备

在水平气流箱式干燥设备中，气流只在物料表面流过，传热系数低，热利用率小，物料干燥时间较长等。为了克服以上缺点，开发了穿流式气流箱式干燥设备（图 10.21）。为了使热风在料层内形成穿流，必须将物料加工成型。由于物料性质不同，成型的方法有几种：沟槽成型、泵挤条成型、滚压成型、搓碎成型等。

干燥物料散布方式对水平气流干燥速度影响不大，而对穿流气流干燥速度影响较大。由于物料放置条件不同，干燥时间和最终湿含量均有较大差异。穿流气流干燥速度比水平气流干燥速度快 2～4 倍。

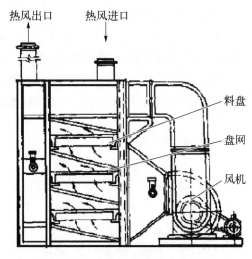

图 10.21　穿流气流箱式干燥设备

10.2.2.3　真空箱式干燥设备

箱式真空干燥设备也称真空箱式干燥设备，箱式真空干燥设备除具有真空干燥设备的特点外，更适用于少量、多品种物料的干燥，物料不破损并且干燥过程中不产生或很少产生粉尘。因此，尤其适用于药厂对多品种、小批量药品干燥的要求。该干燥设备是由长方形的密闭干燥箱所组成，箱内装有许多水平放置的夹层加热板或加热列管。在板（管）中通入蒸汽、热水或其他载热体，盛有被干燥物料的干燥盘放置在加热板（管）上。利用加热板（管）与装料盘进行热传导。蒸汽及空气用真空泵自干燥箱吸入冷凝器中，蒸汽在冷凝器中与空气分离，空气用干式真空泵抽出。

真空箱式干燥设备的主要特点是：当加热温度恒定时提高真空度能提高干燥速度；当真空度恒定时提高加热温度能提高干燥速度；物料中蒸发出的溶剂可以通过冷凝器回收；热

源采用低压蒸汽、废热蒸汽、热水或其他介质(由物料耐热性确定);干燥设备热损耗少,热效率高;干燥操作前箱体可进行预消毒,干燥过程中,无杂质混入,产品不受污染;被干燥的物料处于静止状态,形状不易损坏。缺点是:操作较复杂,操作费用较贵;设备结构较复杂,造价较贵。

由于物料在干燥时处于静止状态,在设计箱式干燥设备时,需要注意空气与物料相对流动方向的选择以达到均匀干燥的效果。例如,当木块水平堆列顺着干燥箱放置时,而衬垫物横放的情况下,必须采用水平的横向气流;当物料在垂直堆列时,就要采取垂直方向的气流。

10.2.2.4　隧道式干燥设备

隧道式干燥设备,又称洞道式干燥设备(图 10.22)。通常由隧道和小车两部分组成,将被干燥物料放置在小车上,送入隧道式干燥设备内。载有物料的小车布满整个隧道。当推入一辆载有湿物料的小车时,彼此紧跟的小车都向出口端移动。小车借助于轨道的倾斜度(倾斜度为 1/200)沿隧道移动,或借助于安装在进料端的推车机推动。推车机具有压辊,被装置在一条或两条链带上,这些压辊焊接在小车的缓冲器上,车身移动一个链带行程后,链带空转,直至在压辊运动的路程上再遇到新的小车。也有在干燥设备进口处,将载物料的小车相互连接起来,用绞车牵引整个列车或者用钢索从轮轴下面通过其牵引小车。隧道式干燥设备的制造和操作都比较简单,能量的消耗也不大。但物料干燥时间较长,生产能力较低、劳动强度大。主要用于需要较长干燥时间及大件物料如木材、陶瓷制品和各种散粒状物料的干燥和煅烧。

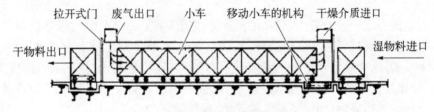

图 10.22　旁堆式隧道式干燥设备

隧道式干燥设备的热源可用废气、蒸汽加热空气、烟道气或电加热空气等。流向可分为自然循环、一次或多次循环,以及中间加热和多段再循环等。多段再循环的主要优点是经济性高。不管纵向的气流如何,都可使空气的横向速度变大,干燥的效果变好,达到均匀和迅速干燥的目的。这类干燥设备中各区段内空气的循环,大都依靠设置在干燥设备内的鼓风机实现。这种内部鼓风机能减少空气阻力。因此,允许在较大气量下操作。

近年来,在隧道式干燥设备内采用逆流-并流操作流程。对于很多的物料,采用逆流操作可能引起局部冷凝现象,影响产品质量。采用并流操作干燥过程开始进行得较顺利,干燥过程结束时,干燥强度降低。

10.2.2.5　水平气流带式干燥设备

带式干燥机由若干个独立的单元段所组成。每个单元段包括循环风机、加热装置、单独或公用的新鲜空气抽入系统和尾气排出系统。因此,对干燥介质数量、温度、湿度和尾气循环量等操作参数,可进行独立控制,从而保证干燥机工作的可靠性和操作条件的优化。

带式干燥机操作灵活,干燥过程在完全密封的箱体内进行,避免了粉尘的外泄。带式干燥机是大批量生产用的连续式干燥设备,用于透气性较好的片状、条状、颗粒状物料的干燥。对于脱水蔬菜、中药饮片等含水率高、干燥热敏性物料尤为合适。该系列干燥机具有干燥速率高、蒸发强度高、产品质量好等优点。

带式干燥机分有单层式及多层式,两者工作原理基本相同。料斗中的物料由加料器均匀地铺在网带上,随输送网带向前移动,干燥单元内的热空气垂直通过物料层,使物料脱水。网带上物料层的厚度按物料性质、布料方式以及干燥温度等因素确定,一般在 20～100 mm 内调整。网带采用 12～60 目不锈钢制成,根据需要也可以采用立体网带。由传动装置托动在干燥机内移动。干燥段由若干单元组成,每一单元热空气独立循环,部分尾气由专门排湿风机排出,每一单元排出尾气量均有调节阀控制。在上一循环单元中,循环风机出来的热空气内侧面风道进入单元下腔,气流通过换热器加热,并经分配器分配后,成喷射流吹向网带,穿过物料后进入上腔。干燥过程是热气流穿过物料层,完成热量传递过程。上腔由风管与风机相连,大部分气体循环。一部分温度较低、含湿量较大的气体作为尾气经排湿管、调节阀、排湿风机排出。上下循环单元根据用户需要可灵活配备,单元数量亦可根据需要选取。

水平气流带式干燥设备一般处理不带黏性的物料,对于有微黏性的物料,需设布料器,以使物料均匀散布在带上。物料从输送带上脱离和连续出料也需有相应的专门装置。为了保持输送带的水平运动,以及承担滚筒和输送带的荷重,常采用滚筒托辊的结构。若输送带由数段组成,应设隔板,使各段处于最适宜的干燥条件。同时也可借助隔板,防止干燥物料中混入异物。在处理飞散性大的干燥物料时,为了防止它的飞散,需要在分段部分安装盖板。

在水平气流带式干燥设备内,热风的流动方式有两种:一种是输送带各段两侧密封,热风在干燥物料上面通过;另一种是输送带各段不密封,在整个输送带上形成热风通过。对于密封的干燥设备,当干燥含水量较大且容易飞散的物料时,热风通过料层后,温度下降较明显,而热风的速度又受到限制,因此,设备增大,费用增加。对于不密封的干燥设备,由于它是在整个干燥段通热风,故而设备结构较简单,操作故障少。

目前,在大型带式干燥设备内,设有多段移动皮带,热风从下部或上部管吹入,在上、下部也配置排气管,它装在输送带的两侧,交错安装,以形成旋回气流,达到提高干燥效率的目的。

10.2.2.6 穿流气流带式干燥设备

穿流气流带式干燥机主要由头部、布料机构、若干干燥单元、出料装置、网带运行机构等组成。它采用强制通风干燥法。由于热空气和湿物料的接触面积大,既有对流传热,又有辐射传热,干燥强度大。因湿物料内部水蒸气排出的途径较短,具有较高的干燥速率。

除纤维状物料、片状物料或颗粒状物料外,一般湿物料不宜直接投放到输送网带上,而必须经过成形预处理。对水分含量较低的滤饼,可事先破碎成尺寸合适的块状物,然后进行投料。某些水分较多的膏状物料,可挤压成尺寸合适的条状物料投入网带。对于水分过高不适合成形的糊状物,可先进行预干燥处理或真空吸滤使之成为膏状物,再挤压成条状物料,物料成形机构应根据物性参数通过实验来确定。

穿流气流带式干燥设备操作可靠,当湿物料加料量和湿度波动时,可随时调节干燥介质的流量或温度,亦可调节网带运行速度,必要时使网带停止运行,让物料在干燥机内静止一段时间,使物料的最终湿度含量达到要求。该机操作条件较好,干燥过程在完全密封的箱室内进行,避免了粉尘飞扬和外溢,产品不受污染。穿流气流带式干燥机设备结构见图 10.23。

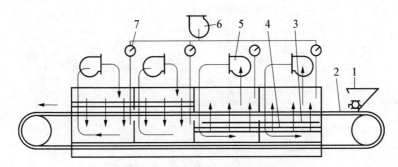

图 10.23　穿流气流带式干燥机

1-加料器;2-网带;3-分离器;4-换热器;5-循环风机;6-排湿风;7-调节阀

10.2.3　流化床干燥设备

10.2.3.1　工作原理与特点

流化床干燥技术是 20 世纪 60 年代开始在食盐工业发展起来的一种新型干燥技术,目前已广泛应用于化工、医药、食品、建材等各行业。流化床干燥机具有下述特点:气固直接接触,热传递阻力小,可连续大量处理物料,能获得较好的综合经济技术指标;早期的流化床只适应于非黏性粉粒状物料,经不断改进,目前,不同类型的流化床可广泛适用于粉粒状、轻粉状、黏附性、黏性膏糊状物料及各种含固液体,是适用范围较广的干燥机型;设备结构相对比较简单,早期流化床无运转部件,因而设备造价较低,运行维修费用也较少;热效率在对流式干燥设备中属于较高者,一般可达 50% 左右;干燥时间易于调节,适合于含水要求很低的场合;易于同其他类型的干燥设备组成二级或三级干燥机组,以获取最好的经济技术指标。

10.2.3.2　流化床干燥设备的型式及应用

1. 单层圆筒型流化床干燥设备

图 10.24 为 NH_4Cl 的干燥工艺流程,流化床干燥机的直径为 $\Phi3\,000$ mm。物料由皮带输送机运送到抛料机加料斗上,然后均匀地抛入流化床内,与热空气充分接触而被干燥。干燥后的物料由溢流口连续溢出。空气经鼓风机、加热器后进入筛板底部,并向上穿过筛板,使床层内湿物料流化形成沸腾层。尾气进入并联组成的旋风分离器组,与细粉分离,再经引风机排到大气。在该流程中,主要设备为单层圆筒形流化床。设备材料为普通碳钢,内涂环氧酚醛防腐层。气体分布板是多孔筒板,板上钻有 $\Phi1.5$ mm 的小孔,正六角形排列,开孔率为 7.2%。与回转干燥设备相比,生产能力由 200×10^3 kg/d 提高到 310×10^3 kg/d;钢材消耗量由 30 多吨降低到不足 6 吨;设备运转率提高 35%。

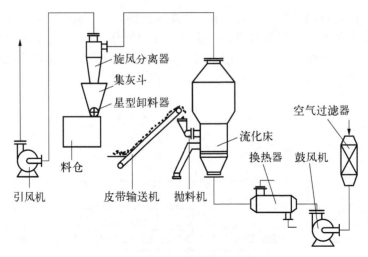

图 10.24　NH₄Cl 流化床干燥流程图

2. 多层流化床干燥设备

单层流化床干燥设备的缺点是物料在流化床中停留时间不均匀,干燥后产品湿度不均匀。多层流化床干燥设备的湿物料从床顶加入,并逐渐下移,由床底排出。热空气由床底送入,向上通过各层,由床顶排出,形成了物流与气流逆向流动的状况,产品的质量比较易于控制。由于气体与物料多次接触,使废气的水蒸气饱和度提高,热利用率亦得到了提高。

利用多层流化床干燥涤纶切片的工艺流程见图 10.25。预结晶后的涤纶树脂,由料斗经气流输送到干燥设备的顶部,由上溢流而下,最后由卸料管排出。空气经过滤器、鼓风机送到电加热器,由干燥设备底部进入,将湿物料流化干燥。为了提高热利用率,除将部分气体循环使用外,其余的放空。采用多层流化床干燥涤纶树脂与倾斜式真空转鼓干燥机相比不仅实现了连续生产,提高了生产强度,而且节约了设备的投资费用(仅为真空转鼓的10%～25%)。

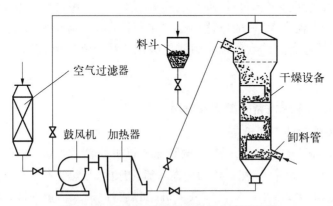

图 10.25　多层流化床干燥设备生产流程图

溢流管式多层流化床干燥设备的关键是溢流管的设计和操作。如果设计不当,或操作不妥,很容易产生堵塞或气体穿孔,造成下料不稳定,破坏流化现象。一般溢流管下面均装有调节装置,如图 10.26 所示。该装置采用一菱形堵头(a)或翼阀(b),调节其上下位置改变下料口截面积,从而控制下料量。

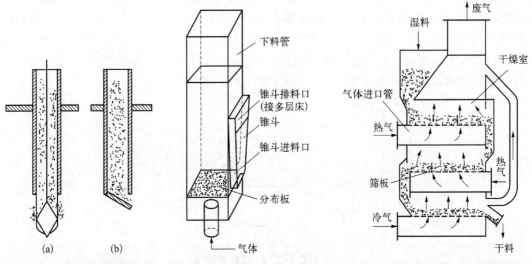

图 10.26 溢流管式调节装置　　图 10.27 气控式锥形溢流管　　图 10.28 三级流化床干燥设备

图 10.27 是气控锥形溢流管,其特点如下。① 物料在溢流管中呈流化状态,不易出现桥联、卡料等现象;② 不加料时,溢流管呈不排料状,多层床仍能维持正常操作,此时锥斗呈浓相床,形成料封,阻止流化床中气体窜入溢流管;③ 在一定的溢流管气体量条件下,加料速率具有较宽的范围;④ 该溢流管无机械传动部分,适于高温操作。

图 10.28 为一个三级流化床干燥设备,由一尺寸为 2.5 m×1.25 m×3.8 m 的矩形室所组成。整个室分三段,上面两段为干燥段,下一段为冷却段。筛板与水平面成 2°～3°倾斜角。筛孔直径 Φ1.4 mm。干燥段筛板面积为 3.12 m²,冷却段为 3.6 m²。物料由床顶进入,逐渐下移,并与热空气接触而被干燥。当其达到冷却段时,被由床底进入的冷空气所冷却,最后由卸料管卸出。人们利用此法曾成功地干燥了发酵粉、硫酸铵以及各种聚合物。

3. 穿流板式多层流化床干燥设备

图 10.29 是一种新的塔形、带多孔筛板的多段流化床设备,类似于穿流式蒸馏塔。在每一筛板上均形成独立的流化床层,固体颗粒边流化边从筛孔自上而下地移动,气体则经过筛孔自下而上地流动。筛板孔径比颗粒孔径大 5～30 倍,通常为 10～20 mm。筛板开孔率为 30%～40%。大多数情况下,气体的空塔气速 u_0 与颗粒带出速度 u_t 之比为 1.1～1.2,最大为 2,颗粒粒径为 0.5～5 mm。

4. 卧式多室流化床干燥设备

图 10.30 为卧式多室流化床干燥设备及工艺,多用于多种药物的干燥。

干燥设备为一矩形箱式流化床,底部为多孔筛板,其开孔率一般为 4%～13%,孔径一般为 1.5～2.0 mm。筛板上方有竖向挡板,将流化床分隔成几个小室,每块挡板均可上下移动,以调节与

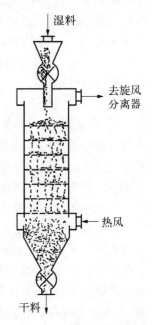

图 10.29 穿流板式多层流化床干燥设备

筛板之间的距离。每一小室下面有一进气支管,支管上有调节气体的阀门。湿物料由给料机连续加入干燥设备的第一室,处于流化状态的物料自由地由第一室移向第八室,干燥后的物料则由第八室卸料口卸出。空气经过滤器5,加热器6加热后由八个支管分别送入八个室的底部,通过多孔筛板进入干燥室,使多孔板上的物料进行流化干燥,废气由干燥室顶部出来,经旋风分离器9,袋式过滤器10后,由引风机11排出。

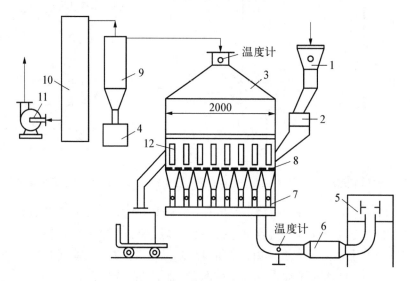

图 10.30　卧式多室流化床干燥设备流程示意图

1-给料机;2-加料斗;3-流化干燥室;4-干品贮槽;5-空气过滤器;6-翅片加热器;
7-进气支管;8-多孔板;9-旋风分离器;10-袋式过滤器;11-引风机;12-视镜

卧式多室流化床干燥设备所干燥的物料,大部分是经造粒机预制成 4~14 目的散粒状物体,初始湿含量一般为 10%~30%,产品湿含量为 0.02%~0.03%。由于物料在流化床中的摩擦碰撞,干燥后物料粒度变小(12 目 20%~30%,40~60 目 20%~40%,60~80 目 20%~30%)。当物料的粒度分布在 80~100 目或更细小时,应缩小分布板的孔径及开孔率,改善流化效果。

卧式多室流化床干燥设备具有结构简单,制造方便,没有任何运动部件;占地面积小,卸料方便,容易操作;干燥速度快,处理量幅度变动大;可在较低温度下干燥热敏性物料,颗粒不会被破坏等优点。但也存在热效率低于其他类型流化床干燥设备,对多品种小产量物料的适应性较差等缺点。改进措施有:采用栅式加料器使物料尽量均匀地散布于床层之上,消除各室死角,平稳操作;采用电振动加料器可使床层流化状态良好操作稳定。

5. 振动流化床干燥设备

振动流化床干燥设备适于太粗或太细的颗粒、易于黏结成团以及要求保持晶形完整、晶体闪光度好等物料的干燥。如应用于干燥砂糖,此前,多采用回转圆筒干燥设备或立式蝶形干燥设备干燥砂糖,由于干燥过程中颗粒与颗粒间的摩擦以及颗粒与设备器壁间的摩擦,干燥后糖粒破坏,产品无棱角、粉末多、闪光度差。而采用振动流化床干燥设备可得到晶形完整、晶体闪光度较好的砂糖。其干燥设备由分配段、沸腾段和筛选段三部分组成。在分配段和筛选段下面均有热空气引入。含水率为 4%~6% 的湿糖,先由加料装置送入分配段,再经过振动平板均匀地送入沸腾段,停留几秒钟后由沸腾段进入筛选段,在筛选段将糖粉和糖块筛选掉。最终产品含水率为 0.02%～0.04%。

10.2.4　气流干燥设备

10.2.4.1　工作原理与特点

气流干燥也称瞬间干燥,是散粒状物料干燥中使用较早的流态化技术,该法是使热空气与被干燥物料直接接触,对流传热传质,并使被干燥物料均匀地悬浮于流体中,两相接触面积大,强化了传热与传质过程。

多年来的实践证明,气流干燥具有下列优点:干燥时间短、速率快、处理量大,适用于热敏性或低熔点物料的干燥;干燥强度高,可实现自动化连续生产;结构简单、占地面积小,制造方便;适应性广,最大粒度可达 10 mm 散粒状物料,湿含量可为 10%～40%。

也存在一定的不足:气体流速较高,对颗粒有一定程度的磨损,不适用于干燥对晶体形状有一定要求的物料。物料在气流的作用下,冲击管壁,对管子的磨损较大。气流干燥也不适于黏附性很强的物料,如精制的葡萄糖等。对于在干燥过程中易产生微粉又不易分离以及需要空气量极大的物料,都不宜采用气流干燥。

10.2.4.2　气流干燥装置的型式及应用

1. 直管气流干燥设备

直管气流干燥设备的管长一般为 10～20 m,甚至高达 30 m,以保证湿物料在上升的气流中达到热气流与颗粒间相对速度等于颗粒在气流中的沉降速度,使颗粒进入恒速运动状态。气固相对速度不变,气流与颗粒间的对流传热系数亦不变。由于颗粒细小,并已具有最大的向上运动速度,故在一定的给料量下,其对流传热系数较小,传热传质速率也较低。

直管气流干燥设备在高度方向上占用空间大,气固两相之间的相对速度逐渐降低,使用不够广泛,热利用率较低,物料易粉碎。近年来,我国相继研制了体积小、干燥速率快的旋风气流干燥设备,充分利用气流和颗粒的不等速流动强化干燥过程的脉冲气流干燥设备,干燥膏状物料的气流沸腾干燥设备,用于干燥易氧化物料(如对氨基酚)的短管气流干燥设备(管长约 4 m),保护晶体不被破碎的低速(如气速为 5 m/s)气流干燥设备以及干燥浆状物料的喷雾气流干燥设备等。

2. 脉冲式气流干燥设备

在直管气流干燥设备的基础上,为充分利用气流干燥中颗粒加速运动段具有很高的传热和传质作用以强化干燥过程而采用变径气流管的脉冲气流干燥设备。物料首先进入管径小的干燥管内,气流以较高速度流过,使颗粒产生加速运动;当其加速运动终了时,干燥管径突然扩大,由于颗粒运动的惯性,使该段内颗粒速度大于气流速度;颗粒在运动过程中由于气流阻力而不断减速,直至减速终了时,干燥管径再突然缩小,颗粒又被加速;重复交替地使管径缩小与扩大,则颗粒的运动速度不断在加速后又减速,始终无恒速运动,使气流与颗粒间的相对速度与传热面积均较大,从而强化了传热传质速率。在扩大段随着气流速度下降,也相应地增加了干燥时间。脉冲气流干燥设备工艺流程见图 10.31。

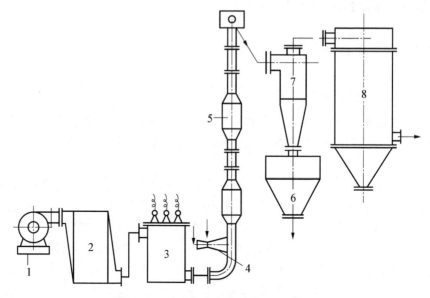

图 10.31　脉冲气流干燥设备工艺流程图

1-鼓风机;2-翅片换热器;3-电加热器;4-文丘里加料器;5-脉冲气流干燥设备;
6-料斗;7-旋风分离器;8-布袋除尘器

3. 层式气流干燥塔

层式气流干燥塔(类似板式干燥机),是近年来开发的新一代节能型干燥设备。该设备采用多层立式结构,物料与高温烟道气均通过烟道盘逆流换热,最大限度地利用了辐射、传导和对流传热方式,从而显著地提高了设备的热效率,热利用率始终保持在 85% 以上,节能降耗显著,具有结构简单新颖,占地小,生产能力大,适用范围广,操作稳定,使用寿命长等多项特点。

10.2.5　喷雾干燥设备

喷雾干燥设备是用喷雾的方法,使物料成为雾滴分散在热空气中,物料与热空气呈并流、逆流或混流的方式互相接触,使水分迅速蒸发,达到干燥目的。喷雾干燥设备是处理溶液、悬浮液或泥浆状物料的干燥设备。

10.2.5.1　雾化原理与雾化器

众所周知,喷雾干燥的雾化器有多种,按雾化机理分为离心式、压力式和气流式。习惯上,人们按雾化方式将喷雾干燥分为转盘式(离心式)、压力式(机械式)、气流式三种。

1. 离心式雾化器与雾化原理

当向高速旋转的分散盘上注入液体时,液体受离心力和重力作用,在两种力的作用下得到加速分裂雾化,同时在液体和周围空气的接触面处,由于存在摩擦力也促使形成雾滴。

一般情况下,旋转分散盘表面上液滴的形成取决于许多条件,如料液的黏度、表面张力、分散盘上液体的惯性以及液体释放时与空气界面的相互摩擦作用等。分散盘在较低转速的情况下,影响液滴形成的因素主要是液体的性质,特别是黏度和表面张力。工业生产中雾化器的转速较高,影响液滴形成的主要因素是惯性和摩擦作用。当料液的黏度和表面张力占主要地位时,液滴会单独形成,并从分散盘边缘释放以产生均匀的雾滴群。因料液的黏度产生较强的内力,而该内力阻止液体在分散盘边缘的破裂,因而需要较大的能量才能获得较高的分散度。对于高黏度、高表面张力料液通常产生球形颗粒,并且通过改变操作条件比较容易控制雾滴直径。离心式雾化基本可以归纳为料液直接分裂成液滴、丝状割裂成液滴和膜状分裂成液滴三种情况。

(1) 料液直接分裂成液滴

当料液的进料量较少时,料液受离心力作用,迅速向分散盘的边缘移动,分散盘周边上隆起半球状液体环,形状取决于料液的黏度、表面张力、离心力及分散盘的形状和光滑程度。当离心力大于表面张力时,分散盘边缘的球状液滴立即被抛出而分裂雾化,液滴中伴随有少量大液滴。

(2) 丝状割裂成液滴

当料液流量较大而且转速加快时,半球状料液被拉成许多丝状液体线。流量增加,分散盘周边的液丝数量也在增加。如果达到一定数量后,液丝就会变粗,而液丝的数量不再增加,抛出的液丝也不稳定。液丝运动的波动和不均匀性,在分散盘边缘附近使之断裂,受表面张力的作用收缩成球状。

(3) 膜状分裂成液滴

当液体的流量继续增加时,液丝数量与丝径都不再增加,液丝间相互黏合形成薄膜。离心力将液膜抛出分散盘周边一定距离后,被分裂成分布较广的液滴。若再进一步提高转速,液膜便向分散盘周边收缩,液膜带变窄。若液体在分散盘表面上的滑动能减到最小,可使液体以高速度喷出,在分散盘周边与空气发生摩擦而分裂雾化。

从上面的分析可以看出,三种雾化机理可能出现在不同的操作阶段,也可能同时出现,但总有一种是主要的雾化形式。以哪一种雾化形式为主与分散盘的形状、直径、转速、进料量、料液的表面张力和黏度有关。

雾化器(分散盘)主要包括转杯分散盘、多管分散盘、直线翼型分散盘和曲线翼型分散盘。

(1) 转杯分散盘

转杯分散盘如倒置的杯子,表面光滑,具有锐利的周边。进料管设置在中心处,料液首先落到液体分配器上,使之均匀地沿杯状体向下流动,当到达杯口处,料液受离心力的作用被甩出雾化,这种结构适用于获得较细颗粒的场合。主要由进料管、主轴、液体分配盘和转杯组成。

(2) 多管分散盘

在分散盘上均匀布置若干个喷管,这些喷管多由耐磨材料制成,可以在分散盘转速不高时获得较大的线速度。孔径的大小和伸出的长短可以控制产品的粒度,目前在食品干燥中被广泛采用。

(3) 直线翼型分散盘

直线翼型分散盘是在分散盘周围均匀分布若干个液体通道,通道口中心线是以分散盘为中心的放射线形状,通道有圆形、方形和椭圆形。这种分散盘的加工费用较低,料液不易堵塞通道,但通道内有时能进入空气。

为了降低加工难度,常把分散盘分体加工后再进行组装,在盘盖和分散盘间形成许多直线通道,喷雾时周边影响小。这种结构比较合理,料液的滑动根据液膜在盘面上的运动速度而定。离盘中心较近的地方运动速度不大,因此滑动也不大。在离轴中心一定距离设置通道,目的是防止料液滑动,增加润湿面的周边,使薄膜沿通道垂直移动。这种结构可以在不改变分散盘直径的情况下,通过改变通道的截面积提高处理量,而产生的雾距基本相同。有研究表明,通道的截面积越小,产生的雾滴越小,反之雾滴就越大。

(4)曲线翼型分散盘

曲线翼型分散盘的基本结构与直线翼型基本相同,不同的是曲线翼型的通道是曲线的沟槽,在这种分散盘中,又分为高曲线型、低曲线型和双曲线型等多种。与直线翼型相比,加工费用略高一些,但产品的堆密度比前者高 7%～10%。选择离心式喷雾干燥设备时选择雾化器的型式对干燥效果有非常密切的关系。

2. 压力式雾化器与雾化原理

压力式雾化器的雾化原理是液体在高压泵的压力下从雾化器的切向通道高速进入旋转室,使液体在旋转室内产生高速旋转运动。根据旋转动量矩守恒定律,旋转速度与旋转室的半径成反比,因此越靠近轴心处旋转速度愈大,静压力愈小。当旋转速度达到某一值时,雾化器中心处的压力等于大气压力时,喷出的液体就形成了绕空心旋转的锥形环状液膜。随着液膜的延长,空气的剧烈扰动所形成的波不断发展,液膜分裂成细线。并受湍流径向分速度和周围空气相对速度的影响,最后导致液膜破裂成丝。液丝断裂后受表面张力的作用,最后形成由无数雾滴组成的雾群,水分蒸发后形成微粒状产品。

压力式雾化器俗称压力喷嘴。按喷雾状况分为两种:一种喷雾呈完全圆锥形,其特点是在喷雾圆锥体内,全部充满雾滴,但中心部分液滴较多;另一种喷雾呈中空圆锥形,其特点是在喷雾圆锥体内无雾滴,中间形成空心,液滴沿锥体表面均匀分布。实际应用中常使用后者,比较典型的有旋转压力喷嘴、离心式压力喷嘴、多导管压力式旋涡喷嘴、混合式压力喷嘴等。旋转压力式喷嘴作用原理是液体压入喷嘴后,从切线方向进入旋转室,液流即产生旋涡,喷雾成中空圆锥体;离心式压力作用原理是沟槽与主轴倾斜成一定角度,液流呈螺旋状进入旋转室,产生离心作用,在喷孔出口处喷雾成中空圆锥体。

3. 气流式雾化器与雾化原理

气流式雾化器的工作原理是利用高速气流使液膜产生分裂,高速气流可以采用压缩空气,也可以采用蒸汽,使用蒸汽要比压缩空气经济。使用蒸汽受物料耐热温度等限制,所以只有当物料的耐热温度允许的情况下才可以使用。当压缩空气或蒸汽以很高的速度(一般为 200 m/s 左右,有时甚至达到超声速)从雾化器喷出时,料液的流速很低,因此两者存在着很大的相对速度差,使气液之间产生摩擦力和剪切力,液体在瞬间被拉成一条条细长的丝,接着这些液丝在较细处很快断裂而形成微小的雾滴。丝状体的存在时间取决于气液间的相对速度和料液的物理性质。相对速度越高,产生的液丝愈细,存在时间就愈短,喷雾的分散度也愈高。如果料液的黏度愈大,丝状体存在的时间就愈长。为此,当以气流式喷雾干燥处理某些高黏度料液时,所得到的产品往往是粉状或絮状。

气流式雾化器可分为内部型、外部型和内外部混合型。在高温下内部混合型喷嘴易堵塞,应用不广;外部混合型气体与料液在喷嘴出口处相遇,比较可靠稳定,在医药和染料中常采用。内外混合相结合雾化器的喷嘴是由一个料液通道和两个气体通道组成。压缩空气分两路通入,料液先与二次空气在喷嘴内部混合,然后在出口处与一次空气混合。这种喷嘴特别适用于高黏度的溶液和膏糊状物料的喷雾干燥。

10.2.5.2   喷雾干燥设备的型式和特点

1. 离心式喷雾干燥设备

离心式喷雾干燥设备外形为短而粗塔体($H/D=1.5\sim2$, H 为塔高, D 为塔径),其关键部件是雾化器即分散盘。离心雾化器的驱动型式有气动式、机电一体式和机械传动式等三种。气动式驱动的雾化器结构简单,不需要维修,主要适用于小型实验装置。机电一体式雾化器采用高速电机直接驱动分散盘,省去了较复杂的机械传动结构,减少了机械磨损,能耗是机械传动的 $50\%\sim60\%$,比气动式也要节省 30%。机械传动式有两种结构,一种是齿轮传动,另一种是皮带传动。齿轮传动在物料进料量波动时,转速恒定,机械效率较高。但齿轮传动结构会产生热量,齿轮箱需要润滑并用油泵强制循环冷却,设备抗冲击能力较弱。皮带传动是通过电机带动大皮带轮,再通过皮带带动主轴上的小皮带轮工作。皮带传动的优点是传动系统不需要冷却和润滑,抗冲击能力较强。缺点是主轴转速会随进料量的变化有一定波动。

离心式雾化器基本原理就是通过动力驱动主轴,主轴带动固定在其上的分散盘高速旋转。离心喷雾干燥设备工艺流程如图 10.32 所示。

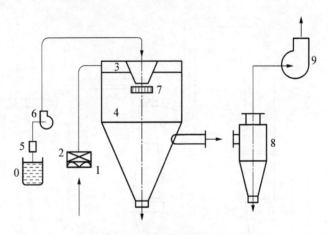

图 10.32   离心式喷雾干燥工艺流程

1-空气过滤器;2-加热器;3-热风分配器;4-干燥室;5-过滤器;
6-送料泵;7-离心雾化器;8-旋风分离器;9-引风机;10-料槽

离心式喷雾干燥设备是目前工业生产中使用最广泛的干燥设备之一,基本特点是:离心式喷雾干燥不需要严格的过滤设备,料液中如无纤维状液体基本不堵塞料液通道;适应较高黏度料液(与压力式喷雾干燥相比)的干燥;易于调节雾化器转速,控制产品粒度,粒度分布也较窄;在调节处理量时,不需要改变雾化器的工作状态,进料量在 $\pm25\%$ 的范围内变动可以获得相同的产品;因离心式雾化器产生的雾群基本在同一水平面上,雾滴沿径向和切向的合成方向运动,几乎没有轴向的初速度,所以干燥设备的直径相对较大。径长比较小,可以最大限度地利用干燥室的空间。

离心式喷雾干燥设备有如下缺点:雾滴与气体的接触方式基本属于并流形式,分散盘不能垂直放置;分散盘的加工精度要求较高,要有良好的动平衡性能,如平衡状态不佳,主轴及轴承容易被损坏;产品的堆密度较压力式喷雾干燥低。

2. 气流式喷雾干燥

与其他两种干燥设备相比,气流式喷雾干燥设备直径较小,特别适合干燥黏度较高而有触变性的物料。气液两相的接触比较灵活,并流、混流、逆流均可以操作。但由于气流式雾化器的雾距较长,如果采用上喷下并流操作时干燥设备的高度要适当加长,以保证雾滴有足够的停留时间。通常气流式雾化器消耗的动力高于其他两种6~8倍。由于它可以雾化较高黏度的料液,是其他型式雾化器所不及的,还可以处理较高含固率的料液,在某种程度上弥补了它的缺点,这使得这种最早出现的机型到目前仍在工业中大量使用。

气流式喷雾干燥设备的结构与气流式雾化器有关,雾化器由进气管、进料管、调节部件以及气体分散器组成。在雾化器中,调节部件主要是调节气管端面与料管端面的相对位置,以调节气液两相的混合状态。气体分散器是对进入气管的气体进行均匀分布,以保证在气管出口处均匀射出。气体还可以通过气体分散器调整流向,使气体产生旋转,以强化料液的分散效果和干燥过程。

气流喷雾干燥的特点是结构简单、加工方便、操作弹性大、易于调节。但在安装时要注意雾化器与干燥设备的同心度,否则会出现粘壁等现象。气流式喷雾干燥设备工艺流程见图10.33。

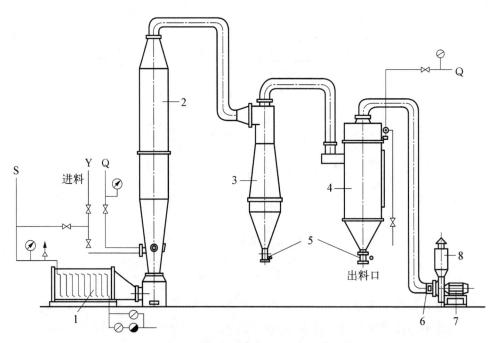

图10.33 气流式喷雾干燥设备工艺流程图

1-加热器;2-干燥设备;3-旋风分离器;4-布袋除尘器;5-出料阀;6-风门;7-引风机;8-消声器

3. 压力式喷雾干燥设备

压力式喷雾干燥设备(因设备高大而呈塔形,又称喷雾干燥塔)在生产中使用最为普遍。压力式喷雾干燥设备的产品成微粒状,一般平均粒度可以达到$150\sim200\ \mu m$。产品有良好的流动与润湿性。

压力式喷雾干燥的工作原理决定了其所得产品是微粒状的,不论是雾滴还是产品的粒径都比离心式和气流式两种大,雾滴干燥时间比较长。喷出的雾化角较小,一般为 $20°\sim70°$。干燥设备的外形以高塔形为主,使雾滴有足够的停留时间。给料液施加一定的压力,通过雾化器雾化,系统中要有高压泵。另外,因雾化器孔径很小,为防杂物堵塞雾化器孔道,一定要在料液进入高压泵前进行过滤。采用压力式喷雾干燥,多以获得颗粒状产品为目的,因此,经压力式喷雾干燥的最终产品都有其独特的应用性能。

由于颗粒状产品如速溶奶粉、空心颗粒染料、球状催化剂、白炭黑、颗粒状铁氧体等需要量日益增多,促使压力式喷雾干燥装置也随之发展。压力式雾化是用高压泵将料液加压到 $2\sim20\,\text{MPa}$,送入雾化器将料液喷成雾状。每小时喷雾量可达几吨至十几吨。在工业生产上,一个塔内可装入几个乃至十几个喷嘴,可保持与实验条件完全相符的条件,基本上不存在放大问题。压力式喷雾干燥设备工艺流程见图 10.34。

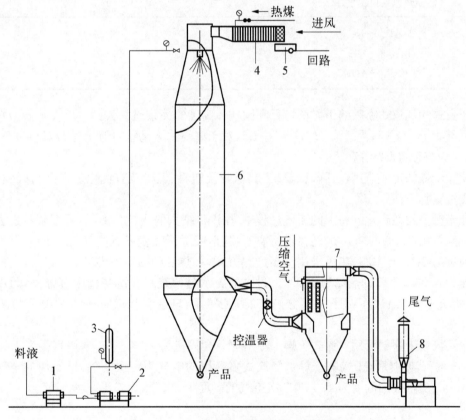

图 10.34　压力式喷雾干燥设备工艺流程

1-过滤器;2-高压泵;3-稳压器;4-加热器;5-空气过滤器;6-干燥箱;7-布袋除尘器;8-引风机

压力式喷雾干燥的缺点:在生产过程中流量无法调节,如果想改变流量,只有更换雾化器孔径或调节操作压力;压力式喷雾干燥不适合处理纤维状物料,这些物料易堵塞雾化器孔道;不适合处理高黏度物料或有固液相分界面的悬浮液,它会造成产品质量的严重不均;与离心式和压力式两种型式相比,压力式喷雾干燥的体积蒸发强度较低。

10.2.5.3 喷雾干燥设备的选型与应用

喷雾干燥设备的选型方法有多种,这里仅介绍最简单的一种方法——干燥强度法。

干燥强度用 N 表示,干燥塔的容积用式(10.53)计算。

$$V = \frac{W_A}{N} \tag{10.53}$$

式中,V 为干燥塔体积(m^3,此值求得后,先决定直径,再求出圆柱体高度);W_A 为水分蒸发量(kg/h)。

N 值为一经验常数,是单位容积的蒸发能力,经常作为干燥塔干燥能力的比较数据。此值越大越好。在无经验数据时,可参考表 10.11 选用 N 值。

表 10.11　N 值与热风入口温度的关系

热风入口温度/℃	$N/(\text{kg} \cdot \text{m}^{-3} \cdot \text{h}^{-1})$
130～150	2～4
300～400	6～12
500～700	15～25

压力式和气流式喷嘴的干燥塔塔径和圆柱体高度的关系通常为:一般情况 $H/D = 3 \sim 5$;对大雾滴 $H/D \geq 5$;混合流 $H/D = 1 \sim 1.5$;对于离心式雾化器的干燥塔 $H/D = 0.5 \sim 1.0$。式中,D 为塔径;H 为塔高。

喷雾干燥的工业应用包括陶瓷及矿粉、橡胶及塑料、无机及有机化工产品、食品和药品的干燥过程等方面。

如诺顿公司在碳化硅粉末的制备过程中,用洗涤把大的颗粒分离,然后把浆料送去喷雾干燥。浆料用 21 000 r/min 的转盘进行离心喷雾,喷雾干燥设备的直径为 2.1 m,每小时处理原液量为 300 kg 左右,热风采用直接加热方式,加热后的热空气温度为 540℃,入口的热风温度为 460℃,出口的热风为 190℃。过去的方法是使浆料在沉降槽中沉降,然后用窑干燥,再将其破碎,最后用筛子来筛分,有四道工序,而现在采用喷雾干燥只要一道工序就行了。

聚乙烯粉末涂料可用气流式干燥。涂料原浆含固量为 $20\% \sim 45\%$,用直径为 1.5 m,高度为 3 m 的气流式喷雾干燥塔干燥。气流式喷嘴用的空气为一次空气,干燥用的空气为二次空气。一次空气的温度为 120℃,二次空气的温度为 100℃,出口温度为 93℃。

10.2.6 其他干燥设备

10.2.6.1 滚筒干燥设备

滚筒干燥技术是一项历史悠久的连续式间接干燥技术。与直接干燥技术相比较,滚筒干燥技术不会对车间造成粉尘污染。滚筒干燥技术的基本操作原理是将料浆均匀地分布于蒸汽加热的滚筒表面,形成一层薄膜,料浆中的水分迅速被蒸发掉,然后利用以液压控制的刮刀将薄膜刮下,再进行破碎,以取得颗粒状的干燥产品。

通常按照物料物理特性、产品最终形态与质量要求选择最适宜的滚筒干燥装置。现在常采用的有以下三种类型:双滚筒干燥装置;对滚式双滚筒干燥装置;单滚筒干燥装置。

根据滚筒工作环境,上述三种类型又分为开放式和真空式两大类。图 10.35 所示为开放式双滚筒干燥装置,具有适应性强、运转操作成本低、附着到滚筒表面的物料膜厚度能自由控制、干燥结束后无物料残留等优点。图 10.36 所示为对滚式双滚筒干燥装置,这一类型的装置特别适用于含晶粒物料或可能形成晶粒的物料的脱水加工。它的特点是两滚筒彼此在上部转离,刮料刀片置于滚筒底部、上部或下部均可供料。图 10.37 所示为单滚筒干燥装置图,物料由旋转滚溅射到滚筒表面,物料膜厚度靠延展滚子控制,根据物料的黏着特性设计不同的延展滚子结构,保证物料与滚筒表面紧密地接触。

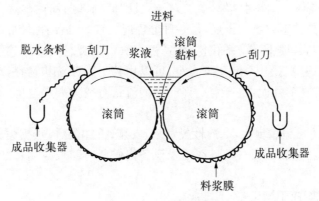

图 10.35　双滚筒干燥机

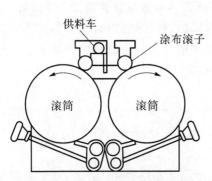

图 10.36　对滚式双滚筒干燥机

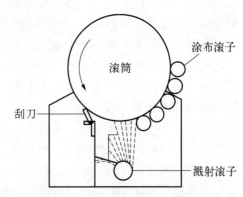

图 10.37　飞溅式供料单滚筒干燥机

与其他干燥方法一样,滚筒干燥也同时包括了传热和传质过程。在滚筒干燥过程中,热量通过滚筒金属壁传给物料,然后传入物料内部。同时,在表面温度较高时,水分汽化形成扩散热量流,穿过物料向开放的表面流动,然后再由周围空气冷却及辐射散发,传热速率快。

在滚筒干燥中,传质过程是水分在热表面蒸发,蒸汽靠扩散作用穿过物料。水分在热表面蒸发,使物料内部形成了一定的浓度梯度,促使液态水分向热表面扩散,在物料内温度是随着远离热表面而逐渐降低,水蒸气向温度低的方向扩散,从而使热量穿过物料的速度加快,于是物料开放表面的温度也迅速高于周围温度,这时开放表面也开始了水分蒸发,同时也促成了物料内的一定的浓度梯度,液态水分即同时有一部分向开放表面扩散。结果形成物料内的水分同时在热表面和开放表面蒸发,内部水分同时向两个表面扩散,而汽化的水蒸气同时向开放表面扩散,并散发到周围空气中。

在滚筒干燥过程中,滚筒表面温度、物料在滚筒表面停留时间、物料膜厚度、物料物理特性(包括水分、黏度、热容量、热传导性、热扩散性等)都将影响干燥产品的产量和质量。控制通入蒸汽压力可调节滚筒表面温度,物料停留时间通过调整滚筒转速控制,物料膜厚度用各种机械方法,如靠两滚筒之间的间隙或延展滚子控制。

滚筒干燥装置干燥速率高,操作成本低,可连续作业。

10.2.6.2　回转圆筒干燥设备

回转干燥设备广泛应用于化工、建材、冶金、轻工等行业。其主体是略带倾斜(也有水平的)并能回转的圆筒体。湿料由其一端加入,经过圆筒内部与筒内的热风或加热壁面有效接触,通过热传导、热辐射将物料干燥,是一种处理能力较大、适用性较好的干燥设备。

转筒干燥设备与其他干燥设备相比,生产能力大,可连续操作;结构简单,操作方便;故障少,维修费用低;适用范围广,流体阻力小,可以用其干燥颗粒状物料,对于那些附着性大的物料也很有利;操作弹性大,生产上允许产品的流量有较大波动范围,不会影响产品的质量;清扫容易。

转筒干燥缺点是:设备庞大,一次性投资多;安装、拆卸困难;热损失较大,热效率低(蒸汽管式转筒干燥设备热效率高);物料在干燥设备内停留时间长,物料之间的停留时间差异较大。

1. 直接加热式圆筒干燥设备

直接加热式干燥设备内载热体直接与被干燥物料接触,主要靠对流传热,使用最广泛。分为常规直接加热转筒干燥设备、叶片式穿流转筒干燥设备和通气管式转筒干燥设备三种。

常规直接加热转筒干燥设备中被干燥的物料与热风直接接触,以对流传热的方式进行干燥。按照热风与物料之间的流动方向,分为并流式和逆流式。按照热风的吹入方式可将叶片式穿流转筒干燥设备分为端面吹入型和侧面吹入型两种。

2. 间接加热式圆筒干燥设备

间接加热式圆筒干燥设备的载热体不直接与被干燥的物料接触,干燥所需的全部热量都是经过传热壁传给被干燥物料的。间接加热转筒干燥设备根据热载体的不同,分为常规式和蒸汽管式两种。

常规间接加热转筒干燥设备的转筒砌在炉内,用烟道气加热外壳。此外,在转筒内设置一个同心圆筒。烟道气进入外壳和炉壁之间的环状空间后,穿过连接管进入干燥筒内的中心管。烟道气的另一种走向是首先进入中心管,然后折返到外壳和炉壁的环状空间,被干燥的物料则在外壳和中心管之间的环状空间通过。为了及时排除从物料中汽化出的水分,可以用风机向干燥筒中引入适量的空气,但所需的空气量比直接加热式要小得多。由于风速很小(一般为 0.3～0.7 m/s),所以废气夹带粉尘量很少,几乎不需气固分离设备。在许多场合下,也可以不用排风机而直接采用自然通风除去汽化出的水分。

3. 复合加热式圆筒干燥设备

复合加热式干燥设备的一部分热量由干燥介质经过传热壁传给被干燥物料,另一部分热量则由载热体直接与物料接触而传递的,是热传导和对流传热两种形式的组合,热利用率较高。主要由转筒和中央内管组成,热风进入内筒,由物料出口端折入外筒后,由原料供给端排出。物料则沿着外壳壁和中央内筒的环状空间移动。干燥所需的热量,一部分由热空气经过内筒传热壁面以热传导的方式传给物料;另一部分通过热风与物料在外壳壁与中央内筒的环状空间中逆流接触,以对流传热的方式传给物料。

4. 蒸汽煅烧干燥设备

在蒸汽煅烧干燥设备内,一方面进行煅烧,一方面进行干燥。并设有自身返料装置。热量是通过设在回转筒内的翅片管蒸汽加热而获得的。传热系数高,热效率可达到75%,蒸发强度为 150 kg(水)/m³。

5. 喷浆造粒干燥设备

喷浆造粒干燥设备干燥和造粒在一个回转圆筒中完成。料浆由喷嘴喷射到筒内,筒体内部设有返料螺旋抄板,使成品自身返料而减少返料倍数,简化流程,降低设备负荷,提高设备生产强度。

10.2.6.3　红外线和远红外线干燥设备

远红外线是光和电磁波的一种,特别是波长为 5.6~1 000 μm 的红外线被称为远红外线。水、塑料、涂料等一些含水的产品的吸收波长大多数为 2~20 μm,所以,远红外线在这些产品中具有良好的传热、渗透的性质。构成物质的分子,都是在做复杂的分子运动,如果分子的运动被激发,则物质的温度就会上升。如果用与这种运动的频率相一致的电磁波照射物体的话,这种物质就会与电磁波产生共振,而引起激烈的振动,物质的温度就会上升,远红外线就具有这个特点。图 10.38 为远红外线加热器构成原理示意图。

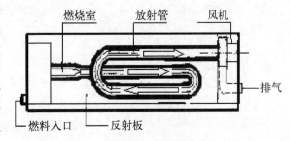

图 10.38　远红外线加热器构成原理示意图

远红外线加热干燥设备的特点:不需要加热空气,而直接加热被干燥的物料,适合于开放空间加热,与过去的先加热空气再用空气去干燥物料的方法不同,相比之下,远红外线的加热方式成本低、效率高。远红外线加热方式在加热过程中没有风的影响,特别适合于物料密度比较轻,不适合有空气流动的物料的干燥。由于远红外线加热器使用的是一次能源,运转费用可以降低,是一种非常经济的节能设备,与利用二次能源为热源的热风式干燥设备相比,可降低 1/3~1/2 的运转费用。由于是真空燃烧方式,所以能均匀的加热。辐射面积广,噪声小。操作简单,可以全自动操作。安全性高,耐久性好。作用时间短,反应速度快。

10.2.6.4　高频和微波干燥设备

1. 高频干燥方式

高频干燥与微波干燥的原理相同,区别在于电磁波的使用频率不同。工业用高频干燥的频率通常为 13.56 MHz、27.12 MHz、40.68 MHz、915 MHz;微波干燥频率为 2 450 MHz 和 5 800 MHz。高频干燥是将被干燥物体放置在 2 张电极板之间,对电极板施加高频电压,通过高频电场干燥;微波干燥一般是将被干燥物体放入金属炉内,通过微波照射干燥。

2. 常用高频干燥的电极构成和配置方式

（1）整体干燥。将被干燥物体放在 2 张平行电极板之间,施加高频电压干燥。如果被干燥物体材质均匀,基本上能够实现整个物体均匀干燥。图 10.39(a)为胶合层与电极板平行放置时的干燥模式。

（2）选择干燥。将被干燥物体按胶合层与电极板垂直方式放置进行干燥[图 10.39(b)]。

（3）局部干燥。通过改变电极的形状和大小,进行电极组合,使被干燥的部分集中在高频电场中,实现局部干燥[图 10.39(c)]。通过数个电极组合的并列设置,能够同时对数个部位进行局部干燥。

（4）表面干燥。将被称为电极栅的导体棒电极,沿被干燥物体排列成格状,施加高频电压后,电极栅之间产生强大的电场,使被干燥物体表层有效干燥[图 10.39(d)]。

（5）多层干燥。如图 10.39(e)所示,为了增大一次干燥处理量,提高生产效率,可将被干燥物体多层立体摆放,并配置多层电极板。

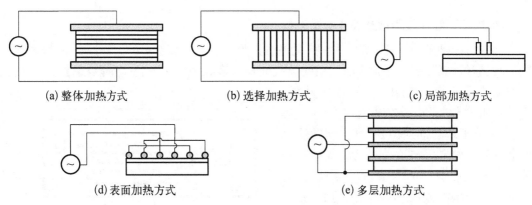

(a) 整体加热方式　　　　(b) 选择加热方式　　　　(c) 局部加热方式

(d) 表面加热方式　　　　　　(e) 多层加热方式

图 10.39　高频加热方式

3. 常用的微波干燥方式

（1）箱式干燥,适用于具有一定形状物体的长时间干燥处理[图 10.40(a)]。

（2）导波管式干燥,适用于板状或薄片状被干燥物体的连续干燥处理[图 10.40(b)]。

（3）液体干燥,对通过箱内输送管连续输入的液体进行干燥[图 10.40(c)]。

（4）表面干燥,适用于薄片状被干燥物体表面的高强度干燥处理[图 10.40(d)]。

（5）压力式干燥,在施加机械压力的同时进行干燥处理,主要用于木材等材料[图 10.40(e)]。

（6）连续式干燥,对传送带输送的被干燥物体进行连续干燥处理[图 10.40(f)]。

（7）搅拌式干燥,粉状或颗粒状被干燥物体在搅拌的同时进行干燥[图 10.40(g)]。

（8）真空或高压干燥,在真空罐或加压罐中,被干燥物体在真空或高压状态下进行干燥[图 10.40(h)]。

10.2.6.5　冷冻干燥

1. 冷冻干燥工艺原理

冷冻干燥就是将需要干燥的物料在低温下先行冻结至共晶点以下,使物料中的水分变成固态的冰,然后在适当的真空环境下进行冰晶升华干燥,待升华结束后再进行解吸干燥,除去部分结合水,从而获得干燥的产品。冷冻干燥过程可分为预冻、一次干燥（升华干燥）

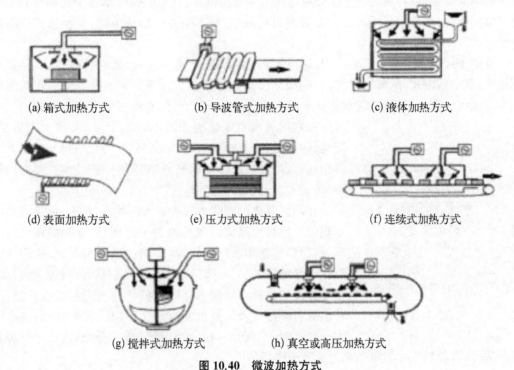

(a) 箱式加热方式　　　　(b) 导波管式加热方式　　　　(c) 液体加热方式

(d) 表面加热方式　　　　(e) 压力式加热方式　　　　(f) 连续式加热方式

(g) 搅拌式加热方式　　　　(h) 真空或高压加热方式

图 10.40　微波加热方式

和二次干燥（解吸干燥）三个步骤。

从图 10.41 带箭头的线可以清楚地看出，

（1）当压力高于 610.5 Pa 时，从固态冰开始，水等压加热升温的结果是先经过液态再达到气态。

（2）当压力低于 610.5 Pa 时，水从固态冰等压加热升温的结果是直接由固态转化为气态。这样，可将物料先冷冻，然后在真空状态下对其加热，使物料中的水分由固态冰直接转化为水蒸气蒸发出来，达到干燥的目的。这就是真空冷冻干燥的基本原理。

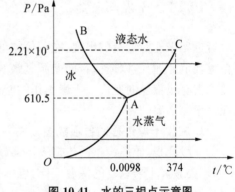

图 10.41　水的三相点示意图

2. 工艺流程及设备

冷冻干燥机按系统分为制冷系统、真空系统、加热系统和控制系统四部分；按结构分为冻干箱、冷凝器、真空泵组、制冷机组、加热装置、控制装置等组成部分。

冷冻干燥工艺特别适合处理以下产品：① 理化性质不稳定，耐热性差的制品；② 细度要求高的制品；③ 灌装精度要求高的制剂；④ 使用时能迅速溶解的制剂；⑤ 经济价值高的制剂。

10.2.6.6　真空干燥

真空干燥的过程是被干燥物料置放在密封的筒体内，在真空系统抽真空的同时对被干燥物料不断加热,使物料内部的水分通过压力差或浓度差扩散到表面,水分子在物料表面获得足够的动能,在克服分子间的相互吸引力后,逃逸到真空室的低压空间,从而被真空泵抽走的过程。

真空干燥设备大致有真空箱式、真空耙式、滚筒式、双锥回转式、真空转鼓式、真空圆盘刮板式、真空转鼓式、圆筒搅拌式、真空振动流动式与真空带式等。常用的有真空箱式干燥机和双锥回转真空干燥机,真空箱式干燥机前已述及,下面介绍双锥回转真空干燥机。

图 10.42　双锥回转真空干燥机

双锥回转真空干燥机如图 10.42 所示。系统由主机、冷凝器、除尘器、真空抽气系统、加热系统、净化系统与控制系统等组成。以主机而言,由回转筒体、真空抽气管路、左右回转轴、传动装置与机架等组成。

在回转筒体的密闭夹套中通入热源(如热水、低压蒸汽或导热油),热量经筒体内壁传给被干燥物料。同时,在动力驱动下,回转筒体作缓慢旋转,筒体内物料不断混合,从而达到强化干燥的目的。工作时,物料处于真空状态,通过蒸汽压的下降作用使物料表面的水分(或溶剂)达到饱和状态而蒸发,并由真空泵抽气及时排出回收。在干燥过程中,物料内部的水分(或溶剂)不断地向表面渗透、蒸发与排出,这三个过程是不断进行的,物料能在很短时间内达到干燥目的。

10.2.7　干燥与节能

近年来能源危机的出现,能源价格的持续上涨,造成干燥成本大幅度提高,各行各业都在寻找节能途径,以适应目前能源紧张的形势。干燥在木材、药材、食品、建材以及化工等行业都占有很重要的地位。干燥操作的能耗大,能源利用率很低,因此采取相应的措施进行节能是十分必要的。

1. 减少干燥过程的各项能量损失

一般说来,干燥设备的热损失不会超过10%。大中型生产装置若保温合适,热损失约为5%。要做好干燥系统的保温工作,也不是保温层越厚越好,应当求取一个最佳保温层厚度。另外,也要防止干燥系统的渗漏。

为防止干燥系统的渗漏,一般在干燥系统中采用送风机和引风机串联使用,经合理调整使系统处于零压状态操作,这样可以避免对流干燥设备因干燥介质的渗入或漏出造成干燥设备热效率的下降。

2. 降低干燥设备的蒸发负荷

物料进入干燥设备前,通过过滤、离心分离或蒸发等预脱水方法,增加物料中固体含量,防止干燥设备蒸发负荷,这是干燥设备节能的最有效方法之一。对于液体物料,干燥前进行预热也可以节能,因为在对流式干燥设备内加热物料利用的是空气显热,而预热则是利用水蒸气的潜热或废热。对于喷雾干燥,料液预热还有利于雾化。

3. 提高干燥设备入口空气温度、降低出口废气温度

由干燥设备热效率定义可知,提高干燥设备入口热空气温度,有利于提高热效率。一般来说,对流式干燥设备的能耗由蒸发和废气带走这两部分组成,后一部分占15%～40%,有的高达60%,因此,降低干燥设备出口废气温度既可以提高干燥设备热效率又可以增加生产能力。

4. 部分废气循环

利用部分废气中的余热可使干燥设备的热效率有所提高,但随着废气循环量的增加而使空气的湿含量增加,干燥速率也将随之降低,干燥装置设备费用也增加,因此,存在一个最佳废气循环量。一般的废气循环量为20%～30%。

5. 从干燥设备出口废气中回收热量

利用间接换热设备来预热空气进行节能,常用的换热设备有热轮式换热器、板式换热器、热管换热器、热泵等。

6. 从固体产品中回收显热

有些产品为了降低包装温度,改善产品质量,需对干燥产品进行冷却,这样就可以利用冷却器回收产品中的部分显热。常用的冷却设备有:液-固冷却器、液态化冷却器、振动化冷却器、移动床粮食冷却器等。

7. 采用两级干燥法

采用两级干燥主要是为了提高产品质量和节能,尤其是对热敏性物料最为合适。

8. 利用内换热器

在干燥设备内设置换热器,利用内换热器提供干燥所需要的一部分热量,从而减少了干燥空气的流量,可节能和提高生产能力1/3,或者更多。

9. 太阳能干燥

太阳能是一种绿色能源,但是其应用受气候地理的限制,一般适用于农产品的干燥。

10. 过热蒸汽干燥

与空气相比,蒸汽具有较高的热容,使传递热量时所需要的质量流减少;蒸汽的热导率较高,这意味着传热速率也较高,使干燥设备更为紧凑。利用过热蒸汽干燥,可以有效利用干燥设备排出的废蒸汽,提高干燥速率,节约能源。

需要强调的是,任何一个干燥过程或装置的选择及确定时,最终的目标是完成生产所需要的总成本最低。因此,片面的追求干燥过程的热效率以及节省操作费用而使设备费大增,或者单纯强调设备操作的强化而使能耗大为上升的做法都不能获得最佳的经济效益。所以,要适当兼顾这两个因素,从中得到最佳方案。

10.3 工程案例

案例1 湿法烟气脱硫石膏脱水困难的原因分析与控制措施

为了达到国家环境保护的要求,某电厂在2017年进行了锅炉烟气的超低排放,采用石灰石-石膏湿法脱硫方法技术进行了改造,改造后,石膏脱水困难成为常见的问题之一,根据电厂实际运行工况,从石膏脱水困难的原因着手,分析了皮带跑偏、滤饼的厚度控制不合理、石膏中粉尘含量、废水排放异常、浆液池氧化情况等方面对石膏脱水的影响;提出了应该采取的控制措施:① 保证除尘器的正常投用,对破了的布袋和脱落的布袋要及时联系检修人员进行处理。② 加强对真空皮带机带跑偏的及时调整。③ 保证废水系统正常投用,保持整个系统中的杂质及石膏中的杂质不超标,重点做好氯离子的监督和控制。④ 加强脱硫设备的维护管理,保证 pH 计及石膏密度计的准确性,运行人员根据运行工况将各项参数控制在最佳范围,提高吸收塔浆液的质量,使石膏的生成及结晶能够顺利进行。⑤ 加强运行的精细化调整,确保吸收塔液位、pH、密度等重要运行参数在合格范围内。

案例 2　干燥设备在制药厂环境保护中的应用

制药厂环保工艺设备的选择要符合制药厂污染物特点,在保证环境治理效果的同时,保护药厂内部的经济利益。高温蒸气干燥设备能够有效干燥制药废渣和废水污泥,能将含水率为 64% 的废水污泥干燥至含水率为 40% 以下,将含水率为 72% 的废药渣干燥至含水率在 10% 以下。两者等比例混合干燥出料含水率约 20%,满足危险废物焚烧处理工艺的物料含水率要求。高温蒸气干燥设备作为焚烧前的重要预处理设备,将制药厂废水污泥和废药渣结合处置,实现污染物的减容减量,设备使用率高。同时,干燥设备采用焚烧烟气余热产生的高温蒸气作为干燥热源,降低全厂能耗。

思考题

1. 何为固液分离? 固液分离的方法主要分为哪几种?

2. 简述固液分离的目的。

3. 简述位阻效应和高分子桥联作用。

4. 简述浓缩机的工作原理。

5. 某厂日产铜精矿 100 t。按定额计算所需浓缩机和过滤机面积。设浓缩机的生产定额为 0.5 t/m³·d,过滤机的生产定额为 0.15 t/m³·h,浓缩机每天工作 24 h,过滤机每天工作 18 h。

6. 圆筒真空过滤机在恒压下工作,转速为 5 r/min 时,每小时可得滤液 1 000 kg;若改为转速 4 r/min。每小时可得滤液多少公斤?(不计滤布阻力)。

7. 何为干燥? 干燥的速率受哪些因素控制?

8. 干燥效率和干燥设备的热效率两者有何不同。

9. 设进入干燥器的湿物料重量为 5 t/h,干燥前物料水分为 10%,干燥后物料水分为 2%,进入干燥器的空气湿含量为 0.03 kg/kg(水/干空气),排出干燥器的空气湿含量为 0.1 kg/kg,试求空气消耗量和单位空气消耗量。

10. 转筒干燥机每小时处理铜精矿 100 t,干燥前水分为 12%,干燥后水分为 6%,干燥机的单位容积蒸发水量为 40 kg/m³·h,求所需干燥机总容积。

11 混合与造粒

本章提要

混合或均化是粉体工程重要的单元操作,是通过机械的或流体的方法使得不同物理性质(如粒度、密度等)和化学性质(如成分、化学反应活性等)的颗粒在宏观上均匀分布的工艺过程。通常对粉体的均化操作称为混合;对液体的均化操作称为搅拌;对塑性体的均化操作称为捏合。粉体混合的目的和意义是多种多样的,混合的方式和途径也是不一样的。造粒(或粒化)是将粉状物料添加结合剂制备成流动性好的固体颗粒的操作,是目前粉体加工中的重要工序。广义上来说,任何使小颗粒聚集成较大颗粒的过程都可称为造粒过程,它可以改善细粉物料后处理加工的有效性。随着工业生产对环保要求以及生产过程自动化程度的提高,其重要性日益凸显。本章主要介绍混合理论、混合质量评价及方法,以及主要混合设备的工作原理、结构和性能等;对造粒的意义、造粒方法及特点、造粒机理以及造粒在工业生产中的应用进行了阐述。

11.1 混合

粉体混合是两种以上组分在干燥状态或有少量液体存在的条件下,以外力作用搅混,使其不均匀性不断降低的过程。所谓两种以上组分,可以是不同的物质,也可以是同一物质而有不同的物理特性,如含水率不同、颗粒直径不同、颜色不同等。

粉体混合的目的和意义有多种多样,例如,玻璃熔制可视为两个混合过程,即配合料粉体的混合和熔融玻璃液的黏性流体混合,配合料混合不均会引起玻璃液中存在气泡或熔化部分泡沫过多,也会引起玻璃制品中的条纹和结石等缺陷的产生;陶瓷原料的混合是为固相反应创造条件以获得均质的制品;在陶瓷和耐火材料的生产中,为了获得所需的强度,要制备具有最紧密填充状态的颗粒配合料;水泥工业对原料的预混合和半成品的进一步混合,对扩大原料的利用,有利于化学反应以及提高产品的质量均有重要的意义;而绘画颜料和涂料用颜料的混合则是为了调色。

粉体混合的意义不一样,对混合的要求和评价方法也不完全一样,混合的方式和途径往往也是不一样的。

11.1.1　混合机理与随机分析

11.1.1.1　混合机理

尽管粉体混合的方式和途径不一样，但混合过程的基本原理是基本相同的。1954 年，莱茜(P.M.C. Lacey)提出粉体混合的三种机理：

1. 移动混合(对流混合)

粒子团块从物料中的一处移动到另一处，类似于流体的对流。

2. 扩散混合

分离的粒子分散到不断展现的斜面上，如同一般的扩散作用那样，互相掺和、渗透而得到混合。

3. 剪切混合

在物料团块(堆)内部，粒子之间的相对移动，在物料中形成若干滑移面，就像薄层状的流体相互混合和掺和。

各种混合都以上述三种机理中的某一种为主导作用。例如，圆筒回转式混合机以扩散混合为主，带式混合机以剪切混合为主。

11.1.1.2　混合的随机性

迄今，对固体粒子混合的研究远不及对液体的混合研究。其原因是固体粒子的混合过程比液体的复杂得多。以粒度相同的两种等质量 A 和 B 的混合为例，如果 A 与 B 的密度相同，如图 11.1(a)，在理论上达到完全混合的状态，似应十分简单，只要能使 A 和 B 相互交错排列即可，即达到相异粒子在四周都相互间隔的理想完全混合，即如图 11.1(b)所示。但若 A 是 B 的一倍量，则必须由两个 A 粒与一个 B 粒排列在一起。又若 A 与 B 的密度不同，B 为 A 的两倍，就必须一粒 A 与两粒 B 并列。这类绝对均匀化的理想完全状态在工业生产中是不大可能出现的。工业上的混合最佳状态是无序的不规则排列。一般认为混合过程是一种"随机事件"，所以工业混合也称为概率混合，它所能达到的最佳程度称为随机完全混合，如图 11.1(c)所示。

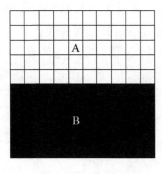

(a) 原始态　　　　　　　(b) 理想完全态　　　　　　(c) 随机完全态

图 11.1　几种典型混合状态

实际混合问题要比上述情况复杂得多。不仅颗粒的大小是不均匀的,密度也不尽相同,而且影响粉体混合的粉料特性远远不止粒度与密度这两项。例如,在混合机内(料堆内)的混合作用,就是给予物料以外力(包括重力与机械力等)使其各部分粒子发生运动。或者是加速,或是减速,当然还包括运动方向、运动状态的改变。这种使各部分物料都发生相互变换位置的运动愈是复杂,也就愈有利于混合。而上述这些外力的性质、大小与数量取决于混合的方式、混合机工作部件的结构、混合速度以及物料量等。可见,要详尽而准确地描绘出混合状态是很困难的。

11.1.2　混合的影响因素

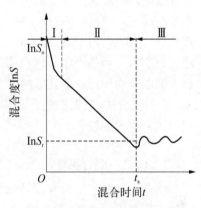

混合过程一般如图 11.2 所示。混合初期(Ⅰ)为标准偏差 $\ln S$ 沿曲线快速下降阶段,然后进入 $\ln S$ 沿直线减少阶段(Ⅱ),在某一有效时间 t_s 处 $\ln S$ 达到最小值,在此之后进入阶段(Ⅲ),尽管再增加混合时间,$\ln S$ 值也只是以 $\ln S_r$ 为中心波动,作微弱的增加或减少,这时混合料的混合程度达到动态平衡,也即达到随机完全混合状态。在整个混合过程中,初期是以对流混合为主,这一阶段的混合效率较高;在第(Ⅱ)区域中,则以扩散混合为主;在全部混合过程中剪切混合都起着作用。在混合的前期,混合的速度较快,颗粒之间迅速地混合,达到最佳混合状态后,不但混合速度变慢,而且要向反方向变化,使混合

图 11.2　混合过程曲线

状态变劣,即混合与反混合作用一正一反,使混合过程再也不能达到最佳混合状态,尤其是较细的粉体,由于粉体的凝聚以及静电效应,产生了逆混合的现象称为反混合,也叫偏析。偏析是指粒子由于具有某些特殊性质而优先地占据了该系统中的若干部位。显然,偏析会阻碍随机完全混合,因为只有当任何一个粒子都有相同的概率去占据该系统中的任一位置时才能完成完全混合。

混合状态是混合与偏析之间的平衡。平衡的建立乃基于一定的条件,适当地改变这些条件就可使平衡向着有利于混合的方面转化,从而改善混合作业。下面从三个方面介绍混合的影响因素。

11.1.2.1　粉体粒子性质

粉体粒子性质包括:粒子的粒度与粒度分布、粒子形状、粗糙度、粒子密度、松散体积密度、静电荷、水分含量、脆碎性、休止角、流动性、结团性以及弹性等。

粒子的形状影响了粒子的流动性能,圆球粒要比不规则状粒子容易流动得多,片状粒子的流动阻力为最大。

当粒子的密度差显著时,就会在混合料中出现类似于由于粒度差而发生的密度偏析作用。一般只有当粒子粒度很小的时候,密度偏析程度才能减轻。如果粒度极细,由于内聚力而能阻止偏析,如小于 $10\,\mu m$ 的细粒子会附着于大粒子上面而形成表面覆盖层,使偏析无法产生。

容易粒度偏析和密度偏析的混合物料还会在倒泻堆积时产生堆积偏析,细(或密度大)

粒子集中在料堆中心部分,而粒度大(或密度大)的粒子则在其外围。有粒度和密度差的薄料层在受到振动时,也会产生偏析,即使埋陷在小密度细粒子料层中的大密度粗粒子仍能上升到料层的表面,因而对生产性的转运等操作要注意粒度偏析和密度偏析对混合料混合质量的影响。

11.1.2.2 混合工艺

(1)操作条件:包括混合料内各组分的多少及其占据混合机体积的比率,各组分进入混合机的方法、次序、搅拌部件或混合容器的旋转速率和混合时间。

混合料各组分进入混合机的次序对混合质量是有影响的,采用同时加料的方式是有利于混合的。一般工业混合操作采用次序加料的方式。虽然各个工厂玻璃配合料的加料顺序不尽相同,但均是先加石英原料。在加入石英原料的同时,用定量喷水器,喷水湿润,然后或按长石、石灰石、白云石、纯碱和澄清剂、脱色剂等顺序,或按纯碱、长石、石灰石、小原料的顺序进行加料。后一顺序,可使石英原料表面溶解一部分纯碱,对熔制更为有利。碎玻璃对配合料的混合均匀度有不良影响,一般在配合料混合终了将近卸料时再进行加入。

(2)混合时间,根据混合设备的不同,为 2~8 min,盘式混合机混合时间较短,而转动式混合机混合时间较长。

11.1.2.3 混合机性能

混合机性能包括机身、搅拌部件的尺寸与几何形状、清洗性能、进料的部位、结构材料表面加工质量以及卸料装置的性能。它们影响粒子在混合机内的运动,如流动的方式和速度。

混合的方式包括机械混合与气力混合;连续式混合或间歇式混合。处理物料量大的混合操作无法在混合机内进行,如对水泥、玻璃、陶瓷工业原料的预混合、水泥生产中的混合,这些混合操作不可能在一般的混合机内混合,而是采用特殊的混合方式,在混合库内利用专用的机械方法或气力方法进行混合,同时其堆料的方式、取料的方式等都影响着混合速度和混合质量。

11.1.3 混合质量评价

11.1.3.1 合格率

合格率的含义是若干个样品在规定质量标准上下限之内的百分率,即一定范围内的合格率。这种计算方法虽然也在一定的范围内反映了样品的波动情况,但不能反映出全部样品的波动幅度,更没有提供全部样品中各种波动幅度的分布情况。譬如有两组样品中某一成分的含量为 $90\%\sim94\%$,合格率都是 60%。每组 10 个样品的实验结果如表 11.1 所示。

表 11.1　样品合格率示例

样　品	1	2	3	4	5	6	7	8	9	10	平均值
第一组	99.5%	93.8%	94.0%	90.2%	93.5%	86.2%	94.0%	90.3%	98.9%	85.4%	92.58%
第二组	94.1%	93.9%	92.5%	93.5%	90.2%	94.8%	90.5%	89.5%	91.5%	89.9%	92.04%

第一组样品平均值为 92.58%；第二组样品平均值为 92.04%。这两组样品的合格率都一样，平均值也相近，但比较这两组样品，其波动幅度相差很大。第一组中有两个样品的波动幅度都在平均值上下约 7 个百分点；第二组的样品波动要小得多。混合的实际质量相差较大，但用合格率去衡量它们，却得到相同的结果。这说明还需要采用其他评价方法。

11.1.3.2 标准偏差

混合过程是一种"随机事件"，工业混合也称为概率混合，因而可用数理统计学中标准偏差（又称标准离差或标准差）来评价混合效果。

（1）样本均值：抽出一个样本（一组样品），得到一批数据，每组数据的算术平均值称为"样品均值"，用 $\bar{x}$ 表示

$$\bar{x} = \frac{1}{n} \sum_{i=1}^{n} x_i \tag{11.1}$$

上述两组样品的平均值 $\bar{x}$ 各为 92.58% 和 92.04%，就是简单的算术平均值。

（2）标准偏差：也称为均方根差，表示数据波动幅度，其计算方法为

$$S = \sqrt{\frac{1}{n-1} \sum_{i=1}^{n} (x_i - \bar{x})^2} \tag{11.2}$$

式中，S 为样本的标准偏差；n 为数据数量；x_i 为每个数据的数值，从 x_i 到 x_n；$\bar{x}$ 为样本均值。

上面提到的两组数据，可以用本式计算其标准偏差，第一组 $S_1 = 4.68$，第二组 $S_2 = 1.96$。由此可见，两组数据平均值相似，合格率相同，但第一组的标准偏差大。

在计算总体的标准偏差时，用 σ 表示。总体包括无限多个观察数值，总体标准差 σ 跟样本标准偏差 S 不同。

$$\sigma = \sqrt{\frac{1}{n} \sum_{i=1}^{n} (x_i - a)^2} \tag{11.3}$$

式中，a 为总体的数据均值。

对式（11.2）当 n 值很大，即样本的观察数值很多时，就比较接近或代表了总体，S 值同 σ 值就几乎相等了。

但在实际上，总是局部地从相对少量只数的试样来测算标准偏差，实测值不可能完全等于真正值，其接近的程度取决于试样只数，试样只数多一些，测算得更为可靠一些，见表 11.2。但是，试样只数也不能盲目增多，因为将受到试样测定工作量的限制。在试样只数在 50 个以上比较合适，而在 20 个以下则不足信赖。

表 11.2 标准离差、真值与可靠性

试样只数	标准离差的实测值与真值之比 S/σ		试样只数	标准离差的实测值与真值之比 S/σ	
	信赖度 95%	信赖度 99%		信赖度 95%	信赖度 99%
5	0.60～2.87	0.52～4.39			
10	0.69～1.82	0.62～2.29	50	0.84～1.24	0.76～1.84
15	0.73～1.58	0.67～1.86	100	0.88～1.16	0.85～1.22
20	0.76～1.46	0.70～1.67	200	0.91～1.11	0.88～4.14
30	0.80～1.34	0.74～1.49	500	0.94～1.07	0.91～1.09

11.1.3.3 离散度和均匀度

离散度 R 即不均匀度,定义为标准偏差 S 比样本均值 X。

$$R = (S/X) \times 100\% \tag{11.4}$$

上述两组样品数据的离散度为 $R_1 = 5.06$,$R_2 = 2.13$。显然第二组的波动范围比第一组要小得多。与离散度相对应的为均匀度 H。

$$H = 100\% - R \tag{11.5}$$

11.1.3.4 混合效果

混合效果是指混合过程前后标准偏差之比。即

$$e = S_{B1}/S_{B2} \tag{11.6}$$

式中,e 为混合效果;S_{B1},S_{B2} 为混合前后物料的标准偏差。

混合效果指标主要用在预混合过程中。一般预混合堆场的混合效果为 $5 \sim 8$,最高可达 10,以此来保证原料成分的均匀性。

取样愈大,其值愈容易接近最均匀值(如配料单上的规定值)。即混合得差的配合料需要十分大的试样才行,而混合良好者则用相当小的试样即可。

11.1.4 机械混合设备

机械混合设备根据原理大致可分成两大类:重力式和强制式(见表 11.3);根据容器外形分成:筒体类、锥体类、斜体类;根据容器运动形式分成:重力式旋转容器型、强制式固定容器型。

表 11.3 混合机种类

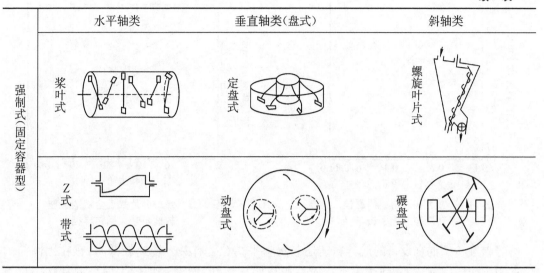

11.1.4.1　重力式混合设备

物料在绕水平轴(个别也有倾斜的)转动的容器内进行混合。按容器的外形而分为：圆筒式、鼓式、立方体式、双锥式、V 式等。

该类混合设备的混合作用力主要是重力,为了减少物料的结团倾向,某些重力式混合机(如 V 式)内设有高速旋转的桨叶,但易使粒度差或密度差较大的物料趋向偏析。主要工作参数有：

1. 最佳转速

物料在旋转容器内运动应使离心力与重力之比和重力准数 Fr 相同,即

$$Fr = \omega^2 R_{\max}/g = \pi^2 n^2 R_{\max}/900g \tag{11.7}$$

式中,ω 为旋转角速度；$R_{\max}$ 为最大旋转半径；n 为转速(r/min)；g 为重力加速度。

如图 11.3 所示,容器旋转型混合机械的转速有一最佳值,则其重力准数 Fr 相应也有一最佳值：圆筒式 $Fr = 0.7 \sim 0.9$；双锥式 $Fr = 0.55 \sim 0.65$；V 式 $Fr = 0.3 \sim 0.4$。

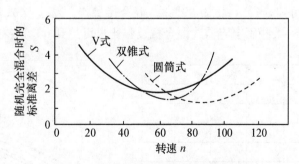

图 11.3　容器旋转型混合机的性能比较

在一定的最佳 Fr 值(对一定的混合设备)下,最佳转速与最大回转半径的关系如图 11.4 所示。图 11.5 所示为螺旋叶片混合机的最佳转速与最大回转半径的关系,可与图 11.4 作对比分析。

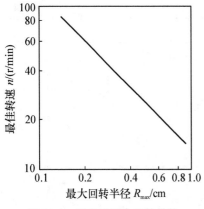

图 11.4 重力式混合机的最佳
转速与最大回转半径

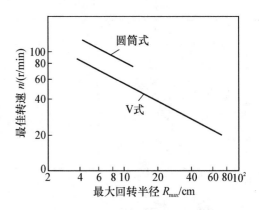

图 11.5 螺旋叶片式混合机的最佳
转速与最大回转半径

容器旋转型混合设备的最佳转速还与物料平均粒度有关。转速较低时,颗粒因圆筒内壁的阻力而做圆周运动,到达一定点时就脱离圆周运动,而沿料堆的表面呈混乱状态流下来,最后再随筒内壁上升做圆周运动,如此反复变化,当转速增加时,开始有粒子脱离圆周运动并不混乱流下,而做独立的抛物线运动,此时的转速称为临界转速。若再增加转速,则有更多的粒子参与抛物线运动,称为平衡状态;这就是一般球磨机所需的正常运转状态。转速继续升高的话,则物料紧贴在机壁上连续做环状运动了。根据用石灰石粒子做混合实验的结果,求得粒子运动与转速的关系如下

$$n = c/D^{0.47}\Phi^{0.14} \tag{11.8}$$

式中,D 为鼓型混合机的直径(m);Φ 为混合料体积与机筒容积之比,即装料比(%);c 为在各种状态下的常数;临界状态时 $c = 54$,平衡状态时 $c = 72$,贴在筒壁做环状运动时 $c = 86$。

2. 装料比

在一定转速下,容器中的装料程度对混合有较大影响,容器中的装料程度可用装料比来表示,装料比指装料体积与机筒容积之比。图 11.6 为圆筒型混合机的混合速度系数与装料比的关系曲线,由图可知,当装料比为 30% 时,混合得最快。对于 V 式混合机、立方体式混合机装料比可达 50%,某些固定容器式混合机装料比也可达到 60% 左右。

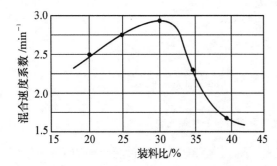

图 11.6 圆筒型混合机的混合速度
系数与装料比的关系

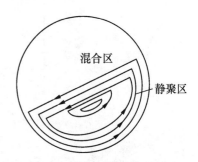

图 11.7 水平圆筒式混合机内
粒子的运动轨道

另外,从几何学上,也可以理论推断出装料比为 50% 的混合区为最大(图 11.7),即混合区的面积与料层层数都为最大,所以,旋转容器型混合机的装料比,其最佳值可以考虑为 $30\%\sim50\%$。

3. 功率消耗

混合机所需动力,目前尚无公式推导可循,只能将小型样机的数据进行扩大,一般功率消耗 N 与机长 L、转速 n 之间的关系为

$$N \propto L^5 n^3 \tag{11.9}$$

即功率消耗 N 与长度 L 的 5 次方成正比,与转速 n 的 3 次方成正比。

容器旋转型均化机械功率消耗 N 和混合机有效容积 V_e 与准数 Fr 的关系为线性关系

$$N = (0.015 \sim 0.02)V_e Fr \tag{11.10}$$

而容器回转型的螺旋叶片式混合机的性能,其关系为:

当物料的容积密度为 $0.8\sim1.2$ 时,$N = 3.3 V_e Fr$;当物料的容积密度为 $0.45 \sim 0.8$ 时,$N = 2.6 V_e Fr$;当物料的容积密度为 $0 \sim 0.45$ 时,$N = 1.8 V_e Fr$。

11.1.4.2 强制式混合设备

1. 桨叶式混合机

就混合机理而言,桨叶式混合机沿轴向上的混合强度很可能是不够令人满意的,这就是造成其均匀度不很高的原因。桨叶式混合机如图 11.8 所示,圆筒状机壳 1 的中心线上为六角形机轴 2,该轴上均分地装有三对桨叶 3,每对之间错开 $60°$。靠近机壳端部的两对桨叶 4,其形状为 L 型,用以刮翻端壁上的物料,机轴经减速器 5 由电动机 6 驱动。

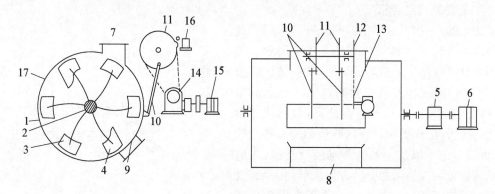

图 11.8　桨叶式混合机

物料从长方形的进口 7 进入机壳,由卸料口 8 离开混合机。卸料门 9 系经连杆 10,圆盘 11,链轮 12 与 13,减速器 14 由电动机 15 驱动。圆盘与限位开关 16 相连,以控制电动机 15 的倒顺关闭。

圆筒状机壳 17 可以揭开,以便检修,主要是为了更换桨叶,以及检查混合工作等。

2. QH 式混合机

QH 式混合机如图 11.9 所示,固定的圆盘状机壳有外壁 1 与内壁 2 两层。两层之间为混合机腔。在圆环状的盘底上间隔 $60°$ 均等地布设有六片涡桨 3,涡桨离盘底的间隔为 1 cm

以下。另外，还有两片刮板 4，离盘底有 250 mm，以刮落黏附在内壁表面上的物料。机腔还设有环状水管 5，加水喷嘴 6 将水呈雾状喷出。刮铲经托臂 7，圆盘 8，减速器 9，由电机 10 驱动，12 为油箱，14 为运输油泵，物料从入口 16 落入机腔，而由卸料口 17 卸出，扇形卸料门 18 经主轴 19，连杆 20，由气缸 21 驱动。

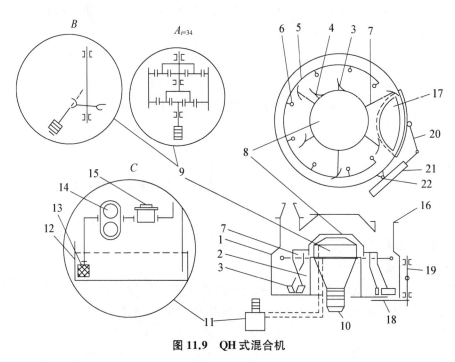

图 11.9　QH 式混合机

3. 艾立赫式混合机

艾立赫式混合机与 QH 式的最大不同之处是料盘本身转动。其结构如图 11.10 所示。混合用的盘状容器 1 系由钢板焊成，装在铸铁圆板 2 上，中间开孔，在混合期间卸料门 3 将孔洞盖住，待混合结束时可打开进行卸料，盘状容器内侧铺有衬板，可作更换。铸铁圆板的外圈铸有轮齿，可与齿轮 4 以及一系列传动装置连接，由电动机传动盘状容器做顺时针方向旋转，传动装置与电动机均安装在机架上。铸铁圆板由四个滚轮 5 支承，另有四个挡轮（图中未示出）使其在水平面上不做移动。这些滚轮装在机身的底座（图中未示出）上，而底座则与基础的地脚螺栓连接，活动刮板 6 共有六个，三个一组，分别装在星形转轴 7 上，该轴也由上述传动装置带动，但其旋转方向为逆时针，与盘状容器的相反。在机架上还装有两个（或更多一些的）固定刮板，用来清除盘状容器垂直内壁上的黏附料，并引导物料向

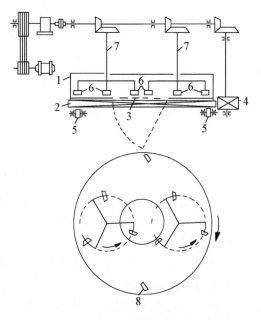

图 11.10　艾立赫式混合机

内,或将物料送到活动刮板处或进行卸料。卸料门采用气动方式。在卸料门处于关闭状态时,依靠卸料门与底盘之间的摩擦,而由底盘来带动卸料门一起旋转,因此卸料门与底盘的配合必须十分严密,否则会产生漏料现象,直接影响配合料质量。圆盘容器内装有环状喷雾加水装置,由电磁阀、自动定量回位水表控制。

由于活动刮板的回转中心是和盘状容器偏心安置的,并以相反方向旋转,另外又由固定刮板迫使物料反流,所以其运动轨迹是十分激烈而复杂的,故其混合效果好。

11.1.5 气力混合设备

气力混合是 20 世纪 50 年代出现的一种混合新技术,它没有运动部件,限制性较小,具有结构简单、维修方便、费用低和动力消耗少、混合效果好的特点,主要应用于粉状物料的混合。在功率消耗处于正常允许范围的情况下,机械混合的设备工作容量一般为 20～60 m³,但是气力混合装置却可高达 100 m³,甚至更大。气力混合所需的功率消耗,一般总是要比机械混合的要低,如图 11.11 所示。

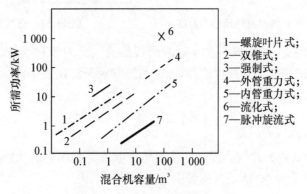

图 11.11 混合机的容量与功率

气力混合的类型有多种,按混合过程中粉料运动特点可分为重力式(包括外管式、内管式与旋管式等)、流化式、脉冲旋流式。按其混合方式和功能分为间歇式混合库、混合室混合库和多料流式混合库。

11.1.5.1 流化式气力混合

流化式气力混合如图 11.12 所示,压缩空气从不同的部位穿过多孔板 1 进入料层,吹射粉料使粉料呈流态化,在强化充气的条件下产生涡流和剧烈的翻腾而起到混合作用。最后,空气从过滤器 2 逸出。由于流态化状态系自始至终地保持着,而粒子尺寸增大,则气流速度亦需相应提高,所以,流态化式气力混合所需功率比较大些。

流化式气力混合在水泥行业称为间歇式混合库,图 11.13 是四等分扇形充气装置在对角充气时,库内物料运动情况示意图。在水泥厂用间歇式混合库混合生料,如果原来生料的碳酸钙含量的标准偏差小于 3% 时,搅拌不超过 60 min,大致上就可以将标准偏差降至 0.2% 左右。

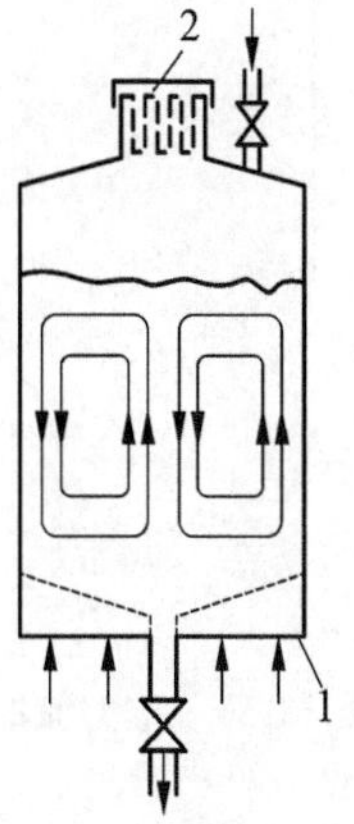

图 11.12 流化式气力混合

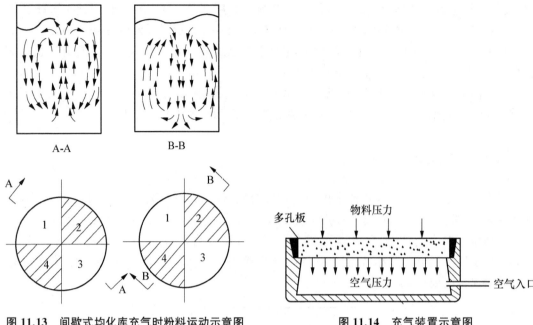

图 11.13　间歇式均化库充气时粉料运动示意图　　　　图 11.14　充气装置示意图

　　为了使粉料流态化,首先要将空气分散成很细的气流向粉料吹射。图 11.14 所示的充气装置是现在普遍采用的空气搅拌部件,图中的透气板是多孔陶瓷板,也有用多孔水泥板或尼龙布料作为透气板的。

11.1.5.2　重力式气力混合

　　如图 11.15 所示,重力式气力混合的主要作用原理是利用物料在圆锥状料斗的流动,在汇合出口处,具有混合效果,该效果主要由重力流动所产生。

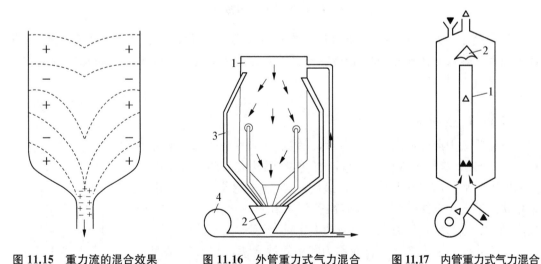

图 11.15　重力流的混合效果　　　图 11.16　外管重力式气力混合　　　图 11.17　内管重力式气力混合

1. 外管重力式气力混合

　　如图 11.16 所示,由料仓 1 与位于其下的集料斗 2 组成主体,在料仓的周围沿着螺旋方向

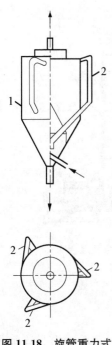

图 11.18　旋管重力式气力混合

开有约 32 个外管 3,以能在仓内各种高度上取得物料,其目的是使入仓后物料在被集料斗进行混合之前,先予充分分散。然后直接通过各个外管而向集料斗集中。也有少数物料是从料仓底部的中央出口流往集料斗的。来自各处的物料就由集料斗进行重力式混合,最后依靠风机 4 气送进入料仓,继续混合。该装置的关键在于这些外管的合理设计,要求管内流速匀稳,在集料斗内集合时,相互间不宜有冲击影响,以免破坏了重力混合的作用。该装置的工作容量可以高达 100 m³。

2. 内管重力式气力混合

内管重力式如图 11.17 所示,位于内管 1 顶部的反射罩 2 也具有同样的分散物料的作用。向四周辐射状分散的物料借重力下落,最后集聚混合至内管底部,随即又从内管中依靠气力上升,重新循环。内管式的工作容量可达 150 m³,负荷比为 7~12。

3. 旋管重力式气力混合

如图 11.18 所示,圆筒料仓 1 上部沿筒壁切线方向有三个进管 2,物料由此入仓,同旋风分离器,物料沿壁下沉而混合,气体上逸,如此借仓外送气装置反复进行。

4. 多料流式混合库

多料流式混合库是尽可能在库内产生良好的料流重力混合作用,以提高混合效果。基本上不用气力混合,以节约动力和简化设备。这种混合库单库的混合效果一般在 7 左右;双库并联的混合效果值可达 10;三库并联则可达 15。

11.1.5.3　脉冲旋流式气力混合

与强制式机械混合一样,脉冲旋流式气力混合是气力混合中效率较高的一种混合方法。工作容量为 1~45 m³,混合时间不超过 60 秒,对于密度差高达 6∶1 的物料仍能得到满意的均匀度,微量添加剂的重量百分率仅 0.001% 的话,也能使之混合均匀。

如图 11.19 所示,混合仓的锥形底部有一特殊设计的混合机头 1,它能向仓内提供脉冲的向上空气旋流,于是带起所有物料一起运动。每当脉冲供气停止,物料颗粒就下降,而在下一次气旋时,它们又从另一地点往上升起。物料颗粒被压缩空气的旋流做反复移动,导致物料的强烈混合。每一脉冲周期约 1 s,所以不仅混合耗气量较低(图 11.20),而且从装料至卸料总共为 3.5~4.0 min。值得指出的是,混合仓还可兼作气力输送的发送罐,即混合后的物料直接由气力输送卸出。适用物料的粒度为 300 目至 3 mm。混合用气经过滤器排出,物料损失为 0.5%~1.0%,或经再处理而回收。

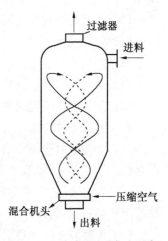

图 11.19　脉冲旋流式气力混合

以脉冲旋流式气力混合为基础的混合室混合库可同时进料、搅拌和出料,结构如图 11.21,库的容积几乎不受限制,容量 20 000 t 不算最大,而间歇混合库的容积有限制,容量 3 000 t 已接近上限。混合室混合库是连续进行混合,混合过程先为重力混合,后为气力混合。

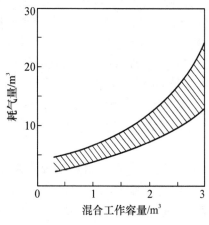

图 11.20 脉冲旋流式气力混合的耗气量

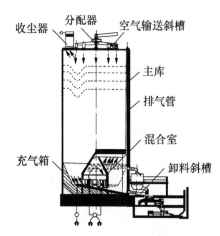

图 11.21 混合室混合库

11.1.6 连续混合机

多数机械混合单元操作为间歇作业,即不能同时进料、搅拌和出料。如果混合是连续进行的话,就可使整个粉体处理过程实现连续化、自动化、减少环境污染以及提高处理水平。

11.1.6.1 连续混合的优缺点

1. 连续混合的优点

(1) 易于获得较高的均匀度,即使是易偏析的物料,也由于减少了反混合,而更能充分均匀。

(2) 连续混合的位置可以放在紧靠着下一工序的前面,因而大大降低了混合物在输送、中间储存中偏析的程度。

(3) 省却了间歇混合时装卸物料的频繁重复工作。

(4) 避免了物料在进料、出料处的损失。

(5) 连续混合装置的占地面积一般较间歇的要小。

2. 连续混合的缺点

(1) 给料器的选择要求高。给料器既要能连续称量,又要能匀速给料。合理确定连续混合机的工作量,才能获得最佳均匀度。

(2) 在连续运转中,均匀度须连续测定,并给出信号,以调节给料器的给料量。一旦出现故障难以进行维修。

(3) 参与混合的物料组成数不宜过多。

(4) 微量组成物料的加料,不易计量精确。

11.1.6.2 出口均匀度与滞留时间

连续混合不仅要在空间上获得均匀,而且还得在时间上达到均匀。图 11.22 是石英砂与纯碱进行间歇混合与连续混合所得的实验结果,均匀度由混合前后某组成标准偏差之比

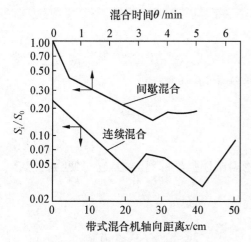

图 11.22 间歇混合与连续混合的比较图

S_i/S_0 来表示,由图 11.22 可以看出,连续混合与间歇混合的混合过程基本上是相同的。

但是,连续混合也有与间歇混合不尽相同之处。首先,给料的状态对间歇混合是几乎没有影响的,而对连续混合却有明显的关系。如图 11.23 (a)所示,随机给料时,连续混合能获得较高的均匀度,而相关给料的话,出口处均匀度也随之降低,如图 11.23(b)所示。

连续混合是个典型的"流动系统",如同其他连续作业的反应器一样,物料在系统中滞留的时间是个重要的参数。一般来讲,如果连续混合机呈直通式,其机身长度较短,或是给料流量较大,则物料的滞留时间会减少,于是最终的均匀度就降低,反之亦然。从滞留时间与均匀度的关系,可以引申得出滞留时间分布的概念,也就是说,连续混合机工作空间内各处物料的滞留时间,虽然各不相同,但实际上仍合乎正态分布的规律,如图 11.24 所示。连续混合机的合理设计与正常操作,将使该分布曲线变得更为瘦窄,即各处的滞留时间 θ 更加一致地接近其平均滞留时间 θ_r。

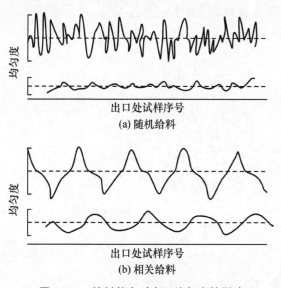

图 11.23 给料状态对出口均匀度的影响

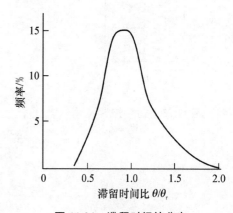

图 11.24 滞留时间的分布

$$\frac{S_i}{S_0} = \sqrt{1 - \frac{V}{F}/\ln \alpha} \tag{11.11}$$

式中,V 为连续混合机的工作容量;F 为给料流量;α 为与给料状态有关的系数,$\alpha \leqslant 1$。

此处,滞留时间 $\theta_r = V/F$。

11.1.6.3 连续混合机

连续混合机的类型主要有下列三种:立式连续带型混合机、连续式 V 型混合机和高速回转圆板型混合机。

1. 立式连续带型混合机

采用立式直通料流,是连续混合机的一种比较普遍的型式。图 11.25 所示的为连续带型,也可为桨叶型的,或者在高度上各有不同,主要取决于物料的性质。

2. 连续 V 型混合机

如图 11.26 所示,物料在机内横向流动。

3. 高速回转圆板型混合机

如图 11.27 所示,机中央做高速回转的圆板对物料施以强烈的离心力,它将使物料能够处在单个粒子的状态下进行混合。

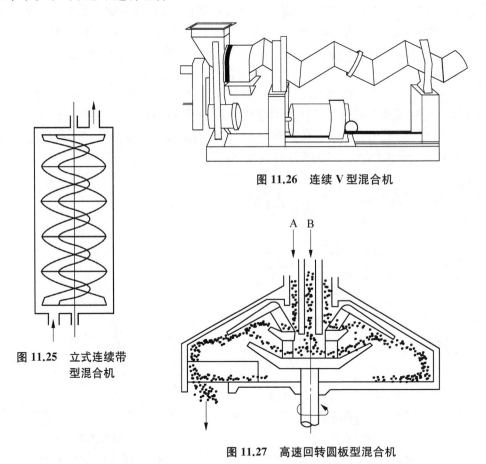

图 11.26　连续 V 型混合机

图 11.25　立式连续带型混合机

图 11.27　高速回转圆板型混合机

11.1.7　预混合堆场(库)

11.1.7.1　预混合堆场(库)的作用和工作原理

所谓预混合是指对原材料的混合。预混合堆场是一种较特殊的混合设施,最早用于冶金工业中,是国际上迅速发展和广泛应用的工艺技术,在现代化的玻璃、陶瓷和水泥工厂中得到广泛应用。

它具有处理物料量大、能耗省和混合效果好等优点。使用预混合堆场的最重要价值在于消除采场原料的天然差别,为工业扩大应用低品位原料创造了条件;另一优点是它具有足够的时间在生产前对原料进行质量控制并采取可能的纠正措施。不仅可以提高产品质量,而且可以利用劣质原料和燃料,具有较高的技术经济价值。

预混合堆场为大型工厂的原料储存开辟了新的途径。预混合堆场代替了过去习惯使用的储库,在储存的同时实现原料混合,满足了稳定、优质生产的需要。即预混合堆场从一般的储存混合的作用发展到直接参与生产质量控制系统的作用。国外有些工厂在预混合堆场内对几种原料进行配料,有的采用自动取样和试样制备系统,X-射线荧光分析仪和电子计算机在线控制,使堆场的出料成分接近于所要求的目标值。如碳酸钙含量的指标偏差可以达到±1%。在工厂内储存大量的均质配合原料,进一步保证了入窑生料成分的混合和稳定,并使原料储存系统和配料系统得到简化。

同时,预混合堆场在完全自动化的条件下进行操作,可以像其他主要生产车间一样连续稳定地运转,为进一步实现工厂自动化创造了前提。因此,预混合堆场对促进生产现代化有不容忽视的作用。

预混合堆场的缺点是占地面积较大,特别是两个料堆交替地进行堆料和取料,使堆场的单位面积储存量较其他储存方式减少一半,有效面积利用率大为降低。通常现代化大型厂的预混合堆场的宽度为 40～60 m,长度为 200～300 m。预混合堆场可以设在露天,简称为预混合场;也可以设在厂房内,简称为预混合库。当设在厂房内时,厂房部分的土建费用占堆场总费用的 40%～50%。由于面积大,预混合堆场(库)的投资较高。

以预混合堆场应用于玻璃工业为例,它对于原料、矿山开采和生产工艺的技术经济意义如下。

(1) 预混合堆场对于充分利用原料资源,尤其对于低品位原料的利用有重要作用。采用预混合堆场后,不仅对于品位合格但成分波动的原料有混合作用,而且可以利用品位低甚至品位不合要求的矿石。高品位矿石和低品位矿石在预混合堆场内得到混合,以获得品位合乎要求的原料。同时,还可以提供均质的燃料。如烧煤气的玻璃厂的燃煤煤质差别很大时,也可以采用预混合场进行混合。

(2) 预混合堆场为利用矿石中的夹层和覆盖以降低剥采比,以及为矿山开采提供更大的灵活性创造了条件,使采矿效率得到提高。

(3) 预混合堆场可以为玻璃厂提供长期稳定的原料和燃料,同时可以在堆场内对不同组分的原料进行配料,使其成为预混合配料堆场,从而更有利于玻璃厂进行均衡稳定的生产。

预混合堆场的工作原理是,堆料机连续地把进料按一定的方式堆成许多相互平行、上下重叠的料层,在一个料堆中料层的数目多达数百层。堆料的目的就是将进入堆场的物料尽可能地均匀铺开。在堆料过程中,通过进料主皮带机上连续地或间歇地取样分析,可及时掌握进料的成分波动情况和料堆的总平均成分。料堆堆成后,取料机按垂直于料层方向的截面对所有料层切取一定厚度的物料,通过出料主皮带机运往下一道工序。

预混合堆场主要由堆场建筑物、进料主皮带机、堆料机、料堆、取料机、出料主皮带机和取样装置等七个部分所组成。

堆料的层数愈多,其混合均匀性就愈好,出料成分也就愈均匀。

取料机有序地取料,直到整个料堆的物料被取尽为止,是最常用的一种取料方法。由于取料中包含了所有各层的物料,所以在取料的同时进行了物料的混合。

11.1.7.2 预混合堆场的布置

1. 纵向堆积

纵向堆积系最常用的堆料方法之一(图 11.28)。如果场地允许,其堆积长度实际上是不受限制的,且随时可延长,宽度取决于装料系统。通常,长形预混合堆场一般有两个料堆。当一个料堆在堆料时,另一个在取料,两个料堆交替工作。图 11.28(a)是一个典型的直线布置的矩形预混合堆场。我国冀东、宁国水泥厂的石灰石预混合堆场就是这一种,其宽约50 m,长约 300 m。其长宽比一般为 5~6。每一料堆的存量可供工厂 5~7 天生产之用。

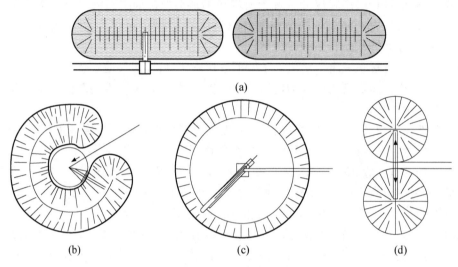

图 11.28 堆场的布置形式

料堆最好布置成一条直线,因为这样两个料堆可采用同一套装料和取料系统进行工作,而两个平行料堆则需要额外的设备和费用。但平行料堆在较小场地较易布置,而直线料堆则不然。

两个料堆可在一条直线上纵向布置,也可横向并行布置。纵向堆积布置时,沿中心线布置的输送带可配备取料装置或横向皮带输送机,或使用侧向移动的皮带堆料机。推荐使用轨道式链式多斗挖掘机作为侧向采土机械使用。顶端装料须采用履带挖掘机或移动式平台。

2. 环形堆积

在场地较小,不允许使用纵向料堆时,以采用环形料堆[图 11.28(b)]为宜。在料堆中心,通过回转式输送带送料。

回转式输送带有一个托架支承。托架有一安装在球面上的支轴和两条行走杆,并装有马达和橡胶轮。橡胶轮沿环形混凝土轨道行走,用来支承倾斜式固定皮带输送机或可调式皮带机,后者较适合多尘原料,以降低落料高度。

3. 圆形堆积

为了改进预混合堆场占地面积大的缺陷,近年来发展了一种圆形堆场。圆形堆场不仅占地面积小,设备和土建费用也较一般长形堆场降低。与环形堆积相比,圆形堆积方法的优点是,可充分利用场地空间,因为几乎不存在内倾坡面。因为送料系统装料有多种可能性

[图 11.28(c)]，故这种方法混合效果较好。

送料系统由水平悬臂支架(伸出部分最长约 40 m)构成，臂架装有相应的平衡锤，它安在坚固的中心机架上并可旋转 360°。与矩形堆料场相比，可节省占地约 30%，节省投资 25%，而混合效果相差无几。

在臂架上装有两台皮带输送机，一台是固定的，一台是移动可逆式的。原料通过通向中心的皮带输送机送上臂架皮带机。

4. 锥形堆积

锥形堆料是最简单的堆料形式，从一固定点装料[图 11.28(d)]。

装料时，应选用一台可逆式皮带输送机，这样，可有选择地堆置两个锥形料堆。一个料堆装料时，另一个取料。

上述四种堆料形式一般在露天堆料中使用，后三种堆料形式常用斗式装载机卸料，但亦可使用履带式多斗挖掘机取料。

11.1.7.3 预混合库的布置

预混合库的作用在于，使储存的原料不致受到气候条件的影响，如雨、日光，冰冻等。

预混合库内部只是一个没有间隔的地坪高的储料地面。如果要储存多种原料，库内空间要用隔墙分成几个单室。预混合库的宽度为 12～40 m，个别也有 60～80 m 的，但宽度超过 120 m 的是很少见的。结构最简单的预混合库只设有顶棚，但大多数设有围墙。采用斗式装载机取料时，原料堆高一般为 5～6 m。

预混合库有各种不同的装料系统。选择合适的装料系统主要视装料方式和预混合库的净宽而定。

最重要的装料类型有：

(1) 将原料用载重卡车直接运入原料棚内，并用斗式装载机堆料。

(2) 在预混合库中央，设置一台移动可逆式皮带输送机，沿料棚中心线卸料。

(3) 装有抛辊的移动可逆式皮带输送机[图 11.29(a)]。

(4) 固定式输送机(皮带或钢板的)，装有卸料器，可带或不带抛辊[图 11.29(b)]。

(5) 皮带装料台，从中间[图 11.29(c)]或侧面[图 11.29(d)]装料。

每种装料系统还有各种不同的结构。

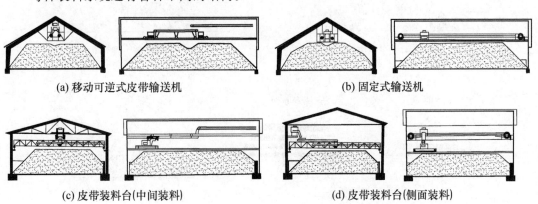

    (a) 移动可逆式皮带输送机　　　　　　　　　(b) 固定式输送机

    (c) 皮带装料台(中间装料)　　　　　　　　　(d) 皮带装料台(侧面装料)

图 11.29　预混合库的装料类型

按使用的装料系统的不同,亦形成不同的装料断面。当堆高为 5 m 时,每米预混合库长度可装料 25～165 m³ 原料。

11.1.7.4　堆料和取料方式

1. 堆料方式

在进料保持恒定的条件下,混合效果取决于堆料和取料方式。为了求得较高的混合效果,理论上要求堆料时料层平行重叠,厚薄一致。实际上,只能采用近似均匀一致的铺料方法。

(1) 人字形堆料法

这种堆料方法及所需的设备都较简单。如图 11.30(a)所示,堆料点在矩形料堆纵向中心线上,堆料机只要沿着纵长方向在两端之间定速往返卸料,就可完成两层物料的堆料。这种方法使用得最普遍。其缺点是物料颗粒偏析比较显著,料堆两侧及底部集中了大块物料。

(2) 波浪形堆料法

如图 11.30(b)所示,物料在堆场底部整个宽度内堆成许多平行而紧靠的条状料带,每条状料带的横截面都是等腰三角形,然后第二层平行紧靠的条状料带又铺在第一层之上,但堆料点落在原来的平行各料带之间,使新料带不仅填满原来料带之间的低谷,而且使之成为新的波峰,这样一层层地堆上去。优点是混合效果较好,缺点是设备和操作都比较复杂。

(3) 水平层堆料法

水平层堆料法是一种真正的平铺堆料法,如图 11.30(c)所示。堆料机先在堆场底部均匀地平铺一层物料,然后再一层层铺上去。这种堆料法可以完全消除颗粒偏析作用,这也是本法的主要优点。但这种堆料机很复杂,操作也不简单,所以应用的范围很小。

(4) 倾斜层堆料法

有横向和纵向两种。如图 11.30(d)分别先在一侧或一端堆成一条状料带,其横截面是

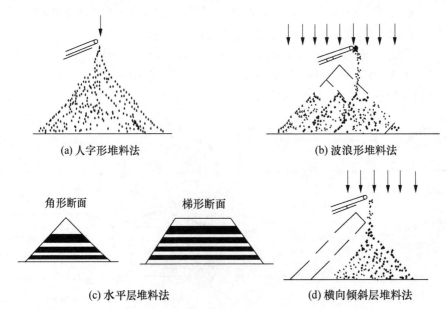

(a) 人字形堆料法　　　　　　　　　　(b) 波浪形堆料法

角形断面　　　　梯形断面

(c) 水平层堆料法　　　　　　　(d) 横向倾斜层堆料法

图 11.30　堆料方式

等腰三角形。然后将堆料机的落料点向中心稍稍移动,再堆成一个料带,其横截面是一个较大的等腰三等形。这样直到将堆场堆满为止。

除上述几种基本堆料方法之外,还有若干在上述基本方法的基础上演变而来的方法。

2. 取料方式

(1) 端面取料

取料机从料堆的一端,包括圆形料堆的截面端开始,向另一端或整个环形料堆堆进。取料是在料堆整个横截面上进行的。这种取料方法,最适用于人字形、波浪形和水平层料堆。

(2) 侧面取料

取料机在料堆的一侧,从一端至另一端沿料堆纵向往返取料。这种取料最适用于横向倾斜层料堆。

(3) 底部取料

这种取料方法要求堆料方式是纵向倾斜层或圆锥形料堆,只有这种料堆,沿底部纵向取料才能切取所有料层。这种取料方式的混合效果也显然不如端面取料。

在预混合库中的卸料取料方式的选择是很有限的。大多通过斗式装载机卸料。

链式多斗挖掘机可进行自动取料[图 11.31(a)]。

但料堆尺寸应尽可能与斗架的回转半径匹配,以避免"死角",即原料不能取走的地方。

黏土储料棚专用一种水平行走多斗挖掘机[图 11.31(b)],其挖斗高度是可以调节的,挖掘面可达到料堆的全长(30 m)。为了送走挖斗挖掘的原料,要求在料棚的整个长度上安装一台固定式皮带输送机。水泥工业常用的轻便铲运机,亦被用于黏土储料棚。

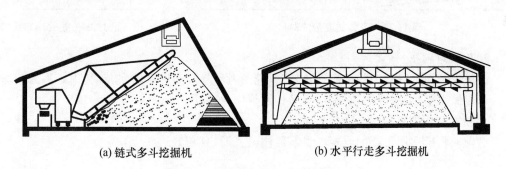

(a) 链式多斗挖掘机 (b) 水平行走多斗挖掘机

图 11.31 预混合库的取料系统

11.1.7.5 堆料和取料机械

预混合堆场的主要设备是堆料机和取料机,堆料机分顶部堆料和侧面堆料两种,一般由皮带机构成,有时也用耙式堆料机进行侧面堆料。取料机分端面取料和侧面取料两种,但用于预混合堆场的取料机一般为端面取料的桥式取料机。端面取料机又分为斗轮式、圆筒式、刮板式、盘式等多种型式。

堆料机和取料机本身要适应所处理物料的物性(湿度、黏性、粒度、休止角等),它们的作业方式和性能决定了混合效果。

国外一些著名的堆料机、取料机制造厂有德国的 PHP 通用机器制造公司、荷兰的梅惠特罗宾斯机器制造公司等。我国在 20 世纪 70 年代开始制造堆、取料机械,制造厂有哈尔滨重型机器厂、大连重型机器厂、大连起重机械厂、上海新建机器厂等。

1. 天桥式皮带堆料机

这是目前应用得最多的堆料机之一。它可利用堆场（库）的厂房屋架，使天桥皮带机沿料堆纵向中心线安设，装上一台 S 型卸料小车或移动式皮带机往返移动就可以通过天桥皮带机直接堆料。这种堆料只能做人字形或纵向倾斜层堆料，如图 11.32。

2. 悬臂式皮带堆料机

该机目前应用比较普遍，它最适用于矩形预均化堆场的侧面堆料和圆形堆场内围绕中心堆料，卸料点的高度可以调节，以使物料落差保持最小，如图 11.33。

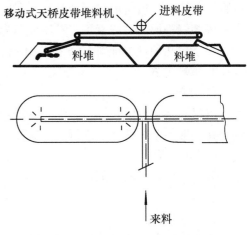

图 11.32　天桥式皮带堆料机示意图

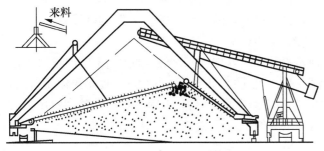

图 11.33　悬臂式皮带堆料机

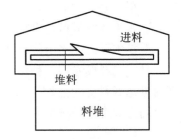

图 11.34　桥式堆料机

3. 桥式堆料机

该机安装在可以移动的桥架上，横跨料堆或者环绕圆环形料堆回转，利用 S 型卸料车卸料。可以做人字形、波浪形、水平层等多种堆料作业，如图 11.34。

4. 桥式刮板取料机

这种取料机适用于端面取料。目前使用最普遍，有较好的混合效果。

11.2　造粒

11.2.1　造粒及其意义

造粒，也叫粒化，是指将很细的粉状物料添加结合剂制成流动性好的固体颗粒的操作。为了区别于粉料的原始颗粒，常把加工球状的颗粒称为团粒。近 20 年发展起来的微囊化（Microencapsulation），将固体或液体制备成直径为 $1\sim5\,000\,\mu m$ 的微小胶囊，是粒化技术的新进展。

造粒在制药、玻璃、陶瓷等国民经济中的许多部门已经得到普遍应用。医药粉料经过造粒制成片剂，将玻璃原料造粒可改善配合料的流动性及缩短熔化时间，为了适合陶瓷干压成型的需要也将粉状物料造粒。采取粉料造粒的措施可使其具有更好的流动性。由于粉料的性质不像流体,要想使装进模具中的粉料密实填充又均匀,几乎是不可能的。因为装填粉体于金属模具中时,与模具壁接触的粉体由于模具壁的摩擦作用会出现跨接现象,粉体颗粒之间也会出现架桥。虽可采用振动填充法排除这种现象,但振动填充法会导致颗粒按大小分层、空隙率发生变化或致密、松散不均匀。在不同的行业将粉状物料造粒的目的可能不同,造粒的工艺意义也有所不同。

造粒对陶瓷干压成型具有如下意义:一可降低压缩比,提高坯体的体积密度,形成致密坯体;二可减小颗粒间的内摩擦,粉料制成一定大小的球状团粒,比细粉中包含的空气少,能提高流动性;三可使得物料中水分更均匀。

对玻璃配合料而言,使用造粒料比使用粉料具有如下意义:防止偏析现象的发生,从而保证了配合料的均匀度。造粒使各原料的颗粒接触紧密,导热性增加,固相反应速度加快,从而提高熔化率,节约燃料。造粒后纯碱可以均匀覆盖在石英砂粒表面,使得熔化和澄清的效果更好,提高了玻璃液的均匀度,从而提高产品质量。造粒后玻璃配合料具有更好的流动性,有效地防止料仓的结拱阻塞。防止粉尘污染,有助于提高炉龄。粉状配合料投料时纯碱等飞料会侵蚀耐火材料和蓄热室的格子砖,影响玻璃成分和熔制质量以及污染大气。造粒后可使熔炉内的扬尘减少,因而减少了对窑炉的侵蚀,延长了窑炉寿命。同时防止了粉尘飞扬而污染环境,改善工人操作条件。作为造粒使用的结合剂,除了使用纯碱外,还使用造纸厂的蒸煮液等化工含碱废液,这样既可减少环境污染,还可节约纯碱。

但是,进行造粒处理,必然要增加设备,增加基建投资和电力消耗。这些缺点应该与提高熔化率、节约燃料、提高质量、防止污染等进行统筹考虑。

11.2.2　造粒机理

粉体颗粒对水来说是浸润体,其表面能够吸收和附着水分。在造粒机中喷撒液态黏结剂后,表面很快吸足水分,并在相邻颗粒间形成如弯月面的液桥,将这种并不十分紧密的凝聚体结构称为"粒化核"。由于碰撞作用,这些"粒化核"黏结成为更大的凝聚体。由于造粒机的转动,粉料与凝聚体随升降产生的落差被逐渐压实,强度得到提高。当供给造粒机的水分停止后,颗粒在造粒机中继续反复升降并不断滚动,液体在颗粒间隙中的毛细作用加强,产生负压将颗粒相互间拉得更紧。最后颗粒表面的液体全部被外层的干粉料所吸收,颗粒将不再继续变大。总的说来,颗粒的形成是经过"粒化核"的产生[图 11.35(a)];凝聚物的长大[图 11.35(b)];颗粒的球化整粒阶段[图 11.35(c)]。粉料经过这些过程后成为具有一定大小与强度的颗粒。再经干燥处理后,即成为粒化料,又称为固结成型。

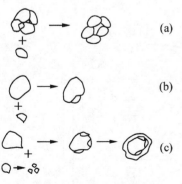

图 11.35　粒化过程

(a)

(b)

(c)

当湿颗粒干燥后,则由于范德瓦尔斯力及静电力等起作用而使其固结,此外在粒子间的"固体桥"对固结也起重要的作用;固体桥主要由以下情况形成:可溶性成分因溶剂蒸发而在相邻粒子间结晶,将相邻的粒子结合起来,黏合剂在粒子间固化,可能有某些成分在粒子间熔融,随后凝固。

在压缩造粒时,粉末因压缩,使粒子间距离接近,粒子因范德瓦尔斯力、表面自由能等作用而固结。

11.2.3 造粒方法及其特点

11.2.3.1 转动造粒

转动造粒是将粉料加适量的黏结剂水溶液,主要依靠转动过程中黏结剂湿润粉体的凝聚作用及旋转作用。转动造粒多采用圆筒造粒机(图 11.36 和表 11.4)或盘式造粒机(图 11.37)。将干燥的粉料在转动着的圆筒或圆盘中翻滚时喷黏结液,粉料随即凝聚成粒度大小比较均匀的团粒。使粉料成粒的作用力一般分为:粉料粒子对水的吸附力;附着于粒子表面液膜的表面

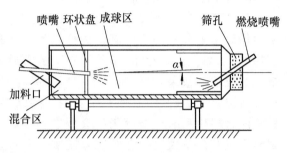

图 11.36 圆筒造粒机

张力,以及由于粒子间的空隙减少而使粒子进一步靠紧的毛细力;黏结剂的黏结作用及干燥后结晶产生的固相拱桥作用。在这些力的综合作用下使粉料得以造粒并具有一定的强度。转动造粒的方法可以得到接近球形的颗粒,成本低。

表 11.4 圆筒造粒机性能

规格 ϕ/mm	生产能力 /(t/h)	圆筒转数 /(r/min)	供水量 /(kg/h)	喷水压力 /Pa	喷嘴数/个	电机功率 /kW	总重 /kg
1 300×3 500	6	18	1 000	9.8×10⁴	1	4.5	3 250

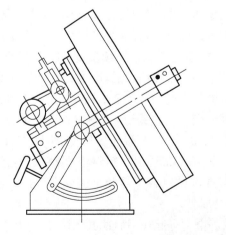
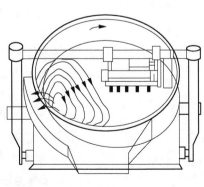

图 11.37 盘式造粒机

盘式造粒机是一个做旋转运动的倾斜圆盘,由于粉料与圆盘之间的摩擦作用,物料随着圆盘旋转上升,但又在重力作用下向下滚动,同时由于离心力作用被甩向圆盘的边缘。在喷撒黏结剂后,粉料在这三个力作用下运动,颗粒在圆盘内从很小的凝聚物逐渐长大,成品最后从圆盘边缘溢出。

盘式造粒机的圆盘倾斜角可以由人工调整;在倾斜的圆盘支架横梁上安装有喷淋嘴向物料加入黏结剂液体,同时装在横梁上的硬质合金刮刀清理盘面。一个可移动的耙子(或可旋转的耙子)搅拌粉料。旋转圆盘的背面装有轴承以支承圆盘轴。电机经过皮带轮以及减速器传递给圆盘。装在横梁上的刮刀及喷嘴距离圆盘面的高度可以调节。近年来有些盘式造粒机圆盘的驱动由外齿圈传动改为内齿圈传动,结构紧凑,运转平稳。

圆筒造粒机与盘式造粒机相比较,圆筒造粒机生产的颗粒粒度分布范围大,故需增添筛分设备;盘式造粒机生产的颗粒粒度较均匀而且球形度好。圆筒造粒机的装料率为圆筒容积的10%左右,在圆筒内也可以不设置筛子和燃烧喷嘴。

11.2.3.2 压缩造粒

压缩造粒法是将混合了黏结剂的粉料在炼胶机挤压1～3次压制成硬度适宜的薄片,再碾碎、造粒。压缩设备的结构如图11.38。两个滚筒上都有槽并做相对旋转运动,原料由饲

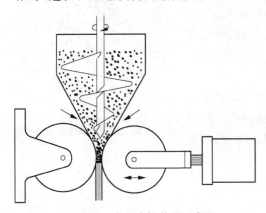

图 11.38 滚压造粒装置示意图

粉器中用推进器连续地送入两滚筒之间,两滚筒间的距离可以调节。用本法压块时,粉末中的空气易于排出,产量较高。但压制的颗粒有时不均匀,由于强力压缩时产生较多的热,如无冷却装置,温度升高较快,最好应有冷却装置。压缩造粒费用高,功耗大。如将榨泥后的滤饼进行干燥,再用双筒辊碎机压碎,然后经过小型轮碾机、混控机(加入油酸)、自动平板压床预压成块,再第二次经过轮碾机和平板压床预压成块,最后经过轮碾机、筒形旋转筛、振动筛、旋风分离器。旋转筒形筛易于形成球形团粒,振动筛是为了除去粗粒,筛余的粗粒送平板压床重压,筛下的料再过旋风分离器。这样原先有棱角状的团粒由于经过旋转筒形筛(球磨筒滚磨也可以)把棱角磨掉了而成球形。造粒时所加压力越大,流动性越好。黏结剂用量越少,体积密度越大,流动性越差。

11.2.3.3 挤出造粒

取混匀的细粉,加入适量黏合剂后置于捏合机内挤出造粒,如图11.39(a),此机由金属槽及两组强力的S形桨叶构成,槽底呈半圆形,两组桨叶的转速不同并沿相对方向旋转,由于桨叶间的挤压、分裂、搓捏及桨叶与槽壁间的研磨等作用,可形成不粘手、不松散、湿度适宜的可塑性软材——丸块,然后用螺旋丸条机[图11.39(b)]制成丸条,这时丸块由加料筒加入,随轴上叶片挤入螺旋输送器,挤出丸条。再用双滚筒轧丸机[图11.39(c)]制丸,该机的铜制双滚筒表面有半圆形切丸槽,双滚筒以相同方向转动,但两滚筒的转速不同,一般为70～90 r/min,丸条置两滚筒之间切断并搓圆,干燥即可。

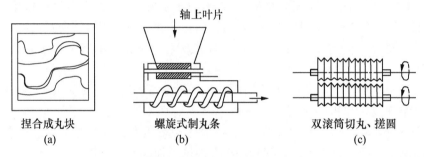

轴上叶片

捏合成丸块　　　　　螺旋式制丸条　　　　双滚筒切丸、搓圆
(a)　　　　　　　　　(b)　　　　　　　　　　(c)

图 11.39　挤出法丸剂的制备流程

制得的湿丸颗粒应立即干燥,以免结块或受压变形。干燥温度由原料性质而定,一般为
50～60℃;对湿及热稳定者,干燥温度可适当增高。黏合剂溶液或润湿剂的用量需由实验求
得,用量与原料的理化性质及黏合剂溶液的黏度等有关。原料的粒子小,比表面积大,黏合
剂的用量大。黏合剂的用量以及加入黏合剂后的湿混合条件等对制成颗粒的密度和硬度都
有影响,黏合剂的用量多,湿混合的强度大,湿混合时间长,颗粒的硬度大。中药丸剂可通过
该方法制备。

挤出造粒时的可塑软材也可以通过摇摆式颗粒机造粒,其
工作机构如图 11.40 所示:软材置于不锈钢制的料斗中,其下
部装着六条绕轴往复转动的六角形棱柱,棱柱之下有筛网,筛
网由固定器固定并紧靠棱柱,当棱柱做往复转动时,将软材压、
搓过筛孔而成湿颗粒。

一般是将软材通过筛孔一次而制成湿粒,有时使其通过筛
网 2～3 次,此法可使颗粒的质量更好;均匀而且细粉末少;可
减少黏合剂溶液的用量,干燥时间短,多次过筛制粒时,第一次
用较粗的筛网,然后再用较细的筛网。

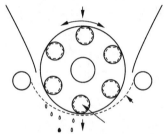

图 11.40　摇摆式颗粒机示意图

11.2.3.4　喷雾干燥造粒

喷雾干燥造粒是用喷雾器将制好的料浆喷入造粒塔进行雾化,这时进入塔内的雾滴与
从另一路进入塔内的热空气会合而进行干燥,雾滴中的水分受热空气的干燥作用,在塔内蒸
发而成为干料,然后经旋风分离器分离收集(图 11.41)。

喷雾干燥法造粒可得到比较理想的流动性好的圆球形团粒,这是由于造粒过程是在近
于液体的泥浆状态下进行的,依靠表面张力的作用而收缩成球形。不过团粒造得好不好与
料浆的黏度及喷嘴的压力有关,黏度与压力不当,得到的团粒中心会出现空洞。这种造粒法
是现代化大规模生产所采用的,其优点是产量大,可以连续生产,劳动强度也大为降低,并为
自动化成型工艺创造了良好条件。

11.2.3.5　流化造粒

流化造粒的原理与流化床干燥的设备相近(图 11.42),方法是将制粒原料的粉末置
于流化室内,流化室底部的筛网较细(60～100 目),并由不锈钢制成。外界空气滤净并
加热后经过筛网进入流化室并使粉末处于流化状态。将黏合剂溶液输入流化室并喷

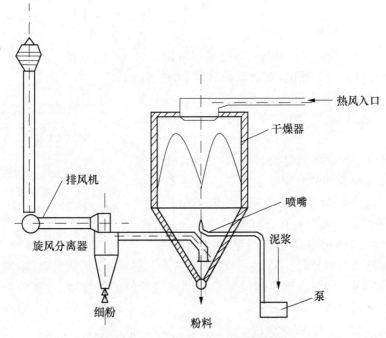

图 11.41　旋风分离器分离收集示意图

成小的雾滴,粉末被润湿而聚结成颗粒,继续流化干燥到颗粒中有适宜的含水量。

流化造粒一般在流化室的顶部装有滤袋,回收细粉。本法可将混合、造粒、干燥等在一套设备中完成,所以又称为一步造粒,本法简化了工序和设备,节省厂房,生产效率较高,制成的颗粒的粒径分布较窄,外形圆整,流动性好,压出的片的质量也较好,但是当造粒原料的各成分的密度差异较大时,在流化时有可能分离并致使均匀度不好。

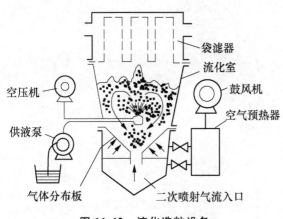

图 11.42　流化造粒设备

11.2.4　造粒应用

11.2.4.1　玻璃配合料造粒

1. 造粒

玻璃配合料的造粒处理工艺过程是先按一般方法制成均匀的配合料,再将配合料在专门的盘式成球(造粒)盘上,边下料边添加12%～17%的水或黏结剂溶液,滚动中制成10～20 mm的小球。然后在200～260℃的温度下烘干使球具有一定的运输及储存强度,一般要

求耐压 1.67×10^6 Pa 以上。其工艺流程如图 11.43 所示。

采用盘式造粒机是比较经济的玻璃成球方法。黏结剂的选择,应使配合料易于成球,并使成球后和干燥后的球粒具有一定的强度,对玻璃的熔制和质量不能产生任何不良影响,而且价格不能过高。可采用水玻璃、石灰乳、氢氧化钠、黏土等。采用废碱液较有经济价值。

物料在圆盘中的分布情况如图 11.44 所示,圆盘中的 α 区域是颗粒即将结束成长并正在进入整粒和球化的区域;β 区域是颗粒大量产生并迅速长大的区域;γ 区域是投入粉料和没有长大的小颗粒混杂的区域。倾斜的圆盘使粉料产生落差,致使圆盘中大小颗粒产生明显的分料,大颗粒分布在最上层,粉料则贴在盘底,粒度居中的颗粒则在这两层之间。同时由于落差使颗粒之间碰撞摩擦的机会增多,其结果是使颗粒被压实和球形度得到提高。

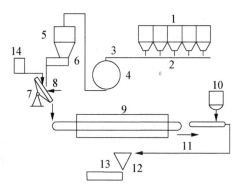

图 11.43 造粒流程

1-料仓;2-称量系统;3-皮带;4-混合机;
5-料斗;6-计量式加料器;7-造粒机;
8-喷水系统;9-干燥窑;10-碎玻璃料斗;
11-粒化料输送;12-料包;13-给料机

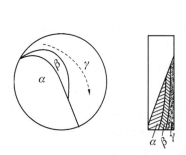

图 11.44 物料在圆盘中的分布情况

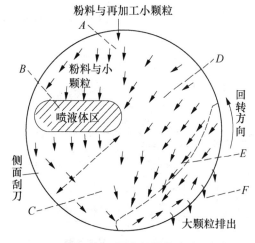

图 11.45 圆盘机操作方法

根据粉料在圆盘中的上述分布情况,在造粒时的操作方法如图 11.45 所示。当圆盘做图示方向的旋转时,向圆盘的投料位置在 A 处,同时在 B 处喷撒黏结液;E、F 两处分别为颗粒长大和溢出圆盘的位置。如果在图中表示的 C 处投料,在 D 处喷撒黏结剂,则可以得到较大的颗粒。

造粒机的圆盘倾角可以为 $30° \sim 60°$,一般取 $45° \sim 56°$。倾角不得小于造粒前湿润的粉料的自然休止角,否则物料将贴在盘上,随着圆盘一起转动。随着倾角的增大圆盘的转数也应该增加,否则物料堆积在盘的下部,不能产生落差及反复的上下滑动。由于转速提高及倾角增大,相应地使溢出的颗粒粒度减小。圆盘边缘的高度 H 与其直径 D 的比一般为 $0.1 \sim 0.25$。对于可调整边缘高的机器,增大 H 使颗粒在圆盘中滑动的时间加长,粒度增大。圆盘式造粒机的性能如表 11.5 所示。

表 11.5 　圆盘式造粒机性能

规 格 ϕ/mm	盘边高 H/mm	产量 /(t/h)	圆盘转速 /(r/min)	圆盘倾角 /(°)	电机功率 /kW
1 000	250	1	19.5～34.8	35	4.5
1 600	300	3	19	45	4.5
2 000	250	4	17	40～50	14
2 200	500	8	14.25	35～55	—
2 500	—	8～10	12	35～55	13
3 000	—	6～8	7	—	—
3 200	480～640	15～20	9.06	35～55	22
3 500	—	12～13	10	47	28
4 200	950	33	7		40
4 200	—	—	—	40～45	55
5 000	600	20—25	6.5～8.1	47	75

除此以外,有人研究在圆筒式造粒机中将粉料直接在 100～600℃ 的温度下进行粒化,如图 11.36 所示,长约 3 m 的圆筒与水平成 2°～6° 的倾角安放在托辊上,转速为 2～30 r/min。含水 5% 的粉料从加料口进入圆筒的混合区,然后越过环状盘进入成球区,黏结液由喷嘴供给,在出料端装有燃烧喷嘴,颗粒经过高温加热后,经过出料口的筛孔排出。筒内温度从入口到出口端逐渐升高(在 100～600℃),随着颗粒的长大和向出口端的移动,而被逐渐干燥。

2. 影响造粒的因素

造粒的配合料颗粒,在干燥前要具有一定的机械强度和一定的球形度。影响颗粒质量的主要因素是粉料本身的性质及操作参数。

(1) 粉料粒度及颗粒空隙率

决定颗粒强度的主要因素是粉料的平均粒度。对于均一粒径的粉料,由于毛细作用形成的凝聚体的强度是空隙率、液体表面张力以及粉料粒度的函数。一般颗粒强度与物料粒度大小成反比。由于细粉的填充作用使颗粒的间隙(或空隙率)减小,毛细管作用加强,因而提高了颗粒的强度。

为提高颗粒强度而将原料全部进行细磨是不经济的,也是没有必要的。当空隙率过小时,在干燥过程中产生的蒸汽及气体逸出的途径受阻,造成颗粒表面龟裂,反而降低了颗粒强度。因而应调整颗粒的空隙率并降低干燥速率。

(2) 液体表面张力及黏结剂

液体表面张力与颗粒强度成正比。造粒以纯碱、苛性钠、水玻璃、熟石灰等作为黏结剂。这些物质在粒化过程中把粒子拉紧,使颗粒不仅致密而且具有一定塑性。

(3) 造粒机尺寸及操作对颗粒强度大小的影响

① 造粒机尺寸、转速及倾角的影响

减小颗粒的空隙率可提高粒子强度,而空隙率一方面由物料的粒度大小、填充状态及其形状确定,另一方面还与造粒机的尺寸等有关。如果使用盘式造粒机,圆盘直径增大,或者圆盘转速和倾角增大,都可使物料的落差提高,滚动路程增大,颗粒间的撞击和挤压作用增强,从而使颗粒体的空隙率减小而更加密实。

② 喷撒液体量与颗粒质量的关系

造粒时供水不仅要在适当的区域,而且必须适量。如果水分太少,不能成粒,或即使成粒也十分脆弱。水量过大,物料则成为糊状或泥浆,使小颗粒黏附在大颗粒上成为瘤状,并且贴在圆盘上不再滚动。

为了使颗粒的球形度好,应在圆盘中形成一个薄的粉料敷层,这样颗粒受到的摩擦力增大,有利于滚动,避免颗粒在盘中滑下而成为扁平状颗粒。对于已经足够大的颗粒不要继续供水,而应使其表面粘滚一些干粉料。这种操作的目的不仅可以提高粒子的强度,而且对保证颗粒的球形度也有好处。

显然喷撒液体越多,颗粒在圆盘中滞留时间越长,颗粒就越大。当圆盘倾角减小后,颗粒相应在圆盘中停留时间加长,使颗粒粒度增大,同时使产量降低。如果要提高产量,则颗粒粒度势必会减小,实践表明,颗粒粒径分布也有变宽的趋势。

③ 温度对造粒的影响

在对玻璃配合料进行造粒时,纯碱遇水后放出水化热,可使盘内物料温度升至32℃以上。实验表明,当物料温度高于32℃时,仅在圆盘的表面形成颗粒,而95%左右的粉料不参加粒化。当温度在20℃以下时纯碱结晶使粉料板结,粉料之间不能产生相对运动,对造粒也是不利。一般温度为20～31℃时,物料可以顺利地进行粒化。

11.2.4.2 陶瓷干压成型粉料造粒

1. 干压成型粉料造粒工艺

陶瓷干压成型要求配合料具有流动性、大堆积密度、不含或少含微细粉料,并对黏结剂用量等加以优选控制,如由269孔/厘米²、196孔/厘米²、81孔/厘米² 三种筛网过筛的团粒组成的堆积密度最大。干压粉料的造粒目前常用的有三种,即普通造粒法、加压造粒法及喷雾造粒法。

加压造粒法的优点是造出的团粒体积密度大,机械强度高。这样的团粒能满足各种大件和异形陶瓷制品的成形要求,是生产上经常采用的造粒法。这种方法在生产上机动性虽然很大,但是产量小,劳动强度高,不能适应大量生产的需要。

喷雾干燥造粒法得到的球状团粒流动性好。这种造粒法是现代化大规模生产所采用的,其优点是产量大,可以连续生产,劳动强度也大为降低,并为自动化成型工艺创造了良好条件。不过团粒造得好不好与料浆的黏度及喷嘴的压力有关,黏度与压力不当会使造出的团粒中心出现空洞。

2. 干压成型对粉料的质量要求

(1) 要尽量提高粉料体积密度,以降低其压缩比,因为干压成型是将粉料填充在钢模型腔中压制成型的,型腔深度随压缩比的增大而增高,而型腔愈深则愈难压紧,影响产品质量。

(2) 流动性要好,成型压制时颗粒间的内摩擦要小,粉料能顺利地填满模型的各个角落。

(3) 对粉料要进行造粒处理,而且从最紧密堆积原理出发,颗粒要级配,细粉要尽可能少,用以减少空气含量,并降低压缩比,提高流动性。

(4) 在压力下易于粉碎,这样可形成致密坯体。

(5) 水分要均匀,否则易使成型及干燥困难。

3. 造粒的质量控制

为了满足干压成型对粉料的质量要求,生产上一般要控制下列工艺条件。

(1) 颗粒度

瓷器的干压粉料细度与可塑粉料的要求相同。精陶类的粉料细度可控制在 6 400 孔/厘米^2,筛余 0.5%～1.0%。

干压料中团粒占 30%～50%,其余是空气和少量的水。团粒是由几十个甚至更多的粉料细颗粒、水和空气所组成的集合体,团粒大小要求为 0.25～3 mm,团粒大小要适合坯件的大小,最大团粒不可超过坯件厚度的七分之一。团粒形状最好是接近圆球状为宜。但不希望有大量的细粉存在,因为细粉降低粉料的流动性,很难压实。微细粉状料可送平板压床重压。

(2) 含水量

干压粉料的含水量与坯体的形状、成型压力和干燥性能等有关。含水量较高时,干燥收缩大,成型压力可以小些。一般干压粉料的含水量控制在 4%～7%,甚至有的可为 1%～4%,有的干压粉料主要添加有机黏结剂,含水量极少,成型压力可小些。形状不太复杂,尺寸公差要求不高的产品可采用含水量 5%～8% 的干压粉料。

(3) 可塑性

干压成型对团粒的可塑性没有严格要求,一般可塑性原料用量多,团粒含水量也较多。为了降低干压坯体的收缩而获得尺寸准确的制品,可以减少可塑黏土的用量。如生产滑石瓷和金红石瓷可以完全不用可塑黏土,全部是瘠性原料和化工原料,但要加入少量有机黏结剂和增塑剂帮助造粒。

11.2.4.3 医药片剂制造工艺

1. 制颗粒片

由粉粒学可知,粉粒料的流动性一般较差。为了保证复方制剂的均匀度并有良好的流动性和可压性等,常需将各原料都粉碎为 80～100 目的细粉末后混合均匀,再造粒后压片。造粒方法有以下几种。

(1) 湿法造粒

即先制成软材,过筛而制成湿颗粒,湿颗粒干燥后再经过整粒而得,步骤如下。

① 制软材

在已混合均匀的粉末状原料中加入适宜的润湿剂或黏合剂,用混合机混合均匀而形成软材。软材的干湿程度应适宜,黏合溶液或润湿剂的用量与原料的理化性质及黏合剂溶液的黏度等有关。原料的粒子小,比表面积大,黏合剂的用量大。黏合剂的用量以及加入黏合剂后的湿混合条件等对制成颗粒的密度和硬度都有影响,黏合剂的用量多,湿混合的强度大;湿混合时间长,颗粒的硬度大。

② 制湿颗粒

粉末制成颗粒后再压片的主要目的是解决粉末的流动性不好,以致片重差异大以及可压性不好的问题,在工厂生产中使用颗粒机,使软材通过筛网而成颗粒。如摇摆式颗粒机制粒。

③ 湿颗粒干燥

过筛制得的湿颗粒应立即干燥,以免结块或受压变形,干燥温度由原料性质而定,一般为 50～60℃;对湿及热稳定者,干燥温度有时可适当提高。颗粒的干燥程度应适当,颗粒应有适宜的含水量;含水量太多易发生黏结,含水量太低也不利于压片。

④ 整粒

湿颗粒干燥后,需过筛整粒以将结成块的颗粒破碎开,加入润湿剂等后压片。

（2）流化喷雾造粒

本法可将混合、造粒、干燥等并在一套设备中完成,所以又称一步造粒法,将造粒原料的粉末置于流化室内,流化室底部的筛网较细（60～100 目）,外界空气滤净并加热后经过筛孔进入流化室并使粉末处于流化状态。将黏合剂溶液输入流化室并喷成小的雾滴,粉末被润湿而聚结成颗粒,继续流化干燥到颗粒中有适宜的含水量,即得。一步造粒简化了工序和设备,节省厂房,生产效率较高,制成的颗粒大小分布较窄,外形圆整,流动性好,压出的片剂的质量也较好。但是当复方制剂的各成分的密度的差异较大时,在流化时有可能分离并致使片剂的均匀度不好。

有时还可将造粒的各种原料、辅料以及黏合剂溶液混合,制成含固体量为 50%～60% 的混合浆,不断搅拌使浆料达到均匀混合状态,把浆料输入特殊的雾化器使在喷雾干燥器的热气流中雾化成大小适宜的液滴,干燥而得细小的近球形的颗粒并落于干燥器的底部。此法进一步简化了操作,一般需使用离心式雾化器,可由其转速等控制液滴（颗粒）的大小。

2. 粉末或结晶直接压片

对于一些遇湿热不稳定的药物,可用干法造粒,即将药物粉体（必要时加入稀释剂等）混匀,用适宜的设备压成块,然后再破碎成大小适宜的颗粒。常用的压块方法有滚压法和重压法。

粉末或结晶直接压片指将药物的粉末与适宜的辅料混合后,不经过制颗粒而直接压片的方法。有些结晶性药物（如氯化钠、溴化钠、氯化钾等无机盐）呈正立方结晶,其流动性较好并有较好的可压性,经过干燥并筛选后即可直接压片。即在药物结晶中加入适宜的润滑剂等辅料后,混合均匀,不造粒直接压片。

11.2.4.4　微囊化

微囊化是微型包囊术的简称,系利用天然的或合成的高分子材料（通称囊材）将固体或液体（通称囊心物）包裹而成的直径为 1～5 000 μm 的微小胶囊,它是近三十年发展起来的一种新剂型和新技术。其外形取决于囊心物的性质以及囊材凝聚的方式,微囊可以呈球状实体,亦可以呈平滑的球状膜壳形、葡萄串形以及表面平滑或折叠的不规则结构等各种形状。微囊化后可提高囊心物的稳定性,改进某些物理特性（如可压性、流动性）等优点。

微囊的结构随着工艺条件不同而有差异,通常凝聚法与辐射化学法所得微囊是球状实体,且是多个囊心物微粒分散镶嵌于实体内。物理机械法、界面缩聚法、溶剂-非溶剂法所制得的微囊是球状膜壳形（即在囊心物外,包上一层薄膜）,其中物理机械法制得的微囊可以含单囊心物或多囊心物,但是界面缩聚法只能制得单囊心物的微囊。

1. 微囊的制备方法

目前制备微囊的方法可归纳为物理化学法、化学法与物理机械法三大类。根据囊心物、囊材的性质以及所需微囊的粒度与释放性能,选择不同的制备微囊的方法。

（1）物理化学法

本法在液相中凝聚成囊。如相分离-凝聚法,此法是在囊心物与囊材的混合物中加入另一种物质或不良溶剂，或采用其他适当手段使囊材的溶解度降低，自溶液中凝聚出来产生一个新的相，故称为相分离-凝聚法。它又可分为凝聚法、溶剂-非溶剂法与复乳包囊法。

① 凝聚法

一般不需要特殊的生产设备，所用的介质是水（去离子水或蒸馏水，以免凝聚过程中受水中离子的干扰），这是当前水不溶性的固体物进行微囊化最常用的方法。根据采用单一或复合材料分为单凝聚法与复凝聚法。

(a) 单凝聚法　以一种高分子化合物为囊材，将囊心物分散在囊材中，然后加入凝聚剂（如乙醇、丙醇等强亲水性非电解质或如硫酸钠溶液、硫酸铵溶液等强亲水性电解质）。由于囊材胶粒上的水合膜的水与凝聚剂结合，致使体系中囊材的溶解度降低而凝聚出来形成微囊。但是这种凝聚是可逆的，一旦解除形成凝聚的这些条件，就可发生解聚，使形成的囊很快消失。这种可逆性，可以利用来使凝聚过程多次反复直到满意为止。最后再利用囊材的某些化学性质或物理性质，使形成的凝聚囊胶凝与固化，使微囊能较长久地保持囊形，不凝结，不粘连，成为不可逆的微囊。

影响高分子囊材胶凝的主要因素是浓度、温度和电解质。浓度增加，促进胶凝，反之浓度降低到一定程度，就不能胶凝。温度升高，不利于胶凝，温度越低，越易胶凝。浓度与温度的相互关系是：浓度越大，可胶凝的温度上限越高。例如，5％动物胶溶液，在18℃能够胶凝，而15％的在23℃时即可胶凝。在一定的胶凝温度和胶凝浓度下，胶凝必须经过一段时间才能完成。一般用明胶为囊材制备微囊的过程应在37℃以上进行，当凝聚囊形成后，必须使其在较低温度下胶凝。电解质对胶凝有影响，对高分子材料来说，阴离子起主要作用，常见的阴离子中，SO_4^{2-} 促进胶凝的作用最强，Cl^- 次之。

凝聚囊的固化可利用囊材的物理性质与化学性质。如醋酸纤维素酞酸酯（Cellulose Acetate Phthalate, CAP）为囊材时，可利用 CAP 在强酸性介质中不溶解的特性，当凝聚囊形成后，立即倾入强酸性介质中进行固化。如明胶为囊材时，可加入甲醛进行胺缩醛反应，使明胶分子互相交联，其交联程度随甲醛的浓度、时间、介质 pH 等因素而不同。一般浓度大、时间长、介质 pH 为 8～9 时交联才能完全，其反应可表示如下

$$R{-}NH_2 + H_2N{-}R + HCHO \longrightarrow R{-}NH{-}CH_2{-}HN{-}R + H_2O \tag{11.13}$$

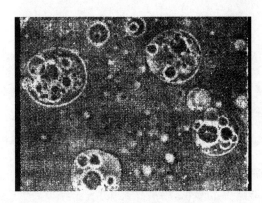

（放大 26 倍）

图 11.46　液状石蜡微囊

若囊心物不宜用碱性介质时，可用 25％戊二醛、丙酮醛或戊二醇等，在中性介质即可使明胶交联完全。液状石蜡微囊如图 11.46 所示。

(b) 复凝聚法　利用两种具有相反电荷的高分子材料作囊材，将囊心物分散在囊材的水溶液中，在一定条件下，相反电荷的高分子材料互相交联形成复合物（即复合囊材）后，溶解度降低，自溶液中凝聚析出成囊。

例如，明胶-阿拉伯胶作囊材，其复凝聚成囊的机理如下：明胶是蛋白质，在水溶液中分子里含有—NH$_2$、—COOH 及其相应的解离基团—NH$_3^+$ 和—COO$^-$。但是所含正负离子的多少，受介质酸碱度的影响。pH 低时，

—NH$_3^+$ 的数目多于—COO$^-$。相反,pH 高时,—COO$^-$ 数目多于—NH$_3^+$。在两种电荷相等时的 pH 为等电点。明胶当 pH 在等电点以上时带负电荷,在等电点以下带正电荷。阿拉伯胶在水溶液中分子链上也含有—COOH 和—COO$^-$,仅具有负电荷。因此明胶与阿拉伯胶溶液混合后,调节 pH 为 4~4.5,明胶正电荷达到最高量,与负电荷的阿拉伯胶结合成为不溶性复合物,出现凝聚现象而形成微囊。

采用凝聚法制微囊,并不适用于所有不溶于水的固体或液体药物。重要的是药物表面应能为囊材凝聚物所润湿,从而使药物混悬于该凝聚物中,才能随凝聚物分散而成囊。此外,还应保持凝聚物具有一定的流动性,这是保证囊形良好的必要条件。

② 溶剂-非溶剂法

即在某种聚合物的溶液中,加入一种对该聚合物不可溶的液体(叫非溶剂),引起相分离而将囊心物包成微囊。本法所用囊心物可以是水溶性、亲水性的固体或液体药物,但必须对体系中聚合物的溶剂与非溶剂均不溶解,也不起反应。例如,维生素 C 微囊,取乙基纤维素 20 g 溶于二甲苯 400 mL 和乙醇 80 mL 的混合溶剂中,将维生素 C 细粉 5 g 混悬于溶剂中,搅拌,缓缓滴入正己烷,至沉淀完全为止(约 50 mL),硬化,干燥即得。

③ 复乳包囊法

复乳包囊法是一种水溶液的液滴分散于有机相溶液中,形成乳剂(w/o 型),此乳剂再与水相制成复乳(w/o/w 型),此乳滴中的有机溶剂经常压(或减压)加热或透析除去,而得到自由流动的干燥粉末状的微囊。这种微囊属三层微囊,用以控制药物的释放速度。例如,5%(wt)阿拉伯胶溶液的液滴分散在含有 4%(wt)乙基纤维素乙酸乙酯有机相中(含有 20%邻苯二甲酸二正丁酯作增塑剂)形成 w/o 型乳剂。阿拉伯胶与乙基纤维素在水滴和有机连续相的界面形成吸附膜。阿拉伯胶膜在内水相,乙基纤维素在外有机相,因此 w/o 乳剂的膜是由阿拉伯胶与乙基纤维素二层组成。当此乳剂进一步与阿拉伯胶溶液乳化形成 w/o/w 复合型乳剂,此时出现新的水-油界面,阿拉伯胶与乙基纤维素再一次形成二层膜。外水相阿拉伯胶膜由于是水溶性的易被洗去,不如内水相的膜坚固,而有机溶剂是在二层油溶性乙基纤维素膜之间,可利用其挥发性,从膜中扩散出来。透析后的体系由微囊沉淀物和上层清液组成,过滤,所得微囊直径在 50 μm 以下,多数为 10 μm 左右。该微囊的内外层是阿拉伯胶膜,中间层是乙基纤维素,一共三层。

(2) 物理机械法

物理机械法是将固体或液体囊心物在气相中进行微囊化。目前常用的方法有以下几种。

① 喷雾干燥法

将囊心物分散在囊材溶液中,在惰性的热气流中喷雾,在干燥过程中,使溶解囊材的溶剂迅速蒸发,囊材收缩成壳,将囊心物包裹,所得囊的直径为 5~600 μm,近似圆形。成品质地疏松,为自由流动的干粉。

② 喷雾冻结法

将囊心物分散于熔融的囊材中,将此混合物喷雾于冷气流中,凝固而成微囊。凡蜡类、脂肪酸和脂肪醇等,在室温为固体,而在较高温度能熔融的囊材,一般均可采用。

③ 流化床包衣或空气悬浮法

系利用垂直强气流使囊心物悬浮在包裹室中,囊材溶液通过喷射附于微粒表面,使囊心物悬浮的热气流很快将囊材的溶剂挥发干,这样的囊心物上沉积一层膜壳而成微囊。此法所得微囊直径在 40 μm 左右,囊材可以是多聚糖、明胶、树脂、蜡、纤维素衍生物以及合成聚合物。

④ 多孔离心法

系利用离心力将囊心物以高速通过一薄层的液态囊材,这时囊心物被囊材所包裹,然后将其放在硬化浴中(为一种对膜壳不溶解,但能将囊材的溶剂提出来的液体,并可降低温度使膜壳冻凝即硬化,并使黏结的微囊拆开),即得微囊。本法的微囊粒子大小较均匀。

⑤ 静电沉积法

将囊心物及熔化后的囊材一起雾化,使这两种液滴负有相反电荷,液滴在碰撞室内混合后结合,得到粉末状微囊。

⑥ 锅包衣法

系用囊材配成溶液,加入或喷入包衣锅内的固体囊心物上,形成微囊。通常在成囊过程中,应将热空气导入包衣锅内除去溶剂。

(3) 化学法

化学法是指在液相中起化学反应而成囊。

① 界面缩聚法

本法是在分散相(水相)与连续相(有机相)的界面上发生单体的缩聚反应。

② 辐射化学法

系用聚乙烯醇或明胶为囊材,以 γ 射线照射后,使囊材在乳剂状态发生交联,经处理得到聚乙烯醇(Polyvinyl alcohol, PVA)或明胶球状实体的微囊,然后将微囊浸泡于药物的水溶液中,使其吸收,待水分干燥后制得含有药物的微囊。此法特点是工艺简单,成型容易,不经粉碎就得粉末状的微囊,其大小为 50 μm 以下。由于囊材是水溶性的,交联后能被水溶胀,因此凡水溶性的固体药物均可采用。

2. 影响微囊粒子大小的因素

(1) 囊心物大小

通常如要求微囊的粒度在 10 μm 左右时,囊心物应达到 2 μm 以下的细度;若要求微囊在 50 μm 左右时,囊心物可在 6 μm 以下的细度。对不溶于水的液体,用相分离法制备微囊时,可先乳化然后再微囊化,这样可得小而均匀的微囊。

(2) 方法

制备方法影响微囊大小,见表 11.6。

表 11.6　微型包囊方法和它们的适用性以及微囊粒子大小范围

方　　法	适用的囊心物	粒子大小/μm
空气悬浮	固体囊心物	5～5 000
相分离-凝聚	固体和液体囊心物	2～5 000
多孔离心	固体和液体囊心物	1～5 000
包衣	固体囊心物	600～5 000
喷雾干燥和冻凝	固体和液体囊心物	5～600

(3) 温度

例如,以明胶为囊材,单凝聚法制备微囊,温度分别在 40℃、45℃、50℃、55℃、60℃时,经分析,其产量、粒子大小及粒度分布均不一样。50℃制备的微囊,65%以上的微囊直径为5.5 μm,40℃及45℃制备的微囊直径为5.5 μm的分别只有34.7%和33%,55℃及60℃时多数微囊的直径小于2 μm。

(4) 搅拌速度

搅拌速度快,微囊粒子细,搅拌慢则粗。另外,搅拌速度快慢又决定于工艺条件,如果明胶为囊材,以相分离-凝聚法制备时搅拌速度不宜快,因过快可造成大量泡沫,影响微粒的产量和质量,所得微囊大小为50~80 μm。若采用界面缩聚法,一般搅拌速度要快,如搅拌速度为600 r/min时所得微囊大小约为100 μm;若为2 000 r/min,可得大小为10 μm以下的微囊。例如,用界面缩聚法制转化酶微囊,当搅拌速度为450 r/min时,得微囊的平均大小为119 μm,而在1 200 r/min时可得微囊平均大小为63 μm。

(5) 囊材相的黏度

一般地讲,微囊的平均直径随最初囊材相的黏度增大而增大,降低囊材相的黏度,得到微囊粒子较小,反之较大。如在成囊过程中加入少量分散剂(如滑石粉),其用量为水溶液容积的0.1%,或使明胶浓度降低为5%时,囊粒也可显著变小,同时可以改善微囊的粘连现象。

(6) 表面活性剂的浓度

如采用界面缩聚法,搅拌速度一致,但加入司盘85的浓度分别为0.5%和5%,前者可得小于100 μm的微囊,后者则得小于20 μm的微囊。

11.2.5 造粒技术展望

随着全球科技的快速发展以及对于可持续发展理念的逐渐普及,人们对于有效利用资源、提高产品质量和环保意识的进一步加强,对粉体造粒技术要求也越来越高。粉体造粒技术正向着设备大型化、结构紧凑化、加工工艺高技术化、功能多样化、效率高效化以及控制系统自动化等方向发展。

1. 设备大型化

随着科学技术的进步,生产装置大型化的优点越来越明显,同时,计算机辅助设计与制造(Computer Aided Design/Computer Aided Manufacture,CAD/CAM)技术和精确应力分析技术的应用促进了机械结构设计和加工制造技术的发展,为粉体造粒设备的大型化提供了坚实的技术保障。

2. 结构紧凑化

粉体造粒设备的另一个发展趋势是结构紧凑化。设备的结构设计更合理、更紧凑、更符合人体工学原理,从而降低制造成本,减少占地面积,提高劳动效率。

3. 加工工艺高技术化

随着粉体造粒设备应用领域的拓展,传统的机械加工手段已不能满足粉体设计技术的需要。未来粉体设备的加工工艺将向着高技术化方向发展,如采用CAD/CAM技术进行螺杆螺纹线型的设计、加工。

4. 功能多样化

粉体后处理工程是一个包括多学科、多门类的诸多单元操作的系统工程,要求粉体造粒设备的选用最好能减少中间工序,以节约投资;同时,产品的市场化需求也要求生产厂家能提供多种形式的产品。这就要求粉体造粒设备功能的多样化。

5. 效率高效化

随着人们节能意识的提高,对粉体造粒设备的效率提出了更高的要求。要求这类设备不但要满足功能需求,而且还要节能、耐用,并且使用、保养、维修费用要低,以降低产品成本。

6. 控制系统自动化

随着科学技术的进步和自控技术的发展,是否采用流水线作业和自动化控制已成为衡量粉体后处理技术先进与否的重要指标。控制系统采用自动化控制,不但可保证生产工序的流水作业,减轻操作人员劳动强度,更重要的是可保证生产过程的精确化和实时反馈,提高产品质量,降低设备故障率。

11.3　工程案例

案例1　玻璃配合料混合

玻璃配合料的质量,是根据其均匀性与化学组成的正确性来评定的。配合料的均匀性,是配合料制备过程操作管理的综合反映。一般用滴定法和电导法进行测定。

滴定法是在配合料的不同地点,取试样三个,每个试样约 2 g 溶于热水,过滤,用标准盐酸溶液,以酚酞为指示剂进行滴定,把滴定总碱度换算成 Na_2CO_3 来表示。将三个试样的结果加以比较,如果平均偏差不超过 0.5% 以上,即均匀度认为合格,或以测定数值的最小最大比率(%)表示。

电导法较滴定法快速。它是利用碳酸钠、硫酸钠等在水溶液中能够电离形成电解质溶液的原理,在一定电场作用下,利用离子移动、传递电子、溶液显示导电的特性,根据电导率的变化来估计导电离子在配合料中的均匀程度。一般是在配合料的不同地点取试样三个,进行测定。

配合料混合的均匀度不仅与混合设备的结构和性能有关,而且与原料的物理性质,如密度、平均颗粒组成、表面性质、静电荷、休止角等有关。在工艺上,与配合料的加料量、原料的加料顺序、加水量及加水方式、混合时间以及是否加入碎玻璃等都有很大关系。

配合料的加料量与混合设备的容积有关,一般为设备容积的 30%～50%。

碎玻璃对配合料的混合均匀度有不良影响。一般在配合料混合终了将近卸料时再行加入。

配合料的混合时间,根据混合设备的不同,为 2～8 min,盘式混合机混合时间较短,而转动式混合机混合时间较长。

在一料一秤的方式下,各种原料称好后都经过集料皮带送入混合机。集料皮带能使各种原料预混合。采用这种布置方式时,优点是能合理安排各种原料加入混合机的先后顺序。在生产实际中,首先要尽量满足石英砂与纯碱在配合料中能最充分地混合,不受其他原料的干扰,此外,要尽可能使粗粒度原料产生的分层作用不太明显。因此加料顺序一般是先加石英原料,在加入石英原料的同时,用定量喷水器,喷水湿润,然后按纯碱、长石、石灰石的顺序进行加料。

湿式混合时,加水的方法基本有两种:一种是用有电磁阀控制的水表;另一种是用一台专用的水秤。后一种方法的好处是可以加入温度适宜的热水,但是多了一台秤。水秤一般布置在混合机附近,秤的精度也可以低些。

混合设备按结构不同,可分为转动式、盘式和桨叶式三大类。

小量配合料,可用混合箱(箱式混合机)进行混合。混合箱为正方形可以密封的木箱,按对角线的方向装在机架的转动轴上旋转,使配合料均匀混合。这种混合箱产量低,仅用于特种玻璃或科研工作。

常用的混合设备有转动式的抄举式混合机和转鼓式混合机,以及盘式的艾立赫式混合机。

抄举式混合机是利用原料的重力进行混合,设备由一个固定上盖和活动下盖所组成。混合时先把原料放入下盖,再用抄举小车把下盖推装在上盖上。上下盖合成一个混合器而绕轴旋转。原料因离心力作用随盖旋转,转至上面后又由于重力作用而下落,原料颗粒之间因而得以互相渗拌,进行混合。这种混合机密封好,工作地点基本上无粉尘,它的下盖,连同抄举车,可兼作配合料的运输工具,而且换料清扫方便。因此,适用于小规模、多品种的玻璃工厂。

艾立赫混合机是利用原料的涡流进行混合。它具有转动的盘和耙,它的底盘与耙的转动方向相反。原料颗粒沿着复杂的螺线运动,促进了它们的强烈混合,混合效率高,是目前玻璃工厂广泛采用的混合设备。

案例2 水泥生料混合

硅酸盐水泥生产的主要工艺过程为:生料制备、熟料煅烧和水泥粉磨。水泥生料的混合是保证工厂正常生产、稳定和提高水泥质量的关键。由于水泥生产的连续性,各工序之间关系密切。而在生产过程中,原料、燃料的成分与生产状况是不断变动的,如果前一工序控制不严,往往就会给后一工序的生产带来不利影响。水泥生料的混合以配料为重点,保证生料成分的均匀、稳定,从而确保熟料质量。

生料混合主要指控制生料的化学成分、生料细度,保证生料成分的均匀、稳定。

应根据所确定的配料方案,准确控制各种原料的配合比,以保证出磨生料化学成分。通常,以控制碳酸钙滴定值和氧化铁含量为主,同时控制喂料量,以保证生料的细度。必须着重指出,这是在黏土质原料中氧化硅和氧化铝含量比较稳定的前提下,才能只控制氧化钙和氧化铁,就可以基本上使钙、铁、硅、铝四种主要氧化物或三个率值在控制范围以内。当黏土中硅、铝含量波动较大,或者特别当煤的质量较差,煤灰掺入量较多,且其中硅铝氧化物波动较大时,只控制氧化钙、氧化铁两种成分就难以保证生料三个率值控制在要求范围以内。此时,应同时控制四个氧化物含量。

还应指出:当原料中含有不能滴定且含量波动的含钙化合物(如硅酸钙、铝酸钙等)时,或者原料中含有相当数量且含量波动的碳酸镁等,只控制碳酸钙滴定值和氧化铁,也不能达到控制生料各率值稳定的目的。

近来,在现代大型水泥厂中,当原料成分复杂且波动较大时,生料出磨多采用多成分(多通道)X-荧光分析仪,自动控制调节各种原料的配合比,使出磨生料的化学成分均匀性得到较大提高,取得了比较理想的效果。

为保证入窑生料化学成分均匀稳定,生料应在储存混合库内进行混合。

过去,一般认为,采用湿法生产的水泥质量较好。因为湿法的原料组分混合较充分,可以生产均质料浆。随着气体动力学与气体力学领域的进展,使干法水厂可以利用气力混合生料粉,生产与湿法相媲美的均质生料。从而使干法生产的优越性越来越显著。

生料粉的混合系统可分为间歇混合和连续混合两类。

间歇混合的生料库分为搅拌库和储存库。出磨生料粉先入搅拌库,利用库底充气装置分区轮换充气进行搅拌,搅拌后的生料再入储存库。为了简化工艺流程,也可布置成双层料库,上层为搅拌库,下层为储存库。搅拌均匀的生料,依靠重力卸入下面的储存库中。也可以设计成搅拌库和储存库轮换工作并可互相倒库、配库的间歇混合库系统。有利于配出完全合格的稳定均匀的生料,但动力消耗略大。

近年来,不少混合系统设置了混合室混合库。生料一般先送至库顶生料分配器,再经放射状布置的空气输送斜槽入库。混合室一般均设置在库底(也可以设置在库顶部中心),使生料粉得到充分的混合。这种库的容积比较大,通常只要两个库即能满足混合和储存的要求。

混合室混合库具有投资小、电耗低、操作简单等优点,但其混合效果相对较差。

案例 3 流化床氯化钙造粒

进行氯化钙造粒,要求最终得到的产品具有球形度好、粒度均匀、颗粒强度大等特点,这就要求颗粒必须主要以层式生长方式生长,尽量避免颗粒以团聚式生长方式生长。在对各种形式的流化床进行充分调研的基础上,结合造粒过程对颗粒运动的要求,选用带引导管的喷动流化床为造粒器的基本形式。

图 11.47 流化床造粒器主体结构示意图

喷动流化床是喷动床和流化床合理组合成的,它兼有喷动床和流化床的特点,其主体结构如图 11.47 所示:引导管内称为喷动区(Ⅰ区),颗粒物料以输送床向上运动;颗粒出引导管后形成喷泉,故引导管上方为喷泉区(Ⅱ区);引导管外可称为环形区(Ⅲ区),该区中颗粒以鼓泡床或移动床形式向下运动。雾化喷头位置设在引导管下方,喷头和引导管之间的区域称为雾化区(Ⅳ区)。在造粒器中,颗粒不断在Ⅰ区被喷涂料液,在Ⅱ区中被干燥或结晶,在Ⅳ区中经预热后进入Ⅰ区重新被喷涂料液,经过多次循环后实现颗粒均匀以涂覆方式生长。多次的实验结果表明,使用带引导管的喷动流化床作为造粒器具有以下优点。

(1) 雾化区和喷动区中间空隙率大,可以有效减少颗粒团聚。

(2) 在流化床内,颗粒进行有规律的循环运动,有利于实现颗粒的均匀涂层生长。

(3) 造粒过程中的传质和传热过程集中在喷动区内完成,有利于操作控制和调节产量。

(4) 采用引导管可以增加床层高度,减少流化气用量。

案例4 玻璃配合料防止偏析的措施

在玻璃配合料中适当加水也是防止偏析的有效措施之一,加水量一般为4%左右。将非水溶性的砂岩、长石、苦灰石和石灰石先进行干混合,待至一定混合程度时,加入水分,最后加入纯碱、芒硝及其碳粉,再进行湿混合。这样,既可减轻主要由于粒度差所引起的偏析程度与扬尘,又能使纯碱等被水湿润后包裹砂粒表面,有助熔化。为了保证加水对偏析的防止作用,可以考虑在水中加入某些表面活性剂,使水的表面张力再降低,具有更良好的湿润性与渗透性。还可以提高配合料的温度到33~35℃,因为超过这个温度,可使更多的水处在自由状态,得以充分地发挥其作用。否则有相当一部分的水进入混合机后立即为纯碱的水化吸收成为结晶水,减弱了水对偏析的抵制作用。不过,混合时如果加入水分过多(>12%),则阻止粒子自由流动的程度会进一步增强。在加水湿混合中,由于水分的不均匀度而难免产生结团现象,结团是不利于混合的。避免或消除结团现象的方法有:减少粉料中的细粉量、控制水量、采用喷雾加水来改善其均匀性,保证适度的水温以及增强混合机理组成中的剪切混合部分。但是,含水而黏性的粒子将会使其流动迟缓,从而阻碍了混合过程的进行,特别是当它们黏在均化机械内壁上或本身结成团块时,更不利于混合程度的改善。

思考题

1. 混合过程的机理有哪几种?
2. 什么是随机完全混合?
3. 混合的影响因素有哪些?
4. 如何评价混合质量?
5. 如何测定混合质量?
6. 桨叶式混合机、QH式混合机以及艾立赫式混合机的主要区别在哪里?
7. 流化式气力混合的工作原理是什么?
8. 连续混合有何优缺点?
9. 说明粉体混合的随机性对混合质量及混合工艺制度的制定有什么影响?
10. 如何提高预混合堆场(库)的混合质量?
11. 造粒的意义是什么?
12. 造粒有哪些常用方法,都有哪些特点?
13. 造粒机理是什么?
14. 玻璃配合料的造粒处理工艺过程是怎样的?
15. 为什么陶瓷干压成型粉料要经过造粒过程?
16. 微囊化造粒的原理是什么?
17. 不同造粒方法中是如何控制团粒粒径的?
18. 论述粉体材料的混合与造粒在橡塑材料制备中的应用。

19. 粉体合成与制备工艺对精细陶瓷起着重要作用，表面处理技术与改性技术往往也起着关键作用。对于上述作用的真正发挥又往往与颗粒的性能直接相关。请查阅相关文献，举例说明粉体颗粒的不同尺寸、级配、堆积状况等对粉体的催化活性、成型和烧成性能的影响。

20. 在橡胶、塑料等材料中，为了改善性能或降低成本，从很早以前就添加各种颗粒（也称为填充剂）。近年来，在金属基复合材料中，为了提高其强度和耐热性等，也开始使用很多种类的颗粒作为强化体材料。请查阅相关文献，说明金属基复合材料强化用颗粒的性质要求、制备方法及其强化机理。

12 输送与储存

本章提要

本章主要介绍机械输送设备、气力输送设备以及物料储存的相关知识。机械输送设备包括胶带输送机、螺旋输送机、斗式提升机、板式输送机,介绍了带式输送机结构、原理、性能、应用;斗式提升机的结构、原理、类型、特点、装卸料方式;螺旋输送机及搅拌机的结构、原理、性能、应用;给料机的作用及类型、选型依据、常用的给料机给料的控制与计量。气力输送设备包括空气输送斜槽、螺旋气力输送泵、气力提升泵、仓式气力输送泵,介绍了气力输送设备的结构、原理、性能与应用及空气输送斜槽的参数选取。介绍了物料储存的作用与分类、料仓内粉料流动性能和压力特性、料仓及料斗的设计、料仓的故障及防止措施。

在大规模、连续化的生产作业中,原料、半成品以及成品,少则每小时以吨计,多则每小时上千吨。在生产过程中,这些物料必须在各工序间有序地、不间断地输送,依靠人力是无法满足生产要求的。因此,只有充分地利用各种型式的输送机械,才能保证生产正常、连续地进行,以实现生产自动化。

输送机械是指在工业生产过程中,完成各工段间物料输送的各种机械设备。

输送机械不仅能实现生产过程中各工段的连接,组成流水生产线,而且可以在输送物料的同时进行其他工艺作业,如对物料搅拌、筛分、干燥、装卸、堆码等。还可以与其他控制方法结合来控制物料的流量,达到控制整个生产节奏和速度的目的。

输送机械的种类很多,按照其结构特点和工作原理可划分为以下几种。

(1) 有挠性牵引构件的输送装置。特点是物料被放在牵引构件上或工作构件内,利用牵引构件的连续运动使物料向一定的方向移动。这类输送机的共性是具有挠性牵引构件、支承装置、驱动装置和张紧装置。

(2) 无挠性牵引构件的输送装置。特点是利用工作构件的旋转或往复运动,使物料向前移动。它们之间具有共性的部件较少。

(3) 气力输送装置。这种装置也是不具有挠性牵引构件输送机的一种,它是利用气体流动的动力在管道中输送物料。

12.1　机械输送设备

12.1.1　胶带输送机

胶带输送机是一种连续输送机械,它用一根环绕于前、后两个滚筒上的输送带作为牵引及承载构件,驱动滚筒依靠摩擦力驱动输送带运动,并带动物料一起运行,从而实现输送物料的目的。

胶带输送机是应用最为普遍的一种连续输送机械,可用于水平方向的输送,也可按一定的倾斜角度向上或向下输送粉体或成件物料。例如,在水泥厂中通常用于矿山、破碎、包装、堆存之间运送各种原料、半成品和成件物品。同时,胶带输送机还可以用于流水作业生产线中,有时还可作为某些复杂机械的组成部分。如大型预混合堆场中的胶带输送机,再如卸车机、装卸桥的组成部分中,也需要胶带输送机。这种输送设备之所以获得如此广泛的应用,主要是由于它具有生产效率高、运输距离长、工作平稳可靠、结构简单、操作方便等优点。

12.1.1.1　原理与构造

胶带输送机的构造如图 12.1 所示,主要由输送带、滚筒、支承装置、驱动装置、张紧装置、卸料装置、清扫装置和机架等部件组成。

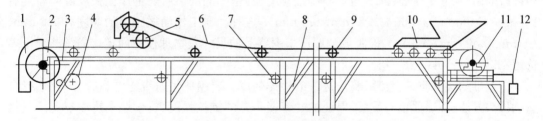

图 12.1　胶带输送机的构造

1-端部卸料;2-驱动滚筒;3-清扫装置;4-导向滚筒;5-卸料小车;6-输送带;
7-下托辊;8-机架;9-上托辊;10-进料斗;11-张紧滚筒;12-张紧装置

1. 输送带

输送带既是牵引构件又是承载构件。输送带主要由芯层和覆盖层两部分构成。芯层的主要作用是承受输送带运行所需的拉力和进料时物料所产生的冲击荷载,并保持输送带呈一定的形状。覆盖层的作用是防止输送带芯层被腐蚀及磨损。帆布芯胶带如图12.2 所示。

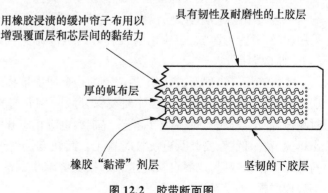

用橡胶浸渍的缓冲帘子布用以增强覆面层和芯层间的黏结力

具有韧性及耐磨性的上胶层

厚的帆布层

橡胶“黏滞”剂层

坚韧的下胶层

图 12.2　胶带断面图

根据芯层的材质不同,输送带分为帆布层胶带和钢绳芯胶带两大类。近年来也有用化纤织物代替帆布层的,如人造棉、人造丝、尼龙、聚氨酯纤维和聚酯纤维等。帆布层橡胶带是由若干层帆布组成,帆布层之间用硫化方法浇上一层薄的橡胶,带的上面及左右两侧都覆以橡胶保护层。显然,帆布层越多,能承受的拉力亦越大,常用帆布层胶带的宽度和帆布层数的关系见表12.1。

表 12.1　橡胶带的宽度和帆布层数的关系

B/m	500	650	800	1 000
Z/层	3～4	4～5	4～6	5～8

钢绳芯橡胶带是以平行排列在同一平面上的许多条钢绳芯代替多层织物芯层的输送带。钢绳以很细的钢丝捻成,直径为 2.0～10.3 mm。夹钢丝芯橡胶输送带的主要优点是抗拉强度高,适用于长距离、大输送量输送;伸长率小(为普通胶带的 1/5～1/10);挠曲性能好,易于成槽(槽角为 35°);动态性能好,耐冲击、耐弯曲疲劳,破损后易修补,因而可提高作业速度;接头强度高,安全性较高;使用寿命长,是普通胶带使用寿命的 2～3 倍。其缺点是,当覆盖胶损坏后,钢丝易腐蚀,使用时要防止物料卡入滚筒与胶带之间,因其延伸率小而容易使钢绳拉断。

目前,用作输送带覆盖层的有橡胶带和聚氯乙烯塑料输送带两种,其中橡胶带应用广泛。而塑料带由于除了具有橡胶带的耐磨、弹性等特点外,尚具有优良的化学稳定性、耐酸性、耐碱性及一定的耐油性等,也具有较好应用前景。橡胶层的厚度对于工作面(即与物料相接触的面)和非工作面(即不与物料相接触的面)是不同的。一般工作面橡胶层的厚度有 1.5 mm、2.0 mm、3.0 mm、4.5 mm、6.0 mm 等五种。非工作面橡胶层的厚度有 1.0 mm、1.5 mm、3.0 mm 等三种。橡胶层的厚度根据物品的尺寸及物理性质而定。通常情况下多选用 1.5～3.0 mm 的橡胶层。

输送带的接头质量直接影响输送带的整体强度。要确保输送带正常运行,需要选择合适的接头方法,并确保接头质量,保证输送带接头处的抗拉强度、成槽性和挠性不受或尽量少受影响。橡胶带的连接方法通常有硫化胶结、冷黏结和机械连接。

硫化胶结法是将胶带接头部位的帆布和胶层,按一定形式和角度割切成对称差级阶梯,涂以胶浆使其黏着,然后在一定的压力、温度条件下加热一定时间,经过硫化反应,使生橡胶变成硫化橡胶,以便接头部位获得黏着强度。其优点是接头的强度和原输送带的强度相近;输送带运转平稳、耐用;细颗粒物料不会从接头处漏落,不会使输送带的清扫装置损坏,因此采用比较广泛。其缺点是硫化固接装置的机件庞大且购置费高;操作时间较长,一般需要24 h;加工费用较大。

机械连接有多种形式,应用最广泛的是金属皮带扣连接。金属皮带扣连接法(钩卡连接法)所用的连接件为皮带扣,操作时要保证胶带端面与胶带纵向严格成直角,以免胶带运行时跑偏,甚至被撕裂;对槽形带,接头皮带扣也应相应分段。机械连接的优点是结构简单、操作迅速、费用低廉、安装及更换省时省工。其缺点是由于接头而降低了输送带的强度;如果输送细颗粒物料时,物料会从输送带的接头缝隙中漏落;钢夹或钢板与滚筒及托辊碰撞,使其表面磨损,轴承易被损坏等。

冷黏结的黏接方法同硫化胶结法,所涂的胶一般为氯丁胶黏剂,不需要加温,黏好后常温下(25±5℃)固化2h即可使用。其接头强度比硫化胶结法略低,而高于机械连接法。

2. 托辊

托辊用于支承运输带和带上物料的质量,减小输送带的下垂度,以保证稳定运行,托辊可分为如下几种。

(1) 平形托辊

如图12.3(a)所示,一般用于输送成件物品和无载区,以及固定犁式卸料器处。适用于输送休止角不小于35°的颗粒状物料。输送能力较低,只用于短距离输送机。

(2) 槽形托辊

如图12.3(b)所示,一般用于输送散状物料,其输送能力要比平托辊用于输送散状物料提高20%以上。旧系列的槽角一般采用20°、30°,目前都采用35°、45°,国外已有采用60°。可用来运送各种类型的散状固体物料,也适用于重的中等大小的块状物料,如碎石等。槽形托辊有较深的槽、较大的装载截面和较大的输送能力。

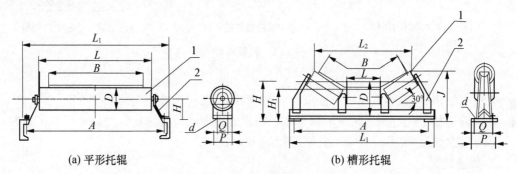

(a) 平形托辊　　　　　　　　　　(b) 槽形托辊

图 12.3　平形托辊和槽形托辊

1-滚柱;2-支架

(3) 调心托辊

调心托辊不但对输送带起支承装置的作用,而且还起调心作用。这种托辊是在槽形承载托辊的两端垂直安装两个挡辊借以导向,防止输送带跑偏,使输送带处在中心位置。一般承载段每隔10组托辊设置一组槽形调心托辊或平形调心托辊;无载段每隔6~10组,设置一组平形调心托辊。图12.4为槽形调心托辊调心示意图,当输送带跑偏而碰到导向滚柱体时,由于阻力增加而产生的力矩使整个托辊支架旋转。这样托辊的几何中心便与带的运动中心线不相垂直,带和托辊之

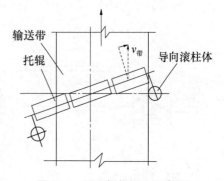

图 12.4　调心托辊调心示意图

间产生一滑动摩擦力,此力可使输送带和托辊恢复正常运行位置。

(4) 缓冲托辊

缓冲托辊用在被处理物料的粒度及重量能严重损坏输送带的加料段,它不但起支承装置的作用,而且同时起缓冲减振作用。以减缓被输送物料特别是所含的大块料的重量引起

的对输送带的冲击,它的滚柱是采用由覆盖一层厚的富有韧性的橡胶制成。

托辊由滚柱和支架两部分组成。滚柱是一个组合体,如图 12.5 所示,它由滚柱体、轴、轴承、密封装置等组成。滚柱体用钢管截成,两端具有钢板冲压或铸铁制成的壳作为轴承座,通过滚动轴承支承在轴上。少数情况也有采用滑动轴承的。为了防止灰尘进入轴承,也为了防止润滑油漏出,装有密封装置。其中迷宫式效果最佳,但防水性能差。

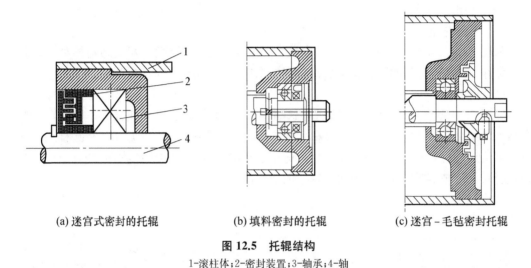

(a) 迷宫式密封的托辊　　　　(b) 填料密封的托辊　　　　(c) 迷宫-毛毡密封托辊

图 12.5　托辊结构

1-滚柱体;2-密封装置;3-轴承;4-轴

托辊支架由铸造、焊接或冲压而成,并刚性地固定在输送机架上。

胶带输送机上托辊的间距应根据带宽和物料的物理性质所选定。受料处托辊间距视物料容积密度及粒度而定,一般取上托辊间距的 $1/2 \sim 1/3$。

3. 驱动装置

传动滚筒与减速器及电动机连接,传动滚筒与输送带之间的摩擦作用牵引输送带运行。通常传动滚筒位于输送机的头部。若用于向下倾斜的输送机时,传动滚筒则位于输送机的尾部。

输送机滚筒结构大部采用钢板焊接制成。如图 12.6 所示。

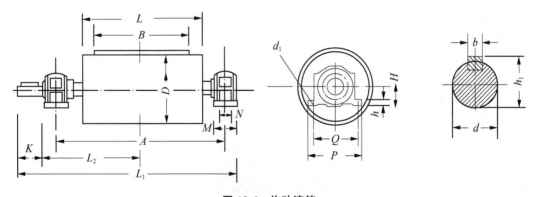

图 12.6　传动滚筒

滚筒直径的大小关系到输送带的磨损速度和因反复弯曲引起的层裂程度,直接影响着输送带的使用年限。滚筒直径愈大,输送带压向滚筒的面积愈大,输送带在滚筒上的弯曲程度愈缓和,芯层间的剪切应力愈小,由此而引起的层裂现象愈轻。但是,滚筒直径太大会使输送机显得庞大和笨重。标准输送带的滚筒直径为：300 mm、400 mm、500 mm、600 mm、750 mm、900 mm、1 050 mm、1 200 mm、1 400 mm、1 600 mm、1 800 mm、2 000 mm、2 200 mm 等。

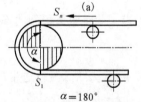

传动滚筒分光面和胶面滚筒两种。光面滚筒的摩擦系数一般为 0.20～0.25，使用于功率不大、环境湿度小的场合；反之，则采用滚筒外敷一层橡胶的胶面滚筒，以增大摩擦系数。

驱动输送带的条件是为了避免输送带在传动滚筒上打滑（图 12.7），传动滚筒趋入点的输送带张力 S_n 和奔离点的输送带张力 S_1 之间的关系应满足尤拉公式

图 12.7 胶带输送机驱动滚筒

$$S_n \leqslant S_1 e^{\mu\alpha} \tag{12.1}$$

式中，S_n 为传动滚筒趋入点的输送带张力（N）；S_1 为传动滚筒奔离点的输送带张力（N）；e 为自然对数的底数；μ 为传动滚筒与输送带间的摩擦系数；α 为输送带与传动滚筒的包角（°）。

$e^{\mu\alpha}$ 的值见表 12.2。

表 12.2 $e^{\mu\alpha}$ 值

传动滚筒情况及 μ 值		包角 α/(°)			
		200	210	240	400
		$e^{\mu\alpha}$ 值			
光面滚筒	环境潮湿 $\mu=0.2$	2.01	2.09	2.31	4.04
	环境潮湿 $\mu=0.25$	2.39	2.50	2.85	5.74
胶面滚筒	环境潮湿 $\mu=0.35$	2.39	3.60	4.34	11.47
	环境潮湿 $\mu=0.4$	4.04	4.35	5.35	16.40

另外，有一种电动滚筒，它是把电动机和减速装置都装在传动滚筒之内。电动滚筒具有结构简单、紧凑、占有空间位置小，操作安全，整机操作方便，减少停机时间等优点；与同规格的外部驱动装置相比，电动滚筒质量减轻 60%～70%，可节约金属材料 58%，功率范围为 2.2～55 kW。一般使用于环境温度不超过 40℃的场合。

4. 改向装置

胶带输送机在垂直平面内的改向一般采用改向滚筒，改向滚筒的结构与传动滚筒的结构基本相同，但其直径比传动滚筒略小一些。改向滚筒直径与胶带帆布层之比，一般可取 $D/Z \geqslant 80 \sim 100$。

180°改向装置一般用作尾部滚筒或垂直拉紧滚筒；90°改向装置一般用作垂直拉紧装置上方的改向轮；小于 45°改向装置一般用作增面轮。

此外，还可采用一系列的托辊达到改向目的。如输送带由倾斜方向转为水平（或减小倾斜角），即可用一系列的托辊来实现改向，其托辊间距可取正常情况的一半。此时输送机构曲线是向上凸起的，其凸弧段的曲率半径可按下式计算

$$R_1 \geqslant 18B \tag{12.2}$$

式中，B 为带宽(m)。

有时可不用任何改向装置，而让输送带自由悬垂成一曲线来改向。如输送带由水平方向转为向上倾斜方向时(或增加倾斜角)，即可采用这种方法，但输送带下仍需要设置一系列托辊。此时凹弧段的曲率半径可按下式计算

$$R_2 \geqslant S/W_0 \tag{12.3}$$

式中，S 为凹弧段输送带的最大张力(N)；W_0 为每米输送带质量(kg/m)。

R_2 推荐值见表 12.3。

表 12.3　R_2 推 荐 值

B/m	R_2/m	
	$\gamma_v \leqslant 1.6\ \text{t/m}^3$	$\gamma_v \geqslant 1.6\ \text{t/m}^3$
500、600	80	100
800、1 000	100	120

5. 拉紧装置

拉紧装置的作用是通过移动滚筒来伸长或缩短输送带的调整设备。在维修时拉紧装置可松弛输送带以便于维修；在运行时可拉紧输送带以保持必需的张力，还可防止托辊间输送带过分下垂。在输送机启动或超载时，输送带会暂时伸长而改变输送带长度，拉紧装置可起到补偿的作用。在输送带因损坏或需重新连接时或输送带的长度产生永久变形时，拉紧装置又可起到调节的作用。

拉紧装置分螺旋式、车式、垂直坠重式三种。

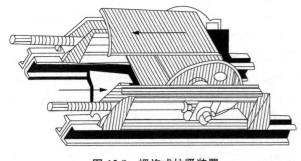

图 12.8　螺旋式拉紧装置

(1) 螺旋式拉紧装置

旋式拉紧装置如图 12.8 所示，由调节螺旋和导架等组成。回转螺旋即可移动轴承座沿导向架滑动，以调节带的张力。但螺旋应能自锁，以防松动。这种拉紧装置紧凑、轻巧，但不能自动调节。它适用于输送距离短(一般小于 100 m)，功率较小的输送机上。

该拉紧装置的螺旋拉紧行程有 500 mm、800 mm、1 000 mm 三种。

(2) 车式拉紧装置

车式拉紧装置又分为重锤车式拉紧装置和固定绞车式拉紧装置。如图 12.9 所示是一种重锤车式拉紧装置，这种拉紧装置使用于输送距离较长、功率较大的输送机。其拉紧行程有 2 m、3 m、4 m 三档。固定绞车式拉紧装置用于大行程、大拉紧力(30～150 kN)、长距离、大运输量的带式输送机，最大拉紧行程可达 17 m。

(3) 垂直坠重式拉紧装置

垂直坠重式拉紧装置如图 12.10 所示，其拉紧原理与车式相同。它适用于采用车式拉

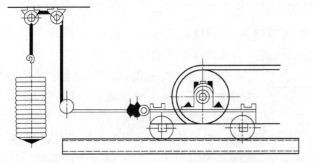

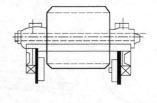

图 12.9　车式拉紧装置

紧装置布置较困难的场合。可利用输送机走廊的空间位置进行布置,可随着张力的变化靠重力自动补偿输送带的伸长,重锤箱内装入每块 15 kg 重的铸铁块调节拉紧张力。该拉紧装置的缺点是改向滚筒多,且物料易掉入输送带与拉紧滚筒之间而损坏输送带,特别是输送潮湿物料或黏湿性物料时,由于清扫不干净,这种现象更为严重。

6. 装料及卸料装置

装料装置的结构取决于被输送物料的性质。对输送成件物品的输送机,都配有倾斜溜槽或滑板,成件物品经溜槽或滑板落在输送带上。对输送散料的输送机,一般都装有固定式或移动式进料斗;对供料量、供料速度有严格要求的输送机,则须设置供料器(又称给料器、给料机)。

供料装置除了要保证均匀地供给输送机定量的被输送物料外,还要保证这些物料在输送带上分布均匀,减少或消除装载时物料对带的冲击。

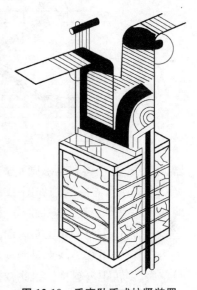

图 12.10　垂直坠重式拉紧装置

卸料装置的形式决定于卸料的位置。最简单的卸料方式是在输送机的末端卸料。这时除了导向卸料槽之外,不需要任何其他装置。如需要从输送机上任意一处卸料,则需要采用犁式卸料器(图 12.11)和电动小车。

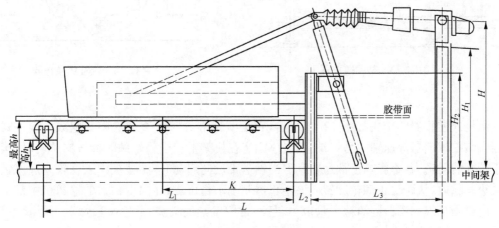

图 12.11　犁式卸料器

7. 清扫装置

清扫器的作用是清扫输送带上黏附的物料,以保证有效地输送物料,同时也为了保护输送带。尤其在输送黏湿性物料时,清扫器的作用就显得更为重要。

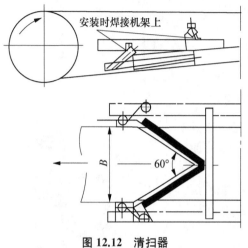

图 12.12　清扫器

清扫器分头部清扫器和空段清扫器两种。头部清扫器又分重锤刮板式清扫器和弹簧清扫器,装于卸料滚筒处,清扫输送带工作面的黏料。空段清扫器装在尾部滚筒前,用以清扫黏附于输送带非工作面的物料。空段清扫器的结构如图12.12 所示。

8. 制动装置

倾斜布置的胶带输送机在运行过程中如遇到突然停电或其他事故而引起突然停机,则会由于输送带上物料的自重作用而引起输送机的反向运转。这在胶带输送机的运行中是不允许的,为了避免这一现象的发生,可设置制动装置。常见的制动装置有三种:带式逆止器、滚柱式逆止器和电磁闸瓦式制动器。

带式逆止器的结构如图 12.13 所示。输送带正常运行时,制动带被卷缩,因此,不影响输送带的运行。若输送带突然反向运行时,则制动带的自由端被卷夹在传动滚筒与输送带之间,就阻止了胶带的反向运动。该带式逆止器的优点是结构简单,造价低廉,在倾斜角小于 18°时制动可靠。缺点是制动时必须有一段倒转,造成尾部装料处堵塞溢料,头部滚筒直径越大,倒转距离越长。因此,对功率较大的胶带输送机不宜采用这种逆止器。

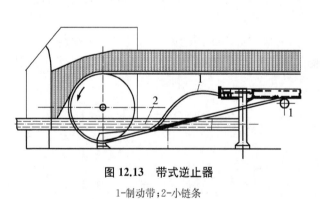

图 12.13　带式逆止器

1-制动带;2-小链条

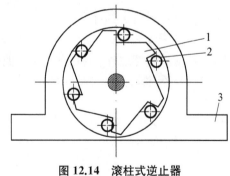

图 12.14　滚柱式逆止器

1-棘轮;2-滚柱;3-底座

滚柱式逆止器的结构如图 12.14 所示,它是由棘轮 1、滚柱 2 和底座 3 组成。滚柱式逆止器安装在减速器低速轴的另一端,其底座固定在机架上。当棘轮顺时针方向旋转时,滚柱处于较大的间隙内,不影响正常运转。但当输送带反向启动时,滚柱被楔入棘轮与底座之间的狭小间隙内,从而阻止棘轮反转。该逆止器制动平稳可靠,在向上输送的输送机中都可采用。电磁闸瓦式制动器因消耗大量电力,且经常因发热而失灵,所以一般情况下尽量不用,只是在向下输送时才采用。

12.1.1.2 主要参数计算

1. 输送带运行速度的确定

输送带的运行速度是带式输送机的一个重要参数。当输送量不变时,增大带速可减小带宽和张力,减轻机重,降低造价;同时也带来一些缺点:提高带速,延长了物料加速时间,加剧输送带磨损,使输送带易跑偏,输送倾角减小,易扬起粉尘,普遍地降低输送机零部件的使用寿命等。选择带速,可考虑以下几个方面。

(1) 输送磨碰性小、颗粒不大、不易破碎的散料,宜取较高的速度,通常为 2~4 m/s。

(2) 输送易扬尘的物料或粉料,宜选较低速度。如输送面粉时带速 $v \leqslant 1\,\text{m/s}$。

(3) 输送脆性物料时,选取较低的带速,以免物料在加料点和卸料点碎裂。

(4) 输送成件物品时应选较低的带速,一般选为 0.75~1.25 m/s。

(5) 输送潮湿物料时,要选择较高带速,使物料在切点容易卸料。

(6) 较长距离及水平的输送机可选较高带速,倾角越大或输送距离越短,带速应越低。

(7) 输送带的宽度、厚度较大时,跑偏的可能性较小,可取较大带速。

2. 生产率的确定

带式输送机的生产率是指输送机在单位时间内所能输送的物料量。

输送散料时,带式输送机重量生产率为

$$Q = 3.6qv = 3\,600F\gamma_0 v \tag{12.4}$$

式中,q 为单位长度承载构件上物料质量(kg/m),称为物料线载荷;v 为输送带运行速度(m/s);γ_0 为物料容重(t/m³);F 为输送带上料流横截面面积(m²)。

3. 输送带宽度的确定

按照工艺设计确定了生产率、带速及输送机布置形式后,即可按式(12.5)求得输送散料时的带宽 B。

$$B = \sqrt{\frac{Q}{K\gamma Cv\phi}} \tag{12.5}$$

式中,Q 为输送量(t/h);v 为输送带运行速度(m/s);γ 为散粒物料容重(t/m³);K 为料流断面系数,与物料堆积角、带宽及槽角有关;C 为与倾角有关的系数;Φ 为与速度有关的系数。

K、C、ϕ 等系数参见表 12.4、表 12.5 和表 12.6。

表 12.4　断面系数 K 值

带宽 B/mm	堆 积 角									
	15°		20°		25°		30°		35°	
	槽形	平形	槽形	平形	槽形	平形	槽形	平形	槽形	平形
	K 值									
500	300	105	320	130	355	170	390	210	420	250
650										
800	335	115	360	145	400	190	435	230	470	270
1 000										

表 12.5　倾角系数 C 值

倾斜角 β	≤6°	8°	10°	12°	14°	16°	18°	20°	22°	24°	25°
C 值	1.0	0.96	0.94	0.92	0.90	0.88	0.85	0.81	0.76	0.74	0.72

表 12.6　速度系数 ϕ 值

带速/(m/s)	≤16	≤2.5	≤3.15	≤4.0
ϕ 值	1.0	0.95～0.98	0.90～0.94	0.80～0.84

12.1.1.3　特点及应用

带式输送机是一种生产技术成熟、应用极为广泛的输送设备,具有最典型的连续输送机的特点,近年来发展很快。其主要优点如下。

（1）结构简单,自重轻,制造容易。

（2）输送路线布置灵活,适用性广,可输送多种物料。

（3）输送速度快,输送距离长,可长达 10 km 以上,输送能力大,能耗低。

（4）可连续输送,工作平稳,不损伤被输送物料;操作简单,安全可靠,保养检修容易,维修管理费用低。

带式输送机的主要缺点:输送带易磨损,且其成本大(约占输送机造价的 40%);需用大量滚动轴承;在中间卸料时必须加装卸料装置;普通胶带式不适用于输送倾角过大的场合。

目前,带式输送机已经标准化、系列化,性能不断完善,而且不断有新机型问世。

12.1.1.4　封闭式带式输送机

1. 压带式输送机

压带式输送机是专门为增大输送倾角设计用来提升及输送物料的,是一种采用双层输送带的输送机系统。这种输送机采用两根普通的输送带,把输送的物料夹在中间。两根输送带被压带轮围成两个连续的半圆,输送带的张力将输送的物料夹在环形截面中,其断面结构如图 12.15 所示。这样,压带式输送机就能垂直提升物料而物料不会下滑。美国大陆输送机设备公司 1979 年开始研制压带式输送机,1983 年研制出大倾角压带式输送机,其输送倾角为 30°～60°,最大输送能力为 2 900 t/h。压带式输送机压带是通过旋转的托辊组加载的。1991—1994 年德国的 MAN TAKPR FODERTECHNIK 公司研制了 3 台用

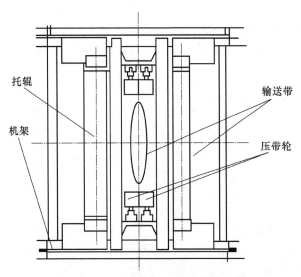

托辊

机架

输送带

压带轮

图 12.15　压带式输送机断面结构图

于卸船机的压带式输送机。我国生产的压带式输送机倾角可达 $90°$，输送物料最大块度可达 $300\ mm$。

2. 拉链带式输送机

拉链带式输送机是由 Stephens Adamson Mfg 公司开发。拉链带式输送机可认为是移动的散状物料管子，其组成结构为：平底的环形输送带，类似于一般输送机的橡胶输送带及纤维输送带；柔韧的橡胶侧壁绞接在平底输送带的边缘上；拉锁的橡胶牙（拉链）是模铸在侧壁的外缘上，见图 12.16。

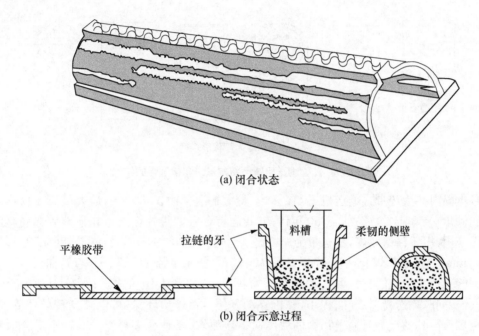

(a) 闭合状态

(b) 闭合示意过程

图 12.16　拉链带式输送机的输送带

拉链带式输送机特点是：可以运送腐蚀性及磨琢性物体，没有污染。可运送脆性物料，物料会有轻微的损坏或根本不损坏。在布置上可多样性。输送机的尺寸和输送能力有一定的限制。不适用于含油性物料或温度在 $50℃$ 以上的物料。在同样输送能力下，与槽形带式输送机比较，其价格及维修费用均较高。

拉链带式输送机可以呈水平或倾斜布置。柔韧的侧壁可将负载的物料包裹起来，以免物料溢出、灰尘飞逸，防止物料被环境物质所污染。

3. 圆管带式输送机

20 世纪 70 年代末，日本的管道输送机公司首先开发了圆管带式输送机，并投入实际应用，逐步形成了一套设计理论和系列产品，在 32 个国家获得专利，向 12 个国家和地区转让了此项技术，并形成了国际性的管状带式输送机学术团体。

自圆管带式输送机问世以来，得到了较快的发展，已有多种结构形式圆管带式输送机。圆管输送机断面结构形式和输送带结构如图 12.17 所示。圆管带式输送机在进料时管状输送带打开呈槽形；在输送时则卷成内含物料的管状，当运行到接近卸料滚筒时则打开准备卸料。

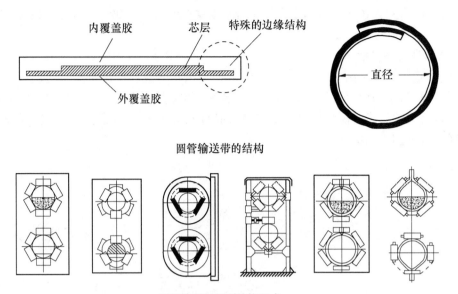

圆管输送带的结构

圆管输送机断面结构形式

图 12.17　圆管输送机断面结构形式和输送带的结构

日本国内共生产带式输送机 1 000 多台,最大输送量达 3 000 t/h,最大机长 3 414 m,最大输送倾角 $\alpha = 35°42'$。20 世纪 90 年代初,我国首台管状带式输送机在淮南矿务局新庄孜矿地面使用,用于输送原煤,输送量为 600 t/h,运输长度 227.65 m,总提升高度 6.52 m,带速 175 m/min,绕过了精煤仓,有一个圆心角为 40.15°、曲率半径 115 m 的垂直弯曲段。

圆管带式输送机的优点是:封闭输送物料;可弯曲和大倾角输送;可分别利用胶带的上、下分支同时输送物料;断面积小;整机移动方便,重量轻,环保;可以减少转载环节,便于实现控制等。其缺点为对输送物料的块度有一定要求;不适合多点受、卸料;不适合给料不均匀的场合。

输送带采用进口胶带时,就输送机本身而言,当机长 $L < 200$ m 时,为普通带的 2.5 倍;当机长 $L > 200$ m 时,为普通带的 2 倍。采用国产化胶带,费用有所下降。目前沈阳长桥胶带股份有限公司可生产配套的胶带。

12.1.2　螺旋输送机

螺旋输送机俗称"绞龙",是一种无挠性牵引构件的连续输送设备,它借助旋转螺旋叶片的推力将物料沿着机槽进行输送。这种移动物料的方法广泛用来输送、提升和装卸散状固体物料。

12.1.2.1　原理与结构

螺旋输送机的结构如图 12.18 所示,内部结构如图 12.19 所示。它主要由螺旋轴、料槽和驱动装置所组成。料槽的下半部是半圆形,螺旋轴沿纵向放在槽内。当螺旋轴转动时,物料由于其质量及它与槽壁之间摩擦力的作用,不随同螺旋轴一起转动,这样由螺旋轴旋转而产生的轴向推力就直接作用到物料上而成为物料运动的推动力,使物料沿轴向滑动。物料沿轴向滑动,就像螺杆上的螺母,当螺母沿周向被持住而不能旋转时,螺杆的旋转就使螺母沿螺杆做平移。物料就是在螺旋轴的旋转过程中朝着一个方向推进到卸料口处卸出的。其几种装料和卸料方式如图 12.20 所示。

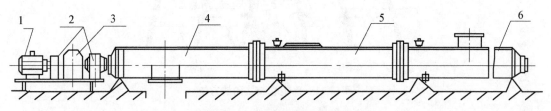

图 12.18　螺旋输送机的结构

1-电动机;2-联轴器;3-减速器;4-头节;5-中间节;6-尾节

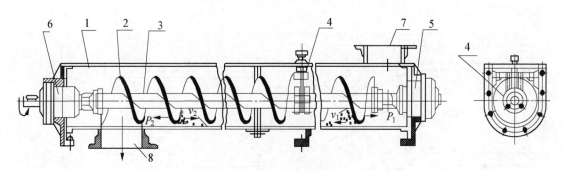

图 12.19　螺旋输送机内部结构

1-料槽;2-叶片;3-转轴;4-悬挂轴承;5,6-端面轴承;7-进料口;8-出料口

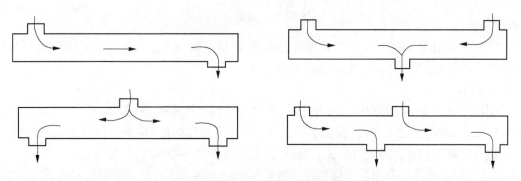

图 12.20　螺旋输送机的装料和卸料的几种形式

1. 螺旋

螺旋由转轴和装在上边的叶片组成。转轴有实心和空心管两种。在强度相同的情况下,管轴较实心轴质量轻,连接方便,所以比较常用。管轴用特厚无缝钢管制成,轴径一般为 50~100 mm,每根轴的长度一般在 3 m 以下,以便逐段安装。

螺旋叶片有左旋和右旋之分,这由如何形成螺旋叶片来确定。确定旋向的方法如图 12.21 所示。面对螺旋叶片如果在螺旋叶片的边缘顺右臂倾斜则为右螺旋;顺左臂倾斜则为左螺旋。

根据被输送物料的性质不同,螺旋有各种形状,如图 12.22 所示。在输送干燥的小颗粒物

左旋　　　　　　　右旋

图 12.21　确定螺旋旋向的方法

料时,可采用全叶式[图 12.22(a)];当输送块状或黏湿性物料时,可采用桨式[图 12.22(c)]或型叶式[图 12.22(d)]螺旋。采用桨式或型叶式螺旋除了输送物料外,还兼有搅拌、混合及松散物料等作用。

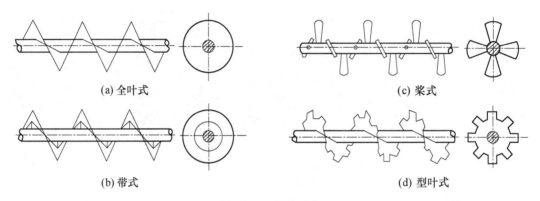

(a) 全叶式　　　　　　　　　　　　　　　(c) 桨式

(b) 带式　　　　　　　　　　　　　　　(d) 型叶式

图 12.22　螺旋形式

叶片一般采用 3～8 mm 厚的钢板冲压而成,焊接在转轴上。对于输送磨蚀性大的物料和黏性大的物料,叶片用扁钢轧成或用铸铁铸成。

2. 料槽

螺旋输送机螺旋槽体的主要类型有截面为"U"形的钢制槽体,长度为 3 000 或 3 660 mm。根据使用要求可以提供各种尺寸、厚度的螺旋槽体,可用平法兰或角铁法兰连接。法兰连接不但可以防尘而且更为经济,因此尽可能制成带有法兰的槽体。

一般,螺旋槽体均有顶盖。必要时顶盖可制成防尘型。顶盖是由薄钢板制成,可以用螺栓连接也可以用弹簧卡子紧夹在螺旋槽体上。

料槽由头节、中间节和尾节组成,各节之间用螺栓连接。每节料槽的标准长度为 1～3 m,常用 3～6 mm 的钢板制成。料槽上部用可拆盖板封闭,进料口设在盖板上,出料口则设在料槽的底部,有时沿长度方向开数个卸料口,以便在中间卸料。在进、出料口处均配有闸门。料槽的上盖还设有观察孔,以观察物料的输送情况。料槽安装在用铸铁制成或用钢板焊接成的支架上,然后紧固在地面上。螺旋与料槽之间的间隙为 5～15 mm。间隙太大会降低输送效率,太小则增加运行阻力,甚至会使螺旋叶片及轴等机件扭坏或折断。

3. 轴承

螺旋是通过头、尾端的轴承和中间轴承安装在料槽上的。螺旋轴的头、尾端分别由止推轴承和径向轴承支承,止推轴承一般采用圆锥滚子轴承,如图 12.23 所示。止推轴承可承受螺旋轴输送物料时的轴向力。设于头节端可使螺旋轴仅受拉力,这种受力状态比较有利,止推轴承安装在头节料槽的端板上,它又是螺旋轴的支承架,尾节装置与头节装置的主要区别在于尾节料槽的端板上安装的是双列向心球面轴承或滑动轴承,如图 12.24 所示。

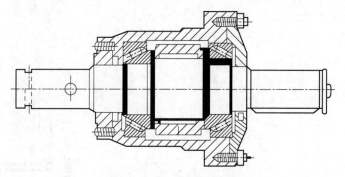

图 12.23　止推轴承结构图

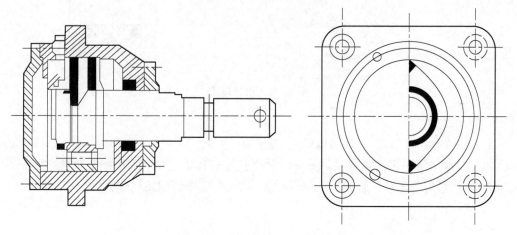

图 12.24　双列向心球面轴承

当螺旋输送机的长度超过 3～4 m 时,除在槽端设置轴承外,还要安装中间轴承,以承受螺旋轴的一部分质量和运转时所产生的力。中间轴承上部悬挂在横向板条上,板条则固定任料槽的凸缘或它的加固角钢上,因此,称为悬挂轴承,又称吊轴承。悬挂轴承的种类很多。图 12.25 是 GX 型螺旋输送机的悬挂轴承。

由于悬挂轴承处螺旋叶片中断,物料容易在此处堆积,因此悬挂轴承的尺寸应尽量紧凑,而且不能装太密,一般每隔 2～3 m 安装一个悬挂轴承。一段螺旋的标准长度为 2～3 m,要将数段标准螺旋连接成工艺过程要求的长度,各段之间的连接就靠连接轴装在悬挂轴承上。连接轴和轴瓦都是易磨损部件。轴瓦多用耐磨铸铁或软金属、青铜及巴氏合金制造。

轴承上还设有密封和润滑装置。在螺旋输送机的设计中常常要求在其头部及尾部设置轴的防尘密封。密封压盖及槽体端部密封用来防止槽体里的灰尘或粉尘进入轴承和防止水分沿轴进入槽内。螺旋槽体端部的密封座由灰口铁制成。设置在巴氏合金、滚珠轴承或青钢轴瓦与槽体端板之间。密封盖由灰口铁制成的对开法兰沿着转动的钢轴压入填充物。

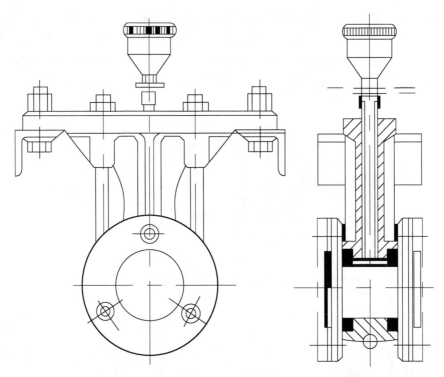

图 12.25　悬挂轴承

4. 驱动装置

驱动装置有两种形式,一种是电动机、减速器,两者之间用弹性联轴器连接,而减速器与螺旋轴之间常用浮动联轴器连接。另一种是直接用减速电动机,而不用减速器。在布置螺旋输送机时,最好将驱动装置和出料口同时装在头节,这样使螺旋轴受力较合理。

12.1.2.2　选型计算

1. 输送能力

螺旋输送机输送能力与螺旋的直径、螺距、转速和物料的填充系数有关。具有全叶式螺旋面的螺旋输送机输送能力为

$$G = 60 \frac{\pi D^2}{4} Sn\phi\gamma_v C \tag{12.6}$$

式中,G 为螺旋输送机输送能力(t/h);D 为螺旋直径(m);S 为螺距(m),全叶式螺旋 $S=0.8D$,带式螺旋 $S=D$;n 为螺旋转速(r/min);ϕ 为物料填充系数;γ_v 为物料容积密度(t/m³);C 为倾斜度系数。倾角为 0°时,$C=1$;倾角≤5°,$C=0.9$;倾角≤10°,$C=0.8$;倾角≤15°,$C=0.7$;倾角≤20°,$C=0.65$。

2. 螺旋直径

如果已知输送量及物料特性,则螺旋直径可由式(12.7)求得

$$D = K_1 \sqrt[2.5]{\frac{G}{\phi\nu_v C}} \tag{12.7}$$

式中,K_1 为物料的综合特性系数,可查表 12.7,其他符号意义同前。

表 12.7 螺旋输送机内的物料参数

物料	煤 粉	水 泥	生 料	碎石膏	石 灰
容积密度 γ_v/(t/m³)	0.6	1.25	1.1	1.3	0.9
填充系数 ϕ	0.4	0.25~0.3	0.25~0.3	0.25~0.3	0.35~0.4
物料特性系数 K_1	0.041 5	0.056 5	0.056 5	0.056 5	0.041 5
物料特性系数 K_2	75	35	35	35	75
物料的阻力系数 ζ	1.2	2.5	1.5	3.5	

3. 螺旋轴的极限转速

螺旋轴的转速随输送能力、螺旋直径及被输送物料的特性而不同。为保证在一定的输送能力下,物料不因受太大的切向力而被抛起,螺旋轴转速有一定的极限,一般可按系列经验公式(12.8)计算

$$n = \frac{K_2}{\sqrt{D}} \tag{12.8}$$

式中,n 为螺旋轴的极限转速(r/min);K_2 为物料特性系数,可查表 12.7。

4. 功率

螺旋输送机的轴功率可按下式计算

$$N_0 = K_3 \frac{G}{367} (\zeta L_h \pm H) \tag{12.9}$$

式中,N_0 为螺旋轴上所需功率(kW);G 为输送机的输送量(t/h);K_3 为功率储备系数,$K_3 = 1.2 \sim 1.4$;ζ 为物料的阻力系数;L_h 为螺旋输送机的水平投影长度(m);H 为螺旋输送机的垂直投影高度(m)。

当向上输送时取"+"号,向下输送时取"−"号。

12.1.2.3 特点及应用

螺旋输送机的优点是构造简单,在机槽外部除了传动装置外,不再有转动部件;占地面积小;可以呈水平、垂直或倾斜输送;容易密封;可以保证防尘及密封结构的槽体设计,被输送的固体物料如果必要时,可充干燥或惰性气体保护;设备制造比较简单,工业生产中零部件的标准化程度较高;管理、维护、操作简单;便于多点装料和多点卸料。

螺旋输送机的缺点是:运行阻力大,比其他输送机的动力消耗大,而且机件磨损较快,因此不适宜输送块状、磨损性大的物料以及容易变质的、黏性大的、易结块的物料。由于摩擦力大,所以在输送过程中物料有较大的粉碎作用,因此需要保持颗粒度稳定的物料,不宜用这种输送机;由于各部件有较大的磨损,所以只用于较低或中等生产率(100 m³/h)的生产中;由于受到传动轴及连接轴允许转矩大小的限制,输送长度一般要小于 70 m;当输送距离大于 35 m 时应采用双端驱动。

螺旋输送机的工作环境温度应在 −20~+50℃ 之内;被输送物料的温度应小于 200℃。

我国目前采用的螺旋输送机有 GX 系列和 LS 系列。GX 系列螺旋直径从 150~

600 mm 共有 7 种规格,长度一般为 3～70 m,每隔 0.5 m 为一档。螺旋轴的各段长度分别有 1 500 mm、2 000 mm、2 500 mm 和 3 000 mm 4 种。可根据物料的输送距离进行组合,驱动方式分单端驱动和双端驱动两种。

LS 系列是近年设计并已投入使用的一种新型螺旋输送机,它采用国际标准设计、等效采用 ISO1050:1975 标准。它与 GX 系列的主要区别有:① 头、尾部轴承移至壳体外;② 中间吊轴承采用滚动、滑动可以互换的两种结构,设置的防尘密封材料用尼龙和聚四氯乙烯树脂类,具有阻力小、密封好、耐磨性强的特点;③ 出料端设有清扫装置;④ 进、出料口布置灵活;⑤ 整机噪声低、适应性强。

12.1.3 斗式提升机

斗式提升机是一种应用极为广泛的粉体垂直输送设备,由于其结构简单,横截面的外形尺寸小,占地面积小,系统布置紧凑,具有良好的密封性及提升高度大等特点,在现代工业的粉体垂直输送中得到普遍的应用。

12.1.3.1 原理与构造

图 12.26 是一种常见的斗式提升机结构图,斗式提升机是一种沿垂直或倾斜路程输送散状固体物料的输送机。由环形输送带或链条以及附在其上的料斗、头部或底部传动机械、支架和外壳所组成。斗式提升机的所有运动部件一般都罩在机壳里。机壳上部与传动装置(电动机、减速器及三角皮带传动)和链轮组成提升机的机头。机壳下部与张紧装置、链轮组成提升机机座。机壳的中部由若干节连接而成。

为防止运行时由于偶然原因(如突然停电),产生链轮和料斗向运行方向的反向坠落造成事故,在传动装置上还设有逆止联轴器。

被输送的物料由进料口喂入后,被连续向上的料斗舀取、提升,由机头出料口卸出。

按照牵引构件的形式,斗式提升机可分为带式提升机和链式提升机。带式提升机以胶带为牵引构件。优点是成本低,自重小,工作平稳无噪声,并可采用较高的运行速度,因此有较大的生产率。其主要缺点是料斗在胶带上固定力较弱,因此在输送难于舀取的物料时不宜采用。

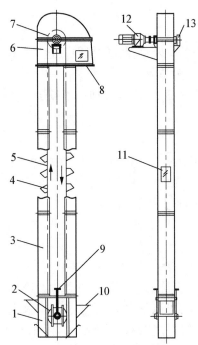

图 12.26 斗式提升机

1-机座;2-底轮;3-料筒;4-料斗;5-牵引构件;6-机头;7-头轮;8-出料口;9-张紧装置;10-进料口;11-观察窗;12-驱动装置;13-止逆装置

链式提升机是以链条为牵引构件。优点是不受物料种类的限制,而且提升高度大。缺点是运转时,链节之间由于进入灰尘而磨损甚剧,影响使用寿命,增加检修次数。

1. 牵引构件

带式提升机用的胶带与前述胶带输送机用的胶带是相同的。选择的带宽应比料斗宽度大 30～40 mm。胶带中帆布的层数按照胶带输送机的计算方法确定,但考虑到带上连接料斗时所穿的孔会降低胶带的强度,因此应将胶带输送机验算的安全系数增大 10%左右。

链式提升机用的链条是锻造环链或板链。图 12.27 是锻造环链结构图;图 12.28 是板链结构图。

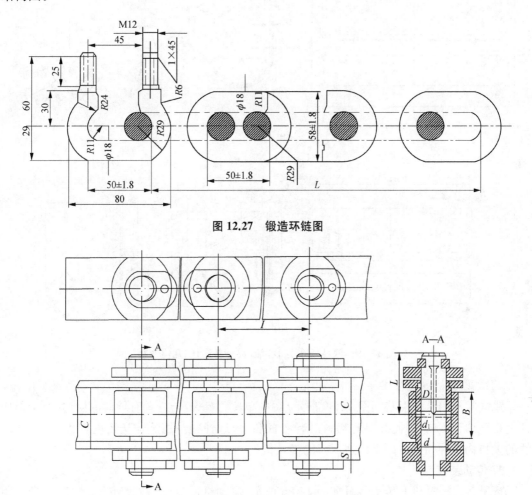

图 12.27　锻造环链图

图 12.28　板链结构

2. 料斗

料斗用锻铸铁或钢板制成,是用于装载被输送物料的容器。其材质、形状及结构根据被输送物料的性质、粒度大小、提升速度以及卸料方式不同而不同。根据物料特性以及安装、卸载的不同,常制成深斗、浅斗和鳞斗三种。

（1）深斗

称为 S 制法,深斗的几何形状如图 12.29 所示。由于其边唇的倾斜角度小,深度大,因此适应于输送干燥的、松散的、易于投出的物料。如水泥、碎煤块、干砂、碎石等。

（2）浅斗

称为 Q 制法,浅斗的几何形状如图 12.29 所示。由于其边唇的倾斜角度大,深度小,因此适应于输送潮湿的、容易结块的、难于卸出的物料。如湿砂、黏土等。

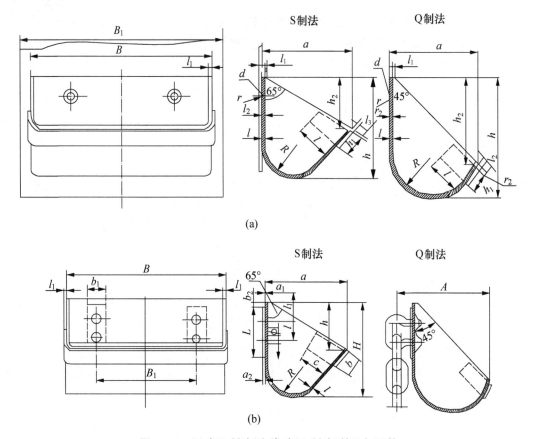

图 12.29　深斗(S 制法)和浅斗(Q 制法)的几何形状

（3）鳞式料斗（也称尖斗）

鳞式料斗的几何形状如图 12.30 所示（图中单位为 mm）。它具有导向的侧边、在牵引构件上是连续布置的，因此卸料时物料沿着斗背溜下，这种料斗用于输送密度较大的、半磨琢性的大块物料；同时，适用于低速运行的提升机。

3. 传动装置

环链斗式提升机的传动装置如图 12.26 所示，电动机通过三角皮带传动减速器，带动驱动链轮回转。驱动链轮和环形链条之间通过摩擦传动，因此链轮只有槽而无齿。

板式斗式提升机的传动装置基本与环链式相同，其区别是用一对升式齿轮传动代替皮带传动；驱动链轮与板链之间为齿轮啮合传动，因此链轮有齿。链轮的齿数通常为 6～20，取偶数。

带式提升机的传动装置与环链式基本相同，只是用鼓轮代替了环链式的槽轮。传动装置中的逆止制动器通常采用逆止联轴器。

4. 张紧装置

与输送机的张紧装置基本相同，有弹簧式、螺旋式及重锤式三种。

5. 机壳

提升机的机壳一般由厚 2～4 mm 的钢板焊成，并以角钢为骨架制成一定高度的标准段节，选型时必须符合标准节的公称长度。同时，机壳必须密封以防止操作时粉尘泄漏。

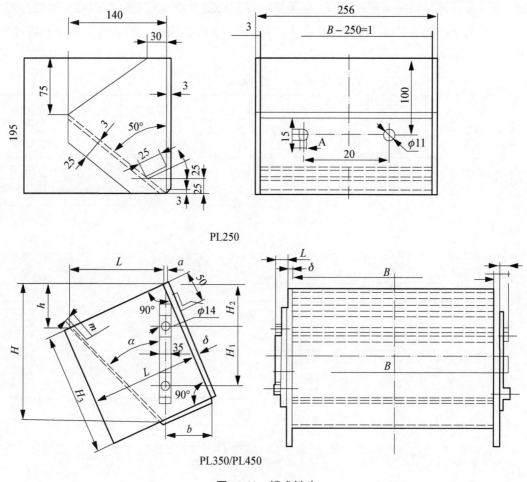

PL250

PL350/PL450

图 12.30　鳞式料斗

12.1.3.2　特点及应用

1. 特点

斗式提升机的优点是结构简单、紧凑、维修方便、占地面积小;有良好的密封性,可避免灰尘飞扬;生产率大,提升高度大;工作平稳可靠,噪声低;耗用动力少(若与气力输送相比,仅为气力输送的1/10~1/5);如果将提升机底部插入料堆,能自动取料而不需要专门的供料设备,可用于输送均匀、干燥的细颗粒散状固体物料等。缺点是对过载敏感,料斗容易损坏,维护费用高,维修不易,经常需停车检修。机壳内部空气含尘浓度高、不能在水平方向输送物料等。

目前,我国生产的斗式提升机,最大提升高度为 80 m 以上,环链式一般使用的高度在 40 m 以下。生产率在 1 000 t/h 以下,动力消耗为 0.003 9~0.006 kW·h/(t·m)。在国外,一些用在矿井中的大型提升机采用抗拉强度极高的钢绳芯橡胶带作牵引构件,并以专门的设备进行定量供料,使最大产量达到 2 000 t/h,最大提升高度达 350 m。

2. 应用

斗式提升机主要用来输送疏松的或散状的物料,物料的块度大小要符合料斗的装料要求。斗式提升机一般用于将各种类型的水平输送机或加料机送来的散状物料提升到料仓、储斗或加料斗。我国采用的斗式提升机主要有三种,即带式、环链式和板链式。其规格性能如表 12.8 所示。

表 12.8　斗式提升机规格性能

| 型号 | 料斗制法 | 输出能力/(m³/h) | 料斗 | | | | 传动齿轮速度/(r/min) | 运行部分质量/(kg/m) | 输送物料最大粒度/mm |
			容积/L	斗距/mm	斗宽/mm	斗速/(m/s)			
HL300	S	28	5.2	500	300	1.25		24.8	
	Q	16	4.4				37.5	24.0	40
HL400	S	47.2	10.5	600	400	1.25		29.2	
	Q	30	10				37.5	28.3	50
D160	S	8.0	1.1	300	160	1.0		4.72	
	Q	3.1	0.65				47.5	3.8	25
D250	S	21.6	3.2	400	250	1.25		10.2	
	Q	11.8	2.6				47.5	9.4	35
D350	S	42	7.8	500	350	1.25		13.9	
	Q	25	7.0				47.5	12.1	45
D450	S	69.5	15	640	450	1.25		21.3	
	Q	48	14.5				37.5	31.3	55
PL250	$\phi=0.75$	22.3	3.3	200	250	0.5		36	
	$\phi=1.0$	30					18.7		55
PL350	$\phi=0.85$	50	1.2	250	350	0.4		64	
	$\phi=1.0$	59					15.5		80
PL450	$\phi=0.85$	85	22.4	320	450	0.4		92.5	
	$\phi=1.0$	100					11.8		110

表 12.8 中的型号说明:

D 型——胶带斗式提升机。用于输送磨琢性较小的粉状、小块状物料,选用普通胶带时温度不超过 80℃;使用耐热胶带的最高使用温度为 200℃。

HL 型——环链形斗式提升机。用于输送磨琢性较大的块状物料,被输送物料的温度不应超过 250℃。

PL 型板式套筒滚子链斗式提升机,简称板链斗式提升机。适用于输送中等、大块、易碎、磨琢性较大的块状物料,被输送物料的温度不超过 250℃。

根据原一机部 1979 年提出的通用斗式提升机新系列标准,上述三种斗式提升机相应的型号确定为 TD、TH 和 TB 型三类,这些代号均为汉语拼音的第一个字母,T 为提升机,D 为带式,H 为环链,B 为板链。根据原建材部 1992 年对水泥工业用环链斗式提升机颁布的标准(JC459.1—1992)中,其代号又为 TZH,其中 Z 表示重力式卸料方式。

以上三类提升机的结构和斗形方面都比原来进行了改进,主要技术参数如表 12.9～表 12.11。

表 12.9 TD 型斗式提升机规格及主要性能表(代替 D 型)

型号	料斗形式	输送量		输送物料最大粒度/mm	料斗			输送带		料斗运行速度		传动滚筒			从动滚筒直径/mm
		离心卸料/(m³/h)	重力卸料/(m³/h)		宽度/mm	容积/L	斗距/mm	宽度/mm	层数	离心卸料/(m/s)	重力卸料/(m/s)	直径/mm	转速		
													离心卸料/(r/min)	重力卸料/(r/min)	
TD 100	浅斗	4.0		20	100	0.16	200	150	3	1.4		400	67		315
	圆弧斗	7.5				0.3	200								
	中深斗	7.0				0.4	280								
	深斗	9.0				0.5	280								
TD 160	浅斗	9.0		30	160		280	200	3	1.4		400	67		315
	圆弧斗	16				0.9	280								
	中深斗	14				1.0	355								
	深斗	22				1.5	355								

表 12.10 TH 型斗式提升机规格性能及主要技术参数(代替 HL 型)

提升机型号	TH315		TH400		TH500		TH630		TH800		TH1000	
料斗形式	中深斗	深斗	中深斗	深斗	中深斗	深斗	中深斗	深斗	中深斗	深斗	中深斗	深斗
输送量/(m³·h⁻¹)	45	70	70	110	80	125	125	200	150	240	240	360
输送物料最大粒度/mm	45	45	55	55	60	60	65	65	75	75	85	85
料斗宽度/mm	315	315	400	400	500	500	630	630	800	800	1 000	1 000
料斗容积/L	3.8	3.6	6	6	9.5	15	15	24	24	24	38	60
料斗斗距/mm	432	432	432	432	660	660	660	660	936	936	936	936
链条圆钢直径×节距/mm	18×378		18×378		22×594		22×594		26×858		26×858	
链条破坏力/(×9.8 N)	25 000		25 000		38 000		38 000		56 000		56 000	
料斗运行速度/(m·s⁻¹)	1.4		1.4		1.5		1.5		1.6		1.6	
传动链轮节圆直径/mm	630		630		800		800		1 000		1 000	
从动链轮转速/(r·min⁻¹)	42.5		42.5		35.8		35.8		30.5		30.5	
从动链轮节圆直径/mm	500		500		630		630		800		800	

表 12.11　TB 型斗式提升机规格性能及主要技术参数(代替 PL 型)

提升机型号	T250	T315	T400	T500	T630	T800	T1000
料斗形式	角斗	梯形斗	梯形斗	梯形斗	梯形斗	梯形斗	梯形斗
输送量/(m³/h)	15～25	30～45	50～75	85～120	135～190	215～305	345～490
输送物料正常粒度/mm	50	50	70	90	110	130	150
输送物料最大粒度/mm	90	90	110	130	150	200	250
料斗宽度/mm	250	315	400	500	630	800	1 000
料斗容积/L	3	6	12	25	50	100	200
料斗斗距/mm	200	200	250	320	400	500	630
链条节距/mm	100	100	125	160	200	250	315
链条破坏力/(×9.8 N)	36 000	36 000	576 000	576 000	115 200	115 200	115 200
料斗运行速度/(m/s)	0.5	0.5	0.5	0.5	0.5	0.5	0.5
传动链轮齿数	无齿	12	12	12	120	12	12
传动链轮节圆直径/mm	500	386.4	483	618.24	772.8	966	1 217.16
从动链轮转速/(r/min)	19.11	24.91	19.78	15.45	13.36	9.89	7.85
从动链轮齿数	无齿	12	12	12	12	12	12
从动链轮节圆直径/mm	500	386.4	483	618.24	772.8	966	1 217.16

由表 12.9～表 12.11 与表 12.8 比较可知,新型的带式、斗式提升机与过去相比,料斗的形式更多,由过去的只有深斗和浅斗两种改为四种;料斗的宽度即规格也由最大为 150 mm 增大到 1 000 mm,其输送量为 69.5～600 m³/h。环链式和板链的规格和输送量也同样有了相当大的改进。

斗式提升机规格用料斗的宽度表示,其规格形式代号可表示为:

代号—料斗宽×提升高度—驱动装置安装形式

其小料斗宽用毫米数表示,提升高度标准(JC459.1—1992)中规定用毫米表示,实际应用中也常用米表示。传动方式分左装和右装,其规定如下。

左装——正面对着进料口,驱动装置装于左边为左装;右装——正面对着进料口,驱动装置装于右边为右装。

如料斗宽为 630 mm 且提升高度为 29 436 mm 左安装的传动装置,重力式卸料的环链斗式提升机可表示为"TZH—630×29 436—左"。

12.1.3.3　选型计算

1. 输送能力的计算

斗式提升机的体积输送能力可根据下式计算

$$V = 3\ 600\ \frac{V_b}{a} v\phi \tag{12.10}$$

式中,V 为斗式提升机体积输送能力(m³/h);ϕ 为料斗的填充系数;V_b 为单个料斗的容积(m³);v 为胶带或链轮的速度(m/s);a 为料斗的间距(m)。

以重量表示的斗式提升机输送能力为

$$Q = \rho_b V \tag{12.11}$$

式中，ρ_b 为物料的松装密度（t/m³）。

2. 斗式提升机所需的功率

离心式卸料的斗式提升机所需电动机功率

$$N_0 = \frac{QH}{185} \tag{12.12}$$

重力式卸料的斗式提升机所需电动机功率

$$N_0 = \frac{QH}{207} \tag{12.13}$$

式中，N_0 为电动机轴功率（kW）；Q 为斗式提升机的输送能力（t/h）；H 为物料提升高度（m）。

12.1.4 链板输送机

链板输送机也是一种应用较广泛的粉体连续输送设备。这类输送设备的主要特点是以链条作为牵引构件，另以板片作为承载构件，板片安装在链条上，借助链条的牵引，达到输送物料的目的。

根据输送物料种类和承载构件的不同，链板输送机主要有板式输送机、刮板输送机和埋刮板输送机三种。

12.1.4.1 板式输送机

板式输送机的构造如图 12.31 所示，它用两条平行的闭合链条作牵引构件，链条上连接有横向的板片 2 或 3，板片组成鳞片状的连续输送带，以便装载物料。牵引链紧套在驱动链轮 4 和改向链轮 5 上，用电动机经减速器、驱动链轮带动。在另一端链条绕过改向链轮，改向链轮装有拉紧装置，因为链轮传动速度不均匀，坠重式的拉紧装置容易引起摆动，所以，拉紧装置都采用螺旋式。重型板式输送机，牵引链大多数采用板片关节链（图 12.31）。在关节销轴上装有滚轮 6，输送的物料以及输送的运动构件等的质量都由滚轮支承，沿着机架 7 上的导向轨道滚动运行。

板式输送机有以下几种类型：板片上装有随同板片一起运行的活动栏板 8 的输送机[图 12.31(d)]；在机架上装有固定栏板的输送机[图 12.31(a)]；无栏板的输送机[图 12.31(b)]。前两种多用来输送散状物料。板片的形状有平板片[图 12.31(b)]、槽形板片[图 12.31(a)]和波浪形板片[图 12.31(e)]。为了提高输送机的生产能力，特别是在较大倾角时，波浪形板片具有明显的优越性。

输送散粒状物料时，板式输送机的输送能力为

$$Q = 3\,600\, Fv\phi\rho_s \tag{12.14}$$

式中，F 为承载板上物料的横截面积（m²）；v 为板的速度（m/s）；ϕ 为填充系数；ρ_s 为物料的堆积密度（t/m³）。

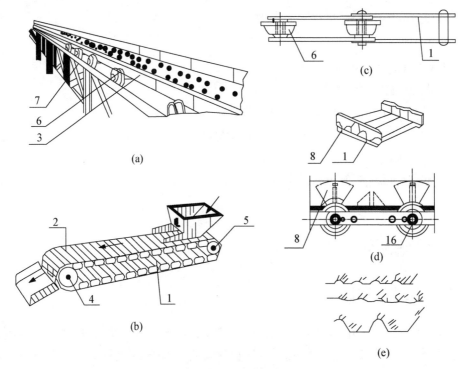

图 12.31   链板输送机

1-牵引件；2-平板；3-槽形板；4-驱动链轮；5-改向链轮；6-滚轮；7-机架；8-栏板

对于有栏板的输送机，承载板上物料的横截面积取等于承载板料槽的横截面积。考虑到物料有填充不足之处，在计算中引入填充系数修正，在计算承载板的宽度时，不仅要考虑输送能力，同时还要考虑料块的大小、料块的尺寸不应大于板宽的 1/3。栏板的高度一般取 120~180 mm。

板式输送机的特点是：输送能力大，能水平输送物料，也能倾斜输送物料，一般允许最大输送倾角为 25°~30°。如果采用波浪形板片，倾角可达 35° 或更大；由于它的牵引件和承载件强度高，输送距离可以较长，最大输送距离为 70 m；特别适合输送沉重、大块、易磨和炽热的物料，一般物料温度应小于 200℃；但其结构笨重，制造复杂，成本高，维护工作繁重，所以一般只在输送灼热、沉重的物料时才选用。

12.1.4.2   刮板输送机

刮板输送机是借助链条牵引刮板在料槽内的运动，来达到输送物料的目的。如图 12.32 所示，刮板输送机是由一系列相等间距的翼板或刮板构成。翼板或刮板紧固在一根或两根链条上，链条通过头部链轮拖动，物料在槽体和刮板之间被推进或拖曳输送。刮板的安置要垂直于槽体。由于物料是靠刮板在槽体中推进而移动，因此这种类型输送机不宜输送有磨损性的物料。被输送的物料可以在沿槽体中任一地点经闸板卸料或在槽体的头部卸料。

链条带上的刮板要高出物料，物料不连续地堆积在刮板的前面，物料的截面呈梯形（图12.33）。由于物料在料槽内是不连续的，所以又称为间歇式刮板输送机。这种输送机利用

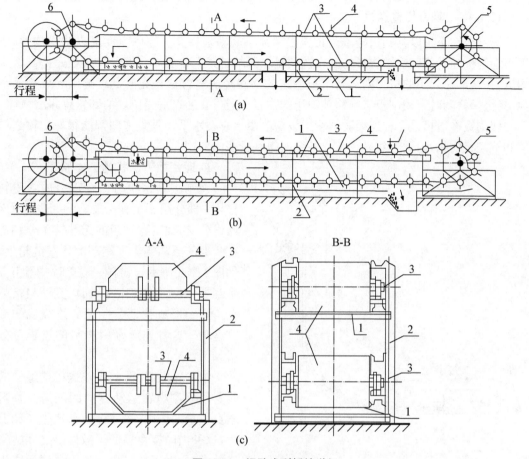

图 12.32　间歇式刮板输送机

1-料槽；2-机座；3-牵引链条；4-刮板；5，6-改向链轮

相隔一定间距固装在牵引链条上的刮板，沿着料槽刮运物料。闭合的链条刮板分上、下两分支，可在上分支或下分支输送物料，也可在上、下两分支同时输送物料，牵引链条最常用的是圆环链，可以采用一根链条与刮板中部连接，也可用两根链条与刮板两相连。刮板的形状有梯形和

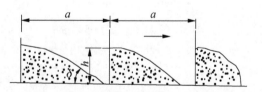

图 12.33　刮板前的物料堆积形状

矩形等，料槽断面与刮板相适应。物料有上面或侧面装载，由末端自由卸载；也可以通过槽底部的孔口进行中途卸载，卸载工作能同时在几处进行。

　　刮板输送机常用来在水平或小倾角方向输送粉状、粒状或块状（对于单链刮板输送机，输送物料块度不超过 100 mm；对于双链刮板输送机，输送物料块度不超过 200 mm）、流动性好、非磨琢性、非腐蚀性或中等腐蚀性的物料，如碎石、煤和水泥熟料等，不适宜输送易碎的、有黏性的或会挤压成块的物料。该输送机的优点是结构简单，可在任意位置装载和卸载；缺点是料槽和刮板磨损快，功率消耗大。因此输送长度不宜超过 60 m，输送能力不大于 200 t/h，输送速度一般为 0.25～7.5 m/s。

12.1.4.3 埋刮板输送机

埋刮板输送机以其刮板链条使物料密集而不间断地在其机壳内流动借以输送物料,所以叫埋刮板输送机。输送物料的刮板链条是在无端链条上每隔一定间距安装横跨的刮板所构成,并全部在封闭的机壳内运行。被输送的物料经进料口加入充满刮板链条和机壳的空隙,当链条移动时带动刮板来推移被输送的物料。通过安装在适当位置的卸料口卸出物料。

埋刮板输送机是一种连续物体输送设备。由于它在水平和垂直方向都能很好地输送粉体和散粒状物料,因此近年来在工业各部门得到较多的应用。

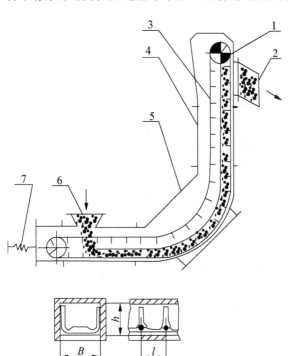

图 12.34 埋刮板输送机

1-头部;2-卸料口;3-刮板链条;4-中间机壳;
5-弯道;6-加料段;7-尾部拉紧装置

1. 埋刮板输送机的工作原理

埋刮板输送机有两个部分的封闭料槽:一部分用于工作分支;另一部分用于回程分支,固定有刮板的无端链条分别绕在头部的驱动链轮和尾部的张紧链轮上,如图 12.34 所示。物料在输送时并不由各个刮板一份一份地带动,而以充满料槽整个工作断面或大部分断面的连续流的形式运动。这种连续牵引物料的过程可分析如下。

水平输送时,埋刮板输送机槽道中的物料受到刮板在运动方向的压力及物料本身质量的作用,在散体内部产生了摩擦力,这种内摩擦力保证了散体层之间的稳定状态,并大于物料在槽道中滑动而产生的外摩擦阻力,使物料形成了连续整体的料流而被输送。

在垂直输送时,埋刮板输送机槽道中的物料受到板在运动方向的压力时,在散体中产生横向的侧压力,形成了物料的内摩擦力。同时由于板在水平段不断给料,下部物料相继对上部物料产生推移力。这种内摩擦力和推移力的作用大于物料在槽道中的滑动而产生的外摩擦力和物料本身的质量,使物料形成了连续整体的料流而被提升。

由于在输送物料过程中刮板始终被埋于物料之中,所以就称为埋刮板输送机。

2. 埋刮板输送机的应用

埋刮板输送机主要用于输送粉状的、小块状的、片状和粒状的物料。对于块状物料一般要求最大粒度不大于 3.1 mm;对于硬质物料要求最大粒度不大于 1.5 mm;埋刮板输送机由于全封闭故其适应性比较广泛,还能输送有毒或有爆炸性的物料、除尘器收集的滤灰等。不适用于输送磨琢性大、硬度大的块状物料;也不适用于输送黏性大的物料。对于流动性特强的物料,由于物料的内摩擦系数小,难于形成足够的内摩擦力来克服外部阻力和自重,因而输送困难。

埋刮板输送机的主要特点是：全封闭式的机壳，被输送的物料在机壳内移动，扬尘少，亦可不受环境的污染；机壳可制成气密式，用可以防止粉尘逸出或者采用惰性气体来保护被输送的物料；同一设备可在中部位置设置多个进料与出料口，装置可设计成自身进料，不必另设加料装置，布置灵活，可多点装料和卸料；设备结构简单，运行平稳，电耗低。水平运输长度可达 $80\sim100$ m；垂直提升高度为 $20\sim30$ m。

通用型埋刮板输送机主要有三种（图 12.35）：MS 型为水平输送，最大倾角可达 $30°$；MC 型为垂直输送，但进料端仍为水平段；MZ 为"水平-垂直-水平"的混合型，形似 Z 字所以有 Z 型埋刮板输送机之称。

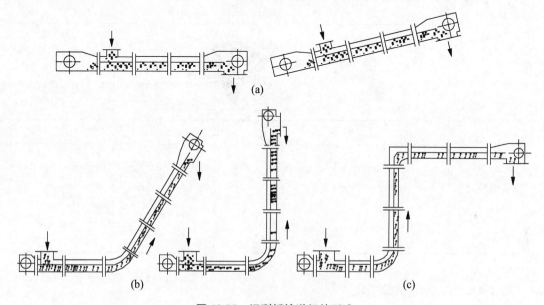

图 12.35　埋刮板输送机的形式

选用时，首先对物料有一定的要求：物料密度 $\gamma=0.2\sim1.8$ t/m³，其中 Z 型要求 $\gamma\leqslant1.0$ t/m³；物料温度＜100℃。

物料粒度一般要小于 3.0 mm；其他物性如含水率要低，在输送过程中物料不会黏结，不会压实变形；硬度和磨琢性不宜过大。

刮板链条的结构类型见表 12.12，在选用时，应根据物料的性能如粒度、流动性等合理选用。一般的粉状物料少的可用 T 形和 U 形；流动性比较好的可用 O 形或 V 形；流动性好的粉状物料可用 O 形或耐磨、耐热的树脂板型。

表 12.12　刮板链条的结构类型

	横锻链 DL	滚子链 GL	双板链 BL
链条形式			

续　表

横锻链 DL		滚子链 GL	双板链 BL
刮板结构形式	T 形	U_1 形	板形
	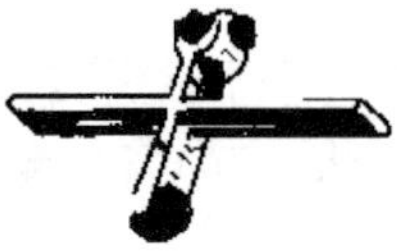	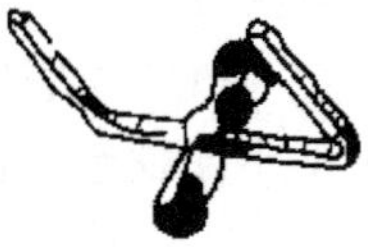	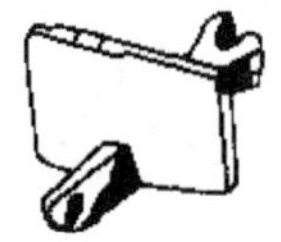
	V_1 形	C 形	O_4 形
	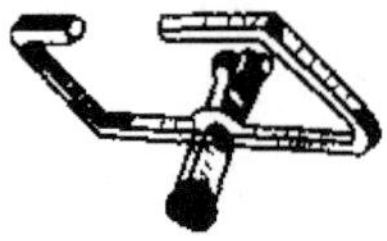	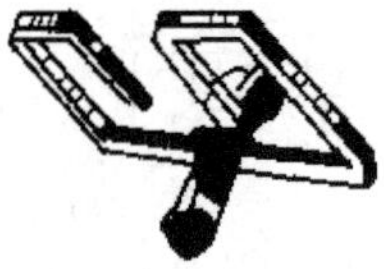	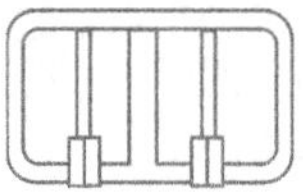
刮板内外向	外　向		内　向
	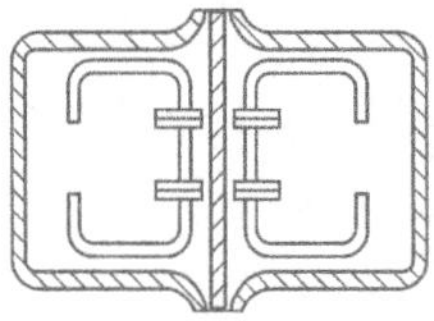		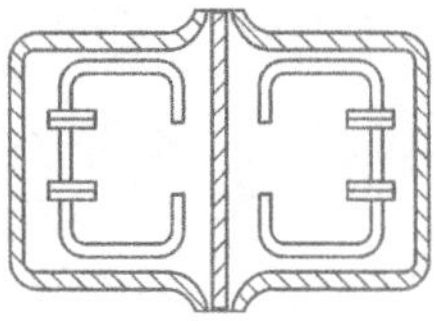

12.1.4.4　FU 型链式输送机

FU 型链式输送机是一种用于水平(或倾斜角小于或等于 15°)输送粉状、粒状物料的机械,是吸收日本和德国先进技术设计制造的;FU 型链式输送机的内部结构如图 12.36。在密封的机壳内装有一条配有附件装置的链条,该链条在传动装置的带动下在机壳内运动,加入机壳内的物料在链条的带动下,靠物料的内摩擦力与链条一起运动,从而实现输送物料的目的。本产品设计合理,结构新颖,使用寿命长,运转可靠性高,节能高效,密封、安全且维修方便。其使用性能明显优于螺旋输送机、埋刮板输送机和其他输送设备,是一种较为理想的新型输送设备,广泛应用于建材、建筑、化工、火电、粮食加工、矿山、机械、冶炼、交通、港口和运输等行业。

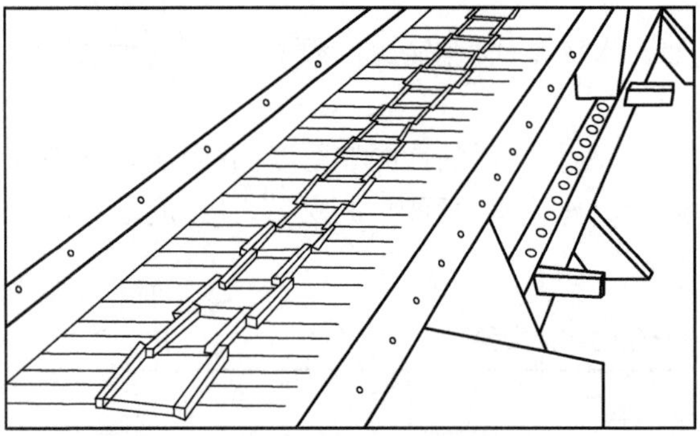

图 12.36　FU 型链式输送机的内部结构图

FU 型链式输送机的主要特点如下。

(1) 结构合理、设计新颖、技术先进。

（2）全封闭机壳，密封性能好，操作安全，运行可靠。

（3）本机输送链采用合金钢材经先进的热处理手段加工而成，使用寿命长，维修率极低。

（4）输送能力大，输送能力可达 6～500 m³/h。

（5）输送能耗低，借助物料的内摩擦力，变推动物料为拉力，节电耐用。

（6）进出口灵活，高架、地面、地坑、水平、爬坡（倾角≤15°）均可安装，输送长度可根据用户设计。

表 12.13 是目前已有产品的 FU 型链式输送机规格性能表。由于该输送机是靠物料内摩擦力输送物料，而物料的内摩擦力与物料的种类和物理性质有密切的关系，因此在选型时要特别注意被输送物料的物理性质，如物料的流动性、温度、湿度、粒度组成等。

表 12.13　FU 型链式输送机规格性能表

规格	槽宽	理想粒度/mm	10%最大粒度/mm	最大输送斜度	理想输送量/(m³/h) 链条线速/(m/min)				
					11	14	17	22	27
FU150	150	<4	<8	≤15°	10		16	20	
FU200	200	<5	<10	≤15°	18		28	38	
FU270	270	<7	<15	≤15°	33	41	50	68	82
FU350	350	<9	<18	≤15°		64	80	100	125
FU410	410	<11	<21	≤15°		90	110	138	175
FU500	500	<13	<25	≤15°			170	210	270
FU600	600	<15	<30	≤15°			184	224	276	340
FU700	700	<18	<32	≤15°			250	305	376	460

表 12.14 中所列的输送能力是以输送水泥等为输送物料而标定的，在输送其他物料时，其实际输送量可参照比此表中推荐值小 0～20%。如果要求精确知道其输送量，可向生产厂家提供被输送物料的种类及相关物理性质，由生产厂家做出标定。由于不同的被输送物料具有不同的物理性质，其链条的输送线速度也不同，表 12.14 是根据物料的磨琢性而推荐的链条线速度。

表 12.14　输送不同磨琢性物料时的链速推荐

物料料磨琢性		特大	大	中	小
链速/(m/min)	推荐	10	15	20	30
	最大	15	20	30	40

表 12.15 是水泥行业应用该输送机时，根据被输送物料的温度而推荐的链条线速度。该输送设备对物料的水分含量也有一定要求。在选用时，可采用下列办法测定物料湿度是否适合于该输送机，一般可用手将物料抓捏成团，撒手后物料仍能松散，即表明可以采用该

输送机。当被输送物料的湿度超过一定值时,是否可以采用该输送机应与生产厂家技术部门取得联系咨询。当用于其他行业输送磨琢性小且温度小于 60℃ 的物料时,链速还可以加快,最快可达 40 m/min。

表 12.15　输送水泥生、熟原料和成品粉料时的链速推荐

物　　料	生料细粉、水泥成品	熟料细粉或水泥成品	生料或熟料粗粉回料	
料温/℃	<60	60～120	<60	60～120
最适链速/(m/min)	15～20	10～13.5	10～12	10
最大链速/(m/min)	25	15	13.5	12

12.1.5　给料机

给料机是当需要均匀、连续不断地从料仓中卸出物料并需要控制流量时,则采用带有驱动装置的一种辅助性设备。其主要功能是将储料设备(储仓、料仓或料斗)中的物料连续均匀地供给其后续的加工或输送设备中去。给料器可以通过改变物料流的断面大小以及本身工作构件的运动速度来调节物料的流量,其控制物料流量的能力要比闸门高很多。当给料器不工作时,它还可以起到闸门的作用。

对给料器的要求:能保持所设定的流量;适应物料的物理特性;不破碎物料、不扬尘;工作安全,无噪声。

这些给料设备实际上都是同名输送机械的变体,与同名输送机械相比,在结构上长度较小而结构强度较高,同时,给料机要承受更大的力;一个是物料离开储仓卸料口时的冲击力,再一个就是卸到给料机上的冲击力所产生的附加作用力。

12.1.5.1　给料机的类型

给料器的种类很多。按其承载机构运动方式的不同,大致可分为牵引式、回转式和振动式三类,如表 12.16 所示。

表 12.16　供料器的分类

牵　引　式	回　转　式	振　动　式
	叶轮供料器	电磁振动供料器
带式供料器	螺旋供料器	惯性振动供料器
板式供料器	滚筒供料器	往复式供料器
刮板式供料器	圆盘供料器	摆动式供料器

12.1.5.2　选型依据

选择给料机要考虑以下因素:应首先考虑用途和使用要求,被处理物料的物性和特点;物料的储存方式;料仓的形式和结构,要求以 t/h 计的给料能力;还应考虑能力的可调幅度、工作环境、安装位置及设备费用和维修要求等因素。

12.1.5.3 常用的给料机

1. 带式给料机

带式给料机是使用很广泛的一种给料设备。它实际上是一种比较短的带式输送机,安装在料仓或其他储料设备的下面,它可以水平或倾斜安装(图 12.37)。

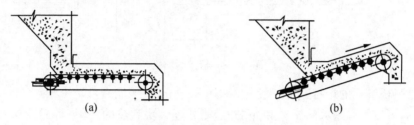

(a)   (b)

图 12.37　带式给料机

与普通带式输送机相比,其特点是:承载段的支承托辊布置得较密,其间距为 0.25~0.3 m,空载段通常不设托辊;带的两边具有静止的栏板;带速小,为 0.05~0.45 m/s,这主要是由于物料从储仓卸料口直接排出到胶带上,而胶带上的物料层较厚。

带式给料机一般长 0.9~5 m,生产能力可达 300 m³/h 或更大,带式给料机用于要求卸料均匀、操作平稳的场合,广泛地用来处理细的、能自由流动的、有磨琢性的及脆性的物料,但不宜用于含有超大块的及太热物料。给料机的给料量由安装在斗底的卸料溜槽或鳞板闸门控制,或者通过改变输送的速度来控制。如果配置效果好的清扫装置,还可输送潮湿的或较黏的物料。和带式输送机一样,带式给料器不能输送 70℃ 以上的热物料,也不能输送有酸性、碱性、含油的和含有机溶剂等成分的物料。输送这类物料时,应采用专用的橡胶带或塑料带(如耐热、耐油、耐酸碱等)。

带式给料器的优点:结构比较简单,投资少、运行可靠;制造和维修很方便;给料能力大,并能方便地进行调节;既可单向,也可双向给料,且给料均匀;给料距离可长可短,在配置上有较大的灵活性。缺点是需要占据较大的空间;不能承受较大的料流压力;当输送粒度大和坚硬的物料时,胶带磨损较快;不适宜于具有磨蚀性且温度高的物料。

2. 板式给料机

对于块状物料或温度超过 70℃ 时,需用板式给料机。板式给料机比一般给料机中心距较短,由两根或多根安装在加工成一定形状钢盘下面的标准链构成,链条和钢盘由一系列较大直径的坚固结构的独立托辊支承(图 12.38)。它和带式给料机一样,可以水平或倾斜安装,倾角可大于带式给料机。与普通刮板输送机比较,其特点是:承载板不是垂直于链条运行方向,而是平行于链条安装。

承载板用厚度为 5~15 mm 的钢板制作,有平行和波浪形两种。波形板表面刚性较大,关节处的连接较好,而且能在较大的倾斜度运行。承载板两边往往带有固定的或活动的挡板,前者挡板安装在机架上,后者固定在钢板上。挡板的高度随生产能力和料块大小而定。整个机械安装在机架上,尾部设有拉紧装置,类似于带式输送机的螺旋拉紧装置,用于调整钢板的松紧。

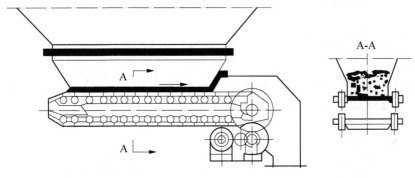

图 12.38　板式给料机

板式给料机链板的运行速度一般为 3～16 m/min,生产能力可达 100～2 000 t/h。由于其结构坚固,可以承受很大的压力和冲击力,能处理大块和热的物料,可靠性高并能保证较均匀地给料。其缺点是结构复杂、质量大、制造成本高,不适宜输送粉状物料。板式给料机适用于大块、磨蚀性强、沉重的热物料给料输送。

3. 螺旋给料机

螺旋给料机可安装在储仓或料斗的底部,除含有大块、含气较多的细粉或倾向于压结的物料外均可使用这种给料机,并可控制大多数散状物料使之均匀排出。如图 12.39 所示,与一般螺旋输送机比较,其特点是给料机的螺距和长度都较小,可不设中间轴承,料槽也不像输送机那样的 U 型,而是管状,螺旋轴支承在管外两端的轴承内,物料填充系数较大,一般可达 0.8～0.9。

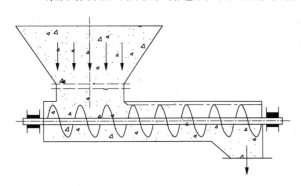

图 12.39　螺旋给料机

螺旋给料机有单管和双管两种。按螺旋结构分为以下三种。

(1)双头螺旋给料机

安装在螺旋轴上的螺旋叶片外缘轮廓曲线有两条,且互相平行,这种安装形式比单头螺旋能提供更为均匀的给料。

(2)变螺距的给料机

安装在螺旋轴上的螺旋叶片的螺距是逐渐变化的。如图 12.40 所示,这个螺距的变化可以是螺距逐渐增大,也可以是逐渐减小。螺距渐增的给料机可有效地防止在给料处产生过负荷,尤其当给料机较长时,这个优点尤为明显。同时还可防止充气后的物料从储仓中向外涌料。逐渐缩小螺距的给料机使物料在输送过程中压实和致密化,兼起锁风作用。

(3)直径渐大的给料机

该给料机输送能力沿物料前进方向逐渐增大,使物料容易在输送方向上卸出,防止物料密实化。

上述三种给料机的生产能力和功率等参数的确定,分别与同名输送机相同,但应考虑各给料机的相应特点。螺旋给料机具有密封性,但工作部件磨损大,所以,只适用于不怕碎、磨

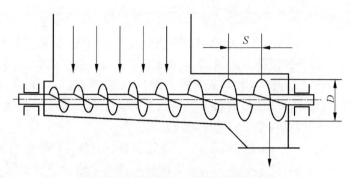

图 12.40　变螺距、变直径螺旋给料器

蚀性小、易流动的粉状物料。它多以水平或不大于 30°的倾斜角安装,一般长度为 1～2 m,生产能力为 2.5～3.0 m³/h,改变螺旋转速,可以调节给料量。

螺旋给料器适用于流动性好的、无黏性(或黏性小)、无磨琢性(或磨琢性很小)的粉、粒状物料,物料粒度一般不大于 50 mm。它不适用于含水率大的、硬的和磨琢性大的物料。其工作环境温度在−20～+50℃内,输送物料的温度应低于 200℃。

螺旋给料器的主要优点是它在运行时的全密闭性。其缺点是功率消耗较大、给料能力小、螺旋叶片和槽体磨损大以及对过载比较敏感。

螺旋给料器可以水平或倾斜布置。倾斜布置时,其倾斜角应小于 20°,并且最好采用双头满面式螺旋叶片。如果是由进料端向下倾斜时,则要在出料端装设 1～2 圈反向叶片,以避免物料堵塞该端轴承。

在一般情况下都是采用单螺旋给料器。如果料仓的出口非常宽,则采用多螺旋的给料器更为适宜。

4. 滚筒给料机

滚筒给料机如图 12.41 所示,当滚筒转动时,在料仓卸料口下面的部分受摩擦力带动随着滚筒下落,由料仓卸料口均匀地卸出。滚筒给料机适用于各种类型的物料,对流动性好的粒状物料采用光面滚筒,而对大块状物料则采用带棱角表面的滚筒。一般滚筒的圆周速度为 0.025～1 m/s,生产能力可达 150 m³/h,生产能力可用改变转速成调节挡板的开度来调节。滚筒给料机使用于玻璃窑池上配合料和碎玻璃的投料,它具有投料连续均匀的优点。

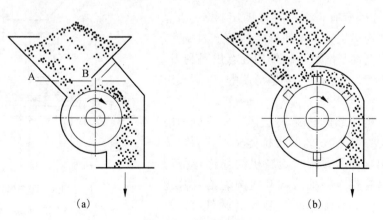

(a)　　　　　　　　　　　　　　　(b)

图 12.41　滚筒给料机

5. 叶轮给料机

叶轮给料机如图 12.42 所示,叶轮给料机主要由两部分构成:铸铁或钢制的外壳和密封在其中的叶轮转子。外壳的顶部有进料口,底部有出料口。呈星状的叶轮转子随传动轴一起在封闭的壳体中回转。工作时,物料从上方的进料口落入叶轮的叶片之间的空间内并随叶轮旋转,当转到下方的出料口时,物料靠自身的重力由出料口卸出。当转子不动时,物料不能流出,当转子转动时,物料便可随转子的转动卸出。

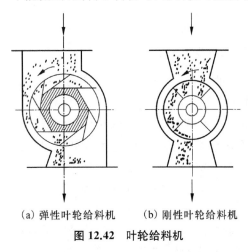

(a) 弹性叶轮给料机　(b) 刚性叶轮给料机

图 12.42　叶轮给料机

叶轮给料机有弹性叶轮给料机和刚性叶轮给料机两种。弹性叶轮给料机如图 12.42(a)所示,它是用弹簧板固定在转子上,因而在回转腔内密封性能较好,对均匀给料较有保证,在水泥厂一般用作回转窑的煤粉给料。叶轮的转向只能朝一个方向,不得反转,速度不应高于 20 r/min,当要求变速时,可选用直流电动机。当给料机上部料仓的物料压力较大或物料易起拱、影响均匀给料时,可选用带有搅拌叶的弹性叶轮给料机。

刚性叶轮给料机的叶片与转子成一整体[图 12.42(b)],一般用于密闭及均匀给料要求不高的地方。

叶轮给料机可以作为容积计量设备。物料的流量可通过改变叶轮的旋转速度或改变叶片间的填充容积来调节。

叶轮给料机生产能力为 4~100 m³/h 或更大,生产能力可用改变转速的办法来调节。叶轮给料机具有结构简单、密封性能好、给料均匀、运行可靠等优点,适于输送粉状、粒状的物料,在工业中应用非常广泛。它可以安装在料仓下面用以均匀出料,还可以在某些配料系统中作为配料器。由于叶轮给料机具有良好的密闭性,在散状物料气力输送系统中,还经常将它作为锁气给料器或卸料器(关风器)使用。

6. 圆盘给料机

圆盘给料机如图 12.43 所示。圆盘给料机是由位于圆形出口的储斗下面水平放置的旋转圆盘构成,储仓出口外围套有可上下移动的出料环(调节套),用来调节物料从储斗落到旋转圆盘上的高度,在旋转圆盘的上端及出料环的外周装有出料刮刀,刮刀的角度及切入物料的深度是可调的,以调节出料量。

圆盘给料机的形式很多,按支承方式可分为吊式和座式两大类,按机壳的形式每类又可分为敞开式和封闭式两种。吊式圆盘给料机的整个设备通过槽钢柱悬吊在储仓下面。敞开式圆盘给料机适用于密闭程度要求不高的场合;密闭式圆盘给料机主要用于要求减少漏风或扬尘的密闭系统,在硅酸

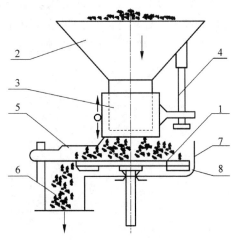

图 12.43　圆盘给料机

1-圆盘;2-料仓;3-活动套筒;4-螺杆;
5-刮板;6-卸料管;7-盘壳;8-刮灰板

盐工业中,风扫式煤磨系统通常采用闭式圆盘给料机,而磨机和烘干机的给料一般都采用敞开式圆盘给料机。

圆盘给料机的转速一般为 6～22 r/min,生产能力为 0.2～130 m³/h。生产能力可通过改变下料套筒的高度和变更刮板的开度来调节。当采用调速电动机或直流电动机时,还可通过改变电动机的转速来调节。圆盘给料机给料能力的调节可通过下列方法进行:改变旋转圆盘的转速;改变调节套筒与旋转圆盘的间隙;改变卸料刮板的切入深度。采用螺旋形或螺线形出料环的主要作用是使物料可以均匀而继续不断由出料环中排出,从而使供料器有稳定的供料能力。

圆盘给料机适合处理各种非黏性的粒状物料,不宜处理大块或流动性特别好的粉状物料。这类给料器的工作原理是利用被处理物料的休止角,如果物料的休止角因含水量、温度、粒度等因素而经常变化时,则不易正确控制其流量。

圆盘给料机的优点:给料能力可调性较大、调节简便,结构及操作简单、费用低、故障少,其给料能力比一般给料器大而所需功率较少,运行比较平稳。缺点:设备笨重,安装空间尺寸较大,制造费用较高。另外,圆盘给料机对物料几乎没有输送距离,因此有时会因实际布置困难而不宜采用。

7. 振动式给料机

振动式给料机的特点是振幅小,频率高,物料在槽中可做一定的跳跃运动,所以具有较高的生产能力,且减小了槽的磨损。振动式给料机的激振方式一般为电磁振动,所以,又称为电磁振动给料机。这种给料器具有给料、破拱及闭锁料门的功能。电磁振动给料机是硅酸盐行业广泛采用的一种给料机。

（1）电磁振动给料机的构造及工作原理

电磁振动给料机的结构如图 12.44 所示,它由料槽、电磁激振器、减振器及电器控制箱四个部分组成。

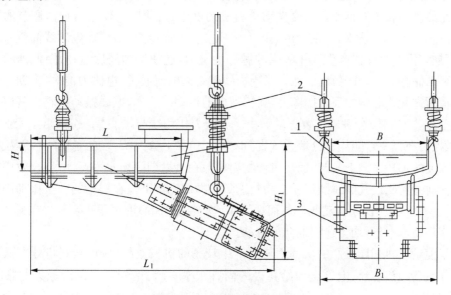

图 12.44　电磁振动给料机

1-料槽;2-减振器;3-电磁激振器

料槽是承载构件,用来承受储仓下来的物料,电磁振动将物料输送给下一个受料设备。料槽根据实际需要可由 2~8 mm 的碳素钢板、低合金结构钢、耐热钢板或铝合金板等压制而成。料槽形式根据使用要求可设计成槽式和管式两种,槽式的又可做成敞开式或封闭式。

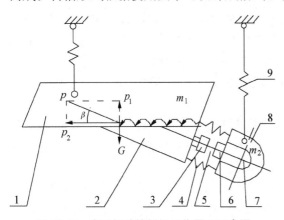

图 12.45　电磁振动给料机工作原理示意图

1-料槽;2-连接叉;3-衔铁;4-弹簧组;5-气隙;
6-铁芯;7-线圈;8-激振器壳体;9-减振器

激振器是使料槽 1 产生往复振动的能源部件,主要由连接叉 2、衔铁 3、弹簧组 4、铁芯 6 和激振器壳体 8 组成(图 12.45)。连接叉和料槽固定在一起,通过它将激振力传给料槽。衔铁用螺栓固定在连接叉上,和铁芯保持一定间隙而形成气隙(一般为 2 mm)。弹簧组为储能机构,用于连接前质点和后质点,形成双质点振动系统。铁芯用螺栓固定在振动壳体上,铁芯上固定有线圈,当电流通过时就产生磁场。激振器壳体作为固定弹簧组和铁芯,亦作为平衡质量用,所以其质量应满足设计要求。

减振器的作用为减少传递给基础或框架上的振动力。给料机通过减振器悬挂在储仓或建筑构件上。减振器由四个螺旋弹簧(或橡胶弹簧)组成,其中两个挂在料槽上,另两个吊在激振器上。

电磁振动给料机是属于双质点定向强迫振动机械。工作原理如图 12.45 所示,由槽体、连接叉、衔铁、工作弹簧的一部分以及占料槽容积 10%~20% 的物料等组成工作质量 m_1,由激振器壳体、铁芯、线圈及工作弹簧的另一部分等组成对衡质量 m_2。质量 m_1 和 m_2 之间用激振器主弹簧连接起来,形成一个双质点定向强迫振动的弹性系统。激振器电磁线圈的电流一般是经过单相半波整流。电磁振动给料机的供电,目前广泛使用可控硅调节的半波整流激振方式。当半波整流后,在后半周内有电压加在电磁线圈上,因而电磁线圈就有电流通过,在衔铁和铁芯之间便产生互相吸引的脉冲电磁力,遂使槽体向后运动,激振器的主弹簧发生变形而储存了一定的势能。在负半周内线圈中无电流通过,电磁力消失,借助弹簧储存的势能使衔铁和铁芯朝相反方向离开,料槽就向前运动。这样,电磁振动给料机就以交流电源的频率做 3 000 次/分钟的往复振动。由于激振力作用线与槽底成一定角度,一般为 20°,因此,激振力在任一瞬间均可分解为垂直分力 P_1 和水平分力 P_2。前者使物料颗粒以大于重力加速度的加速度向上抛起,而后者使物料颗粒在上抛期间做水平运动,综合效应就使物料间歇向前做抛物线式的跳跃运动。物料的每次抛起和落下是在料槽的一个振动周期内完成的,约 1/50 s 内。由于振动频率高而振幅小,物料抛起的高度也很小,所以,在料槽内的物料看起来像流水一样,均匀连续地向前流动。

为了使给料机能以较小的功率消耗而产生较高的机械效能,应使给料机处在低临界状态下工作,也就是说要将电磁振动给料机的固有频率 ω_0 调谐到与电磁激振力的频率 ω 相近,使频率比 $Z = \omega/\omega_0 = 0.8 \sim 0.95$。因此,电磁振动给料机具有体积紧凑、工作平稳、消耗功率小的特点。

12.1.5.4 微量粉体的高精度给料

1. JE－3G 型恒速式皮带秤

皮带秤的工作原理如图 12.46 所示。它的特点除了能够自动计量、定量给料、显示瞬时流量和累计量以外,还有无料报警、停电保持累计数、BCD 码接口打印输出、开机清零等功能,并增加了标准电信号输出,能够与微机系统方便地联机使用。该机采用高精度密封型称量传感器和高精度低漂移的集成电子元件,静态精度可达±0.5％,动态精度可达±1％,适用于水泥厂块、粒状物料的计量和配料使用。

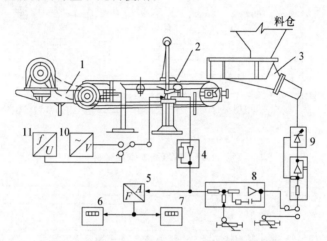

图 12.46　JE－3G 型恒速式皮带秤工作原理图

1-秤体;2-称量传感器;3-电磁振动给料机;4-放大元件;5-电流脉冲变换单元;6-瞬时流量显示器;
7-累积流量显示器;8-调节单元;9-控制器;10-恒压电源;11-频率电压变换器

2. WXC－1 微机控制皮带秤

它是由悬臂式皮带秤输送机、GZ 电磁振动给料机、Z80 芯片组装的微机控制器等构成称量和定量设备,数字显示是通过物料流量的瞬时流量和累计流量,当发生断流、流量超限、皮带跑偏大的故障时,能够立即报警。如果在一定时间内故障不能排除,则几台配料秤同时自动停机。该机适合多台计量配料联动作业。WXC－1 型皮带秤的结构如图 12.47 所示。

3. 调速式定量秤

(1) 组成和工作原理

TDG 系列调速式定量秤(给料机)系统由两部分组成。

① 质量检测部分

其作用是完成给料、检测,同时进行瞬时累计给料量的显示。主要包括机架、荷重传感器、转速传感器、毫伏变换器、频率转换器、调整箱、比例积算器和单针指示报警仪。

② 控制部分

其作用是根据给定信号及检测信号对直流传动设备进行控制和调节,以达到自动调节料量的目的,它主要包括调节器、可控硅直流调速装置和直流传动设备。

TDG 系列调速式定量秤的工作原理见图 12.48。当空载时,机架中的称量架处于平衡状态,荷重传感器不受力,即使对荷重传感器施以桥压也不会输出。当有物料通过有效称量段 l 时,物料的质量经过称量架加在荷重传感器上,则荷重传感器的受力为 p_t。

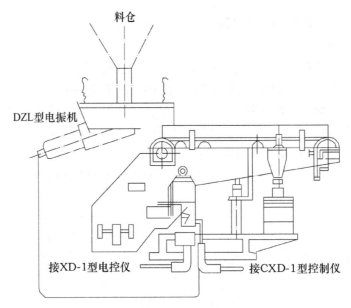

图 12.47　WXC‑1 型皮带秤

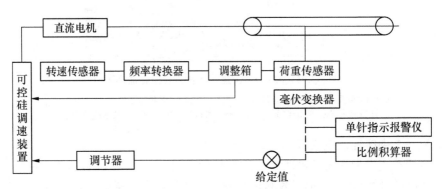

图 12.48　TDG 系列调速式定量秤工作原理

$$p_t = cg_t l \tag{12.15}$$

式中，g_t 为有效称量段单位皮带长度上的物料质量（kg/m）；l 为有效称量段长度（m）；c 为比例系数（其值取决于称量架的杠杆比）。

从上式可知，荷重传感器的受力 p_t 大小与皮带上的物料质量 g_t 成正比。

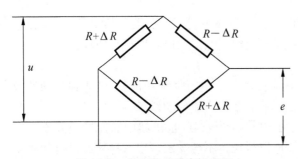

图 12.49　荷重传感器电桥原理

荷重传感器在压力 p_t 作用下，其应变量产生一正比于压力 p_t 的应变量 ε_0。在应变柱上贴有四片电阻应变片且组成等臂电桥，如图 12.49 所示。应变量 ε 使四片电阻应变片阻值 R 线性地变化 ΔR。对电桥输入端施以工作桥压 u 时，就会产生不平衡电压 e。

$$e = \Delta R \cdot u \tag{12.16}$$

从上式可知,荷重传感器输出信号 e 不仅与电阻变化量 ΔR 成正比,而且还与电桥的工作桥压 u 成正比。

因为有效称量段单位长度上的物料质量,如果皮带速度为 v_t,那么瞬时给料量为

$$Q_t = g_t v_t \tag{12.17}$$

比较式(12.16)、式(12.17)可知,电量 ΔRu 的变化是线性地模拟非电量 g_t 变化的,而电量 u 线性地模拟非电量 v_t,所以荷重传感器的输出值 e 可以线性地模拟瞬时给料量 Q_t。

为此,采用转速传感器将电动机转速线性地转换成电脉冲信号。并经过频率转换器、调整箱转换成电压信号,作为荷重传感器的工作桥压。

荷重传感器的输出 0~10 mV 的电压,经过毫伏变送器转换成 0~10 mA 的电流信号。送至单针指示报警仪和比例积算器,分别显示出给料机的瞬时给料量和一段时间内累计给料量。单针指示报警仪还可以发出越限报警信号。

TDG 系列调速式定量秤的自动调节过程如下:毫伏变换器输出的电流信号除了送给单针指示报警仪和比例积算器外,还送给调节器,这一信号在调节器内与生产所要求的给定值进行比较,如果两个不等,说明给料机的实际瞬时给料量(即实测值)与生产要求的给定值有偏差。例如,实测值大于给定值,则调节器输出电流值就相应下降,使可控硅调整装置的输出电压下降,直流电动机转速下降,使给料机的瞬时给料量瞬时减少,同时转速传感器输出的频率信号减少,频率转换器输出电流信号也相应减少,调整箱输出电压信号下降,即荷重传感器的工作桥压下降,荷重传感器输出值(实测值)也下降,直到实测值与给定值相等;也就是实际给料量与生产要求的给料量相等时,系统处于平衡,即完成了一个调节过程。反之,如果实测值小于给定值,则上述过程相反变化,这样就自动地把瞬时给料量维持在给定值范围内,从而实现了自动定量给料。

(2) TDG 系列调速式定量秤(给料机)的机械结构

该机机械结构如图 12.50 所示,主要包括机架、主传动轮、从动轮、固定托辊、称量托辊、称量架、环形胶带和自动张紧装置。传动装置包括直流电动机和涡轮减速机。电动机转速由 SZMB—3 型转速传感器检测,称量段上的物料质量由 BHR—3 型荷重传感器检测经过转换后由二次仪表指示瞬时给料量和显示一段时间内的累积给料量。

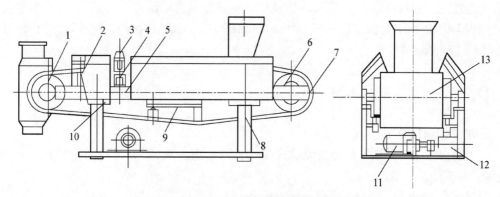

图 12.50　TDG 系列调速式定量秤的机械结构

1-主传动轮;2-托辊;3-称量装置;4-荷重传感器;5-秤体;6-从动轮;7-调节螺栓;
8-机架;9-皮带砣;10-拆卸安装块;11-减速机;12-电机;13-环形胶带

12.2　气力输送设备

气力输送是指借助空气或气体在管道内流动来输送干燥的散状固体粒子或颗粒物料的输送方法。空气或气体的流动直接给管内物料粒子提供移动所需的能量,管内空气的流动则是由管子两端压力差来推动。

12.2.1　气力输送特点

气力输送的最主要特点是具有一定能量的气流为动力来源,简化了传统复杂的机械装置;其次是密闭的管道输送,布置简单、灵活;第三是没有回路。具体讲有以下特点:直接输送散装物料,不需要包装,作业效率高。可实现自动化遥控,管理费用少;气力输送系统所采用的各种固体物料输送泵、流量分配器以及接收器非常类似于流体设备的操作,因此大多数气力输送机很容易实现自动化,由一个中心控制台操作,可以节省操作人员的费用。设备简单,占地面积小,维修费用低。输送管路布置灵活,使工厂设备配置合理化;气力输送系统对充分利用空间的设计有极好的灵活性,带式及螺旋输送机在实质上仅为一个方向输送,如果输送物料需要改变方向或提升时,就必须有一个转运点并需要有第二台单独的输送机来接运。气力输送机可向上、向下或绕开建筑物,大的设备及其他障碍物输送物料,可以使输送管高出或避开其他操作装置所占用的空间。输送过程中物料不易受潮、污损或混入杂物,同时也可减少扬尘,改善环境卫生;一个设计比较好的气力输送系统常常是干净的,并且消除了对环境的污染。在真空输送系统的情况下,任何空气的泄漏都是向内,真空和增压两种设备都是完全封闭和密封的单体,因此物料的污染就可限制到最小。主要粉尘控制点应在供料机进口和固体收集器出口,可设计成无尘操作。输送过程中能同时进行对物料的混合、分级、干燥、加热、冷却和分离过程。可方便地实现集中、分散、大高度(可达 80 m)、长距离(可达 2 000 m),适应各种地形的输送。

气力输送的缺点是:动力消耗大,短距离输送时尤其显著。需配备压缩空气系统。不适宜输送黏性强的和粒径大于 30 mm 的物料。输送距离受限制。至目前为止,气力输送系统只能用于比较短的输送距离,一般小于 3 000 m。设计长的输送线其主要障碍是在设计沿线加压站上遇到困难。

12.2.2　气力输送的类型

1. 按工作原理分类

气力输送按工作原理大致分为吸送式(图 12.51)、压送式(图 12.52)或两种方式相结合(图 12.53)三种。

吸送式的特点是:系统较简单,无粉尘张扬;可同时多点取料,输送产量大;工作压力较低(<0.1 MPa),有助于工作环境的空气洁净;但输送距离较短,气固分离器密封要求严格。

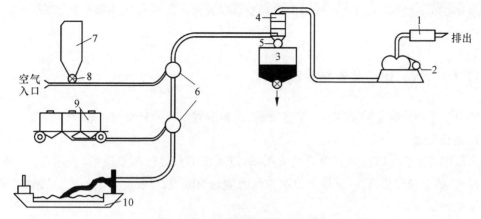

图 12.51　吸送式气力输送系统图

1-消声器;2-引风机;3-料仓;4-除尘器;5-卸料闸阀;6-转向阀;
7-加料仓;8-加料阀;9-铁路漏斗车;10-船舱

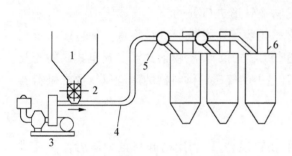

图 12.52　压送式气力输送系统图

1-料仓;2-供料器;3-鼓风机;4-输送管;
5-转向阀;6-除尘器

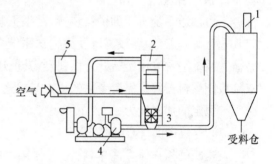

图 12.53　吸送、压送相结合的气力输送系统图

1-除尘器;2-气固分离器;3-加料机;
4-鼓风机;5-加料斗

压送式的特点是:一处供料,多处卸料;工作压力大(0.1~0.7 MPa),输送距离长,对分离器的密封要求稍低,但易混入油水等杂物,系统较复杂。

压送式又分为低压输送和高压输送两种,前者工作压力一般小于 0.1 MPa,供料设备有空气输送斜槽、气力提升泵及低压喷射泵等;后者工作压力为 0.1~0.7 MPa,供料设备有仓式泵、螺旋泵及喷射泵等。

2. 按颗粒密集程度分类

气力输送根据颗粒在输送管道中的密集程度大致可分为稀相输送、密相输送和负压输送等。

① 稀相输送:固体含量为 1~10 kg/m³,操作气速较高(18~30 m/s),输送距离基本上在 300 m 以内。输送操作简单,无机械转动部件,输送压力低,无维修、免维护。

② 密相输送:固体含量 10~30 kg/m³ 或固气比大于 25 的输送过程。操作气速较低,用较高的气压压送。输送距离达到 500 m 以上,适合较远距离输送,但此设备阀门较多,气动、电动设备多。输送压力高,所有管道需用耐磨材料。间歇充气罐式密相输送是将颗粒分批加入压力罐,然后通气吹松,待罐内达一定压力后,打开放料阀,将颗粒物料吹入输送管中输送。脉冲式输送是将一股压缩空气通入下罐,将物料吹松,另一股频率为 20~40 min⁻¹ 脉冲

压缩空气流吹入输料管入口,在管道内形成交替排列的小段料柱和小段气柱,借空气压力推动前进。

12.2.3 气力输送装备与系统

气力输送系统的主要部件有:输送管道、供料装置、气-固分离设备和供气设备。

1. 输送管道

多采用薄壁管材以减轻其重量及费用,管道系统的布置应尽量简单,少用弯头,采用最短的行程,尽量布置成直线,这样可以减少气力输送的阻力、节省动力消耗,也可减少因管道堵塞带来的困难。

通常,管道多用钢管,有时也采用塑料管、铝管、不锈钢管、玻璃管或橡胶管,这需根据被输送物料的性质而定。

2. 供料装置

气力输送系统所用的供料装置,需根据物料在管道进口处的输送气体压力的高低来决定其选型。一般,中压或高压气力输送系统多采用容积式发送器供料装置。真空或低压气力输送系统则常采用旋转叶片供料器,其他还有螺旋式供料器、喷射式或文丘里式供料器及双翻板阀供料器等。需要考虑的重点是输送管道中的气压对供料器的影响以及要求供料器必须有恒定的加料能力。

(1)容积式供料器(发送罐)

发送罐的操作原理简单,将空气与罐内的物料混合后,利用与卸料点的压力差使其排出。发送罐就其排出物料方向而言有上引式及下引式两种(图 12.54 及图 12.55)。

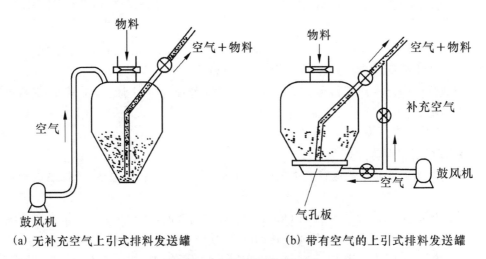

图 12.54　上引式排料的发送罐

(2)旋转叶片供料器

旋转叶片供料器是利用其装有叶片的转子在固定的机壳中旋转,从而使物料从上面进入然后由下面排出,如图 12.56 所示。

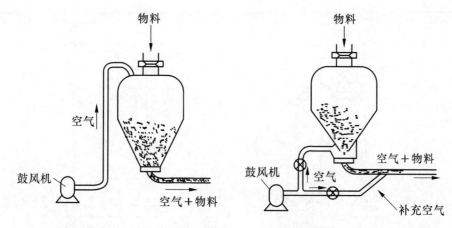

（a）无补充空气下引式排料发送罐　　　（b）带有空气的下引式排料发送罐

图 12.55　下引式排料的发送罐

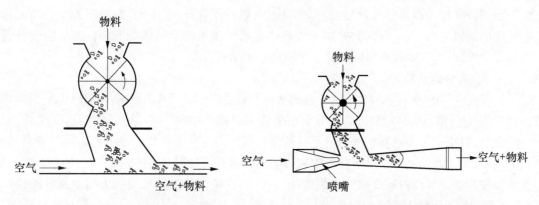

图 12.56　带有直落式接料器的旋转叶片给料机　　**图 12.57　带有文丘里式接料器的旋转叶片给料机**

文丘里式接料器（图 12.57）采用文丘里管的原理，在进料处管道的截面积缩小，使喷出的压缩空气的速度增大，以使气束周围压力降低，吸引从给料机送出的物料连同喷射空气一起喷入输送管道。因给料机出口处的压力降低，可减少给料机空气的泄漏。

（3）螺旋供料器

螺旋供料器是通过设计变矩螺旋在筒内形成料柱，随着螺旋的连续旋转就可将物料推进输送管中，并在此被输送空气吹散并带走。如图 12.58。

螺旋供料器一般适合处理黏性物料。为气力输送系统设计的这种类型供料器的优点是可以连续将物料送到输送管道。由于螺旋的旋转速度和给料量之间有着线性关系，因此可在接近于规定的速度下卸料。

（4）双翻板阀供料器

双翻板阀供料器主要由两个阀板或闸板构成，其交替打开或关闭以便使物料从加料斗送入输送管道（图 12.59）。

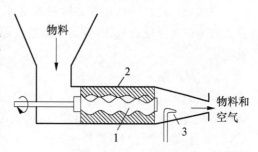

图 12.58　螺旋供料泵

1-金属转子；2-弹性材料定子；3-空气喷嘴

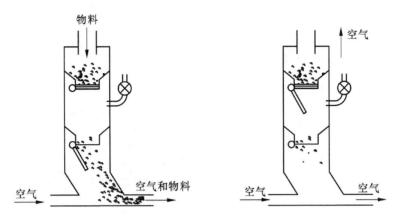

图 12.59　双翻板阀供料器

在一定程度上可将双翻板阀供料器看作是间歇供料器，因为它在每分钟内只排料 5～10 次。而旋转叶片供料器每分钟可排料 250 次（一般转子有 6～8 个料槽，转速为 35 r/min）。在可比的给料能力下，排料次数的减少就意味着每次排出的物料体积增多。如果输送管道加料部位设计不合适，就要导致在这一区域内物料堵塞。

3. 气-固分离设备

在任何应用中，气体和固体分离设备的选择都要受到以下因素的影响：气体中含有散状固体物料的数量，散状固体物料颗粒大小及范围；要求系统的收集效率；设备投资及运行费用。

总之，收集比较细的颗粒的分离系统费用较高。适宜粉尘收集的设备有旋风分离器、袋式除尘器、重力沉降室等。对于空气中夹带的较细颗粒的物料（小于 5 μm）只有用袋式除尘器或电除尘器才可以得到满意的收集效率。气-固分离设备中的压力损失与全系统的压降相比并不太大（不包括风机）。

4. 供气设备

对于气力输送系统来说，供气设备的选择根据气体流量包括允许的漏气量以及整个输送系统的压力降来确定。在设计气力输送装置时选择供气设备是最重要的决定之一。

（1）通风机与鼓风机

通风机广泛用于稀相气力输送系统，输送管道堵塞的可能性较小。恒量式鼓风机对大多数气力输送系统都适用，因为当输送管道堵塞时，它能产生较高的压力及有效的推力来移动物料。

（2）罗茨鼓风机

罗茨鼓风机的能力可达 500 m³/h 自由空气量。当转子旋转时，空气被吸入转子和壳体间的空间，当转子经过壳体出口时空气被压出。需要说明的是罗茨鼓风机是强制排气的机械，其本身没有空气的压缩作用。

（3）旋转叶片式压缩机

旋转叶片式压缩机适合中压及高压气力输送系统。与罗茨鼓风机相比，它可在较高的压力下产生平稳的空气流量。

（4）螺旋式压缩机

螺旋式压缩机可用于中压、高压的气力输送系统。

12.2.4　空气输送槽

1. 空气输送槽的基本结构

空气输送槽结构示意图如图12.60。

空气输送槽由两个薄钢板制成的断面为矩形的上下槽体联结组成。在槽形结构的上下壳体之间安装有一块多孔板透气层,多孔板之上为输料部分,多孔板下部为通风道。

2. 工作原理

空气输送槽的安装一般向下倾斜4°～8°,物料由高的一端加入多孔板上部,具有一定压力的空气也由高的一端端部从下壳体吹入。当空气由鼓风机鼓入下壳体穿过均匀的多孔板时,使

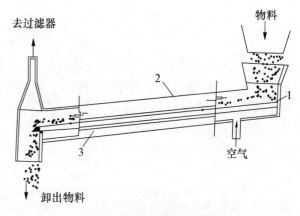

12.60　封闭型空气输送槽

1-气孔板;2-封闭送料槽;3-空气槽

处于多孔板上的物料流态化,于是,充气后的物料在重力的作用下沿斜槽向前流动,达到输送的目的。而穿过物料层的空气则通过安装在槽盖各出气口的滤布最后排放到大气中。

3. 主要零部件

空气输送槽主要部件是输送槽的槽体组合件和多孔板。

(1) 输送槽的槽体组合件

用于封闭型空气输送槽的主要槽体组合件,这些均为制造厂家的标准件。

(2) 多孔板

多孔板是空气输送槽的关键部件,多孔板的选取和良好的使用状态,是空气输送槽经济合理、安全运行的重要因素。选择多孔板时,要求开孔率高,分布均匀,透气率高;多孔板的阻力要高于物料层阻力;能够保持平滑的表面,具备足够的强度,与机壳易于牢固地安装、密封等;并具有抗湿性,微孔堵塞后易于清洗、过滤。常用的多孔板有陶瓷多孔板、水泥多孔板、多层帆布等。陶瓷、水泥多孔板是较早使用的透气层,其优点是表面平整,耐热性好。缺点是较脆,耐冲击性差,机械强度低,易破损。另外,难以保证整体透气性一致。目前用得较多的是帆布(一般为21支纱白色帆布三层缝制)等软性透气层,其优点是维护安装方便,耐用不碎,价格低廉,使用效果好。主要缺点是耐热性较差。

4. 主要参数的选择与计算

(1) 斜度

斜度是槽内物料流动的必要条件之一,它决定于物料的性能、建筑设计及设备选型经济性。斜度用斜槽纵向中心线与水平面的夹角或其正切表示,斜度小有利于工艺和建筑设计,斜度大有利于节省动力与设备投资。斜度的确定应考虑下述方面:物料的流态化特征、透气层的透气性、物料的流量等。实验表明,对于能自由流动的物料,斜度4%即足够,输送一般的粉粒状物料时,斜度可稍大些。

（2）槽体宽度

槽体宽度是决定斜槽输送能力的主要参数之一。对于给定流量的斜槽,其宽度可用式（12.18）计算

$$B = \sqrt{\frac{R_c q}{R_a \rho_B v}} \tag{12.18}$$

式中,q 为物料的流量（kg/s）；ρ_B 为物料的容积密度（kg/m³）；R_c 为未流态化的物料容积密度与流态化时物料的容积密度之比；R_a 为流动物料床的高度与斜槽宽度之比；v 为物料的平均输送速度（m/s）。

（3）输送能力

输送能力可按下式计算

$$Q = 3\,600 K A \omega \rho_B \tag{12.19}$$

式中,K 为物料流动阻力系数,$K = 0.9$；A 为槽内物料的横截面积（m²）；ω 为槽内物料流动速度。

（4）空气消耗量

$$Q = 60 q B L \tag{12.20}$$

式中,q 为单位面积耗气量；B 为斜槽宽度（m）；L 为斜槽长度（m）。

5. 特点及应用

空气输送槽没有运动部件,气源为离心通风机或罗茨鼓风机。空气输送槽结构简单,操作方便,磨损小,维修工作量少,能耗低、低噪声,密封性好,安全可靠。输送长度可达100 m,产量达到300 t/h。缺点是输送的物料种类受到限制,而且必须倾斜布置,不宜向上输送物料。

空气输送槽广泛用于各种类型的物料输送,封闭型输送可用于筒仓的进料及分配；从研磨机和斗式提升机或气力输送系统之间的物料输送；从气-固分离器、旋风分离器将物料送到工艺储仓或称重料斗,在除尘器或静电除尘器的下面输送物料。封闭型输送槽还广泛用于船舶类移动设备的卸料工具。此外这种输送槽还广泛用来从储仓或料斗中将物料卸出并送到带式输送机、气力输送系统及散状固体物料的装载运输设备上。

12.3　储存

12.3.1　储存的基础知识

在生产过程中,由于下列因素造成了物料在工序间储存的必要性。

1. 外界条件的限制

由于受矿山开采、运输以及气候季节性的影响,原料进厂总是间歇性的,因此,厂内必须储存一定量的原料,以备不时之需。

2. 设备检修和停车

为了保证连续生产,各主机设备在检修与停车时,均应考虑有满足下一工序的足够储存量。

3. 质量均化

进厂的原料或半成品往往不能保证水分、组成或化学成分的十分均匀,须在一定范围内有计划和有控制地储存,使之进一步均匀化。

4. 设备能力的平衡

一般来讲,各主机设备的加工能力、生产班制和设备利用运转率是不一致的,为保证上下工序间的匹配和平衡,必须增设各种储料设备来解决。

储料设备按被储存粉体物料的粒度可分为两大类。

第一类,用于存放粒状、块状料的堆场、堆棚(库)和吊车库。露天堆场的特点是投资省、使用灵活,但占地大,劳动条件差,污染严重。堆棚(库)和吊车库在不少方面优于堆场,它可以用吊车等专用机械卸料和取料。而大型预均化堆场对生产质量的控制更具有较大的优越性。

第二类,用于储存粉粒状料的储料容器。储料容器种类繁多,分类方法亦较多。按储料器种类相对厂房零点标高的位置,可以分地上的和地下的两种。按建筑材质不同,可将储料设备分为砖砌的、金属的、钢筋混凝土的和砖石混凝土复合的四种。按用途性质和容量大小,可分成以下三种。料库,容量最大,如钢板库容积可达 6×10^4 m³,混凝土料库有直径 37 m、高 52 m 的,也有直径为 46 m 的混凝土库,其使用周期达周或月以上,主要用于生产过程中原料、半成品或成品的储存;料仓,容量居中,使用周期以天或小时计,主要用来配合几种不同物料或调节前后工序物料平衡的;料斗,即下料斗,容量较小,用以改变料流方向和速度,使物料能顺利地进入下道工序设备内。

12.3.1.1 料仓内粉料流动特性

1. 料仓内粉料的流动形式

粉体的流动是指粉体层沿剪切面的滑动和位移。在既定条件下,决定粉体流动能力的特性,即为粉体的流动性。粉体的流动按操作条件可分为重力流动、振动流动、机械强制流动以及在流体介质中的流动等。此处仅讨论料仓内粉体的重力流动。

(1) 重力流动性

重力流动性是指粉体由于自身重力克服粉体层内力所具有的流动性质,物料从料仓中卸出就是靠的这种流动性。而有时仓内物料不能自由卸出,主要是由于粉体层内力(指内部摩擦力、黏结性和静电力等)远大于重力的缘故。这种内力往往导致仓内粉体的结拱或结管。

(2) 流动状态

人们通过在粉体容器出口的纵断面上装设玻璃,容器内层状地填充着染色粒子的方式,对重力作用下的粉体流动进行了研究。Brown 对平底容器中心部的圆孔或条形排料口的排料情况进行了研究,当用砂子等自由流动的粉体进行排料观察时,得出如图 12.61 所示的情况,D 为颗粒自由降落区;C 为颗粒垂直运动区;B 为颗粒擦过 E 区向出口中心方向缓慢滑动区;A 为颗粒擦过 B 区向出口中心方向迅速滑动区;E 为颗粒不流动区。很显然,凡是处在大于休止角的颗粒均会产生流向出口中心的运动。C 区的形状像一个小椭圆体;B、E 区的交界面也像一个椭圆体。为此,Kvapil 提出流动椭圆体的概念,图 12.62 所示的流动椭圆

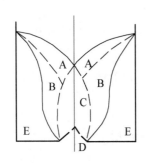

图 12.61　出料口料流状态

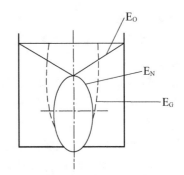

图 12.62　流动椭圆体

体 E_N 和 E_G 分别代表上述两个椭圆体。流动椭圆体 E_N 内的颗粒产生两种运动：第一运动（垂直运动）和第二运动（滚动运动）。边界椭圆体 E_G 以外的颗粒层不产生运动。另外，E_N 的顶部为流动锥体 E_O。显然，料仓出口的料流如果能形成上述椭圆体流型将是人们所期望的。

（3）料斗的流动形式

对于料斗的流动形式，通过摄像可以观察到如图 12.63 所示的流动形式。其中图 12.63（a）表示料斗锥顶角 θ 小的流型：a、b 为方向不同的滑动线，它们在比较短的时间内传播到顶部，整个料斗全部为流动区。图 12.63（b）表示锥顶角大的料斗流动形式：滑动线 a 周围的流动区是间断地形成、排出，逐渐地传播到顶部。由于粉体的流动过程迅速而且连续，因此，难以观察到滑动线，但采用 X 射线测定粉体层的密度差的技术则可观测到。图 12.63（c）表示筒仓垂直部分高而料斗锥角大的场合，即使流动十分流畅，但斗、仓交接处仍存在滞留区。流动区与滞留区的边界即为滑动线。滑动线内侧还有一流动速度极慢的准流动区。主流动区与准流动区的边界，即流动速度差，用速度特性线来表示。

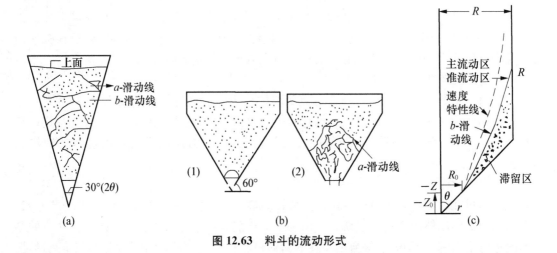

图 12.63　料斗的流动形式

（4）排料速度

粉体在重力作用下从容器底部排料口流出时，流出速度与液体明显不同，其流出速度与粉体层的高度无关，如图 12.64 所示。

粉体流出速度之所以与层高无关，是因为在孔口上部的粉体颗粒相互挤压形成的拱构造承受着来自上部的粉体压力。
这种流动中形成的料拱与后述粉
料架桥现象中的阻碍物料卸出的
静态拱不同,构成拱的颗粒不断落
下,而替代的新颗粒又不断地补充
进来形成动态平衡,因此,称其为
动态拱。仓内粉体物料从孔口的
排出速度通常由卸料口的尺寸来
控制,生产中又结合卸料设备来控
制其均匀性。除此之外,粉体孔口
流出速度还与料仓直径、料仓半顶

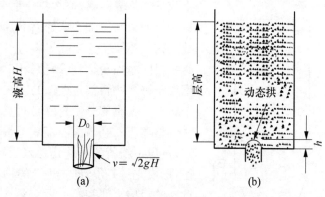

图 12.64 粉体与液体孔口流出比较

角、粉体的粒度与粒度分布、摩擦角、形状系数、填充方式等诸多影响因素有关。

众多研究者对粉体从排料口流出现象进行了研究,提出了不同的质量排料速度经验公式,这些公式一般可归纳为如下形式。

$$v = k\rho_v D_0^n \tag{12.21}$$

式中,k 为粉体物性有关的常数,ρ_v 为粉体的容积密度,D_0 为卸料口有效尺寸,n 为 2.5～3.0,大多数情况下 $n = 2.7$。

实验表明,当 $D \geqslant 1.3D_0$ 时,排料速度不再受仓筒直径 D 的影响;当卸料口截面积一定时,圆形卸料口卸料速率大于方形卸料口的卸料速率,方形的又大于半圆形的,而长方形的卸料速率则更小。

2. 料仓内粉料卸出的流动形式

(1) 漏斗流

当料仓内粉料在卸出时,只有储料仓中央部分形成料流,而其他区域的粉料流不稳定或停滞不动,其流动区域呈漏斗状,这种流动形式叫作漏斗流。如图 12.65 所示,漏斗流会引起偏析,突然涌动流出,物料松装密度 ρ_b 变化,因储存而结块,先加入的物料后流出的“先进后出”等不良后果。另外,漏斗流是料仓内局部性的流动,实际上是减少了料仓的有效容积,又易发生塌落、结拱等不稳定流动,操作控制较困难。

对于存储那些不会结块或不会变质的物料,且卸料口足够大,可防止搭桥或穿孔的许多场合,漏斗流料仓是完全可以满足储存要求的。

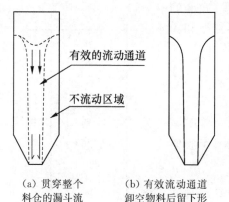

(a) 贯穿整个
料仓的漏斗流

(b) 有效流动通道
卸空物料后留下形
成的穿孔和管道

图 12.65 漏斗流

(2) 整体流

对于仓内整个粉体层,则希望能够像液体一样地均匀地全部向下流动,如图 12.66 所示,这种流动形式称为整体流,物料从出口的全面积上卸出。整体流中,流动通道与料仓壁或料斗壁是一致的,全部物料都处于运动状态,并贴着垂直部分的仓壁和收缩的料斗壁滑移。这种流动发生在带有相当陡峭而光滑的料斗筒仓内,如果料面高于料斗与圆筒转折处

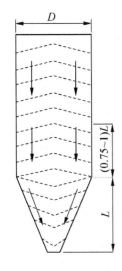

图 12.66　整体流料仓

上面某个临界距离,那么料仓垂直部分的物料就以栓流形式均匀向下运动。如果料位降到该处以下,那么通道中心处的物料将流得比仓壁处的物料更快。这个临界料位的高度还不能准确确定,但是,它显然是物料内摩擦角、料壁摩擦力和料斗斜度的函数,图 12.66 所示的高度对于许多物料都是近似的。在整体流中,流动所产生应力作用在整个料斗和垂直部分的仓壁表面上。

整体流料仓与漏斗流料仓相比,整体流料仓具有许多重要的优点,避免了粉料的不稳定流动、沟流和溢流;消除了筒仓内的不流动区,形成先进先出,即先进仓的物料先流出去,物料批次之间和不同高度上的料层之间基本上无交叉,最大限度地避免了储存期间的结块问题、变质问题或偏析问题;颗粒料的密度在卸料时是常数,这就可能用容量式供料装置来很好地控制物料,而且还改善了计量式喂料装置的功能,物料的密实程度和透气性能将是均匀的,流动的边界可预测,因此可有把握地用静态流条件进行分析。

12.3.1.2　料仓的压力

1. 料仓的压力特性

液体容器中,压力与液体的深度成正比,同一水平面上的压力相等,而且,帕斯卡原理和连通器原理成立。但是,对于粉体容器却完全不同。为此做如下假定:同一水平面的铅直压力恒定;水平压力 p_h 与铅直压力 p_v 成正比时,k 在深度方向一致;粉体的物性和填充状态均一,即内摩擦系数为常数;粉体与壁面的附着力很小,可忽略不计。

图 12.67 所示的圆筒容器,其直径为 D,被容积密度为 ρ_B 的粉体均匀填充,取深度 h 处的 $\mathrm{d}h$ 层来进行研究,设容器壁和粉体间的摩擦系数为 μ_w,当作用于这个圆片上的力处于平面时,有

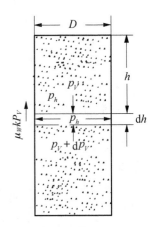

$$\frac{\pi}{4}D^2 p_v + \frac{\pi}{4}\rho_B g\,\mathrm{d}h = \frac{\pi}{4}D^2(p_v + \mathrm{d}p_v) + \pi D\mu_w k p_v \mathrm{d}h$$

$$(12.22)$$

式中,k 为比例常数,即粉体垂直应力与水平应力的比值,与粉体内摩擦角有如下关系

$$k = \frac{1-\sin\phi_i}{1+\sin\phi_i} = \tan^2\left(\frac{\pi}{4} - \frac{\phi_i}{2}\right) \qquad (10.23)$$

图 12.67　圆筒容器内的粉体压力

式 12.22 整理后得

$$(D\rho_B g - 4\mu_w k p_v)\mathrm{d}h = D\mathrm{d}p_v$$

积分之

$$\int_0^h \mathrm{d}h = \int_0^{p_v} \frac{\mathrm{d}p_v}{\rho_B g - \dfrac{4\mu_w k}{D}p_v}$$

得

$$h = \frac{D}{4\mu_{\mathrm{w}}k}\ln\!\left(\rho_B g - \frac{4\mu_{\mathrm{w}}k}{D}p_V\right) + C$$

在 $h=0$, $p_V=0$ 的边界条件下,得积分常数 $C=(D/4\mu_{\mathrm{w}}k)\ln\rho_B g$,因此在深度 h 时,得粉体铅垂压力 p_V 与高度 h 的关系式

$$h = \frac{D}{4\mu_{\mathrm{w}}k}\ln\!\left(\frac{\rho_B g}{\rho_B g - \dfrac{4\mu_{\mathrm{w}}k}{D}p_V}\right) \tag{12.24}$$

因此,可得铅垂压力 p_V 和水平压力 p_h 的表达式

$$\begin{cases} p_V = \dfrac{\rho_B g D}{4\mu_{\mathrm{w}}k}\left[1 - \exp\!\left(-\dfrac{4\mu_{\mathrm{w}}k}{D}h\right)\right] \\ p_h = k p_V \end{cases} \tag{12.25}$$

式(12.25)称为 Janssen 公式。对于棱柱形容器,设横截面积为 F,周长为 U,可以 F/U 置换式(12.25)的 $D/4$。

由式(12.25)可知,p_V 按指数曲线变化,如图 12.68 所示。当 $h\to\infty$ 时,$p_V\to p_\infty = \rho_B g D/4\mu_{\mathrm{w}}k$,即当粉体填充高度达到一定值后,$p_V$ 趋于常数值,这一现象称为粉体压力饱和现象。例如,$4\mu_{\mathrm{w}}k$ 一般为 $0.35\sim0.90$。如取 $4\mu_{\mathrm{w}}k=0.5$,$h/D=6$,则 $p_V/p_\infty = 1 - e^{-3} = 0.9502$,也就是说,当 $h=6D$ 时,粉体层的压力已达到最大压力 p_∞ 的 95%。

测定表明,大型筒仓的静压与 Janssen 理论值大致一致,但卸载时压力有显著的脉动,离筒仓下部约 1/3 高度处,壁面受到冲击、反复荷载的作用,其最大压力可达到静压的 $3\sim4$ 倍。这一动态超压现象,将使大型筒仓产生变形或破坏,设计时必须加以考虑。

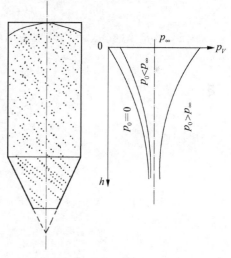

图 12.68　筒仓粉体压力分布

如果粉体层的上表面作用有外载荷 p_0,即当 $h=0$, $p=p_0$ 时,式(12.25)变成

$$p_V = p_\infty + (p_0 - p_\infty)\exp\!\left(-\frac{4\mu_{\mathrm{w}}k}{D}h\right) \tag{12.26}$$

压力仍按指数曲线变化。

2. 料斗的压力分布

倒锥形料斗的粉体压力可按 Janssen 法进行推导。如图 12.69(a)所示,以圆锥顶点为起点,取剖面线部分粉体沿铅垂方向力平衡。图 12.69(b)为 p_h 和 p_V 沿圆锥壁垂直方向的分解图。与壁面垂直方向单位面积的压力为

$$p_h\cos^2\phi + p_V\sin^2\phi = p_V(k\cos^2\phi + \sin^2\phi) \tag{12.27}$$

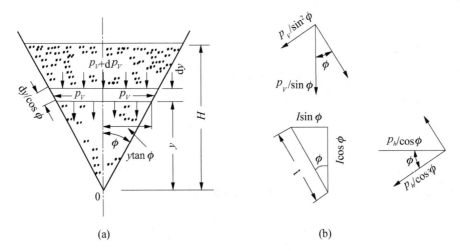

图 **12.69** 料斗压力的分析

沿壁面单位长度的摩擦力为

$$p_V(k\cos^2\phi + \sin^2\phi)\mu_W(\mathrm{d}y/\cos\phi)$$

因此，单元体部分粉体沿铅垂方向的力平衡为

$$\pi(y\tan\phi)^2\left[(p_V + \mathrm{d}p_V) + \rho_B g\,\mathrm{d}y\right] = \pi(y\tan\phi)^2 p_V$$
$$+ 2\pi y\tan\phi\left(\frac{\mathrm{d}y}{\cos\phi}\right)\mu_W(k\cos^2\phi + \sin^2\phi)p_V\cos\phi$$

变形后

$$y\tan\phi\,\mathrm{d}p_V + y\tan\phi\,\rho_B g\,\mathrm{d}y = 2\mu_W(k\cos^2\phi + \sin^2\phi)p_V\,\mathrm{d}y$$

上式两边同除以 $y\tan\phi \cdot \mathrm{d}y$ 得

$$\frac{\mathrm{d}p_V}{\mathrm{d}y} + \rho_B g = \frac{p_V}{y} \cdot \frac{2\mu_W}{\tan\phi}(k\cos^2\phi + \sin^2\phi)$$

令

$$\alpha = \frac{2\mu_W}{\tan\phi}(k\cos^2\phi + \sin^2\phi)$$

则

$$\frac{\mathrm{d}p_V}{\mathrm{d}y} = -\rho_B g + \alpha\left(\frac{p_V}{y}\right) \tag{12.28}$$

当 $y = H$ 时，$p_V = 0$，解式(12.28)可得

$$p_V = \frac{\rho_B g y}{\alpha - 1}\left[1 - \left(\frac{y}{H}\right)^{\alpha-1}\right] \tag{12.29}$$

图 12.70 为 $H=1$，$\alpha=0.5$、1、2、5 时按式 (12.29) 计算所得到的料斗压力分布图，由图可知，图中曲线都汇合于原点。α 值愈小，即摩擦系数愈小，亦即粉体的流动性愈好，当 $\alpha=0$ 时，即粉体摩擦系数为零时，粉体的压力分布与流体相同，为一直线。实际上，出口有一定大小，因此，出口处压力不可能为零。在确定出口流量时，出口压力是个重要的因素。

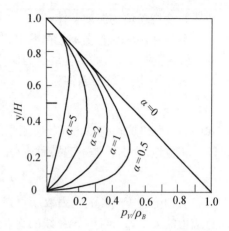

图 12.70　料斗铅直方向的粉体压力分布

12.3.2　料仓及料斗的设计

12.3.2.1　整体流料仓的设计

1. 流动因数

由 2.4 节可知，粉体自身的流动性的好坏可由 Jenike 流动函数来确定，而仓内粉体的流动性好坏，除与粉体自身有关外，还直接受料斗形状、仓壁摩擦系数等因素的影响。料仓卸料口形成结拱堵塞的主要原因是料斗中粉体的密实主应力 σ_1 较高，相应开放屈服强度 f_c 亦较高，而作用于料拱支脚的主应力 $\bar{\sigma}_1$ 较低，不足以破坏料拱时，仓内粉体不能流出，Jenike 提出用料斗流动因数 ff 来表示料斗的流动性，ff 定义为粉体密实主应力 σ_1 与料斗作用于料拱脚的最大主应力 $\bar{\sigma}_1$ 的比值，即

$$ff=\frac{\sigma_1}{\bar{\sigma}_1} \tag{12.30}$$

流动因数 ff 值越小，料斗的流动条件越好。即使对于流动性较好的物料，若在一个流动性很差的料斗中，也仍然会发生堵塞现象。对于一定的斗仓，其 ff 值是常数，且 σ_1 和 $\bar{\sigma}_1$ 与斗仓直径呈线性关系，根据应力情况理论分析则有

$$ff=(1+m)\frac{H(\theta)(1+\sin\delta)}{2\sin\theta} \tag{12.31}$$

式中，m 为料斗的形状系数，圆形料斗 $m=1$，楔形料斗 $m=0$；δ 为粉体的有效内摩擦角；$H(\theta)$ 为料斗半顶角 θ 的函数，可用式 (12.32) 近似计算。

$$H(\theta)=1+m+0.01(0.5+m)\theta \tag{12.32}$$

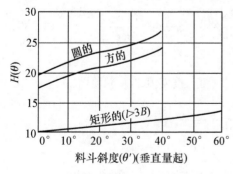

图 12.71　$H(\theta)$ 与 θ 的关系

在不同边界条件下（有效内摩擦角 δ，料斗半顶角 θ 和壁摩擦角 ϕ_w）可计算 ff 值，由式 (12.31) 可知，平面对称仓要比轴对称仓的流动条件要好。料斗设计时应尽可能使之成为 ff 值小的料斗。

对于一定的 δ 和 ϕ_w 来说，在实际中为了减少费用，斗仓的半顶角应尽可能大，这样可降低料仓的高度，料斗壁的表面光滑，则可以适当增大料斗半顶角。半顶角一经定下，这个系统的流动因数就随之确定下来。θ 角的选取可参考图 12.71。

2. 仓内粉体的流动条件

由仓内应力、强度分布规律图 12.72 可知,如果料拱支脚处的反作用应力 $\bar{\sigma}_1$ 大于拱中粉体的开放屈服强度 f_c,就不会结拱而保持顺畅地流动,反之就会形成稳定的料拱而发生堵塞。

显然,结拱的临界条件为

$$FF = ff \text{ 或 } \bar{\sigma}_1 = f_c \tag{12.33}$$

式中,f_c 为结拱时的临界开放屈服强度。

相应地,仓内粉体不起拱而流动的条件是

$$FF > ff \text{ 或 } \bar{\sigma}_1 > f_c \tag{12.34}$$

流动函数 FF 和流动因数 ff 可以表示为如图 12.73 所示。f_c 值不是常数,它取决于垂直应力的大小,f_c 与 $\bar{\sigma}_1$ 两条线的交点代表了临界值。该点可用来计算最小的料斗开口尺寸。

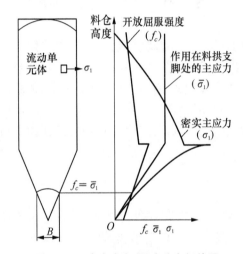

图 12.72　仓内应力、强度分布规律图

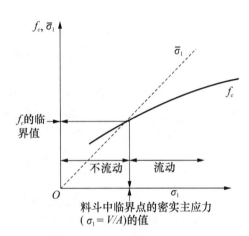

图 12.73　料斗粉体结拱判断图

上述詹尼克法原则上适用于细颗粒粉体($d_p < 0.84$ mm),因为较粗颗粒粉体在一定固结压力作用下不产生大的开放屈服强度,基本上属于自由流动,所以,不可能出现粉体固结强度引起的结拱现象。

3. 料斗最大半顶角

为使所设计的料仓具有整体流型,料斗的半顶角 θ 要足够小,也就是说要有一个合适的料斗半顶角 θ。对于圆锥料斗,保持整体流所需的最大半顶角 $\theta_{\max}$ 可用式(12.35)求出。

$$\theta_{\max} = \frac{1}{2}(180 - \phi_w) - \frac{1}{2}\left[\arccos\left(\frac{1 - \sin\delta}{2\sin\delta}\right) + \arcsin\frac{\sin\phi_w}{\sin\delta}\right] \tag{12.35}$$

式中,δ 为有效内摩擦角(°);ϕ_w 为壁摩擦角(°)。

设计矩形料仓,对于楔形料斗,可由经验公式(12.36)确定整体流最大半顶角。

$$\theta_{\max} = \frac{e^{3.75} \times 1.01(0.1\delta - 3) - \phi_w}{0.725(\tan\delta)^{1/5}} \tag{12.36}$$

式中符号意义同式(12.35),$\phi_w < \delta - 3$。

形成整体流的必要条件是料斗半顶角 θ 要小于 $\theta_{\max}$。为保证料仓中的物料能正常形成整体流,实际设计时,将计算得出的最大半顶角值减去 3°,作为整体流料斗半顶角。

4. 料仓最小卸料口径

为使粉体物料能沿斗壁流动,整体流料仓的设计除料斗半顶角必须足够小外,还应有足够大开口,以防止形成料拱;另外,任何卸料装置都必须在全开的卸料口上均匀卸料,如果供料机或连续溜槽使颗粒的流动偏向于出料口的一侧,那么就会破坏整体流的模式,而形成漏斗流。

根据料仓内形成整体流动的条件,若以 $f_{c\,crit}$ 表示结拱时的临界开放屈服强度,料仓最小卸料口径可由式(12.37)求出。

$$D_c = \frac{H(\theta)f_{c\,crit}}{\rho_B} \qquad (12.37)$$

式中,$H(\theta)$ 同式(10.32);ρ_B 为容积密度。对于平均粒径较大($>3\,000\ \mu m$)的颗粒,卸料口尺寸 $B > 6d_p$(d_p 为颗粒平均粒径)。

5. 设计步骤

(1) 对粉体做剪切测定,在 $\sigma - \tau$ 坐标上画出屈服轨迹,求得有效内摩擦角 δ,开放屈服强度 f_c 和壁摩擦角 ϕ_w。

(2) 由 δ 和 ϕ_w 值在 $H(\theta)$ 和 θ 关系图中选择料仓半顶角 θ 值,并由此确定料斗的流动因数 ff。

(3) 从相应的摩尔圆上确定 $f_{c\,crit}$ 及 σ_1 值,计算出流动函数 FF,在 $f_c - \sigma_1$ 坐标图上画出 ff 和 FF 曲线,ff 和 FF 的交点即为临界开放屈服强度。

(4) 由 $f_{c\,crit}$ 和 $H(\theta)$ 算得最小卸料口径 D_c。

12.3.2.2　料仓形式的确定

一般垂直料仓是由横断面一定的筒形上部和料斗组成,最常用的横断面形状有方形、矩形和圆形。在卸料方式上有中心卸料、侧面卸料、角部卸料和条形卸料。对于料仓形状的设计应以被处理物料的流动性为基础,例如,在料斗方面,除通常的形状外,有复式卸料口、双曲线卸料口等,都是为了卸料的通畅,研究表明,料仓的横断面形状对生产率没有影响。

料斗的设计对于料仓功能的好坏是非常重要的,料斗改变了料仓中物料的流动方向,同时料斗构造和形式决定了物料流向卸料口方向的收缩能力,图 12.74 为几种常见料斗的形状,通常的形状是与圆形料仓结合使用的圆锥形料斗,加大卸料口的尺寸、采用小半顶角及偏心料斗均不易产生结拱,有利于物料的流动。在图 12.74 中,附着性粉体的排出容易程度顺序由易到难为 (c) > (b) > (a) > (d) > (e)。

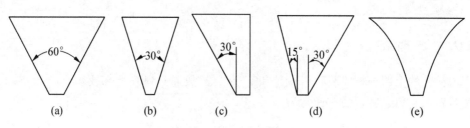

图 12.74　料斗的形式

关于料斗的高度与生产率的研究表明,当物料高度超过料仓直径的 4 倍时,单位时间的排料量是常数,生产率发生的小变化是由于储存物料的密度波动造成的,当料面低时,生产率的变化就很明显,另外料斗倾斜度越陡生产率越高。

料斗的仓壁倾斜度对料仓内物料的流动类型有很大影响,一般来说,料斗仓壁的斜度至少要等于储存物料的休止角或大于休止角,在理论上料斗的最小倾斜度应当与物料和仓壁的摩擦角相等,但这仅仅能够保证卸空,并不一定能形成适合于整体流动的条件。

12.3.2.3 料仓容积设计

1. 料仓的一般设计程序

设计时,一般所要考虑的内容有:占地条件,包括形状和大小,地耐力如何;物料性质,如真密度、松装密度、休止角、内摩擦角、壁摩擦角和含水率等;使用条件,包括总容量和卸料量;规范法规,建筑规范和施工条件、建筑标准、消防规定等。

在掌握上述情况后,需要确定以下问题:单个料仓或多个料仓的组合、每个料仓的容量、料仓的形状、料仓的材料,最后确定高度的上限,从而决定料仓的高度和直径。

作为料仓的设计目标,一要确保安全,二要能够通畅排料,三要做到经济合理。从单位容量的投资来看,容量越大越省钱,但又不能盲目追求大料仓,以致料仓不能经常处于满仓的状态而造成浪费;所以,应根据储存物料的种类来比较单位处理量的投资最佳的效率的储仓容量,最好能给出容量与直径、高度、仓壁厚度的关系图,选择最佳点。

2. 料仓容积设计

物料输入料仓时的进料位置一定,由于物料在仓内堆积形成休止角(图 12.75),因此物料堆积的有效容量总是小于料仓的总容积,产生损失容量。

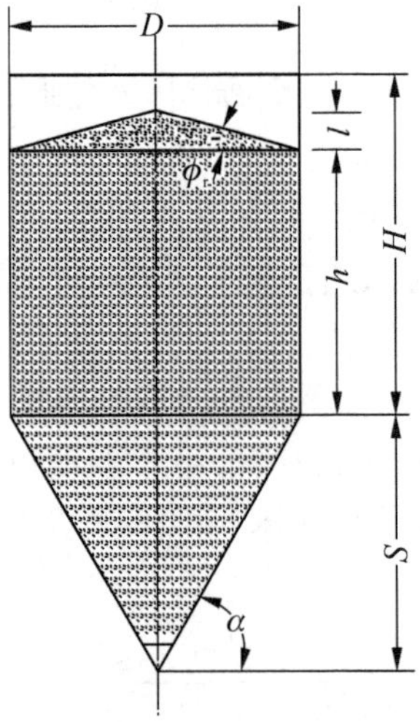

图 12.75 料仓的容积

(1) 容积

圆筒形料仓如图 12.75,设物料的容积密度为 ρ_v,储存的物料总容积可由式(12.36)求得。

$$V_S = \frac{\pi}{4}D^2h + \frac{\pi}{12}D^2S + \frac{\pi}{12}D^2l$$
$$= \frac{\pi}{4}D^2\left(h + \frac{D}{6}\tan\alpha + \frac{D}{6}\tan\phi_r\right) \quad (12.38)$$

式中,α 为圆锥形侧角;ϕ_r 为物料的休止角。

物料质量 m_s 为 $\qquad m_s = \rho_v V_S \qquad (12.39)$

料仓的容积为

$$V_L = \frac{\pi}{4}D^2H + \frac{\pi}{12}D^2S = \frac{\pi}{4}D^2\left(H + \frac{D}{6}\tan\alpha\right)$$
$$(12.40)$$

因为料仓的上部一般要装有料粒计和安全阀等,故通常料仓上部要留有一定空间,所以储存物料容积与料仓容积的比通常为

$$V_S/V_L = 0.85 \sim 0.95 \quad (12.41)$$

（2）直径与高度的关系

料仓的形状首先要满足使用条件，在此基础上要尽可能经济地确定直径与高度的关系和比例。

一般料仓[图 12.76(a)]，设料仓壁面的基建费为 1，上顶为 i，下底为 j，则整个基建费 E 可用式(12.42)表示。

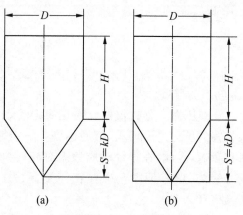

图 12.76　料仓各部位尺寸

$$E = \pi DH + \frac{\pi}{4}D^2 i + \frac{\pi}{4}Dj\sqrt{D^2 + 4S^2} \tag{12.42}$$

将式(12.40)代入式(12.42)，消去 H，并设 $S = kD$，则

$$E = 4\frac{V_L}{D} - \frac{\pi}{3}kD^2 + \frac{\pi}{4}D^2 i + \frac{\pi}{4}D^2 j\sqrt{1 + 4k^2} \tag{12.43}$$

把式(12.43)对 D 微分，变换得

$$H = D\left(\frac{i + j\sqrt{1 + 4k^2} - 2k}{2}\right) \tag{12.44}$$

式(12.44)就是最经济的料仓直径 D 和侧壁高 H 的关系，当 $i=1$、$k=1$ 时

$$H = 0.62D \tag{12.45}$$

$$H + S = 1.62D \tag{12.46}$$

有下裙的料仓[图 12.76(b)]，计算方法同上，在同样条件时有

$$H = 2.62D \tag{12.47}$$

$$H + S = 3.62D \tag{12.48}$$

圆形平底料仓同上条件时

$$H = D \tag{12.49}$$

实际上，料仓的形状确定要综合考虑以下因素，如物料入库的方式及所要空间，粉体的壁摩擦角、卸料方式、占地限制、地基强度、地震风压及与其他设备的关系。

12.3.2.4　卸料装置的荷载

料仓的卸料装置（相对于下一道工序是给料或供料装置），是料仓系统不可分割的组成部分，料仓和卸料装置这两部分不论哪一部分设计不当，都将影响整个系统功能的完成。卸料装置的种类很多，有皮带机、分格轮、圆盘给料机、震动给料机等。

目前，料仓荷载还没有一定的计算方法，从众多的实验工作可知，实验的压力数值往往高于理论计算数值，这可能是由于卸料装置的振动使得物料进一步密实的结果，用仓壁压力方程式[式(12.50)]计算出的卸料装置与实测的压力较一致。可采用仓壁压力方程式来计算带式卸料装置的荷载。

$$\sigma' = C\gamma B \tag{12.50}$$

式中，σ' 为仓壁压力；B 为卸料口的宽度；C 为取决于料斗几何形状和物料性质的一个因数；γ 为物料的容重。

仓壁压力方程式仅仅反映在稳定流动条件下的卸料装置的荷载。在料仓进料时，卸料装置的压力急剧增大，然后达到某一定值，且进料点的冲击位置和进料速度对装料压力都有影响，因此，在设计时应考虑对卸料机静力荷载加一系数，可估计为稳定流动时卸料压力的 2～4 倍；但料仓中存在一定高度的物料再进料时，则装料压力仅为卸料压力的 10%～20%。

为了减轻卸料口上方的物料压力和进料时的冲击压力，可采取如下措施：一是使卸料机的安装与卸料口错开一定的位置；二是在料斗与卸料装置之间使用溜子连接；三是尽可能减小卸料口的面积，但要注意的是卸料口面积的减小会影响物料在仓内的流动类型，因此要以物料的特性为依据。

经验数据认为，当卸料口的宽度小于 1 m 时，可把卸料口上方 1 m 左右高度的物料静压当作卸料机荷载来考虑。

12.3.2.5 料仓的动压力

整体流料仓在装料时的物料压力是活跃的，称为主动状态，因为物料在不断增长的荷载下发生收缩，主要压力线几乎是垂直的[图 12.77(a)]。而卸料时呈现出的压力是消极的，称为被动状态，这时料仓中物料在垂直方向发生膨胀，主要压力线几乎是水平的，且水平压力大于铅直正压力，在卸料口附近呈现拱形[图 12.77(b)]。当卸料流动刚开始时，在料斗与上部直筒部分的接合处则发生压力状态转变[图 12.77(c)]，此处可出现压力峰值，有超大压力出现，这是由图示中黑色部分体积引起，这里处于压力主动状态与被动状态的过渡区，转换应力值可达主动状态应力值的几十倍。

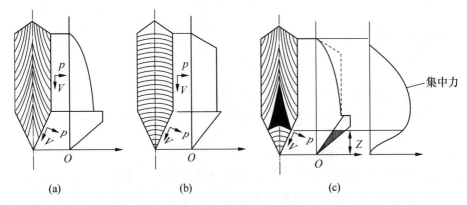

图 12.77 料仓的应力状态

漏斗流动的料仓中也有类似情况发生，但压力峰值将通过静止的物料分布到一个较宽的仓壁上，仓料中心流动状态接近于主动状态，接近外侧仓壁的部分则呈现速度慢而复杂的运动，接近于被动状态，当料仓内物料开始流动排料时，过大的压力作用在仓壁上可造成料仓结构的破坏,甚至产生某些二次事故。所以一些国家已经对 Janssen 公式[式(12.25)]乘以安全系数后再使用,即便如此有时还会发生事故,故要对这种动压产生的过大压力给予足够的重视,虽有一些理论研究,但还没形成一定的说法。根据对整体流料仓的实测,也证明在料仓圆筒部与圆锥部的连接处有最大壁压。在漏斗流料仓方面,理论认为最大壁压通过物料死区而作用在仓壁上,这点也与实验相符。

12.3.3 料仓的故障及防止措施

12.3.3.1 粉体的偏析及防止措施

粉体颗粒在运动、成堆或从料仓中卸料时,由于粒径、颗粒密度、颗粒形状、表面性状等差异,常常生产物料的分级效应和分离效应,使粉体层的组成呈不均质的现象称为偏析。偏析现象在粒度分布范围宽的自由流动颗粒粉体物料中经常发生,但在粒度小于 $70~\mu m$ 的粉料中却很少见到。黏性粉料在处理中一般不会偏析,但包含黏性和非黏性两种成分的粉料可能发生偏析。偏析会造成物料粒度和成分的变化,从而引起物料质量的变化,可能会给下道工序带来麻烦,严重的会造成产品质量波动和下降。

1. 粉体偏析的机理

根据偏析机理,可将粒度偏析分为三种。

(1) 附着偏析

粉体进入料仓时,由于一定的落差,在重力沉降过程中,粗粒与细粒就会分开。细料附着在仓壁上,当受到外力振动时,该附着料层剥落下来,致使料仓卸料时粒度分布发生前后波动变化。对粒度在几微米以下的粉料,其沉降速度与布朗运动速度相等,或者对静电感应较强的微粉来说,附着粉料的作用更严重。

(2) 填充偏析(渗流偏析)

粉体在仓内以休止角堆积,由堆积锥面上方加入粉体时,粉体沿静止粉体层上的斜面产生重力流动,倘若加料速度较慢,则这一流动是时断时续地进行的。慢慢堆积时,以静态休止角 ϕ_{rs} 为条件保持平衡。一旦产生流动时,平衡破坏,粉体流动将要从 ϕ_{rs} 进行到动态休止角 ϕ_{rd} 时方可停止,达到新的平衡。由于静止粉体层之上的表面流动粉体层颗粒间有空隙,且处于运动状态,因此,粉体中的细粒将透过大颗粒间隙到达静止粉体层中。这一现象称为粉体颗粒间的渗流。这时,流动粉体层类似筛网一样具有筛分作用。由粉体的落料点开始,沿流动方向的长度设为 L,则沿 L 长度上的粒度变化与套筛中的情形相似。此时,细粒直径大约是粗粒直径的 $1/10$ 以下。如果加料速度大于渗流过程中的颗粒流动速度,则填充偏析作用会显著减弱。

(3) 滚落偏析

一般来说,粗颗粒的滚动摩擦系数小于细颗粒。因此,粗颗粒沿静止粉体层表面的滚落速度大于细颗粒,由此形成粒度偏析。

2. 防止偏析的措施

(1) 均匀投料法

在料仓上方尽可能设多个投料点,避免单一投料口,这样可将一个料堆分成多个小料堆,使所有各种粒度的各种组分(密度不同)能够均匀地分布在料仓的中部和边缘区域。并要保持一定的料位,料仓不能排料排得太空。

投料速度越快,越有利于避免偏析,所以要尽可能缩短投料流经。

(2) 料仓的构造

整体流料仓有利于消除偏析。料仓构造可采用以下方法:① 细高料仓法,即在相同料仓容积条件下,采用直径较小而高度较大的料仓,有利于减轻堆积分料的程度。② 在料仓中采用垂直挡板将直径较大的料仓分隔成若干个小料仓,构成若干个细高料仓的组合形式。③ 在料仓中设置中央孔管,即使落料点固定不变,但由于管壁上不规则地开有若干个窗孔,粉料由不同的窗孔进入料仓不同的位置,实际上就是在不断地改变落料点,收到多点装料的效果。④ 采用侧孔卸料,粉料从料仓侧面的垂直孔内卸出,可获得比较均一的料流。也可采用在卸料口加设改流体以改变流型的方法,减轻漏斗流对偏析的强化作用。

(3) 物料改性

把物料破碎到尽可能均匀的粒度或粉磨到尽可能细,都能有效消除偏析。当物料以湿态储存且不影响其性质时,可以通过团聚现象消除粒度偏析。

12.3.3.2 粉体静态拱及防止措施

料仓内的物料,由于粉体附着力和摩擦力的作用,在某一料层可以产生向上的支持力,当与上方物料向下的压力达到平衡时,在这一料层下方便成为静平衡,造成料仓内的粉料不能正常卸出,导致不能正常卸出的原因常常是粉体在仓内结成静态拱,静态拱的类型因其形成原因一般有如下四种(图 12.78)。

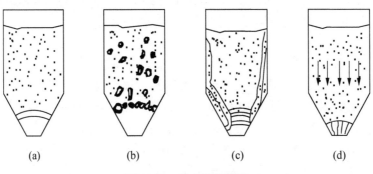

图 12.78　静态拱的类型

(1) 压缩拱

粉体因受料仓压力的作用,使固结强度增加而导致结拱。

(2) 楔形拱

块状物料因形状不规则相互啮合达到力平衡,在孔口形成架桥。

(3) 黏结黏附拱

黏结性强的粉料因含水分,吸潮或静电吸附作用而增强粉料与仓壁的黏附力所致。

(4) 气压平衡拱

若料仓卸料装置气密性较差,导致大量空气从底部漏入仓内,则当料层上下气体压力达到平衡时就会形成料拱。生产中常见的旋风筒因下料管不能形成良好的料封作用而导致旋风筒堵塞亦属气压平衡拱。

防止结拱的措施(又称助流活化措施)主要有以下途径：改善料仓(斗)的几何形状及其尺寸,如加大卸料口、采用偏心卸料口、减小料仓料斗的顶角等;降低料仓内粉体压力;使仓壁光滑,减小料仓壁摩擦阻力;采用助流装置。如空气炮清堵器、仓壁振打器、振动漏斗和仓内搅拌器等。

静态拱的防止措施及效果见表 12.17。除此之外,还应降低物料的水分,以改善粉体的流动性。

表 12.17　防止料仓结拱的措施及其效果

防拱措施		拱 的 类 型				
		压缩拱	楔形拱	黏结黏附拱	静电黏附拱	气压平衡拱
改善料斗几何形状	卸料口大斗顶角小	A	A	C	C	B
	非对称性料斗(偏心卸料口)	C	A	B	D	A
降低粉体压力	减小料仓垂直间隔	A	B	C	C	B
	采用改流体	A	B	C	D	B
减小仓壁摩擦阻力	振动	B	D	C	C	C
	锤链	C	B	B	B	B
	充气	B	C	C	C	C
	改善仓壁材料	A	C	D	D	D
	排气	D	D	D	D	A
	防潮	D	D	A	D	D
	消除静电	D	D	D	A	D

注：效果程度的顺序为 A＞B＞C＞D,D——无效。

12.4　工程案例

案例 1　带式输送机受料系统改造

1. 概述

某码头的 708 系统是散货装卸带式输送机系统,22♯带式输送机是 708 系统出场设备的一部分,输送来自 15♯、21♯带式输送机的物料。经过多年的使用,在实际工作中发现,物料在 22♯带式输送机受料系统的导料槽处走料不畅,容易积料、洒料,影响输送效率,增加人工成本。带式输送机输送带存在跑偏现象,输送带易磨损,影响了带式输送机的输送效率,降低了输送带的使用寿命,增大了维修成本。

通过现场观察及技术交流发现,22♯带式输送机主要存在如下问题。

(1)带式输送机整体水平度、直线度存在偏差,导致带式输送机输送带运转时跑偏。

(2)带式输送机受料系统的导料槽、溜槽结构设计不合理,导致物料在导料槽处走料不畅,容易积料、洒料。

2.改造方案

(1)带式输送机整体水平度、直线度调校

影响带式输送机跑偏的一个重要因素是传动滚筒的安装。22♯带式输送机整机有6个滚筒,其中驱动滚筒1个,改向滚筒5个。在使用过程中,由于滚筒支座锈蚀、滚筒磨损等因素,需对滚筒及支座进行局部更换修理,结果造成带式输送机整机传动滚筒安装位置未能全部垂直于带式输送机长度方向的中心线。若偏斜过大,必然造成带式输送机跑偏。因此,须对带式输送机整机水平度、直线度进行校验、调整。

通过测绘仪器测绘,各传动滚筒安装位置均垂直于带式输送机长度方向的中心线,传动滚筒的安装位置不存在问题。由于走料不畅及洒料,22♯带式输送机尾部改向滚筒磨损严重,滚筒表面局部粘有物料,引起输送带两侧张紧力不均匀,造成输送带跑偏。因此,对该带式输送机尾部磨损的改向滚筒进行拆除,重新更换安装同型号的改向滚筒。

(2)带式输送机机架及托辊组直线度、水平度调整

影响带式输送机跑偏的另一个重要因素就是带式输送机托辊组安装位置不合适,若托辊组的安装位置与带式输送机中心线的垂直度有偏差,同样会造成输送带跑偏。因此,对带式输送机机架及托辊组进行水平度、直线度的校验、检查和调整。通过检查发现,22♯带式输送机机架整体水平度、直线度不存在问题,但带式输送机机架在爬坡拐角处未做凸弧处理,带式输送机输送带在爬坡拐角处磨损严重。于是在带式输送机爬坡拐角处两侧分别拆除2组上托辊组,对带式输送机爬坡拐角处机架进行局部修整,加大带式输送机在拐角处的凸弧,重新安装过渡托辊组,分别安装过渡托辊组10°1组(DTⅡ05C0434)、过渡托辊组20°2组(DTⅡ05C0534)、过渡托辊组30°2组(DTⅡ05C0634)。通过对带式输送机拐角处凸弧的处理来减少带式输送机的磨损问题。

(3)带式输送机受料系统导料槽改造

根据现场安装位置,适当增加导料槽的高度和长度,可以增强导料槽的通货能力。这样,在保持导料槽宽度不变的情况下,可解决物料在带式输送机尾部导料槽处走料不畅和积料、洒料的问题。

(4)带式输送机受料系统溜槽改造

造成22♯带式输送机尾部导料槽处积料的另一个因素,来自15♯、21♯带式输送机物料相互之间的冲击。15♯、21♯带式输送机通过2个竖直的溜槽,将物料输送到22♯带式输送机上,由于22♯带式输送机尾部是爬坡输送带,15♯、21♯带式输送机在22♯带式输送机上的落料点相距太近,来自21♯带式输送机的物料有下滑的惯性,对15♯带式输送机的来料造成冲击,当15♯、21♯带式输送机来料较多、物料黏度较大时,物料在带式输送机尾部导料槽处积料、洒料。

为了解决上述问题,决定适当增加15♯、21♯带式输送机物料落料点之间的缓冲距离。根据现场物料的物理特性以及工作经验,在不影响溜槽下料性能的前提下,对22♯带式输送机受料系统的溜槽进行改造,其中一个溜槽(与15♯带式输送机连接)保持不变;另一个溜槽

（与 21♯ 带式输送机连接）从与漏斗连接的法兰盘处拆除，并重新设计、改造、加工并安装。新溜槽上端通过法兰与原漏斗连接，下端向带式输送机头部倾斜，倾斜角度为 30°（溜槽与竖直方向的夹角为 30°）。溜槽本体由厚度为 8 mm 的普通钢板焊接而成，溜槽内部受料面耐磨板采用厚度为 10 mm 的不锈钢板，通过焊接固定在溜槽本体上。这样，通过对带式输送机尾部溜槽的改造，使物料不完全自由落体，增加来料缓冲距离，来解决带式输送机尾部堵料的现象。

3. 结语

对 22♯ 带式输送机进行跟踪检查，改造后的带式输送机未发现跑偏现象，输送带运转正常。物料在倒料槽处走料顺畅，不堵料、不洒料，降低了扬尘污染，解放了劳动力，节约了维修成本。

案例 2　粉料储料仓卸料装置优化

1. 概述

在陶瓷墙地砖工厂的粉料制备过程中，都采用压力式喷雾干燥设备为自动液压压砖机提供质量优良的粉料，而粉料的储备都广泛设置储料仓。储料仓已成为现代原料车间必不可少的设备，是陶瓷墙地砖厂生产工艺过程中一个相当重要的环节。随着我国陶瓷工业的发展，它的功能和作用将日益重要。这主要表现在储料仓及与其关联的加料、卸料和控制设备，可以消除生产中各环节之间的不平衡，排除因设备检修而造成的生产间断和因生产管理、工作班制的轮换所造成的干扰，保证生产过程的连续性，实现生产流程的自动控制和集中管理。

2. 料仓系统现状

某新型建材实业有限公司 1993 年引进意大利 SITI 公司玻化砖全套生产设备及技术，按设计配套要求，经喷雾干燥机后的干粉储存，要求配备 8 个不锈钢料仓。每个料仓容量为 60 m³，但考虑到投资成本，改用 8 mm 厚钢板制作，内壁喷涂防锈防粘涂料。料仓直径为 2.5 m，料仓总高度为 13 m，每个料仓可用于储存一种不同颜色的粉料。顶部利用双向运动型的槽形皮带输送机将制备好的粉料送入料仓，每个料仓卸料口安装一台带称量功能的电子皮带装置提取粉料，用于"色料"和"基料"的混合配料。

另外，从储料仓经电子皮带秤提取的各种色料和基料经配料系统混合后，由槽形皮带输送机再将混合后的粉料送入自动压砖机前的小型储料仓，临时存放待压成形砖坯。压型工段前的储料仓，每个容量为 25 m³，按原设计要求，需要厂房高度为 14 m，宽度为 18 m，但考虑到前期投资，这部分厂房工程跨度大，除满足这 4 个料仓外，其余设备高度较低，经过论证，在满足工艺要求的前提下，降低造价，决定改变原料仓设计高度，由原来 12 m 降低到 10 m，直径由 2 m 增加到 2.5 m。

3. 粉料颗粒状态

在该厂陶瓷墙地砖生产中，物料一般经过粉碎、湿法研磨制备成浆料，再经喷雾干燥后而成粉料，其粒径范围较宽，为 40～600 μm，且大多数的粒径集中在 200～400 μm，即占 60%～70%，粉料经一定时间陈腐后，其含水率一般为 3%～8%。

生产中的粉料虽大多是颗粒状物料，多数情况下颗粒既不圆滑，也非球形，而呈不规则形状，在尺寸大小及形状各方面都有很大差别，这些粉粒状物料形状仍然不规则，物性参数不均齐,而且种类不同,原材料的变化和产品品种要求的颗粒级配不同,其各种性质也不同,而这些性质又与颗粒流体相对运动及其相应的有关生产过程有密切关系。

颗粒形状、粒度分布,尤其是粒群堆放状态对粉料料层阻力以及运动过程中影响能量损耗的摩擦阻力等有密切联系,同时仓壁对颗粒的摩擦阻力也存在着不同程度的影响,而颗粒度变小,黏附性、吸水性增大,使摩擦角增大。由于粉料含有一定的水分及其内部摩擦力,以及黏结性和静电力的存在,物料在料仓中结拱和结管,影响了物料的卸出和配料的稳定性,有时生产被迫中断。

4. 料仓的结构

为实现既能储备物料又能将物料顺利卸出的目的,料仓一般设计成组合式的上下两部分。上部主要是考虑存放物料,故设计成圆柱体,其截面大小及高度依所需储存的物料量而定;其下部主要考虑将物料顺利卸出和称量,由于它受卸料口大小、物料流动性(即物料休止角)及物料与仓壁的摩擦角的影响,设计为截头圆锥。

料仓底部与倾斜壁的夹角 θ 和物料的休止角及物料与仓壁的摩擦角有关。它至少要等于物料的休止角,必须大于物料和仓壁的摩擦角。否则,物料就不能全部从料仓中卸出。但这对于从料仓中全部卸出物料的条件还是不够,更重要的是两个相邻倾斜壁之间的夹角大小,因为这个角的沟谷中最易滞留物料。一般料仓的 θ 角要比摩擦角大 $5°\sim10°$。因而必须增加料仓下部的设计高度,同时为了解决物料在料仓中结拱、结管、料流不匀,曾采用的方法有:(1) 在料仓设置改流体;(2) 设置仓壁振动器;(3) 在仓壁设置气动助流装置,等等。采用上述方法,虽然能在某种程度上改变了物料的流动性和卸料情况,减少了结拱、结管现象的发生,但需要增大建筑物的高度,提高了造价,其安装、维修工作量大,作用范围小,不能有效地消除结拱、结管和合理地解决卸料问题。

5. 振动活化器在料仓上的设计应用

(1) 工作原理

振动电机竖向安装在料斗上,电机启动,安装在电机上的偏心块作离心运动,使料斗在水平方向产生振动,此振动又通过料斗传给活化器,活化器的运动消除了料仓内部物料的结拱、结管、芯流、偏析等现象,使粉料像流水一样连续不断地从出料口排出。电机停转,料流停止。

(2) 振动活化器结构设计

振动活化器主要由旋转振动器、钢料斗和活化体三部分组成。

振动活化器结构设计原则如下。

① 根据料仓容量和所需的卸料速度来确定激振力大小,由此选定旋转振动器功率。

② 钢料斗上口尺寸依料仓的下口尺寸而定,如需降低料仓下部锥体的高度,可将尺寸扩大些。钢料斗下口尺寸依所需要的卸料速度而设计。

③ 活化体形状可设计为球面形、圆锥形、角锥形、圆柱形等,依物料种类和性质而定。

④ 活化体的大小及活化体与钢料斗倾壁之间的空隙间距依物料粒度和所需的卸料速度而定。

(3) 振动活化器在料仓上的应用

为了使振动活化器产生的振动力只传给物料,不影响其他结构,因而在设计上将振动活化器用吸振器悬吊在料仓上,上口与料仓出料口之间、下口与下部的接料设备之间的连接,均用韧性袖筒连接。

6. 结语

对储料仓的卸料重新设计改造后,经过两年来的使用,故障率低,对该公司提升产品质量,尤其是对陶瓷墙地砖产品色差,减少烧成后产品的色号及次品,提高产品的等级率等起到了很好的效果。振动活化器是利用其激振力使物料下流,其钢料斗的上口尺寸和下口尺寸的变化灵活性大,不受物料休止角及物料与料斗壁的摩擦角的影响,将其应用在料仓上,可大大降低料仓的高度,减少造价,同时解决料流不畅,物料结拱,卸料偏析等问题,从而实现配料、运料的连续性,保证正常生产,减轻工人的劳动强度,提高了劳动生产率。

思考题

1. 粉体输送设备有哪几种? 各用在什么场合?
2. 胶带输送机构造有哪些? 各部件的作用是什么?
3. 倾斜输送物料时如何考虑皮带输送机的倾角? 皮带输送机有哪几种布置形式?
4. 斗式提升机由哪几个部分组成? 常用的料斗结构形式有哪几种?
5. 简述链板输送机工作原理及应用特点。
6. 比较 D 型、HL 型、PL 型的特点及适用性。
7. 简述粉状物料气力输送的形式及特点。胶带输送机由几个主要部分组成? 叙述其工作过程。
8. 斗式提升机有哪几种装卸料方法? 各有何特点?
9. 什么是斗式提升机的极点和极距? 极点的位置与卸料方法有何关系?
10. 叙述螺旋输送机的构造及送料过程。
11. 螺旋叶片的型式有哪几种? 各有何特点?
12. 如何判断螺旋旋向及驱动装置的左装和右装?
13. 简述给料器设置要求和给料器的选型依据。
14. 常用给料控制计量的设备有哪些?
15. 简述调速式定量秤的组成和工作原理。
16. 简述核子秤的工作原理及应用注意事项。
17. 何谓重力流动性?
18. 何谓漏斗流、整体流? 两者各有什么特点?
19. 什么是粉体压力饱和现象?
20. 何谓流动函数和料斗流动因数? 仓内料体临界流动条件是什么?
21. 简述粉体的偏析机理,防止偏析的措施有哪些。
22. 仓内粉体结拱的类型有哪几种? 引起结拱的各自原因是什么?
23. 托辊的作用是什么? 分哪几种类型?
24. 溜槽的设计受哪些因素影响?
25. 料仓中结拱和结管现象是如何产生的?
26. 料仓在设计时需考虑哪些因素?

参 考 文 献

[1] 陶珍东,郑少华.粉体工程与设备[M].北京:化学工业出版社,2003.

[2] 谢洪勇.粉体力学与工程[M].北京:化学工业出版社,2003.

[3] 卢寿慈.粉体加工技术[M].北京:中国轻工业出版社,1999.

[4] 程传煊.表面物理化学[M].北京:科学技术文献出版社,1995.

[5] 顾惕人,朱涉瑶,李外郎,等.表面化学[M].北京:科学出版社,1994.

[6] 毋伟,陈建峰,卢寿慈.超细粉体表面修饰[M].北京:化学工业出版社,2004.

[7] 李凤生,等.超细粉体技术[M].北京:国防工业出版社,2000.

[8] 盖国胜.超微粉体技术[M].北京:化学工业出版社,2004.

[9] 陆厚根.粉体技术导论[M].2版.上海:同济大学出版社,1998.

[10] 张荣善.散料输送与贮存[M].北京:化学工业出版社,1994.

[11] 肖旭霖.食品加工机械与设备[M].北京:中国轻工业出版社,2000.

[12] 陆厚根,张庆红,梅芳.$CaCO_3$粉体分散性的研究[J].上海化工,1996,21(4):15-18.

[13] 王广阔,杨英贤.不同超声频率与温度对纳米ZnO颗粒分散性能的影响[J].纺织科技进展,2005,(2):24-26.

[14] 方景光.粉磨工艺及设备[M].武汉:武汉理工大学出版社,2002.

[15] 卢寿慈,翁达.界画分选原理及应用[M].北京:冶金工业出版社,1992.

[16] 张庆今.硅酸盐工业机械及设备[M].广州:华南理工大学出版社,1992.

[17] 乔龄山.水泥的最佳颗粒分布及其评价方法[J].水泥,2001(8):1-5.

[18] 伍作鹏,吴丽琼.粉尘爆炸的特性与预防措施[J].消防科学与技术,1994(4):5-9+40.

[19] 张自强,邵傅.产生粉尘爆炸的条件及其预防措施[J].四川有色金属,1995(4):38-41.

[20] 赵敏,卢亚平,潘英民.粉碎理论与粉碎设备发展评述[J].矿冶,2001,10(2):36-41.

[21] 齐宗一.粉体技术的理论与发展[J].国外金属矿选矿,1999(5):2-7.

[22] 江山,方湄,殷秋生,等.颗粒粉碎能耗与粒度的关系[J].北京科技大学学报,1996,18(2):112-116.

[23] 王树棠.粉碎[J].陶瓷工程,1995,29(3):19-24.

[24] 戴少生,王旦容.复摆型颚式破碎机的功率计算(一)[J].水泥工程,2001(5):20-22+52.

[25] 郝保红,毛钜凡,郑水林,等.粉石英超细粉碎过程中的"逆粉碎"现象[J].武汉工业大

学学报,1998,20(1)：70－74.

[26] 朱美玲,颜景平,刘志宏.机械法制备超细粉机理和能耗的理论研究[J].东南大学学报,1994,24(4)：1－7.

[27] 蒋建平,周晓华.一种新型超细粉磨设备 AC 型循环式湿法行星磨简介[J].江苏陶瓷,1994(4)：6－11.

[28] 曹金华,张志胜,张超,等.磨机中物料分布的分界面研究[J].电子工业专用设备,1999,28(4)：12－15＋31.

[29] 曾凡,胡永明.矿物加工颗粒学[M].徐州：中国矿业大学出版社,1995.

[30] 盖国胜,马正先.超细粉碎分级技术[M].北京：中国轻工业出版社,2000.

[31] 黄云峰,王文潜,钱鑫.机械化学及其在矿物加工中的应用[J].金属矿山,1999(5)：17－20.

[32] Saito F. Mechanochemistry and processing of inorganic materials [J]. Shigen-to-Sozai, 1995,111(8)：515－522.

[33] 吴其胜,张少明,周勇敏,等.无机材料机械力化学研究进展[J].材料科学与工程学报,2001,19(1)：137－142.

[34] 杨南如.机械力化学过程及效应(Ⅰ)——机械力化学效应[J].建筑材料学报,2000,3(1)：19－26.

[35] 杨南如.机械力化学过程及效应(Ⅱ)——机械力化学过程及应用[J].建筑材料学报,2000,3(2)：93－97.

[36] Okada K, Kikuchi S, Ban T, et al. Difference of mechanochemical factors for Al_2O_3 powders upon dry and wet grinding [J]. Journal of Material Science letters, 1992, 11(12)：862－864.

[37] 刘新宽,谢清云.球磨氧化铝晶粒尺寸与显微应变的关系[J].无机材料学报,1999,14(4)：689－691.

[38] Filio, Sugiyama K, Saito F, et al. A study on talc ground by tumbling and planetary ball mills[J]. Powder Technology, 1994,78(2)：121－127.

[39] 邱晓晖,张庆今.高岭土干粉磨过程的机械力化学变化[J].硅酸盐学报,1991,19(5)：448－455.

[40] Pedro J. Sanchez-soto, Maria del Carmen Jimenz, Luis A. Perez-Maqueda. et al, Effects of dry grinding on the structural changes of Kaolinite powders[J]. Journal of American Ceramic Society, 2000,83(7)：1649－1657.

[41] Shinohara A H, Sugiyama K, Kasai E. Effects of moisture on grinding of natural calcite by a tumbling ball mill[J]. Advanced Powder Technology, 1993,4(4)：311－319.

[42] Zhang Q W, Kasai E, Saito F. Mechanochemical changes in gypsum when dry ground with hydrated minerals[J]. Powder Technology, 1996,87(1)：67－71.

[43] Suwa Y, Inagaki M, Naka S. Polymorphic transformation of titanium dioxide by mechanical grinding[J]. Journal of Material Science, 1984,19(5)：1397－1405.

[44] Guomin M I, Saito F, Mitsuo H. Mechanochemical synthesis of afwillite by room temperature Grinding[J]. Inorganic Materials, 1996, 3(265): 587 - 591.

[45] Guomin M I, Saito F, Mitsuo H. Mechanochemical synthesis of tobermorite by wet grinding in a planetary ball mill[J]. Powder Technology, 1997, 93(1): 77 - 81.

[46] Filio J M, Perucho R V, Saito F, et al. Mechanosynthesis of tricalcium aluminum hydrate by mixed grinding[J]. Material Science Forum, 1996, 225 - 227: 503 - 510.

[47] Guomin M I, Saito F, Mitsuo H. Effects of milling of a mixture of calcium and silica-gel on formation of dicalcium silicate by heating and its hydration [J]. Inorganic Materials, 1997(4): 591 - 595.

[48] Sasaki K, Masuda T, Ishida H, et al. Synthesis of calcium silicate hydrate with Ca/Si=2 by mechanochemical treatment[J]. Journal of the American Ceramic Society, 1996, 80(2): 472 - 476.

[49] Misaka G, Saito F, Hanada M, et al. Mechanochemical synthesis of calcium sulfoaluminate hydrates and its hardening characteristics[J]. Journal of the Society of Inorganic Material Japan, 1996(3): 115 - 120.

[50] Zhang Q, Saito F. Non-thermal production of barium carbonate from barite by means of mechanochemical treatment[J]. Journal of Chemical Engineering of Japan, 1997, 30(4): 724 - 727.

[51] James M F, Sugiyama K, Kasai E, et al. Effect of dry mixed grinding of talc, kaolinite and gibbsite on preparation of cordierite ceramics[J]. Journal of Chemical Engineering of Japan, 1993, 26(5): 565 - 569.

[52] 张云洪,张庆今,魏诗榴.PbO 和 TiO$_2$ 混合粉磨的机械力化学反应和化学变化[J].硅酸盐学报,1989,17(5): 424 - 429.

[53] Fayed F E, Otten L.粉体工程手册[M].黄长雄,等译.北京:化学工业出版社,1992.

[54] [日] 三轮茂雄,日高重助.粉体工程实验手册[M].杨伦,谢淑娴,译.北京:中国建筑工业出版社,1987.

[55] 杨伦.玻璃生产机械过程[M].北京:中国建筑工业出版社,1979.

[56] 刘大成.粉体团聚及其解决措施[J].中国陶瓷,2000,36(6): 33 - 35.

[57] 李志义,王淑兰.粉体物料和料斗材料对料仓流型的影响[J].化学工业与工程技术,2000,21(1): 12 - 14.

[58] 张少明,翟旭东,刘亚云.粉体工程[M].北京:中国建材工业出版社,1994.

[59] 吕盘根.气流粉碎机在国内外的发展[J].化工机械,1993,20(6): 353 - 358.

[60] 宋宏斌,程鸿机.立式磨与辊压机的性能比较[J].水泥技术.1996(2): 18 - 20.

[61] Brown R L, Richard J C. Principles of powder mechanics Essays on the packing and flow of powders and bulk solids[M]. New York: Pergamon Press, 1970.

[62] 李志义,周一卉.料仓的卸料流动[J].化工装备技术,1999,20(6): 39 - 43.

[63] Jenike A W. Gravity flow of bulk solids[J]. Bulletin, 1961: 1 - 32.

[64] Arnold P C, Mclean A G, Roberts A W. Bulk solids: Storage, Flow and Handling

[M].Australia：The University of Newcastle Research Associates（TUNRA），1982.

[65] Smith W O，Foote P D，Busang P F. Packing of homogeneous spheres[J]. Physical Review，1929，34：1271-1274.

[66] 盖国胜,陶珍东,丁明.粉体工程[M].北京：清华大学出版社,2009.

[67] 周仕学,张鸣林.粉体工程导论[M].北京：科学出版社,2010.

[68] 蒋阳,陶珍东.粉体工程[M],武汉：武汉理工大学出版社,2008.

[69] 韩跃新.粉体工程[M].长沙：中南大学出版社,2011.

[70] 刘建寿,赵经霞.水泥生产粉碎过程设备[M].武汉：武汉理工大学出版社,2005.

[71] 陈璟,杨占君,郑准备,等.U型弯头内气固两相流动磨损特性数值模拟[J].热力发电,2018,47(9)：91-95.

[72] 杜时,樊俊杰,张忠孝,等.固定床熔渣气化炉内冷态气固两相流动特性[J].洁净煤技术,2018,24(2)：46-50.

[73] 郝贠洪,赵呈光,王雨夏,等.玻璃材料在气固两相流作用下的冲蚀损伤机理研究[J].材料保护,2018,51(5)：64-68+93.

[74] 张瑶瑶,王月明,李博,等.超声波测量气固两相流流体浓度研究[J].自动化与仪表,2018,33(4)：50-53.

[75] 田元,王泉海,甘露,等.采用气固两相流作为工质的高温光热发电技术[J].电力电子技术,2017,51(3)：36-38.

[76] 徐浩,覃先云,肖庆麟,等.道路清洁车用宽吸嘴气固两相流分析及优化改进[J].建设机械技术与管理,2017,10：74-78.

[77] 包玮,马克,王志凌,等.料层粉碎的基本规律及在水泥粉磨工艺中应用的探讨[J].中国水泥,2010(7)：61-65.

[78] 容永泰.水泥机械结构的新发展(续完)[J].新世纪水泥导报,1996,2(4)：7-10.

[79] 周勇武.滑履轴承磨及其新型传动装置的介绍[J].水泥工程,1996(6)：33-36.

[80] 托马斯·施密茨,赵燕燕.世界上第一台磨辊驱动的立式辊磨——QUADROPOL系列RD型水泥立磨[C]//第六届国内外水泥粉磨新技术交流大会,2014.

[81] 张长森,陈景华,杨风玲,等.无机非金属材料工程案例分析[M].2版.上海：华东理工大学出版社,2017.

[82] 张长森,戴汝悦,吕海峰.选粉机的使用与粉磨节能降耗[M].北京：中国建材工业出版社,2017.

[83] 杨守志.固液分离[M].北京：冶金工业出版社,2003.

[84] L.斯瓦罗夫斯基.固液分离[M].朱企新,等译.2版.北京：化学工业出版社,1990.

[85] 《选矿设计手册》编委会.选矿设计手册[M].北京：冶金工业出版社,1988.

[86] 袁国才.水力旋流器分级工艺参数的确定及计算[J].有色冶金设计与研究,1995,16(3)：3-9+15.

[87] 曲景奎,隋智慧,周桂英,等.固-液分离技术的新进展及发展动向[J].过滤与分离,2001(7)：12-17.

[88]　罗茜.固液分离[M].北京：冶金工业出版社,1996.

[89]　A.拉什顿,A.S.沃德,R.G.霍尔迪奇.固液两相过滤及分离技术[M].朱企新,许莉,谭蔚,等译.2版.北京：化学工业出版社,2005.

[90]　孙贻公.带式真空吸滤机在转炉除尘污水固液分离工艺中的应用[J].给水排水,2000,26(11)：82-84.

[91]　孙启才.分离机械[M].北京：化学工业出版社,1993.

[92]　刘凡清,范德顺,黄钟.固液分离与工业水处理[M].北京：中国石化出版社,2001.

[93]　侯晓东.高效浓密机的选型设计[J].有色矿山,2002,31(3)：35-36.

[94]　潘永康,王喜忠,刘相东.现代干燥技术[M].北京：化学工业出版社,1998.

[95]　曹恒武,田振山.干燥技术及其工业应用[M].北京：中国石化出版社,2003.

[96]　刘文广.干燥设备选型及采购指南[M].北京：中国石化出版社,2004.

[97]　金国淼.干燥设备[M].北京：化学工业出版社,2002.

[98]　井上雅文,山本泰司.高频、微波干燥在木材工业中的应用[J].电子情报通信学会技术研究报告(日),2003(16)：352-401.

[99]　郭伟,眭晓锋.石膏脱水困难的原因分析与控制措施[J].能源技术与管理,2019,44(3)：151-153.

[100]　赵凤,孙连俊.干燥设备在制药厂环境保护中的应用研究[J].中国环保产业,2018,242(8)：63-66.

[101]　黄枢.固液分离技术[M].长沙：中南工业大学出版社,1993.

[102]　张长森,程俊华,吴其胜,等.粉体技术及设备[M].上海：华东理工大学出版社,2007.

[103]　卢寿慈,沈志刚,郑水林,等.粉体技术手册[M].北京：化学工业出版社,2004.

[104]　张建伟,叶京生,钱树德.工业造粒技术[M].北京：化学工业出版社,2009.

[105]　赵家林,王超会,王玉慧.粉体科学与工程[M].北京：化学工业出版社,2018.

[106]　宋晓岚,叶昌,余海湖.无机材料工艺学[M].北京：冶金工业出版社,2007.

内 容 提 要

　　本书以粉体工程的基本知识为基础，分别介绍了颗粒的物性、粉体的物性、颗粒流体力学、粉体机械力化学效应和粉尘爆炸的特性及粉体的制备、分离、分级、储存、混合、造粒、输送与供料等相关的单元操作，并介绍了单元操作相应设备的工作原理、构造、性能及应用特点等。全书力求紧扣应用型人才培养的目标和工程实际，贯彻"少推导、重应用"的原则，在体现内容的完整性和系统性的基础上，重视理论与工程实际的结合，突出粉体在工程中实践性、应用性较强的内容，做到通俗易懂，利于工程应用；做到经典内容辅以新技术，反映当前的新工艺和新技术，适应技术发展的需要。本书既可作为本科材料类专业教材，也可作为相关工程技术人员和研究人员的参考书。